炼油装置技术问答丛书

沥青生产与应用技术问答

（第三版）

柴志杰　任满年　主编

中国石化出版社

·北京·

内 容 提 要

本书以问答的形式详细介绍了石油沥青的物理和化学性质、石油沥青性能的评价方法、常减压蒸馏生产石油沥青技术、溶剂脱沥青技术、沥青调和生产技术、聚合物及橡胶改性沥青生产技术、乳化沥青生产技术等；采用较大篇幅对节能环保新技术、新工艺、新产品方面进行了介绍，搜集了国内外最新的沥青技术要求和标准，还补充了主要沥青生产技术工业生产案例、沥青应用技术服务和沥青其他知识。

本书可供石油沥青生产、应用的技术人员和员工阅读，也可供从事石油沥青研发的技术人员及有关院校的师生参考。

图书在版编目(CIP)数据

沥青生产与应用技术问答／柴志杰，任满年主编．—3版．—北京：中国石化出版社，2023.10
ISBN 978-7-5114-7267-0

Ⅰ.①沥… Ⅱ.①柴… ②任… Ⅲ.①沥青-生产工艺-问题解答 Ⅳ.①TE626.8-44

中国国家版本馆CIP数据核字(2023)第194962号

中国石化出版社出版发行

地址：北京市东城区安定门外大街58号
邮编：100011　电话：(010)57512500
发行部电话：(010)57512575
http://www.sinopec-press.com
E-mail:press@sinopec.com
北京科信印刷有限公司印刷
全国各地新华书店经销

*

710毫米×1000毫米 16开本 32.25印张 558千字
2024年2月第3版　2024年2月第1次印刷
定价：98.00元

前　言

随着我国国民经济持续、健康、快速发展，石油沥青的需求量也在不断上升，从2014年的2400万吨增加到2022年的3100万吨。到2035年，我国要基本实现社会主义现代化，其间，经济仍将保持相对稳定的增长速度，沥青需求也会稳步增长。沥青具有良好的黏结性、不透水性、绝缘性和化学稳定性，在公路建设、建筑材料、水利工程、炭材料、农业等诸多方面得到应用。但与石油沥青生产有关的专业书籍相对较少，尤其是技术问答形式的专用书籍则更少，不能满足石油沥青生产员工及相关技术人员的需求。

本书在第二版的基础上进行了完善和修订的。现说明三点：第一，对原书第三章节能环保及特种沥青新技术不合适的内容进行了删除，同时补充了大量节能环保新技术、新工艺、新产品资料，如净味沥青、石墨烯改性沥青、聚氨酯改性沥青、环氧沥青、硫黄沥青、废塑料改性沥青、沥青基碳材料、煤直接液化残渣改性沥青、煤沥青改性石油沥青、天然沥青改性等，以满足广大读者需求。建议读者在学习新产品制备方法时，要举一反三、触类旁通。同时，本版书把中国石化“东海牌”沥青新技术新产品介绍给读者。第二，增加沥青技术要求及标准一章，收集了国内外最新的、在使用的诸多沥青标准，如道路沥青、建筑沥青、水工沥青、机场沥青、彩色沥青、高黏沥青、养护沥青等，内容呈现较全以便捷读者使用。第三，对原书的有关章节进行了更科学的命名，对个别问题进行了更新。本书设置更科学更合理，这源自作者二十多年从事沥青的开发生产应用经历。在编制过程中高标准严要求，尽最大努力体现本书的高质量、先进性、通用性和实用性。

本书共分为十二章，其中第一章石油沥青的物理和化学性质、第二章石油沥青性能的评价方法和第十一章沥青其他知识由任满年编著；第三章节能环保新技术、新工艺、新产品，第四章常减压蒸馏生产石油沥青技术，第五章溶剂脱沥青生产技术，第六章沥青调和生产技术，第九章主要沥青生产技术工业生产案例，第十章道路石油沥青的应用技术服务，第十二章沥青技术要求和标准等由柴志杰编著；第七章聚合物及橡胶改性沥青生产技术和第八章乳化沥青生产技术由柴志杰和任满年共同编著。

本书在编著过程中引用了大量的参考文献，由于采用问答形式，没有一一标明出处，敬请谅解。同时，向文献作者表示衷心感谢，他们的优秀成果为本书编著奠定了坚实基础。最后感谢中国石化出版社编辑为本书出版付出的辛勤劳动！

由于编著的水平和时间所限，书中难免有不妥之处，恳请读者批评指正。

目　　录

第一章　石油沥青的物理和化学性质／1

1　什么是石油沥青？它分为哪些种类？／1

2　石油沥青主要由哪些元素组成？／1

3　什么是沥青的塑性、脆性、韧性、黏弹性和触变性？／2

4　沥青质的组成和性质是怎样的？／2

5　沥青质在沥青中有哪些作用？／3

6　沥青质的超分子结构模型是怎样的？／3

7　胶质的组成和性质是怎样的？／4

8　什么是芳香分？芳香分在沥青中的作用是什么？／5

9　什么是饱和分？饱和分在沥青中的作用是什么？／5

10　重质油和石油沥青的族组成如何分类？／5

11　求取重质油结构参数的方法主要有哪些？／6

12　用氢碳比法如何求取重质油的结构参数？／6

13　如何用密度法确定石油沥青的结构族组成？／7

14　什么叫胶体溶液？其基本特征是什么？／7

15　如何理解石油沥青的胶体结构？／8

16　影响石油沥青胶体类型的因素有哪些？／8

17　高质量的道路石油沥青应具备怎样的化学结构？／9

18　如何理解石油沥青的物理结构？／10

19　影响石油沥青胶体体系稳定性的因素有哪些？／11

20　什么是沥青的胶体指数？其含义是什么？／12

21　沥青中组分的存在状态对其性质有哪些影响？／12

22　沥青材料的基本特征是什么？／13

23　衡量道路石油沥青性质的基本技术指标有哪些？／13

24　决定道路石油沥青路用性能技术指标的因素有哪些？／13

25　衡量沥青高温性能的指标有哪些？／14

26　什么叫蠕变？／14

27　什么叫应力松弛？／15
28　牛顿流体和非牛顿流体是如何分类的？／15
29　表征道路沥青低温性能的指标有哪些？我国用什么指标来衡量沥青的低温性能？／16
30　沥青路面的低温开裂有几种形式？温度裂缝的危害是什么？／17
31　什么叫沥青的劲度模量？／17
32　沥青针入度指数的作用是什么？／18
33　如何计算沥青的针入度指数 *PI*？这些计算方法各有什么优缺点？／18
34　我国规定的沥青针入度指数 *PI* 如何计算？／19
35　规定相关系数 r 不小于 0.997 是否能够保证 *PI* 值的准确性？／20
36　不同地区的 *PI* 建议值是多少？／20
37　测定沥青黏度的主要方法有哪些？其适用范围是什么？／21
38　用真空减压毛细管黏度计测定沥青 60℃ 黏度应注意哪些问题？／21
39　测定沥青不同温度区域内的黏度有何物理意义及实用价值？／22
40　沥青针入度与其路用性能有何联系？／22
41　测定道路沥青的延度有何实际意义？／22
42　什么是沥青的老化？沥青的老化过程可分为哪几个阶段？／23
43　如何降低沥青在储存和运输期间的老化？／23
44　影响沥青光氧化速度的主要因素有哪些？／24
45　影响沥青耐久性的因素有哪些？／25
46　提高沥青耐久性的方法有哪些？／25
47　什么叫沥青混合料的剥离？／26
48　影响沥青与集料黏附性的主要因素有哪些？／26
49　提高沥青与集料黏附性的措施有哪些？／27
50　用消石灰增强沥青与集料黏附性的机理是什么？／27
51　根据沥青的黏附性能可将其划分为几类？／27
52　沥青路面水损害的季节及类型有哪几种？／28
53　沥青从集料表面剥离过程可以分为哪些模式？／28
54　沥青在矿料表面的吸附形式有哪些？／29
55　如何测定石料的碱值？／29
56　如何测定沥青的酸值？／30
57　什么叫沥青的玻璃化温度？／30
58　什么叫沥青的触变性？产生触变性的原因是什么？／31

59 石油沥青的组分分离方法有哪些？/ 32
60 常用的石油沥青的四组分分析方法有哪些？/ 32
61 石油沥青密度与其化学组成之间有何关系？测定沥青密度或相对密度有何实际意义？/ 32
62 石油沥青能发生哪些类型化学反应？目前广泛研究和应用的沥青化学反应类型有哪些？/ 33
63 石油沥青磺化反应的机理是什么？磺化反应有哪些主要副反应？/ 35
第二章 石油沥青性能的评价方法 / 37
1 什么叫针入度、针入度指数和针入度比？/ 37
2 什么叫沥青的软化点？/ 37
3 什么叫沥青的延度？/ 37
4 什么叫沥青的蜡含量、溶解度、密度、水分和灰分？/ 37
5 什么叫闪点和开口闪点？/ 38
6 什么叫脆点(弗拉斯脆点)？什么叫冻裂点？/ 38
7 什么叫薄膜烘箱试验？什么叫旋转薄膜烘箱试验？/ 38
8 什么叫垂度、黏附率、收缩率和附着度？/ 38
9 什么叫四组分法？各组分如何界定？/ 39
10 什么叫炭青质和似炭质？/ 39
11 什么叫沥青的耐久性、抗老化性和感温性？/ 39
12 沥青采样过程中应注意哪些问题？/ 39
13 沥青试样的处理过程中应注意哪些问题？/ 40
14 道路沥青必须具备哪些要求？/ 40
15 我国公路是如何分级的？/ 40
16 我国公路是如何进行分类和编号的？/ 41
17 我国制订的“五纵七横”国道主干线发展规划是指什么？/ 41
18 道路沥青分级标准有哪些？/ 42
19 道路石油沥青按针入度分级有哪些优缺点？/ 42
20 按黏度分级(AC 级)的优缺点是什么？/ 42
21 什么是 AR 分级？它有哪些优缺点？/ 43
22 石油沥青标准制定的依据是什么？/ 43
23 我国道路石油沥青分为哪些系列？/ 43
24 我国道路沥青是按什么指标分类的？/ 43
25 对道路沥青材料路用性能按气候分区的意义是什么？/ 44

26 沥青材料路用性能的气候分区指标及其选取原则是什么？/ 44
27 我国沥青及沥青混合料的气候分区共分为哪些气候类型？其具体含义和指标是什么？/ 44
28 如何根据气候分区来选择沥青标号？/ 45
29 什么叫当量软化点？它有什么实际意义？/ 46
30 如何计算当量软化点？/ 46
31 沥青中的蜡对软化点测定有哪些影响？/ 46
32 沥青的高温性能对其路用性能有何影响？/ 46
33 沥青软化点的作用和意义是什么？/ 46
34 沥青的软化点和当量软化点有何区别？/ 47
35 为什么说当量软化点比软化点更能反映沥青的高温性能？/ 47
36 仅用当量软化点能否比较不同沥青的高温性能？/ 47
37 当量软化点 T_{800} 能否完全替代沥青的软化点指标？/ 47
38 什么叫沥青的老化指数？/ 48
39 什么是 BTDC 图？用 BTDC 图如何对沥青分级？/ 48
40 BTDC 图有哪些用途？/ 49
41 什么是 SHRP？/ 50
42 SHRP 沥青路用性能规范中对沥青牌号是如何划分的？其含义是什么？/ 51
43 SUPERPAVE 的含义及其主要内容是什么？/ 51
44 SUPERPAVE 沥青结合料路用性能等级的设计温度是如何确定的？/ 51
45 SHRP 规范中关于沥青结合料的路用性能指标包括哪些方面？/ 51
46 SHRP 规范中评价沥青结合料抗永久变形性能的指标是什么？/ 52
47 当量软化点 T_{800} 与 SHRP 标准中反映沥青高温稳定性的指标 $G^*/\sin\delta$ 的相关性如何？/ 52
48 SHRP 规范中用什么指标来衡量沥青结合料的抗疲劳性能？/ 53
49 SHRP 规范中用什么指标来表征沥青结合料的低温抗裂性能？/ 54
50 SHRP 道路沥青结合料规格标准与以往按针入度或黏度分级的标准相比有哪些特点？/ 54
51 什么是动态剪切试验？/ 55
52 什么是复数剪切劲度模量 G^*、储存弹性模量 G' 和损失弹性模量 G''？/ 56
53 什么叫复数柔量、储存剪切柔量和损失剪切柔量？/ 56
54 SHRP 动态剪切试验中采用 $G^*/\sin\delta$ 作为高温稳定性指标的意义是什么？/ 57
55 如何用 Superpave 分级体系确认一种未知沥青的等级？/ 57

56 如何用 Superpave 分级体系确认已知等级的沥青？/ 58
57 什么是沥青的针入度黏度指数 *PVN*？如何计算 *PVN*？/ 59
58 常用的表征道路沥青感温性能的指标有哪些？这些指标反映的温度范围是多少？/ 59
59 如何用 *PVN* 来判断道路沥青的感温性能？/ 60
60 什么是沥青的黏温指数 *VTS*？/ 60
61 沥青的黏温指数 *VTS* 有何功用？/ 60
62 什么是沥青的等级指数 *CI*？如何计算 *CI*？/ 61
63 如何改善道路沥青的感温性能？/ 61
64 评价沥青结合料高温稳定性的指标 $G^*/\sin\delta$、60℃黏度、$T_{R\&B}$及 T_{800}各有哪些优缺点？/ 62
65 什么是沥青的脆点？它有何意义？/ 63
66 沥青的脆点与其化学组成和胶体结构有何关系？/ 63
67 什么叫沥青的当量脆点？当量脆点与弗拉斯脆点有何不同？/ 63
68 什么叫沥青的质量九面图？/ 64
69 壳牌沥青质量九面图依据的基本原理是什么？/ 65
70 壳牌沥青质量九面图包括哪些试验？各按什么方法进行试验？/ 66
71 石油沥青软化点测定过程有哪些注意事项？/ 67
72 石油沥青延度测定中应注意哪些事项？/ 68
73 石油沥青针入度测定中应注意哪些问题？/ 69
74 石油沥青脆点测定有哪些操作要点？/ 70
75 石油沥青薄膜烘箱试验应注意哪些问题？/ 70
76 石油沥青相对密度和密度测定过程中有哪些操作要点？/ 72
77 石油沥青溶解度测定有哪些操作要点？/ 73
78 石油沥青蜡含量测定有哪些操作要点？/ 74
79 石油沥青组分测定法主要有哪些步骤？/ 75
80 石油沥青组分测定法操作要点有哪些？/ 76
81 沥青动力黏度试验(真空减压毛细管法)有哪些操作要点？/ 77
82 沥青试件在不同温度下拉伸断裂通常有哪些形状？断裂形状与沥青黏弹性有何联系？/ 78
83 什么叫直接拉伸试验？/ 79
84 什么叫蠕变劲度模量试验？/ 79
85 用什么指标能够更好地表征沥青的黏滞性？/ 79

86　什么叫沥青的复合流变指数？其含义是什么？/ 80
87　沥青老化评价方法主要有哪些？/ 80
88　沥青中蜡分为哪些类型？/ 81
89　蜡对沥青的胶体结构和性能存在哪些影响？/ 81
90　蜡对沥青路用性能的影响主要表现在哪些方面？/ 82
91　蜡对不同沥青性能的影响是否一致？/ 82
92　目前国际上应用较广泛的沥青蜡含量测定方法有哪些？各有什么优缺点？/ 82
93　我国沥青蜡含量测定的主要过程是什么？/ 83
94　影响沥青蜡含量分析精度的主要因素有哪些？/ 84
95　如何降低道路沥青的蜡含量？/ 85
96　什么是体积排出色谱法？/ 85
97　测定沥青质相对分子质量的方法主要有哪些？/ 86
98　蒸气压渗透法基本原理是什么？蒸气压渗透法测定沥青相对分子质量有哪些优点？/ 87
99　石油沥青的胶体结构分为哪些类型？/ 88
100　评价石油沥青胶体状态的方法有哪些？/ 88
101　什么是超临界流体精密分离技术？/ 90
102　什么叫弹性恢复？什么是沥青的弹性恢复试验？弹性恢复试验应注意哪些事项？/ 90
103　什么是聚合物改性沥青的离析试验？离析试验应注意哪些事项？/ 91
104　什么叫沥青黏韧性？黏韧性试验应注意哪些事项？/ 92
105　现行的评价改性沥青性能的方法有哪几类？/ 93
106　什么叫离析？什么叫离析温差？/ 94
107　目前我国主要采用哪些指标和试验方法评价聚合物改性沥青的性能？/ 94
第三章　节能环保新技术、新工艺、新产品 / 96
1　什么是沥青烟气？其产生的机理是什么？/ 96
2　沥青烟气目前有哪些比较成熟的治理技术？/ 96
3　什么是沥青烟气主动抑制技术？其有哪几种类型？/ 97
4　理想净味剂有何要求？国内净味剂研究情况如何？/ 97
5　净味剂发展趋势有哪些方面？/ 98
6　中国石化净味环保沥青有什么特点？/ 98
7　什么是石墨烯？其在沥青改性方面有何作用？/ 98

8　石墨烯改性沥青的制备方法有哪些？／99
9　石墨烯纳米片(GNPs)改性沥青是怎样制备的？／99
10　石墨烯/SBS复合改性沥青是怎样制备的？／99
11　石墨烯复合橡胶改性沥青是怎样制备的？／99
12　石墨烯对基质沥青性能有何影响？／99
13　石墨烯对SBS改性沥青性能有何影响？／100
14　聚氨酯是怎样解决氧化石墨烯在沥青中团聚问题的？／100
15　石墨烯在沥青改性方面存在什么问题？有何发展前景？／100
16　什么是包覆沥青？主要应用于哪些领域？／101
17　包覆沥青用于锂离子电池负极有何重要意义？／101
18　油系和煤系包覆沥青各有何特点？／101
19　负极包覆工艺是什么？包覆层有哪些作用？／102
20　以净化缩聚沥青为原料怎样制备包覆沥青？／102
21　以石油沥青为原料怎样制备包覆石墨？／102
22　采用石油沥青浸渍方法制备包覆石墨负极材料性能有何改变？／102
23　怎样制备磺化沥青？磺化沥青包覆石墨有何优点？／102
24　怎样制备磺化沥青包覆石墨？／103
25　为什么聚氨酯是一种新型的聚合物改性沥青材料？／103
26　一种聚氨酯预聚物改性沥青制备方法是什么？／103
27　聚氨酯预聚物掺量对改性沥青性能有何影响？／104
28　不同聚氨酯预聚体对聚氨酯改性沥青性能有何影响？／104
29　成品聚氨酯对沥青改性的主要影响因素及其工艺条件是什么？／104
30　一种成品聚氨酯对SBS改性沥青的制备方法是什么？／104
31　一种聚氨酯/废胶粉复合改性沥青制备方法是什么？／104
32　聚氨酯/废胶粉复合改性沥青性能有何变化？／105
33　什么是天然沥青？通常具有哪些特性？／105
34　特立尼达湖沥青(TLA)产自哪里？其质量有何特点？它是怎样形成的？／105
35　布敦岩沥青(BRA)产自哪里？其质量有何特点？它是怎样形成的？／105
36　青川岩沥青产自哪里？其质量有何特点？它是怎样形成的？／106
37　TLA改性机理是什么？／106
38　TLA改性沥青基本性能如何？／106
39　TLA改性沥青混合料基本性能如何？／106
40　TLA改性沥青混合料配合比设计应注意什么问题？／106

41 如何制备 TLA 改性沥青？/ 107
42 如何制备 BRA 改性沥青？/ 107
43 如何判断布敦岩沥青和基质沥青混合改性过程主要是物理混溶？/ 107
44 为什么布敦岩沥青掺入基质沥青中会提高基质沥青的软化点？/ 107
45 为什么用延度来评价布敦岩改性沥青的低温性能不合适？/ 107
46 布敦岩沥青颗粒及其灰分粒度与石灰岩矿粉粒度有何不同？/ 107
47 布敦岩沥青掺入对 BRA 改性沥青的指标有何影响？/ 108
48 布敦岩沥青掺入对 BRA 改性沥青的车辙因子有何影响？/ 108
49 为什么说布敦岩沥青的纯沥青和灰分是分不开的？/ 108
50 为什么说布敦岩沥青及其灰分比基质沥青的黏附性更好？/ 108
51 近代胶浆理论对沥青混合料体系是如何划分的？沥青胶浆对混合料性质有何影响？/ 109
52 灰分和纯沥青在布敦岩改性沥青中的作用是如何变化的？/ 109
53 布敦岩沥青的改性机理是什么？/ 109
54 为什么 BRA 灰分胶浆的车辙因子高于矿粉胶浆？/ 109
55 为什么 BRA 灰分胶浆耐紫外线老化性能优于石灰岩矿粉胶浆？/ 110
56 青川岩沥青灰分有何特点？/ 110
57 青川岩改性沥青性能有何特点？/ 110
58 什么是湿法改性？湿法改性工艺的优缺点各是什么？/ 110
59 什么是干法改性？干法改性工艺的优缺点各是什么？/ 111
60 为什么 BRA 改性沥青混合料宜采用干法改性工艺？/ 111
61 BRA 改性沥青混合料与其他沥青混合料相比性能如何变化？/ 111
62 BRA/SBR(胶粉)复合及 BRA/SBR(胶乳)复合的改性沥青制备的影响因素是什么？/ 112
63 SBR 胶粉和 SBR 胶乳对 BRA 改性沥青的高温性能有何影响？/ 112
64 SBR 胶粉和 SBR 胶乳对 BRA 改性沥青的低温性能有何影响？/ 112
65 SBR 胶粉和 SBR 胶乳对 BRA 改性沥青的抗疲劳性能有何影响？/ 112
66 SBR 胶粉和 SBR 胶乳对 BRA 改性沥青短期老化有何影响？/ 112
67 什么是环氧沥青？为什么环氧沥青通常要分为 A 组分和 B 组分？/ 113
68 为什么环氧沥青固化体系中 B 组分掺量一旦确定，则 A 组分用量随之确定？/ 113
69 什么是环氧树脂？其特点是什么？/ 113
70 环氧沥青的常用树脂是什么物质？其特性有哪些？/ 113

71　什么是环氧树脂固化剂？按其结构分哪几种类型？/ 114
72　环氧树脂的固化机理是什么？/ 114
73　水性固化剂和油性固化剂是怎样划分的？/ 114
74　常用固化剂的指标要求是什么？/ 114
75　水溶性环氧沥青固化剂的作用是什么？/ 115
76　环氧沥青固化剂的选择原则是什么？/ 115
77　为什么要进行环氧固化剂的深入研究？/ 115
78　什么是环氧树脂固化体系？什么是环氧树脂固化物？/ 116
79　为什么在环氧沥青固化体系中B组分内掺量非常重要？/ 116
80　从分子式的角度，可以推断环氧树脂固化物有哪些特点？/ 116
81　环氧沥青的助剂有哪些？各有什么作用？/ 116
82　美国Chem Co油性环氧沥青制备方法是什么？/ 117
83　油性热拌环氧沥青混合料的制备方法是什么？/ 117
84　油性热拌环氧沥青混合料的优点是什么？/ 117
85　油性热拌环氧沥青的缺点是什么？/ 117
86　环氧乳化沥青制备方法是什么？/ 118
87　如何制备泡沫环氧沥青？/ 118
88　环氧乳化沥青和泡沫环氧沥青共同优点是什么？/ 118
89　环氧沥青混合料的疲劳性能的影响因素是什么？/ 118
90　环氧沥青混凝土做应力吸收层有什么优点？/ 119
91　多功能油性环氧沥青热拌混合料施工时应注意什么？/ 119
92　油性冷拌环氧沥青是怎样实现的？/ 119
93　油性温拌环氧沥青是怎样实现的？/ 120
94　水性环氧乳化沥青制备方法是什么？/ 120
95　水性环氧乳化沥青黏结层有何特点？/ 120
96　泡沫沥青制备方法是什么？其评价指标是什么？/ 120
97　影响沥青发泡特性的主要因素有哪些？/ 121
98　泡沫环氧沥青混合料路用性能特点是什么？/ 121
99　泡沫环氧沥青有什么社会环保效益？/ 121
100　为什么环氧沥青混合料级配设计为悬浮结构？/ 121
101　为什么环氧乳化沥青混合料的沥青用量更节省？/ 122
102　为什么环氧乳化沥青混合料要除去更多的水分？怎样除去？/ 122
103　为什么环氧乳化沥青比环氧沥青有更好的愈合性？/ 122

104　为什么说石油基沥青是制备炭质中间相和炭材料的适宜原料？／122
105　煤沥青在炭材料中有哪些主要应用？／122
106　芳香分含量高的减压渣油有何用途？／123
107　为什么说催化油浆可以作为优质碳材料的原料？／123
108　为什么说乙烯焦油可以作为优质碳材料的原料？／123
109　为什么减压渣油不适宜生产针状焦？／123
110　乙烯焦油有何结构特点？为什么它不适宜直接作为针状焦的原料？／123
111　中国石化工业化针状焦生产经历哪些主要过程？／124
112　催化缩聚法如何制备萘沥青？其主要影响因素有哪些？／124
113　萘沥青有何结构特点？为什么萘沥青可制取良好的中间相沥青？／124
114　萘沥青如何制取中间相沥青？萘沥青与其中间相沥青有何差异？／124
115　什么是等静压成型技术？如何生产等静压石墨？／125
116　等静压石墨有何优良性能？其主要用途是什么？／125
117　如何制备高比表面积活性炭？／125
118　煤系针状焦生产过程是什么？／125
119　煤沥青中的喹啉不溶物对炭质中间相有何影响？／126
120　生产针状焦对预处理后的精制煤沥青有何基本要求？／126
121　生产针状焦时对煤沥青的预处理方法有哪几种？／126
122　什么是生焦的煅烧？煅烧的目的是什么？／126
123　针状焦的性能指标有哪些？／127
124　超高功率石墨电极是怎样制备的？／127
125　为什么针状焦做锂电池负极要进行高温石墨化？／127
126　酚醛树脂是怎样包覆针状焦颗粒的？包覆针状焦做锂电池负极有何优点？／127
127　为什么针状焦是一种潜在的超级电容材料？／128
128　什么是中间相沥青？／128
129　制备中间相沥青原料如何选择？常用的原料有哪些？／128
130　为什么中间相沥青的原料要进行精制？常用的精制方法有哪几种？／128
131　改进后的一步热缩聚法是怎样制备中间相沥青的？／129
132　加压-真空两步缩聚法是怎样制备中间相沥青的？／129
133　催化缩聚法是怎样制备中间相沥青的？／129
134　新中间相方法是怎样制备中间相沥青的？／130
135　潜在中间相方法是怎样制备中间相沥青的？／130

136　什么是碳纤维？常用哪些原料？／130
137　碳纤维有何特点？有哪些方面的用途？／130
138　沥青基碳纤维生产工艺流程是什么？／131
139　碳纤维对原料有何要求？／131
140　碳纤维的原料为什么要进行精制？／131
141　如何用氧化-缩聚两步法调制各向同性纺丝沥青？／131
142　中间相纺丝沥青一般满足什么条件？／131
143　为什么沥青纤维要进行不熔化处理？怎样进行不熔化处理？／132
144　沥青纤维不熔化处理不充分或过度会对其造成什么影响？／132
145　沥青纤维为什么要进行炭化？怎样进行炭化？／132
146　为什么升温速率是沥青纤维碳化时的重要工艺条件？／132
147　与PAN(聚丙烯腈)基炭纤维比较，高性能沥青基碳纤维有何特点？／133
148　沥青基碳纤维的发展前景如何？／133
149　一种新型材料中间相炭微球有几种制备方法？／133
150　中温煤沥青是怎样通过热缩聚法制取中间相沥青炭微球的？／133
151　在热缩聚法制备中间相沥青炭微球过程中影响因素有哪些？／134
152　石油重质油是怎样通过催化缩聚法制取中间相沥青炭微球的？／134
153　乳化法制备炭微球时对中间相沥青有何要求？又如何制备？／134
154　乳化法制备沥青炭微球时常用的分散剂有哪几种？应用时如何选择？／134
155　悬浮法制备炭微球时对中间相沥青有何要求？又如何制备？／134
156　怎样用超临界萃取制备中间相沥青炭微球？／135
157　中间相沥青炭微球是怎样进行炭化和石墨化的？／135
158　中间相沥青炭微球结晶度和有序性是怎样进行调控的？／135
159　为什么中间相沥青炭微球是一种有着极大开发潜力和应用前景的碳材料？／135
160　中间相沥青活性炭微球是怎样制备的？／135
161　中间相沥青活性炭微球性能的影响因素有哪些？／135
162　为什么中间相炭微球是一种极具潜力的锂离子电池负极材料？／136
163　如何制备沥青基球形活性炭？／136
164　什么是两亲性碳材料？其应用前景怎样？／136
165　如何以两亲性碳材料制备无定型纳米碳粉？／136
166　硫黄有哪些物理性质？／137
167　随着硫黄添加比例增加，其硫黄沥青结构会发生怎样变化？／137

168 SEA 单一硫黄改性剂技术有何特点？/ 137
169 SEAM 硫黄改性剂技术有何特点？/ 137
170 Thiopave(赛欧铺)硫黄改性剂技术有何特点？/ 138
171 ARP 硫黄改性剂技术有何特点？/ 138
172 硫黄与沥青混合造粒应注意什么事项？/ 138
173 硫黄在沥青中以何种状态存在？/ 138
174 在测试硫黄改性沥青结合料时，为什么常会遇到“相容性”和“成熟期”问题？/ 139
175 实验室是怎样制备硫黄改性沥青的？/ 139
176 硫黄的掺配比例如何影响硫黄-沥青结合料的针入度？/ 139
177 硫黄的掺配比例如何影响硫黄-沥青结合料的软化点？/ 139
178 硫黄的掺配比例如何影响硫黄-沥青结合料的黏度？/ 140
179 硫黄改性剂主要组成是什么？该剂有何特点？/ 140
180 为什么硫黄沥青能显著提高沥青混合料的动稳定度？/ 140
181 硫黄改性沥青对混合料性能有哪些影响？/ 140
182 怎样提高硫黄改性沥青的抗水损害性能？/ 140
183 硫黄改性沥青对路面结构的初始建设费用有何影响？/ 140
184 硫黄改性沥青对路面结构碳排放有何影响？/ 141
185 乳化沥青冷再生 Thiopave 混合料有何特点？/ 141
186 为什么硫黄改性温拌再生沥青技术是新型路面技术？有何特点？/ 141
187 硫黄改性沥青混合料生产应注意哪些事项？/ 142
188 硫黄改性沥青混合料的压实工艺应注意哪些方面？/ 142
189 硫黄改性沥青对环境有何影响？/ 142
190 什么是煤沥青？其组成怎样？各组成有何特点？/ 142
191 煤沥青有哪几种？各有何特点？/ 143
192 煤沥青中的苯并芘类毒性化学物质怎样去除？/ 144
193 煤沥青有哪些主要应用？/ 144
194 煤沥青对石油沥青改性的影响因素有哪些？/ 145
195 不同搅拌方式对煤沥青改性石油沥青指标有何影响？/ 145
196 煤沥青、石油沥青和煤沥青改性石油沥青的四组分如何？其发生了什么变化？/ 146
197 煤沥青改性石油沥青时发生了什么变化？/ 146
198 煤沥青改性石油沥青有何优点？/ 146

199　煤沥青改性石油沥青制备的主要工艺条件是什么？／146
200　煤沥青对 SBS 改性沥青有何影响？／146
201　如何制备煤沥青改性石油沥青(混合沥青)？／147
202　煤沥青加入石油沥青对其混合沥青性质有何影响？／147
203　影响废胶粉对混合沥青的改性因素有哪些？／147
204　橡胶改性混合沥青(CRMA)与煤沥青改性石油(CTPMA)性质比较，其差异是什么？／148
205　什么是煤油共处理技术？什么是液化沥青(简称 CSA)？／148
206　CSA 液化沥青是怎样制备的？／148
207　在共处理反应条件下，煤和油浆单独转化有何不同？／149
208　油浆种类对共处理液化沥青有何影响？／149
209　反应温度和蒸馏条件对共处理液化沥青性质影响有哪些？／149
210　Fe 系催化剂和 Mo 系催化剂在煤油共处理反应中有何差异？／149
211　共处理液化沥青适宜四组分是什么？与石油沥青适宜四组分相比有何差异？／150
212　CSA 液化沥青组成是什么？／150
213　CSA 液化沥青性质特点是什么？／150
214　CSA 液化沥青的组成对改性沥青性质有何影响？／150
215　为什么 CSA 液化沥青作为改性剂可克服 TLA 特立尼达湖沥青改性剂的局限性？／150
216　CSA 液化沥青与 TLA 特立尼达湖沥青对石油沥青改性相比，其优点是什么？／151
217　CSA 作为改性剂，其含量增加对改性沥青性质有何影响？／151
218　影响 CSA 改性石油沥青的因素有哪些？／151
219　为什么说 CSA 液化沥青改性石油沥青有很好的应用前景？／151
220　什么是煤炭直接液化技术和间接液化技术？／151
221　什么是煤直接液化残渣(DCLR)？其组成如何？／152
222　煤直接液化残渣(DCLR)的沥青性质及其四组分如何？／152
223　为什么说 DCLR 归属于不饱和烃且是小分子物质？／153
224　DCLR 的高温挥发性如何？不溶物中是否有毒性？／153
225　DCLR 改性沥青制备工艺条件是什么？／153
226　DCLR 改性石油沥青的相容性如何？／153
227　什么是 Cole-Cole 图法？其评价 DCLR 改性石油沥青的掺量比例如何？／153

228　为什么 DCLR 改性沥青适用于沥青路面的中、下面层？/ 154
229　DCLR 掺量对其改性沥青高、低温性能有何影响？/ 154
230　DCLR 掺量对其改性沥青的疲劳性能、抗老化性能有何影响？/ 154
231　DCLR 掺量对其改性沥青感温性能有何影响？/ 154
232　SBS 和橡胶粉复合 DCLR 改性沥青是怎样制备的？/ 154
233　不同增溶剂对 DCLR 改性沥青低温性能影响效果排序是什么？/ 154
234　DCLR 改性沥青胶浆是怎样制备的？/ 155
235　DCLR 加入量对其改性沥青胶浆有何影响？/ 155
236　粉胶比对 DCLR 改性沥青的胶浆有何影响？/ 155
237　复合 DCLR 改性沥青大幅提高沥青混合料低温开裂能力的原因是什么？/ 155
238　DCLR 改性沥青、SBS 的 DCLR 改性沥青和 SBS+橡胶粉复合 DCLR 改性沥青等混合料的水稳定性如何变化？/ 155
239　DCLR 改性沥青适宜应用到哪些场景？/ 156
240　为什么道路中面层是抗车辙能力最不利层位？DCLR 改性沥青适宜用在中面层吗？/ 156
241　开展生活废旧塑料改性沥青研究有何重要意义？/ 156
242　为什么低密度聚乙烯(LDPE)是生活废旧塑料改性沥青的主流？/ 156
243　国内外生活废旧塑料改性沥青制作方法主要有哪几种？/ 157
244　废旧塑料鉴别方法有哪些？/ 157
245　生活废旧塑料分选方法有哪些？/ 157
246　生活废旧塑料回收再利用的方法有哪些？/ 157
247　制作沥青改性剂对废旧塑料有什么要求？/ 158
248　生活废旧塑料制作沥青改性剂的新方法(CRP)是什么？/ 158
249　实验室如何制备热裂化废旧塑料改性剂(CRP)？/ 158
250　为什么说热裂化塑料改性剂(CRP)化学活性更强？/ 158
251　废旧塑料改性剂的结晶度与哪些因素有关？/ 159
252　为什么说热裂化废旧塑料改性剂的结晶度明显下降？/ 159
253　一种聚合物能否用作沥青改性剂，需要满足哪些条件？/ 159
254　什么性质的基质沥青与聚合物的相容性更好？/ 159
255　如何采用高速剪切混合乳化设备制备废旧塑料改性沥青？/ 159
256　裂化与未裂化废旧塑料改性沥青的储存稳定性有何不同？/ 160
257　生活废旧塑料改性沥青储存稳定性主要特点是什么？/ 160
258　从废旧塑料改性沥青红外光谱分析中能够得出什么重要结论？/ 161

259 与未裂化 RP 相比，裂化的 CRP 分子结构有何特点？/ 161
260 生活废旧塑料改性沥青混合料的水稳定性如何变化？/ 161
261 废旧塑料 CRP 与 SBS 改性沥青性质有何差异？/ 161
262 什么是干法改性？有何优势？对改性剂有何要求？/ 162
263 废旧塑料干法改性有何意义？/ 162
264 干法 CRP 改性沥青拌和的主要工艺条件是什么？/ 162
265 生活废旧塑料干法改性沥青的效果如何？/ 162
266 什么是浇筑式沥青混凝土(GA)？其有何特点？/ 162
267 浇筑式沥青混凝土桥面铺装有何优点？其主要矛盾是什么？/ 162
268 浇筑式沥青混凝土为何用 SBS 和 CRP 复合改性沥青？其胶结料的原料构成是什么？/ 163
269 工业上是怎样进行废旧塑料改性沥青生产的？/ 163
270 什么是微表处？其应用特点是什么？/ 164
271 什么是稀浆封层(Slurry Seal)？其有何作用？/ 164
272 微表处在我国高速公路沥青路面维修养护的主要用途是什么？/ 164
273 为什么要进行微表处试验段铺筑？/ 164
274 什么是沥青路面再生技术？/ 165
275 不同再生方式在旧料利用率、级配、强度、水稳定性等方面的区别是什么？/ 165
276 乳化沥青冷再生技术特点是什么？/ 165
277 就地乳化沥青冷再生技术优点是什么？/ 166
278 就地乳化沥青冷再生技术缺点是什么？/ 166
279 就地乳化沥青冷再生技术应用范围是什么？/ 166
280 厂拌乳化沥青冷再生技术优势是什么？/ 166
281 厂拌乳化沥青冷再生技术缺点是什么？/ 166
282 厂拌乳化沥青冷再生技术应用范围是什么？/ 166
283 乳化沥青再生混合料的强度形成机理是什么？/ 167
284 乳化沥青稀浆封层应用范围是什么？/ 167
285 乳化沥青稀浆封层技术不能解决哪些工程问题？/ 167
286 添加剂和填料在稀浆封层混合料中的作用各是什么？/ 167
287 乳化沥青稀浆封层有哪些技术？/ 167
288 橡胶屑干法处理新技术中 Plus Ride 混合料的结构特点是什么？/ 168
289 橡胶屑干法处理新技术中类集料干法处理混合料的结构特点是什么？/ 168

290　橡胶屑干法处理新技术中橡胶块沥青混凝土(CRAC)混合料的结构特点是什么？/ 168
291　橡胶屑干法处理新技术在改善沥青性能方面有哪些发展？/ 168
292　橡胶屑干法处理新技术中后融胀干法处理和预融胀干法处理有何不同？/ 169
293　非搅动型橡胶沥青湿法处理有哪些新技术？/ 169
294　搅动型橡胶沥青湿法处理有哪些新技术？/ 170
295　橡胶沥青(橡胶改性沥青和沥青-橡胶)在热拌沥青混合料路面中有哪些应用？/ 170
296　橡胶沥青的施工条件有何要求？/ 170
297　橡胶沥青混合料对摊铺温度有什么要求？/ 170
298　橡胶沥青混合料对碾压温度有什么要求？/ 171
299　橡胶沥青在表面处治与封层的应用方面有什么优势？/ 171
300　喷洒型橡胶沥青有哪些应用领域？/ 171
301　温拌技术有哪几种类型？温拌沥青混合料有何特点？/ 171
302　温拌沥青混合料可用于什么沥青路面？/ 172
303　什么是矿物泡沫技术？/ 172
304　矿物泡沫-沸石使用特点及其对路用性能影响各是什么？/ 172
305　Sasobit 有机化合物降黏剂有何温拌特性？/ 172
306　Sasobit 有机化合物降黏剂有哪几种加入方式？/ 173
307　Evotherm 化学活性剂的温拌特性是什么？/ 173
308　WAM Foam 泡沫沥青是如何形成的？/ 173
309　WAM Foam 泡沫沥青技术对设备的要求是什么？/ 174
310　WAM Foam 泡沫沥青的温拌有何效果？/ 174
311　Low Energy Asphalt 泡沫沥青是如何形成的？/ 174
312　泡沫沥青温拌技术的特点是什么？/ 174
313　中国石化“东海牌”温拌沥青的特点是什么？/ 175
314　温拌沥青节能减排效果如何？/ 175
315　对硬质沥青概念有哪些说法？/ 175
316　中国石化自主开发的硬质沥青母粒质量指标是什么？/ 175
317　中国石化开发的硬质沥青母粒可应用在哪些方面？/ 176
318　中国石化开发的硬质沥青母粒产品先进性怎样？其产品有何特点？/ 176
319　中国石化“东海牌”沥青为什么能第二次在上海虹桥机场跑道成功应用？/ 176

320 什么是薄层罩面与超薄罩面？其有什么技术要求？/ 177
321 薄层罩面与超薄罩面如何分类？/ 177
322 Novachip 超薄罩面技术特点是什么？/ 177
323 Novachip 超薄罩面摊铺设备有哪些主要配置？该设备有何优点？/ 178
324 什么是高黏度改性沥青？其有何用途？/ 178
325 高黏度改性沥青聚合物含量通常是多少？其含量对改性沥青性能有何影响？/ 178
326 排水型沥青路面的沥青应具有哪些主要特征？/ 178
327 为什么沥青 60℃黏度是影响排水型沥青混合料路用性能的关键指标？/ 179
328 直投式高黏度改性沥青的改性剂(TPS)组成及使用怎样？/ 179
329 提高高黏度改性沥青稳定性的方法是什么？/ 179
330 一种高黏度沥青改性剂的组成及其制备各是什么？/ 179
331 一种制备特高黏高弹改性沥青方法是什么？/ 180
332 一种以 SBS 与微纳米级废胶粉复合改性制备高黏高弹沥青方法是什么？/ 180
333 排水沥青材料的发展趋势是什么？/ 180
334 什么是彩色沥青路面？其有哪几种类型？/ 180
335 彩色沥青路面具有什么功能？/ 181
336 彩色沥青路面的胶结料分哪两种类型？/ 181
337 浅色胶结料常使用的四种树脂性能如何？/ 181
338 彩色沥青混合料对集料有什么要求？/ 182
339 如何选择彩色沥青的颜料？/ 182
340 无机颜料和有机颜料各有何特点？对常用氧化铁红系列颜料哪些指标提出要求？/ 182
341 一种以芳烃油和石油树脂为基础原料制备彩色沥青方法是什么？/ 182
342 一种高含量聚合物彩色沥青制备方法是什么？/ 182
343 彩色沥青混合料配合比设计有什么要求？/ 183
344 太阳辐射对彩色路面的色彩有何影响？/ 183
345 彩色沥青路面摊铺时应满足什么要求？/ 183
346 温拌彩色沥青混合料的技术优势是什么？/ 183
347 温拌彩色沥青混合料的施工温度的控制范围是什么？/ 184
348 彩色沥青路面的发展前景如何？/ 184
349 纳米级二氧化钛有何特点？/ 184
350 纳米级二氧化钛光催化活性的影响因素有哪些？/ 185

351 纳米级二氧化钛催化降解汽车尾气的机理是什么？/ 185
352 影响纳米级二氧化钛降解汽车尾气效果的主要因素有哪些？/ 186
353 为什么在实际施工中采用直接拌和方式掺入纳米级二氧化钛催化剂？/ 186
354 如何提高纳米级二氧化钛的分散度？/ 186
355 纳米级二氧化钛对沥青质量有何影响？/ 186
356 纳米级二氧化钛改性沥青对其混合料的水稳定性有何影响？/ 187
357 纳米级二氧化钛改性沥青对其混合料的高温性能有何影响？/ 187
358 纳米级二氧化钛改性沥青对其混合料的低温性能有何影响？/ 187
359 现场摊铺的含纳米级二氧化钛沥青混合料对尾气有催化作用吗？/ 187
360 纳米级二氧化钛的催化作用会随着时间的推移而降低吗？/ 187
361 纳米级二氧化钛在沥青及混合料中的加入比例是多少？/ 187
362 纳米级二氧化钛环氧乳化沥青是怎样制备的？/ 188
363 纳米级二氧化钛对乳化沥青的性能有何影响？/ 188
364 纳米级二氧化钛在沥青路面应用领域的发展趋势是什么？/ 188
365 “十四五”期间，防水沥青发展方向是什么？/ 188
366 “十四五”期间，交通领域科技创新规划与沥青有关内容是什么？/ 189
367 交通运输部关于公路“十四五”发展规划重点任务中与沥青相关内容有哪些？/ 189

第四章　常减压蒸馏生产石油沥青技术 / 190

1 原油的一般性状是什么？/ 190
2 原油为什么要分馏？它一般有哪些馏分？/ 190
3 石油高沸点馏分的烃类组成怎样？/ 190
4 什么是石油蜡？对沥青有什么影响？/ 191
5 什么是石蜡？其物性数据怎样？有什么样的化学组成？/ 191
6 什么是微晶蜡？其物性数据怎样？有什么样的化学组成？/ 191
7 我国减压渣油的一些特点是什么？/ 191
8 我国减压渣油的四组分有什么特点？/ 191
9 渣油主要的物理性质有哪些？各受什么影响？/ 192
10 渣油中饱和烃组成情况怎样？/ 192
11 渣油中芳烃组成情况怎样？/ 192
12 渣油中胶质组成情况怎样？/ 193
13 渣油中沥青质组成情况怎样？/ 193
14 原油评价包括哪些内容？/ 193

15 原油有哪几种分类法？/ 193
16 原油商品分类有几种？各按什么原则进行？/ 194
17 原油按关键馏分的特性如何分类？/ 194
18 按特性因数原油如何分类？各有什么特点？/ 195
19 生产石油沥青时，原油为什么要进行筛选？/ 195
20 国内外原油的分类情况怎样？/ 196
21 为什么说环烷基原油是生产沥青的首选资源？/ 196
22 为什么说中间基原油是生产沥青的重要资源？/ 196
23 为什么说石蜡基原油生产沥青难度很大？/ 196
24 选择适合生产沥青的原油的实验室评价方法是什么？/ 197
25 有哪些经验法可判断原油是否适合生产沥青？/ 198
26 原油精馏过程的必要条件有哪些？/ 199
27 石油精馏塔与化工精馏塔相比，其工艺有哪些特点？/ 199
28 生产沥青时原油为什么要进行减压蒸馏？/ 200
29 如何确定减压塔各点温度？/ 200
30 为什么原油减压蒸馏常用填料代替塔板？填料有哪些种类？如何评价其性能？/ 200
31 填料塔内气、液相负荷过低或过高会产生哪些问题？/ 201
32 如何确定填料塔的填料层高度？/ 201
33 减压塔与常压塔相比，有何明显的特点？/ 202
34 什么是“湿式”减压蒸馏？有什么特点？流程如何？/ 202
35 什么是“干式”减压蒸馏？采用了何种新技术？流程如何？有什么优点？/ 203
36 湿式减压操作与干式减压操作如何相互转换？/ 204
37 减压塔为什么设计成两端细、中间粗的形式？/ 204
38 怎样开、停间接冷却式蒸汽喷射器？/ 204
39 减压塔真空度是如何控制的？/ 205
40 影响真空度下降有哪些原因？/ 205
41 减压塔真空度高低对操作条件有何影响？/ 206
42 减压塔塔顶压力的高低对蒸馏过程有何影响？/ 206
43 减压塔抽真空时，真空度上不去的原因是什么？/ 207
44 影响减压塔顶温度变化有哪些原因？/ 207
45 减压塔底液位是如何控制的？/ 208
46 引起减压塔底液位变化的原因有哪些？/ 208

47 减压塔顶油水分离罐如何正常操作？/ 208
48 填料型减压塔各填料段，上部气相温度怎样控制，有什么作用？/ 209
49 如何判断减压系统有泄漏？/ 209
50 当减压塔底浮球式仪表液位计故障不能使用时，如何维持正常操作？/ 209
51 干式减压塔回流油喷嘴头堵塞有何现象及其原因？如何处理？/ 210
52 干式减压塔汽化段上部，塔板或填料发生“干板”会造成什么后果？/ 210
53 减压塔进料温度过高的原因是什么？它会引起哪些不良后果？/ 210
54 在减压塔内如何合理地使用破沫网？/ 211
55 减压炉出口的几根炉管为什么要扩径？/ 211
56 减压塔开工时常遇到哪些问题？应如何处理？/ 211
57 减压停工过程中，加热炉何时熄火？应注意什么事项？/ 212
58 减压蒸馏抽真空系统流程怎样？抽真空系统包括哪些设备，它们各自起什么作用？/ 212
59 蒸汽喷射抽空器的工作原理是什么？喷射器级数是怎样确定的？工作蒸汽怎样选择？/ 213
60 影响不凝气量的因素有哪些？/ 214
61 减压塔顶抽真空系统为什么易受腐蚀？应采取什么措施？/ 214
62 提高真空度的关键是什么？/ 215
63 为什么干式蒸馏要用增压器，湿式蒸馏不用增压器？/ 215
64 蒸汽喷射器的串汽现象是怎样造成的？/ 215
65 减压塔顶冷凝器有哪几种形式？它们都有什么优缺点？/ 216
66 如何进行正压试验及负压试验？/ 217
67 常见的真空度波动的原因和排除方法各是什么？/ 217
68 几种隐蔽性较强的影响减顶真空度的因素是什么？其对策是什么？/ 217
69 在减压蒸馏中提高沥青质量的途径有哪些？/ 218
70 二级减压蒸馏的流程是什么？它是怎样生产沥青的？/ 219
71 强化蒸馏的含义是什么？怎样利用强化蒸馏来提高沥青的质量？/ 219
72 强化蒸馏的添加剂有什么作用？其选择及应用应注意什么？/ 220
73 什么是高真空短程膜式蒸馏？高真空短程膜式蒸馏有何特点？其生产沥青流程如何？/ 220
74 怎样用减压馏法生产高等级道路沥青？/ 221
75 如何提高减压塔的拔出率？/ 222
76 怎样优化微湿式减压蒸馏的操作？/ 222

77 新型复合斜孔塔板结构和性能特点各是什么？它适合何种原油生产沥青？/ 223
78 近年来，我国常减压蒸馏装置的技术新进展表现在哪些方面？/ 223
79 近年来，国外常减蒸馏技术新进展表现在哪些方面？/ 224
80 利用减压深拔技术生产高品质石油沥青应注意哪些方面？/ 224
第五章 溶剂脱沥青生产技术 / 225
1 溶剂脱沥青工艺的作用是什么？/ 225
2 溶剂脱沥青技术的发展概况怎样？/ 225
3 溶剂脱沥青装置对炼厂的效益有什么影响？/ 226
4 溶剂脱沥青技术对提高我国道路沥青质量有什么意义？/ 226
5 溶剂脱沥青的原料是什么？/ 227
6 沥青质有什么特性？/ 227
7 沥青质对石油沥青质量及性能有什么影响？/ 227
8 溶剂对沥青质有什么影响？/ 228
9 温度对沥青质沉淀有什么影响？/ 228
10 分离步骤对沥青质沉淀有什么影响？/ 228
11 沥青质在加工过程中有什么特点？/ 229
12 胶质有什么性质？/ 229
13 渣油中的金属种类及分布如何？/ 229
14 渣油化学组成的分析方法有几种？各有什么特点？/ 230
15 脱沥青油与其他几种重油的裂化性能有何不同？/ 230
16 脱沥青油的主要用途有哪些？/ 230
17 脱油沥青有什么用途？/ 231
18 沥青水浆具有什么特点和用途？/ 233
19 溶剂脱油沥青中的胶质有什么用途？/ 233
20 溶剂的溶解过程是什么？/ 233
21 温度对溶解能力有何影响？/ 234
22 为什么要对渣油进行溶剂脱沥青处理？它有什么特点和规律？/ 234
23 理想溶剂对脱沥青装置有什么影响？对理想溶剂有什么要求？常用哪些溶剂？/ 236
24 丙烯对脱油沥青有什么影响？/ 236
25 常用的几种脱沥青的烃类溶剂物性数据有什么不同？/ 236
26 丙烷对脱油沥青有什么影响？/ 237

27　丁烷溶剂对脱油沥青有什么影响？／237
28　戊烷溶剂对脱油沥青有什么影响？／238
29　混合溶剂对脱油沥青有什么影响？／238
30　根据什么理由来选择脱油沥青的溶剂？／238
31　溶剂比对脱油沥青有什么影响？／238
32　抽提温度对脱沥青操作有什么影响？／239
33　抽提塔各区域有什么作用？其温度分布如何？／240
34　抽提压力对脱油沥青有什么影响？／241
35　脱油沥青收率对产品的质量有什么影响？／241
36　溶剂脱沥青工艺的基本流程是什么？／242
37　DEMEX 脱沥青工艺的特点是什么？／244
38　ROSE 脱沥青工艺的特点是什么？／244
39　SOLVAHL 溶剂脱油沥青工艺的特点是什么？／244
40　RSR 脱油沥青工艺的特点是什么？／244
41　LEDA 脱油沥青工艺流程是什么？它有什么特点？／244
42　为什么要进行两段法溶剂脱沥青？／245
43　抽提法两段脱沥青工艺流程是什么？／245
44　沉降法两段脱沥青工艺有什么特点？其流程是什么？／246
45　常规单段脱沥青与两段脱沥青相比有什么不同？／247
46　Demex 脱沥青流程图及过程是什么？／247
47　抽提塔原料多孔管分布器作用及类型各是什么？均匀布孔管有什么要求？／248
48　抽提塔原料多孔管分布器液滴有几种类型？对液滴流速有什么要求？／249
49　溶剂进入抽提塔的位置分布是什么？／250
50　抽提塔的选型有哪些？各有什么特点？／250
51　抽提塔为什么要对沥青界面进行控制？其控制方法有哪些？／251
52　脱沥青油溶液的溶剂回收有哪几种方法？蒸发回收时为何有大量的泡沫？怎样消除？／251
53　什么样的操作原则最经济？／252
54　沥青溶液的溶剂回收方法是什么？怎样消除雾沫夹带？怎样减少沥青的气泡？／252
55　脱沥青装置溶剂消耗是怎样产生的？该指标有何意义？／253
56　高软化点脱油沥青在管线流动时怎样维护？凝堵时怎样处理？／253

57 脱沥青装置污染及腐蚀情况怎样？/ 254
58 超临界流体抽提体系在临界区有什么特点？/ 254
59 超临界流体抽提与其他物理分离方法相比有什么优点？/ 254
60 纯组分的 *P-T* 相图怎样？在超临界流体区域内最适宜的温度范围是什么？/ 254
61 二元混合物的 *P-T* 相图怎样？相包络现象是怎样形成的？/ 255
62 二氧化碳和丙烷作溶剂时有什么不同？/ 256
63 溶质对溶解度有什么影响？/ 257
64 为什么要用混合溶剂？它有什么优点？/ 257
65 轻、重溶剂对减压渣油超临界流程有什么不同？/ 258
66 超临界抽提、常规抽提和减压蒸馏相比较有什么不同？/ 259
67 溶剂脱沥青的温度、压力等主要操作条件在什么范围内？/ 260
68 为什么渣油超临界抽提(ROSE 过程)可明显降低能耗？/ 260
69 丙烷的溶剂脱沥青过程与丁烷的溶剂脱沥青过程有什么区别？/ 261
70 在近临界状态下常规方法计算溶剂-渣油体系物理和热力学性质为啥存在较大误差？/ 261
71 超临界抽提技术和超临界溶剂回收技术有什么共同点？/ 261
72 脱沥青装置对原料有什么要求？/ 261
73 原料质量变化对产品质量有何影响？/ 262
74 如何控制溶剂脱沥青装置的抽提温度？/ 262
75 胶质沉降器进料温度是如何控制的？/ 262
76 怎样调节溶剂脱油沥青的超临界温度？/ 262
77 抽提压力、超临界回收压力、沥青加热炉压力对操作各有什么影响？/ 263
78 丙烷脱沥青生产的主要工艺条件是什么？/ 263
79 丁烷脱沥青装置主要工艺指标如何？/ 264
80 丁烷脱油沥青除用于沥青调和外还有哪些主要用途？/ 264
81 脱油沥青的针入度小于质量指标怎样调节？/ 266
82 脱油沥青的针入度大于质量指标怎样调节？/ 266
83 脱油沥青通常能满足质量要求吗？可采取什么措施获得高品质的道路沥青？/ 266
第六章 沥青调和生产技术 / 268
1 什么叫沥青的“哑铃调和法”？/ 268
2 用调和法生产沥青具有哪些优点？/ 268

3 沥青调和的主要理论依据是什么？/ 269
4 调和沥青的硬组分和软组分主要有哪些？/ 269
5 沥青调和过程中应注意哪些问题？/ 270
6 直馏沥青调和有什么规律？/ 270
7 从生产方式划分沥青调和工艺有哪些？/ 270
8 从调和沥青原料划分调和沥青的工艺有哪些方式？/ 271
9 沥青调和中常见的原料组合类型有哪些？/ 271
10 用润滑油精制抽出油调和沥青时应注意哪些问题？/ 271
11 催化裂化油浆作为沥青调和的软组分有哪些优缺点？/ 272
12 用富含芳烃的馏分作为沥青改质组分的生产工艺主要有哪些？/ 272
13 沥青在线调和对设备有什么要求？/ 274
14 静态混合器的工作原理是什么？/ 274
15 静态混合器与动态混合设备相比有什么优点？/ 274
16 调和罐的加热和搅拌设施是如何设置的？/ 275
17 选择沥青调和组分的原则是什么？/ 275
18 沥青调和比例是怎样确定的？/ 275
19 实验室沥青调和试验对沥青工业化生产有哪些指导作用？/ 275
20 沥青罐的加热有哪些方式？各有什么特点？/ 276
21 沥青调和温度是怎样确定的？/ 276
22 什么是硬质沥青母粒？其产品质量有啥特点？/ 276
23 硬质沥青母粒怎样生产 50 号沥青和 30 号沥青等低针入度沥青？/ 276
24 硬质沥青母粒调和应注意什么事项？/ 277
25 调和温度和调和时间有何关系？/ 277
26 调和沥青的针入度与调和组分的针入度有何关联？/ 277
27 对首次工业沥青调和，怎样判断沥青调和时间？/ 277
28 调和沥青新产品时为什么要进行热储存稳定性跟踪？/ 278
29 为什么说沥青调和技术是未来沥青生产的发展方向？/ 278
第七章 聚合物及橡胶改性沥青生产技术 / 279
1 我国聚合物改性沥青如何分类？其适用范围是什么？/ 279
2 什么是沥青改性剂？常用的有机改性剂有哪些？各有什么特点？/ 279
3 什么是沥青稳定剂？/ 280
4 什么是沥青分散剂？/ 280
5 什么是沥青抗剥离剂？/ 280

6　一种理想的道路沥青应具有哪些特点？/ 280
7　用于沥青改性的聚合物主要可分为几大类？/ 280
8　聚合物主要具有哪些结构特点？/ 281
9　聚合物的溶解过程有什么特点？/ 281
10　聚合物的选用原则有哪些？/ 282
11　聚合物改善改性沥青高温性的主要原因是什么？/ 283
12　什么叫聚合物的溶解度参数？如何测定聚合物的溶解度参数？/ 284
13　聚合物改性沥青主要用于哪些领域？/ 285
14　什么是SBS？其结构和特性如何？/ 286
15　什么叫聚合物改性沥青的储存稳定性？/ 287
16　聚合物改性沥青热力学相容性机理是什么？/ 287
17　为什么说反应型SBS改性沥青的热稳定性好于非反应型SBS改性沥青？/ 288
18　什么叫聚合物改性沥青的工艺相容性？/ 288
19　影响聚合物改性沥青储存稳定性的因素主要有哪些？/ 289
20　聚合物SBS改性沥青的改性机理主要有哪些？/ 291
21　什么叫银纹？银纹存在对SBS和SBR改性沥青有哪些好处？/ 292
22　改善聚合物改性沥青储存稳定性的途径主要有哪些？/ 293
23　聚合物改性沥青储存稳定性的评价方法主要有哪些？/ 294
24　SBS、SBR、EVA和PE改性沥青各有哪些特点？其相对效果如何？/ 295
25　目前聚合物改性沥青的制备工艺主要有哪些？/ 296
26　预混合法改性沥青制备工艺与现场拌和法相比有哪些优点？/ 298
27　丁苯橡胶改性沥青有哪些优点？选用丁苯橡胶改性剂时应注意哪些问题？/ 299
28　丁苯胶乳改性沥青生产方法有哪些？在生产和使用时应注意哪些问题？/ 300
29　提高聚合物与基质沥青相容性的主要混合设备有哪些？/ 300
30　不同的原料及工艺条件对SBS改性沥青的改性效果有何影响？/ 301
31　SBS命名中四位数字的含义是什么？/ 303
32　SBS、SBR、EVA和PE等聚合物对改性沥青性质影响的比较？/ 303
33　SBS掺入量对改性沥青性能有怎样影响？/ 304
34　沥青四组分对SBS的相容性有什么影响？/ 304
35　SBS改性沥青生产溶胀过程中对温度有什么要求？/ 304
36　SBS改性沥青在发育过程中对温度有什么要求？/ 304
37　改性沥青生产中基质沥青如何选择？/ 304

38 为什么要对改性沥青的基质沥青进行选择？/ 305
39 不同 SBS 改性沥青产品对基质沥青怎样选择？/ 305
40 改性沥青的稳定剂作用/用量/温度/种类怎样？/ 305
41 改性沥青的相容剂作用/用量/种类/性质怎样？/ 305
42 SBS 改性沥青热储存稳定性主要有哪些影响因素？/ 305
43 糠醛抽出油对 SBS 改性沥青性能有哪些影响？/ 306
44 充分发挥稳定剂的稳定效果应考虑哪些影响因素？/ 306
45 为什么说高温储存的 SBS 改性沥青搅拌或循环不宜频繁？/ 306
46 高温储存对 SBS 改性沥青的软化点有什么影响？/ 307
47 常温储存对 SBS 改性沥青的软化点有什么影响？/ 307
48 老化对 SBS 改性沥青的软化点有什么影响？/ 307
49 改性沥青在生产、发育及老化阶段，其针入度如何变化？/ 307
50 改性沥青在生产、发育及老化阶段，其延度如何变化？/ 307
51 什么是沥青-橡胶？/ 308
52 废橡胶粉改性沥青的生产技术主要有几种？各有什么优缺点？/ 308
53 废橡胶粉的脱硫方法有几类？/ 308
54 废橡胶粉的生产方式有哪些？/ 309
55 用废橡胶粉改性沥青可以提高基质沥青的哪些性能？/ 309
56 影响废橡胶粉改性沥青性能的主要因素有哪些？/ 310
57 沥青-橡胶结合料主要特征是什么？/ 310
58 橡胶改性沥青主要特征是什么？/ 311
59 为什么说橡胶改性沥青与沥青-橡胶结合料不同？/ 311
60 与普通沥青和常规聚合物改性沥青相比，沥青-橡胶结合料的优势是什么？/ 311
61 与普通沥青和常规聚合物改性沥青相比，沥青-橡胶结合料缺点与局限性是什么？/ 311
62 橡胶改性沥青在材料要求、生产工艺、使用条件、应用领域等方面的特点是什么？/ 312
63 沥青-橡胶结合料在材料要求、生产工艺、使用条件、应用领域等方面的特点是什么？/ 312
64 橡胶改性沥青的作用机理是什么？/ 312
65 沥青-橡胶结合料的作用机理是什么？/ 313
66 橡胶改性沥青中影响橡胶屑与沥青相容性的因素主要有哪些？/ 313

67 橡胶改性沥青中提高改性沥青相容性的添加剂有哪些？/ 313
68 橡胶改性沥青设计的基本原则是什么？/ 314
69 影响沥青-橡胶结合料的主要因素有哪些？/ 314
70 沥青-橡胶结合料中基质沥青的选择原则是什么？/ 314
71 对橡胶屑的化学组成和物理特性各有哪些要求？/ 315
72 橡胶改性沥青生产主要包括哪几个过程？/ 315
73 橡胶改性沥青的质量控制方法是什么？/ 315
74 橡胶改性沥青与常规改性沥青工艺控制上有什么不同？/ 315
75 沥青-橡胶结合料生产主要包括哪几个过程？/ 316
76 沥青-橡胶结合料主要工艺参数要求是什么？/ 316
77 如何对沥青-橡胶结合料生产过程进行质量监控？/ 316
78 如何进行沥青-橡胶结合料延期使用？/ 316
79 橡胶沥青在运输过程中对运输设备有什么要求？/ 317
80 橡胶沥青在运输过程中对温度有什么要求？/ 317
81 目前，工业化应用的轮胎橡胶改性活化技术有哪些？/ 317
82 单一的螺杆热挤出法是怎样活化橡胶的？其有何优点和不足？/ 317
83 复合型螺杆热挤出法是怎样活化的？其有何优点？/ 317
84 当前橡胶改性活化技术需考虑哪些因素？/ 318
85 解交联橡胶用于沥青改性对加工设备有何要求？/ 318
86 橡胶在沥青改性中是否掺量越高越好？/ 318
87 橡胶预处理后活化橡胶对沥青改性有何影响？/ 318
88 微纳橡胶是怎样生产的？其有何优点？/ 318
89 用微纳橡胶生产橡胶沥青时有何特点？/ 319
90 SBS 橡胶复合改性沥青有何特点？/ 319
91 橡胶沥青发展趋势是什么？/ 319
第八章　乳化沥青生产技术 / 320
1 什么是表面活性剂？/ 320
2 什么叫乳化液？/ 320
3 什么叫道路用乳化沥青？/ 320
4 乳化沥青有哪些优点和缺点？/ 320
5 什么叫乳化剂、阳离子乳化沥青和阴离子乳化沥青？/ 321
6 在铺路工程中如何选用乳化沥青？/ 321
7 在建筑工程中使用乳化沥青有哪些优点？/ 322

8 乳化沥青的形成机理是什么？/ 322
9 乳化沥青在使用过程中的破乳原因是什么？/ 322
10 影响乳化沥青破乳的因素有哪些？/ 322
11 用于沥青乳化的乳化剂分为哪些类型？/ 323
12 乳化沥青质量的基本要求有哪些？/ 323
13 乳化沥青如何分类？/ 324
14 影响乳化沥青性能的主要因素有哪些？/ 324
15 什么叫表面活性剂的亲水亲油平衡值？/ 325
16 如何计算表面活性剂的 *HLB* 值？/ 326
17 什么叫表面活性剂的临界胶束浓度(*CMC*)？/ 327
18 Gemini 型表面活性剂的特点是什么？/ 327
19 慢裂快凝乳化沥青的破乳机理是什么？/ 328
20 非离子乳化剂与其他乳化剂配合使用时有什么作用？/ 328
21 乳液储存稳定性对乳化剂有哪些要求？/ 328
22 乳化剂对破乳速度的影响因素有哪些？/ 328
23 实际施工中影响破乳速度的因素有哪些？/ 328
24 影响乳化沥青破乳速度的因素有哪些？/ 329
25 影响阳离子乳化沥青储存稳定性的因素有哪些？/ 329
26 用于乳化沥青的稳定剂有哪些种类？其作用机理是什么？/ 329
27 稳定剂复配有什么好处？/ 330
28 不同稳定剂在生产乳化沥青时用量大约是多少？/ 330
29 怎样选择稳定剂的类型？/ 330
30 选择沥青乳化剂应注意哪些问题？/ 330
31 乳化沥青与改性乳化沥青的生产工艺有哪些？/ 331
32 沥青原材料的乳化性能可以从哪些方面来判断？/ 331
33 为什么溶-凝胶型沥青是适合用于乳化沥青的原材料？/ 332
34 沥青蜡含量对乳化及乳化沥青性能有什么影响？/ 332
35 乳化沥青对水质有什么要求？/ 332
36 为什么水的 pH 值要求在 6.0~8.5？/ 332
37 水的硬度和离子对乳化沥青生产有什么影响？/ 333
38 橡胶胶乳类改性剂有哪些？各有什么特点？/ 333
39 橡胶胶乳与乳化沥青混合的基本条件有哪些？/ 334
40 沥青乳化生产流程的关键是什么？应该怎样控制？/ 334

41 为什么说沥青及水的温度是乳化工艺中的重要参数？/ 334
42 沥青乳化剂应用要注意什么问题？/ 334
43 乳化剂为什么要复配？/ 335
44 复配乳化剂应达到什么要求？/ 335
45 复配乳化剂在应用时从哪几个方面评价？/ 335
46 阳离子和阳离子乳化剂复配的特点是什么？/ 335
47 阳离子和非离子乳化剂复配的特点是什么？/ 335
48 阴离子和阴离子乳化剂复配的特点是什么？/ 336
49 阴离子和非离子乳化剂复配的特点是什么？/ 336
50 生产乳化沥青主要工艺参数有什么要求？/ 336
51 如何改变乳化沥青的黏度？/ 336
52 如何提高乳化沥青的储存稳定性？/ 337
53 阳离子乳化沥青具有哪些优点？/ 337
54 什么叫改性乳化沥青？/ 337
55 橡胶胶乳改性乳化沥青的生产工艺有哪些？/ 338
56 如何制备橡胶胶乳改性乳化沥青？各制备方法有哪些优缺点？/ 338
57 为什么不同胶乳复合生产改性乳化沥青时不能混合加入？应该怎样加入？/ 339
58 为什么不同胶乳复合生产改性乳化沥青时必须进行实验室验证？/ 339
59 橡胶改性乳化沥青的稳定机理是什么？/ 339
60 影响改性乳化沥青稳定性的因素有哪些？/ 339
61 SBS 改性乳化沥青的生产工艺怎样？/ 340
62 乳化 SBS 改性沥青性能优异但尚未实现规模化的生产和应用，其原因是什么？/ 340
63 生产 SBS 改性乳化沥青对设备有什么特殊要求？/ 340
64 SBS 改性乳化沥青有什么特点？/ 340
65 乳化沥青生产设备按照生产工艺流程不同可分为哪两类？各有什么特点？/ 341
66 乳化沥青生产设备按照设备配置和机动性不同可分为哪几类？各有什么特点？/ 341
67 成套的乳化沥青生产设备通常由哪几部分组成？/ 341
68 乳化沥青的核心设备乳化机的结构和作用各是什么？/ 341
69 胶体磨的机械密封有什么优点？/ 342

70　皂液掺配系统包括哪些设备？有什么作用？/ 342
71　皂液调配罐的功能有哪些？/ 342
72　皂液调配罐由哪些部分组成？/ 342
73　胶体磨启动时有什么要求？/ 342
74　乳化机产量越高越好吗？/ 342
75　对沥青乳液储存设备要求有哪些？/ 343
76　乳液储存期间出现块状或团状结皮对其使用性能会造成什么影响？/ 343
77　引起沥青乳液结皮的主要原因有哪些？/ 343
78　为了预防乳化沥青结皮，对乳化沥青生产过程有哪些要求？/ 343
79　乳化沥青储存应注意什么事项？/ 344
80　改性乳化沥青储存应注意什么事项？/ 344
81　乳化沥青运输应注意什么事项？/ 344
第九章　主要沥青生产技术工业生产案例 / 345
1　常减压蒸馏技术工业生产案例是什么？/ 345
2　溶剂脱沥青技术工业生产案例是什么？/ 347
3　沥青调和技术工业生产案例是什么？/ 350
4　聚合物改性沥青技术工业生产案例是什么？/ 354
5　废胎胶粉改性沥青技术工业生产案例是什么？/ 358
6　乳化沥青生产技术工业生产案例是什么？/ 359
第十章　道路石油沥青的应用技术服务 / 363
1　什么叫沥青路面？沥青路面如何分类？/ 363
2　什么是层铺法路面施工工艺？层铺法施工工艺应注意哪些事项？/ 363
3　什么是拌和法施工工艺？/ 363
4　什么叫结合料？什么叫沥青混合料？/ 364
5　什么叫沥青混凝土混合料？沥青混凝土混合料分为哪些种类？什么叫油石比？/ 364
6　什么叫砂粒式、细粒式、中粒式、粗沥青式和特粗式沥青混合料？/ 364
7　什么叫沥青面层？/ 364
8　什么叫改性沥青路面？什么叫开级配沥青表层(OGFC)？/ 365
9　什么叫整平层、透层和黏层？/ 365
10　什么叫磨耗层？/ 365
11　什么叫单层式、双层式和三层式表面处治路面？/ 365
12　什么叫热拌热铺沥青混合料路面？什么叫常温沥青混合料路面？/ 365

13　什么叫沥青表面处治路面？其适用范围是什么？/ 365
14　什么叫沥青贯入式路面？其适用范围是什么？/ 366
15　什么叫乳化沥青碎石路面？其适用范围是什么？/ 366
16　什么叫热拌沥青碎石路面？其适用范围是什么？/ 366
17　什么叫沥青混凝土路面？其适用范围是什么？/ 366
18　什么是沥青玛蹄脂碎石混合料？其组成特征和路用性能如何？/ 366
19　沥青混合料如何分类？/ 367
20　什么叫稀浆封层？其适用范围及优点是什么？/ 368
21　沥青路面的损坏形式主要包括哪些种类？/ 369
22　沥青路面裂缝是怎样分类的？/ 369
23　什么是纵向裂缝？其产生的原因是什么？/ 369
24　什么是横向裂缝？其产生的原因是什么？/ 369
25　什么是网裂？其产生的原因是什么？/ 370
26　什么是块状开裂？其产生的原因是什么？/ 370
27　什么是推挤开裂？其产生的原因是什么？/ 370
28　车辙会对交通行车和路面结构造成什么不良后果？/ 370
29　结构型车辙形成原因是什么？/ 371
30　什么是失稳性车辙？其形成的原因是什么？/ 371
31　坑槽是怎样形成的？/ 372
32　沥青路面泛油的原因是什么？/ 372
33　沥青路面产生松散和麻面的原因是什么？/ 372
34　沥青路面产生推移的原因是什么？/ 373
35　沥青产品的取样、试样准备和分析要求是什么？/ 374
36　沥青到货验收出现质量异常该怎样处理？/ 374
37　常用沥青取样的操作要点是什么？/ 374
38　沥青试验准备应注意哪些事项？/ 374
39　沥青仪器设备为什么必须进行计量检定或校准？/ 375
40　施工现场检测沥青针入度偏离的原因是什么？应采取什么措施？/ 375
41　施工现场检测沥青软化点偏离的原因是什么？应采取什么措施？/ 375
42　施工现场检测沥青延度偏离的原因是什么？应采取什么措施？/ 376
43　TFOT 和 RTFOT 薄膜烘箱分析结果为什么存在较大差别？怎样应对？/ 376
44　沥青新产品工业生产应注意什么问题？/ 376
45　沥青新产品的质量跟踪及评价应注意什么问题？/ 377

46　新沥青产品路面应用有哪些方面？/ 377
47　沥青专业供应商如何为下游客户做好技术服务？/ 377
48　沥青储存温度如何控制？/ 378
49　沥青储存应注意什么事项？/ 378
50　沥青运输应注意什么事项？/ 378
51　对沥青储罐有什么要求？/ 379
52　石油沥青毒性如何？/ 379
53　沥青操作人员的防护服装包括哪些？对其有什么要求？/ 379
54　沥青操作人员如何做好个人卫生？/ 380
55　如何进行沥青的防火和灭火？/ 380
第十一章　沥青其他知识 / 381
1　氧化法的作用是什么？/ 381
2　沥青(渣油)氧化的反应机理是什么？氧化反应产物主要有哪些？/ 381
3　反应温度和原料性质对沥青中化合氧含量有何影响？/ 382
4　吹风氧化过程对沥青或渣油的化学组成和物理性质有何影响？/ 382
5　什么叫微分反应热和积分反应热？/ 382
6　沥青或渣油氧化的热效应有哪些特点？/ 382
7　如何描述沥青氧化过程的反应速度？/ 383
8　我国的沥青氧化工艺主要有哪些种类？/ 383
9　塔式氧化沥青装置的工艺流程是什么？/ 384
10　塔式氧化沥青工艺有什么特点？/ 384
11　沥青氧化塔的结构及各部分的作用是什么？/ 385
12　影响氧化沥青质量的主要因素有哪些？/ 385
13　反应热排除的主要途径有哪些？/ 386
14　催化氧化工艺有什么优缺点？/ 386
15　氧化沥青装置尾气的主要成分是什么？/ 387
16　苯并(a)芘的物理性质和化学性质怎样？对环境有什么影响？/ 387
17　氧化沥青装置的尾气如何处理？/ 387
18　专用石油沥青主要包括哪些种类？/ 387
19　电缆沥青具有哪些特点？/ 388
20　管道防腐沥青有哪些主要的性能要求？/ 389
21　什么是光学刻线沥青？它有哪些主要的性能要求？/ 389
22　什么是光学抛光沥青？它有哪些主要的性能要求？/ 390

23　水工沥青必须具有哪些特点？/ 390
24　什么是彩色沥青？彩色沥青主要用于哪些领域？/ 390
25　钻井液用沥青产品包括哪些种类？/ 391
26　作为水基钻井液处理剂的沥青类产品必须具备哪些必要条件？/ 391
27　沥青类钻井液处理剂的作用机理是什么？/ 391
28　与普通道路沥青相比，宽域沥青具有哪些特点？/ 392
29　宽域沥青可用于哪些领域？/ 392
30　泡沫沥青作为路用材料有哪些优点？/ 392
31　泡沫沥青的形成机理是什么？/ 393
32　评价沥青发泡效果的指标有哪些？/ 393
33　泡沫沥青作为保温材料具有哪些优缺点？/ 393
34　防水卷材分为哪些类型？/ 394
35　国内防水材料用 SBS 改性沥青的基质沥青选择原则是什么？/ 394
36　什么是聚合物改性沥青防水卷材？它有哪些优点？/ 394
37　什么叫塑性体沥青防水卷材？其代表产品是什么？它有哪些优点？/ 394
38　什么叫弹性体沥青防水卷材？其代表产品是什么？其特点和使用范围是什么？/ 395
39　什么叫橡塑共混类沥青防水卷材？它有哪些特点？/ 395
40　防水卷材中胎基的作用和质量要求是什么？/ 396
41　改性沥青防水卷材的胎基主要包括哪些种类？各有哪些优缺点？/ 396
第十二章　沥青技术要求和标准 / 397
1　什么是道路石油沥青技术要求(GB/T 50092—2022)？/ 397
2　什么是聚合物改性沥青技术要求(GB/T 50092—2022)？/ 398
3　什么是乳化沥青技术要求(GB/T 50092—2022)？/ 399
4　什么是改性乳化沥青技术要求(GB/T 50092—2022)？/ 399
5　什么是液体石油沥青技术要求(GB/T 50092—2022)？/ 400
6　什么是稀浆封层用乳化沥青和改性乳化沥青技术要求(JTG/T 5142-1—2021)？/ 401
7　什么是微表处用改性乳化沥青技术要求(JTG/T 5142-1—2021)？/ 401
8　什么是超薄罩面用 SBS 改性沥青、高黏改性沥青技术要求(JTG/T 5142-1—2021)？/ 402
9　什么是超薄罩面用橡胶改性沥青技术要求(JTG/T 5142-1—2021)？/ 403
10　什么是超薄罩面黏层用 SBS 改性乳化沥青、高黏度改性乳化沥青技术要

求(JTG/T 5142-1—2021)? / 403
11 什么是加热型密封胶技术要求(JTG/T 5142-1—2021)? / 404
12 什么是普通型彩色沥青技术要求(石油树脂型)(DB 37/4416—2021)? / 404
13 什么是改性型彩色沥青技术要求(石油树脂型)(DB 37/4416—2021)? / 404
14 什么是废胎胶粉橡胶沥青技术要求(JT/T 798—2019)? / 405
15 什么是聚合物胶粉复合改性沥青技术要求(JT/T 798—2019)? / 405
16 什么是改性胶粉橡胶沥青技术要求(JT/T 798—2019)? / 405
17 什么是均质型橡胶改性沥青技术要求(CJJ/T 273—2019)? / 405
18 什么是亚均质型橡胶改性沥青技术要求(CJJ/T 273—2019)? / 406
19 什么是沥青-橡胶的技术性能要求(CJJ/T 273—2019)? / 407
20 什么是冷再生用乳化沥青质量要求(JTG/T 5521—2019)? / 407
21 什么是沥青再生剂技术要求(JTG/T 5521—2019)? / 408
22 什么是电缆沥青技术要求(NB/SH/T 0001—2019)? / 408
23 什么是民用机场道面石油沥青技术要求(MH/T 5010—2017)? / 409
24 什么是民用机场道面湖沥青复合改性沥青技术要求(MH/T 5010—2017)? / 409
25 什么是民用机场道面聚合物改性沥青技术要求(MH/T 5010—2017)? / 410
26 什么是彩色沥青结合料性能指标(GB/T 32984—2016)? / 411
27 什么是改性彩色沥青结合料性能指标(GB/T 32984—2016)? / 411
28 什么是高黏高弹道路沥青(GB/T 30516—2014)? / 412
29 什么是煤沥青的技术要求(GB/T 2290—2012)? / 412
30 什么是重交通道路石油沥青(GB/T 15180—2010)? / 413
31 什么是建筑石油沥青标准(GB/T 494—2010)? / 413
32 什么是防水用弹性体(SBS)改性沥青技术要求(GB/T 26528—2011)? / 414
33 什么是防水材料用沥青技术要求及试验方法(NB/SH/T 0981—2019)? / 414
34 什么是防水卷材沥青技术要求(JC/T 2218—2014)? / 414
35 什么是水利行业的水工沥青的技术要求(SL 514—2013)? / 415
36 什么是水工改性沥青技术要求(SL 514—2013)? / 416
37 什么是水工乳化沥青技术要求(SL 514—2013)? / 416
38 什么是橡胶沥青标准(NB/SH/T 0818—2010)? / 417
39 什么是阻燃道路沥青标准(NB/SH/T 0820—2010)? / 418
40 什么是路用阻燃改性沥青标准(NB/SH/T 0821—2010)? / 418
41 什么是道路石油沥青标准(NB/SH/T 0522—2010)? / 419

42 什么是热拌用沥青再生剂标准(NB/SH/T 0819—2010)? / 419
43 什么是电力行业的水工沥青的技术要求(DL/T 5411—2009)? / 419
44 什么是水工石油沥青标准(SH/T 0799—2007)? / 420
45 什么是道路石油沥青技术要求(JTG/T 3640*)? / 421
46 什么是 SBS 聚合物改性沥青技术要求(JTG/T 3640*)? / 422
47 什么是 SBR 类和 EVA、PE 类聚合物改性沥青技术要求(JTG/T 3640*)? / 424
48 什么是橡胶沥青技术要求(JTG/T 3640*)? / 424
49 什么是天然沥青改性沥青技术要求(JTG/T 3640*)? / 425
50 什么是喷洒型道路用乳化沥青技术要求(JTG/T 3640*)? / 426
51 什么是拌和型道路用乳化沥青技术要求(JTG/T 3640*)? / 427
52 什么是喷洒型道路改性乳化沥青技术要求(JTG/T 3640*)? / 428
53 什么是拌和型改性乳化沥青技术要求(JTG/T 3640*)? / 430
54 什么是道路用稀释沥青技术要求(JTG/T 3640*)? / 431
55 什么是基于 DSR 的沥青路用性能标准(JTG/T 3640*)? / 432
56 什么是基于 MSCR 的沥青路用性能标准(JTG/T 3640*)? / 434
57 什么是防水防潮石油沥青标准[SH/T 0002—1990(1998)]? / 436
58 什么是管道防腐沥青标准[SH/T 0098—1991(2005)]? / 436
59 什么是绝缘沥青规格要求[SH/T 0419—1994(2005)]? / 436
60 什么是电池封口剂标准[SH/T 0421—1992(2005)]? / 437
61 什么是美国道路沥青胶结料针入度分级规范 ASTM D946/946M-15 的技术要求(一)? / 437
62 什么是美国道路沥青胶结料针入度分级规范 ASTM D946/946M-15 的技术要求(二)? / 438
63 什么是美国道路石油沥青黏度分级规范 AASHTO M226-80(2017)技术要求(一)? / 438
64 什么是美国道路石油沥青黏度分级规范 AASHTO M226-80(2017)技术要求(二)? / 439
65 什么是美国道路石油沥青黏度分级规范 AASHTO M226-80(2017)技术要求(三)? / 439
66 什么是美国各州的微表处改性乳化沥青标准? / 440
67 什么是阳离子乳化沥青技术要求(ASMT D2397)? / 440
68 什么是美国沥青胶结料性能分级规范 AASHTO M320-17 的产品分级及技术要求(一)? / 441

69 什么是美国沥青胶结料性能分级规范 AASHTO M320-17 的产品分级及技术要求(二)? / 443
70 什么是美国采用多应力蠕变恢复(MSCR)试验的沥青胶结料性能分级规范 aAASHTO M332-18 的产品分级及技术要求(三)? / 445
71 什么是阴离子乳化沥青技术要求(ASMT D977)? / 447
72 什么是筑路用Ⅳ型聚合物改性黏稠沥青技术要求(ASTM D5892—00)? / 448
73 什么是筑路用Ⅰ型聚合物改性沥青技术要求(ASTM D5976—00)? / 448
74 什么是胶粉沥青技术要求(ASTM D6114—2002)? / 448
75 什么是欧洲 EN12591：2009 道路沥青规范的技术要求(一)? / 449
76 什么是欧洲 EN12591：2009 道路沥青规范的技术要求(二)? / 449
77 什么是欧洲 EN12591：2009 道路沥青规范的技术要求(三)? / 450
78 什么是欧洲 EN12591：2009 道路沥青规范的技术要求(四)? / 450
79 什么是欧洲 EN12591：2009 道路沥青规范的技术要求(五)? / 451
80 什么是欧洲 EN12591：2009 道路沥青规范的技术要求(六)? / 451
81 什么是 60℃黏度分级的欧盟道路沥青标准? / 451
82 什么是马来西亚石油沥青技术要求? / 452
83 什么是澳大利亚路用沥青和多级沥青技术要求? / 452
84 什么是俄罗斯道路石油沥青(roct 22245—90)? / 453
85 什么是俄罗斯道路沥青(roct 33133—2014)? / 454
86 什么是哈萨克斯坦道路石油沥青(CTPK1373—2005)? / 455
87 中国交通运输部有关沥青试验方法行业标准及其对应外国标准是什么? / 456
88 美国 ASTM 有关沥青试验方法标准是什么? / 459
89 欧共体欧洲标准化组织 CEN 有关沥青试验方法标准是什么? / 461
参考文献 / 463
附表 / 469

第一章　石油沥青的物理和化学性质

1　什么是石油沥青？它分为哪些种类？

沥青为暗褐色到黑色的固态或半固态的黏稠状物质，主要由高分子烃类和非烃类组成，可溶于苯、二硫化碳和三氯乙烯等有机溶剂，在自然界中天然存在或由石油炼制获得。

按来源分类，石油沥青可分为天然所产的沥青、石油沥青。天然所产的沥青又可分为天然沥青、沥青矿和焦性沥青。

天然沥青是指原油渗透到地表，经过自然蒸发而形成的沥青。湖沥青是一种典型的天然沥青，它是地表凹陷的天然的表面沉积物。矿物质含量大于10%的天然沥青称为岩沥青。

天然沥青经过多种物理和化学作用形成沥青矿，按其在二硫化碳中的溶解度不同，可分为沥青矿和焦性沥青。沥青矿中的沥青几乎可以全部溶于二硫化碳，焦性沥青则几乎不溶于二硫化碳。

石油沥青是指原油经过常压蒸馏、减压蒸馏、溶剂脱沥青、氧化或调和等过程得到的可以满足某种功能的沥青，如道路石油沥青、建筑石油沥青等。

2　石油沥青主要由哪些元素组成？

与石油轻质馏分相同，碳(C)和氢(H)两种元素是构成石油沥青的主体元素，此外还含有少量的硫(S)、氧(O)、氮(N)等杂原子和微量的金属元素。石油沥青的元素组成中碳和氢两种元素的含量比较稳定，碳含量为82%~88%，氢含量为8%~13%；而硫元素含量变化较大，为0~8%；氮和氧的含量较少，大约为1.5%；大部分沥青的杂原子含量为5%左右。通常硫含量少的沥青，氮和金属含量也较少。含杂原子的化合物虽然分布在整个沥青的组分中，但主要集中在相对分子质量较大的胶质和沥青质中。

绝大部分沥青分子中都含有杂原子，真正由碳和氢两种元素组成的烃类只占极少数。

3 什么是沥青的塑性、脆性、韧性、黏弹性和触变性？

沥青材料在外力作用下发生弹性形变，当应力超过某一值时，应力不再增加，形变仍继续增大，外力撤去后，形变不能恢复的现象称为塑性。

沥青材料在外力作用下直至破坏仍不出现塑性变形的性质称为脆性。

沥青材料在外力作用下产生塑性变形过程中吸收能量的能力称为韧性。

将沥青材料在外力作用下既可以产生弹性变形，又可以产生黏性流动的性质称为黏弹性。

在一定剪切速率下，沥青流体表观黏度随时间的延长而降低或增加的性质称为触变性。

4 沥青质的组成和性质是怎样的？

沥青质为黑褐色至深黑色的易碎的粉末状固体，没有固定的熔点，在加热时通常首先膨胀，在300℃左右分解生成焦炭和气体；能溶于表面张力大于2.5×10^{-4}N/cm(25℃)的大部分有机溶剂，如苯、二硫化碳、三氯乙烯等，但不溶于乙醇、丙酮以及其他表面张力较小的溶剂。沥青质中碳元素的含量一般为82%±3%，氢含量为8.7%±0.7%，硫含量可达0.3%~10%，氧含量为0.3%~5%，氮含量为0.3%~3%，碳氢原子比(C/H)为0.87±0.5；相对分子质量为1000~10000，相对密度大于1.00。

研究结果表明，石油沥青质中的硫主要以噻吩和硫化物的形式存在，许多沥青质中也含有少量的亚砜。沥青质中的氮几乎都存在于芳香环系结构中，大部分是吡咯类氮，只有极少量的氮以饱和胺类的形式存在。沥青质中的氧主要以羧酸及酚类等含氧化合物的形式存在，也有少量的氧以醇、醚、醛、酮、酯、醌、环氧化合物以及钒氧卟啉等形式存在；对于氧化沥青则以酯类含氧化合物为主。

石油沥青的沥青质含量与分离溶剂(沉淀剂)的性质、用量及分离温度密切相关。溶剂和分离条件不同，得到的沥青质的性质和数量有较大的差异。在一定温度下，如果溶剂是同系物，溶剂的相对分子质量越大，沉淀出的沥青质越少，所得到的沥青质的相对分子质量就越大；对于同一种溶剂，随着溶剂用量的增加，沥青质的收率逐渐增加，当溶剂用量达到一定值时，沥青质的收率趋于恒定；在其他条件相同时，提高分离温度，则沥青质的收率随之减少。

对于直馏沥青而言，油源是决定其中的沥青质含量和结构的首要因素。随着原油基本属性、密度、地质年代和地层深度的不同，沥青质含量变化很大，其范围为0%~25%。原油的沥青质含量不是一成不变的，在一定的条件下，胶质和芳香分也会发生缩合反应生成新的沥青质。对于同一种原油，加工工艺不同，所生产的沥青的沥青质含量也会不同。采用蒸馏法时，沥青的针入度随着切割温度的提高而下降，虽然组成有所变化，但沥青质含量基本不变；而采用氧化法时，随着沥青针入度的降低，沥青的组成会发生明显的变化，沥青质含量也会显著上升。

5 沥青质在沥青中有哪些作用？

现代胶体理论认为，沥青的胶体结构以固态超细微粒的沥青质为分散相，通常是若干沥青质分子聚集在一体形成胶核，吸附极性半固态的胶质形成胶团。胶质是一种很好的胶溶剂，可以对沥青质产生良好的胶溶作用，从而使胶团胶溶、分散于液态的芳香分和饱和分组成的分散介质中，形成稳定的胶体。在沥青中，相对分子质量很高的沥青质并不能直接胶溶于相对分子质量较低、极性很弱的饱和分中，而是依靠沥青质所形成的胶核的强极性吸附极性较强的胶质，然后依次向外扩散，极性逐渐减弱，芳香度逐渐降低，最后稳定于芳香分和饱和分组成的介质中。只有各组分的化学组成和相对含量匹配时，才能形成稳定的胶体。因此，沥青质是石油沥青胶体结构的核心，其结构、含量及胶溶状态决定了石油沥青的胶体结构类型、物理性质和使用性能。随着沥青质含量的增加，沥青的胶体结构逐渐从溶胶型向凝胶型过渡，沥青的软化点和黏度明显上升，温度敏感性下降，防水、防渗漏和高温性能得以提高，故沥青质是优质道路沥青必备的组分之一。

6 沥青质的超分子结构模型是怎样的？

沥青质是具有不同组成和结构、不同分子大小和相对分子质量的复杂混合物。研究发现，沥青质类超分子结构可分为单元片、似晶缔合体、胶束、超胶束、簇状物、絮状物及液晶等几个结构层次。

一般认为，沥青质分子由若干个单元片构成，每个单元片中含有一个芳香-环烷环系，分子中各单元片之间由以碳原子为主(有个别 S 原子或 O 原子)的链相连。单元片的结构可大致用图 1-1 所示的平均结构模式来表示。

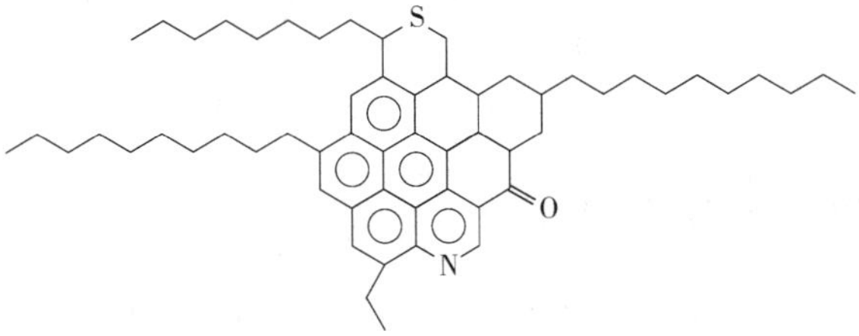

S
O
N

图 1-1 胶状沥青状组分单元片结构模式示意图

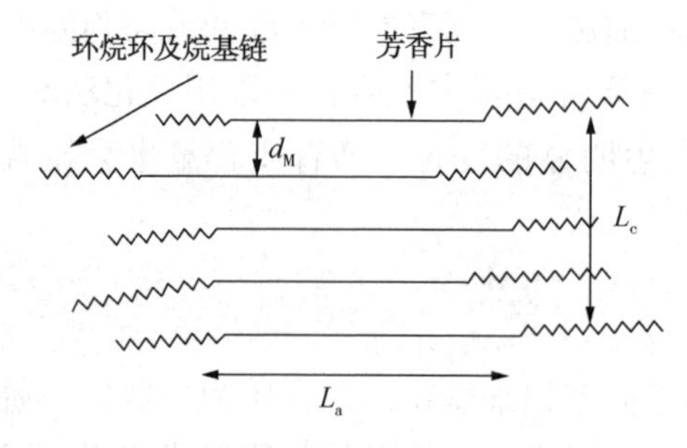

图 1-2　沥青质似晶缔合体示意图

单元片在空间有序地排列构成似晶缔合体，如图 1-2 所示。沥青质样品的芳香盘平均直径 L_a 都在 0.8～1.5nm，晶胞高度 L_c 大多在 2.0nm 左右，似晶微粒中相叠的芳香盘的平均层数 N_c 大多在 4～6。

似晶缔合体在沥青分散体系中并不是单独存在的。似晶缔合体之间及其与胶质和金属卟啉等组分之间相互缔合形成胶束，胶束相互聚集为超胶束，而胶束和超胶束则构成沥青质胶体分散体系中的分散相，因此沥青质分散相是一类超分子结构。图 1-3 为胶状沥青状组分超分子结构的模型图。

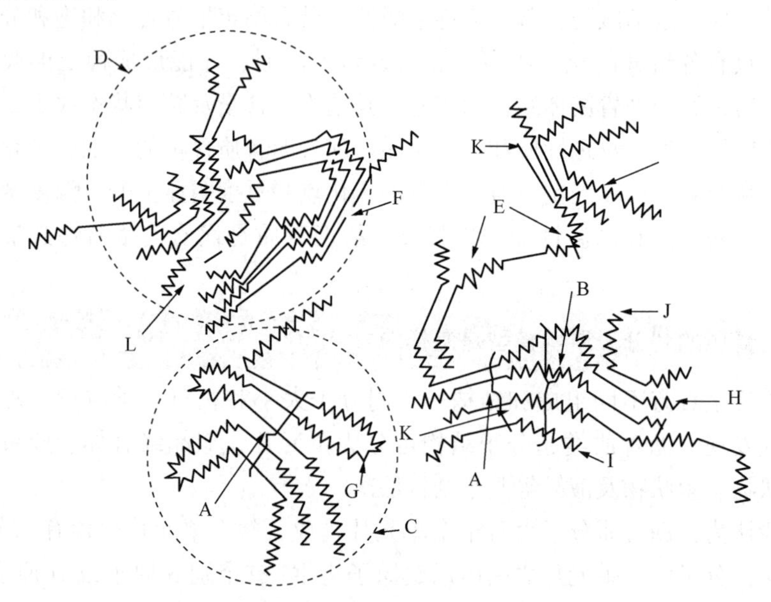

图 1-3　胶状沥青状组分超分子结构模型

A—晶粒；B—侧链束；C—微粒；D—胶束；E—弱键；F—空穴；G—分子内堆簇；B～H—分子间堆簇；I—胶质；J—单片；K—石油卟啉；L—金属

注：直线表示芳香环系，锯齿形线表示饱和结构（含链烷和环烷结构）。

7　胶质的组成和性质是怎样的？

胶质是介于沥青质和油分之间的组分，石油沥青中的胶质一般为棕褐色至黑色的黏稠状半固体或固体，相对分子质量为 500～5000 或者更大，相对密度接近 1.00。胶质具有很强的着色能力，轻质石油馏分中含有微量的胶质就会呈现浅黄色或更深的颜色。

胶质的化学稳定性很差，很容易发生氧化、磺化、缩合等化学反应。在空气存在的情况下，胶质在室温下就可以发生氧化缩合反应；温度越高，反应速度越快，其反应产物主要为沥青质。不同来源的胶质，氧化生成沥青质的倾向差别很大。

胶质分子结构中含有很多稠环芳烃和杂原子的化合物，属于强极性组分。胶质是沥青质主要的胶溶剂，其含量和分子结构对沥青的胶体结构有着重要的影响。胶质具有良好的塑性和黏附性，其含量增加，沥青的延度增大，这是道路沥青生产所希望的；但是，随着胶质含量的增加，沥青的温度敏感性增强，这是沥青生产所不希望的。大多数优质道路沥青的胶质含量为19%~39%。

8 什么是芳香分？芳香分在沥青中的作用是什么？

在沥青四组分中，芳香分是从氧化铝色谱柱上用苯冲洗后得到的组分。芳香分为黄红色黏稠液体，相对分子质量为300~2000，N_H/N_C 为1.5~1.7，芳香度为0.20~0.30，总环数为5~7，其中芳环数为3~4。

芳香分具有很强的溶解能力。在沥青胶体结构中，芳香分与饱和分一起构成连续相，它的存在提高了沥青中分散介质的芳香度，使沥青质-胶质所形成的胶团能够稳定地分散于其中，因此，芳香分是影响沥青胶体结构稳定性和胶体类型的关键因素。

9 什么是饱和分？饱和分在沥青中的作用是什么？

在沥青的四组分中，饱和分是最先用正庚烷从氧化铝色谱柱上冲洗下来的组分。石油沥青的饱和分含量一般为5%~25%，外观为无色液体或半固体。饱和分主要由含直链和支链的烷烃和环烷烃组成，杂原子和微量金属含量很少；N_H/N_C 一般为2左右，分子中基本不含芳香环，相对分子质量为300~1000，是沥青中相对分子质量最小的组分。

饱和分在沥青中主要起到柔软和润滑作用，是优质沥青不可缺少的组分，但饱和分(尤其是蜡)对温度敏感，不是理想组分。沥青中的饱和分含量不能太多，如果太多则会使沥青中分散介质的芳香度过低，难以形成稳定的胶体分散体系。

沥青饱和分一般含有一定量的蜡，这是沥青的有害组分。如果道路沥青的蜡含量较高，将对其流变性能和路用性能带来严重的负面影响。因此，我国重交通道路沥青标准要求蜡含量不大于3%。

10 重质油和石油沥青的族组成如何分类？

(1) 按组分的极性分类。重质油和沥青所含的化合物可以分为两大类：烃类和非烃类。烃类可分为烷烃、环烷烃及芳烃；非烃类则包括各种含硫、氧、氮等杂原子化合物。按分子的极性来划分，烷烃和环烷烃为非极性组分；芳烃、胶质和沥青质则属于极性组分。

（2）按照所使用的冲洗溶剂不同，重质油和石油沥青的族组成可分为：

① 三组分法(马库森法)，即油分、胶质和沥青质。

② 四组分法(SARA)，即饱和分、芳香分、胶质和沥青质，该方法在我国已实现标准化。

③ 六组分法，即饱和分、芳香分、轻胶质、中胶质、重胶质和沥青质。

④ 八组分法，即饱和分、轻芳烃、中芳烃、重芳烃、轻胶质、中胶质、重胶质和沥青质。

（3）按熔点分类，重质油和石油沥青的族组成可分为高熔点组分和低熔点组分。高熔点组分包括蜡和沥青质；重质油和石油沥青的族组成低熔点组分包括除蜡之外的饱和分、芳香分和胶质。

（4）按酸碱性分类，可分为酸性分、碱性分、两性分和中性分。

按酸碱性不同，分离重质油和石油沥青一般采用离子交换色谱法，也可以采用改性吸附色谱法或络合分离法。酸性分主要包括富含羧酸及酚等酸性含氧基团的组分；碱性分主要包括富含吡啶、喹啉等碱性含氮基团的组分；中性分主要包括中性含氮化合物、饱和分、单环芳烃、双环芳烃及多环芳烃等；两性分则为分子中同时含有酸性基团和碱性基团的组分。

11 求取重质油结构参数的方法主要有哪些？

求取重质油结构参数的方法主要有核磁共振波谱法、红外光谱法、密度法和氢碳比法。

12 用氢碳比法如何求取重质油的结构参数？

氢碳比(N_H/N_C)法是由中国石油大学提出的重质油结构参数求取方法。该方法有两个假设：①芳环系中环间的缩合状态为渺位缩合；②环烷环均叠加在芳香环的边上。用元素分析仪测定重质油或沥青的氢元素($H\%$)和碳元素($C\%$)的百分比，代入式(1-1)~式(1-8)即可求出重质油的结构参数。

氢碳比：
$$N_H/N_C=(H\%/1.008)/(C\%/12.01) \tag{1-1}$$

芳香度：
$$f_a=1.132-0.560(N_H/N_C) \tag{1-2}$$

芳碳原子数：
$$C_A=C_T\times f_a \tag{1-3}$$

芳环数：
$$R_A=\frac{C_A-2}{4} \tag{1-4}$$

总环数：
$$R_T=C_T+1-\frac{H_T}{2}-\frac{C_A}{2} \tag{1-5}$$

环烷环数： $R_N = R_T - R_A$ (1-6)

环烷碳数： $C_N = 4R_N$ (1-7)

链碳数： $C_P = C_T - C_A - C_N$ (1-8)

式中 C_T——平均分子的总碳原子数；

H_T——平均原子的总氢原子数。

13 如何用密度法确定石油沥青的结构族组成？

石油沥青是由成千上万种化合物组成的混合物，其结构族组成测定工作量大，所用的仪器设备昂贵，给沥青的研究和生产带来很大不便。为了能通过常规数据分析了解更多关于沥青结构的信息，范・克莱维林(Van Krevelen)等开发了密度法，即E-D-M法。

应用E-D-M法时，只要能够测定出沥青的C、H元素含量(E)、密度(D)和平均相对分子质量(M)，即可计算沥青平均分子的结构参数：芳香度(f_a)、芳环数(R_A)、环烷环数(R_N)、缩合指数(CI)等。此法只适用于计算沥青的饱和分、芳香分和胶质，不适用于沥青质。将C含量c_C(%)、氢含量c_H(%)和M代入式(1-9)~式(1-19)中，即可求出结构参数。

密度 $D_4^{20} = 1.4673 - 0.0431c_H$ (1-9)

C/H 原子比 $= 11.92(c_H/c_C)$ (1-10)

每个碳原子的摩尔体积 $M_C/D = 1.20/D_4^{20} \cdot c_C$ (1-11)

杂原子校正 $(M_C/D)_C = \frac{M_C}{D} - 6.0 \times \left(\frac{100 - c_C - c_H}{c_C}\right)$ (1-12)

芳香度 $f_a = 0.09\left(\frac{M_C}{D}\right)_C - 1.15\left(\frac{H}{C}\right) + 0.77$ (1-13)

缩合指数 $CI = 2 - H/C$ 原子比 $- f_a$ (1-14)

每个分子的平均碳原子数 $n_C = (c_C \times M)/1200$ (1-15)

每个分子的平均总环数 $R = (c_C \times CI/2)/+1$ (1-16)

每个分子的平均芳碳原子数 $n_{C_A} = f_a \times n_C$ (1-17)

每个分子的平均芳环数 $R_A = (n_{C_A} - 2)/4$ (1-18)

每个分子的平均环烷环数 $R_N = R - R_A$ (1-19)

14 什么叫胶体溶液？其基本特征是什么？

胶体溶液也称为溶胶，是由分散相的微细颗粒(线性大小一般为1~100nm)分散在介质中所形成的分散体系。胶体溶液是一种热力学稳定体系，根据分散介质的不同，胶体溶液可分为气溶胶、液溶胶和固溶胶三种。

由于胶体溶液分散相的粒子非常小、总表面积非常大，因而胶体溶液具有以下主要特征：

① 丁达尔(Tyndall)效应，即光线照射到胶体溶液时会出现散射现象；②布朗(Brown)运动；③电泳现象。

15 如何理解石油沥青的胶体结构?

大多数石油沥青是由相对分子质量很大、芳香性很强的沥青质分散在相对分子质量较低的油分中形成的胶体溶液；只有在少数情况下，石油沥青才能形成真正的牛顿流体。沥青的理化指标和使用性能不仅与其化学组成有关，而且在很大程度上取决于沥青质在油分中形成的胶体溶液的状态。应该特别注意：并不是所有的石油沥青都是胶体溶液；只有含有沥青质时，才会形成胶体溶液，单纯的油分或不含沥青质的沥青，仅具有纯黏性液体的特性。

在沥青胶体结构中，固体微粒状的沥青质由于分子间的偶极相互作用、电荷转移、π-π 键共轭和氢键作用相互缔合形成“超分子结构”，即“胶核”。这些超分子结构外表面有过剩的能，会形成一个附加的引力场，首先吸附强极性的胶质形成中间相，然后向外依次吸附芳香分和饱和分形成溶剂化层，包围在超分子结构周围，形成所谓的“胶团”。距离胶团中心越远，芳香度越低，最外层几乎是没有极性的饱和烃，这样沥青质就可以分散在油分中形成稳定的胶体溶液。可见，沥青质分子对极性强的胶质所具有的强吸附能力是形成沥青胶体结构的基础，没有极性很强的沥青质，就不能形成胶团核心；同样，若没有极性与之相当的胶质被吸附到沥青质的周围形成中间相，也不会形成稳定的胶体溶液，沥青质就容易从溶液中分离出来。只有当沥青质与可溶质的相对含量和性质相匹配时，沥青的胶体体系才能处于稳定状态。

16 影响石油沥青胶体类型的因素有哪些?

(1) 沥青质的浓度和结构特性。当沥青质氢碳原子比(N_H/N_C)较大时，沥青质的化学结构中可能含有较多的饱和组分，形成的胶团较大。只有当油分的芳香性在一定范围内才能形成溶胶型结构，否则就会出现沥青质胶团絮凝和沉淀；反之，N_H/N_C 小的沥青质除具有致密的稠环芳环结构外，还存在较多的烷基链，有利于表面的非均相性，在芳烃含量相当低时，容易形成凝胶型结构。随着沥青质中杂原子形成的官能团的极性增强，沥青质界面或多或少会发生极化而携带电荷，因而提高了沥青的表面活性，缔合现象增强，容易形成三维网状结构，促使凝胶型结构的形成。但是当提高胶溶组分的芳香度时，胶体结构向溶-凝胶型及溶胶型结构转化。

(2) 可溶质的化学组成。在可溶质中对沥青胶溶性起主导作用的是芳香族化合物及其含量。芳香族化合物最易被沥青质吸附，对沥青质具有很好的胶溶能力。因此，当可溶质中芳香分含量足够高时，沥青质胶核能够很好地被胶溶，容易形成溶胶型胶体结构；反之，芳香分含量不足时，就形成凝胶型胶体结构。实验证明，可溶质中环烷烃的溶解能力相当于芳香分的1/3。沥青的类型与可溶质中芳碳 C_A 和环烷碳 C_N 的数量有关。当 $C_A+1/3C_N$ 值较大时，沥青属于溶胶型，其针入度指数较小；当 $C_A+1/3C_N$ 值变小时，沥青向凝胶型发展，其针入度指数增大，沥青表现出更多的黏弹性。

(3) 温度。当沥青质浓度不是很大时，升高温度能够提高可溶质的溶解能力，同时使沥青质的吸附能力下降，吸附在沥青质周围的胶质逐渐进入油分中，分散程度提高，胶体结构特征消失，转变为近似真溶液。实际上，当温度足够高时，凝胶型沥青也会发生上述变化而转化为溶胶型沥青，并逐渐具有牛顿流体特征。

用絮凝比(FR)和稀释度(X)的倒数的关系可以评价沥青的胶体状态。为了便于表述，引入以下概念：

沥青质的胶溶难易度： $$P_a=1-FR_{max} \tag{1-20}$$

可溶质的胶溶能力： $$P_0=FR_{max}(X_{min}+1) \tag{1-21}$$

胶体状态的综合指标： $$P=\frac{P_0}{1-P_a}=X_{min}+1 \tag{1-22}$$

P_a 表示沥青质在可溶质中被胶溶的难易程度，也表示胶溶作用或抗絮凝作用的大小。P_a 的值越大，表明沥青质越易形成稳定的胶体结构。P_0 指可溶质的溶解或分散能力的大小。P 则表示沥青胶体结构的综合状态，P 值越大意味着沥青的胶体体系越稳定。

当 $P_a\to1$ 时，$P\to\infty$，其物理意义表示：$P_a\to1$ 时，则 $FR_{max}\to0$，即不需要加入任何芳烃，沥青质就接近于完全溶解。只有不含沥青质或沥青质含量极少的沥青才具有这种性质，故 $P\to\infty$ 实际上就是纯黏性沥青。当 $P_a\to0$ 时，$FR_{max}\to1$，甲苯与正庚烷的量趋于一致，沥青质几乎完全未被胶溶或分散，表明可溶质对沥青质几乎没有胶溶能力。

沥青的化学组成和结构对 P_a、P_0 和 P 的影响很大。沥青质的 H/C 原子比小，意味着分子缩合度大，胶溶困难，则 P_a 小；可溶质的 H/C 原子比小，意味其化学结构接近沥青质，其胶溶能力强，则 P_0 大。

17 高质量的道路石油沥青应具备怎样的化学结构？

(1) 氢碳原子比(N_H/N_C)要小。N_H/N_C 是反映有机类化合物(或混合物)饱和程度的参数。对生产沥青的原油而言，石蜡基原油的 N_H/N_C 最高，环烷基的 N_H/N_C 最低，中间基原油的 N_H/N_C 介于二者之间。对石油沥青分散体系而言，提高体系的芳香度，有利于沥青质胶溶和分散，形成稳定的胶体结构，这是生产高质量道路石油沥青的前提和基础。一般来说，当 $N_H/N_C<1.5$ 时，原油可以生产出质量较高的道路石油沥青。

（2）要有合理的四组分搭配。从沥青四组分的性质和作用来看，饱和分的性质稳定，其针入度极大，软化点很低，黏度也很小，是沥青的软组分。由于饱和分的溶解能力弱，故其含量不能太多，一般保持在10%～20%较为合适。芳香分热稳定性仅次于饱和分，增加芳香分含量可以提高体系的稳定性，对提高沥青的延度有一定的促进作用。芳香分含量在30%～40%较好。胶质具有良好的黏附性和胶溶能力，能够使沥青质很好地分散于芳香分和饱和分组成的分散介质中，提高沥青与集料的黏附性，并使沥青具有良好的延伸性。但是胶质的热稳定性差，容易发生氧化缩合反应使沥青变硬，因此胶质的含量不宜过多，保持在20%～40%即可。沥青质的针入度为0，软化点很高，是优质沥青不可缺少的硬组分。如果沥青中不含沥青质或沥青质含量很低，就无法形成胶体结构，这种沥青对温度的敏感性很强，不宜作为道路沥青。但是，沥青质含量也不能太多，如果沥青质太多，会使沥青的延伸度大大减小，低温性能变差，冬季易出现脆裂现象；沥青质含量保持在6%～15%为宜。

（3）蜡含量要低。蜡是沥青的有害组分，它的存在会使沥青的高温黏度降低、黏附性变差。道路石油沥青的蜡含量不宜超过3%。

（4）要含有一定量的杂原子。石油沥青中的杂原子主要为硫、氧、氮三种元素，杂原子的存在可以增强石油沥青的极性，提高沥青的黏滞性和黏附力。沥青质和胶质分子中含有杂原子可以使其具有很强的吸引力，使沥青质分子相互吸引形成胶核，向外依次吸附胶质、芳香分和饱和分形成胶团结构。因此，杂原子的存在可以提高沥青体系的稳定性。

18 如何理解石油沥青的物理结构？

石油沥青是一种胶体体系。它是以相对分子质量很大的沥青质为中心，在其周围吸附一些胶质、芳香分和饱和分形成胶束，即分散相。胶束的极性从中心向外逐渐减弱，芳香度依次降低；胶束分散在由芳香分和饱和分组成的分散介质（连续相）中，形成了石油沥青的胶体结构。

石油沥青的胶体体系的稳定性取决于各组分的数量及平衡状态。石油的四组分在不同的分散相之间处于动态平衡状态；各组分在数量、性质及组成上必须相互匹配，即沥青质和胶质的含量和相对比例要适当，使沥青质处于较好的胶溶状态；芳香分和饱和分组成的分散介质应保持适当的芳香度，即其极性必须匹配。

当沥青质含量较低而又有充足的胶质时，石油沥青体系一般处于溶胶状态；而当沥青质含量较高而胶质含量不足时，则处于凝胶状态；介于两者之间，则为溶胶-凝胶状态。

任何引起分散相和分散介质之间平衡发生移动的因素（如加热和溶剂稀释等），都有可能破坏石油沥青的胶体结构的稳定性，甚至导致沥青质的聚沉。

19 影响石油沥青胶体体系稳定性的因素有哪些？

（1）化学组成与结构的影响。石油沥青胶体体系的稳定性主要取决于各组分之间的比例、相对分子质量、芳香度、杂原子含量及分布状态。沥青质和胶质是沥青体系的分散相，芳香分和饱和分是沥青体系的分散介质，两者的组成和比例失衡会导致体系不稳定。就各组分的作用而言，沥青质是形成胶体结构的前提，如果石油沥青中不含沥青质，则不能形成胶体结构；胶质对沥青质起到胶溶作用，如果体系的胶质含量不足，沥青质就无法稳定地分散于分散介质中；芳香分对保持沥青体系的稳定性非常重要，但体系芳香度过高或过低均会导致胶体体系不稳；饱和分的塑化作用强于芳香分，其含量过多会使沥青胶体体系的芳香度降低、稳定性下降。

硫、氧、氮等杂原子的存在能够增强沥青胶体体系的偶极作用和氢键作用，有利于形成稳定的胶体结构。

（2）溶剂效应。沥青生产过程中产生的轻组分或外加溶剂会改变沥青胶体体系的稳定性。加入溶剂后，胶质组分在溶剂中的化学位降低。在化学位差的推动下，部分胶质组分离开沥青质进入油相中，使沥青质胶团表面出现胶质空缺。在布朗运动驱使下，这些沥青质质点会克服分子间排斥作用而相互凝聚，最终发生絮凝和相分离。

（3）热效应。热效应会破坏沥青胶体溶液的平衡。随着温度的上升，质点的热运动增强，油分对胶质的溶解度增大，部分胶质会从沥青质表面扩散到油相中，因布朗运动而碰撞聚集，最终出现相分离。当温度足够高时，沥青体系会发生脱氢、缩合等化学反应，一部分组分轻质化，另一部分组分重质化，使组分的相容性降低，在界面能最小原理的驱动下，这些组分会分离为两相。

（4）力效应。压力的强烈变化可能会显著地改变各组分的化学位，从而破坏其物理结构的热力学平衡状态。

（5）电效应。胶体体系的一个重要的特征是可以发生电泳作用。在稳定的电场作用下，沥青质胶团会发生定向迁移，使某一区域过浓而产生絮凝沉降。流动电动势能够破坏沥青质胶束周围起稳定作用的电场，从而导致沥青质质点聚沉。

20 什么是沥青的胶体指数？其含义是什么？

$$胶体指数=\frac{w_{芳香分}+w_{胶质}}{w_{饱和分}+w_{沥青质}} \tag{1-23}$$

式中 $w_{芳香分}$——沥青中芳香分的质量分数,%；

$w_{胶质}$——沥青中胶质的质量分数,%；

$w_{饱和分}$——沥青中饱和分的质量分数,%；

$w_{沥青质}$——沥青中沥青质的质量分数,%。

一般来说，沥青的胶体指数越大，则沥青质越容易分散为较小的胶束而形成黏滞体系，这种分散体系的稳定性越好；相反，如果沥青的胶体指数越小，则表明沥青体系的胶质和芳香分含量越少，沥青质越易形成具有弹性的絮凝体网状结构，其稳定性也越差。但应注意，沥青组分之间的配伍性不仅与各组分的含量有关，同时还与各组分自身的组成和结构有关。

21 沥青中组分的存在状态对其性质有哪些影响？

沥青中的组分有很多，其结构不同，性质各异。不同的组分随着温度的变化在沥青中的存在状态是不同的。随着温度的降低，一些组分到达凝点，从液相转变为固相；温度继续降低，又有一些组分发生同样的相变，直至整个沥青变为脆性体。这种液→固转变有两种情况：一种是形成结晶，另一种是发生玻璃化转变。造成液→固转变的原因首先是沥青组分的性质，其次是混溶性及均匀性。当沥青组分间混溶性差或分散程度不够时，其中相同或相似的组分聚集在一起，随温度的改变而发生状态的变化。反之，如果混溶性好，各组分在沥青中分散得非常均匀，在更低温度下才会发生这种状态变化，或者与其他分子一起在更低的温度下才形成“冻结”。

由于油源及加工工艺的差别，不同产地的沥青中组分混溶性不尽相同，加之组分的微观结构不同，因此沥青中组分发生聚集状态转变的温度是不同的。某些优质沥青的组分在10℃以下或更低的温度下才发生状态变化；而一些性质较差的沥青在40℃左右时，其中一些组分就会发生液→固状态变化。无论这种相变的结果是结晶还是玻璃化，当组分从液态转变为固态时，其性质发生了很大变化。当这种已发生相变的组分分布于沥青中时，一方面减少了沥青中可流动相的数量，另一方面也对其他组分分子的移动产生阻碍。这种变化在沥青的延度指标上体现得最为明显。其原因是，当发生相变的组分存在于沥青中时，减少了单位试件上可流动组分的数量，同时也使单位试件截面上可流动组分的空隙减少，在规定的速度下拉伸时，试件中能流动组分的流动速度加快，使试件发生颈缩破坏。此外，这些组分的存在会在沥青中形成应力集中点，造成沥青的延度明显下降。

在某一温度范围内，发生相变的组分越多，则沥青的性质变化越明显，其温度敏感性越大。

22 沥青材料的基本特征是什么？

沥青是一种黏弹性材料，其力学行为兼具弹性变形和黏性变形。也就是说，其力学特性随载荷作用时间和温度的变化而变化。在低温或短时间载荷作用下，沥青材料接近于弹性体，其变形基本上是弹性变形，但不会像弹性体那样，载荷一旦撤去变形瞬间恢复，而是受到黏性的影响变形逐渐恢复。随着温度的升高，特别是随着载荷作用时间增长和作用次数增多，沥青材料逐渐接近于塑性体；在载荷长时间或反复作用下，会因为蠕变而产生残余变形，这种变形是不可逆的。因此对于沥青材料，随着温度的降低，其弹性成分增加而黏性成分减少；反之，随着温度的升高，其黏性成分增加而弹性成分减少。在高于其软化点的温度范围内，沥青主要表现为黏性流动特征。

23 衡量道路石油沥青性质的基本技术指标有哪些？

(1) 流变性指标：针入度、软化点、黏度、针入度指数(*PI*)等。

(2) 抗老化性指标：薄膜烘箱试验(TFOT)或旋转薄膜烘箱试验(RTFOT)后残留沥青的针入度比、老化指数(*AI*)、沥青加速老化指数(PAV)等。

(3) 黏附性指标：蜡含量。

(4) 施工安全性指标：闪点。

(5) 其他指标：密度。

24 决定道路石油沥青路用性能技术指标的因素有哪些？

(1)荷载因素：随着交通量增加和汽车轴重的增加，为了减少路面在载荷作用下的疲劳损害，要求道路石油沥青必须具有合适的稠度、更好的黏结力和黏弹性。对应的指标有针入度、黏度、软化点等。

(2)温度因素：沥青路面在设计载荷作用下，在高温时不产生塑性流动，在低温时不产生温缩开裂和温度疲劳开裂。相对应的指标有 *PI* 值、蜡含量、混合料的车辙指标、低温弯曲应变指标等。

(3)路面结构因素：不同路面结构有不同的受力状态。随着面层混合料设计孔隙率增大，要求沥青的黏结力、软化点、稠度及黏附性更高。

(4)水损害：与黏结力和沥青的化学组成有关。

(5)老化因素：沥青在储运、施工和使用过程中，受周围环境条件的影响，会发生不可逆性质的变化，称为老化。对应的指标有 TFOT 或 RTFOT 后的针入度比，以及美国 PG 标准的 PAV 指标。

25 衡量沥青高温性能的指标有哪些？

沥青的高温性能实际上是指沥青的抗高温变形能力。用于衡量沥青高温性能的常用指标有软化点、当量软化点和60℃黏度。沥青的软化点、当量软化点越高，或60℃黏度越大，则其高温性能越好。

SHRP 沥青结合料路用性能规范中，采用动态剪切流变试验的复数剪切模量和相位角描述沥青结合料的高温性能，沥青结合料的复数剪切模量越高或相位角越小，其高温性能越好。

26 什么叫蠕变？

应力输入恒定，应变响应随时间逐渐增加的力学行为称为蠕变。

黏弹性材料的力学行为兼具弹性变形和黏性流动变形的特点。为了模拟黏弹性材料的力学行为，人们在研究过程中引入了 Kelvin 元件。下面以 Kelvin 元件来具体说明蠕变的含义。

以弹簧代表虎克弹性体，其应力(σ)和应变(ε)满足虎克定律，即 $\sigma=E\cdot\varepsilon$，E 为弹簧的弹性模量；弹性变形 ε 为瞬时变形，外力撤去，变形完全恢复。

以黏壶代表牛顿流体，其剪应变(ε)是剪应力(σ)与作用时间的函数，满足牛顿黏性定律：即 $\varepsilon=\sigma\cdot t/\eta$，$\eta$ 为黏壶的黏度。

Kelvin 元件是弹簧和黏壶的并联形式。在时间 $t=0$ 时，给 Kelvin 元件施加一个恒定的应力 σ_0，其应变满足式(1-24)。

$$\varepsilon(t)=\frac{\sigma_0}{E}(1-e^{-\frac{Et}{\eta}}) \tag{1-24}$$

其应变响应曲线如图 1-4 所示。

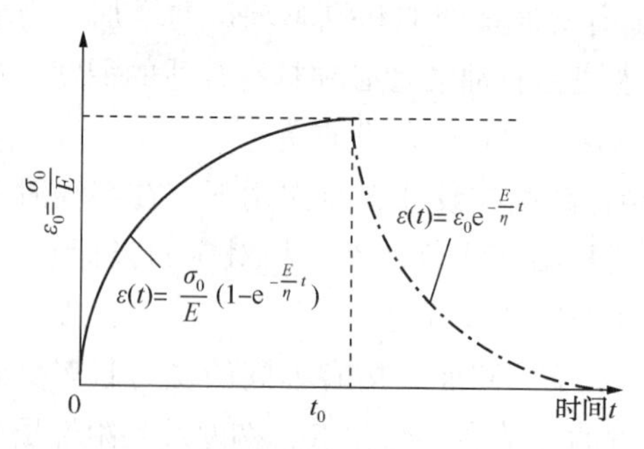

图 1-4 Kelvin 元件的应变响应曲线

当 $t=0$ 时，由于黏壶的限制，Kelvin 元件不能立即产生应变，应力完全由黏壶承担；随着载荷作用时间的延长，黏壶发生黏性流动，弹簧也发生变形，当应变增加到 $\varepsilon=\sigma_0/E$ 时，弹簧变形达到了极限，应力不再增加。Kelvin 元件的这种力学行为就称为蠕变。

27 什么叫应力松弛?

输入应变恒定不变，响应应力逐渐减小的力学行为称应力松弛。

为了说明应力松弛的概念，人们在研究过程中引入了 Mexwell 元件。Mexwell 元件是弹簧和黏壶的串联形式，在输入恒定的应变时，其响应应力满足式(1-25)。

$$\sigma(t)=\sigma_0 e^{-\frac{Et}{\eta}} \qquad (1-25)$$

Mexwell 元件的应力响应曲线如图 1-5 所示。

在 $t=0$ 时，应变完全由弹簧承担；随着时间的延长，黏壶逐渐变形，弹簧承担的应变减小，导致元件承受应力逐渐减小。当时间趋近于无限长时，应力趋于零，变形完全由黏壶承担。Mexwell 元件的这种力学特性就称为应力松弛。

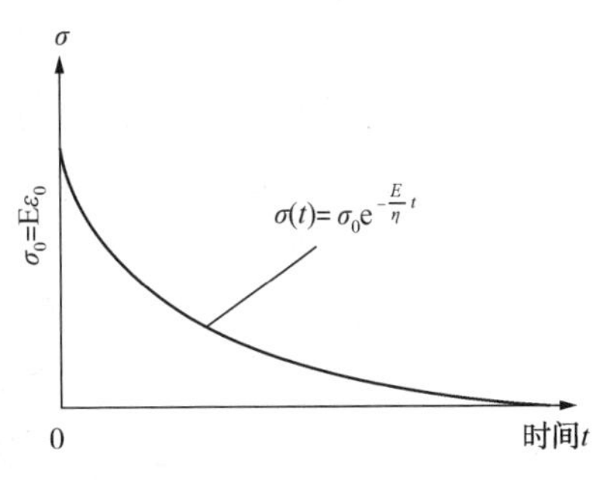

图 1-5　Mexwell 元件的应力响应曲线

28 牛顿流体和非牛顿流体是如何分类的?

服从牛顿黏性定律的流体称为牛顿流体。当牛顿型流体流动时，流体内部的剪应力与速度梯度(剪应变)成正比，比例系数为黏度，其表示如式(1-26)所示。

$$\mu=\frac{\tau}{\varepsilon} \qquad (1-26)$$

式中　μ——流体的黏度，Pa·s；

τ——剪应力，Pa；

ε——剪应变，s^{-1}。

若将牛顿型流体剪应力和剪应变的关系标绘在直角坐标上，则可得到一条通过原点的直线，其斜率即为黏度，如图 1-6 中的直线 a。

非牛顿型流体是指流体流动时的内部剪应力与速度梯度(剪应变)不成正比关系的流体。非牛顿型流体的 τ 对 σ 的关系曲线或者是不通过原点的直线，或者是通过原点的曲线，这种关系曲线的斜率是变化的。也就是说，对非牛顿型流体而言，其黏度并非真正意义上的黏度，而是一种表观黏度。

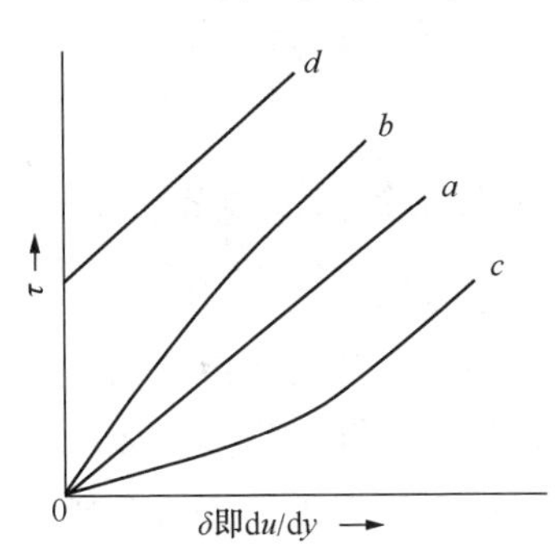

图 1-6　牛顿流体与非牛顿流体的剪切图

根据非牛顿型流体的表观黏度随剪切速率而变的关系，可以分成下列几种：

① 假塑性(Pseudoplastic)流体。此种流体的表观黏度随剪切速率的加大而减小，即τ对σ的关系曲线是一条向下弯的曲线(见图1-6中的曲线b)，其斜率随σ的增大而减小。多数非牛顿性流体都属于这一类，如聚合物溶液或熔融体、油脂、淀粉溶液、油漆等。对于假塑性流体，其剪应力与剪应变的关系可以用指数关系式(1-27)表示。

$$\tau = k \cdot \varepsilon^{n} \tag{1-27}$$

式中 k——稠度指数，$N \cdot s^{n}/m^{2}$；

n——流性指数。

② 涨塑性(Dilatant)流体。与假塑性流体相反，这种流体的表观黏度随剪切速率的增大而增大，其τ对σ的关系曲线为向上弯的曲线(见图1-6中的曲线c)，其斜率随σ的增大而增大。能够表现出涨塑性的流体有湿沙、含细粉浓度很高的水浆等。涨塑性流体也属于乘方规律流体，即其剪应力与剪应变的关系亦可用式(1-27)表示，但式中的n大于1。

③ 宾汉塑性(Bingham plastic)流体。此种流体的τ与σ的关系如图1-6中的直线d所示，它的斜率固定但不通过原点。这种形式的关系表示剪应力超过一定值(直线d的截距)之后，宾汉塑性流体才开始流动。其原因是，此种流体在静止时具有三维结构，其刚度足以抵抗一定的剪应力，剪应力超过其屈服极限之后流体才开始流动，开始流动之后其性能就像牛顿型流体一样。属于此类的物质有纸浆、牙膏、肥皂、污水泥浆等。

以上三种非牛顿型流体的表观黏度都只随剪切速率而变，并不随剪切力作用的时间而变。此外还有另一些非牛顿型流体，在一定的剪切速率之下，其表观黏度可随时间的增长而降低或增长，称为触变性(Thixotropic)流体。

非牛顿型流体中还有一种称为黏弹性(Viscoelastic)流体，兼具黏性和弹性，应力除去以后其变形能够部分恢复，如沥青。

29 表征道路沥青低温性能的指标有哪些？我国用什么指标来衡量沥青的低温性能？

可用于表征道路沥青低温性能的指标有针入度、劲度、针入度指数PI、针入度-黏度指数PVN、低温延度、弗拉斯脆点、当量脆点等，但这些指标多是隐含的。SHRP Superpave的沥青结合料路用性能规范中明确提出了以沥青结合料弯曲蠕变试验(BBR)的极限劲度模量和m值，以及直接拉伸试验破坏时的极限拉伸应变作为评价沥青低温性能的指标。

我国《重交通道路石油沥青》(GB/T 15180—2010)和《公路沥青路面施工技术

规范》(JTG F40—2004)中均对重交通道路沥青技术要求规定了用15℃延度评价沥青的低温抗裂性能。我国“八五”科技攻关中提出了用10℃延度及当量脆点$T_{1.2}$作为沥青低温抗裂性能的指标。

30 沥青路面的低温开裂有几种形式？温度裂缝的危害是什么？

(1) 沥青路面的低温开裂有两种形式：

一是气温骤降造成的路面面层温缩裂缝。在一般温度条件下，沥青混合料具有良好的应力松弛性能，温度变化产生的变形不会形成过高的应力；当气温骤降时，由于沥青混合料的应力松弛能力小于温缩产生的应力，当温缩应变大于沥青混合料的极限拉伸应变时，路面便产生了裂缝。温缩裂缝多发生在初冬寒流或寒潮引起大幅降温过程中，这种开裂往往是突发性的，开裂先从路表形成，逐渐向下发展，且形成间距大致相等的裂缝。

二是温度疲劳裂缝。气温反复升降，会使沥青混合料的极限拉伸应变减小，导致温度应力疲劳；同时，沥青的老化使其劲度增加，应力松弛性能降低，将在温度应力小于其抗拉强度时产生开裂。

(2) 温度裂缝的危害：

温度裂缝的特点是大体垂直于路面的轴线方向，裂缝间距变化在数米至数十米之间。当路面宽度大于裂缝间距时，还将产生纵向裂缝，从而使路面形成块状裂缝。温度裂缝破坏了沥青路面的整体性及连续性，水分通过裂缝渗入基层，侵蚀路基，导致路面的承载力降低，并为冻融提供了条件。此外，温度裂缝还会影响路面的后续加铺层，从而降低路面的使用寿命，增加养护费用。

31 什么叫沥青的劲度模量？

$$\text{沥青的劲度模量：} S_{t,T}=(\sigma/\varepsilon)_{t,T} \tag{1-28}$$

式中 σ——沥青材料所受到的应力，Pa；

t——载荷作用时间，s；

T——湿度，kg水/kg干空气；

ε——产生的应变，无因次。

劲度模量不是沥青材料的性质常数，而是为了描述沥青的黏弹特性引入的概念。劲度模量不仅取决于沥青材料所受到的应力和产生的应变，同时也取决于温度和载荷的作用时间。

沥青材料的劲度模量是温度的函数。在夏天，温度越高，沥青材料的劲度越小，容易产生过大的变形积累和车辙流动变形；在冬天，温度越低，沥青材料的劲度越大，应力松弛性能减弱，材料发脆，易发生温缩裂缝。

沥青材料的劲度模量还是载荷作用时间的函数。高速行车时载荷作用时间短，呈现较高的劲度模量；反之，劲度模量则较小。此外，静载试验的加载速度快或动载试验的频率高，均相当于载荷的作用时间短，同样会产生较高的劲度模量。

沥青结合料的劲度模量既可以由试验测定，也可以从 Van der Poer 诺谟图求出。

32 沥青针入度指数的作用是什么?

针入度指数 *PI* 是表征沥青感温性能的指标之一，也是目前描述沥青感温性能的常用指标。针入度指数 *PI* 越小，沥青对温度的变化越敏感。*PI* 与沥青的胶体状态有关，它同时也反映了沥青偏离牛顿型流体的程度。

当 $PI<-2$ 时，这类沥青称为纯黏性的溶胶型沥青，也称为焦油型沥青。也就是说，该类沥青对温度的敏感性很强，同温度条件下更接近于牛顿型流体，但在温度较低时显示出明显的脆性特征。

当 $-2<PI<2$ 时，这类沥青为溶胶-凝胶型沥青。其特征是具有一定的弹性，对温度的敏感性较小，一般的道路沥青属于这一类。

当 $PI>2$ 时，这类沥青称为凝胶型沥青，一般具有很强的弹性和触变性，其耐久性往往不是太好。这类沥青虽然具有较小的低温脆性，但在大变形条件下或变形速率很低时，抗裂性能不佳。大部分的氧化沥青属于凝胶型沥青，氧化程度越高，沥青质的含量越大，其 *PI* 值也越大。

在沥青使用过程中，我们希望沥青的感温性尽可能小，即要求沥青的针入度指数 *PI* 要大一些。但是并不是 *PI* 值越大越好，一般 *PI* 值介于-1.0 和 1.0 之间，沥青就具有很好的路用性能。

33 如何计算沥青的针入度指数 *PI*？这些计算方法各有什么优缺点?

计算沥青的针入度指数 *PI* 有以下四种方法：

(1) 测定沥青样品在不同温度下的针入度(不少于 3 个)，用公式 $\lg P=AT+K$ 回归出系数 A 和 K，代入式(1-29)中即可求出 *PI* 值。

$$PI=\frac{20(1-50A)}{1+50A} \tag{1-29}$$

式中 T——不同的试验温度,℃；

P——相应的试验温度下的针入度，(0.1mm)；

A——回归系数，即针入度与温度关系直线的低斜率，表示沥青的温度敏感性，称为温度敏感系数；

K——回归常数，称为沥青的柔软度。

该方法的计算结果最接近于实际值。其缺点是：需要测定不同温度下的针入度，测定工作量大，且 A 值的准确性取决于针入度测定值的准确性。

(2) 测定沥青样品在两个温度下的针入度，代入式(1-30)中求出 A 值，将 A

值代入式(1-29)中求出 PI 值。

$$A=\frac{\lg P_1-\lg P_2}{T_1-T_2} \tag{1-30}$$

该方法是最基本和常用的 PI 计算方法。其缺点是：需要测定不同温度下的针入度，A 值的准确性取决于针入度测定值的准确性。其优点是测试工作量较少。此外，该方法要求测定针入度的温度范围不能过大，在过高或过低的测试温度下外延推断的结果误差大。

(3) 用沥青样品在25℃的针入度及软化点计算 PI。大量的研究发现，大部分的沥青在软化点(环球法)温度下的针入度接近800(0.1mm)。假定沥青在软化点温度下的针入度为800(0.1mm)，将25℃针入度代入式(1-31)计算出 A 值，然后代入式(1-29)中求出 PI 值。

$$A=\frac{\lg 800-\lg P_{25}}{T_{R\&B}-25} \tag{1-31}$$

式中　P_{25}——25℃时沥青的针入度，(0.1mm)；

$T_{R\&B}$——沥青的环球法软化点,℃。

该方法适应于蜡含量很低的S级沥青。对于蜡含量较高的W级沥青，由于沥青中蜡的影响，软化点测定往往会出现较大的偏差；此外，在软化点温度下，沥青针入度不一定为800(0.1mm)；故W级沥青不宜采用此方法来计算 PI。

(4) 用沥青试样的25℃针入度和脆点计算 PI。大量的研究结果同样表明，在弗拉斯脆点温度下，大部分沥青的针入度为1.2(0.1mm)，故假设沥青在弗拉斯脆点温度下的针入度为1.2(0.1mm)，将25℃针入度和弗拉斯脆点代入式(1-32)计算出 A 值，然后代入式(1-29)中求出 PI 值。

$$A=\frac{\lg 1.2-\lg P_{25}}{T_f-25} \tag{1-32}$$

该方法同样适用于蜡含量很低的S级沥青。对于蜡含量较高的沥青，在弗拉斯脆点温度下的针入度不一定等于1.2(0.1mm)，故此方法同样不适用于计算多蜡沥青的针入度指数 PI 值。

34　我国规定的沥青针入度指数 *PI* 如何计算？

交通部“八五”攻关报告中规定测定25℃、15℃、30℃或5℃三个温度下的针入度，由式 $\lg P=AT+K$ 回归出温度敏感系数 A，再用式(1-29)计算出 PI 值。要求三个温度下针入度的线性回归相关系数 r 不小于0.997；若 r 小于0.997，必须重新测定三个温度下的针入度，直至相关系数 r 大于0.997。

温度敏感系数 A、常数 K 及相关系数 r 的计算方法如下：

分别测定 25℃、15℃、30℃或 5℃三个温度下的针入度，令 $\lg P=y$，计算出不同温度对应的 y 值。那么：

$$A=\frac{\sum_{i=1}^{n}(T_i-\overline{T})(y_i-\overline{y})}{\sum_{i=1}^{n}(T_i-\overline{T})^2} \tag{1-33}$$

$$K=\overline{y}-A\overline{T} \tag{1-34}$$

$$r=\frac{\sum_{i=1}^{n}(T_i-\overline{T})(y_i-\overline{y})}{\sqrt{\sum_{i=1}^{n}(T_i-\overline{T})^2\cdot\sum_{i=1}^{n}(y_i-\overline{y})^2}} \tag{1-35}$$

式中　T_i，y_i——针入度测定温度(K)及其对应的 y 值；

$\overline{T}$，$\overline{y}$——针入度测定温度(K)及对应的 y 值的平均值。

35　规定相关系数 *r* 不小于 0.997 是否能够保证 *PI* 值的准确性？

试验发现，针入度的测定精度对 *PI* 值的影响很大，即使相关系数 r 大于 0.997，由于测试仪器设备及测试人员等多方面的原因，往往会出现测定数据整体偏大或偏小的情况。在这种情况下，尽管针入度测定数据有很好的相关性，但针入度指数 *PI* 则产生较大的偏差。因此，规定相关系数 r 不小于 0.997 并不能保证 *PI* 值的准确性。

PI 值的准确性取决于针入度测定数据是否接近于真实值。针入度测定值与真实值的偏差越小，针入度指数 *PI* 的准确性就越高。

36　不同地区的 *PI* 建议值是多少？

针对我国气候条件差异很大的特点，根据针入度指数 *PI* 和温度敏感系数 A 将沥青的路用性能分为 A、B、C、D 四个等级，分别对应于高温及低温条件下的不同设计温度要求。其中 A 级和 B 级沥青达到国际上质量较好的沥青标准，C 级和 D 级沥青一般为蜡含量较高的道路沥青。各等级的最小 *PI* 值要求见表 1-1。

表 1-1　不同等级沥青的最小 *PI* 值要求

路用性能等级	高温稳定性要求			低温抗裂性要求			
	A	B	C	A	B	C	D
设计温度/℃	>30	20~30	<20	<-37.0	-37.0~-21.5	-21.5~-9.0	>-9.0
最大 A 值要求	0.0467	0.0482	0.0489	0.0467	0.0482	0.0489	0.0514
最小 *PI* 值要求	-1.0	-1.2	-1.4	-1.0	-1.2	-1.4	-1.6

37 测定沥青黏度的主要方法有哪些？其适用范围是什么？

沥青的化学组成极为复杂，具有胶体结构特性，在不同的温度区域有着不同的流动状态。在高温区，大多数沥青属于牛顿型流体；在中温区，即接近于软化点的温度区域，沥青逐渐形成胶体网状结构，黏度不再是一个常数；在常温下，沥青表现出很强的黏弹特性。因此，测定不同的温度区域的沥青黏度必须用不同的仪器和试验方法。

沥青的高温黏度一般采用逆流毛细管黏度计测定运动黏度，或采用恩氏黏度计或赛氏黏度计测定相对黏度。如美国 ASTM D2170、我国 SH/T 0654 等标准均采用 Canon－Fenske 式毛细管黏度计测定沥青的高温黏度，测定温度通常为135℃，也可以根据需要改变，测定黏度范围为$(1\sim30)\times10^5 mm^2/s$。

沥青的中温黏度测定普遍采用真空减压毛细管计。美国 ASTM D2171 标准中列入了三种形式的毛细管黏度计，即：

（1）坎农－曼宁式（Canon－Manning，简称 CM 式）；

（2）沥青协会式（Asphalt Institute，简称 AI 式）；

（3）改进坎培式（Modified Koppers，简称 MK 式）。

多数国家几乎等效采用 ASTM D2171 标准。我国的沥青 60℃黏度试验标准 SH/T 0509规定三种形式的毛细管黏度计均可使用，但推荐采用 AI 式，测定温度为60℃，真空度为 40kPa（300mmHg），测定黏度范围为$(4.2\sim5.8)\times10^5 Pa\cdot s$。

此外，测定沥青软化点附近的黏度还经常使用双筒旋转式黏度计。由于其结构复杂且价格昂贵，因此有不少产品将其简化为外筒固定、内筒旋转的双筒黏度计。目前国际上普遍采用的 Brookfield 黏度计就是其中的代表产品。Brookfield 黏度计适用于测定沥青高温区和中温区的黏度，如 60℃黏度和 135℃黏度。

沥青常温黏度测定普遍采用滑板式黏度计，测定方法是对夹在固定板和滑板之间的沥青膜（5～50μm）施加载荷，记录一定时间内滑板产生的位移，求出剪切应力和剪切速率，二者之比即为黏度。

38 用真空减压毛细管黏度计测定沥青 60℃黏度应注意哪些问题？

（1）应该选择合适的毛细管号数，使流出时间 t 不小于 60s。

（2）使用的毛细管必须用溶剂清洗干净，加入试样前预热到 135℃±5℃。为除去气泡，加入试样后在该温度下保温 10min。

（3）测定温度应精确控制到±0.01℃，温度控制在 59.95～60.05℃。

（4）减压真空系统的波动幅度不能超过±0.5mmHg，真空度每变化 1mmHg，黏度可变化 0.3%，所以减压系统一般都应设缓冲箱。

39 测定沥青不同温度区域内的黏度有何物理意义及实用价值？

测定道路沥青在高温区(100～180℃)的黏度，可以反映出沥青在施工过程中的可操作性，是路面施工中选择沥青混合料拌和温度和碾压温度的关键性指标。如果沥青的高温黏度大，应适当地提高拌和温度和碾压温度，相应地提高储存温度和运输温度。SHRP 规范中要求沥青 135℃黏度不超过 3Pa·s。

沥青在中温度区的黏度(如 60℃黏度)接近于夏季路面条件下的温度，常常被用作衡量沥青高温性能的指标。在我国，夏季路面温度可达 50～70℃，测定 60℃黏度可以真实地反映路面的实际使用情况，因此 60℃黏度直接关系到路面的强度。沥青 60℃黏度越大，路面在载荷作用下产生的剪切形变越小，弹性恢复性能也越好，也就是说，其抗推移和抗车辙能力越强。

此外，60℃或 135℃黏度与其针入度一起可用来反映沥青的感温性能。

沥青在低温区(25℃以下)的黏度可用于反映其低温劲度模量，关系到路面的低温抗裂性能。一般不希望沥青的低温黏度过高，其低温黏度越高，低温劲度模量就越大，路面在低温下就越容易产生开裂。

40 沥青针入度与其路用性能有何联系？

沥青的针入度与其路用性能有着密切的关系。一般来说，对于相同油源或感温性能相同的沥青，沥青的针入度越小，其高温抗车辙能力越强；针入度越大，其低温劲度模量越小，抗温缩裂缝能力也就越好。

针入度与路面使用性能的关系可以由路面回收沥青的老化情况反映出来，当沥青的针入度降低到一定程度时，路面的开裂就在所难免。日本对名神高速公路调查表明，如果回收沥青的针入度大于 501(0.1mm)且延度大于 50cm，路面的使用状态良好；而当针入度小于 45(0.1mm)，延度小于 20cm 时，路面就会出现较多的开裂。

41 测定道路沥青的延度有何实际意义？

延度表示沥青在一定温度和拉伸度下断裂前的伸长能力，反映沥青的黏弹性质，是沥青内聚力的衡量。实践中常把延度作为沥青与其他材料(集料)黏附力相关的指标，也可以用来间接地限制沥青的蜡含量。

延度的物理意义目前尚不明确。延度与沥青的化学组成和胶体结构密切相关，沥青的含油量太多，其延度不会太高；同样，沥青质含量太多而油分含量太少，其延度也不会太高。一般来说，*PI* 值增大，沥青的延度减小，也即沥青的胶体结构越发达，其延度越小。

沥青的延度在低温区下降很快，用不同油源和不同工艺生产的沥青的低温延度差别很大。研究发现，沥青的4℃延度可以较好地反映沥青路面的低温开裂性能，原样沥青的4℃延度越高，意味着其拌和后残留延度也越高，路用性能越好。

沥青的蜡含量对延度有着显著影响，蜡含量越高，沥青的延度下降得越快。

42 什么是沥青的老化？沥青的老化过程可分为哪几个阶段？

沥青在生产、储存、运输、施工及使用过程中，由于长时间地处于高温环境或暴露在空气中，受到诸如热、氧气、光和水等因素的作用而导致沥青物化性质及路用性能劣化的过程，称为沥青的老化。

沥青的老化过程可分为三个阶段：

（1）沥青在生产、储存和运输过程中的老化。沥青在生产、储存和运输过程中，一直处于较高的温度，这一过程往往经历较长的时间。在此过程中，由于受到热和沥青表面空气的影响，沥青中的轻质组分不断挥发，与空气接触的沥青也会发生氧化反应，使沥青变硬变脆，黏附性降低。但由于这一过程中沥青的数量多、温度不是很高且与空气的接触面积有限，故沥青的老化程度不大。

（2）沥青在加热拌和及铺筑过程中的老化。沥青在加热拌和及铺筑过程中的老化要比储存过程严重得多。沥青在拌和机内与热矿料混合时，温度一般高达160~180℃，集料和填料被沥青薄膜裹覆，其膜厚一般为5~15μm。此时，沥青的温度很高且与空气的接触面积很大，造成沥青严重的吸氧老化和轻组分大量挥发。此外，拌和机的类型也会影响拌和过程的老化。对于间歇式拌和机，矿料经过干燥滚筒内火焰加热到180℃甚至更高的温度后，在搅拌锅内与沥青拌和，沥青以薄膜的形式裹覆到热矿料表面，沥青膜厚度仅有几微米，沥青突然经受高温和热空气作用，造成轻组分迅速挥发和氧化反应加剧，从而引起沥青严重老化。对于连续式拌和机，除受到热和空气的作用外，还受到热烟气的影响，氧化作用比间歇式拌和机更为严重。

（3）沥青在路面使用过程中的老化。沥青在路面使用过程中的老化主要是由环境因素及载荷作用，特别是在水分、紫外线和氧的长期作用下引起的，这一过程是非常缓慢和复杂的。沥青在路面使用过程中的老化与孔隙率的关系十分密切。孔隙率大，空气和水分易进入结构层内部，加速沥青的老化。引起沥青老化的因素除水和紫外线之外，还与沥青化学组成变化及集料的化学成分有关，例如由于沥青的轻组分挥发或骨料吸收使油分含量减少、氧化作用使沥青的化学组成发生变化、分子间形成的可导致触变效应的结构、集料所含的高价金属离子的催化氧化作用等。

43 如何降低沥青在储存和运输期间的老化？

沥青在储存和运输期间一般置于相对密封的容器内，其老化主要是由热和空气作用引起的。大量的研究和实践证明，大气中的氧是引起沥青老化变质的主要原因，热则是促进沥青老化的主要外界因素，而时间长短是影响沥青老化深度的关键。如果沥青在储存和运输过程中温度过高，沥青中较轻的组分挥发损失之后，会引起沥青化学组成和性质发生变化。但沥青中轻组分的含量有限，所以因温度过高引起的沥青变硬不是沥青老化的主要原因。但是，沥青的温度越高，与空气中氧接触时的氧化反应速度越快；而储存时间越长，受氧化的程度越深。因此，为了减少沥青在储存和运输期间的老化倾向，应注意以下几点。

（1）降低储存温度，减少搅拌。热沥青在储存过程中，沥青表面会逐渐形成一层薄膜，阻止轻组分挥发和沥青进一步氧化，此时如果剧烈搅拌，会导致沥青表面的薄膜破裂，增加沥青中轻组分的挥发速度以及沥青与氧气的接触机会，使沥青老化加剧。因此，在沥青热储存或运输过程中应降低温度，一般不应超过120℃，最好在80~90℃，且整个过程中不宜搅拌，减少沥青与空气接触的机会。

（2）在容器顶部进行氮气保护。在沥青生产过程中，因其黏度大，传热效果不佳，致使沥青进罐温度较高。此时，可在沥青储罐顶部充氮气，这样可以大大降低沥青的老化速率。

（3）缩短储存时间。储存时间对沥青的老化程度有较大的影响，温度越高、储存时间越长，沥青老化越严重，故应尽量缩短沥青的热储存时间。但是，沥青的使用是季节性的，而多数厂家的沥青生产是连续性的，特别是冬季生产的沥青，直到第二年3月之后才可能使用，储存周期很长。在这种情况下，为了减少沥青热老化，可以将储存温度降到80℃以下，到次年使用时再加热。

44 影响沥青光氧化速度的主要因素有哪些？

当沥青暴露在空气中时，在光照的情况下，其氧化速度要比暗处快得多。沥青铺筑在路面或屋顶后，长期暴露在阳光和大气中，光氧化是造成沥青老化变硬的主要原因。

影响沥青光氧化速度的主要因素有以下方面。

（1）辐射强度。光的辐射强度是影响光氧化速度最主要的因素。光的波长越短，光氧化速度越快；在同样辐射强度下，曝光时间越长，氧化程度越深。

（2）温度。在温度低于80℃时，温度对沥青的光氧化速度没有明显的影响，但当温度越高时（>80℃），沥青分子的热运动速度加快，温度越高，沥青的光氧化速度越快，且氧化作用逐渐从沥青表面向更深层扩展。

（3）沥青的化学组成。沥青中各组分的氧化速度不同。在无光照条件下，饱和分和芳香分基本上不发生反应，而胶质和沥青质则发生明显的反应。在光照条件下，除饱和分外，其余组分均可发生氧化反应，此时芳香分的氧化速度明显加快。

（4）微量金属粒子。一般高价的金属离子对沥青具有催化作用。在无光照条件下，向沥青中加入1%（质）的硬脂酸铜可使沥青在暗处的吸氧量增加4倍；但在光照条件下，金属盐类的催化作用则要小一些。如在光照条件下，向沥青中加入1%（质）的硬脂酸铜，沥青的吸氧速度仅增加1.2~1.5倍。

（5）加工工艺。沥青的生产工艺对其抗氧化能力的影响很大，一般直馏沥青的抗氧化能力最好，而氧化沥青或油浆调和沥青的抗氧化能力则较差。

45 影响沥青耐久性的因素有哪些？

沥青的耐久性是指其在使用过程中的耐老化性能，它是衡量沥青使用性能十分重要的指标。影响沥青耐久性的最主要的因素包括温度、氧、光照、结构变化、渗析和时间，以及各因素的综合作用。

温度是影响沥青耐久性最重要的因素之一。在储存、运输和施工期间，沥青处于高温环境，蒸发损失和热缩合反应是导致沥青老化的主要原因。在使用过程中，沥青所处的环境温度远比储存、运输和施工期间低得多，沥青的老化主要是由在光照条件下的氧化作用造成的。此外，在冬季低温条件下，沥青变硬变脆，在载荷、水、氧、光照等因素的综合作用下可以加速沥青老化。

氧化作用是导致沥青老化的另一个最重要因素。在低温条件下，沥青氧化速度非常缓慢。随着温度升高，反应速度明显加快；当温度超过100℃时，每升高10℃，氧化速度提高1倍。当沥青温度高于250℃时，其氧化反应以脱氢缩合反应为主，此时只有少量氧被沥青吸收；随着反应深度的增加，沥青质明显增多，沥青迅速硬化。

当沥青暴露在空气中，在有阳光直接照射条件下的氧化速度要比无光照条件下的氧化速度快得多，但光氧化穿透性较差，一般仅发生在沥青表面以下5~10μm，如果表层破裂，氧化老化过程才会向更深层次发展。

对于沥青混合料或沥青复合材料而言，集料或其他材料吸附沥青中油分也会导致沥青老化。在氧和光照作用下，水的存在会对沥青的老化起到促进作用。此外，沥青在隔绝空气和无光照的情况下，长期在室温下存放，也会发生某种程度的硬化，这种硬化称为结构硬化或位阻硬化。这种硬化通过加热或剪切可以破坏和恢复，多数是可逆的。

46 提高沥青耐久性的方法有哪些？

沥青的耐久性与其化学组成密切相关。为了改善沥青的耐久性，第一，要选择适合于沥青生产的原油品种；第二，要选用合适的生产工艺，如采用低温半氧化工艺、溶剂脱沥青工艺或调配优良的组分，可以提高沥青抗老化性能；第三，采用聚合物对沥青进行改性处理；第四，选择合适的储存条件，如尽量避免高温和长时间暴露在有氧环境中；第五，向沥青中添加抗氧化剂，如二丁基二硫代氨基甲酸镍、抗氧剂 1010、抗氧剂 AR 等，但是抗氧剂价格一般比较昂贵，不宜大量使用。

47 什么叫沥青混合料的剥离?

剥离是指沥青从集料表面脱离的现象。造成剥离最基本的条件是水和交通量的作用，沥青混合料的剥离是沥青路面几种常见的破坏形式之一。

48 影响沥青与集料黏附性的主要因素有哪些?

影响沥青与集料黏附性的主要因素有集料的性质、沥青的性质、沥青混合料的性质和环境因素。

（1）集料的性质的影响。集料的性质包括矿物组成、表面结构和形状、表面积、微孔率、含水率等。

集料的化学组成决定了集料的表面电荷，表面电荷不平衡形成表面能，使之与具有相反电荷的物质相互吸引，达到平衡状态。由于水具有很强的极性，能很好地平衡集料表面的电荷，所以它比沥青更容易吸附在集料表面，使沥青膜剥落、松散。在水存在下，石灰岩带正电，片麻岩和花岗岩带负电。

集料表面的粗糙程度对沥青与集料的黏附性有着重要影响。如果集料表面存在许多微孔或裂隙，沥青就容易吸附在集料表面和微孔内；集料的比表面积越大，对沥青的吸附能力越强。如果集料表面光滑，吸附在集料表面的沥青膜很薄且不牢固，在载荷和水的作用下，易造成沥青膜与集料剥离。

为了防止沥青路面的水损坏，最好选用与沥青黏附性好的碱性矿料。当碱性矿料运输距离较远而使用酸性矿料时，可以向沥青中加入消石灰等碱性活化剂或抗剥落剂以改善矿料表面的性质，提高沥青与矿料之间的黏附性。

（2）沥青性质的影响。沥青的化学组成对其与集料的黏附性有较大的影响。石油沥青中含有大量的酸性或碱性化合物。其中表面活性物质的活性从大到小的顺序为：沥青酸>沥青酸酐>沥青质>胶质>油分。在这些物质中，沥青酸和沥青酸酐的活性最强，表现为酸性，其酸性越强，与集料的黏附性就越好。

（3）沥青混合料的性质。沥青混合料的性质包括孔隙率、渗透性、沥青含量、沥青膜厚、矿料级配等。

沥青混合料水损坏与孔隙率有较大的关系。沥青路面的孔隙率小于 8%时，沥青层中的水以薄膜状态存在，载荷作用下不会产生动水压力，不容易造成水损坏。当孔隙率介于 8%和 15%时，水容易进入混合料的内部，在载荷作用下会产生较大的毛细管压力，成为动力水，最容易造成沥青混合料水损坏。

（4）环境因素。影响沥青与集料黏附性的环境因素有降水量、环境温度、水的 pH 值、交通量、路基路面排水情况等。环境因素的影响往往不是独立的，如果降水量较大，水从路面逐渐渗入混合料内部，在载荷的反复作用下，会造成沥青与集料剥离；冬天低温的反复作用或因交通量过大引起路面疲劳裂缝，路面的水损坏将更严重。如果水的 pH 值较小，会对裸露的集料产生酸腐蚀，其腐蚀产物——盐进一步作用于沥青与集料表面，导致沥青与集料剥离。此外，如果路面或路基排水性能较差，沥青混合料浸泡在水中，会引起骨料脱落；如果在水和载荷的同时作用下，在较短的时间内将造成路面严重损坏。

49 提高沥青与集料黏附性的措施有哪些？

沥青与集料的黏附性与二者的物化性质密切相关。一般来说，影响沥青与集料黏附性的因素主要有：(1)沥青与集料表面的界面张力；(2)沥青与集料的化学组成；(3)沥青的黏度；(4)集料表面粗糙度；(5)集料的孔隙率；(6)集料的清洁度与含水率；(7)沥青与集料的拌和温度；等等。

沥青的黏度和表面张力越大，其中含有较多的极性物质，对集料的润湿能力越强，黏附性就越好，因此，应尽量选用表面张力大、黏度较高的沥青。集料的表面越粗糙，沥青进入其孔隙或不规则的表面后，会发生强烈的力学嵌挤作用，同时集料的化学成分、清洁度及含水量对集料的黏附性影响很大。因此，应选择碱值较高、表面粗糙、洁净、干燥的集料，如果使用酸性集料，可以用消石灰或抗剥离剂对集料进行处理，以增强沥青与集料的黏附性。沥青与集料拌和时应保持较高的拌和温度，因为在较高的温度下沥青的黏度低，有利于充分润湿集料表面及内部孔隙，提高沥青与集料的黏附性。

50 用消石灰增强沥青与集料黏附性的机理是什么？

沥青中含有一定量的酸性组分，如羧酸、亚砜、酚类等，使沥青呈弱酸性，增强了沥青与集料的黏附性。一般沥青的酸性越强，与集料的黏附性越好；但是在水存在的情况下，由于水的极性比沥青中酸性组分的极性强得多，它更易与集料表面的极性物质结合，使沥青从集料表面剥落脱离。石灰的主要成分是氧化钙(CaO)，加水消解后，变为氢氧化钙[$Ca(OH)_2$]。氢氧化钙是强碱性物质，pH>12，而一般石灰石矿粉呈弱碱性，pH≈9。当氢氧化钙与沥青中的羧酸接触时，发生化学反应生成碱土盐。碱土盐具有较强的吸附性能，能牢固地黏附在集料表面而不剥落，从而增强沥青与集料的黏附性。

51 根据沥青的黏附性能可将其划分为几类？

根据沥青的黏附性能可将其划分为三类。

第Ⅰ类沥青：沥青质含量(AT)>25%；胶质含量(R)<24%；油分含量(M)>

50%；$AT/(AT+R)>0.5$；$AT/(R+M)>0.35$。

第Ⅱ类沥青：沥青质含量(AT)≤18%；胶质含量(R)>36%；油分含量(M)≤48%；$AT/(AT+R)<0.34$；$AT/(R+M)>0.22$。

第Ⅲ类沥青：沥青质含量(AT)为21%~23%；胶质含量(R)为30%~34%；油分含量(M)为45%~49%；$AT/(AT+R)=0.39\sim0.44$；$AT/(R+M)=0.25\sim0.30$。

第Ⅰ类和第Ⅲ类沥青的酸值大于0.7mgKOH/g，皂化值大于10mgKOH/g，对石灰石有很好的黏附性。

52 沥青路面水损害的季节及类型有哪几种？

(1) 发生在雨季。尤其是表面粗糙、孔隙率大的表面层或底面层，在长期受水浸泡的条件下行车，沥青膜首先从最薄弱的位置开始剥离，这种损坏往往从车辆轨迹带开始。

(2) 发生在春融季节。对于冰冻和季节性冰冻地区，当基础有较多的细粒土和孔隙时，毛细水导致春融期水分过饱和；水分进入下面层沥青混合料的孔隙中，在载荷的反复作用下产生剥离现象，所以这种水损坏往往是从下面层开始的。当路面有透水条件时，下面层破坏也会在雨季发生。

(3) 发生在冰雪季节。冰雪融化的水进入沥青混合料内部，充满在孔隙中一时很难排除，在载荷和冻融循环的反复作用下产生破坏，这是水损害破坏的常见情况。

53 沥青从集料表面剥离过程可以分为哪些模式？

(1) 沥青膜移动。在沥青-集料-水构成的三相体系中，由于水浸入沥青-集料表面，为了达到热力学平衡，沥青膜会沿着集料表面收缩，形成小球，使沥青与集料发生剥离现象。

(2) 沥青膜分离。当沥青膜与集料之间有一层很薄的水膜或灰尘层时，虽然沥青膜表面并没有破损且裹覆于集料表面，但此时沥青膜已发生剥离，丧失了黏结力。如果此过程的水分被干燥，沥青膜仍可以与集料发生黏结，故该过程是可逆的。

(3) 沥青膜破裂。当沥青膜与集料剥离后，沥青膜在集料表面并非均匀分布的，在载荷的作用下，某些薄弱部位(如棱角)会发生膜破裂现象。沥青膜一旦破裂，膜的移动就在所难免。

(4) 起泡。当沥青路面温度较高时，沥青黏度较低，如果骤降大雨，水珠沿空隙进入路面面层，此时由于路面温度较高，水分汽化造成软化的沥青起泡，使沥青膜变薄或破裂。当水分到达集料表面时，由于它与集料表面有很强的亲合力，将从集料表面置换出沥青膜，造成沥青与集料剥离。

（5）水力冲刷和孔隙压力。当路面上有水时，在轮胎前面的水受到挤压进入路表面的空隙中，形成水压力；当轮胎通过后，又在其后方形成负压，将空隙中的水吸出，如此循环，将对沥青混合料造成水力冲刷，逐渐使沥青膜从集料表面脱离。

（6）黏结层破坏。在春融季节、雨季及冰雪季节，水渗透到路面的表面层或底面层，在温度及载荷的反复作用下，导致沥青膜的剥离和破坏，丧失了黏结力，逐步造成麻面、松散、掉粒、坑槽等现象，最终导致沥青路面发生大面积破坏。

54 沥青在矿料表面的吸附形式有哪些?

沥青在集料表面的吸附形式可分为化学吸附和物理吸附。

化学吸附是沥青中的某些物质(如沥青酸)与矿料表面的金属阳离子产生化学反应，生成沥青酸盐，在矿料表面构成化学吸附层。化学吸附在沥青与矿料表面之间形成了化学键，因而其作用力很强，黏附力远远大于物理吸附的黏附力。沥青和矿料的化学组成决定了化学吸附能否发生以及发生的程度。如果沥青中存在大量的酸性物质而矿料本身又呈碱性，那么两者之间会形成强烈的化学吸附；如果矿料本身是酸性的，那么两者之间只能产生物理吸附，这也是酸性矿料与沥青黏附性较差的原因。

物理吸附是指因表面张力、分子引力和机械附着力等引起的沥青与矿物表面的吸附形式。石油沥青除含有大量的 C、H 外，还含有少量的 S、O、N 等杂原子，这些原子使沥青分子产生一定的极性，即表面活性。当沥青黏附于矿料表面后，沥青在矿料表面首先发生极性分子定向排列形成吸附层；同时，在极性力场中的非极性分子，由于得到极性的感应而获得额外的定向能力，从而构成表面吸附层。由于物理吸附过程中沥青与矿料之间不发生任何化学反应，因而其吸附强度要比化学吸附低得多。

沥青与矿料之间的吸附过程往往不是单独的物理吸附或化学吸附，而是两种吸附形式同时存在，其吸附强度决定于两种吸附所占的比例。

55 如何测定石料的碱值?

交通部《公路工程沥青及沥青混合料规程》(JTJ 052—2000)“石料碱值试验”(T0328—2000)规定：在测定石料的碱值时，以分析纯的 $Ca(CO_3)_2$ 作为标准。配制 0.25mol/L 的 H_2SO_4 标准溶液，用精密酸度计测定其 H^+ 浓度，以 N_0 表示；将石料试样清洗烘干，破碎研磨成小于 0.075mm 的细粉，取细粉 2g 置于圆底烧瓶中，加入 100mL H_2SO_4 标准溶液，在 130℃的油浴锅中反应回流 30min 后，用精密酸度计测定其上层清液的 H^+ 浓度，以 N_1 表示；用同样的方法测定分析纯的 $Ca(CO_3)_2$ 反应后的上层清液的 H^+ 浓度，以 N_2 表示。石料的碱值 C 按式(1-36)计算。

$$C=\frac{N_0-N_1}{N_0-N_2} \tag{1-36}$$

56 如何测定沥青的酸值？

交通部《公路工程沥青及沥青混合料试验规程》(JTG E20—2011)“沥青酸值的测定方法”(T0626—2011)规定以沥青的酸值来表征沥青的酸性强弱。

试验时，配制 0.1mol/L 的 $KOH-C_2H_5OH$ 标准溶液和 0.1mol/L 的 HCl 标准溶液；取沥青试样 3~5g 置于 250mL 的圆底烧瓶中，按 5mL/g 的比例向烧瓶中加入 15~25mL 苯，在温度为 65℃±5℃的恒温水浴中回流 30min 后，再加入 100mL 的无水乙醇，密封静置过夜。然后以玻璃电极作为指示电极，以饱和甘汞电极作为参考电极，采用电位滴定法，用 $KOH-C_2H_5OH$ 标准溶液滴定至终点。沥青的酸值按式(1-37)计算。

$$\text{沥青酸值}=\frac{56.1\times(V-V_0)\times C}{m} \tag{1-37}$$

式中 V——滴定试样所消耗的 $KOH-C_2H_5OH$ 标准溶液的体积，mL；

V_0——滴定空白试样所消耗的 $KOH-C_2H_5OH$ 标准溶液的体积，mL；

C——$KOH-C_2H_5OH$ 标准溶液的浓度，mol/L；

m——沥青试样用量，g。

57 什么叫沥青的玻璃化温度？

根据热力学观点，当物体受到拉伸时，其拉伸应力(σ_E)与温度(T)的关系式可表示为：

$$\sigma_E=\left(\frac{\partial U}{\partial L}\right)_T-T\left(\frac{\partial S}{\partial L}\right)_T \tag{1-38}$$

式中 U——物质内部的活化能，kJ/mol；

S——物质内部的熵，kJ/K；

L——拉伸形变，m。

在一定温度下，当某种物质被拉伸时，若熵变 $\left(\frac{\partial S}{\partial L}\right)_T$ 非常小，则 $\sigma_E=\left(\frac{\partial U}{\partial L}\right)_T$。这种物质叫能量弹性体，如金属、玻璃等，其特征是当外力撤去后，物体储存的势能会立即释放而使物体恢复原状。

在一定温度下，当某种物质被拉伸时，焓变$\left(\frac{\partial U}{\partial L}\right)_T$非常小，于是$\sigma_E=-T\left(\frac{\partial S}{\partial L}\right)_T$。这种物质被称为熵弹性体或橡胶弹性体，如橡胶或塑料，其特征是拉伸时有显著的分子运动。

对于橡胶类弹性体，当温度降低到一定程度时，它会变为硬而脆的固体，此时即使受到拉伸，分子间不再运动，成为能量弹性体，这种现象就称为玻璃化，此时的温度就称为玻璃化温度（T_g）。

沥青属于无定形高分子，从橡胶态转变为玻璃态时，许多性质会发生变化。这些性质随温度变化的曲线存在一个拐点，此时的温度就是沥青的玻璃化温度（T_g）。通常沥青的沥青质含量增加，T_g升高；针入度增大，T_g降低。大多数直馏沥青的玻璃化温度为-37～-15℃。

58 什么叫沥青的触变性？产生触变性的原因是什么？

触变性是指流体在一定的剪切速度下，其表观黏度随时间的延长而降低或升高的现象。

在软化点附近及恒温条件下，大部分的沥青（特别是凝胶型沥青）在载荷的作用下黏度减小；除去外力并静置一段时间后又恢复原来的胶体状态。沥青的这种胶体结构和流动特性随载荷作用时间变化而变化的特性就称为沥青的触变性。

在一定的剪切速率下，沥青的剪应力随时间延长而减小，即表观黏度大幅下降的特性称为剪切触变性。这种现象在沥青的软化点附近表现得最为明显，而与沥青的来源关系不大。

对沥青依次施加定比增加和降低的剪切速率，所得到的剪切速度-剪切应力关系的上升曲线和下降曲线并不重合，形成一个闭合环，即滞后环，这种现象称为剪切速率触变性。滞后环的面积越大，则沥青的剪切速率触变性越明显。

产生触变性的原因是，在外力的作用下，沥青的胶体结构发生变化。沥青是由强极性的沥青质依次吸附极性较强的胶质和芳香分，而分散在饱和分中形成胶体溶液。在软化点附近，其胶体结构不稳定，在外力的作用下，一些相互交联的胶团发生断裂破坏，形成了各自独立的胶团结构。由于胶团之间的交联结构被破坏，沥青的黏度开始下降，外力的作用时间越长或剪切速率越大，黏度下降越明显。但是沥青的这种胶体结构的变化只是一个物理过程，外力一旦撤去，其胶体结构仍可自动恢复。这种恢复过程是独立胶团重新生长、交联的过程，需要一定的时间，因此沥青的触变性往往表现为对时间的依存性。

一般来说，沥青的胶体结构越发达，触变性就越明显。也就是说，凝胶型沥青往往比溶胶型沥青表现出更强的触变性。

59 石油沥青的组分分离方法有哪些？

常用的沥青组分分离原理是，利用沥青各组分对不同溶剂的溶解度和对不同吸附剂的吸附性能差异，将其按分子大小、分子极性或分子构型分成不同的组分。目前较成熟的分离方法主要有分离沉淀法、化学沉淀法、吸附法、色谱法等。

分离沉淀法是根据沥青各组分的溶解度差异，借助溶剂将沥青分为不同的组分。其组分的划分取决于所选溶剂的种类、溶剂比、温度以及沥青来源等。因此，分离沉淀法得到的沥青组分含量和组成是条件性的，只有严格执行有关的试验方法，数据才有可比性。分离沉淀法常用的溶剂有非极性溶剂和极性溶剂。在实验室分析中多以正庚烷作为溶剂，所得到的不溶物称为正庚烷沥青质，其余部分称为油分。工业生产中常以 $C_3 \sim C_5$ 低碳烷烃作为溶剂，将沥青分为脱油沥青和脱沥青油。

化学沉淀法是以沥青组分间的化学反应能力差异为依据进行分离的。反应试剂主要是硫酸，沥青中的不饱和烃类、芳烃类、碱性化合物等与硫酸的反应性较强，而饱和分和烃类反应很弱，依此可以将沥青分为几个组分。化学沉淀法的操作步骤比较烦琐。

吸附法是以不同的沥青组分在吸附剂上的吸附能力和抽提溶剂中的溶解度差异为基础进行分离的。比如，可以先用低碳烷烃沉淀分离出沥青质，再用白土或氧化铝吸附剩余组分，用不同的溶剂进行冲洗即可将沥青分成 3 个组分。

色谱法是在吸附法的基础上，应用液固吸附色谱，对沥青进行梯度冲洗，使沥青的各组分在固定相中交替进行吸附-脱附过程，在移动相中不断进行传质和再分配，从而实现饱和分、芳香分、胶质和沥青质的分离，如用于沥青四组分分析液固冲洗色谱、薄层色谱等。

60 常用的石油沥青的四组分分析方法有哪些？

常用的石油沥青四组分分析方法有 Corbett 法和 SARA 法。

美国 ASTM D4124 采用 Corbett 法，将沥青分为沥青质(Asphaltenes)、饱和分(Saturates)、环烷芳香分(Naphthene aromatics)和极性芳香分(Polar aromatics)。

SARA 法所指四组分为饱和分(Saturates)、芳香分(Aromatics)、胶质(Resin)和沥青质(Asphaltene)，取四个词的词头简写成 SARA。SARA 法在我国、日本等国家均已实现标准化。

61 石油沥青密度与其化学组成之间有何关系？测定沥青密度或相对密度有何实际意义？

石油沥青的密度(ρ_{25})是指在 25℃下单位体积试样所具有的质量。而相对密度(ρ_{25}^{25})是指在 25℃相同温度下沥青与水的密度之比。密度和相对密度之间可以通过式(1-39)进行换算：

$$\rho_{25}=0.9971\times\rho_{25}^{25} \quad (1-39)$$

沥青的密度是沥青分子致密程度的指标，也是沥青均匀性的指标。沥青的密度基本上是由原油品种决定的，不同的炼制工艺对沥青密度的影响很小。沥青的密度与其化学组成之间有一定的相关关系。一般来说，对于同一种原油生产的沥青，沥青的硫含量增加，其密度增大，但两者并不存在定量关系；沥青质含量越高，沥青的密度越大；沥青的蜡含量越高，其密度越小。

日本沥青协会研究表明，沥青的相对密度与四组分的关联式为：

$$\rho=1.06+8.5\times10^{-4}At-7.2\times10^{-4}Re-8.7\times10^{-5}Ar-1.6\times10^{-3}Sa \quad (1-40)$$

式中，At、Re、Ar 和 Sa 分别为沥青中沥青质、胶质、芳香分和饱和分所占的比例。

密度是石油沥青的一项基本指标，是质量与体积之间相互换算以及沥青混合料配比设计时的重要参数。在沥青使用、储存、运输、销售和设计沥青容器时，密度的数据也是必不可少的。大部分石油沥青的密度介于 990kg/m^3 和 1100kg/m^3 之间。

62 石油沥青能发生哪些类型化学反应？目前广泛研究和应用的沥青化学反应类型有哪些？

石油沥青中的沥青质、胶质等重组分是包含多芳环、杂环衍生物以及芳环环烷烃和杂环的重复单元结构的混合物，其中有不少反应活性中心；如果条件适合，沥青就可以发生氧化、加氢、加成、磺化、取代和缩合等反应。

目前广泛研究和应用的沥青化学反应类型有磺化、氧化、热转化和加成反应。

(1) 磺化反应。

沥青中的沥青质和胶质等均含有稠环芳烃结构，其分子中的碳架是闭合的共轭体系，与苯相同，因而沥青的磺化反应也类似于苯的磺化反应。浓硫酸、发烟硫酸、三氧化硫等在常温下可以直接使沥青磺化。反应产物用烧碱中和后用作沥青类钻井液的添加剂，起到防塌、润滑、乳化、降滤失和高温稳定等综合作用。沥青磺化过程常用的溶剂有四氯化碳、三氯甲烷、正己烷、正辛烷等。

磺化反应的温度对反应的影响很大。反应温度低，转化率低；温度过高，则副反应较多。一般磺化反应的温度控制在 10~120℃，若溶剂选择适当，在 10~35℃条件下的反应效果更好。磺化剂的用量一般为沥青：磺化剂=1：0.3~1：1.2，最好为 1：0.5~1：1.0。用发烟硫酸作为磺化剂时，磺化时间为 0~120min，最好为 80~110min；用三氧化硫作为磺化剂时，磺化时间为 0.02~60s，最好为0.5~5s。沥青的软化点越低，制成的沥青类钻井液产品的高温高压降滤失作用越强。

沥青各组分磺化反应活性与其化学结构有关，反应活性的顺序是：胶质>芳香分>沥青质>饱和分。胶质和芳香分是磺化的活性组分，其含量决定产品的水溶性和磺酸钠含量，在原料沥青中必须含有一定比例的胶质和芳香分。沥青质在沥青的胶体结构中处于胶团的中心位置，与磺化剂直接接触的机会少，因而磺化速度较慢，反应活性不如胶质和芳香分。饱和分几乎不参加磺化反应，是磺化的惰性组分，在沥青中的含量不能太高，但它是油溶性的主要成分，并影响产品的润滑性，因而要有适当比例。

(2) 氧化反应。沥青的氧化反应分为高温氧化反应和低温氧化反应。

在较低的温度下，沥青与空气中的氧气接触会发生缓慢的氧化反应。在光照特别是在紫外光照射下，沥青的氧化速度会大大加快。沥青的低温氧化通常服从自由基反应机理，研究这一过程有助于了解沥青在使用过程中的性质变化情况。

沥青的高温氧化反应主要是脱氢反应。反应温度越高，化合于沥青中的氧越少，大部分的氧以水和二氧化碳的形式存在于排出气中。

(3) 热转化反应。石油沥青在350~450℃进行热处理时，主要化学反应有两类：一类是热裂化反应，即大分子裂化为小分子，为吸热反应，减黏裂化过程属于此种类型；另一类是缩合反应，即沥青分子缩合为大分子，为放热反应，延迟焦化和灵活焦化过程属于此种类型。一般来说，裂化和缩合反应同时发生，热转化过程可以得到轻质馏分和焦炭。

裂化反应主要遵循自由基反应机理。容易反应的分子首先在键能较弱的化学键上断裂形成自由基，小自由基与大分子碰撞，生成新的大自由基。大自由基不稳定，很快再断裂生成小自由基，这样就形成连锁反应。按此机理，正构烷烃最容易断裂成各种小分子烷烃和烯烃；异构烷烃的断裂与正构烷烃类似；环烷烃在较高温度下断裂生成环烯和二烯烃；带侧链的芳烃在侧链处断裂；芳环非常牢固不易断裂，芳环自由基互相结合形成多环至稠环芳烃，最终生成焦炭。

缩合反应机理主要是生成中间相炭小球。当断裂后的小分子烃类通过挥发和蒸发离开反应体系后，稠环芳烃不断增加。芳环数达15~20(相对分子质量达1000~1400)时，稠环芳烃分子足够大，将沿一定取向进行有规则排列，形成既有各向异性的固体特性，又有能流动并在悬浮时呈球状的液体特性，称为中间相(mesophase)。这些小球能以喹啉不溶物的形式从沥青中分出，得到结晶中间相小球，外观为黑色粉末，内部聚集着很多稠环芳烃。由于有大面积的平面结构和一定程度的取向，其排列基本整齐，有层次而且有两极。在持续受热过程中，小球体经历出生成长、相遇融并、增黏老化和定向固化等演化历程。小球的形成速度有快有慢，球体有大有小，取向程度有好有差，这些都和热转化反应条件与稠环芳烃内部结构有关。

制备中间相沥青是进一步制取纺丝沥青、沥青基碳纤维和沥青石墨纤维的基础。根据选用沥青原料、不同预处理方法和热处理条件的差别，可以制备 4 种中间相沥青：①普通中间相沥青，由沥青原料在一定条件下经热处理后制取；②新中间相沥青，由沥青原料先经溶剂抽提再热处理；③预中间相沥青，由沥青原料先进行氢化处理再热处理；④潜在中间相沥青，在加氢处理前后均进行热处理。由这 4 种中间相沥青再经过纺丝、不熔化处理、炭化和石墨化，就可以得到各种性能的沥青基碳纤维和石墨纤维。

（4）沥青与硫的反应。当反应温度低于 140℃，沥青与单质硫反应时，硫原子可以直接加成到沥青分子中；当温度上升到 180℃以上时，沥青与单质硫的反应进行得相当迅速。反应过程中硫原子可能直接与沥青发生交联反应，生成更大的分子，也可能使沥青的某些组分发生脱氢反应生成硫化氢。当反应温度高于 240℃时，硫原子与沥青主要发生的是脱氢反应。

63 石油沥青磺化反应的机理是什么？磺化反应有哪些主要副反应？

石油沥青的结构非常复杂，其中含有很多稠环芳香结构单元，故其磺化反应类似于苯的磺化反应。浓硫酸、发烟硫酸、三氧化硫等与芳环作用，以磺酸基团取代化合物中的氢原子，发生亲电取代反应。

以硫酸作为磺化剂时，反应机理为：

$$2H_2SO_4 \rightleftharpoons [H_3SO_4]^+ + [HSO_4]^- \tag{1-41}$$

$$[H_3SO_4]^+ \rightleftharpoons [SO_3H]^+ + H_2O \tag{1-42}$$

当亲电正离子$[SO_3H]^+$与电子云密度较高的苯环接近时，借助苯环上的两个 p 电子与苯环结合形成一个不稳定的正碳离子中间体，正碳离子中间体消去一个质子恢复稳定的苯环结构：

$$R-Ar-H + [SO_3H]^+ \rightleftharpoons R-Ar-SO_3H + H^+ \tag{1-43}$$

如此反复进行，直到体系中 H_2SO_4 浓度低到不能再反应为止。

以发烟硫酸和三氧化硫作为磺化剂时，沥青磺化反应的主反应式可大致表示为：

$$(R)_m(Ar)_n(H)_x + (SO_3)_y \rightleftharpoons (R)_m(Ar)_n(H)_{x-y}(SO_3H)_y \tag{1-44}$$

其反应机理为：

$$H_2SO_4 \rightleftharpoons O^- \leftarrow \overset{\overset{\displaystyle O}{\|}}{S} \rightarrow O^- + H_2O \tag{1-45}$$

$$R-Ar-H+O^{-}\leftarrow \overset{\overset{\displaystyle O}{\|}}{S}\rightarrow O^{-} \rightleftharpoons Ar-\underset{\underset{\displaystyle O}{\downarrow}}{\overset{\overset{\displaystyle O}{\uparrow}}{S}}-OH \tag{1-46}$$

以上两种反应机理都是正碳离子对芳环进行攻击，正碳离子的浓度均与体系中的含水量有重要的关系。因为反应式(1-45)、式(1-46)为可逆反应，所以，反应体系的含水量越少，正碳离子的浓度越高。

当以发烟硫酸作为磺化剂与沥青发生反应时，主要的副反应如下：

(1) 酸酐的生成：

$$2RArSO_3H \xrightarrow{SO_3} 2RArS_2O_6H \xrightarrow{SO_3} (RArSO_2)_2OH_2S_2O_7 \tag{1-47}$$

$$RArSO_3H+RArS_2O_6H \longrightarrow (RArSO_2)_2O \cdot H_2SO_4 \tag{1-48}$$

发烟硫酸越多，反应温度越高，则反应时间越短，酸酐的生成量越多，加水后酸酐可水解成磺酸。

(2) 砜的生成：

$$RArS_2O_6H+SO_3 \rightleftharpoons RArS_3O_9H \tag{1-49}$$

$$RArS_3O_9H+RArH \rightleftharpoons RArSO_2Ar+H_2S_2O_7 \tag{1-50}$$

(3) 多磺化：

$$R-Ar+2SO_3 \longrightarrow R-Ar(-SO_3H)_2 \tag{1-51}$$

在一般情况下，磺化剂越强，用量越多，反应温度越高，反应时间越长，越容易发生多磺化反应。

(4) 芳环和侧链的氧化。

发烟硫酸可引起有机物的氧化反应，随着芳环上烷基链的增加和温度的升高，氧化作用加剧，生成黑色醌型化合物，多烷基苯磺化时将生成深色产物。侧链较芳环更易发生氧化作用，同时常伴随氢转移、链断裂和环化等反应，最后生成黑色产物。

第二章　石油沥青性能的评价方法

1　什么叫针入度、针入度指数和针入度比？

针入度是指在规定的条件下，标准针穿入沥青试样的深度，以 dmm (0.1mm)表示。针入度试验按《公路工程沥青及沥青混合料试验规程》(JTG E20—2011)的“沥青针入度试验”进行，如果不特别注明，沥青的针入度是指25℃、总载荷100g、标准针在5s内穿入沥青试样的深度。

针入度指数是用于表征沥青对温度敏感性的指标，可以由沥青的针入度与软化点、针入度与脆点、两个或多个不同温度下测定的沥青针入度等方法计算而得。

针入度比是指薄膜烘箱试验前后沥青的针入度之比，以百分比表示。

2　什么叫沥青的软化点？

软化点是指在一定条件下，沥青达到某一稠度时的温度。《公路工程沥青及沥青混合料试验规程》(JTG E20—2011)的“沥青软化点试验(环球法)”规定：在规定尺寸的铜环内，上置规定尺寸和重量的钢球，在水或甘油介质中，以5℃/min的加热速率加热到沥青软化，钢球下沉到规定距离时的温度，以℃表示。

3　什么叫沥青的延度？

沥青的延度是指在规定的条件下，使沥青的标准试件拉伸至断裂时最大长度，以cm表示。延度试验按《公路工程沥青及沥青混合料试验规程》(JTG E20—2011)的“沥青延度试验”进行。石油沥青有15℃延度和10℃延度，改性沥青通常指5℃延度，拉伸速率为5cm/min。

4　什么叫沥青的蜡含量、溶解度、密度、水分和灰分？

蜡含量是指在规定条件下，沥青试样经裂解蒸馏所得馏出油脱出的蜡量，以质量百分数表示。

溶解度是指沥青试样在三氯乙烯中可溶解的数量，以质量百分数表示。

密度是指在规定的温度下，沥青单位体积内所含物质的质量，以 kg/m³ 表示。

水分是指存在于沥青试样中的水含量。

灰分是指在规定条件下，沥青炭化后的残留物经煅烧所得无机物，以质量百分数表示。

5 什么叫闪点和开口闪点？

在规定的条件下被测试样所逸出的蒸气和空气组成的混合物与火焰接触时，发生瞬间闪火的最低温度叫闪点，以℃表示。

开口闪点是用规定的开口杯闪点测定仪所测得的闪点，以℃表示。开口闪点按《公路工程沥青及沥青混合料试验规程》(JTG E20—2011)的“沥青闪点与燃点试验(克利夫兰开口杯法)”进行。

6 什么叫脆点(弗拉斯脆点)？什么叫冻裂点？

脆点是指在规定的条件下，冷却并弯曲沥青涂片至出现裂纹时的温度，以℃表示。脆点测定按《公路工程沥青及沥青混合料试验规程》(JTG E20—2011)的“沥青脆点试验(弗拉斯法)进行。

冻裂点是指沥青试样在规定的器皿内冷冻至发生裂纹时的温度，以℃表示。

7 什么叫薄膜烘箱试验？什么叫旋转薄膜烘箱试验？

薄膜烘箱试验是指在规定条件下，加热沥青试样，并检验其加热前后特定的物性变化(蒸发损失、针入度、延度等)，以判断沥青抗热老化能力。其试验按《公路工程沥青及沥青混合料试验规程》(JTG E20—2011)的“沥青薄膜烘箱加热试验”进行。

旋转薄膜烘箱试验是指在规定条件下，鼓风加热旋转的沥青薄膜，并检验其加热前后特定的物性变化(蒸发损失、针入度、延度、黏度等)以判断沥青抗热和空气老化性能。其试验按《公路工程沥青及沥青混合料试验规程》(JTG E20—2011)的“沥青旋转薄膜烘箱加热试验”进行。

8 什么叫垂度、黏附率、收缩率和附着度？

在规定条件下，黏附在试验板上的沥青试样受热产生蠕变下垂的距离叫垂度，以 mm 表示。

在规定条件下，沥青试样黏附在金属表面的面积占金属总面积的百分数叫黏附率。

绝缘沥青在规定的两个温度之间的体积变化叫收缩率，以百分数表示。

在规定条件下，乳化沥青黏附在潮湿石料上的面积占石料总面积之比叫附着度。

9 什么叫四组分法？各组分如何界定？

四组分法是指渣油或沥青在规定条件下测得的饱和分、芳香分、胶质和沥青质四种组分的含量，以质量百分数表示。

在规定条件下，溶于正庚烷的沥青组分叫可溶质。可溶质在规定条件下，用液固色谱分离时，用正庚烷冲洗所得的组分叫饱和分。分离出饱和分后，再用甲苯冲洗所得的组分叫芳香分。分离出饱和分、芳香分后，再用甲苯-乙醇冲洗所得的组分叫胶质。不溶于正庚烷而溶于甲苯的沥青组分叫沥青质。

10 什么叫炭青质和似炭质？

在规定条件下，不溶于甲苯而溶于二硫化碳的沥青组分叫炭青质，炭青质也称为炭青烯。不溶于二硫化碳而溶于喹啉的沥青组分叫似炭质，似炭质也称为似炭烯。

11 什么叫沥青的耐久性、抗老化性和感温性？

耐久性是沥青及其制品可持续使用的期限。

沥青在长期使用过程中抗变质的能力叫抗老化性。

感温性指沥青对温度的敏感程度，常表征为黏度或稠度随温度变化而改变的程度。

12 沥青采样过程中应注意哪些问题？

（1）沥青取样器和盛样器必须洁净、干燥；

（2）从无搅拌设备的沥青储罐内采样时，须事先打开采样口，使采样管壁上的凝结水挥发后方可按要求进行采样，否则可能会有凝结水落入取样器中影响沥青的分析；

（3）从有搅拌设备的沥青储罐中采样时，须在停止搅拌 1h 后采样；

（4）雨天采样时，要有相应的防雨设施，防止雨水落入试样中；

（5）按要求从不同部位采到的沥青样品应充分混合后方能进行相关检验；

（6）需加热的石油沥青试样不得装入纸袋（箱）、塑料袋中，以免再次熔化时混入杂物，抑或沥青中的油分渗入纸袋中，造成沥青组成发生变化；

（7）一次取样必须达到规定的取样量，如果分析过程中样品量不足，应放弃此次分析，重新采样进行分析，不得用不同时间或批次的样品完成同一次数据测试。

13 沥青试样的处理过程中应注意哪些问题?

（1）沥青试样加热过程中宜采用带有温控装置的烘箱，严禁直接使用电炉或明火加热，防止沥青试样局部过热。

（2）当沥青试样不含水时，烘箱温度控制在沥青的预计软化点加上90℃左右为宜，将装有试样的盛样器带盖放入恒温烘箱中加热使样品熔化，其间可将盛样器取出缓慢搅拌，使试样受热均匀。但应注意，搅拌过程中不能速度过快，以防止带入空气而引起沥青样品老化，总加热时间不宜超过30min。

（3）当沥青试样含有水分时，烘箱温度控制在80℃左右，待试样全部熔化后，可转入直径较大的容器内进行脱水处理。脱水时，盛样器皿最好放在可控温的砂浴、油浴或电热套中进行加热，并用玻璃棒轻轻搅拌防止局部过热，在沥青温度不超过100℃的条件下仔细脱水至无泡沫为止，加热时间不超过30min，最后的加热温度不超过软化点以上100℃。

（4）溶剂脱沥青工艺生产的沥青，其中可能携带少量的低沸点溶剂，加热过程中会出现类似于含水沥青的发泡现象，可采用与沥青脱水过程相同的方法仔细脱除溶剂，以免造成分析数据偏差。

(5)沥青试样中可能含有少量的颗粒杂质，分析时将熔化后的沥青试样用0.6mm的筛网过滤，滤后的试样不等冷却立即一次性灌入各项试样的模具中。

（6）在沥青试样灌模过程中如果温度下降，可放入烘箱中适当加热，灌模时不得反复搅动沥青试样，避免混入气泡，试样冷却后反复加热的次数不得超过2次。

（7）灌模剩余的沥青试样应立即清洗干净，不得重复使用。

14 道路沥青必须具备哪些要求?

（1）具有适当的稠度和较好的高低温性能，高温下不易流淌，低温下不易脆裂；

（2）与集料有良好的黏附能力；

（3）具有很好的耐老化性能；

（4）具有良好的施工性能和安定性。

15 我国公路是如何分级的?

我国的公路按交通量、使用功能及性质分为五个等级，即高速公路、一级公路、二级公路、三级公路和四级公路。

（1）高速公路：一般能适应按各种汽车(包括摩托车)折合成小客车的年平均昼夜交通量为25000辆以上，具有特别重要的政治、经济意义，专供汽车分道高速行驶并全部控制出入口的公路。

(2) 一级公路：一般能适应按各种汽车(包括摩托车)折合成小客车的年平均昼夜交通量为10000~25000辆，连接重要的政治、经济中心，通往重点工矿区、港口、机场，专供汽车分道高速行驶并部分控制出入口的公路。

(3) 二级公路：一般能适应按各种车辆折合成中型载重汽车的年平均昼夜交通量为2000~5000辆，连接政治、经济中心或大工矿区、港口、机场等地的专供汽车行驶的公路。

(4) 三级公路：一般能适应按各种车辆折合成中型载重汽车的年平均昼夜交通量为2000辆以下，沟通县以上城市的公路。

(5) 四级公路：一般能适应按各种车辆折合成中型载重汽车的年平均昼夜交通量为200辆以下，沟通县、乡(镇)、村等的公路。

16 我国公路是如何进行分类和编号的?

我国的公路按其行政等级及其使用性质划分为国道、省道、县道、乡道及专用公路五类。

国道是指在国家公路网中，具有全国性的政治、经济、国防意义，并经确定为国家级干线的公路。

省道是指在省公路网中，具有全省性的政治、经济、国防意义，并经确定为省级干线的公路。

县道是指具有全县性的政治、经济意义，并经确定为县级的公路。

乡道是指主要为乡、村农民生产、生活服务的公路。

专用公路是指由工矿、农林等部门投资修建，主要供该部门使用的公路。

目前，我国的国道按首都放射线、北南纵线和东西横线分别顺序编号。以首都北京为中心的放射线由“1”和两位路线顺序号构成，如“107国道”；国界内由北向南的纵线由“2”和两位路线顺序号构成，如“210国道”；国界内由东向西的横线由“3”和两位路线顺序号构成，如“312国道”。

17 我国制订的“五纵七横”国道主干线发展规划是指什么?

为了解决公路交通发展滞后的状况，满足国民经济和社会发展需要，交通部制订了国道主干线发展规划，计划从1991年起，用30年左右的时间，逐步建成12条长度约35000km的以高速公路、一级公路为主体的“五纵七横”快速、高效、安全的国道主干线系统。

“五纵”：长度约为15590km，包括同江—三亚(约5700km)、北京—福州(约2540km)、北京—珠海(约2310km)、二连浩特—河口(约3610km)、重庆—湛江(约1430km)五条纵向国道主干线。

“七横”：长度约为20300km，包括绥芬河—满洲里（约1280km）、丹东—拉萨（约4590km）、青岛—银川（约1610km）、连云港—霍尔果斯（约3980km）、上海—成都（约2770km）、上海—瑞丽（约4090km）、衡阳—昆明（约1980km）七条横向国道主干线。

这些以高速公路为主的国道主干线将贯穿中国几乎所有的省、自治区、直辖市，连接100多个50万人口以上的大中城市，形成布局合理、与国民经济发展格局相适应、与其他运输方式相协调的高速公路网。

18 道路沥青分级标准有哪些？

目前，国内外采用的道路沥青分级标准有三类：（1）按针入度分级的标准，这种分级标准历史悠久，现仍被大多数国家采用；（2）按黏度分级的标准，美国的部分州、澳大利亚和加拿大采用沥青的60℃黏度来分级；（3）按功能分级的标准，该分级体系是20世纪90年代美国战略性公路研究计划（SHRP）中提出的沥青分级标准，还没有被广泛采用。

19 道路石油沥青按针入度分级有哪些优缺点？

沥青的针入度反映了沥青的黏稠程度，按25℃针入度分级有以下优点：

（1）25℃针入度基本反映了沥青路面的常用温度，25℃针入度反映了沥青的黏度，也可以反映沥青在使用温度下的性能；

（2）沥青针入度测试方法简单，仪器造价低，操作方便，方法比较完善；

（3）通过测定不同温度下的针入度可以确定沥青的感温性能；

（4）沥青的针入度测试周期短，有利于在沥青生产过程中控制产品质量。

按针入度分级同时也存在以下缺点：

（1）针入度试验是经验性的试验，不能像黏度那样直接表征沥青本身的稠度；

（2）针入度试验过程中剪切速率很高，对非牛顿性流体，沥青的黏度与剪切速率有关，沥青的针入度不同，在测定过程中剪切速率也不同；

（3）在25℃下具有同样性能的沥青，在高温或低温下可能存在很大差别，没有反映出沥青在使用温度区间内的性能。

20 按黏度分级（AC级）的优缺点是什么？

为了克服针入度分级存在的缺陷，20世纪60年代美国采用了以60℃黏度为分级标准的分级体系。用黏度分级具有以下优点：

（1）黏度是物质的固有特性，用它来代替针入度可以使沥青分级更为科学、可靠；

（2）沥青在60℃的黏度与夏季最高温度下沥青混合料的强度、抗车辙能力有良好的相关性，能够更好地反映沥青的高温性能；

（3）135℃的黏度反映了沥青在施工条件下的稠度，便于确定沥青混合料的最佳拌和及碾压温度；

（4）不同温度下的黏度可以表征沥青的感温性能；

（5）试验方法精确度高，规格指标重叠少。

黏度分级的主要缺点为：

（1）按60℃黏度分级，忽视了低温和常温下沥青的性能；

（2）试验仪器较复杂，试验时间较长，试验条件控制严格，不宜在现场使用；

（3）对于同一个黏度级别的沥青，薄膜烘箱后的黏度可能相差很大，这一分级体系没有考虑沥青在拌和和施工过程中的热老化。

21 什么是AR分级？它有哪些优缺点？

AR分级是以薄膜烘箱试验后沥青的黏度作为分级指标的一种沥青分级体系。美国ASTM3381“筑路用黏度级沥青胶结料规格”按沥青旋转薄膜烘箱试验后沥青的60℃黏度和135℃黏度将沥青分为5个牌号，供不同地区使用。

AR分级的先进性在于，它能够代表沥青热拌和后的性质，反映了实际铺筑到路面上的沥青的质量。其缺点是需要较多的试验设备，试验时间较长；此外，这一分级体系对新鲜沥青没有提出技术要求，无法检测沥青的实际老化程度；用薄膜烘箱后的沥青黏度分级，没有考虑沥青在常温和低温下的使用性能。

22 石油沥青标准制定的依据是什么？

（1）根据用途划分不同沥青的牌号。

（2）根据使用的环境与条件不同，制定规格要求。

（3）规格标准要根据原料性质、工艺炼制水平和平均达到的先进水平。

23 我国道路石油沥青分为哪些系列？

我国道路石油沥青主要分为三个系列。一是用于高速公路、一级公路、城市快车道、主干道和机场跑道的重交通道路沥青（JTG F40）；二是可用于高速公路、机场跑道等大交通量、重载路面面层的聚合物改性沥青（JTG F40）；三是可用于中、轻交通道路及路面维修的普通道路沥青（SH 0522和GB 15180）。

24 我国道路沥青是按什么指标分类的？

我国道路沥青是按针入度指标进行牌号划分的。各牌号之间和针入度可以是连续的，也可以是间断的，并以针入度的区间中值或区间值来命名。我国重交通道路沥青是按针入度区间中值命名的，如针入度在 80～100dmm 的重交沥青称为 AH-90；而普通道路沥青(中、轻交通道路沥青)某些牌号则是按区间值来命名的。

25 对道路沥青材料路用性能按气候分区的意义是什么？

研究发现，道路沥青及其混合料的路用性能受气候环境因素的影响很大。在夏季高温条件下，载荷反复作用使沥青混合料的流动变形不断积累，造成路面车辙损坏；而冬季气温骤降和反复的升、降温过程是引起路面温缩裂缝的主要原因；此外，水分渗入沥青与集料的界面，会降低沥青与集料的黏附性，在载荷作用下易产生剥离、坑槽等病害。因此，根据不同地区的气候特点，有针对性地选择道路沥青材料，是提高沥青路面高温抗车辙和低温抗裂能力、增强水稳定性、延长路面使用寿命的重要措施之一，这也是我国“八五”科技攻关提出道路沥青材料路用性能按气候分区的根本原因。

26 沥青材料路用性能的气候分区指标及其选取原则是什么？

(1) 选取 7 月平均最高气温作为气候分区的第一指标。这主要是基于 7 月平均最高气温与路面的车辙变形联系最为密切，用来评价路面夏季车辙变形危害也最为直观。

该指标是以每年 7 月每天下午 2 时的温度平均值作为一年的 7 月平均最高气温，再求取 30 年的 7 月平均最高气温的平均值作为设计的 7 月平均最高气温。

(2) 选取极端最低温度作为气候分区的二级指标。这是基于最低温度和降温速率等是影响沥青路面温缩裂缝的主要原因。

极端最低气温是先选出每年的极端最低气温，再求取 30 年的极端最低气温的最小值作为设计的极端最低气温。

(3) 选取年降水量作为三级指标。选用该指标是为了减少路面的水损害。年降水量是指 30 年降水量的平均值。

上述三个指标相结合，就可以综合反映某地区的气候特征。

27 我国沥青及沥青混合料的气候分区共分为哪些气候类型？其具体含义和指标是什么？

按 7 月平均最高气温、年极端最低气温把全国分为三大区、九种气候类型；再结合年总降水量分布共把全国分为 26 个气候类型。每个气候类型用 3 个数字来表示，中间以“—”隔开，3 个数字综合定量地反映了某一地区的气候特征，每个因素的数字越小，表示气候因素越严重，如“1—1—1”表示“夏炎热冬严寒潮湿型气候”。具体解释如下：

第一个数字代表7月平均最高气温分布。其中：

“1”表示7月平均最高气温>30℃，即夏炎区；

“2”表示7月平均最高气温处于20～30℃区间，即夏热区；

“3”表示7月平均最高气温<20℃，即夏凉区。

第二个数字代表年极端最低气温分布。其中：

“1”表示年极端最低气温<-37℃，即冬严寒区；

“2”表示年极端最低气温处于-37～-21.5℃区间，即冬寒区；

“3”表示年极端最低气温处于-21.5～-9.0℃区间，即冬冷区；

“4”表示年极端最低气温<-9.0℃，即冬温区。

第三个数字代表年降水总量分布。其中：

“1”表示年降水量>1000mm，即潮湿区；

“2”表示年降水量处于500～1000mm区间，即湿润区；

“3”表示年降水量处于250～500mm，即半干旱区；

“4”表示年降水量<250mm，即干旱区。

28 如何根据气候分区来选择沥青标号？

根据气候条件选择沥青标号是个技术性很强的问题。其一般选用原则是：夏季炎热型气候应选用标号小的道路沥青产品，即尽量使用硬一些的沥青；冬季寒冷型气候应选用标号大的道路沥青产品，即尽量使用软一些的沥青。但是，我国大部分地区夏季炎热，冬季寒冷，很难同时兼顾。因此，在选择沥青标号时不仅要考虑气候特征，同时也要结合公路等级、预期的车辆交通状况等因素进行综合分析。表2-1为国内专家提出的各气候分区的沥青分级建议。

表2-1 气候分区与沥青等级的建议

气候类型	沥青等级	七月平均最高气温/℃	年极端最低气温/℃	沥青针入度(25℃，100g，5s)/dmm
1-1	AH-1	>30	<-37.0	100～120
1-2	AH-2	>30	-37.0～-21.5	80～100
1-3	AH-3	>30	-21.5～-9.0	60～80，80～100
1-4	AH-4	>30	>-9.0	40～60，60～80
2-1	AH-1	20～30	<-37.0	100～120，120～140
2-2	AH-2	20～30	-37.0～-21.5	80～100，100～120
2-3	AH-3	20～30	-21.5～-9.0	60～80，80～100（高原可用100～120）
2-4	AH-4	20～30	>-9.0	60～80
3-2	AH-3	<20	-37.0～-21.5	100～120

29 什么叫当量软化点？它有什么实际意义？

把沥青结合料的针入度为800dmm时的温度定义为当量软化点，用T_{800}表示。

当量软化点是一项评价沥青结合料高温性能的指标。采用当量软化点的目的主要在于消除沥青结合料中的蜡对其软化点测定所带来的偏差。

30 如何计算当量软化点？

（1）分别测定某沥青在15℃、25℃和30℃时的针入度。

（2）把三个针入度数值按$\lg P=At+k$进行线性回归(式中，P为温度为t时的针入度，A为温度敏感系数，k为常数)，求出A和k，代入式(2-1)即可求出当量软化点T_{800}。回归系数r要求不小于0.997；如果r小于0.997，重新分析沥青的针入度，直至回归系数r不小于0.997。

$$T_{800}=\frac{\lg 800-k}{A}=\frac{2.9031-k}{A} \tag{2-1}$$

31 沥青中的蜡对软化点测定有哪些影响？

道路石油沥青的软化点一般为40～55℃，而沥青中蜡的熔点一般为30～100℃。因此在沥青的软化点附近，部分蜡会发生相变，熔化为液体，吸收一部分相变热，从而使沥青试样的温升滞后于水浴温度的上升幅度，这就使得测定的沥青软化点数据偏高。

此外，当沥青的蜡含量太高时，试样不是由于钢球的作用沿环的中间自然下垂，而是试样与钢球一起沿环壁下滑，这样就会给软化点测定带来更大的误差。

32 沥青的高温性能对其路用性能有何影响？

沥青是一种黏弹性材料，在温度较高时，沥青将由弹性体向塑性体转化。如果沥青的高温性能不好，在夏季持续高温的作用下，其劲度模量大幅降低，抗变形能力急剧下降，导致路面出现车辙、拥包等永久性变形，降低路面的使用寿命和行车舒适性，增加路面的维修成本。

33 沥青软化点的作用和意义是什么？

软化点的高低常用于评价沥青的高温性能。软化点实际上是沥青在一定条件下的等黏温度，软化点越高就意味着沥青的等黏温度越高，沥青混合料的高温稳定性就越高。

应当特别注意：沥青的软化点不是沥青的物性常数，而是在一定条件下，沥青达到某一稠度时的温度，因此软化点是随着试验条件变化的。这是因为，沥青是由大分子烃类和非烃类组成的非常复杂的混合物，属无定形物质，它没有明确的熔点，而是随着温度的升高逐渐软化并最终熔融为液体。

34 沥青的软化点和当量软化点有何区别？

软化点是沥青在一定外力作用下开始产生流动的温度，大体上相当于沥青的针入度为 800dmm 或黏度为 1300Pa·s 时的温度。但是对于蜡含量较高的 W 级沥青，由于蜡的熔点范围为 30～100℃，因此蜡的熔融过程往往会使软化点的测定出现偏差，即沥青达到软化点温度时，其针入度并非 800dmm 或黏度并非 1300Pa·s，软化点并没有完全反映等黏温度。而当量软化点是指沥青的针入度为 800dmm 或黏度为 1300Pa·s 时的温度。沥青的蜡含量越高，软化点与当量软化点的差别越大。因此可以说，当量软化点是完全消除了蜡影响的沥青软化点。

35 为什么说当量软化点比软化点更能反映沥青的高温性能？

石油沥青中蜡的熔点范围为 30～100℃，而石油沥青的软化点一般为 40～55℃，因此，对于蜡含量较高的沥青而言，蜡熔化吸热往往会导致软化点测定结果偏高。而当量软化点是由 30℃以下的三个针入度数据计算得到的，在此温度之下，沥青中的绝大部分蜡仍处于结晶状态，不会影响试验结果。所以，用当量软化点更能反映沥青的高温性能。

36 仅用当量软化点能否比较不同沥青的高温性能？

当量软化点是为了消除蜡的影响而提出的，当量软化点取决于沥青的针入度值，它的本质仍是沥青的针入度指数。如果两种沥青的针入度相当，当量软化点的高低能充分反映其高温抗车辙能力，但是如果两种沥青针入度不同，仅用当量软化点的高低来判断其高温性能好坏是不合适的。

37 当量软化点 T_{800} 能否完全替代沥青的软化点指标？

沥青的软化点指标在测定过程中虽然受到诸如蜡等多种因素的影响，但是作为沥青的常规指标，软化点的测定方法简单，测定周期短，它和针入度一样，常常用来控制沥青产品的生产、检验及性质评价，是人们乐于使用和接受的指标。此外，随着我国沥青质量标准不断升级，道路沥青的蜡含量越来越低，蜡对软化点的影响也越来越小。重交沥青的产量和质量均达到较高的水平，有些沥青的品质甚至超过了国外名牌沥青。对于这些沥青而言，软化点与当量软化点差别很小。因此，用当量软化点 T_{800} 完全替代沥青的软化点指标是不可取的。

38 什么叫沥青的老化指数？

沥青的老化指数 AI(Aging Inder)是指薄膜烘箱试验前后沥青的黏度之比，用式(2-2)表示。

$$AI=\frac{\eta_{后}}{\eta_{前}} \tag{2-2}$$

式中 $\eta_{后}$——薄膜烘箱试验后沥青的黏度；

$\eta_{前}$——薄膜烘箱试验前沥青的黏度。

AI 值越大，表明沥青的老化程度越高，即该沥青的耐热老化性能差。

39 什么是 BTDC 图？用 BTDC 图如何对沥青分级？

BTDC 是英文 Bitumen Test Data Chart 的缩写形式，中文意思是“沥青试验数据图”。BTDC 图是壳牌石油公司研究所的 W. Heukelom 于 1969 年提出的，他把沥青的针入度、软化点、脆点和黏度作为温度的函数描绘在同一张坐标图上，用以表征石油沥青常规试验性质之间的相互关系，这就是人们所熟悉的 BTDC 图，如图 2-1 所示。BTDC 图以温度为横坐标，以针入度和黏度为纵坐标，是一个很宽温度范围内的沥青数据图，能够较好地反映沥青的流变性能。

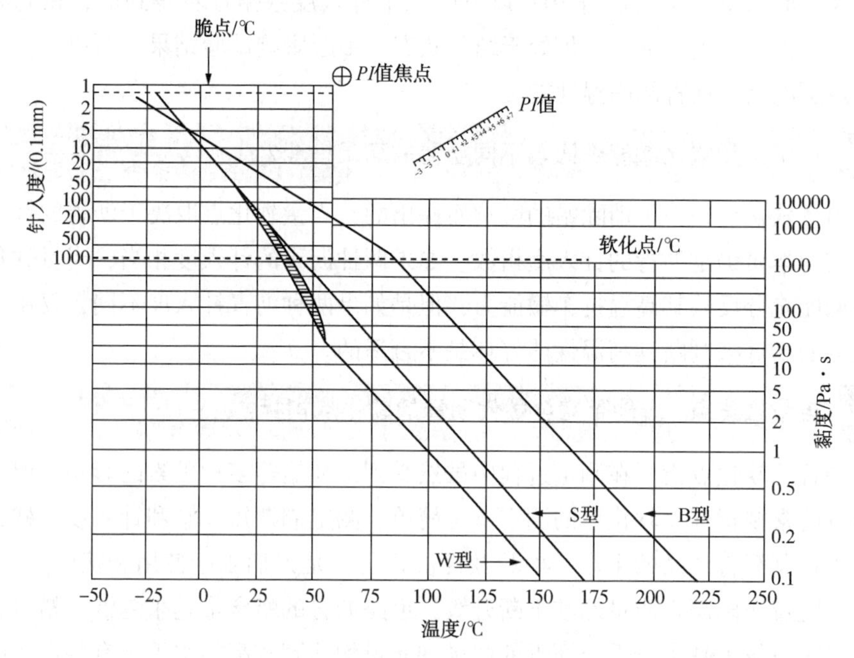

图 2-1　S 型、B 型及 W 型沥青的 BTDC 图

利用 BTDC 图可以区分三种类型的沥青：

(1) S级沥青：沥青试验数据描绘在BTDC图上呈一条直线，它代表蜡含量较低的一类沥青。对于大批直馏沥青来说，各项试验数据基本上位于一条直线上，它能包括绝大部分蜡含量较低的沥青。由同一种原油生产的不同针入度的沥青，在BTDC图上为一组具有相同斜率的直线，也就是说，它们具有相同的感温性能，直线越靠近左下方，说明沥青的针入度越大；由不同原油生产的沥青一般具有不同的斜率，说明不同原油生产的沥青的感温性能是不同的，直线的斜率越小，沥青的感温性能越小。

对于S级沥青，仅用针入度和软化点就可以确定其感温性能。

(2) B级沥青：即氧化沥青，以吹氧氧化法生产的沥青在BTDC图上不能成为一条直线，而是由两条直线相交组成的一条折线。在高温区，其直线的斜率与同一来源的非氧化沥青斜率基本相同；而在低温区，B级沥青的直线斜率变小，说明氧化过程改善了沥青的感温性能。

对于B级沥青，确定不同温度区间感温性能，必须用该温度区间的测试数据计算确定。

(3) W级沥青：W级沥青描述的是蜡含量较高的沥青的情况。W级沥青也是由两条相交的直线组成的曲线，但与氧化沥青不同，该曲线在高温区和低温区出现斜率不同的两条直线，在两条直线之间有一个过渡区。该过渡区的温度正好处于沥青中蜡的熔点范围内，故测定数据由于受到沥青中蜡熔化和结晶过程的影响，将会偏离曲线。上下两条直线的斜率有所差别，它反映了蜡对沥青感温性能的影响。

对于W级沥青，确定不同温度区间的感温性能，也必须用该温度区间的测试数据计算确定，而且必须避开过渡区温度范围内的试验数据。

40 BTDC图有哪些用途？

(1) 可以用来区分不同类型的沥青。

(2) 可以用来比较和鉴别不同类型沥青的黏温特性，预测沥青在任意温度区间的黏温特性。

(3) 可以用来确定沥青的当量软化点和当量脆点等指标。

(4) 可以用来确定沥青混合料的最佳拌和温度和最佳碾压温度。例如在图2-2中，当沥青的黏度约为0.2Pa·s(假定沥青的密度为1000kg/m^3)时，能使沥青在集料表面裹覆得最好。从图中可以看出，该沥青的最佳拌和温度约为150℃。同样，最佳碾压黏度范围为0.2~20Pa·s，从图中可以确定最佳碾压温度在70~110℃范围。因此，BTDC图是各牌号沥青选择适当施工条件的有效工具。

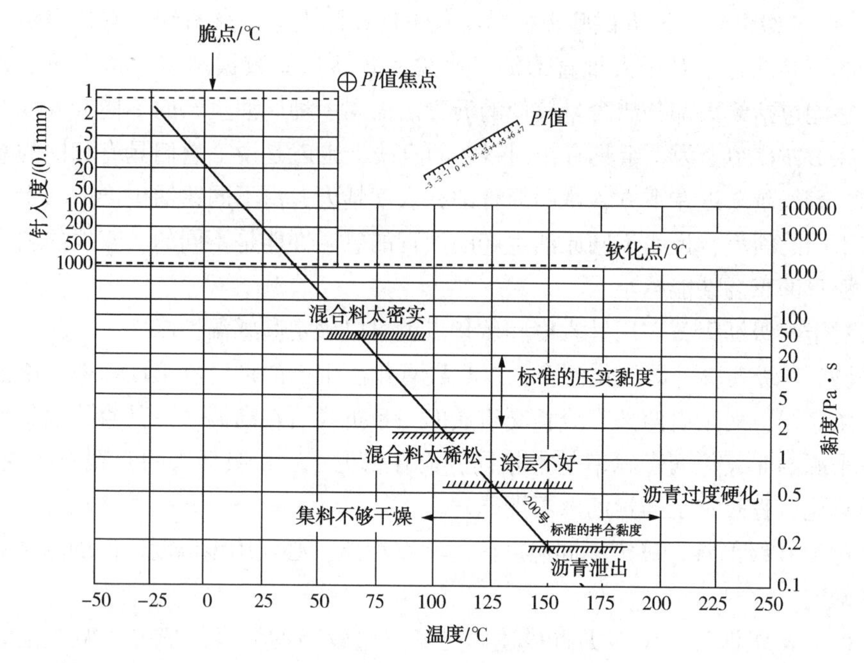

图 2-2 密实型沥青碎石混合料在最佳拌和及压实情况下的“标准”沥青黏度 BTDC 图

41 什么是 SHRP?

SHRP 是英文 Strategic Highway Research Program 的缩写，意思是“战略性公路研究计划”，是在美国各州公路运输工作者协会(AASHTO)、美国运输研究委员会(TRB)和美国联邦公路管理局(FHWA)共同领导下，历时 5 年半(1987 年 10 月~1993 年 3 月)完成的。SHRP 主要取得了 3 个成果：(1)1993 年公布了建立在路用性能基础上的全新的道路石油沥青规格标准；(2)建立了在路用性能基础上的沥青混合料规范；(3)提出了沥青混合料配比设计和分析系统，提供了 SUPERPAVE 软件包。

SHRP 计划中关于沥青的研究项目的主要任务是，制定一个以路面性能为基础的沥青材料规范、沥青混合料规范以及与之配套的沥青混合料设计方法。其基本思路是，将沥青的物理和化学性质与路用性能关联起来。

SHRP 计划关于沥青的研究项目共有 9 个合同：

(1) 试验设计、协调与材料控制；

(2) 沥青胶结料的特性与评价；

(3) 研究胶结料的新方法；

(4) 沥青核磁共振研究；

(5) 沥青-集料相互作用及沥青混合料的试验与测试；

(6) 沥青-集料相互作用的基本性质研究；

(7) 沥青改性和改性剂；

(8) 性能模型与试验结果验证；

(9) 沥青混合料性能规范。

42 SHRP 沥青路用性能规范中对沥青牌号是如何划分的？其含义是什么？

SHRP 沥青路用性能规范将沥青分为七个等级，即 PG46、PG52、PG58、PG64、PG70、PG76 和 PG80；每级按所适应的最低路面设计温度再进行牌号划分，从-46～-10℃，每 6℃一档。

SHRP 沥青牌号的表示方法为：PG XX-YY

其中"PG"是 Performance Grade 的缩写形式，意思是"性能分级"；"XX"表示该级沥青的最高路面设计温度；"-YY"表示该级沥青的最低路面设计温度。

例如：PG55-22 表示该沥青适合于最高路面设计温度不高于 55℃、最低路面设计温度不低于-22℃的地区。

43 SUPERPAVE 的含义及其主要内容是什么？

SUPERPAVE 是 Superior Performing Asphalt Pavements 的缩写形式，其中文意思可直译为"性能优良的沥青路面"。SUPERPAVE™作为一款注册商标，其确切的含义是指"沥青及沥青混合料路用性能规范"。SUPERPAVE™是 SHRP 计划中关于沥青的研究成果的总称。其主要内容包括：(1)沥青及沥青混合料路用性能规范；(2)沥青性能的试验方法及设备；(3)沥青混合料的配比设计、性能试验方法及沥青路面的性能预测；(4)沥青混合料的水敏感性及其各项路用性能预测；(5)沥青样品的制备及其条件。

44 SUPERPAVE 沥青结合料路用性能等级的设计温度是如何确定的？

SUPERPAVE 沥青结合料的高温设计温度采用一年中温度最高的 7d 周期(7 天最高路面温度)由空气转换过来的路表下 20mm 深处的平均最高温度；最低设计温度等于路表的空气温度，以年最低气温表示。

SHRP 规定以路表以下深度为 20mm 处的温度作为路面温度(T_{20mm})，并建立了空气温度(T_{air})、路表温度(T_{Surf})和纬度(Lat)之间的关联式：

$$T_{Surf}=T_{air}-0.00618Lat^2+0.2289Lat+24.4 \tag{2-3}$$

$$T_{20mm}=(T_{Surf}+17.78)\times0.9545-17.78 \tag{2-4}$$

45 SHRP 规范中关于沥青结合料的路用性能指标包括哪些方面？

SHRP 规范中关于沥青结合料的路用性能指标包括以下 5 个方面：(1)高温

时抵抗永久变形的能力(高温稳定性)；(2)低温时抵抗路面温缩开裂的能力(低温抗裂性)；(3)抗疲劳破坏的能力(抗疲劳性)；(4)抗老化性能；(5)施工安全性和可操作性。

46 SHRP 规范中评价沥青结合料抗永久变形性能的指标是什么?

在重交通的荷载作用下，路面沥青层会产生功与变形，一部分的功和应变会随着荷载的撤销而自动恢复，另一部分的功会因永久变形及热能的产生而消失。在固定的荷载应力作用下，根据消散原理，每一施力周期下的消散功可以用式(2-5)来表示。

$$w=\pi\sigma^2/(G^*/\sin\delta) \tag{2-5}$$

式中 w——功的消散量，Pa；

σ——施加的应力值，Pa；

G^*——复数剪切模量，Pa；

δ——相位角，rad。

SHRP 性能分级规范采用 $G^*/\sin\delta$(车辙因子)来表征沥青的抗永久变形能力。要想使沥青具有好的抗永久变形性，则要使消散功变小，即 $G^*/\sin\delta$ 变大。复数剪切模量代表了抵抗变形的能力，相位角代表了弹性成分对抵抗变形能力的贡献。高复数剪切模量和小的相位角对抗永久变形能力是有利的。

在 SHRP 规范中用动态剪切流变仪(DSR)测定沥青结合料旋转薄膜烘箱(RTOFT)或薄膜烘箱(TOFT)试验前后的复数剪切模量和相位角来表征沥青结合料的能力。对原样沥青及 RTOFT 后残留沥青试样分别进行两次动态剪切试验。试样在高温设计温度下进行测试，剪切速率为 10rad/s，必须满足下列指标要求：

(1) 试样沥青的 $G^*/\sin\delta$ 不得小于 1. 0kPa；

(2) RTOFT 后残留沥青的 $G^*/\sin\delta$ 不得小于 2. 2kPa。

47 当量软化点 T_{800} 与 SHRP 标准中反映沥青高温稳定性的指标 $G^*/\sin\delta$ 的相关性如何?

为了检验当量软化点 T_{800} 与 $G^*/\sin\delta$ 的相关性，交通部“八五”科技攻关项目曾对国内有代表性的 7 种道路沥青进行了 T_{800} 与 $G^*/\sin\delta$ 对比研究，其结果如图 2-3和图 2-4 所示。

从图中可以看出，当量软化点 T_{800} 与原样沥青及 RTOFT 后残留沥青的 $G^*/\sin\delta$ 均有良好的相关性。也就是说，用当量软化点 T_{800} 来评价沥青的高温抗车辙能力是完全合理的。

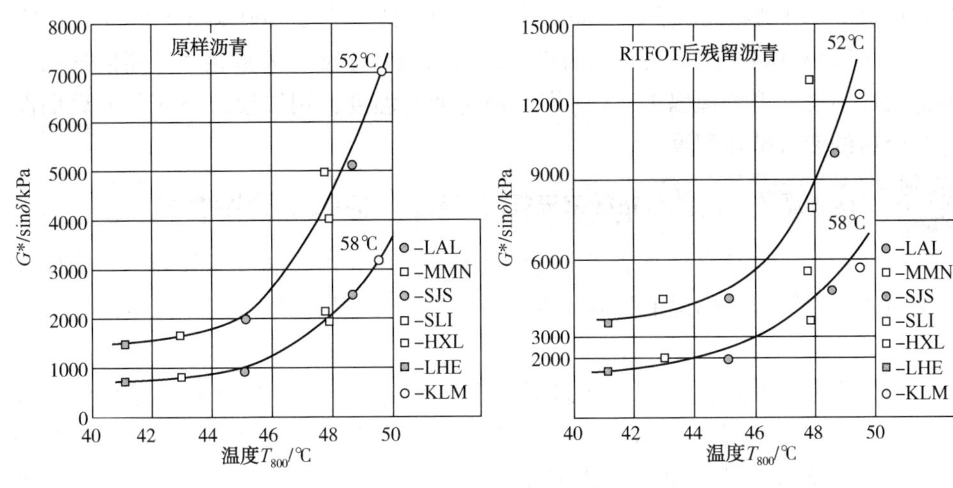

图 2-3　沥青的 T_{800} 与 $G^{*}/\sin\delta$ 的关系

图 2-4　沥青 T_{800} 与 RTFOT 后残留沥青 $G^{*}/\sin\delta$ 关系

48　SHRP 规范中用什么指标来衡量沥青结合料的抗疲劳性能?

沥青在中等温度下比在高温下具有更高的弹性和更大的硬度，在该温度区间内沥青路面的损坏主要是由疲劳引起的。对于沥青这样的黏弹性材料，复数剪切模量和相位角表征沥青结合料的抗疲劳破坏能力同样重要。这是因为，对每一个施加的载荷，路面的损坏不仅取决于载荷产生的应力和应变，还取决于这一载荷引起的变形有多少可以恢复或消失。在这一温度区间内，较软的材料和高弹性的材料对抗疲劳是有利的。

在固定应变的荷载作用下，路面沥青层会产生功与变形，功的消散有以下形式：热功消散、塑性流变、开裂和裂缝的增大。根据消散原理，每一荷载周期中功的消散量可用式(2-6)来表示。

$$w=\pi\varepsilon^{2}[G^{*}\cdot\sin\delta] \tag{2-6}$$

式中　ε——应变，无量纲；

G^{*}——复数剪切模量，Pa；

δ——相位角，rad。

为了限制功的消散量，使危害降到最小程度，SHRP 规范中用疲劳因子 $G^{*}\cdot\sin\delta$ 来表征沥青的抗疲劳开裂性能。$G^{*}\cdot\sin\delta$ 是复数剪切劲度模量的虚数轴分量，反映的是变形过程中由于内部摩擦产生的以热的形式散失的能量，所以它叫作损失模量(Loss Modulus)。$G^{*}\cdot\sin\delta$ 越小，功的消散量越小，即抗疲劳开裂性能越好。

在选定的荷载频率下对经 RTFOT 和 PAV 模拟老化后的沥青残留样从高温到

低温进行 DSR 试验，测定 $G^{*} \cdot \sin\delta$ 值，直到此值不大于 5000kPa 时为止，取满足规范的最小试验温度作为该沥青的路面疲劳设计温度，大致相当于路面最高和最低设计温度的平均值以上 4℃，即春融时期的温度，用以模拟路面服务后期沥青结合料的疲劳破坏程度。

49 SHRP 规范中用什么指标来表征沥青结合料的低温抗裂性能？

热拌沥青路面在寒冷季节产生的横向裂缝主要是由于温度骤降和温差的反复作用而使沥青层产生的温缩裂缝，以及由于半刚性基层温缩开裂而产生的反射性裂缝。

为了确定沥青路面在低温状态下的开裂情况，在 SHRP 规范中要对 RTFOT 和 PAV 试验后的沥青做低温弯曲梁试验（BBR）和直接拉伸试验（DTT），用蠕变劲度 $S(t)$ 和劲度曲线斜率 m 值来表征沥青结合料的低温抗裂性能。劲度 $S(t)$ 可衡量热拌沥青路面由于温度引起收缩所产生的应力大小，而劲度曲线的斜率 m 则反映应力减少的程度。当 $S(t)$ 增加时，受到应力（因温度而收缩）增加导致温感裂缝；m 值越大，意味着温度下降而使路面产生收缩时的拉应力越小，进而降低了路面发生低温开裂的可能性。

对 PAV 沥青进行 DSR、BBR 和 DTT 试验。用 BBR 测定沥青结合料的蠕变劲度模量，用 DDT 测定沥青结合料在低温下的破坏应变。如果沥青结合料的蠕变劲度 $S(60s) \leqslant 300MPa$，$m \geqslant 0.300$，该沥青结合料的低温抗裂性符合要求，可以不必做 DTT 试验；当蠕变劲度 $S(60s) \geqslant 600MPa$ 时，该沥青结合料明显不合格，也不必做 DTT 试验；如果蠕变劲度 $S(60s)$ 处于 300～600MPa，且劲度曲线斜率 $m \geqslant 0.300$，则要追加 DTT 试验，若拉伸破坏应变 ≥1.0%，也可以认为沥青结合料的低温抗裂性符合要求。

50 SHRP 道路沥青结合料规格标准与以往按针入度或黏度分级的标准相比有哪些特点？

SHRP 规范完全摒弃了以往采用的沥青分级体系，对沥青的规格指标进行了全面修改，与以往按针入度或黏度分级的标准相比，它有如下特点：

（1）沥青按路面的最高和最低设计温度进行分级，先按最高路面设计温度分为 7 级：PG46、PG52、PG58、PG64、PG70、PG76、PG82，每级又按最低路面设计温度再划分为 37 个亚级。

（2）建立了动态剪切流变试验（DSR）、弯曲梁试验（BBR）、直接拉伸试验（DTT）和压力老化罐试验（PAV）等，用复数剪切模量、相位角、蠕变劲度、蠕变形变速率及破坏应变等流变学概念，能够更科学、更准确地与沥青的路用性能相关联。

(3) 对原沥青测定 135℃黏度以表征沥青的施工性能，同时增加了动态剪切试验，测定沥青结合料旋转薄膜烘箱(RTOFT)或薄膜烘箱(TOFT)试验前后的复数剪切模量和相位角来表征沥青结合料的高温抗车辙能力；测定压力老化罐试验后的复数剪切模量和相位角来表征沥青结合料的抗疲劳破坏能力。

(4) 以 BBR 试验的极限劲度模量和 m 值，以及 DTT 试验破坏时的极限拉伸应变来表征沥青结合料低温抗裂性能。

51 什么是动态剪切试验?

动态剪切试验的方法在 SHRP B003 和 AASHTO TP5 中有详细的介绍。动态剪切试验采用动态剪切流变仪(dynamic sheer rheometer，简称 DSR)，其基本原理如图 2-5 所示。

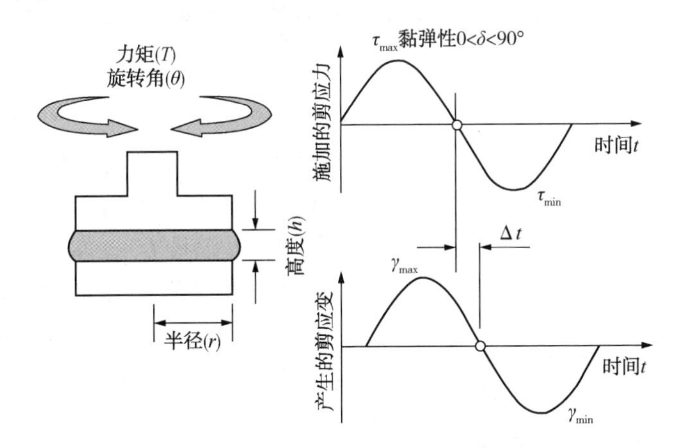

图 2-5　SHRP 动态剪切试验基本原理

两块直径为 8mm 或 25mm 的平行金属板，间距为 0.9～1.8mm 或 1.1～2.2mm(与直径对应)，将沥青试样放在金属板之间，一块板固定，由计算机控制马达驱动另一块板绕着中心轴来回摆动，速度为 10rad/s(约等于 1.59Hz)，由测定试样的变形来计算动态复数剪切弹性模量(G^*)和相位角(δ)。沥青试样的剪应力 τ、剪应变 γ、复数剪切劲度模量 G^* 及相位角 δ 按式(2-7)～式(2-10)计算：

$$\tau=\frac{2T}{\pi\cdot r^3} \tag{2-7}$$

$$\gamma=\frac{\theta\cdot r}{h} \tag{2-8}$$

$$G^*=\frac{\tau_{max}-\tau_{min}}{\gamma_{max}-\gamma_{min}} \tag{2-9}$$

$$\delta=2\pi f\cdot\Delta t \tag{2-10}$$

式中 T——最大扭矩，N·m；

r——摆动板半径(12.5mm 或 4mm)；

h——沥青试样的高度(1mm 或 2mm)；

θ——摆动板的旋转角，rad；

τ_{max}、γ_{max}——试样承受的最大剪应力(Pa)和最大剪应变(无量纲)；

τ_{min}、γ_{min}——试样承受的最小剪应力(Pa)和最小剪应变(无量纲)；

Δt——滞后时间，s。

SHRP 规范中要求对原样沥青、RTFOT 残留沥青和 RTFOT/PAV 残留沥青进行三次动态剪切试验，分别反映沥青的高温性能和抗疲劳性能，它是 SHRP 沥青新标准的精髓。

52 什么是复数剪切劲度模量 G^*、储存弹性模量 G'和损失弹性模量 G''?

我们知道，弹性模量是应力与应变之比。

为了研究在交变剪切应力作用下的黏弹性材料的力学行为，在复平面内描述交变剪切应力与交变剪切应变响应时，把交变剪切应力与交变剪切应变之比定义为复数剪切劲度模量 G^*，如图 2-6 所示。

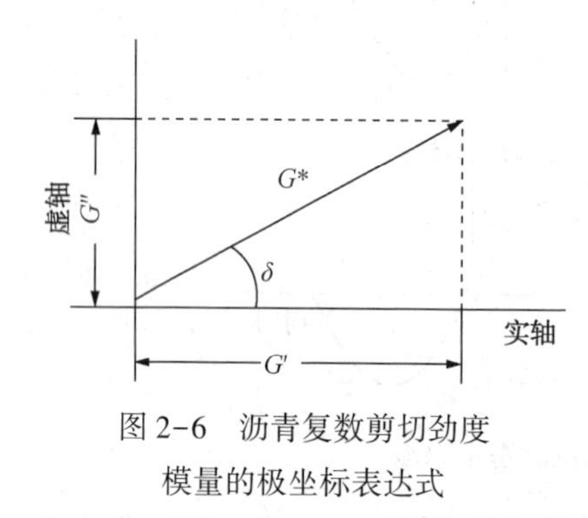

图 2-6 沥青复数剪切劲度模量的极坐标表达式

图 2-6 中实数部分 G'称为动力弹性模量，它反映的是黏弹性材料变形过程中能量的贮藏与释放，所以又叫作储存弹性模量；虚数部分 G''反映的是变形过程中由于内部摩擦产生的以热的形式散失的能量，所以叫作损失弹性模量。

相位角 δ 是弹性部分和黏性部分的比值。δ 越小，材料越接近于弹性体，反之则接近于黏性流体。如果两种沥青的复数剪切劲度模量的绝对值相等，即 $|G_1^*|=|G_2^*|$，但第一种沥青的相位角 δ_1 小于第二种沥青的相位角 δ_2，则说明第一种沥青更富有弹性，在施加的载荷撤去后，变形更容易恢复。

53 什么叫复数柔量、储存剪切柔量和损失剪切柔量?

复数弹性模量的倒数称为复数柔量。

$$J^*=\frac{1}{G^*}=\frac{1}{|G^*|}(\cos\delta-i\sin\delta)=J'-iJ'' \tag{2-11}$$

其中：

$$J'=\frac{1}{|G^*|/\cos\delta}=\frac{1}{G'}\cos^2\delta \tag{2-12}$$

$$J''=\frac{1}{|G^*|/\sin\delta}=\frac{1}{G'}\sin^2\delta \tag{2-13}$$

J'为实数轴分量，称为储存剪切柔量；J''为虚数轴分量，称为损失剪切柔量。

54 SHRP 动态剪切试验中采用 $G^*/\sin\delta$ 作为高温稳定性指标的意义是什么？

$G^*/\sin\delta$ 是损失剪切柔量的倒数，实际上是包括了复数剪切劲度模量 G^* 及相位角 δ。$G^*/\sin\delta$ 越大，损失剪切柔量越小，表示在载荷作用下模量的黏性成分越小，高温时沥青结合料的流动变形越小，抗车辙能力就越强。

55 如何用 Superpave 分级体系确认一种未知沥青的等级？

（1）准备 400g 新鲜沥青样品，按 ASTM D92 测定沥青的闪点，闪点必须大于 230℃；按 ASTM D4402 测定沥青 135℃黏度，该黏度值不得超过 3Pa·s。

（2）对新鲜沥青进行 DSR 试验，试验从 58℃开始，每次增加 6℃，直到 $G^*/\sin\delta\leqslant1.0$kPa 为止，以 $G^*/\sin\delta\geqslant1.0$kPa 时的最高温度作为 PG 分级的起始温度。如果试验选用的起始温度太高，则每次降低 6℃，直至 $G^*/\sin\delta\geqslant1.0$kPa。

（3）用大约 200g 试验样品进行旋转薄膜烘箱试验（RTFOT）或薄膜烘箱试验（TFOT），试验完成后，测定沥青的蒸发损失，蒸发损失不得超过 1.00%。

（4）对旋转薄膜烘箱或薄膜烘箱试验后的样品进行 DSR 试验以确定沥青等级的最高温度。此时 $G^*/\sin\delta\geqslant2.2$kPa，选择步骤（2）、步骤（4）中的较低温度作为沥青等级的最高温度。

（5）用 RTFOT 或 TFOT 后样品按 ASTM PP 1 进行 PAV 试验，对于 PG46、PG52，试验温度为 90℃；对于 PG58-X 或更高等级，试验温度为 100℃；如果沥青在类似于沙漠温度下使用，则 PAV 试验温度为 110℃。

（6）PAV 试验完成后，小心从压力老化罐中取出样品，把每个盘中的样品倒在一起混合均匀，按 ASTM P245 制备 BBR 试件，每个试验温度需要两个试件，同时保留足够的样品制备 DTT 试件，每个试验温度需要 4 个试件。

（7）对 PAV 试验后的样品进行 DSR 试验，PG52、PG58 试验温度为 25℃；PG64 试验温度为 28℃；PG70 试验温度为 34℃；每次降低 3℃直到 $G^*/\sin\delta\geqslant5000$kPa 为止。

（8）对 PAV 试验后的样品进行 BBR 试验，根据（2）中确定的最高温度和步骤（7）中 $G^*/\sin\delta\leqslant5000$kPa 时的最低温度按 ASTM P248 表 1 确定进行 BBR 试验的开始温度（除非另有信息提供试验温度，在该温度下劲度 $S\leqslant300.0$MPa，$m\geqslant0.300$）。

（9）在所选择的初始温度下进行 BBR 试验，每次增加 6℃，直到满足劲度 $S\leqslant300.0$MPa，$m\geqslant0.300$ 为止。每个试验温度必须使用新的试件。

（10）若沥青在较低的温度下只能满足 ASTM P248 中斜率的要求，而不能满足劲度要求，当劲度为 300~600MPa、$m \geqslant 0.300$ 时，可以在试验温度下按 ASTM P252 进行 DDT 试验，制备 4 个试件，在试验温度下 $m \geqslant 0.300$，破坏应变≥1.0%。

（11）当破坏应变<1.0%时，重新制备一组 4 个试件并将试验温度升高 6℃重新进行 DDT 试验，直到 $m \geqslant 0.300$、破坏应变≥1.0%为止。确定劲度 $S \leqslant 300.0$MPa、$m \geqslant 0.300$ 的试验温度或 S 为 300~600MPa、$m \geqslant 0.300$，破坏应变≥1.0%时的试验温度作为 PG 分级的最低设计温度。

（12）报告所有的试验结果以及最高和最低设计温度，确定沥青等级，如 PG64-22。

56 如何用 Superpave 分级体系确认已知等级的沥青？

（1）按试验方法准备试验样品和试件，对于已知等级的沥青样品，要完成所有试验大约需要 250g 新鲜沥青样品。

（2）根据所做的试验，准备大约 100g 试验样品进行旋转薄膜烘箱试验（RTFOT）或薄膜烘箱试验（TFOT）。

（3）对新鲜沥青在标定的最高温度下进行 DSR 试验，如 PG70-16 试验温度为 70℃，在此温度下，$G^*/\sin\delta$ 应小于或等于 1.0kPa。

（4）按 ASTM D92 测定沥青的闪点，闪点必须大于 230℃；按 ASTM D4402 测定沥青 135℃的黏度，该黏度值不得超过 3Pa·s。

（5）旋转薄膜烘箱试验或薄膜烘箱试验完成后，测定沥青的蒸发损失，蒸发损失不得超过 1.00%，以满足 ASTM P248 的要求。

（6）如果新鲜沥青不能满足步骤(4)、步骤(5)的要求，就不需要继续进行试验。

（7）对旋转薄膜烘箱或薄膜烘箱试验后的样品进行 DSR 试验，试验温度为标定沥青等级的最高温度。例如，PG70-16 试验温度为 70℃，在此温度下，必须满足 $G^*/\sin\delta \geqslant 2.2$kPa。

（8）取足够的 RTFOT 或 TFOT 后样品进行 PAV 试验，对于 PG46、PG52，试验温度为 90℃；对于 PG58 或更高等级，试验温度为 100℃；如果沥青在类似于沙漠温度下使用，则试验温度为 110℃。

（9）PAV 试验完成后，小心地从压力老化罐中取出样品，把每个盘中的样品倒在一起混合均匀，按 ASTM P245 制备 BBR 试件，每个试验温度需要两个试件，保留足够的样品用于制备 DTT 试件，每个试验温度需要 4 个试件。

（10）对 PAV 试验后的样品根据标定沥青的等级按 ASTM P248 中表 1 所示的最高温度和最低温度对应的中间温度进行 DSR 试验。如 PG64-40 的试验温度为 16℃，在该温度下，应满足 $G^*/\sin\delta \geqslant 5000$kPa。

（11）根据标定沥青等级的最高温度和最低温度，在 ASTM P248 中表 1 所对应的温度下对 PAV 试验后的样品进行 BBR 试验，如 PG58-28，试验温度为 -18℃。在该温度下必须满足 $m \geqslant 0.3000$，对有的沥青，m 值比劲度值等更容易满足要求。

（12）当劲度为 300~600MPa、$m \geqslant 0.300$ 时，可以在与 BBR 同样的试验温度下按 ASTM P252 进行 DTT 试验，制备 4 个试件，在该试验温度下必须满足破坏应变≥1.0%。

（13）报告所有的试验结果，并表明该沥青是否满足 ASTM P248 标准。

57 什么是沥青的针入度黏度指数 *PVN*？如何计算 *PVN*？

以 25℃针入度和 135℃黏度计算得到的沥青针入度指数称为针入度黏度指数（Pen-Vis Numbers，简称 *PVN*）。

PVN 的计算方法如式（2-14）所示。

$$PVN = -1.5 \times \frac{\lg v_L - \lg v}{\lg v_L - \lg v_M} \tag{2-14}$$

式中 v——待测 *PVN* 沥青的 135℃运动黏度，mm^2/s；

v_L——与待测沥青的针入度相同并令其 $PVN=0$ 时 L 沥青的黏度，由 $\lg v_L = 4.25800 - 0.79674\lg P$ 计算；

v_M——与待测沥青的针入度相同并令其 $PVN=-1.5$ 时 M 沥青的黏度，由 $\lg v_M = 3.46289 - 0.61094\lg P$ 计算；

P——待测沥青的 25℃针入度，dmm。

58 常用的表征道路沥青感温性能的指标有哪些？这些指标反映的温度范围是多少？

常用的表征道路沥青感温性能的指标包括沥青的针入度指数 *PI*、沥青试验数据图（BTDC）、针入度黏度指数 *PVN*、黏温指数 *VTS* 和沥青等级指数 *CI* 等。这些指标所反映的温度范围如表 2-2 所示。

表 2-2　沥青的感温性能指标与温度范围

感温指标	计算依据	温度范围
针入度指数 *PI*	25℃针入度及软化点	25℃～软化点温度
	T_1 和 T_2 两个温度下的针入度	测定针入度的温度区间 T_1～T_2
	25℃针入度及弗拉斯脆点	25℃～弗拉斯脆点温度
	15℃、25℃、30℃或 5℃针入度	15～30℃或 5～25℃
	软化点及 0.2Pa·s 等黏温度	软化点～施工温度

续表

感温指标	计算依据	温度范围
针入度黏度指数 *PVN*	25℃针入度及60℃黏度	25~60℃
	25℃针入度及135℃黏度	25~135℃
黏温指标 *VTS*	60℃及135℃黏度	60~135℃
沥青等级指数 *CI*	25℃针入度、软化点、60℃及135℃黏度	25~135℃

59 如何用 *PVN* 来判断道路沥青的感温性能？

根据针入度黏度指数 *PVN* 的计算方法，道路沥青的 *PVN* 介于 0 和-1.5 之间。*PVN* 值越小，表明沥青的温度敏感性越大。

PVN 可以用来判断道路沥青的感温性能及其所适用的交通量类型，具体可划分为 3 组：

A 组　低温度敏感性　*PVN*=-0.5~0.0　适用于重型交通

B 组　中温度敏感性　*PVN*=-1.0~-0.5　适用于中等交通

C 组　高温度敏感性　*PVN*=-1.5~-1.0　适用于轻型交通

60 什么是沥青的黏温指数 *VTS*？

沥青的黏度随温度变化程度直接反映了感温性能，可用于定量描述沥青黏度-温度关系的方法有很多，对于较宽温度范围的黏温关系，Walther 与 Saal 建立运动黏度与绝对温度之间的线性关系式。

$$\lg\lg(v+a)=m\lg T+b \tag{2-15}$$

式中　v——运动黏度，mm^2/s；

T——绝对温度，K；

a——经验常数，大多数石油产品 $a<0.8$，对沥青而言，此值可以忽略；

m，b——与流体物性有关的常数。

式(2-15)中的 m 实际上是黏度-温度关系直线的斜率，定义为黏温指数(Viscosity-Temperature Susceptibility，简称 *VTS*)。

$$VTS=\frac{\lg v_1-\lg v_2}{\lg T_1-\lg T_2} \tag{2-16}$$

式中　v_1、v_2——对应于测试温度 T_1、T_2 时的运动黏度，mm^2/s。

黏温指数 *VTS* 越小，表明沥青的温度敏感性也越小。

61 沥青的黏温指数 *VTS* 有何功用？

黏温指数 *VTS* 除用于判断道路沥青的感温性能之外，还可以用来求出在一定范围内某温度下沥青的黏度或达到某一黏度时的温度，即等黏温度(*EVT*)。*EVT*是道路沥青在路面铺装作业中的重要指标。*EVT*具有如下功用：(1)确定不同沥青的最佳拌和温度。当沥青的黏度为200mm²/s时，可使集料表面裹覆的沥青达到合理的膜厚，并提高沥青与集料的黏附性。而不同油源和工艺生产的道路沥青达到200mm²/s时的*EVT*差别很大，掌握不同沥青的这一等黏温度，可以避免因过热而导致沥青加速老化，达到最佳的拌和效果。(2)确定最佳的碾压温度。通常认为，当沥青黏度为260~320mm²/s时，最有利于进行碾压，利用*VTS*可以求出不同沥青在最佳碾压黏度下的等黏温度。这样可以保证在沥青混合料摊铺后有足够的碾压时间，从而提高沥青混合料的稳定度。

62 什么是沥青的等级指数*CI*？如何计算*CI*？

等级指数*CI*(Class Index)是美国联邦公路管理局(FHWA)提出的一种区分沥青类型的指标。

*CI*的具体计算方法为：

假定沥青在软化点温度时的黏度为1300Pa·s，针入度为800dmm，考虑到沥青蜡含量的影响，令：

$$\Delta T=T_{\mathrm{R\&B}}-T_{800}$$

$$V_{60}=\lg(\eta_{60}/1300)$$

$$V_{135}=\lg(\eta_{135}/1300)$$

$$A_1=\frac{46.7\times(V_{60}-V_{135})}{[72.25+8.5\times(V_{60}+V_{135})+(V_{60}\times V_{135})]\div 75}$$

$$CI=\sqrt{(-12.5-\Delta T)^2+\left(12.5\times\frac{A}{A_1}\right)^2}-17.68 \qquad (2-17)$$

式中 η_{60}、η_{135}——沥青在60℃和135℃时的黏度，Pa·s；

A——由式$\lg P=AT+K$回归出的温度敏感系数A。

沥青等级指数*CI*由于考虑了沥青中蜡含量的影响，因而能较好地反映沥青的感温性能。*CI*值越小，沥青的感温性也越小。

63 如何改善道路沥青的感温性能？

感温性是指沥青对温度变化的敏感程度，它与道路沥青的路用性能密切相关。因此，如何改善道路的感温性能是沥青生产及使用部门都非常关心的问题。

从宏观角度来看，改善道路沥青感温性能的措施主要有三种：

(1) 选择适合于生产沥青的原油。大量的研究及试验证明，原油的基属与沥青性能关系密切。要生产感温性能良好的道路沥青，应首选环烷基原油。这类原油的蜡含量很少，一般经过常减压蒸馏就可以生产高质量的道路沥青。

（2）对沥青进行适当的氧化。对于中间基原油，由于其中的蜡组分含量较高，而沥青质含量较低，经常减压蒸馏后减压渣油的软化点偏低，针入度和感温性较大，不能满足道路沥青的指标要求。在一定的温度条件下通入空气进行氧化，使其组成发生变化、软化点升高、针入度及温度敏感性减小，可满足道路沥青的指标及使用性能要求。

（3）利用添加剂改善沥青的感温性。可以改善沥青感温性能的添加剂有很多，如炭黑、硫黄粉、氧化剂、聚合物等。目前应用最多的是聚合物类改性剂，这是因为聚合物类改性剂不但能改善沥青的感温性，还可以改善沥青的其他使用性能。

从微观角度来分析，沥青的感温性与其化学组成及胶体结构密切相关。沥青是以相对相对分子质量很大的沥青质为中心，向外吸附胶质和芳香分，形成胶团结构并分散在由饱和分组成的分散介质中。如果沥青质含量较少或蜡含量较高，沥青中一般不会形成坚固的内部网状结构，其流动性减小仅仅是黏度增大的缘故，故这类沥青对温度的变化很敏感。由此可见，沥青中的蜡及沥青质含量是影响沥青感温性能的两个关键因素。基于这种原因，要改善沥青的感温性能，除了上述的选择原油种类、对沥青进行适度氧化及添加改性剂之外，对于蜡含量较高的石蜡基原油、石蜡-中间基原油或中间-石蜡基原油，采用溶剂脱沥青+调和富芳组分+氧化的组合工艺，也可以生产出感温性能较低的道路沥青。

64 评价沥青结合料高温稳定性的指标 $G^*/\sin\delta$、60℃黏度、$T_{R\&B}$ 及 T_{800} 各有哪些优缺点？

SHRP 沥青结合料路用性能规范用动态剪切试验的 $G^*/\sin\delta$ 作为沥青结合料高温性能指标，能很好地模拟夏季高温情况下路面的实际使用情况，且能很好地反映沥青结合料的力学性质及高温路用性能。其缺点是仪器操作复杂、价格昂贵。

60℃黏度能够直观地反映沥青结合料的高温性能，与沥青结合料的力学性能和路用性能有着良好的相关性，但其缺点是易受沥青蜡含量的影响，测定仪器操作较复杂，且价格昂贵。

环球法软化点 $T_{R\&B}$ 虽然可以直观地表征沥青结合料的高温性能，但由于其测定结果易受沥青中蜡的影响，所以不能更好地反映沥青结合料的高温性能。环球法软化点的优点是操作简单、分析周期短、仪器价格便宜，故仍为大多数国家所采用。

当量软化点 T_{800} 是我国交通部“八五”技术攻关中提出的表征沥青结合料高温性能的指标。T_{800} 与 $G^*/\sin\delta$ 有着良好的相关性，能很好地反映沥青结合料的高温路用性能，且其结果不受沥青中蜡含量的影响，只要测定三个温度下沥青的针入度，就可以方便地计算出 T_{800}。当量软化点操作简单，试验费用低，但针入度测定周期长，目前仍未被广泛采用。

65 什么是沥青的脆点？它有何意义？

沥青的脆点是由 A. Fraass 于 1937 年开发的，因此称为弗拉斯脆点。脆点是沥青在等速降温条件下，用弯曲受力方式测定的沥青发生脆裂破坏时的温度。其测定方法是：将 0.4g 沥青试样均匀地涂在一块 41mm×20mm 的金属片上，膜厚为 0.5mm，在标准试验条件下匀速降温，并缓慢地使金属片反复弯曲，观察沥青膜因被冷却和弯曲而出现裂纹的温度，即脆点温度。

脆点实质上反映了沥青由黏弹态转变为玻璃态的温度，它也是一种等劲度温度。一般认为，沥青出现弯曲脆裂时的劲度为 2.1×10^9Pa，针入度为 1.2～1.25dmm。在通常情况下，对同一种油源所生产的沥青，其脆点温度越低，低温抗裂性能也越好。但是，脆点只是某一特定的试验方法下的条件劲度温度，试验方法改变，试验结果也随之改变。沥青的低温脆性还与其老化性质和载荷作用方式有关，因此，路面的低温性能无法单纯地用沥青的脆点来评价。

此外，必须注意到，弗拉斯脆点主要描述的是沥青结合料在低温和载荷作用下的开裂模式，而沥青路面的温缩裂缝是路面在急剧降温过程中产生的收缩；当温度应力超过沥青混合料的应力松弛时，造成的温度应力积聚达到极限强度而发生路面破坏行为，这种情况与弗拉斯脆点的内涵有所不同。

沥青的软化点和脆点可以认为是其使用温度的上下限，这一温差（$T_{sp}-T_f$）称为沥青的塑性范围。通常，针入度指数高的沥青，其塑性范围也就较大；同样，沥青的塑性范围越宽，其感温性越小。

66 沥青的脆点与其化学组成和胶体结构有何关系？

沥青的脆点与其化学组成和胶体结构有着密切的关系。对于同一油源的直馏沥青和氧化沥青，沥青质含量越高，其脆点也越高；对于半氧化或催化氧化沥青，脆点随沥青质含量的增加而下降，与直馏沥青和氧化沥青的规律相反。但从沥青的胶体结构来分析，随着沥青的针入度指数 *PI*、胶体指数[（沥青质+饱和分）/（芳香分+胶质）]等指标的增加，沥青逐渐向凝胶型过渡，其脆点随之降低。

67 什么叫沥青的当量脆点？当量脆点与弗拉斯脆点有何不同？

当量脆点是沥青的针入度为 1.2dmm 时的温度。当量脆点（$T_{1.2}$）是我国“八五”攻关中提出的用来表征沥青结合料低温抗裂性能的指标。当量脆点与沥青中的蜡含量有着明显的相关关系，其相关系数可达 0.985。

当量脆点的计算方法为：

测定沥青在 15℃、25℃、30℃(或 5℃)三个温度(T)下的针入度 P，按公式 $\lg P=AT+K$ 回归求出系数 A 和 K，要求相关系数 R 不小于 0.997。

$$当量脆点：T_{1.2}=\frac{\lg 1.2-k}{A} \tag{2-18}$$

对于蜡含量很低的 S 级沥青，当量脆点和弗拉斯脆点均能较好地反映沥青结合料的低温抗裂性。

但对于蜡含量较高的 W 级沥青，由于蜡的影响，弗拉斯脆点温度时，沥青的针入度并不是 1.2dmm，蜡含量越高，当量脆点与弗拉斯脆点的差值越大。

68 什么叫沥青的质量九面图？

壳牌公司经过多年的实验室研究，发现了沥青的路用性能与其结构参数之间需要达到平衡，也即沥青的分子分布、化学结构及其物理特性之间存在平衡度，如果达不到平衡，沥青就会呈现不均匀性结构和组分分离现象，其路用性能必然很差。为了更好地评价沥青性能与质量的关系，把沥青本身的六个试验数据和三个沥青混合料的试验数据绘制在一个正九面图(QUALAGON)上，称之为沥青质量九面图，如图 2-7 所示。图中包括沥青的三个关键性能，即凝聚力、黏附性和耐久性。

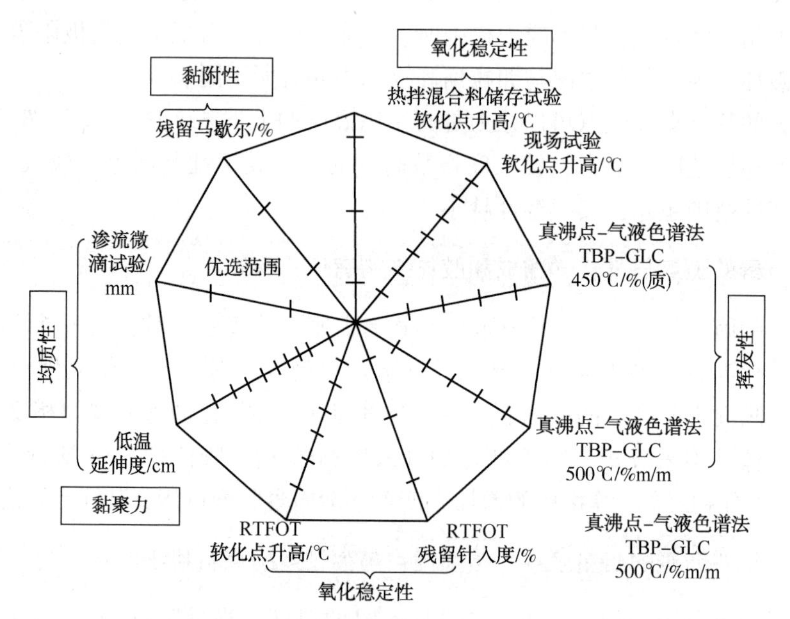

图 2-7 壳牌沥青质量九面图(QUALAGON)

(1) 凝聚力。道路沥青的黏结强度(凝聚力)用其低温延度来表征。为了增强试验的区分能力，试验温度改在25℃的温度下进行。具体试验温度随沥青的针入度调整，如80/100号沥青试验温度为10℃，60/70号沥青为13℃，40/50号沥青为17℃。试验证明，在这种温度下测得的数据与沥青的均匀程度是吻合的。

（2）黏附性。沥青的黏附性通过残留马歇尔试验来表征。按预先规定的级配、沥青用量和孔隙率，按标准马歇尔方法至少制备8个试件。其中4个按标准方法测定马歇尔稳定度；另外4个置于盛有0℃左右的干燥器中，真空抽吸使之吸水饱和，然后将试件在60℃水中放置4h，测定其马歇尔稳定度，该稳定度与标准马歇尔试验的稳定度之比，即为残留马歇尔稳定度。

（3）耐久性。耐久性主要用于衡量沥青材料由于氧化、轻质油分挥发或渗析以及重复载荷等因素作用而引起的硬化现象。

① 氧化与挥发引起的硬化。沥青混合料的孔隙率大于4%，在这种情况下，沥青的硬化主要有两方面的原因：其一是由于沥青表面与空气接触氧化而引起的硬化；其二是沥青中轻质油分挥发而引起的硬化。对于纯沥青的硬化，可用薄膜烘箱试验（TFOT）和旋转薄膜烘箱试验（RTFOT）测定；沥青的挥发硬化可以通过实沸点-气相色谱法测定沥青前端挥发分含量来估计沥青的硬化程度；对于沥青混合料硬化，可用热拌沥青混合料储存试验和道路试验后的软化点变化作为依据。

② 渗析硬化。渗析硬化是由于沥青中的油分渗入矿质集料中造成沥青油分损失而引起的硬化。渗析硬化与沥青的渗析倾向和集料的孔隙状态有关，它是导致沥青路面贫油而过早损坏的重要原因。渗析硬化可以通过渗滴试验来判断。

壳牌沥青质量九面图经过多年的试验应用，已证明用这组试验可以对沥青质量做出恰当的评价。优质的沥青的试验数据落在图框之内。然而，如果某种沥青的某些试验数据落在图框之外，或大部分落在边框线上，就无法确定这种沥青质量是否优劣。

经验表明，壳牌沥青质量九面图对于评定新原油的适应性、评价道路沥青性能和选择沥青生产工艺流程的确是一种有效的方法，但是它不能像技术规范一样加以使用，因为有些试验方法复杂而费时，不适合于经常性使用。

69 壳牌沥青质量九面图依据的基本原理是什么？

壳牌沥青质量九面图的基本原理是基于沥青组分间的平衡，因为沥青在组分上的平衡搭配，是保证其使用性能的关键所在，而这种平衡则取决于对原料及加工工艺的选择。

沥青在组分上的平衡包括：

（1）相对分子质量分布平衡。要使沥青在很宽的温度范围内和荷重条件下具有均匀的黏结性能，其相对分子质量分布必须平衡，具有“哑铃状”的沥青很难以满足要求。

（2）化学结构平衡。沥青的化学结构平衡对其性质影响是非常关键的，虽然沥青的化学结构难以定量，但是保证沥青化学组分间的平衡是必要的。化学结构平衡的实质是沥青质要处于很好的胶溶状态，即沥青中的沥青质、胶质、芳香分和饱和分之间具有合理的搭配。

（3）物理性能平衡。物理性能平衡就是要保证沥青的黏结性、黏附性以及耐久性之间相互平衡。

70 壳牌沥青质量九面图包括哪些试验？各按什么方法进行试验？

壳牌沥青质量九面图共包括七种试验：(1)渗滴试验(EDT)；(2)低温延度试验(LDT)；(3)旋转薄膜烘箱试验；(4)实沸点-气液色谱试验；(5)残留马歇尔试验；(6)热拌混合料储存试验；(7)现场试验。

其试验方法如下：

（1）渗滴试验：按壳牌方法 SMS 2697 进行，将已知重量的沥青置于意大利产纯白色特制板的凹处，将板置于充满 N_2 的 60℃烘箱中存放 96h。取出后用显微镜或紫外光观测油环的宽度，试验结果取三块板上测定值的平均值。

渗滴试验可以定量地测定沥青渗析的倾向，稳定性好的沥青油环宽度仅为零点几毫米到几毫米，油环宽度越小，沥青的黏结力和黏附性越好。

（2）低温延度试验：按 ASTM D113 进行。针入度为 80/100 的沥青试验温度为 10℃，60/70 的沥青试验温度为 13℃，40/50 的沥青试验温度为 17℃。

（3）旋转薄膜烘箱试验：按 ASTM D2872 进行，分别测定旋转薄膜烘箱试验后的沥青软化点和针入度比。

（4）实沸点-气液色谱试验(TBP-GLC)：按壳牌公司的试验标准 SMS 2551 进行，试验时将少量的沥青(150mg)溶解到 CS_2 中，计量并注入 TBP-TLC 的预分馏柱中，分离出沥青质、重质极性芳香分等组分后，用 N_2 将其余部分冲洗到主色谱柱中，并在主色谱柱中分离为不同沸点的馏分，检测洗出的各馏分的比例。

（5）残留马歇尔试验(RMT)：按事先规定的级配、沥青用量和孔隙率，按标准马歇尔试验方法至少制备 8 个试件。其中 4 个按标准方法测得马歇尔稳定度，另外 4 个置于盛有 0℃左右水的干燥器中，真空抽吸至吸水饱和，然后再将试件在 60℃水中放置 4h，测定其马歇尔稳定度，此稳定度与标准马歇尔试验稳定度之比，即为残留马歇尔稳定度。

（6）热拌混合料储存试验(HMST)：热拌混合料储存试验用以模拟沥青在拌和、储存过程中的老化情况。试验时将混合料放入密闭的铁罐中，将铁罐置于

160℃的烘箱中存放16h，取出后进行抽提，测定回收沥青的针入度和软化点。将未经烘箱试验的同样混合料也进行抽提，并测定回收沥青的针入度和软化点，对两者进行比较，以表示老化程度。

（7）现场试验：由于沥青拌和厂的实际生产过程与实验室有相当大的差别，故进行现场试验。从拌和厂的沥青储罐中提取沥青试样，沥青混合料拌和后，任意从储存仓或运输车上取其样品(至少3次)，泼水使混合料迅速冷却，抽提回收冷却，并测定其软化点，与原冷却软化点相比较。

71 石油沥青软化点测定过程有哪些注意事项？

石油沥青的软化点是试样在测定条件下因受热而下坠达25.4mm时的温度。采用《公路工程沥青及沥青混合料试验规程》(JTG E20—2011)中的T0606沥青软化点试验法(环球法)，测定沥青软化点时应注意下列几点：

（1）检查沥青软化点测定器是否符合规格要求，如试样环的形状与几何尺寸、钢球的重量、钢球定位器能否保证钢球位于试样环中央并确保钢球顺利通过、上承板与下承板之间的距离是否满足要求。

（2）试样加热温度不得高于试样估计软化点100℃，加热时间限定在30min以内，以免沥青变质。加热时要用玻璃棒或金属棒缓慢搅动，以防止试样局部过热。

（3）若试样估计软化点高于120℃，须将试样环预热到80~100℃后方可注入试样。试样注入多少依试样估计软化点而定。对较低软化点沥青，将试样注到略高出试样环面即可，对较高软化点沥青应适量增加试样注入量。

（4）用热刮刀铲平试样环中的多余试样，须匀速一次通过，不能反复多次，也不要人为地用热刮刀来回抹平。如果沥青的软化点过高，铲平时可能将沥青试验从试样环中拔出或造成试样松动，因此须适当升高刮刀温度，确保能顺利地铲除多余的沥青试样。

（5）测定沥青软化点时，升温速度是影响测定结果的重要因素之一。升温过快，所测的软化点偏高，反之亦然。故对水浴或丙三醇浴加热3min后应始终保持每分钟上升5±0.5℃的升温速度。试样环内表面应清洁干燥。

（6）烧杯内液面必须至环架上的深度标记。环架上任何地方尤其是中承板上不得有气泡。如果有气泡，应设法消除。

（7）温度计及恒温水槽温度要求：温度计量程0~100℃，分度值0.5℃；恒温水槽控制的准确度为±0.5℃。

（8）正确报告试验结果：同一试样平行试验两次，当两次测定值符合重复性试验允许误差要求时，取其平均值作为软化点试验的结果，并准确至0.5℃。

（9）不同软化点试验允许误差：当试样软化点小于 80℃时，重复性试验的允许误差为 1℃，再现性试验的允许误差为 4℃。当试样软化点大于或等于 80℃时，重复性试验的允许误差为 2℃，再现性试验的允许误差为 8℃。

72 石油沥青延度测定中应注意哪些事项?

石油沥青的延度是用规定的试件在一定的温度和速度下，拉伸至试验断裂时的长度。石油沥青的延度测定属条件性试验，采用《公路工程沥青及沥青混合料试验规程》(JTG E20—2011) 中的 T0605 沥青延度试验法，测定沥青延度时应注意下列各点：

（1）延度仪在开动时应无明显的振动，拉伸速度应为 5cm/min±0.25cm/min。

（2）试件模具应符合规格要求，端模与侧模要完全吻合。

（3）试验加热温度不得高于其估计软化点 100℃，加热时要搅拌以防局部过热。加热时间不宜超过 30min。

（4）除去试样中的杂质如水分、空气及其他杂质。

（5）使试样呈细流状自模一端至另一端往返注入模内，不留死角并使试样略高出模具。灌模时不得使气泡混入。

（6）刮去高出模具的沥青时用热刀自模的中间分别刮向两端，试样表面应刮得光滑平整，以保证试件几何尺寸符合要求，但注意不要用热刮刀来回抹平沥青试样的表面。

（7）试件在室温冷却不少于 1.5h，放入规定试验温度水槽中保温 1.5h，之后才能拉伸。

（8）试件在拉伸过程中应呈现直线延伸。如果冷却细丝沉入槽底或浮于水面，则应在槽中加入氯化钠或乙醇调整槽中水溶液的密度，使之与试样的密度相近后再进行测定。

（9）应注意在侧模的内表面涂覆隔离剂。将模具两端的孔分别套在滑板及槽端的金属柱上后方可去掉侧模。

（10）在整个测试过程中，沥青试件不能受到除拉伸应力之外的其他应力的影响。

（11）温度计及恒温水槽温度要求：温度计量程 0~50℃，分度值 0.1℃；恒温水槽控制的准确度为±0.1℃。

（12）正确报告试验结果：同一试样，每次平行试验不少于 3 个。

如果 3 个测定结果均大于 100cm，试验结果记作“>100cm”；特殊需要也可分别记录实测值。

如果 3 个测定结果，当有一个以上测定值小于 100cm 时，若最大值或最小值与平均值之差满足重复性试验要求，则取 3 个测定结果平均值的整数作为延度试验结果，若平均值大于 100cm，记作“>100cm”；若最大值或最小值与平均值之差不符合重复性试验要求，试验应重新进行。

(13)允许误差：重复性试验的允许误差为平均值的 20%，再现性试验的允许误差为平均值的 30%。

73 石油沥青针入度测定中应注意哪些问题？

石油沥青的针入度是标准针在规定的温度、荷重及时间内垂直穿入沥青的深度指标。对《公路工程沥青及沥青混合料试验规程》(JTG E20—2011)中的 T0604 沥青针入度试验，应注意如下事项：

(1) 针入度仪测深机构灵活、操作便利，连杆在无明显摩擦下垂直运动，荷重符合规定要求。

(2) 标准针由硬化并回火的不锈钢制成，洛氏硬度为 54~60。标准针几何尺寸符合标准要求，针尖锐利无毛刺。

(3) 熔化试样时应防止过热，加热温度不得超过试样估计软化点 100℃以上，试样受热时间不得超过 30min。

(4) 试样用 0.6mm 的金属筛滤去杂质，倒入盛样皿的试样无气泡混入，若混入气泡应设法除尽，否则将影响测定结果的精确度。

(5) 盛有试样的盛样皿在 15~30℃室温下冷却不少于 1.5h(小盛样皿，适用于针入度小于 200(0.1mm)的试样)、2h(大盛样皿，适用于针入度为 200~350(0.1mm)的试样)或 3h(特殊盛样皿，适用于针入度大于 350(0.1mm)的试样)后，应移入保持规定试验温度±0.1℃的恒温水槽中，并应保温不少于 1.5h(小盛样皿)、2h(大盛样皿)或 3h(特殊盛样皿)。

(6) 每个试样皿的测试时间不能过长，避免温度发生波动。若试样冷却温度及试验温度高于规定温度，则测得的针入度值偏大；反之则偏小。

(7) 贯入时标准针的针尖应与试样表面刚好接触。如果标准针针尖尚未接触试样表面，即针尖与试样表面间尚有距离，则结果偏大；若针尖已穿入试样，则结果偏小。因此，除了保证注入盛样皿的沥青量足够外，必要时用放置在合适位置的光源反射来观察。

(8) 同一试样重复测定至少 3 次，各测定点之间以及测定点与盛样皿边缘之间的距离不应小于 10mm。对针入度较大的沥青试样，每次测定后将针留在试样中，直到 3 次测定完成后方能将针从试样中取出。对针入度不大的沥青试样，每个测定点用一根针或将针取下用溶剂擦净后再用软布擦干备用。

(9) 温度计及恒温水槽温度要求：温度计量程未有明确的规定，规定的精度为±0.1℃。

（10）正确报告试验结果：同一试样，3次平行试验结果的最大值和最小值之差在下列允许误差范围内时，计算3次试验结果平均值，取整数作为针入度试验结果，以0.1mm计。

针入度0.1mm	允许误差0.1mm
0~49	2
50~149	4
150~249	12
250~500	20

当试验值不符合此要求时，应重新进行试验。

（11）允许误差：当试验结果小于50(0.1mm)时，重复性试验的允许误差为2(0.1mm)，再现性试验的允许误差为4(0.1mm)；当试验结果大于或等于50(0.1mm)时，重复性试验的允许误差为平均值的4%(0.1mm)，再现性试验的允许误差为平均值的8%。

74 石油沥青脆点测定有哪些操作要点？

沥青的脆点是衡量沥青低温性能的重要指标，而样品的制备是保证测定结果准确可靠的前提。按《公路工程沥青及沥青混合料试验规程》(JTG E20—2011)的T0613测定沥青的脆点时，应注意以下几点：

（1）将具有弹性的钢片，使用有机溶剂(如甲苯、苯、汽油等)仔细擦洗，使钢片清洁光滑。

（2）在一块清洁的钢片上，称取试样0.4g±0.01g后将薄钢片在电炉上慢慢加热；当沥青刚刚流动时，用镊子夹住薄钢片前后左右摇摆，使试样均匀地布满在薄钢片表面，形成光滑的薄膜。在制样过程中防止样品膜产生气泡，并从开始加热起应在5~10min完成。当试样片上有气泡时，可用镊子夹取少量酒精棉球，点燃后在试样表面快速滑过以消除气泡，注意不要使棉球与试样接触。

（3）对于软化点高的试样，也可用干净的细针尖展开或用玻璃纸等薄片隔开按压，并经适当加热制备成薄膜试件。

（4）将制好试样的钢片小心地移到平稳试样台上，室温下冷却至少30min，要盖上烧杯防止样品污染。

（5）同一试样至少平行试验3次，每次试验都必须使温度回升到与第一次试验相同的状态，取误差在3℃范围内的3个测定值的平均值作为试验结果，取整数作为试验的脆点。

75 石油沥青薄膜烘箱试验应注意哪些问题？

石油沥青薄膜烘箱试验用于测定热和空气对石油沥青有关性质的影响，可以预测沥青在150℃左右热拌和过程中性质变化情况。《公路工程沥青及沥青混合料试验规程》(JTG E20—2011)对薄膜烘箱试验有两种试验方法，即T0609沥青薄膜烘箱试验和T0610沥青旋转薄膜烘箱试验。影响薄膜烘箱试验结果的因素较多。

T0609沥青薄膜烘箱试验在操作时应注意以下几点：

(1) 试样应在温控烘箱中预热，其温度不得超过150℃，因为加热温度过高会使沥青性质发生改变。在加热过程中，要用玻璃棒不断地缓慢搅拌试样以避免试样局部过热。

(2) 绝对不能将不同牌号的沥青同时在一个烘箱内试验，否则，不同牌号的沥青可能相互污染，使试验结果失真。

(3) 薄膜烘箱试验反映热和空气对沥青性质的影响。试验温度和试验时间不同，则试样受热和空气的影响程度不同，导致试验结果间无法进行比较，尤其是对几种沥青进行对比时可能导致判断错误。因此，一定要保证试验温度为163℃±1℃，保持时间为5h，而从放置试样开始至试验结束的总时间不得超过5. 25h。

(4) 每个盛样皿中试验量应为50g±0. 5g，薄膜烘箱试验用盛样皿为内径140mm平底圆柱薄皿。如果试验用量过多或过少，盛样皿所形成的沥青薄膜厚度或大或小，则沥青膜受空气作用的程度不同，该数据就无法和同类型数据比较。

(5) 如果上、下通风口面积过大，热空气上升过程中会产生很强的自然对流现象，使沥青过度老化。但试验未对上、下口的面积做出具体要求。

(6) 烘箱调整水平，使转盘在水平面上以5. 5r/min±1r/min的速度旋转，转盘与水平面倾斜角不大于3℃，温度计位置距转盘中心和边缘距离相等。

(7) 沥青旋转薄膜烘箱加热试验质量变化计算值应准确至3位小数。质量减少为负值，质量增加为正值。

(8) 允许误差：当旋转薄膜烘箱加热后的质量变化小于等于0. 4%时，重复性试验的允许误差为0. 04%，再现性试验的允许误差为0. 16%。当旋转薄膜烘箱加热后的质量变化大于0. 4%时，重复性试验的允许误差为8%，再现性试验的允许误差为40%。残留物的针入度、软化点、延度、黏度等性质试验的允许误差应符合相应试验方法规定。

T0610沥青旋转薄膜烘箱试验在操作时应注意以下几点：

(1) 烘箱的顶部及底部均有通气口，底部进气的通气面积为150mm^2±7mm^2，上部通气口匀称地排列在烘箱的顶部，其开口面积为93mm^2±4. 5mm^2。

(2) 用汽油或三氯乙烯洗净盛样瓶后，置于温度105℃±5℃烘箱中烘干，并在干燥器中冷却后编号称其质量，准确到1mg。盛样瓶数量应能满足试验的试样需要，通常不少于8个，每个盛样瓶中沥青的质量为35g±0. 5g。

（3）将旋转薄膜烘箱调节水平，并在163℃±0.5℃下预热不少于16h。盛样瓶全部装入环形金属架后，烘箱的温度应在10min以内到达163℃±0.5℃。试样在163℃±0.5℃温度下受热时间不少于75min。总的持续时间为85min。若10min内达不到试验温度，则试验不得继续进行。

（4）调整喷气嘴与盛样瓶开口处的距离为6.35mm，并调节流量计，使空气流量为4000mL/min±200mL/min，环形金属架转动速度为15r/min±0.2r/min。

（5）沥青旋转薄膜烘箱加热试验质量变化计算值应准确至3位小数。质量减少为负值，质量增加为正值。

（6）允许误差：当旋转薄膜烘箱加热后的质量变化小于等于0.4%时，重复性试验的允许误差为0.04%，再现性试验的允许误差为0.16%。当旋转薄膜烘箱加热后的质量变化大于0.4%时，重复性试验的允许误差为8%，再现性试验的允许误差为40%。残留物的针入度、软化点、延度、黏度等性质试验的允许误差应符合相应试验方法规定。

76 石油沥青相对密度和密度测定过程中有哪些操作要点？

《公路工程沥青及沥青混合料试验规程》（JTG E20—2011）中T0603沥青密度与相对密度试验，应注意下列几点：

（1）石油沥青相对密度和密度测定所用仪器必须满足方法所规定的精密度要求，否则，同一试样将出现不同的测定结果。

（2）试样中的杂质会导致测定结果失真，应尽可能消除试样中的杂质。对黏稠石油沥青，脱水可在较大容器内加热蒸发，但要控制加热温度不超过试样估计软化点100℃，脱去机械杂质可用0.6mm的金属筛过滤。固体沥青试样表面潮湿时，可用干燥、清洁空气吹干，或置于50℃的烘箱内烘干。

（3）擦拭相对密度瓶塞顶部时只能擦一次，即使由于膨胀瓶塞上有小水滴也不能再次擦拭。

（4）黏稠石油沥青注入相对密度瓶时，只有加热到一定温度，使之具有足够的流动性，才能顺利地进行。但加热温度过高，有可能导致试样中的较轻组分挥发，并可能发生部分裂解、缩合反应，故加热温度不得超过试样估计软化点100℃。另外，在加热试样时，最好用玻璃棒缓慢搅动试样以避免试样局部过热和防止空气泡的混入。

（5）黏稠石油沥青试样消除气泡在烘箱内进行，烘箱内温度宜控制在120~140℃。如果烘箱内温度过高，可能改变沥青的性质；如果温度偏低，可能导致试样中的空气不能顺利逸出。加热时间过长会影响沥青性质，加热时间太短，沥青中的空气泡尚未全部逸出，达不到消除气泡之目的。研究表明，试样在烘箱中的停留时间为20~30min即可。

(6) 相对密度瓶的标定实质上是测定相对密度瓶的容积，而相对密度瓶的容积对于试样测定结果的准确性至关重要。使用不纯净的水标定相对密度瓶，所得结果不真实，因而必须用新煮沸后的蒸馏水或去离子水标定相对密度瓶。

(7) 非特殊要求，本方法宜在试验温度25℃及15℃下测定沥青的密度和相对密度，要求按照实际温度测定沥青密度和相对密度，不进行温度之间的换算。

(8) 本方法参照国标，补充了固体沥青密度和相对密度的试验方法。

77 石油沥青溶解度测定有哪些操作要点?

《公路工程沥青及沥青混合料试验规程》(JTG E20—2011)中T0607沥青溶解度试验，应注意下列各点：石油沥青的溶解度系指沥青中溶于三氯乙烯(或苯、四氯化碳、三氯甲烷等，但在仲裁试验时必须使用三氯乙烯)的组分的百分数。直馏沥青中几乎没有不溶的组分。因此，石油沥青溶解度试验旨在鉴定沥青在制造过程中是否发生了局部过热和局部过氧化现象，或用以检验湖沥青、矿沥青以及再生沥青的质量。

石油沥青溶解度测定法操作过程中应该注意以下方面:

(1) 制备样品时加热温度不宜太高，时间不宜太长。对已脱水备好的样品，放置时间较长时应取内部的样品，因为表面上的样品会吸氧老化，使测定结果没有代表性。

(2) 过滤前用溶剂预润湿玻璃纤维滤纸时，不要用力，并在过滤前检查玻纤滤纸是否完好，是否盖好古氏坩埚的每一个细孔。

(3) 过滤时溶液倒得不要过快过多，最好以连续滴状速度进行过滤。

(4) 过滤样品时，动作尽量轻些，先将上层清液尽量倒出，如果先把不溶物倒入漏斗，将会影响过滤速度，甚至会影响测定结果的准确性。

(5) 温度对溶解度是有影响的，但考虑到冲洗终点时，洗涤古氏坩埚的玻璃纤维滤纸的溶剂最终为无色透明，故在室温下测定沥青的溶解度也可达到精确度要求。但在仲裁试验时，为了保证测定结果的权威性，样品溶解温度和冲洗所用溶剂的温度均应保证在38℃±0.5℃。

(6) 本试验方法参照ASTM D2042和GB/T 1148。三种试验的异同点列入表2-3中。因此，在测定沥青的溶解度时，必须严格遵循操作规程。

表2-3 三种试验方法的异同点对比

项　目	GB/T 1148—89	ASTM D2402-85	T0607—2011
溶剂	三氯乙烯，化学纯	三氯乙烯，工业纯	氯乙烯，化学纯
过滤材料	玻璃纤维滤纸	玻璃纤维滤纸	玻璃纤维滤纸

续表

项　目	GB/T 1148—89	ASTM D2402-85	T0607—2011
过滤器	古氏坩埚	古氏坩埚	古氏坩埚
烘箱温度/℃	105~110	110±5	105±5
试样量/g	2	2	2
称量精度/g	±0.0002	±0.0001	±0.0001
溶剂量/mL	100	100	100
溶解方式	不断摇动	不断摇动	不断摇动
烘干时间/min	≥20	≥20	≥20
冷却时间/min	30	30±5	30±5

78 石油沥青蜡含量测定有哪些操作要点？

石油沥青蜡含量测定按照SH/T 0425进行。

(1) 仪器的检验：过滤所用的砂芯漏斗是影响测定结果的重要部件，因此，仪器使用前应定期测定漏斗的孔径系数。漏斗孔径系数测定示意图如图2-8所示。

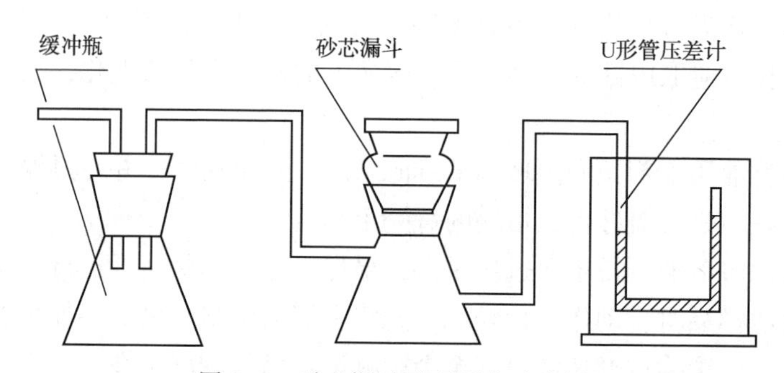

图2-8　砂芯漏斗孔径测定示意图

过滤漏斗的孔径系数用下式计算：

$$D=30r/p \tag{2-19}$$

式中　D——漏斗的孔径系数；

r——测量液体在试验温度下的表面张力，dyne/cm；

p——水银压差计读数，mmHg。

本标准所采用的仪器规定，砂芯漏斗孔径系数为20~30。

(2) 冷冻后过滤困难，原因有两个。一是样品冷冻过程中有滴漏。在溶液中蜡还没有结晶以前，溶液漏几滴不会造成可观的误差，但其在流经砂芯漏斗的过程中有可能结晶出来，堵塞微孔，造成过滤困难。二是自然过滤时间短，漏斗上还没有形成蜡饼就开始抽滤，或者自然过滤时间虽然足够，但开始抽滤时抽力太大，部分微晶蜡堵住了微孔。因此，使用前一定要检验柱杆塞和冷却筒间磨口的严密性；同时在抽滤时要用三通阀调节真空度，慢慢抽滤，保证滤液为滴状，速度约为 1 滴/s。

（3）蜡分的收集是用热石油醚溶解留在砂芯漏斗中的蜡饼，切不可将蜡饼先直接转移，再用石油醚冲洗。

（4）过滤漏斗使用几次后就会变黑，使过滤阻力增加，影响过滤速度和试验结果的准确性。因此，漏斗要经常清洗。一般在 400～500℃下煅烧 1h 左右，取出用盐酸浸泡洗涤，经处理后的漏斗应测试孔径有无变化。

（5）图 2-9 给出了几种情况下试验结果的取值方法。标准中规定，关系直线的方向系数（斜率）只取正值[见图 2-9（a），图 2-9（b）]。若确有方向系数为负值的情况[见图 2-9（c）]，则应重新试验。

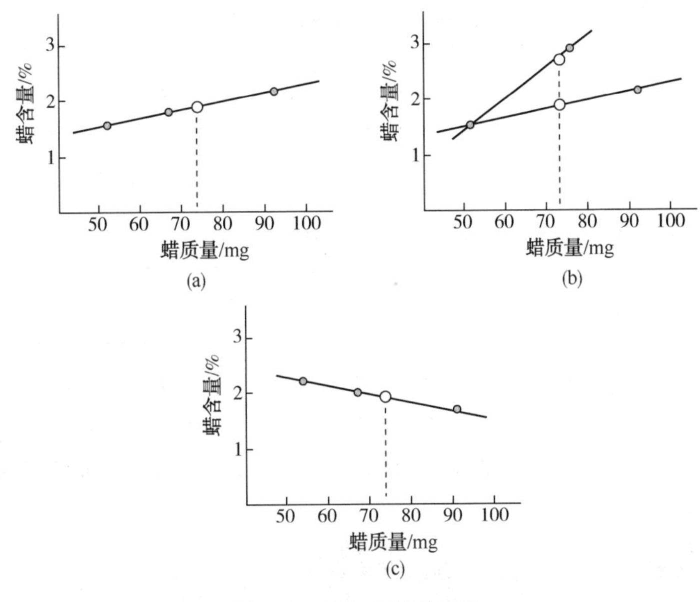

图 2-9　蜡含量取值方法

79　石油沥青组分测定法主要有哪些步骤？

《公路工程沥青及沥青混合料试验规程》（JTG E20—2011）对沥青饱和分、芳香分、胶质和沥青质的四组分规定了分析方法，其主要操作步骤为：

（1）用正庚烷沉淀沥青质。在已恒重过的磨口三角瓶（1#）中准确称取一定量的沥青样品（试样中沥青质小于 10%时，称取 1.0g±0.1g，沥青质大于 10%时，称取 0.5g±0.01g，精确至 0.0001g）。按 50mL/g 试样的比例加入分析纯的正庚烷。加热回流 30min 后冷却、沉降 1h，用定量滤纸过滤。用 30mL 60～70℃的热正庚烷多次冲洗三角瓶中残留的沥青质，洗液经过滤后全部滤液集于另一瓶(2[#])中。

向1[#]瓶中加入60mL的甲苯，装上抽提器、冷凝器，加热回流1h，抽提至滤液无色为止。冷却后取下1[#]瓶，蒸馏出甲苯后放入温度为105℃±5℃、真空度为93kPa±1kPa的真空干燥箱中烘干1h，取出后放入干燥器中冷却至室温，称重后即可得到沥青质的含量。

(2) 饱和分、芳香分和胶质含量的测定。按要求装填氧化铝吸附柱，将吸附柱与超级恒温水浴相连，循环水温度为50℃±1℃。将2[#]瓶中的滤液浓缩至10mL，然后用30mL的正庚烷从柱子顶端加入以润湿吸附剂床层。当正庚烷全部进入吸附剂顶部后，立即将2[#]瓶中的浓缩液加入，取10mL正庚烷分多次冲洗瓶中的残留物并倒入吸附柱中。

按上述步骤依次加入表2-4所示的冲洗剂种类和数量。

表2-4 冲洗剂种类和数量

冲洗顺序	冲洗溶剂	冲洗剂用量/($mL/g\ Al_2O_3$)	洗出组分	组分颜色
第一次	正庚烷	80	饱和分	无色
第二次	甲苯	80	芳香分	黄-深棕色
第三次	甲苯-乙醇(1:1体积比)混合液	40	胶质或(胶质+沥青质)	深褐色-黑色
第四次	甲苯	40		
第五次	乙醇	40		

用已恒重的三角瓶分别接收从吸附柱冲洗下来的各组分冲洗液，蒸出并回收溶剂后，将三角瓶放入温度为105℃±5℃、真空度为93kPa±1kPa的真空干燥箱中烘干1h，取出后放入干燥器中冷却至室温，称重后即可分别得到饱和分、芳香分和胶质的含量。

80 石油沥青组分测定法操作要点有哪些？

(1) 冲洗色谱用氧化铝的活性：本方法所用的氧化铝活性，是通过调节活化后的氧化铝中水的加入量来实现的。加入的水少，吸附活性高，分离效果较好，但柱效率低；加入的水多，氧化铝吸附活性减弱，分离效果变差。大量试验结果证明，活化后的氧化铝加入1%的水时，既能保证一定的吸附分离作用，又有理想的柱效率。

(2) 装填活性氧化铝时，要不断地用橡皮槌或带橡皮的玻璃棒轻轻地敲打色谱柱，保证氧化铝密实。如果氧化铝装填不均匀、不密实，冲洗时可能出现沟流现象，影响分析结果的精确度。

(3) 试验温度是影响测定结果的重要因素。石油沥青在吸附色谱中的分离过程是吸附、脱附、溶解过程的综合，温度的变化既影响沥青组分在氧化铝上的吸附，也影响其脱附和溶解。因此，试验必须在恒定的温度下进行。温度过高，正庚烷的挥发损失多；温度太低，沥青中某些组分会以蜡状物结晶析出，附着在氧化铝上，达不到预期的分离效果。因此，方法中规定柱温维持在50℃±1℃。

(4) 第一次用正庚烷冲洗色谱柱时，流速不宜过快，以保证充分吸附，可用二联橡皮球加压调节冲洗速度；当吸附柱中沥青组分的黑色带不再下移时，适当地加快流速，整个过程保持在2~4mL/min。

(5) 测定的组分是溶剂冲洗、溶解得到的，因此，溶剂的用量及各组分间的切换要尽量统一，按标准要求去做，以保证结果具有较好的重复性。

(6) 回收溶剂时，溶剂的流出不宜太快，也不宜把溶剂蒸得太干，以免组分受热分解而损失。残留的溶剂可待真空干燥时除去。

81 沥青动力黏度试验(真空减压毛细管法)有哪些操作要点?

石油沥青的黏度是表征在黏性区内流动状态的重要指标。测定某一温度下的黏度，或同时测定不同温度下的黏度，可以考察沥青对温度的感受性(敏感程度)。

《公路工程沥青及混合料试验规程》(JTG E20—2011)T0620沥青动力黏度试验用于测定60℃沥青动力黏度。60℃沥青动力黏度可以表征道路沥青在使用温度下的流动特性，并可作为按黏度分级的沥青的规格指标。

测定石油沥青的黏度应该注意：

(1) 测得沥青黏度的单位与毛细管系数的单位是一致的，而毛细管系数是用标准油或已知系数的毛细管校得的。因此，记录沥青的黏度时要注意毛细管系数的单位。国际单位制中黏度单位为Pa·s，习惯上常用泊表示，1Pa·s=10泊。

(2) 影响黏度精确度的因素有很多，如测定温度、压力、时间等，特别是温度，对试验结果影响很大，因此，试验时要注意它的准确性。

(3) 每种黏度计有三个计时标志，一次装样可以同时测得三个黏度值。标准方法中规定，报告两个计时标志间第一个大于60s的流动时间，作为该样品的黏度测得结果。当采用的黏度计第一计时标志大大超过60s时，说明这一黏度计毛细管太细，应换一根较大孔径的黏度计。特别是在60℃下为非牛顿流体的沥青，更应选用合适孔径的黏度计。

(4) 减压真空毛细管，通常采用美国沥青学会式(Asphalt Institute，简称AI式)毛细管，也可采用改进坎培式(Modified Koppers，简称MK式)毛细管或坎农曼式(Cannon-Manning，简称CM式)毛细管。

(5) 该试验方法是沥青技术要求的关键试验方法，不得用其他试验方法(如布氏旋转黏度试验、DSR动态剪切流变仪法等)代替。特别是低标号沥青、高黏改性沥青，这些沥青具有明显的非牛顿流动特性，其60℃动力黏度的不同试验检测值之间不具有互换性。

82 沥青试件在不同温度下拉伸断裂通常有哪些形状？断裂形状与沥青黏弹性有何联系？

沥青试件在不同的温度下拉伸断裂时通常呈现如图2-10所示的4种形状。

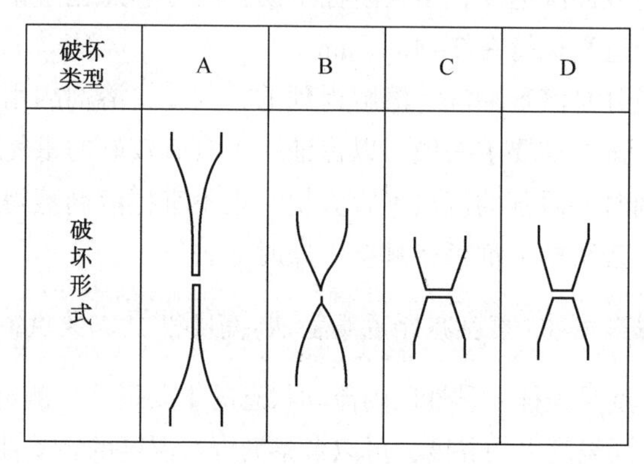

图2-10　沥青拉伸破坏的典型形式

图2-10中，A型为常温下沥青试件拉伸断裂时常见的形状。在拉伸过程中，试件的中央部位呈现均匀的细丝状，最终拉伸部在中央附近断裂。延度大于10cm的试件通常呈现此种类型。

B型拉伸时中央部位变细，成为尖端状，并在尖部断裂，延度小于5cm的试件通常呈现此种类型。

C型和D型试件伸长很短即在中部或端部断裂，断面与拉伸方向几乎垂直，其不同点是：C型断裂用延度试验仪几乎测不出来，伸长量通常小于2mm；D型伸长量较C型长，可达10mm。

A型和B型属于黏性破坏，这是沥青在较高温度区域表现出的应力破坏特征。在此温度区域内，沥青分子间可以自由流动。当试验温度大于10℃、拉伸速率为5cm/min时，除极个别蜡含量高的沥青外，几乎所有的沥青都会呈现A型或B型破坏。而在5℃以下试验时，只有少数沥青呈现A型破坏，大部分沥青呈现B型破坏。

C型和D型属于典型的脆性断裂，但两者的破坏机理有所不同。C型是在“硬玻璃态”温度范围内的破坏，此时分子链被冻结，拉伸时应力迅速增加到最大值，立即发生断裂；而D型是在“软玻璃态”温度范围(接近于玻璃态脆化点)内的应力破坏，此时，沥青分子链断裂前可以发生微小的流动，破坏仍以脆性为主。当拉伸温度降低到0℃时，只有少数沥青呈现D型破坏，大部分沥青表现为

C 型破坏。

83 什么叫直接拉伸试验?

直接拉伸试验(DTT)实际上是一种“微延度”的试验，试验方法见 AASHTO TP3 或 SHRP B-006。将沥青制成形似“狗骨头”的试件，长 40mm，有效标准长度为 27mm，截面积为 $36mm^2$，一个试件约需 3g 沥青。试验时，在拉伸机上以 1mm/min 的速度进行拉伸，试验温度为 0~-36℃，测定荷载达到最大时的变形，通过试验记录应力和应变，用以评价沥青的低温脆性。

$$\text{应力}(\sigma)=\frac{\text{最大载荷}}{\text{试样截面积}} \tag{2-20}$$

$$\text{应变}(\varepsilon)=\frac{\text{试件伸长量}(\Delta L)}{\text{有效标准长度}(27\text{mm})} \tag{2-21}$$

SHRP 规范要求直接拉伸试验的破坏应变不小于 1%。

84 什么叫蠕变劲度模量试验?

蠕变劲度模量试验采用弯曲梁流变仪(bending beam rheometer，简称 BBR)，对 127mm×6.35mm×12.7mm 尺寸的沥青试件在简支梁弯曲蠕变装置上向沥青梁的中央位置施加载荷，由计算机数据采集系统自动采集载荷、变形并自动计算蠕变劲度 S 和蠕变速率 m，沥青梁的跨径为 101.6mm，试验时间为 240s，试验温度为 0~-36℃。

SHRP 研究认为，BBR 试验的极限劲度温度及蠕变速率 m 值与反映沥青混合料低温抗裂性能的温度应力试验(TSRST)的破断温度具有良好的相关关系，可以用来评价沥青的低温抗裂性能。

85 用什么指标能够更好地表征沥青的黏滞性?

沥青的黏滞性通常称为稠度，是表征沥青黏结能力的一种性质，用针入度指标度量。沥青的针入度小，稠度大，其黏滞性高，对矿质集料的黏附性好，所铺的路面耐久性也好；反之，沥青的针入度大，则黏滞性低。但是，针入度是一种条件黏度，对于不同品种的沥青，即使其针入度完全相同，其实际的黏滞性却往往有很大的差别。因此，用针入度指标评价沥青的黏滞性是有一定局限性的。

黏度是沥青固有的性质，它在一定程度上反映了沥青的化学组成和胶体结构，也可以间接作为衡量沥青抵抗载荷作用的一种能力。有关研究认为，采用黏度达 1000Pa·s(60℃)的沥青铺筑路面可以大大减轻车辙。在针入度为 40~60dmm 时，一般直馏沥青的 60℃黏度仅为 200~400Pa·s，但某些半氧化沥青和改性沥青的黏度可以达到 1000Pa·s(60℃)，甚至 1400Pa·s(60℃)，这说明即使沥青的针入度指标完全相同，其黏度可能存在非常大的差别。因此，用黏度作为表征指标能更真实地反映沥青材料的黏滞性。

86 什么叫沥青的复合流变指数？其含义是什么？

在较低的温度下（软化点以下至10℃左右的范围内），沥青在不同载荷作用下的剪应力（S）和剪应变（D）之间存在着双对数直线关系，即：

$$\lg S=B+C\times\lg D \tag{2-22}$$

或

$$S=B\times D^{C} \tag{2-23}$$

$$\eta=S/D=B\times D^{(C-1)} \tag{2-24}$$

上式中的指数 C 称为流变指数或复合流动度，它反映了沥青流变曲线的斜率，即沥青试样接近于牛顿流体的程度。一般来说，C 值越小，表示沥青的凝聚结构越易破坏，其低温抗裂性能越差。

当流变指数 $C=1$ 时，沥青在某一温度下的黏度为常数，这种沥青就是牛顿型沥青；当流变指数 $C<1$ 时，剪应力与剪应变呈非线性关系，这种沥青为非牛顿型沥青。C 值越小，沥青的非牛顿性质越显著，沥青的温度敏感性越低。

有学者从提高沥青路面抗低温开裂的角度出发，提出了评价沥青性能优劣性的 C 值的范围，如表2-5所示。

表2-5　流变指数 C 与沥青性能的关系

流变指数 C（25℃）	$C\geqslant0.82$	$0.62\leqslant C<0.82$	$0.40\leqslant C<0.62$	$C<0.40$
沥青性能评价	优良	中	差	劣

87 沥青老化评价方法主要有哪些？

沥青老化评价方法分为短期老化评价方法和长期老化评价方法。短期老化评价方法主要包括沥青蒸发损失试验（LOH）、薄膜烘箱试验（TFOT）和旋转薄膜烘箱试验（RTFOT）。长期老化评价方法目前只有SHRP规范中提出的压力老化试验（PAV）。

沥青蒸发损失试验是将50g沥青试样装入针入度试样皿中，在163℃通风烘箱中老化5h后，测定残留沥青试样的针入度比和蒸发损失，用以衡量沥青的老化程度。由于沥青试样的深度大，蒸发损失试验仅能反映沥青储罐、槽车中存放过程的老化，其老化条件与热拌沥青混合料的条件差异太大，目前只用于评价普通道路沥青。

薄膜烘箱试验是将50g沥青试样置于直径为140mm、深度为9.5mm的不锈钢盛样皿中，然后将盛样皿放在薄膜烘箱的旋转托盘上，在163℃、5.5r/min条件下老化5h后，测试残留沥青的质量变化、针入度比、延度等性能指标。薄膜烘箱试验由于沥青膜的厚度为3.2mm，因此能较好地模拟沥青混合料在热拌和过程中的老化程度。

旋转薄膜烘箱试验是将35g沥青试样装入高140mm、直径64mm的开口玻璃盛样瓶中，将盛样瓶放入旋转烘箱中，在温度163℃、鼓入热空气量为4000mL/min、转速为15r/min的条件下老化75min后，测定残留沥青的质量损失及针入度、黏度等各种指标的变化。旋转薄膜烘箱试验时，沥青试样在盛样瓶中的膜厚仅5~10μm。沥青试样老化过程中不仅有轻组分挥发，而且有氧化作用的发生，所以其老化速度要比TOFT快得多。旋转薄膜烘箱试验时，沥青试样的膜厚更接近于沥青混合料中沥青膜的厚度，其老化程度与强制式搅拌机的拌和过程更为接近。在旋转薄膜烘箱试验75min的老化程度与TOFT试验的结果大体相当。因此，美国的许多与沥青有关的标准中都注明两种试验方法可以替代。

压力老化试验(PAV)主要是为了模拟沥青在路面使用过程中的老化程度。PAV试验的老化温度为90~110℃，视沥青的标号不同而变化；老化时间为20h，容器内充入空气的压力为2.1MPa，对老化后的沥青试样进行DSR、BBR或DDT试验。试验数据表明，PAV试验对沥青老化的影响相当于使用期路面表层沥青老化5年的情况。由于能较好地模拟沥青在路面使用过程中的老化情况，PAV试验已逐渐成为公众所接受的标准试验方法。

88 沥青中蜡分为哪些类型?

按照化学组成分类，沥青中的蜡可分为饱和蜡和芳香蜡。

按照结晶形态分类，沥青中的蜡可分为结晶蜡和非结晶蜡。结晶蜡又可分为粗晶蜡和微晶蜡。非结晶蜡是无定形蜡。沥青中的蜡大部分是微晶蜡和无定形蜡，低于40个碳原子的蜡为粗晶蜡，大于40个碳原子的蜡为微晶蜡。

按照蜡的滴点分类，沥青中的蜡可分为低滴点蜡(滴点小于45℃，即软蜡)和高滴点蜡(滴点为45~60℃，即硬蜡)。

89 蜡对沥青的胶体结构和性能存在哪些影响?

当沥青中的蜡含量较低(小于2%~3%)时，蜡一般不会形成结晶而是溶解在油分中，由于蜡本身的黏度较小，因而能降低分散相的黏度，有利于使沥青呈现溶胶型。这种处于溶解状态的蜡对沥青的性能没有显著的影响。

当沥青中的蜡含量较高(大于3%)时，蜡结晶形成网络结构使沥青向凝胶型发展。这种胶体体系很不稳定，具有明显的触变性。由于蜡形成了结晶骨架，会使沥青具有屈服应力结构，在一定的温度区域内可能提高沥青的强性。随着温度的降低，蜡结晶形成的网络结构会阻碍胶质的玻璃化，从而增加沥青的刚性，使沥青的弹性模量和黏度增大。但如果继续降温，蜡的结晶网络会增加沥青的脆性。

蜡的存在会增加沥青的温度敏感性。当沥青与集料拌和时，蜡的存在会降低沥青对集料的黏附性；冷却后的蜡易扩散到沥青表面，使沥青表面失去光泽，也可能降低路面的摩擦系数。

90 蜡对沥青路用性能的影响主要表现在哪些方面？

（1）蜡在高温时熔化，降低了沥青的黏度和高温性能，增加了沥青的温度敏感性。

（2）由于沥青中的蜡有向沥青表面聚集的倾向，故蜡的存在会使沥青与集料的亲合力变小，影响沥青的黏结力和抗水剥离性。

（3）蜡在低温下结晶析出，增加了沥青的不均匀性，导致沥青的极限拉伸密度和延度减小，容易造成低温发脆开裂。

（4）降低了沥青的低温应力松弛性能，使沥青的收缩应力迅速增加而容易开裂。

（5）蜡的存在会增加沥青的低温流变指数，减小复合流动度，增加时间感应性。

（6）蜡的结晶及熔化过程会使一些测定指标出现假象，使沥青的性质发生突变。

91 蜡对不同沥青性能的影响是否一致？

蜡对沥青性质的影响是相当复杂的，其影响程度不仅取决于制备沥青的油源和生产工艺，同时取决于蜡含量、蜡的种类及蜡在沥青中的存在形态。沥青中的蜡从结构组成上可分为饱和蜡和芳香蜡，不同形式的蜡对沥青的性能影响是不一样的。

石油大学重质油研究所对 4 种不同基属原油生产的道路沥青中蜡的影响研究发现，无论是饱和蜡或芳香蜡，随着蜡含量的增加，沥青的针入度增加，15℃延度减小，但饱和蜡的影响甚于芳香蜡；饱和蜡或芳香蜡增加均会使沥青的软化点先升高后下降，饱和蜡的影响大于芳香蜡。

抚顺石油化工研究院对大庆和辽河 100 号沥青中蜡的影响研究发现，饱和蜡对两种沥青的针入度影响呈现相同的规律性，但芳香蜡的影响则相反；两种蜡对 10℃延度影响的规律虽然相同，但是影响程度不同，对高温性能的影响规律也呈现相反的趋势。

可见，不同原油或不同工艺方法生产的沥青，其中的蜡对其性能的影响与蜡的化学组成与化学结构、含量等密切相关，决不能一概而论。

92 目前国际上应用较广泛的沥青蜡含量测定方法有哪些？各有什么优缺点？

目前国际上应用较广泛的沥青蜡含量测定方法有 3 种：

（1）破坏蒸馏法：也称裂解蒸馏法，如德国 DIN 52015 法、日本 JPI 法以及我国标准 SH/T 045 等。

（2）吸附法：如前苏联标准 OCT 17789-72、美国 UOP 法。

（3）磺化法：如法国标准 MFT 66015。

国际上大部分沥青蜡含量的测定方法可以归纳为两大步骤：第一步是脱胶，即除去或破坏掉妨碍蜡含量测定的胶质和沥青质；第二步是脱蜡，即将蜡从脱胶组分中用冷冻过滤的方法分离出来。

一般来说，对于同一种沥青，用不同方法测定的蜡含量结果不同，其从大到小的顺序为：吸附法>破坏蒸馏法>磺化法。

吸附法是先用氧化铝吸附色谱柱将饱和分和芳香分从沥青中分离出来，然后脱蜡得到总蜡含量。由于该过程没有化学反应，分离精度较高，因而测定结果比较接近于实际情况，测定的蜡含量结果也最大。该方法的缺点是条件性强，步骤烦琐，分析周期长，测定结果受到吸附剂及活化剂用量、冲洗剂用量的影响。

磺化法比较复杂，在测定过程中使用大量的硫酸，在酸化、碱洗、水洗过程中易产生乳化。由于芳烃、胶质和沥青质易发生磺化反应，因此该方法主要测定的是沥青中的饱和蜡。

破坏蒸馏法在高温裂解蒸馏过程中，其中一部分的蜡会发生裂化反应，变成小分子，故其测定结果比吸附法偏低。但破坏蒸馏法较为简单，分析结果精确度高于另外两种方法。

93 我国沥青蜡含量测定的主要过程是什么？

（1）取 50g 试样，称准至 0.1g，装入蒸馏瓶中，蒸馏瓶支管尽头伸入已知质量的 150mL 锥形瓶。锥形瓶浸没在装有碎冰的烧杯中。用燃气灯或具有相同效力的花盆式电炉直接加热蒸馏烧瓶，调整火焰强度，使试样在 5～8min 达到初馏，以 4～5mL/min 的速度蒸馏到终止，全部过程在 25min 内完成。

（2）馏出油称准至 0.05g，从中取出适量试样（使其最后所得蜡量在 50～100mg），称准至 1mg，加入已知质量的 100mL 锥形瓶中。

（3）在盛有馏出油的锥形瓶中加 10mL 无水乙醚，充分溶解后将其移入蜡冷冻过滤装置的冷却筒中，再用 15mL 无水乙醚清洗锥形瓶后倒入冷却筒。再向冷却筒加入 25mL 乙醇。将此过滤装置放入沥青蜡含量测定仪，使其中的冷剂（乙醇）保持在-21～-20℃，保持 1h 后，拔出柱塞自然过滤 30min。

（4）启动抽滤装置，保持滤液过滤速度为 1 滴/s 左右，滤液将尽时，一次加入 30mL 预冷至-20℃的 1∶1 无水乙醇-无水乙醚溶液。当冷滤剂在蜡层看不见时，抽滤 5min。

（5）从冷浴中取出过滤装置，取下吸滤瓶，换装在已知质量的蜡接受瓶上。

用100mL温度为30~40℃的石油醚将蜡溶解。蜡接受瓶在热源上蒸馏，去除石油醚后放入真空干燥箱中，在温度为105±5℃、残压21~35kPa下干燥1h，然后将其放入干燥器冷却1h，称准至0.1mg。

（6）结果计算。本试验中的裂解蒸馏操作进行一次，脱蜡操作进行3次，得到3个蜡质量。沥青中的蜡质量百分数可按式(2-25)进行计算。

$$X\% = 100(D \times P)/(S \times d) \tag{2-25}$$

式中 S——试样采取量，g；

d——馏出油量，g；

D——馏出油中试样采取量，g；

P——所得蜡质量，g。

在方格纸上将所得蜡质量(g)作为横坐标，计算的蜡质量百分数(%)作为纵坐标，求出关系直线。用内插法求出蜡质量为0.075g时对应的蜡含量作为报告的蜡含量(%)。

94 影响沥青蜡含量分析精度的主要因素有哪些？

（1）蒸馏速度。如果蒸馏速度过快，蒸馏过程中会产生雾沫夹带现象，沥青中的少量胶质和沥青质一起被气流夹带出来。这部分沥青质和胶质很难被完全洗脱，使馏出油重量增加，造成分析结果偏大；反之，蒸馏速度过慢，沥青中的蜡不能全部蒸馏出来，造成结果偏低。

（2）加热均匀度。不均匀加热会造成蜡含量结果偏低。这是因为不均匀加热时，烧瓶中未被加热区域的沥青中的蜡没有完全被蒸馏到馏出油中，使馏出油的收率减小，造成结果偏低。因此，在加热蒸馏过程中，要让燃气灯对烧瓶进行均匀加热，让火焰将烧瓶内有试样的地方全部均匀包围，将所有沥青中的蜡全部蒸馏出来。

（3）取样量。沥青经蒸馏得到馏出油后，从馏出油中称取适量的试样进行脱蜡。称样多少并没有规定，而称取多少试样比较适量主要依靠操作者的经验。

取样量过多，所得蜡质量也多，洗脱蜡时不易洗净，造成结果平行性差；取样量太少，不具备代表性，分析中的误差将被放大。因此，适量取样，使过滤后所得蜡质量在50~100mg为最佳。控制取样量的具体做法为：观察蒸馏后的馏出油的稀稠程度，如果馏出油较稀，说明其中的油分较多，蜡较少，此时可以多称取一些试油；如果馏出油很稠，说明蜡含量较大，取样时应少称取一些。

（4）漏斗的孔径。蜡含量分析中所用漏斗是孔径为20~30μm的砂芯漏斗。砂芯极易被堵塞，用不洁净的漏斗得到沥青蜡含量数据偏小。这主要是因为砂芯漏斗使用多次后，一些细小的胶质和沥青质颗粒堵住了漏斗的孔径，造成少量微晶蜡无法过滤。所以，砂芯漏斗在使用后要进行清洗，清洗步骤为：石油醚→洗衣粉→1∶1盐酸及蒸馏水。经过几次使用后还要对其进行煅烧，即在400～500℃下煅烧1h，取出用盐酸浸泡洗涤。在经过一段时间的使用后，还要对漏斗的孔径进行测定，其孔径用下式计算：

$$D=30r/p \quad (2-26)$$

式中 D——漏斗的孔径，μm；

r——测定液体在试验温度下的表面张力，dyne/cm；

p——水银压差计读数，mmHg。

95 如何降低道路沥青的蜡含量?

(1) 选择合适的油源。选择合适的油源是降低道路沥青蜡含量最简捷而有效的措施。一般来说，环烷基原油富含芳烃、胶质和沥青质，这种原油只需简单的蒸馏即可生产出蜡含量低、路用性能优良的道路沥青；中间基原油的蜡含量高于环烷基原油而低于石蜡基原油，采用合适的加工工艺也可以生产出蜡含量较低的道路沥青；石蜡基原油的胶质和沥青质含量少、蜡含量很高，通常用简单地蒸馏法或氧化法很难生产出合格的道路沥青，必须利用组合工艺将渣油的蜡含量降低到一定程度后方可生产道路沥青。

(2) 选择合适的加工工艺。对于环烷基原油，利用常减压蒸馏工艺一般可使沥青的蜡含量达到指标要求。如果蜡含量略微超标，可以适当提高减压塔的拔出率。

中间基原油的含蜡量有较大的差别，其范围为1.5%～15.0%。因此用这类原油生产沥青时，只有对原油和渣油的性质进行详细评价，才能有针对性地选择沥青生产工艺。

对于蜡含量较低的中间基原油，一般采用“蒸馏/强化蒸馏技术-氧化/半氧化”组合工艺可以生产出合格的道路沥青。

对于蜡含量较高的中间基或石蜡基原油，采用常规的蒸馏法或氧化法很难生产出合格的道路沥青。此时必须采用“溶剂脱沥青-调和”或“溶剂脱沥青-调和-氧化”组合工艺。目前常用的生产方法是，将减压渣油进行溶剂脱沥青后，用催化裂化油浆、润滑油精制抽出油等富含芳烃的组分与脱油沥青进行调和，便可以得到不同档次的道路沥青产品。

96 什么是体积排出色谱法?

体积排出色谱法(Size Exclusive Chomatorgraphy，简称SEC)又称为凝胶渗透色谱法(Gel Permeation Chromatography，简称GPC)，是一种按照组分的分子体积

分离混合物的一种方法，在矿物燃料科学尤其是在重质原油及其衍生物的分离方面有着广泛的应用。

SEC 方法是根据混合物溶液中各组分的相对分子尺寸不同、在具有微孔结构的固定相中的停留时间不同而进行组分分离的。从理论上讲，这种分离方法与分子的极性无关。当待分析的溶液以渗滤的方式经过被有机溶剂溶胀了凝胶颗粒填充柱时，由于凝胶颗粒具有不同的孔径分布，那些与凝胶孔径大小相匹配的分子被吸附进入凝胶的孔道内；而大分子或广泛缔结的分子则不能通过凝胶孔径，从凝胶颗粒之间的缝隙穿过而最先被冲洗出填充柱；对于尺寸小于凝胶的最小孔径分子则可以渗透进入凝胶中所有的孔，因此它们通过柱子的速度最慢，最后从色谱柱中流出。介于两者之间的中等尺寸的分子，可以进入凝胶的一部分孔中，进入的孔随其分子尺寸的增大而减少。这就导致在用凝胶渗透色谱法时，分子尺寸较大的先流出，然后可按分子尺寸从大到小的顺序先后流出，从而得以分离。

对于 SEC 而言，可进行分离的分子相对质量的上限称为其排除极限，超过这个极限，样品分子就会排除于所有凝胶孔穴之外，没有任何分离作用；而可进行分离的分子相对质量的下限则称为全渗透极限，所有比这个值小的分子可完全渗入凝胶孔内。

97 测定沥青质相对分子质量的方法主要有哪些？

测定沥青质相对分子质量的方法主要有沸点上升法、冰点下降法、黏度法、蒸气压渗透法（VPO）、超离心法、电子显微镜法和凝胶渗析色谱法（GPC）。目前常用的分析方法为 VPO 法和 GPC 法。

沥青质含有大量的 S、O、N 等杂原子及其所形成的极性官能团，因而极易发生缔合形成胶核结构。这些胶核结构大小不一，且沥青质分子结构复杂。用不同的测定方法测定的沥青质平均相对复杂质量差别很大，表 2-6 为不同方法测定的沥青质平均相对分子质量的范围。

表 2-6 不同分析方法测定的沥青质的平均相对分子质量

测定方法	平均相对分子质量范围	测定方法	平均相对分子质量范围
沸点上升法	2500~5000	黏度法	900~4000
冰点下降法（苯）	5000~6000	蒸气压渗透法（VPO）	20000~80000
冰点下降法（萘）	1700	超离心法	10000~2500000
冰点下降法（菲）	2500	电子显微镜法	<10000

用不同的分析方法和测定条件测定的沥青质平均相对分子质量的差异与沥青

质分子间的缔合作用有关。测定时所用的溶剂极性越强、测定温度越高以及沥青质在溶液中的浓度越低，越有利于沥青质分子解缔，测定出的平均相对分子质量就越小，其结果也越接近于沥青质的真实相对分子质量。否则，测出的可能是沥青质的不同缔合结构的平均分子质量。

98 蒸气压渗透法基本原理是什么？蒸气压渗透法测定沥青相对分子质量有哪些优点？

蒸气压渗透法(Vapour Pressure Osmometry，简称 VPO 法)的基本原理为：在恒温密闭、充有某种溶剂(苯、甲苯等)饱和蒸气的测量室中，放置一对匹配好的热敏电阻球，在热敏电阻球上分别滴加纯溶剂和待测物的溶液；由于溶液中的溶剂蒸气压低于纯溶剂同温度下的饱和蒸气压，测量室中的溶剂饱和蒸气会凝聚于溶液滴上并放出相应的凝聚热，使两个热敏电阻间产生温度差，一直持续到溶剂和溶液两者蒸气压大致相等时为止。此法只能测定沸点在 350℃以上的样品，如溶质沸点太低，就会使测定结果严重偏离。其测定的相对分子质量上限为 35000。用上述方法测定数均相对分子质量时，为减少浓度的影响，应将试样配制成稀溶液，其质量摩尔浓度一般为 0.005～0.02mol/kg。有时还须用不同浓度的溶液进行多点测定，并外推至浓度为零处，以消除浓度的影响。VPO 法的原理图和溶液液滴的温度变化图分别见图 2-11 和图 2-12。

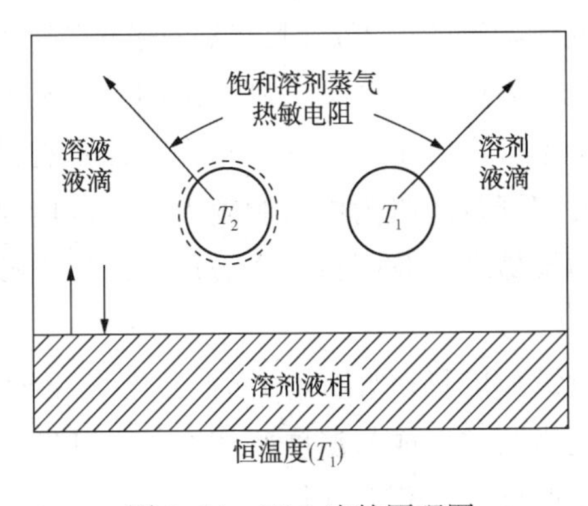

图 2-11 VPO 法的原理图

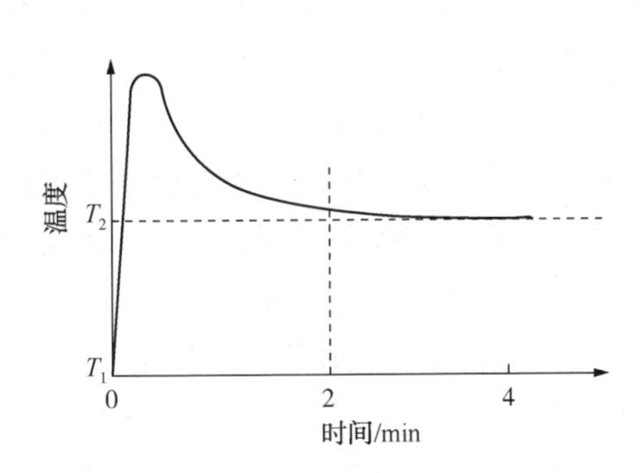

图 2-12 溶液液滴的温度变化图

温度升高值($\Delta T=T_2-T_1$)与溶液蒸气压下降的程度成正比，也即与溶质的质量摩尔浓度成正比：

$$\Delta T=\frac{\mathrm{R}T^2}{1000L}C_{\mathrm{m}} \tag{2-27}$$

式中 ΔT——温度差,℃；

R——气体常数，8.314J/(mol·℃)；

T——溶剂蒸气的温度，K；

L——溶剂的凝聚热，J/g；

C_m——溶质的摩尔浓度，mol/kg。

采用VPO法以苯或甲苯为溶剂，所测定的渣油和直馏沥青(>500℃)平均相对分子质量均在800~1500。VPO法是测定渣油和沥青分子质量最常用的方法，该法测定速度快，简便易行，所需试样量很少，重复性好。

99 石油沥青的胶体结构分为哪些类型?

按照沥青质胶团的大小、数量以及在连续相中所处的分散状态不同，沥青的胶体结构可以分为溶胶型、溶-凝胶型和凝胶型三类。

(1) 溶胶型沥青。当沥青质含量很低(<10%)，相对分子质量不很大，与胶质的相对分子质量相近时，沥青质胶核可以很好地被胶质所胶溶，胶团在饱和分和芳香分所构成的介质中分散度很高，很少处于相互缔合状态，这种沥青就是所谓的溶胶型沥青。它可近似为真溶液，具有牛顿流体的特征，其黏度与应力成比例。这种沥青对温度的变化很敏感，高温时黏度很小，低温时一般不会形成稳定的内部网络结构，流动性变小是由于黏度增大引起的，冷却时变为脆性固体而没有稠化或玻璃化等中间状态。

(2) 凝胶型沥青。当沥青质含量很高，达到或超过25%~30%时，又没有足够的胶质使之胶溶，分散介质的芳香度较低或溶解能力不足时，沥青胶团之间会相互联结，形成三维网络结构，胶团在分散介质中自由移动受到了限制，这类沥青就称为凝胶型沥青。凝胶型沥青在常温下呈现出非牛顿流体的特征，并具有黏弹性。当温度升高时，胶团逐渐解缔或胶质从沥青质吸附中心脱附下来。温度足够高时，沥青与胶质之间强大的表面吸附力被破坏，胶团也随之破坏，沥青又接近真溶液而具有牛顿流体的特征。

(3) 溶-凝胶型沥青。胶体结构介于溶胶型和凝胶型之间的沥青即为溶-凝胶型沥青。这类沥青含有一些网络结构，但网络结构形成与温度密切相关。其针入度指数介于-2和+2之间，大部分的道路石油沥青属于这一类。

100 评价石油沥青胶体状态的方法有哪些?

评价石油沥青胶体状态的方法有针入度指数法、容积度法和絮凝比-稀释度法。

(1) 针入度指数法(PI)。针入度指数是衡量沥青感温性能的指标。所谓感温性能，就是指沥青的黏度或稠度随温度改变而变化的程度。因此，针入度指数也可以用来评价沥青的胶体状态。

$PI<-2$　　　　　　　　溶胶型沥青

$PI=-2\sim2$　　　　　　　溶-凝胶型沥青

$PI>2$　　　　　　　　凝胶型沥青

（2）容积度法。当沥青质溶于苯、四氯化碳之类的溶剂时，其黏度可以用爱因斯坦公式计算：

$$\frac{\eta}{\eta_0}=1+2.5C_V \tag{2-28}$$

式中　η——胶体溶液的黏度，mm^2/s；

η_0——溶液的黏度，mm^2/s；

C_V——沥青质在溶液中所占的体积分数，%。

只有当溶液的浓度很小且溶质的颗粒近似于球形时，式(2-28)才能适用，该式的使用与沥青质粒子的大小无关。实际上，沥青质被胶溶后会发生溶胀，其体积较干体积增大了许多，因此实测的沥青质溶液的黏度往往比式(2-28)计算的黏度大。沥青质在溶液中的溶胀程度指标可以用式(2-29)来表示：

$$V_0=\frac{C_r}{C_V} \tag{2-29}$$

式中　V_0——沥青质的流变学体积与干体积之比，也称容积度；

C_r——从式(2-28)计算所得到的沥青质的流变学体积。

V_0的大小与沥青质的N_H/N_C比、溶剂的溶解能力以及溶解温度有关。如果沥青质的N_H/N_C比较大，其饱和程度较高，分子中可能含有较长或较多的烷基侧链，在溶液中易发生溶胀，容积度V_0也较大；溶剂的溶解能力越强，容积度V_0越小，沥青向溶胶型发展，反之则向凝胶型发展；当溶解温度升高时，由于溶剂的溶解能力增强，容积度V_0减小，沥青会从凝胶型向溶胶型转化。

（3）絮凝比-稀释度法。取3g沥青试样，溶于一定量的甲苯中，向其中滴加正庚烷，用400倍的显微镜观察并记录开始出现沥青质沉淀时所耗用的正庚烷体积。此时，甲苯的体积所占溶剂总体积(正庚烷+甲苯)的比例称为絮凝比FR(flocculation ratio)。

滴定所用的正庚烷与沥青的体积之比称为稀释比。而溶剂的总体积(正庚烷+甲苯)与沥青质量的比值称为稀释度X(dilution ratio)。

当往沥青中加入少量的正庚烷时，由于沥青的可溶质中含有一定量的芳烃，沥青质不会立即沉淀析出，此时，$FR=0$。继续加入正庚烷，当其体积超过某一值X_{min}时，开始出现沥青质沉淀；此时如果继续滴加正庚烷，要保持沥青质不沉淀析出，则需要增加甲苯的加入量，在无限稀释度时，絮凝比达到了最大值FR_{max}。

101 什么是超临界流体精密分离技术？

超临界流体精密分离技术(Supercritical Fluid Distration，简称SCFD)是中国石油大学开发的一种新型的分离技术，其流程如图2-13所示。

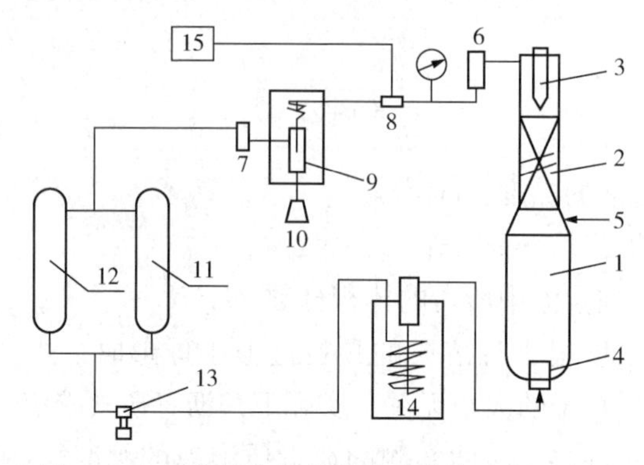

图2-13 超临界流体精密分离技术流程示意图

1—萃取段；2—填料柱；3—电热回流头；4—分布器；5—原料油；6，7—冷却器；8—压力调节器；9—溶剂分离器；10—取样瓶；11，12—溶剂罐；13—溶剂泵；14—溶剂预热炉；15—压力控制系统

SCFD是在高于溶剂的临界温度、临界压力下进行有回流的抽提。溶剂在超临界状态下的溶解能力(溶剂的密度)随温度和压力而连续变化。温度越低，压力越高，则密度越大，溶解能力就越强。升高温度或降低压力都可使溶剂的溶解能力下降，甚至完全消失。因此，在一个抽提柱中保持一定的温度梯度，再逐步提高临界流体的压力，便可实现有回流的较精确的抽提分离。将这种分离技术应用于沥青，可按相对分子质量大小连续地分成多个馏分，或对相对分子质量近似而极性不同的混合物按极性大小连续分成各个馏分，所得的馏分可用于进一步研究化学组成与结构以及使用性能之间的关系。

102 什么叫弹性恢复？什么是沥青的弹性恢复试验？弹性恢复试验应注意哪些事项？

弹性恢复是指在规定的条件下，改性沥青标准试件拉伸到一定长度后立即从中间剪断，在规定的时间内试件的长度恢复率。

弹性恢复试验适用于评价热塑性弹性体类聚合物改性沥青的弹性恢复性能。弹性恢复性能越好，表明路面在载荷作用下产生变形的恢复速度越快，也即路面的自愈能力越强。

弹性恢复试验按照交通部《公路工程沥青及沥青混合料试验规程》(JTG E20—2011)的“沥青弹性恢复试验”进行。试验采用常规的沥青延度测定仪，与延度试验的不同点是，将试模中间部分换成直线侧模，制作试件的截面积为

$1cm^2$。在 25℃下，将试件拉伸到 10cm 时，停止拉伸，立即将试样从中间剪断，保持试样不动在水中恢复 1h，把两部分重新对接(断面刚好接触)，测量试件的长度。按式(2-30)计算弹性恢复率：

$$D=\frac{10-X}{10}\times 100\% \tag{2-30}$$

式中　D——试样的弹性恢复率,%；

X——恢复后的试件长度，cm。

弹性恢复试验应注意以下几点：

(1) 试件模具应符合规格要求，端模与侧模要完全吻合。

(2) 制作试件时，试样呈细流状自模具一端至另一端往返注入模内，不留死角，试样应略高出模具。

(3) 试件恒温用水槽温度控制精度须达到±0.1℃，其容积和几何尺寸须满足标准要求。

(4) 刮去高出模具的沥青时，要用热刀自模具的中间分别刮向两端，试样表面应刮得光滑平整，以保证试件几何尺寸符合要求，注意不要用热刮刀来回抹平沥青试样的表面。

(5) 延度仪在开动时应无明显的振动，拉伸速度应为 5cm/min±0.25cm/min。

(6) 试件拉伸到 10cm±0.25cm 时停止拉伸，立即用剪刀从中间剪断，不能有时间间歇，以免使拉伸应力松弛而影响弹性恢复率。

(7) 试件取下时要轻轻捋直，不能施加任何拉力。

103 什么是聚合物改性沥青的离析试验？离析试验应注意哪些事项？

离析试验的目的是检验聚合物改性沥青的热储存稳定性，也即聚合物与基质沥青的相容性。其试验方法见交通部《公路工程沥青及沥青混合料试验规程》(JTG E20—2011)的“聚合物改性沥青离析试验”。

测试 SBS 或 SBR 改性沥青时，将熔融均匀的改性沥青倒入一端封闭的长度不小于 140mm、直径为 25mm 的薄壁铝管中(也可以用同样直径、长约 200mm 的玻璃管代替)，装入约 50g 样品，将上口封好，直立放入 163℃的烘箱中保持 48h；保持直立取出置于冰箱中(-25~-25℃)冷却不少于 4h；将试样均分为上、中、下三段，分别测试上、下段的软化点，若二者的软化点差不大于 2.5℃，则说明聚合物改性沥青的热储存稳定性是合格的。

测试 EVA 或 PE 改性沥青时，采用高度为 48mm、直径为 70mm 的标准沥青针入度金属试样杯。将热融沥青试样装至杯内标线处，在 135℃的烘箱中保持 24h±1h，小心取出，用小刀慢慢探测试样的表面层稠度，并检查底部及四周的沉淀物。正确地记录所发现的现象，并保留试样。其离析情况按表 2-7 记录。

表 2-7 热塑性树脂类改性沥青的离析情况

记　述	报　告
均匀的，无结皮和沉淀	均匀
在杯的边缘有轻微的聚合物结皮	边缘轻微结皮
在整个表面有薄的聚合物结皮	薄的全面结皮
在整个表面有厚的聚合物结皮(大于 0.8mm)	厚的全面结皮
无表面结皮但容器底部有薄的沉淀	薄的底部沉淀
无表面结皮但容器底部有厚的沉淀(大于 6mm)	厚的底部沉淀

在进行 SBS、SBR 改性沥青离析试验时应注意：

(1) 沥青试样加热温度不应超过其软化点以上 100℃，徐徐搅拌以免试样局部过热；

(2) 试样倒入管中时速度要慢，不能夹带气泡；

(3) 试样管上部必须密封好，防止热空气漏入而导致上部试样老化；

(4) 试样从放入烘箱到转入冰箱的全过程须保持直立，也不能水平晃动；

(5) 重新加热上、下部试样时，加热温度不能超过 163℃，加热时间也不能过长，以免试样老化；

(6) 对于顶部和底部的沥青试样，应同时测定其软化点，并要进行两次平行试验，取其平均值。

在进行热塑性树脂类改性沥青离析试验时应注意：

(1) 沥青试样加热温度不应超过其软化点以上 100℃，徐徐搅拌以免试样局部过热；

(2) 试样倒入针入度皿中时速度要慢，不能夹带气泡；

(3) 试样过程中不能打开烘箱门，如果意外造成加热中止，恢复后不能继续试验，必须重新进行试验；

(4) 试样从烘箱取出时动作要轻，不能扰动表面；

(5) 检查试样的离析程度须自烘箱取出后 5min 之内进行。

104 什么叫沥青黏韧性？黏韧性试验应注意哪些事项？

黏韧性是材料在外力作用下产生塑性变形过程中吸收能量的能力，也即材料在破坏前单位体积内所消耗功的总量。黏韧性试验主要用于评价 SBR 改性沥青及其改性乳化沥青的改性效果。其试验方法见交通部《公路工程沥青及沥青混合料试验规程》(JTG E20—2011)的“沥青黏韧性试验”。

将制备好的黏韧性试验器安装在拉伸试验机的上下压头夹具间，调整好试验机和记录仪，立即以 500mm/min 的速度开始拉伸，拉至 300mm 时结束。要求从恒温水浴中取出黏韧性试验器到试验结束的时间不能超过 1min。拉伸过程中，记录仪记录载荷及拉伸时间，Y 轴表示载荷，X 轴表示时间，得到如图 2-14 所示的载荷-变形曲线。将曲线 BC 部分段向下延伸，与 X 轴交于 E 点，分别量取曲线 $ABCE$ 及 $CDFE$ 所包围的面积 A_1 和 A_2，那么，沥青试样的黏韧性 $T_0=A_1+A_2$，韧性为 A_2。T_0 和 A_2 的值越大，表明沥青的改性效果越好。

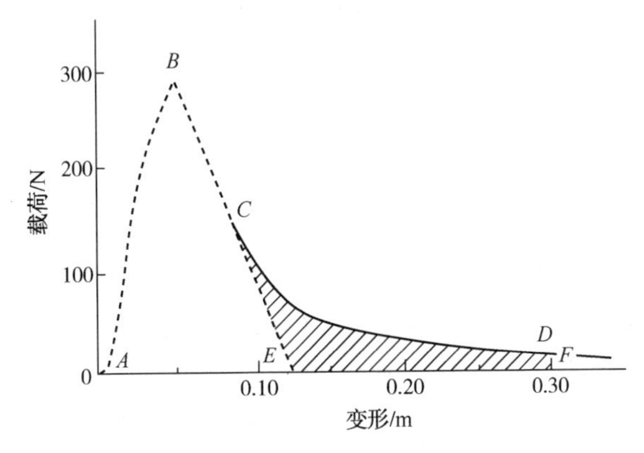

图 2-14　黏韧性试验载荷-变形曲线

黏韧性试验应注意下列事项：

(1) 黏韧性试验器组件必须满足标准要求，尤其是拉伸半球圆头的表面粗糙度要达到 3. 2μm，试验时要用三氯乙烯擦拭干净。

(2) 试样器必须在 60~80℃烘箱中预热 1h，沥青试样呈线状注入，不得混入气泡。

(3) 沥青试样注入试样器后，要立即将拉伸半球圆头浸入沥青试样中，使半球圆头的上表面恰好与试样的上表面平齐。在室温下冷却收缩后，要适当地高速定位螺母，使半球圆头的上表面再次与试样的上表面平齐。

(4) 安装试验器时，不要使定位支架受力，以免使半球圆头与沥青试样产生相对位移。

(5) 黏韧性试验器从恒温水浴中取出到试验结束的时间不能超过 1min。

105 现行的评价改性沥青性能的方法有哪几类？

现行的评价改性沥青性能的方法主要有三大类。

(1) 采用沥青性能指标的变化程度来衡量，如针入度、软化点、延度、黏度、脆点的变化程度。变化值越大，性能越好。此指标测定方法简单，是目前生产上最常用的方法。

(2) 针对改性沥青的特点开发的试验方法，如弹性恢复试验、测力延度试验、黏韧性试验、离析试验等。

(3) 美国战略公路研究计划(SHRP)提出的沥青结合料性能规范，此规范也适用于改性沥青。

106 什么叫离析？什么叫离析温差？

聚合物改性沥青的基质沥青与改性剂的相对分子质量差异很大，往往不能很好地相容。聚合物改性沥青在热储存过程中，若储存时间过长，或储存过程未进行搅拌而出现聚合物从沥青中分离出来的现象就称为离析。

在规定的条件下，改性沥青试样的上、下部分的软化点之差，以℃表示。离析温差用来表征改性沥青的热储存稳定性。

107 目前我国主要采用哪些指标和试验方法评价聚合物改性沥青的性能？

(1) 感温性能。采用针入度指数 PI 来评价改性沥青的感温性能。分别测试15℃、25℃和35℃的针入度 P，由公式 $\lg P=AT+K$ 用线性回归法求出温度敏感系数 A 和截距 K。代入式(2-31)中，求出 PI。

$$PI=\frac{(20-500A)}{(1+50A)} \tag{2-31}$$

上述三个温度下的针入度线性回归系数不小于0.997。

(2) 高温性能。以当量软化点(T_{800})来评价沥青的高温性能，使用 T_{800} 可以消除沥青中蜡对软化点测定带来的影响。

$$T_{800}=(\lg 800-K)/A \tag{2-32}$$

当量软化点 T_{800} 越高，沥青的高温性能越好，抗车辙的能力就越强。

(3) 低温性能。采用当量脆点($T_{1.2}$)和5℃延度来评价改性沥青的低温抗裂性能。

$$T_{1.2}=(\lg 1.2-K)/A \tag{2-33}$$

当量脆点 $T_{1.2}$ 越低或5℃延度越长，改性沥青的低温抗裂性能越好。

(4) 抗老化性能。采用RTFOT或TFOT的残留针入度比及5℃延度来评价改性沥青的抗老化性能，用以模拟沥青在施工过程中的老化情况。

(5) 热储存稳定性。聚合物改性沥青的热储存稳定性采用《公路工程沥青及沥青混合料试验规程》(JTG E20—2011)的“聚合物改性沥青离析试验”进行评定。

对于SBS和SBR类改性沥青，离析时表现为聚合物上浮，故其热储存稳定性用离析温差来表征。若试样上、下段的软化点差不大于2.5℃，则说明聚合物改性沥青的热储存稳定性是合格的。

对于PE和EVA类改性沥青，离析时表现为聚合物向容器壁的四周吸附，在表面则出现结皮，故用其在135℃下存放24h过程中的结皮、凝聚在容器表面及四壁的情况来判定。

(6) 弹性。对于热塑性弹性体(如 SBS)改性沥青，其显著的特点之一是弹性恢复能力强。故采用弹性恢复试验测定和评价改性沥青在外力作用下变形后可恢复变形的能力。弹性恢复率=(试件原长度-恢复后的试件长度)/试件原长度×100%，弹性恢复率越大，表明沥青恢复变形的能力越强。

(7) 黏韧性/韧性。对于橡胶类改性沥青，采用交通部《公路工程沥青及沥青混合料试验规程》(JTG E20—2011)的“沥青黏韧性试验”测定其黏韧性和韧性。黏韧性是材料在外力作用下产生塑性变形过程中吸收能量的能力。改性沥青的黏韧性及韧性值越大，说明改性效果越好。

第三章　节能环保新技术、新工艺、新产品

1　什么是沥青烟气？其产生的机理是什么？

国家环境保护部对沥青烟气的定义为：沥青烟气是指沥青及其沥青制品在生产、加工和使用过程中形成的液固态烃类颗粒物和少量气态烃类物质的混合烟雾。沥青在高温条件下产生的气溶胶的沸点远超大气 VOC 定义范围，所以一般将沥青 VOC 定义为在高温条件下能从沥青表面挥发出来的气溶胶（粒径 $< 10\mu m$）和气体物质。

研究者普遍认为，沥青烟气的生成机理包括两个过程：一是在加热条件下沥青中已有轻组分的挥发；二是氧气与沥青分子在加热条件下发生平行顺序反应，该反应包括裂解和缩合两个方向，其中裂解反应是沥青烟气产生的主要原因。

2　沥青烟气目前有哪些比较成熟的治理技术？

（1）燃烧法：沥青烟气成分虽然复杂，但基本组成是以碳氢化合物为主，在温度和氧气浓度合适的条件下就可以燃烧分解，这也是燃烧法在处理有机废气过程中被广泛使用的原因。该方法简单有效，容易实施，但是要维持高温燃烧需要消耗大量的燃料，运行成本偏高，当烟气量较小时并不适用。

（2）吸收法：该法主要利用沥青烟气能够溶于某些溶液的性质，将空气中沥青烟气富集到液体环境中，不仅解决了污染问题，还实现了对有机烟气的回收利用。该方法可以分为油吸收法和水吸收法。

（3）吸附法：该方法主要利用小颗粒或多孔物质对气体的物理吸附作用将沥青烟气进行浓缩富集，达到烟气治理的目的。吸附剂的选择是该方法的关键，不仅要考虑到吸附问题，还要考虑脱附问题。

（4）等离子体法：该方法在常温常压下利用陡前沿、窄脉宽的高压脉冲电晕放电来获得非平衡态等离子体，这些等离子体能够对沥青中的相应分子进行氧化和降解，将沥青烟气中的有毒物质转化为无害气体后再进行排放，达到沥青烟气的治理目的。等离子体法对废气具有较好的净化效果，但是该方法前期投资大、操作繁杂、灵活性差，且对高浓度烟气的处理能力不足。

3 什么是沥青烟气主动抑制技术？其有哪几种类型？

沥青烟气主动抑制技术是指通过一定的技术手段，降低沥青在受热情况下的烟气排放量，抑制多环芳烃(PAHs)、碳氧化物、氮氧化物和硫化物的释放。相比被动处理技术，沥青烟气主动抑制技术从根源上消除了沥青在生产、运输和施工环节对环境造成的污染，在环保政策日益严格的今天，具有广阔的应用前景。

根据实现途径不同，可以将沥青烟气主动抑制技术分为降温施工法、香料遮盖法、除味法和源头改进法四种。

降温施工法是指通过一定的技术手段降低沥青体系的黏度，从而使沥青混合料的拌和温度大幅降低，通过施工温度的降低达到抑制沥青烟气释放的目的。根据降低温度的幅度不同，可以将降温施工法分为温拌和冷拌。

香料遮盖法是指在易挥发异味的制品中添加专用香料，通过香料释放的香味，掩盖制品挥发出的异味。这种方法在橡胶行业有所应用，在沥青行业的应用报道较少。

除味法是将净味添加剂加入沥青中，使其与沥青中的易挥发物质发生化学反应生成新的不排放物质，从而在根本上抑制沥青烟气的产生，减少有害气体的排放，保护周围环境。由于应用效果较好、操作简单，除味法是目前烟气抑制技术的主要发展方向。

源头改进法是指在炼油过程中通过优化原油种类，改进炼制工艺参数和流程等方法，消除产生沥青烟气的可能性。

4 理想净味剂有何要求？国内净味剂研究情况如何？

一种理想净味剂不但要有良好的抑烟效果，还不能对混合料的路用性能造成负面影响，且制备简单易行，增加成本少，等等。

与基质沥青相比，添加 SBS、PE 后沥青烟气大幅减少，在相同掺量下 SBS 的烟气减少率是 PE 的 2 倍，5%掺量 SBS 可以减少烟气 22.9%。三聚氰胺和活性炭的抑烟率达 40%以上，但在与沥青混溶加热过程中均产生不明挥发物和气体；优选 SBS、纳米碳酸钙作为合适的净味剂，结合路用性能，提出两者复配使用。古马隆树脂、膨胀石墨均有较好的抑烟效果，但两者加入沥青后对沥青指标有所影响。研究认为，有必要同时加入芳烃调和剂，改善沥青四组分之间的配合关系，提高性能。开发了基于膨胀石墨、SBS 和环氧大豆油的抑烟复合改性沥青，抑烟率达到 60%。在石油沥青、彩色沥青中加入醛类化合物和重羧酸酯类化合物组成的净味剂，以及两性离子型表面活性剂，制备的净味沥青，沥青的恶臭等级明显降低，与此同时，沥青本身的性能指标未发生明显变化等。

5 净味剂发展趋势有哪些方面?

(1)除味法和降温施工法两种抑烟技术优势较为明显，降温施工法技术已经较为成熟，除味法将会是未来抑烟技术发展的关键。(2)除味法净味剂根据抑烟机理可以分为物理吸附和化学抑制。建议在进行净味剂开发时，进行复配研究。(3)虽然进行了诸多路用性能测试，但净味剂对于实际路用的性能到底有何影响仍不甚明确，应进行长期跟踪观测。(4)在净味沥青的推广方面，应先从异味较为明显且具有一定价格空间的橡胶沥青和对环境污染较为敏感的城市、隧道路面施工开始。SBS 改性沥青、重交沥青等在成本允许的情况下，也应该考虑使用。(5)在应用净味沥青技术时，必须兼顾路用性能和抑烟性能，抑烟性能的提高不能以影响路用性能为代价。(6)应该加快进行沥青环保性能评价方法研究。虽然国内已经有诸多研究，但所采用的测试原理和操作方法千差万别，采用不同方法的测试结果差异较大，缺少统一的技术规范，这一点应引起足够的重视。

6 中国石化净味环保沥青有什么特点?

2021 年中国石化成功开发出沥青净味剂后，逐步工业化生产净味环保沥青，并成功应用于北京冬奥会配套工程等。中国石化净味环保沥青有 5 个方面特点：

(1) 技术先进。利用官能团反应活性与沥青和污染物分子发生化学反应，提高沥青分子的高温稳定性，抑制烟气小分子向环境空气中逃逸，降低烟气和刺激性气味释放。

(2) 绿色低碳。在明显减轻沥青生产和路面施工过程中恶臭气味的同时，将沥青烟气主要空气污染物排放量减少 20%~70%。

(3) 性能优良。不改变传统道路工程热拌和设计方法和施工工艺，对沥青性质和沥青混合料性能无不良影响，保证道路工程质量和使用性能。

(4) 成本可控制。净味沥青相对 A 级沥青、改性沥青增加成本可控，明显低于进口净味剂生产的同类产品，更低于化学温拌沥青。

(5) 通用性强。生产工艺过程简单，对不同原油沥青均具有良好的适用性，可方便在沥青生产和道路工程企业实现批量生产。

7 什么是石墨烯？其在沥青改性方面有何作用?

石墨烯是由碳原子以 sp^2 杂化轨道组成六角形呈蜂巢晶格的二维碳纳米材料，是碳材料领域最新发现的一种新型结构，具有优异的机械性能、导热导电性能和高表面积特性。

石墨烯在沥青路面中起到如下作用：二维片层状的石墨烯平行于骨料表面方向存在，在沥青膜中形成屏蔽结构，能减缓氧气、水分等物质的穿透，使沥青的抗水损和耐老化性能得到提升；石墨烯导热率高，可以快速将热量传递给整个路面，从而降低因温差引起的内应力，避免路面开裂；石墨烯还可以作为增强材料显著增加沥青的弹性模量，提高其抗变形的能力。

8 石墨烯改性沥青的制备方法有哪些？

目前，石墨烯与沥青的混合方式可分为干法和湿法两种。

(1) 干法混合：将干燥的石墨烯粉体按添加顺序直接分散到沥青中，充分剪切。这种方法操作简单、成本较低，可大规模应用。目前的研究大部分利用干法将石墨烯直接分散到沥青中。

(2) 湿法混合：湿法是利用溶剂先将石墨烯进行分散，因为氧化石墨烯具有亲水性，可利用去离子水作为溶剂进行分散，若为疏水性石墨烯，则一般采用无水乙醇等溶剂进行分散；接着将分散液与基质沥青混合均匀，最后把溶剂蒸干。这种方法因使用了大量溶剂，能耗高，不符合经济和节能的要求，且溶剂可能会对基质沥青产生一定的影响。

9 石墨烯纳米片(GNPs)改性沥青是怎样制备的？

首先，将基质沥青加热至充分流动状态，随后将经干燥处理的石墨烯纳米片按预先称量好的质量缓慢地加入熔融基质沥青中，再加入少量的分散剂。对沥青混合物先用玻璃棒手动搅拌约15min，再用高速搅拌器以3000r/min的搅拌速度持续搅拌约60min，即得到石墨烯纳米片(GNPs)改性沥青。

10 石墨烯/SBS复合改性沥青是怎样制备的？

首先，将基质沥青置于温度为135℃的烘箱中加热2h以除去其中的水分和气泡；其次，将加热至流动状基质沥青取出并称取600g，把5%SBS和一定质量的石墨烯(含分散剂)加入其中，升温至170~190℃，并使用剪切机以3000~5000r/min速率剪切50~90min；再次，加入0.1%稳定剂，并使用搅拌器以300r/min搅拌30min；最后，将掺入改性剂的改性沥青样品在170℃下发育1.5h，即可制得石墨烯/SBS复合改性沥青。

11 石墨烯复合橡胶改性沥青是怎样制备的？

将基质沥青加热至流动状态，将0.05%的石墨烯与20%的橡胶粉一同加入70号沥青中并搅拌均匀；在180℃恒温条件下用高速剪切机剪切1h后，置于175℃恒温烘箱内发育1h，即制备成石墨烯复合橡胶改性沥青。

12 石墨烯对基质沥青性能有何影响？

(1) 沥青的基础性能。沥青的基础性能指标包括软化点、针入度和延度三大指标。添加石墨烯可明显提高沥青软化点，明显降低沥青针入度，但沥青延度增加较小，这是因为石墨烯的添加阻碍了轻质组分的流动。

（2）流变学性质。从微观来看，添加石墨烯影响了复合材料内部分子之间的键合方式和化学成分，纳米片层石墨烯充分分散形成一个“巨网”，将轻质组分和胶质组分固定，并利用接枝官能团进行交联，加上石墨烯的高强度，因此使体系的模量增大，增强了沥青的抗高温变形能力，但对沥青低温流变性能影响较小。

（3）疲劳性能。研究表明，石墨烯可以提高沥青路面的黏弹性，改善路面的疲劳性能。

（4）热力学性能。添加石墨烯的沥青可以比纯沥青更快地受热，并可实现更高的受热温度，这说明石墨烯的使用有助于热量在沥青材料中的传递。纳米石墨烯可改善沥青的表面能，在沥青内部形成网络，有效进行热传导，改善沥青路面因温度变化引起的应力变化，从而提高路面因气温变化引起的各种病害，如温缩裂缝等。

（5）抗老化性能。石墨烯在沥青中会形成网状结构，可在高温和紫外线的作用下，有效降低轻质组分的挥发，降低沥青各组分与氧、水分子和紫外线等外界因素的作用，延缓沥青的老化时间。

13 石墨烯对 SBS 改性沥青性能有何影响？

研究在 SBS 改性沥青中添加石墨烯对其进行改性，实验结果表明，石墨烯的添加对 SBS 改性沥青的高低温性能都有一定提高。通过对石墨烯改性的 SBS 改性沥青样品进行结构表征，结果表明，石墨烯的加入使得 SBS 改性剂的亲油性增加，使其更好地分散在沥青中。

14 聚氨酯是怎样解决氧化石墨烯在沥青中团聚问题的？

将聚氨酯与氧化石墨烯进行纳米复合后，对基质沥青进行改性，可有效解决氧化石墨烯在沥青中的团聚问题，使得石墨烯更好地分散在沥青中。氧化石墨烯/聚氨酯纳米复合材料的复配改性使得沥青在合金性和复合材料化两个方面得到改善，从而大大提高了改性后沥青的低温抗变形能力。

15 石墨烯在沥青改性方面存在什么问题？有何发展前景？

一是石墨烯改性沥青在分散方面具有一定的技术难度，例如：无机填料粒子和有机基体之间的相容性差，且填料粒子在基体中容易团聚，难以形成均匀分散。二是无机填料与有机基体之间的表面张力差，使无机纳米粒子难以被基体润湿，导致界面间形成空隙，增加界面热阻。只有实现石墨烯的充分分散、稳定存在，石墨烯改性沥青路面的规模化应用才有可能。三是石墨烯价格很高，应用于沥青改性会大幅提高改性沥青的成本。

石墨烯作为战略性新兴材料，在沥青改性领域具有关键的作用。其他纳米颗粒，如碳纳米管、纳米黏土和纳米二氧化硅等，虽然在屏蔽效果上具有突出优点，但其本身不具有优异的力学和热学等性质。而石墨烯同时具有屏蔽、力学和热学等优异性能，可在多项性能指标上对沥青基体进行改善。因此，石墨烯在沥青改性方面具有显著的优势和广泛的应用前景。

16 什么是包覆沥青？主要应用于哪些领域？

包覆沥青是一种高度芳构化的高软化点(150~280℃)产品，其结晶度低，晶粒尺寸小，晶面间距(d002)较大，与电解液的相容性好，主要用于与炭材料混合加工制备各种石墨碳素制品，目前是负极材料石墨最常用的包覆剂。

包覆沥青除广泛用于锂离子电池负极材料外，还是多种高性能、高附加值的沥青基碳材料的生产原料，例如：以包覆沥青为原料制备球形活性炭，用于军工和医疗；还可以作为纺丝沥青原料生产碳纤维，用于航空、航天和军事等经济支柱型行业。

17 包覆沥青用于锂离子电池负极有何重要意义？

石墨材料作为锂离子电池负极材料，具有比容量高、循环性能好、嵌脱锂平台低、成本低廉等优点，成为最具有商业价值的锂离子电池负极材料。但是石墨与有机溶剂电解液的相容性很差，使得负极材料表面形成过多的SEI膜，不仅消耗大量的锂，产生较大的不可逆容量损失，还使界面阻抗增大，引起电化学动力学障碍，使石墨层解离乃至剥落，导致容量衰减和循环性能下降。为了提高石墨材料的电化学性能，对石墨材料进行修饰和改性，其方法有掺杂其他元素、表面氧化处理、表面包覆处理等。在包覆改性中，包覆炭主要是无定形碳，其具有与电解液相容性好、容量高、倍率性能好等优点。充分利用二者的优点，克服各自的缺点，在石墨材料表面包覆一层无定形碳形成核-壳结构，这样既可以保留石墨的高容量和低电压平台特征，又具有无定形碳材料与电解液溶剂相容性好的特征。在石墨材料表面包覆一层无定形碳材料，修饰石墨中的孔洞、沟槽、裂纹等缺陷，使无定形碳与溶剂接触，能够避免石墨与溶剂的直接接触，提高材料的电化学可逆容量和循环性能，也能扩大电解液溶剂的选择范围。

18 油系和煤系包覆沥青各有何特点？

包覆沥青包括油系和煤系，目前以油系为主。在石墨负极材料的生产中，包覆剂一般用煤沥青或纯石油沥青，两者相比各有优缺点。煤沥青相对结焦值高，颗粒包覆层致密，但石墨化后电化学克容量低；石油沥青相对结焦值低，颗粒包覆层强度不高，但石墨化后电化学克容量较高。

19 负极包覆工艺是什么？包覆层有哪些作用？

一般是将石墨粉末与包覆剂（沥青、树脂）等混合，经固化—热解—炭化，获得块状包覆材料，而后将其粉碎至合适粒度，制得电池负极材料。

包覆层主要起到以下几方面作用：(1)能够防止电解液的共嵌入现象，从而有效降低石墨的不可逆容量；(2)炭包覆能够有效防止石墨在充放电过程中的石墨层的剥离、粉化，提高石墨材料的循环稳定性；(3)对于比表面积较大的石墨，无定形碳能够填充入孔隙中，从而提高石墨材料的振实密度，并降低其比表面积；(4)提高锂离子电池的热稳定性。

20 以净化缩聚沥青为原料怎样制备包覆沥青？

(1) 净化缩聚沥青(RPP)的性质：工业指标软化点(SP)为80℃，甲苯不溶物(TI)为20.07%，喹啉不溶物(QI)为0.39%，结焦值(CV)为50.87%。

(2) 包覆沥青制备：称取120gRPP加入常压不锈钢反应釜中，按5℃/min升温速率自室温加热至预定温度(290～320℃)，恒温反应一定时间(4～7h)，在加热过程中持续搅拌，并通入一定量空气(40～160L/h)作为氧化剂。待反应结束后，得到沥青即为包覆沥青。

21 以石油沥青为原料怎样制备包覆石墨？

取一定量的石油包覆沥青，加入30mL煤油溶解，配制成一定浓度的沥青煤油溶液，用双层定性中速滤纸过滤，加入20g球形天然石墨，搅拌均匀后，将混合物中残留的溶剂蒸发，得到的包覆石墨放入管形电阻炉中，抽真空高温下炭化，炭化的最高温度可达1100℃。炭化后的样品经过粉碎、筛分，即得到包覆石墨。

22 采用石油沥青浸渍方法制备包覆石墨负极材料性能有何改变？

采用浸渍方法制备的沥青包覆天然石墨，当沥青包覆量在一定范围内时，可明显降低天然石墨的比表面积，提高石墨负极材料的循环性能，同时石墨负极材料的首次可逆容量及充放电效率明显提高。当包覆量为8%时，炭化温度为1100℃时，首次充电比容量为367mA·h/g，首次库仑效率为94.5%，循环20次后可逆容量保持率为92%。可见包覆改性后，天然石墨材料的电化学性能得到明显改善。

23 怎样制备磺化沥青？磺化沥青包覆石墨有何优点？

磺化沥青主要成分是沥青磺酸钠盐，是由沥青在一定条件下经过磺化、中和及后处理等工序制得的。

磺化沥青具有水溶性的特点，作为炭前驱体对石墨进行包覆的过程避免了有机溶剂的使用，制备工艺更加节能环保。因为磺化沥青本身具有热固性的特点，包覆后的复合材料在热处理的过程中不会发生熔融现象，制备过程更加简单、易于控制，得到的复合材料首次充放电效率和循环稳定性显著提高。复合材料具有优异的电化学性能，首次放电比容量达到351.8mA·h/g，首次效率达到91.9%，并且拥有良好的循环稳定性。磺化沥青价格低廉、来源广泛，包覆石墨复合材料工业化前景更大。

24 怎样制备磺化沥青包覆石墨?

将磺化沥青溶解于一定量的蒸馏水中，并按一定比例缓慢加入石墨，搅拌使石墨均匀分散在水中，在恒温磁力搅拌水浴锅内80℃温度下搅拌一定时间；之后将烧杯置于加热套内加热，在搅拌状态下把水蒸干；再放到卧式电炉中，氮气保护下(流量为20mm)以3/min的升温速率升至450℃，停留2h，再以5℃/min的升温速率升至预定温度(600~1000℃)进行炭化而制得。

25 为什么聚氨酯是一种新型的聚合物改性沥青材料?

在高分子材料领域，聚氨酯(PU)一般被定义为分子链段含有重复的氨基甲酸酯基团(—NH—COO—)的一类聚合物，其中的氨基甲酸酯通常由异氰酸酯和醇反应所得。作为一种蓬勃发展的新型高分子材料，聚氨酯兼具塑料和橡胶的特征，在工程应用中能体现出其耐候、耐油、耐磨、耐高温、耐老化、耐撕裂性能和低温柔性好等优势。但是，相对其他常用的聚合物改性沥青(如SBS改性沥青)，聚氨酯改性沥青作为一种新型的化学改性沥青，目前国内外在该方面的研究仍处于起步阶段。

26 一种聚氨酯预聚物改性沥青制备方法是什么?

(1) PU预聚体制备：选用芳香族类异氰酸酯中广泛应用的二苯基甲烷二异氰酸酯(MDI)和聚丙二醇PGG-1500，以合成聚醚型聚氨酯预聚体(见图3-1)，二者用量为n(MDI)：n(PGG-1500)=2：1。

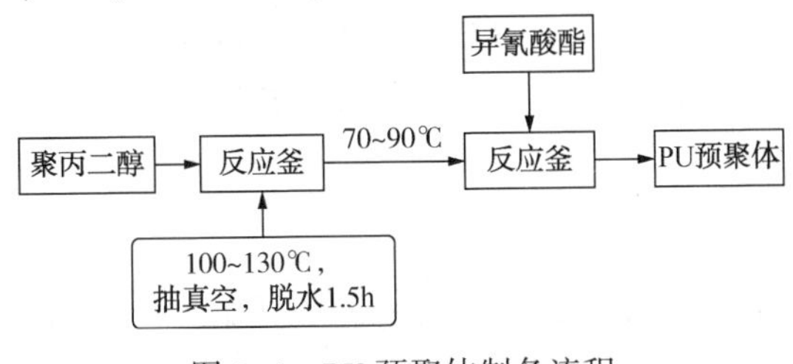

图3-1 PU预聚体制备流程

（2）PU 预聚体改性沥青制备流程如图 3-2 所示。

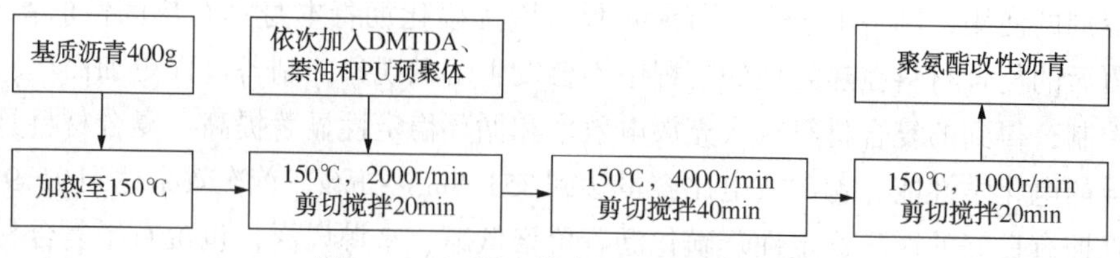

图 3-2　PU 预聚体改性沥青制备流程

注：选用二甲硫基甲苯二胺 DMTDA-300 和萘油分别作为扩链剂和增容剂，二者用量分别为总质量的 3‰和 5%。

27 聚氨酯预聚物掺量对改性沥青性能有何影响？

聚氨酯预聚物改性沥青的高温性能随聚氨酯预聚物改性剂掺量的增加而提高，其低温性能和韧性随聚氨酯预聚物掺量的增加而表现出先增大后减小的特征，同时聚氨酯预聚物的加入对存储稳定性和黏度指标具有不利影响。推荐聚氨酯预聚物改性沥青的最佳掺量为 6%。

28 不同聚氨酯预聚体对聚氨酯改性沥青性能有何影响？

PTMEG 型预聚体对沥青的抵抗剪切破坏能力提升最高，聚醚型预聚体和聚酯型预聚体改性后基质沥青的针入度较低，且两者基本相等。聚氨酯对沥青的延度改性效果较差。

29 成品聚氨酯对沥青改性的主要影响因素及其工艺条件是什么？

成品聚氨酯对沥青改性主要影响因素有剪切时间、剪切温度、剪切速率、掺加量等。延长剪切时间，提高剪切温度、剪切速率等能有效改善沥青高低温性能，但剪切温度过高，沥青与聚氨酯均易发生老化现象。增加掺量能有效改善沥青高低温性能，但要考虑经济性等。综合考虑，优选制备工艺如下：基质沥青加热至 170℃，聚氨酯材料掺入 25%，控制剪切时间 60min、剪切温度 170℃、剪切速率 6000r/min。

30 一种成品聚氨酯对 SBS 改性沥青的制备方法是什么？

将 SBS 改性沥青置于 170℃的烘箱中加热至材料具有流动性，将提前在 80℃下预热过的单组分聚氨酯匀速加入 SBS 改性沥青后，使用高速剪切机以 4000r/min 的转速剪切 30min 左右，使两者充分均匀混合。最后将制备好的 PU-SBS 改性沥青置于 80℃环境下养生 60min。

31 一种聚氨酯/废胶粉复合改性沥青制备方法是什么？

首先将基质沥青在 160℃的温度下加热至熔融状态，再分批次、缓慢地加入

15%的废胶粉；然后升高温度并利用高速剪切机对废胶粉改性沥青进行充分剪切约 1.5h，再按照预先称量好的比例掺入聚氨酯弹性体、相容剂及助剂；随即继续高速剪切约 1h，搅拌结束后将沥青混合物放置到150℃的烘箱内约 3h，待其充分发育、溶胀及交联后，即得到聚氨酯聚/废胶粉复合改性沥青。

32 聚氨酯/废胶粉复合改性沥青性能有何变化？

聚氨酯能够与沥青及废胶粉中的活性成分产生化学反应，形成具有更多交联点的三维网络结构，使得复合改性沥青的黏度与稠度都得以增大，因而复合改性沥青的高温性能得到显著提升。聚氨酯对废胶粉改性沥青的低温延展性及柔性有着显著的改善作用；聚氨酯使得改性沥青的耐热、抗氧化能力更优。

33 什么是天然沥青？通常具有哪些特性？

天然沥青是渗透到地面的石油蒸发掉轻质组分，再与空气、水等长期作用逐渐形成的以天然形态存在的石油沥青，其中常混有一定比例的矿物质。按形成的环境可分为岩沥青、湖沥青、海底沥青等。其特点如下：

（1）天然沥青通常不含蜡，可以改善蜡含量高的基质沥青品质。

（2）天然沥青本质上是石油基的固体，因此与基质沥青的相容性优于 SBS 改性沥青。

（3）天然沥青可以提高沥青和沥青混合料的高温性能。

（4）天然沥青可以提高沥青混合料的抗水损害能力。

（5）天然沥青能够提高沥青的耐候性。

（6）天然沥青改性具有生产工艺简单、混合料施工方便的特点。

34 特立尼达湖沥青（TLA）产自哪里？其质量有何特点？它是怎样形成的？

特立尼达湖沥青（Trinidad Lake Asphalt，TLA）产自南美洲特立尼达和多巴哥共和国的特立尼达天然湖，属于天然沥青。TLA 软化点很高（90℃以上），针入度很小（几个单位），由约 54%沥青、36%矿物质及 10%其他物质组成。矿物质非常细小，90%矿物质粒径小于 0.075mm。

有的地理学家认为，沥青湖是由于地震造成陆沉现象，地下石油、天然气溢出并与地面上的物质化合，久而久之才形成的。

35 布敦岩沥青（BRA）产自哪里？其质量有何特点？它是怎样形成的？

布敦岩沥青（Buton Rock Asphalt，BRA）产自印度尼西亚的布敦岛。其主要由70%以上的灰分和 25%多的沥青组成，矿物质颗粒细小，且比表面积大，岩沥青中的纯沥青的软化点均在 75℃以上，针入度很小（几个单位），岩沥青是天然沥青中的一种。

BRA是石油在岩石夹缝中经过长达亿万年的沉积变化，在热、压力、氧化、融媒、细菌的综合作用下生成的沥青类物质。

36 青川岩沥青产自哪里？其质量有何特点？它是怎样形成的？

青川岩沥青产自中国四川省青川县境内，其主要由88%以上的沥青和11%以上的灰分组成，矿物质颗粒细小，且比表面积大，岩沥青（沥青质含量高达82%）软化点180~230℃，针入度很小（几个单位），是天然沥青中的一种。

青川岩沥青是地壳中的石油类物质经过长期的物理化学等一系列复杂变化后形成的物质，其具有含氮量高、聚合程度高、相对分子质量大和性质稳定等特征。

37 TLA改性机理是什么？

研究结果表明，TLA可以改变沥青质和其他成分间的相互作用，沥青的体系变得更加稳定，改性沥青的软化点和黏度等指标也得到了较大提高。TLA加入基质沥青形成TLA改性沥青的过程主要是物理混溶：TLA掺入后，基质沥青中四组分的比例发生变化，其流变性能也随之发生变化，沥青的胶体性质也发生了变化，极性增强，从溶胶型向溶-凝胶型转变。TLA中灰分主要是硅酸盐火山灰，灰分表面粗糙、形状不规则，比表面积较石灰岩矿粉大得多。TLA灰分胶浆的车辙因子较石灰岩矿粉的车辙因子大得多，灰分对沥青具有较强的增韧作用，这是TLA改性沥青胶浆高温性能优异的重要原因之一。

38 TLA改性沥青基本性能如何？

TLA和基质沥青混溶后形成的TLA改性沥青与基质沥青相比，软化点明显提升，针入度减小。TLA改性沥青具有较好的抗老化性能，具有良好的低温抗开裂性能和较好的高温性能。

39 TLA改性沥青混合料基本性能如何？

TLA改性沥青混合料的马歇尔稳定度略高于SBS改性沥青混合料，远高于基质沥青混合料；TLA改性沥青混合料的残留稳定度和残留劈裂强度均高于基质沥青混合料，表明TLA改性沥青具有较优异的水稳定性；TLA改性沥青混合料具有显著的高温性能，随着TLA掺量的增加，混合料的高温性能逐步提高。

40 TLA改性沥青混合料配合比设计应注意什么问题？

TLA改性沥青混合料含有较多的灰分，且大部分粒径小于0.075mm，因此在配合比设计时要考虑灰分的影响。研究发现，TLA掺量较多时，灰分对合成级配中 2.36mm 筛孔以下的通过率有较大影响，混合料中的饱和度比基质沥青小，据此提出了配合比设计时 TLA 改性沥青油石比和纯油石比的换算关系。

41 如何制备 TLA 改性沥青?

先将基质沥青加热到 135~150℃，然后将预先粉碎过的 TLA 按照一定比例加到基质沥青中，边加入边搅拌边加热，加入完毕后继续在 170℃加热搅拌 40min，即可得到 TLA 改性沥青。

42 如何制备 BRA 改性沥青?

试验前将 BRA 布敦岩沥青用研钵捣碎，再用方孔筛筛出 0.15mm 以上的粒径部分，确保后续试验基质沥青和布敦岩沥青均匀混合。基质沥青预热至 155℃。采用外掺法，按照特定掺量，边搅拌基质沥青边加布敦岩沥青。搅拌过程中温度保持在 160~170℃，边掺加边加热搅拌 40min 左右(控制转速在 4500r/min)，确保布敦岩沥青颗粒能均匀地分散在基质沥青中，并维持整个过程的温度不超过 170℃，即可制得 BRA 改性沥青。

43 如何判断布敦岩沥青和基质沥青混合改性过程主要是物理混溶?

根据红外光谱研究，布敦岩改性沥青中官能团的含量是基质沥青与布敦岩沥青中官能团数量的叠加。因此，布敦岩沥青掺入基质沥青后，基质沥青和布敦岩沥青发生的主要是物理混溶的过程，没有发生化学反应产生新的有机物。

44 为什么布敦岩沥青掺入基质沥青中会提高基质沥青的软化点?

影响软化点的因素主要是沥青的组成成分和胶体结构。布敦岩沥青和灰分均有较大的比表面积，且表面粗糙，具有较多的内部空隙和外部空隙。布敦岩沥青掺入基质沥青后，改变了沥青的胶体结构，即改变了外在的沥青各组分比例。轻油分被布敦岩沥青的空隙吸收，在新形成的胶体体系中占比下降，其他组分升高，故使得软化点升高。

45 为什么用延度来评价布敦岩改性沥青的低温性能不合适?

主要原因是布敦岩沥青中含有较多的灰分(矿物质)，该沥青掺入基质沥青后，形成沥青胶浆，在延度测试时，会形成应力集中导致脆断，故用延度指标来评价布敦岩改性沥青的低温性能不太合适，可采用其他方法进行评价。

46 布敦岩沥青颗粒及其灰分粒度与石灰岩矿粉粒度有何不同?

布敦岩沥青颗粒表面粗糙、皱褶较多、凹凸不平，具有较多的空隙和孔洞，比表面积大。布敦岩沥青灰分具有与布敦岩沥青相似的特性，具有大量的空隙和孔洞，呈蜂窝状，表面积比布敦岩沥青粗糙，比表面积更大。布敦岩沥青颗粒及其灰分兼具表面空隙和内部空隙。石灰岩矿粉颗粒表面皱褶少，较为光滑，表面呈结晶状，比表面积小。

布敦岩沥青粒度为200~300μm，布敦岩沥青灰分的粒度与布敦岩沥青颗粒相似，石灰岩矿粉粒度为20~30μm。

47 布敦岩沥青掺入对BRA改性沥青的指标有何影响?

（1）随着布敦岩沥青掺量的增加，BRA改性沥青的软化点和当量软化点逐渐升高。

（2）布敦岩沥青掺入，使得BRA改性沥青延度急速下降。主要原因是布敦岩沥青有较多灰分(矿物质成分)，掺入基质沥青后形成沥青胶浆，在延度测试时，会形成应力集中导致脆断。

（3）随着布敦岩沥青掺量的增加，BRA改性沥青的针入度逐渐变小，温度敏感性减弱。

（4）随着布敦岩沥青掺量的增加，BRA改性沥青的RTFOT老化后的针入度比先增加后减少，在掺量达到50%时达到高峰。主要原因是随掺量增加，布敦岩沥青中较多的矿物质颗粒在起作用，形成了沥青胶浆。

（5）随着布敦岩沥青掺量的增加，BRA改性沥青的135℃黏度呈增高趋势，但均满足施工要求。

48 布敦岩沥青掺入对BRA改性沥青的车辙因子有何影响?

（1）掺入布敦岩沥青，可以显著改善基质沥青的高温性能。在同一温度下，车辙因子随布敦岩沥青掺量的增加而提高。

（2）布敦岩沥青掺量为0.6时，BRA改性沥青胶浆车辙因子接近SBS改性沥青；当掺量大于0.6时，沥青胶浆的高温性能逐步大于SBS改性沥青。

49 为什么说布敦岩沥青的纯沥青和灰分是分不开的?

（1）加热试验结果表明，布敦岩沥青在受热过程中，从0℃到580℃，全过程无纯沥青熔化和析出现象。

（2）溶解特性试验结果表明，在BRA改性沥青生产过程中，BRA中沥青成分(纯沥青)基本不溶于基质沥青，灰分和纯沥青不会分开，整体在改性中起作用。

50 为什么说布敦岩沥青及其灰分比基质沥青的黏附性更好?

布敦岩沥青及其灰分中都含有较多的碱性物质($CaCO_3$等)，这些物质具有高碱性活性剂的属性，有助于增强对沥青离子的吸附能力；布敦岩沥青和灰分中都还含有一定量的 Mg、Fe、Al 等活性元素，故相较石灰岩矿粉，布敦岩沥青及其灰分比基质沥青的黏附性能更好。

51 近代胶浆理论对沥青混合料体系是如何划分的？沥青胶浆对混合料性质有何影响？

近代胶浆理论认为，沥青混合料是以粗集料为分散相分散在沥青砂浆介质中的一种粗分散系，它是具有三级空间网络结构的分散系；同样，沥青砂浆是以细集料为分散相分散在沥青胶浆介质中的一种细分散系；而沥青胶浆又是以填料为分散相分散在高稠度沥青介质中的一种微分散系。

沥青胶浆是这三级分散系中的重要部分，在沥青混合料中起吸附、黏结作用的是沥青胶浆，而不是纯沥青，沥青胶浆将粗、细集料黏结在一起形成一定强度和抗变形能力的沥青混合料。大量研究证实，沥青胶浆的性能是沥青混合料低温抗裂性、疲劳耐久性和黏附性等性能的决定因素。

52 灰分和纯沥青在布敦岩改性沥青中的作用是如何变化的？

（1）在同一布敦岩沥青掺量下，随着温度的升高，灰分在车辙因子中权重逐步增加，纯沥青在车辙因子中的权重逐步降低。主要原因是温度升高导致纯沥青的多孔形态发生变化，比表面积减少。

（2）在同一温度下，随着布敦岩沥青掺量的增加，灰分对车辙因子的贡献逐步减少，纯沥青对车辙因子的贡献逐步增大。主要原因是在同一温度下，随着 BRA 掺量增加，灰分和纯沥青都能提高沥青胶浆的车辙因子，但纯沥青对沥青胶浆车辙因子的提高速率较灰分更快。

53 布敦岩沥青的改性机理是什么？

布敦岩沥青在改性过程中既起到填料的作用，也能起到改性的作用。布敦岩沥青是物理改性剂，这种改性方式必然影响 BRA 改性沥青混合料配合比设计。在改性过程中，灰分和纯沥青共同起到改性作用。BRA 颗粒与沥青之间的作用方式是界面作用，包括 BRA 颗粒与沥青间的润湿现象、吸附作用和界面化学反应等。界面作用极大地提高了沥青的高温性能和黏度。

54 为什么 BRA 灰分胶浆的车辙因子高于矿粉胶浆？

影响车辙因子差别的原因为填料的物理和化学特性差别。灰分较矿粉比表面积大、空隙多、粗糙度高、活性元素多。这些因素综合起来，导致灰分和基质沥青的界面作用强于矿粉和基质沥青界面作用，使灰分胶浆车辙因子高于矿粉胶浆。

55 为什么 BRA 灰分胶浆耐紫外线老化性能优于石灰岩矿粉胶浆？

老化是轻油组分比例减少的过程。BRA 灰分的比表面积比石灰岩矿粉大很多，使得 BRA 灰分与基质沥青间的界面作用较石灰岩矿粉强，BRA 灰分胶浆在紫外线老化时轻油组分减小得少，故 BRA 灰分胶浆耐紫外线老化性能较优。

56 青川岩沥青灰分有何特点？

（1）青川岩沥青灰分表面比较粗糙、皱褶较多、凹凸不平，有一定数量的孔洞，与布敦岩沥青灰分颗粒表观相似。这表明其与基质沥青接触时，有较大接触面积，具有较强的吸附基质沥青能力。

（2）青川岩沥青灰分颗粒粒度大小为 100~200μm，青川岩沥青灰分粒度与布敦岩沥青灰分相似。

（3）扫描电镜对青川岩沥青灰分的元素分析结果显示，主要元素有 O、Si、Ca、Fe、Al、Mg、C、K、S 和 Na（H 元素无法被扫描到），主要化合物为 $CaCO_3$、SiO_2、Al_2O_3 和 Fe_2O_3。其中 Fe、Al、Mg 等活泼元素易于和基质沥青黏结。

（4）青川岩沥青灰分颗粒比表面积为 $1.40m^2/g$，是石灰岩矿粉的 2.4 倍。这表明相对石灰岩矿粉，青川岩沥青灰分与基质沥青接触中具有更大的接触面积，故对基质沥青的吸附能力比矿粉强。

57 青川岩改性沥青性能有何特点？

研究结果表明，青川岩沥青对基质沥青的高温性能有显著的改善效果，并且随着掺量的增加，高温改善效果越加明显，在一定范围内随着青川岩沥青掺量增加，对基质沥青抗老化性能的改善效果提高，同时青川岩沥青对基质沥青的温度敏感性具有改善效果。

58 什么是湿法改性？湿法改性工艺的优缺点各是什么？

湿法改性即通常所说的麦克唐纳（McDonald）法。在湿法改性过程中，改性剂在一定温度下与基质沥青进行混合，其过程会发生一系列物理化学反应，如溶胀、降解等。在这个过程中，基质沥青的性质发生改变，从而产生改性沥青。

湿法改性工艺的优点：

（1）基质沥青在和集料拌和之前，与改性剂进行了充分反应。基质沥青和改性剂之间的物理化学反应可进行得比较充分，改性效果较好。

（2）可以对基质沥青的改性效果控制得更精准，通过一系列室内试验即可准确了解改性剂的掺量是否合适，改性效果是否达标。

湿法改性工艺的缺点：

（1）制备改性沥青的生产过程和生产工艺控制较严，如需长时间高温反应、专门的加工和存储设备，一般场地没有办法进行生产，必须在固定地点集中生产，生产后再运至工地现场，成本较高。

（2）对改性剂有特定要求，如密度、细度和与基质沥青的相容性等。

（3）改性沥青不是即生产即用，在长时间的运输和存储过程中，由于改性剂的离析等原因，改性后的沥青性能会出现一定的衰减。

59 什么是干法改性？干法改性工艺的优缺点各是什么？

干法工艺是相对湿法而言的，具体是指在拌和站沥青混合料的生产过程中，先增加沥青混合料的干拌时间，再将改性剂与集料在拌和锅内进行拌和，之后再加入基质沥青拌和。目前常用的温拌剂、抗车辙剂等外掺剂添加属于干拌改性的范畴。

干法改性工艺的优点：

（1）对改性剂的要求较低，如密度、粒度和与基质沥青的相容性等。

（2）可在拌和站直接进行改性沥青生产，没有中间过程，不需要改性沥青的加工、存储等附加设备，工艺简单。

（3）随生产随使用，无须增加额外的改性沥青运输费用，成本较低。

干法改性工艺的缺点：

（1）改性剂没有与基质沥青充分反应，对改性剂的反应程度不能精确控制，在某种程度上，干法改性效果较差。

（2）缺失了控制改性沥青质量这一手段，仅能从改性沥青混合料成品的路用性能来间接了解改性剂对基质沥青的改性效果。

（3）由于改性剂预先和集料进行干拌后再喷入沥青，若改性剂用量较多且粒径较大，会因干涉作用影响混合料级配，进而影响路用性能。

60 为什么 BRA 改性沥青混合料宜采用干法改性工艺？

由于 BRA 中含有较多的灰分，质量比高达 71%，且 BRA 颗粒的密度比基质沥青大得多，若采用湿法改性，在改性沥青生产、存储和运输中易发生离析。资料显示，湿法工艺制备的 BRA 改性沥青，0.5h 时已经完全离析，从而影响 BRA 改性沥青的性能，故在 BRA 改性沥青混合料生产过程中宜采用干法改性工艺。

61 BRA 改性沥青混合料与其他沥青混合料相比性能如何变化？

研究结果表明，BRA 改性沥青混合料（掺量 3%）具有优异的高温性能、水稳定性和抗疲劳性能。上述性能和 SBS 改性沥青混合料相当，均明显优于 70 号基质沥青混合料。BRA 改性沥青混合料(掺量 3%)的低温性能不如 SBS 改性沥青混合料，比 70 号基质沥青混合料的低温性能略差，但是仍能满足一定的使用条件。

62 BRA/SBR(胶粉)复合及 BRA/SBR(胶乳)复合的改性沥青制备的影响因素是什么?

试验表明，影响两种复合改性沥青常规性能的因素大小排序均为：BRA 掺量>剪切速率>加热温度>剪切时间。

BRA/SBR(胶粉)复合改性沥青制备适宜条件为：剪切时间为 30min，剪切速率为 3000r/min，剪切温度为 180℃，BRA 掺量为 15%。

BRA/SBR(胶乳)复合改性沥青制备适宜条件为：剪切时间为 60min，剪切速率为 3000r/min，剪切温度为 160℃，BRA 掺量为 15%。

63 SBR 胶粉和 SBR 胶乳对 BRA 改性沥青的高温性能有何影响?

试验表明，BRA 和 SBR 胶粉对基质沥青复合改性，可有效提高基质沥青的高温性能，且随着 SBR 胶粉掺量的增加，效果逐渐变好。少量的 SBR 胶乳可略微提高 BRA 改性沥青的高温性能，但 SBR 胶乳掺量过大时无法形成稳定体系，致使复合改性沥青高温性能降低。

64 SBR 胶粉和 SBR 胶乳对 BRA 改性沥青的低温性能有何影响?

试验表明，掺入 SBR 胶粉或 SBR 胶乳均可提高 BRA 改性沥青的低温性能，且随着改性剂掺量的增加，效果逐渐变好。就针入度和延度的低温改性效果而言，SBR 胶乳强于 SBR 胶粉。这表明，SBR 胶乳对 BRA 低温性能的改善效果强于 SBR 胶粉。当 SBR 胶乳的掺量超过 5%后，BRA 改性沥青的低温性能甚至可以提高一个等级，满足 Superpave 沥青胶结料规范对沥青-12℃条件下的性能要求。而掺入 SBR 胶粉仅能略减小 BRA 改性沥青的蠕变劲度，对 BRA 改性沥青的低温性能等级无明显提升。

65 SBR 胶粉和 SBR 胶乳对 BRA 改性沥青的抗疲劳性能有何影响?

试验表明，掺入 SBR 胶粉和 SBR 胶乳均可使 BRA 改性沥青的疲劳因子明显下降，表明 SBR 胶粉和 SBR 胶乳均能提高 BRA 改性沥青的抗疲劳性能。

66 SBR 胶粉和 SBR 胶乳对 BRA 改性沥青短期老化有何影响?

短期老化试验表明，随着 SBR 胶粉掺量的增加，BRA/SBR 复合沥青质量损失减少，残留针入度增加，即 SBR 胶粉可改善 BRA 改性沥青的短期抗老化性能。

随着 SBR 胶乳掺量的增加，BRA/SBR 复合改性沥青质量损失先减少后增大，残留针入度先增大后减少，表明 SBR 胶乳掺入超过一定量后会降低 BRA 改性沥青的短期抗老化性能，且随着掺量增加老化程度加剧。

短期老化试验表明，BRA/SBR(胶粉)复合改性沥青老化前后的复数剪切模量随 SBR 胶粉掺量的增大而增大，而相位角则随着 SBR 胶粉掺量的增大而减少。因此，BRA/SBR(胶粉)复合改性沥青的高温性能指标车辙因子随 SBR 胶粉掺量的增加而增大。BRA/SBR(胶乳)复合改性沥青的复数剪切模量变化规律与 BRA/SBR(胶粉)复合改性沥青一致。

67 什么是环氧沥青？为什么环氧沥青通常要分为 A 组分和 B 组分？

环氧沥青是由基质沥青、环氧树脂、固化剂以及其他添加剂等多种材料经复杂的化学改性所得到的一种改性沥青。

由于环氧树脂与固化剂相遇便产生反应，因此这两种化合物应分开存放。通常而言，环氧沥青分为 A、B 两个组分。A 组分主剂为环氧树脂，其他成分有除环氧树脂之外的杂质或溶剂。B 组分通常为基质沥青与固化剂及其他添加剂组成的混合物。

68 为什么环氧沥青固化体系中 B 组分掺量一旦确定，则 A 组分用量随之确定？

A 组分环氧树脂的最佳用量是指使环氧树脂固化物性能达到最好的环氧树脂用量，而这由固化剂本身结构及其形成网状结构的反应历程所决定，所用固化剂种类不同，最佳用量也不尽相同。掺量偏离最佳用量，就会影响固化物的性质，使用性能不能达到最佳用量下的效果。

69 什么是环氧树脂？其特点是什么？

环氧树脂是以脂肪族、脂环族或芳香族有机物为骨架，并含有环氧基团的低聚物。通常在室温下为黏稠性液体或固体，在相应温度下与固化剂混合可发生固化反应形成空间立体结构的网状高聚物。固化后的产物具有黏结强度大、收缩率小、耐热性、耐化学药品性以及机械性能和电器性能优良等特点。

70 环氧沥青的常用树脂是什么物质？其特性有哪些？

双酚 A 型环氧树脂是环氧树脂家族中应用较广泛的一个产品，因为原材料易得、成本较低、产量较大，在我国约占环氧树脂总产量的 90%，在世界占环氧树脂总产量的 75%~80%。双酚 A 型环氧树脂有多种型号，其中一种型号为 E-51，因副反应少、产品质量稳定、产率高，是环氧沥青中的首选环氧树脂。

环氧树脂 E-51 的特性：(1) 大分子的两端具有反应活性很强的环氧基；(2) 主链有许多醚键，随着聚合度的增大形成线型聚醚结构，使该树脂具有很强的耐腐蚀性；(3) 长链上有规律、相距较远地出现许多羟基，是一种长链多元醇结构，使该树脂能够有很强的反应接枝性；(4) 主链上大量的苯环、次甲基、异丙基使得该树脂具有很强的耐热性与韧性；(5) 该树脂在常温下具有很好的流动性，可操作性强，且透明、无毒性。

71 什么是环氧树脂固化剂？按其结构分哪几种类型？

环氧树脂固化剂是一种能与环氧树脂产生化学反应，形成具有稳定结构固化物的化合物。环氧树脂固化剂按照分子结构可分为三类：一是碱性固化剂，如多元胺、改性脂肪胺、胺类加成物；二是酸性固化剂，如酸酐类；三是合成树脂类，如含活性基团的聚酰胺、聚酯树脂、酚醛树脂等。

72 环氧树脂的固化机理是什么？

环氧树脂的分子结构是以分子链中含有活泼的环氧基团为其特征，环氧基团可以位于分子链的末端、中间或成环状结构。只有在酸性或碱性固化剂作用下，环氧树脂中的环氧基团才能发生开环交联反应，形成不溶的具有三维网状结构的高聚物。

73 水性固化剂和油性固化剂是怎样划分的？

环氧固化剂本身没有油性和水性之分，实际上，它们全是高分子材料，只是表现出不同的水性特点。根据它们水化后是否可以与环氧树脂进行反应的程度，可以区分油性环氧固化剂和水性环氧固化剂。所谓的水性环氧固化剂是通过一定的水化技术使得在有水的环境下仍可以进行固化反应的环氧固化剂。

74 常用固化剂的指标要求是什么？

常用固化剂的指标要求如表 3-1 所示

表 3-1 常用固化剂的指标要求

固化剂类型	商品牌号	室内黏度/(mPa·s)	胺值	常规用途	固化温度	固化时间	添加量/%
聚酰胺	125	7000~12000	305~325	电子元件的黏接	常温	2.5h	10~20
	115	53000~140000	219~230	电子元件的黏接	常温	20h 左右	10~20
	115~700	5800~11800	140~160	—	常温	36h 左右	15~25
	650	5000~11000	180~220	—	常温	14h	10~20
	富斯乐固化剂	室温黏稠	—	地坪胶水	常温	30~60min	10~30

续表

固化剂类型	商品牌号	室内黏度/(mPa·s)	胺值	常规用途	固化温度	固化时间	添加量/%
低温固化型多元胺	F100	400~1000	170~250	地坪底涂、灌封、防腐、胶黏剂	常温	40min	10~20
	J55	1000~4000	190~280	同上	常温	1h	15~25
	2053	300~800	200~280	地坪底涂、灌封、胶黏剂	常温	1h	10~20
	HO0023	室温黏稠	—	—	常温	—	10~40
中温固化型多元胺	D126	室温黏稠	—	—	60℃	3h	—
	油胺	室温黏稠	104~210	—	90℃	24h 以上	20~40
酸酐	酸酐 A	固体	—	增韧固化剂	80~140℃	1~2h	0~10
	酸酐 B	固体	—	塑料工业-增塑	80~140℃	不单独使用	0~10

75 水溶性环氧沥青固化剂的作用是什么？

研究发现，水溶性环氧沥青能很好地解决以往环氧沥青中由于水的加入使得环氧沥青固化体系破坏的问题。另外，由于水性环氧固化剂是一种改性的多元胺，它与沥青具有很好的相容性，无颗粒感，且能有效降低沥青的 25℃ 黏度及软化点，说明其可作为沥青的改性剂，具有可被发泡或乳化的潜能。

76 环氧沥青固化剂的选择原则是什么？

(1) 固化剂与环氧树脂发生化学反应后，改性沥青混凝土能够满足力学强度要求。(2) 固化反应条件能够适应冷拌沥青混凝土拌和、摊铺和碾压等工艺过程，要求在常温下能固化，且初步完成固化时间不超过 3~4 天。(3) 固化剂应无毒，或者毒性很低，不能影响操作人员的健康。(4) 固化剂来源方便。(5) 固化温度需要保持在常温~180℃，即拌和时固化反应开始，一直需持续到开放交通。(6) 固化剂的吸湿性不能过于强烈，推荐 24h 没有明显结晶析出固化剂为宜。

77 为什么要进行环氧固化剂的深入研究？

环氧树脂固化剂种类众多，固化条件各不相同，与沥青搅拌之后的反应效果也各不相同。要想得到优异的路用性能，不是所有的固化剂都可以任意使用的，需要对固化剂进行深入的研究和试验，从化学及道路应用两个方面来综合分析，找准相对使用条件的固化体系，满足各种施工用途。固化剂不应仅局限于桥面铺装，还可以根据固化条件的不同开发新的用途。

78 什么是环氧树脂固化体系？什么是环氧树脂固化物？

环氧树脂固化体系是指以环氧树脂和固化剂为主要成分，经配方设计组成的未固化体系，该体系内可含有或不含其他添加剂(助剂)。

环氧树脂固化物(简称固化物)是指环氧树脂固化体系经过固化而形成的三维网络结构的宏观固体物质(或交联网状结构固体物)。

79 为什么在环氧沥青固化体系中 B 组分内掺量非常重要？

固化体系的掺炼量不仅决定了树脂用量，还决定了拌和温度；从施工方面来考虑，它还间接决定了施工的和易性，以及成本问题等。

80 从分子式的角度，可以推断环氧树脂固化物有哪些特点？

(1)形式多样。选用不同类型的环氧树脂，可以适应各种场合的要求。(2)固化体系范围广。环氧树脂种类丰富，固化温度范围较宽，使环氧树脂体系选择自由度很大。(3)黏结力强。首先，环氧树脂固有的极性基团以及固化剂、添加剂中的某些有益基团对黏结性能有巨大贡献；其次，环氧树脂固化时没有副产物放出，收缩率小，体系残余应力小，对环氧树脂的黏结性能也有一定贡献。(4)力学性能好。环氧树脂体系内聚力很高，表现为宏观力学性能很好，常常被用作结构材料。(5)电性能好。环氧树脂在较宽的频率和温度范围内具有较高的介电性能、耐表面漏电性能和耐电弧性能，常用作电器、高压电容的绝缘材料等。(6)耐化学介质和耐霉菌性能。适当选择环氧树脂品种和固化剂，使得环氧树脂固化体系具有优良耐化学介质和耐霉菌性能，在汽车、船舶、飞机等底漆方面广泛用作涂料。

81 环氧沥青的助剂有哪些？各有什么作用？

环氧沥青原料中除了环氧树脂、固化剂之外，还有助剂，如促进剂、增韧剂和介质等。

(1) 促进剂的作用。固化剂在常温下虽然和环氧树脂能发生固化反应，但反应速度不定，后固化时间不定。环氧沥青混凝土完成铺筑后要求常温快速固化，尽早开放交通，那么就需要在体系内加入少量促进剂来缩短其固化期。更重要的一点是，促进剂的加入可以使固化速度得到控制，计算促进剂的掺量可以调节理想的固化速度，以满足施工拌和运输和摊铺的要求。

(2) 增韧剂的作用。环氧沥青拥有很高强度和硬度但缺乏韧性，延伸率低，脆性较大，抗冲击能力及弯曲性能差，容易开裂，不耐疲劳。增韧剂是降低脆性、增加韧性，而又不影响胶黏剂其他主要性能的物质。增韧剂一般都含有活性基团，能与树脂反应，改善韧性，可使冲击强度成倍或几十倍增长，延伸率也明显增大，但其模量有所下降。因此要精心设计配方，使二者综合平衡，才能到达预期的效果。

(3) 介质的作用。在油性环氧沥青的多相体系中，通过添加中和性材料将极性不同的物质稳定地融合在一起。

82 美国 Chem Co 油性环氧沥青制备方法是什么？

将 A 组分环氧树脂加热到 82~93℃，将 B 组分基质沥青和固化剂体系加热到加 141~152℃；然后 A 组分与 B 组分以 1 ∶ 4.45 的比例混合，搅拌几分钟，使 A、B 组分充分混合，固化后得到环氧沥青。该环氧沥青混合料有很好的高温性能、抗水破坏性能及抗疲劳性能等，但施工时间短、温度变化范围窄。

83 油性热拌环氧沥青混合料的制备方法是什么？

将固化剂及其他添加剂加入基质沥青中搅拌混合(该混合物称为环氧沥青 B 组分)，B 组分温度控制在到 80~90℃；A 组分即环氧树脂放置在 80℃左右烘箱中保温，集料在 130~140℃烘箱保温。将上述两个步骤的物质加入温度为 120℃的拌和锅内拌和，拌和时间 180s(包括加入矿粉时间)，保证出料温度在 110~121℃，压实前将拌好的混合料在 120℃烘箱中保温 70min；压实成型。

84 油性热拌环氧沥青混合料的优点是什么？

(1) 强度高、刚度大、韧性好。例如：常温下热拌环氧沥青混凝土的强度是普通沥青混凝土的 4 倍，热拌环氧沥青马歇尔稳定度是普通沥青的 5 倍，等等。

(2) 极好的抗疲劳性能和水稳定性。环氧沥青混凝土由于强度高，故在同样的荷载作用下，表现出优良的耐疲劳性能。与普通沥青混凝土的疲劳寿命相比，可以提高几十倍。

(3) 很强的抗化学物质侵蚀能力。一般沥青路面如柴油渗入，将使沥青失去黏结力而松散。将环氧沥青混凝土的马歇尔试件浸泡在柴油中，两周后试件棱角无任何脱粒、松散现象，试件十分坚硬。

85 油性热拌环氧沥青的缺点是什么？

(1) 环氧沥青产品价格贵。因为环氧沥青的原料环氧树脂和固化剂的价格均在每吨数万元，使得国产环氧沥青的价格在每吨 1 万元左右，是普通沥青产品价格的 2~4 倍。

(2) 环氧树脂与沥青的相容性差。环氧树脂是一种极性物质，沥青本身是一种非极性物质，使得两者相容性差。需要找到一种介质使两者稳定混溶，这就成了环氧沥青配制过程的主要问题。

(3) 高温固化的预固化问题难解决。对于高温固化剂，固化温度分为两个阶段：在胶凝之前采用低温固化(预固化)，在达到胶凝态时再加热高温固化。目前环氧沥青都只是一次性加热过程，且在拌和和摊铺过程中温度是逐渐下降的，因此无法满足预固化条件，影响其后期强度形成。

(4) 环氧沥青混合料存在耐候性差的问题。虽然环氧沥青混凝土有着优越的性能，但在使用两三年内会出现大小不一的裂缝损坏。其原因主要是，设计时对桥梁所处的温度环境、交通载荷、钢桥面刚度等因素考虑不足，或对施工控制不严等。

(5) 施工工艺要求严苛。环氧沥青混凝土在工艺上存在一个初凝时间，必须在初凝时间之内完成混合料的拌和、运输、摊铺和压实等一系列工序，其时间目前通常不超过2h，否则就会出现材料的硬化，从而使施工过程无法继续下去。

86 环氧乳化沥青制备方法是什么?

环氧乳化沥青制备方法是先改性后乳化，最后环氧固化。具体来说，固化剂在一定条件下加入基质沥青中进行改性，成为B组分，之后再对B组分进行乳化成为改性乳化沥青，使用前加入A组分环氧树脂在一定条件下混合，就制成了环氧乳化沥青。

87 如何制备泡沫环氧沥青?

沥青发泡要求沥青的黏度低，环氧沥青的B组分(沥青与固化体系的混合物，即沥青与固化剂及其他添加剂组成的混合物)可以通过固化剂的类型和数量来降低和控制B组分的黏度，以达到沥青发泡对黏度要求；然后通过发泡设备对B组分进行发泡，发泡的B组分再与A组分环氧树脂在一定条件下混合，制得泡沫环氧沥青。

88 环氧乳化沥青和泡沫环氧沥青共同优点是什么?

两种环氧沥青的制备方法不同，但有相同的优点：一是加大沥青与石料的裹覆程度；二是随着水的排出，固化体系与环氧树脂反应深入进行，混合料的强度上升；三是可有效减少材料的浪费和能源消耗；四是可以进一步扩展环氧沥青混合料施工工艺和使用范围。

89 环氧沥青混合料的疲劳性能的影响因素是什么?

从式(3-1)可以看出，一是疲劳寿命随应力比的增大而减小；二是疲劳寿命随沥青用量的增大而增大，其寿命对数与沥青用量呈指数函数关系；三是疲劳寿命随摊铺等待时间增加略有变化，但在某个时间点后随着摊铺等待时间增加而减少，其寿命对数与摊铺等待时间呈指数函数关系。

$$N_f = 2.412\times10^{2.442}e^{0.144AC-0.007T_w}(\sigma_t/\sigma)^{-2.044} \quad (R^2=0.931) \quad (3-1)$$

式中 N_f——疲劳寿命，次；

σ_t/σ——应力比，无量纲；

AC——沥青用量，%；

T_w——摊铺等待时间，min；

e——自然对数。

90 环氧沥青混凝土做应力吸收层有什么优点？

在路的基层和面层之间设置一层过渡性结构，即应力吸收层。环氧沥青混凝土做应力吸收层的优点如下：

（1）与一般的应力吸收层相比，具有模量大的优点，可以降低底层拉应力或拉应变。

（2）选择应力吸收层的环氧沥青，其混合料有优异的抗疲劳性能，能够承受更长久反复的剪切而不出现破坏。

（3）与一般应力吸收层相比，厚度可以较薄，从力学计算上也能满足抗裂缝要求。

（4）抗车辙性能好，可以用在靠近路表面的地方，而不必用在较深处，真正可以减薄厚度。

91 多功能油性环氧沥青热拌混合料施工时应注意什么？

（1）严格控制A、B组分的温度，拌和前保持拌和缸清洁，严格控制粉尘量。

（2）严格控制从混合料拌和完成到摊铺碾压的时间，拌和站到摊铺现场不能太远，运料时间不大于1h为宜，按照送料单上规定的时间指挥卸料。

（3）混合料拌和及碾压要在规定温度条件下进行，超出温度范围的混合料会造成固化反应不完全或过早固化等后果。应严格控制混合料出料在最佳拌和温度上下10℃范围内，超出容许温度范围的混合料必须废弃。

（4）摊铺温度最多允许比出厂温度低15℃以内，初碾压低30℃以内，复碾压低50℃以内，终碾压低70℃以内，目的均在于保证环氧树脂与固化剂的反应必须在足够的温度下进行。

（5）摊铺时，边角处的部分混合料如果不能及时压实，会因固化形成“死料”难以压实，应立即将其清除。

92 油性冷拌环氧沥青是怎样实现的？

研究发现，常温型某胺类固化体系与沥青搅拌混合后B组分，在常温下的黏度为2~5Pa·s，流动性很好，常温胶凝时间100min，进一步只需在-20℃以上的温度就可以缓慢固化。这一点能满足冷补料对初期强度和成型强度的要求。常温某胺固化剂吸湿性小，其环氧沥青既可在低湿度环境下施工，也可在高湿度环境下施工，并可减少水对冷补料的损害，实现油性环氧沥青在常温下冷拌施工应用。

93 油性温拌环氧沥青是怎样实现的？

研究发现，中温油性胺固化体系与沥青搅拌混合为B组分，在常温下有微弱的流动性，根据混合料拌和沥青最佳黏度170mPa·s，可推算出中温油性胺的最佳拌和温度为100℃。考虑到要加入冷环氧树脂，拌和温度可提高到105℃，其比热拌沥青(HMA)拌和温度降低了60℃左右。中温油性胺初步的常温胶凝时间为48h，进一步需在0℃以上的温度就可以缓慢固化。中温油性胺吸湿性小，其环氧沥青既可在低湿度环境下施工，也可在高湿度环境下施工。因中温油性胺环氧沥青不含水，有效地减少了水对混合料的损害，其混合料拌和时因温度较低基本无烟气的产生。中温油性环氧沥青既满足了温拌沥青特点，又能解决一般温拌沥青黏结强度不高、抗剪切性能不强、容易诱发车辙等问题。

94 水性环氧乳化沥青制备方法是什么？

将基质沥青与固体类添加剂混合搅拌均匀，进行乳化，再加入水性环氧固化剂，得到组分B。然后将计量的水性环氧乳液即组分A加入组分B，经高速搅拌混合均匀即得到水性环氧乳化沥青。

95 水性环氧乳化沥青黏结层有何特点？

水性环氧乳化沥青材料属于反应型材料，与热融性材料相比，能大幅提高力学性能和耐久性能。水性环氧乳化沥青防水黏结材料的各项力学性能几乎介于热喷沥青+碎石、环氧树脂之间，其具有优良的低温柔韧性和耐热性，在常温和高温时的剪切和拉拔强度均优于常用的沥青类材料，而且其耐久性较好。

96 泡沫沥青制备方法是什么？其评价指标是什么？

泡沫沥青制备是在泡沫沥青实验机上进行的。沥青发泡机一次需要500g沥青，根据机器已标定的流量计算出该沥青需要喷射的时间，进行时间设置及发泡用水量的设置。当沥青温度、沥青喷射时间、发泡用水量、水压、气压等均能满足发泡条件后，就可以进行沥青发泡了。制备的泡沫沥青由发泡仓的喷口喷入特定的发泡筒中，用规定尺寸的标尺对泡沫沥青的发泡效果进行测定和评价。

泡沫沥青评价用膨胀率和半衰期两个指标。膨胀率是指沥青发泡膨胀时达到最大体积与泡沫完全消失的体积之比，反映泡沫沥青的黏度大小。半衰期是指泡沫沥青从最大体积降到最大体积一半所需的时间，以秒计，反映泡沫沥青的稳定性。

97 影响沥青发泡特性的主要因素有哪些？

（1）沥青温度：在一般情况下，低于120℃沥青很难发泡。研究表明，并非沥青温度越高，发泡效果就越好，而是需要一个合适的温度，不同沥青存在不同的合适温度。

（2）用水量：一般而言，发泡时用水量越大，膨胀率就越大，但半衰期则越短。

（3）沥青的喷洒压力：主要包括水压和气压的影响，压力较低会使沥青与水的混合不够均匀，对膨胀率和半衰期都不利。

（4）当沥青反复加热而导致沥青老化后，发泡效果不好。

（5）消泡剂(例如硅化合物)的存在，会影响发泡效果。

（6）沥青中加入表面活性剂(如发泡剂)，可明显改善沥青的发泡效果。

98 泡沫环氧沥青混合料路用性能特点是什么？

泡沫环氧沥青混合料的回弹模量介于环氧沥青混合料与SBS改性SMA之间，表现出很高的刚度和强度，又具备一定的柔性。

泡沫环氧沥青混合料高温性能介于环氧沥青混合料与SBS改性SMA之间，且比SMA高出数倍之多，表现出优异的高温性能。

泡沫环氧沥青混合料的冻融劈裂，与环氧沥青混合料、SBS改性SMA数据接近，表现出优异的水稳定性。

泡沫环氧沥青混合料的疲劳性能比SBS改性SMA高出10倍左右，能维持很好的破坏特征，有很好的应用前景。

泡沫环氧沥青混合料的愈合性能介于SBS改性SMA与环氧沥青混合料之间，约是环氧沥青混合料的2倍。

99 泡沫环氧沥青有什么社会环保效益？

泡沫环氧沥青混合料拌和温度比热拌沥青混合料大幅降低，可显著节约能源，降低粉尘排放，降低NO_x的排放等。粗略估计能耗降低20%左右，主要污染物排放总量减少10%，具有很好的社会环保效益。

100 为什么环氧沥青混合料级配设计为悬浮结构？

一是环氧沥青混合料的内部凝结力主要来自环氧沥青中的固化物，固化后的环氧沥青具有很高的抗拉强度；二是混合料的空隙率偏低（如3%~3.5%），主要是为了防止水分渗入而破坏黏结层和腐蚀钢板，同时保证满足抗车辙、抗疲劳要求，混合料必须达到一定的密实度。

101 为什么环氧乳化沥青混合料的沥青用量更节省？

由于沥青被乳化，其沥青膜的厚度减少，沥青能更大限度地渗入骨料的空隙中，混合料的闭口空隙率变得更少，这使得环氧乳化沥青具有更好的石料包裹性。因此较普通环氧沥青而言，环氧乳化沥青混合料的沥青用量更为节省。

102 为什么环氧乳化沥青混合料要除去更多的水分？怎样除去？

因为混合料中水分封闭难以蒸发，不仅使得胶结料破乳速度慢，还会影响环氧树脂的固化，进而导致混合料不能在较短的时间内形成强度，因此必须采取措施将部分水分吸收或者反应掉。常用生石灰（含大量的 CaO）将混合料中多余水分通过化学反应去除。其反应如下：$CaO+H_2O = Ca(OH)_2$。

103 为什么环氧乳化沥青比环氧沥青有更好的愈合性？

环氧沥青混凝土虽然疲劳寿命较长，但结合料发生了不可逆的凝结，因此自愈合性能较差，加之由于刚度过大而断裂的风险过高，因此铺面一旦出现了损坏，其修复和保养是较困难的。而环氧乳化沥青混凝土因刚度相对较低，因此愈合度较好。

104 为什么说石油基沥青是制备炭质中间相和碳材料的适宜原料？

作为碳材料原料的石油基沥青，通常以富含芳香烃的减压渣油、催化油浆和乙烯焦油为原料，采用热聚法获取。这种石油基沥青中含有片状稠环分子结构的沥青烯烃，由于沥青烯烃的相对分子质量、芳香度和热稳定度都较高，所以是较好的制备碳质中间相的原料，亦是制备碳材料的适宜原料。

105 煤沥青在炭材料中有哪些主要应用？

低温煤沥青（俗称软沥青）主要用于建筑防水、电极碳素材料和炉衬黏结剂、制备炭黑等，还是系列新型碳材料，如针状焦、中间相沥青、中间相沥青基碳纤维、中间相沥青基泡沫碳等的优质原料。中温煤沥青用于制备建筑防水层、高级沥青漆、改质沥青和沥青焦；也可作为碳材料的黏结剂和浸渍剂；经过一定处理，还可以用于制取中间相炭微球、通用级沥青碳纤维等碳材料。高温沥青及改性沥青可作为生产沥青焦和活性炭的原料，并用于制备各种高性能碳材料，如超高功率石墨电极、优质预焙阳极、高密高强石墨等的黏结剂。

106 芳香分含量高的减压渣油有何用途?

减压渣油组分构成的差异，直接影响着沥青的生产工艺和性质。采用芳香分含量高的中间基和环烷基原油的减压渣油，可以生产出性能稳定的聚合物改性沥青。同时，芳香分含量高的中间原油的减压渣油，也是制备炭质中间相、针状焦、多孔炭等炭材料的优质原料之一。

107 为什么说催化油浆可以作为优质碳材料的原料?

催化裂化(FCC)油浆呈黑色或棕色，常温下为流动性较差的非牛顿流体，其性质与原油的基属有关。催化裂化油浆四组分中，胶质和沥青质含量之和一般低于10%，芳香分含量高达65%以上。依据炭质中间相生成理论，催化裂化油浆体系的芳香性较大，中间相保持塑性的温度区间较宽，易于获得各向异性的易石墨化的显微结构。催化裂化油浆具有多环单核短侧链，富含芳烃馏分，热反应能力适中，十分有利于生成典型中间相细纤维组织形态。所以催化裂化油浆是炭质中间相、针状焦、泡沫炭等碳材料的优质原材料。

108 为什么说乙烯焦油可以作为优质碳材料的原料?

乙烯焦油是烃类裂解生产乙烯过程中的副产品，在常温下为黑褐色黏稠可燃液体，其性质与裂解原料和工艺有关。不同裂解原料如石脑油或轻柴油生产的乙烯焦油，其四组分有较大的差异，但芳香分含量都很高，其质量分数均在50%以上。根据不同裂解原料乙烯焦油的四组分特征，采用不同的加工过程。乙烯焦油除了可以提取萘等化工产品外，还可以作为制作炭黑、中间相沥青、针状焦、碳纤维、活性炭和合成石油树脂等的原料。

109 为什么减压渣油不适宜生产针状焦?

依据《烃类液相炭化过程的物理化学》，减压渣油芳香分、胶质与沥青质分子芳香核片上有大量的长侧链，可大幅提高减压渣油的热解反应能力，使得反应后生成的高缩聚稠环芳香分子的平面度下降，导致炭化后焦组织形态中出现大量镶嵌体组织。因此，减压渣油不适宜生产针状焦。

110 乙烯焦油有何结构特点?为什么它不适宜直接作为针状焦的原料?

乙烯焦油的结构特点：芳烃含量高，芳香指数大，分子结构紧密，杂原子含量少，短侧链，其分子中的沥青质为多核稠环芳烃大分子，等等。

根据液相炭化理论，多核稠环芳烃大分子具有高热反应能力，易造成高黏度的反应体系，使得中间相小球体形成时积层平面分子的相互平行程度变坏，严重抑制球体的成长和融并，导致形成粗镶嵌组织形态，所以乙烯焦油不适宜直接作为针状焦原料。若对乙烯焦油通过减压深拔工艺处理脱除沥青质组分，也可制备出优质的针状焦。

111 中国石化工业化针状焦生产经历哪些主要过程？

2014 年利用炼厂重质原料开发针状焦列入中国石化集团公司“十条龙”攻关计划，2016 年完成技术鉴定，2017 年完成项目“出龙”，2018 年荣获集团公司科技进步一等奖，2019 年集团公司批复下属两家炼油企业建设针状焦装置，2011 年针状焦装置投产，产能共计 25×10^4t/a，中国石化将为国内高端炭材料发展发挥重要作用。

112 催化缩聚法如何制备萘沥青？其主要影响因素有哪些？

以精萘(萘的质量分数为 99%以上)为原料，HF/BF_3为催化剂，在较低的温度(如 140~180℃)、一定反应时间(如 3~7h)和一定压力(如 1.2~2.7MPa)，对分子萘进行催化缩聚反应而制得的沥青。从纯化合物出发制备萘沥青是优化沥青结构的一种有效方法。

(1) 反应时间：在反应温度和压力相同的条件下，合成沥青的软化点和收率随着反应时间的延长而增加。

(2) 反应温度：在压力和反应时间相同的条件下，随着反应温度的升高，合成沥青的软化点升高，收率也在升高。反应温度对合成的萘沥青结构有很大影响。

(3) 催化剂中 BF_3配比：在相同的合成工艺条件下，随着 HF/BF_3催化剂中BF_3配比的增加，合成萘沥青的收率上升，C/H 原子比下降。催化剂中 BF_3的配比对合成萘沥青结构有很大影响。

113 萘沥青有何结构特点？为什么萘沥青可制取良好的中间相沥青？

萘沥青的结构特点：合成的萘沥青是一种具有较多的环烷结构和脂肪侧链芳香烃类化合物。

依据中间相生成理论，这种结构的萘沥青，在进一步热缩聚制备中间相沥青过程中黏度小，生成的中间相球体较大，有利于中间相球体层片间借范德华力相互插入的物理重排，形成杂质含量和缺陷都比较小的粗流线状或广域流线状的中间相结构，易获得软化点低并具有良好可纺性的中间相沥青。

114 萘沥青如何制取中间相沥青？萘沥青与其中间相沥青有何差异？

以萘沥青为原料，采用多管反应器或带搅拌的反应釜，以氮气鼓泡形式在热缩聚温度（如 420℃）、热缩聚时间（如 6～9h）下可制得萘系中间相沥青。

该中间相沥青与萘沥青相比，中间相沥青软化点大幅提高，C/H 原子比更大，甲苯可溶物含量大幅降低。

115 什么是等静压成型技术？如何生产等静压石墨？

等静压成型技术：将物料填充到橡胶等模具中，密封抽气后，放入装有水或油等液体的容器中，加压（100～600MPa）。这时，物料受不同方向的相同压力（等静压）作用，不会发生物料颗粒的取向排列。这样形成的材料致密，具有各向同性和均匀性。生产等静压石墨的骨料一般采用沥青焦或石油焦，黏结剂通常采用煤沥青。为了调整产品性能，有时采用炭黑、人造石墨等作为添加剂。采用超细骨料制备、等静压成型、慢速焙烧等关键技术。为了减少孔隙率、提高产品的密度和强度，有时需要进行多次浸渍和焙烧循环操作，因此需要煤沥青较多。最终焙烧后的材料被加热到约 3000℃进行石墨处理，制得等静压石墨。

116 等静压石墨有何优良性能？其主要用途是什么？

等静压石墨优良性能：具有高密度、高强度、高化学稳定性和优良的导电性能，良好的机械加工性能等；在惰性气氛下，随着温度的升高，等静压石墨的机械强度不下降，反而升高，在 2500℃左右达到最高值；等静压石墨的热膨胀系数也很小，具有优异的抗热震性能。

高性能等静压石墨用途：用于制作石墨干锅和加热器，用于生产单晶硅或多晶硅，这推动了半导体和光伏产业的发展；还用来生产高炉炭块、电炉炭块及铝电解槽用炭块；还可以作为化工设备的耐腐蚀衬里，或用于建造核反应堆等关键核电设施，即核石墨。

117 如何制备高比表面积活性炭？

以煤沥青生焦为原料，以 KOH 为活化剂，在碱碳比为（4∶1）～（5∶1）、活化温度 800℃、活化处理时间 1.5h 的条件下，可获得比表面积达到 2890～3150m^2/g 的活性炭。研究表明，碱碳比是制备高比面积活性炭最重要的工艺条件，其次是活化温度。

118 煤系针状焦生产过程是什么？

煤沥青首先经过预处理，调制组分，去除喹啉不溶物（QI）；预处理后的沥青加热进行液相炭化，经过形成炭质中间相阶段，转化成具有合适织构的体中间相沥青，同时通过气流拉焦形成纤维状结构的生焦，生焦经过高温煅烧形成针状焦。

119 煤沥青中的喹啉不溶物对炭质中间相有何影响？

煤沥青中的喹啉不溶物在很大程度上决定着焦化阶段形成的炭质中间相的织构。不含喹啉不溶物或低含量的喹啉不溶物的煤沥青生成的中间相小球体尺寸分布宽、表面光滑，容易长大和融并，容易获得广域型体中间相，是制备针状焦的优质原料。含量多的喹啉不溶物的煤沥青生成中间相小球时，其表面往往被微粒物覆盖，容易形成镶嵌型体中间相，难以形成广域型，甚至难以形成流线型体中间相，难以生产出优质针状焦。

120 生产针状焦对预处理后的精制煤沥青有何基本要求？

（1）芳香烃含量高，其质量分数为30%~50%，最好以线型连接的三环、四环芳烃居多，含有短的侧链基团，便于分子之间发生缩聚反应形成平面分子，减少立体结构分子的形成。

（2）除C、H外的杂质元素含量少，一般控制硫含量≤0.5%，钒和镍均≤0.005%，灰分≤0.05%。

（3）喹啉不溶物（QI）含量≤1.0%。

（4）密度>1.0g/cm^3，相对分子质量分布范围较窄，沸程范围合适。

121 生产针状焦时对煤沥青的预处理方法有哪几种？

用来除去煤沥青喹啉不溶物的方法有溶剂法、加热过滤法、离心分离法、闪蒸-缩聚法、加氢改质法等五大类分离方法。

（1）溶剂法。溶剂法是利用混合有机溶剂（如煤油、环己烷）对煤沥青进行处理，分离去除喹啉不溶物。它包括溶剂-沉降法、溶剂-热絮凝法、溶剂-离心法、溶剂抽提法、溶剂-热溶过滤法等。

（2）加热过滤法。它是将煤沥青加热以便降低其黏度，然后加压过滤除去喹啉不溶物等杂质，属于物理分离方法。

（3）离心分离法。借助高速离心机对煤沥青中喹啉不溶物进行分离，也是一种物理分离方法。

（4）闪蒸-缩聚法。首先将软沥青利用真空闪蒸，除去原料中的喹啉不溶物，再将闪蒸油进行热缩聚，最终获得不含喹啉不溶物的精制沥青。

（5）加氢改质法。首先利用溶剂等使煤焦油或煤沥青中的喹啉不溶物降到0.1%以下，然后使用加氢催化剂，使煤焦油或煤沥青在一定温度和压力下与氢气发生加氢反应生成加氢油；接着加氢油发生热裂化反应生成热裂化油，去除其中的轻组分和非挥发组分后，得到优质针状焦的原料。

122 什么是生焦的煅烧？煅烧的目的是什么？

煅烧是指生焦在隔绝空气的条件下进行高温（生产针状焦时约1450℃，生产沥青焦通常约1250℃)热处理。

煅烧的目的：降低针状焦的挥发分和水分；提高针状焦的密度和强度；降低针状焦的电阻，提高针状焦的导电性；提高针状焦的化学稳定性。

123 针状焦的性能指标有哪些？

(1) 密度。针状焦密度分为真密度和体积密度。真密度反映针状焦的质点排列密集程度及规整性。真密度大，说明材料密实、微晶体排列整齐、石墨化程度高、氢等非碳杂原子含量少。实验数据表明，不管是煤系针状焦还是油系针状焦，其真密度一般不低于2.10g/cm^2，大多在2.13g/cm^{2}左右。

针状焦的体积密度与真密度、孔隙率及孔隙结构有关。在真密度不变的情况下，孔隙率越大，则体积密度越小。

(2) 热膨胀系数(CTE)。它是针状焦重要的性能指标，针状焦的CTE值小，表明在温度急剧变化时，针状焦的体积变化小、抗热震性能好。通常，针状焦纤维状结构含量越高、颗粒长宽比越大，其热膨胀系数就越小。

(3) 强度。针状焦的强度取决于其绝对孔隙总数，并与纹理方向的热膨胀系数有关。热膨胀系数小的针状焦，其机械稳定性就越差。煤系针状焦的强度低于油系针状焦。

(4) 电阻率。电阻率与针状焦的真密度、颗粒堆积后的孔隙率、针状焦颗粒形状等因素有关。通常针状焦颗粒平均长宽比较大时，对降低电阻率有利。

(5) 硫分和灰分。硫是一种有害组分，在针状焦石墨化时会发生不可逆的体积膨胀现象(“晶胀”)，对针状焦质量造成严重影响。灰分也是针状焦的重要质量指标，灰分存在会影响中间相形成和结构。

(6) 其他性能指标：针状焦的水分和挥发分，其值不仅与针状焦的生产原料有关，也与生焦的煅烧工艺条件、针状焦质量和保存条件有关。

124 超高功率石墨电极是怎样制备的？

超高功率石墨电极制备需要两种主料：针状焦(骨料)和黏结剂煤沥青。针状焦经过备料、成型、焙烧、浸渍和石墨化等工序即可制备出石墨电极。

125 为什么针状焦做锂电池负极要进行高温石墨化？

在制作针状焦锂电池负极材料时，必须经过高温石墨化才能获得较高的石墨化程度，从而具有较低的充放电点位和稳定的充放电平台。

126 酚醛树脂是怎样包覆针状焦颗粒的？包覆针状焦做锂电池负极有何优点？

酚醛树脂加热融化包覆针状焦颗粒(粒径<50μm)，先后经过1000℃炭化和

2800℃石墨化，酚醛树脂热解形成硬炭薄层，包覆在针状焦颗粒的表面，就可以做锂电池负极材料。包覆的针状焦既可以减少石墨微晶片层的剥离，又可以减弱热解炭的电压滞后现象，提高负极材料循环性能。

127 为什么针状焦是一种潜在的超级电容材料？

碳基超级电容虽然已经成功实现商品化，但是其体积比电容、长期稳定性方面仍然需要进一步提高。另外，活性炭电极材料的内阻比较大，需要从材料本身结构上改善其导电性能。针状焦易石墨化，具有电阻小、杂质少、稳定性好等特点，是一种具有潜力的超级电容器材料。

128 什么是中间相沥青？

“中间相”是从液晶学中借用的术语，表示物质介于液体和晶体之间的状态，即宏观上呈现出一种浑浊的流体状态，微观上具有晶体的光学各向异性。

依据烃类的液相炭化过程的物理化学和炭质中间相理论，中间相沥青是由重质芳烃类物质(煤焦油沥青、石油沥青和纯芳烃类物质及其混合物等)在中温液相炭化热处理过程中，形成一种较大区域范围内呈现光学各向异性(炭质中间相)的物质。

中间相沥青在常温下为黑色无定形固体，100%中间相含量沥青的C/H原子比一般为1.67~2.85，相对分子质量一般为370~2000，由多种扁盘状稠环芳烃组成。

129 制备中间相沥青原料如何选择？常用的原料有哪些？

依据中间相生成理论，制备中间相沥青的原料应为具有一定芳香度的稠环芳香烃混合物。常用的有煤沥青、石油沥青和萘沥青。还可以采用两种或多种沥青(或重质油)混合共炭化制备中间相沥青，如煤沥青和乙烯焦油混合、石油沥青和煤沥青混合等。

130 为什么中间相沥青的原料要进行精制？常用的精制方法有哪几种？

在制备中间相沥青时，由于选择的原料往往不能令人满意，常需要对原料进行精制，以获得固体杂质和杂原子含量较低、芳香度较高、C/H原子比适宜、分子具有一定尺寸范围、分子结构中带有适量的环烷基和烷基的有利于中间相生成与发展的原料。

常用的原料精制方法有：溶剂法、热过滤法、离心法、改质法、旋转刮膜蒸发法、真空蒸馏法、超临界抽提法。

131 改进后的一步热缩聚法是怎样制备中间相沥青的？

改进后的一步热缩聚法制备中间相沥青的流程如图 3-3 所示。

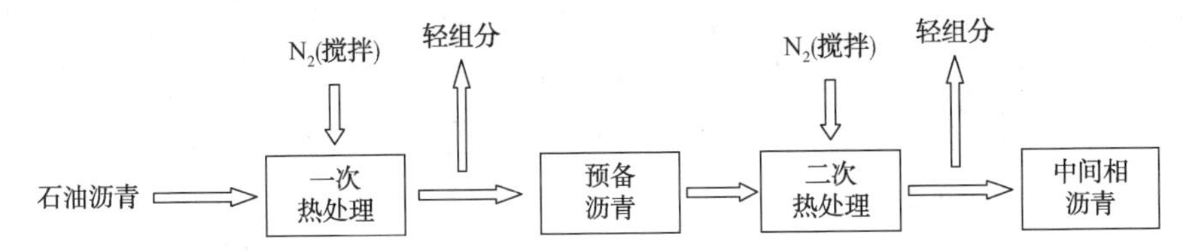

图 3-3 改进后的一步热缩聚法工艺流程

说明：此图为改进后的一步缩合法，第一阶段主要是调整沥青的分子尺寸，通常在反应温度较高、反应时间较短的条件下进行；第二阶段则强调轻组分的去除，使沥青在较低的反应温度、较长的反应时间下完成中间相的转化。在原料沥青性能好且质量稳定情况下可直接用一步缩聚法，不必用改进后的一步缩聚法。

132 加压-真空两步缩聚法是怎样制备中间相沥青的？

加压-真空两步缩聚法制备中间相沥青的流程如图 3-4 所示。

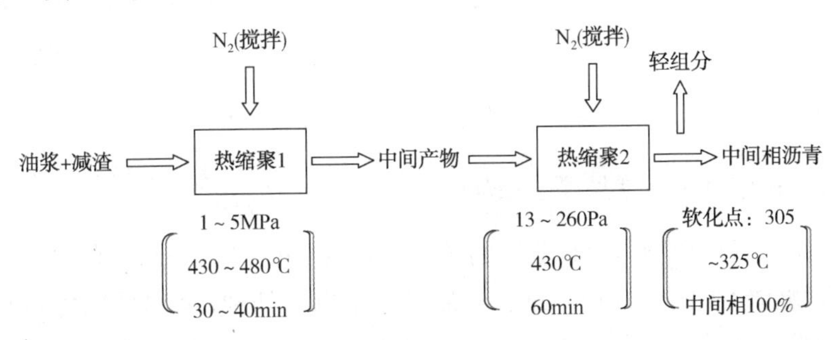

图 3-4 加压-真空两步缩聚法工艺流程

133 催化缩聚法是怎样制备中间相沥青的？

催化缩聚法制备中间相沥青的流程如图 3-5 所示。

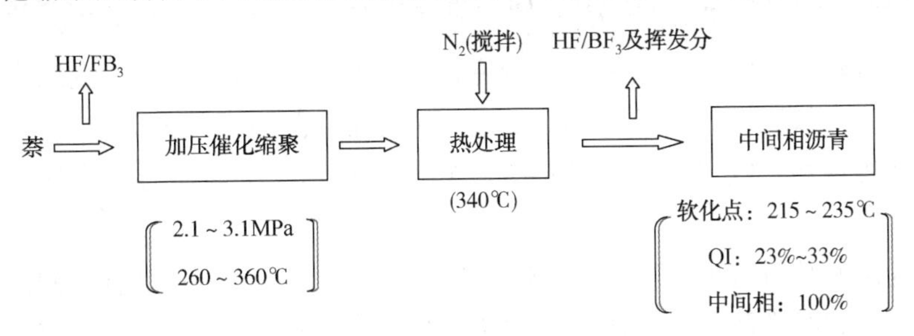

图 3-5 催化缩聚法工艺流程

134 新中间相方法是怎样制备中间相沥青的？

新中间相方法制备中间相沥青的流程如图 3-6 所示。

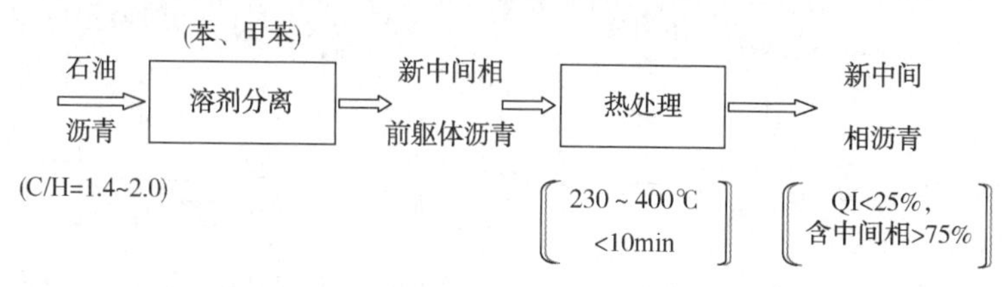

图 3-6　新中间相方法的工艺流程

135 潜在中间相方法是怎样制备中间相沥青的？

潜在中间相方法制备中间相沥青的流程如图 3-7 所示。

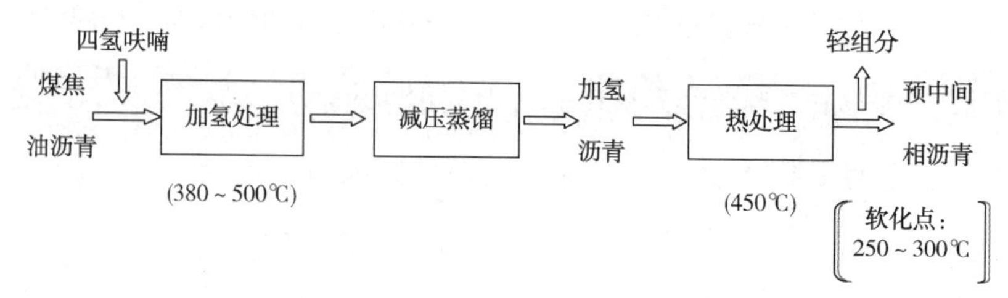

图 3-7　潜在中间相方法的工艺流程

136 什么是碳纤维？常用哪些原料？

碳纤维是以聚合物为原料制造的碳含量超过 92%（质量分数）的纤维。通常，先将聚合物纺丝制成聚合物纤维，然后经过不融化处理（又称预氧化）得到氧化聚合物纤维，最后经过高温处理（一般在 1000 ~ 1600℃）得到碳纤维。

用来生产碳纤维的原料有再生纤维素、聚丙烯腈、石油沥青、煤沥青、酚醛树脂、聚乙烯、1,2-聚丁二烯、聚对亚苯基苯并噁唑（PBO）、聚甲基乙烯酮等。

137 碳纤维有何特点？有哪些方面的用途？

碳纤维具有高强度、高模量、低密度（$\rho = 1.75 \sim 2.2 g/cm^3$）、抗蠕变、热膨胀系数小、非氧化性气氛下在 2000℃ 以上仍然保持良好的力学性能、优良的导电传热性能等特性，既可以作为功能性材料发挥作用，又能作为结构材料来承载负荷。

碳纤维通常与树脂、炭素、陶瓷、金属、水泥等基体材料复合，制成复合材料来应用。碳纤维及其复合材料广泛应用于运载火箭、导弹、飞机等航天航空领域，也可以生产体育器材、高级轿车部件、压力容器、风电叶片等工业产品。碳纤维复合材料与生物体有相亲相容性，被制成人造关节、人造骨等，具有重要的医学用途等。

138 沥青基碳纤维生产工艺流程是什么？

沥青基碳纤维生产工艺流程如图 3-8 所示。

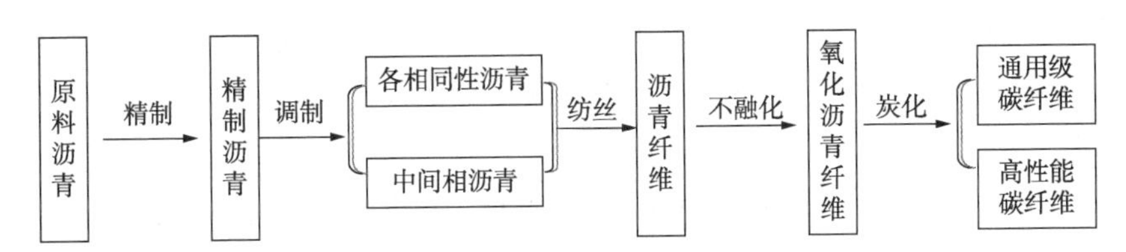

图 3-8 沥青基碳纤维生产工艺流程

139 碳纤维对原料有何要求？

固体杂质和杂原子(硫、氮、氧等)含量低；灰分低；芳烃含量高；C/H 比高；分子有一定的尺寸范围，沸程在 200~500℃；分子结构中带有适量的烷基和环烷基等侧链；具有较低的黏度和较好的流变性能；质量稳定、供应充足等。

140 碳纤维的原料为什么要进行精制？

该精制的目的就是除去原料沥青中的固体杂质(焦炭、催化剂等)、易挥发组分(轻组分)、原生喹啉不溶物等。较大的固体颗粒在纺丝过程中会堵塞喷丝孔形成断丝；残留在纤维中细小颗粒也容易成为碳纤维受力的破坏点。沥青熔融纺丝时，轻组分容易受热汽化而形成断丝，或者在碳纤维中形成空洞缺陷。喹啉不溶物中包含多种物质，比较复杂，如果不去除，会严重影响纺丝沥青的调制和最终碳纤维的质量(如粗细不均匀、有膨胀节点等)。

141 如何用氧化-缩聚两步法调制各向同性纺丝沥青？

第一步将去除喹啉不溶物的原料沥青(软化点为 33℃)加热到 320℃，利用空气吹扫氧化 10h，提高沥青的软化点，同时不破坏沥青的可纺性；第二步将沥青加热到 350℃，恒温 6h，使沥青发生热缩聚反应，软化点提高到 280℃。实验表明，原料沥青不经过空气吹扫，直接在 350℃恒温 6h，制得的沥青的软化点只能提高到 200℃。

142 中间相纺丝沥青一般满足什么条件？

(1) 固体杂质和灰分低于 0.1%；(2)分子具有片状或盘状结构，在纺丝时能取向排列；(3)纺丝温度区域宽，熔融纺丝时流变性和成纤性能良好，能够制出细径沥青纤维；(4)纺丝温度一般低于 350℃(高于 350℃时，沥青常会发生明显的缩聚反应和裂解反应)；(5)在不熔化处理时具有高反应活性，不熔化处理时间短；(6)不熔化处理温度低于沥青软化点；(7)在炭化和石墨化时表现出易石墨化性；(8)含碳量高、炭化收率高。

143 为什么沥青纤维要进行不熔化处理？怎样进行不熔化处理？

沥青纤维属于热塑性材料，受热后软化、熔融。为了防止沥青纤维在高温炭化时发生变形、粘连和融并，同时将纺丝时形成的沥青取向排列固定下来，所以在沥青纤维炭化前需要对其进行不熔化处理。

不熔化处理通常在200~400℃温度下进行，使沥青纤维分子与氧发生反应，实现沥青分子的交联，使沥青纤维从热塑性材料变为热固性材料。不熔化处理还可以提高炭化前氧化沥青纤维的强度，便于后续的炭化操作。

144 沥青纤维不熔化处理不充分或过度会对其造成什么影响？

如果不熔化处理得不充分，沥青纤维中氧含量太低，炭化时纤维就容易变形，甚至发生粘连、融并；如果不熔化处理过度，沥青纤维氧含量过高，炭化时会产生过多气体，容易使碳纤维中出现气孔、破裂等缺陷。

145 沥青纤维为什么要进行炭化？怎样进行炭化？

沥青纤维炭化的目的是形成含碳量高的纤维，使之具有优异的力学、电学、热学等特性。高温炭化时纤维内氧化沥青分子发生缩聚反应，发生交联、芳构化等，形成的缩合芳环平面也不断成长，非碳原子不断脱除，最终形成碳纤维。通用级碳纤维一般由无定形碳构成，含有少量的石墨微晶；高性能碳纤维(尤其是石墨纤维)的断面呈现取向排布的石墨微晶片层结构。

炭化是将不熔化处理后的氧化沥青纤维在化学惰性气体(氮气或氩气等)保护下，进行1000~1600℃热处理，使纤维中的H、O等非碳原子生成气体逸出，同时使纺丝形成的分子取向结构固定下来，形成石墨微晶结构。碳纤维含碳量一般高于92%。如果进一步经过2500~3000℃的高温处理(石墨化)，得到的石墨纤维碳含量通常在99%以上。

146 为什么升温速率是沥青纤维炭化时的重要工艺条件？

影响碳纤维质量的一个重要工艺条件是升温速率，尤其是在300~800℃的升温速率。沥青纤维炭化的气体产物如CO、CO_2、CH_4、H_2等主要在低于800℃生成，炭化温度超过800℃时，氢气是主要的气体产物。根据气体释放量，让氧化沥青纤维在低于800℃时缓慢升温或者较低温度恒温炭化一段时间，有利于纤维内部产生的大量气体排除，减少孔洞等缺陷，然后再比较快地升温炭化，这样有利于改善碳纤维的性能。一般不需要在最高碳化温度下进行长时间恒温处理。

147 与PAN(聚丙烯腈)基碳纤维比较，高性能沥青基碳纤维有何特点？

(1) 拉伸模量高。高性能沥青基碳纤维具有平行于长轴排列的石墨微晶，具有更高的模量。目前，沥青基石墨纤维的拉伸强度是PAN基石墨纤维的1.5倍以上。

(2) 热导率高。高性能沥青基石墨纤维产品的热导率达到900~1000W/(m·K)，导热性能优异。作为比较，铜的热导率为400W/(m·K)，铝的热导率为218W/(m·K)，PAN基石墨纤维的热导率为160W/(m·K)。

(3) 热膨胀系数很小，甚至是负值。热膨胀系数反映材料随温度变化而发生的体积变化，热膨胀系数小的材料在温度剧烈变化时能保持结构稳定。中间相沥青碳纤维中存在石墨微晶层结构，热膨胀系数小。石墨及大多数石墨纤维的热膨胀系数为负值，这与大多数材料不同。典型沥青基石墨纤维的热膨胀系数为$-1.6\times10^{-6}K^{-1}$，PAN基石墨纤维的热膨胀系数为$-1.2\times10^{-6}K^{-1}$。制造复合材料时，通过合适的碳纤维排列方式，就能得到零热膨胀的复合材料。这种复合材料可以耐温度急剧变化而体积不变，更不会发生炸裂。

(4) 原料丰富，成本低。工业沥青是石油化工和煤化工的副产品，原料丰富，含碳量一般高于90%，沥青基碳纤维的碳收率一般在80%~90%。PAN含碳量为68%，碳收率一般在40%~55%。

148 沥青基碳纤维的发展前景如何？

目前，PAN基碳纤维仍然是主流产品。由于沥青基碳纤维生产成本低，性能更优，随着新用途的不断开发，对其需求也会相应增加；通过不断优化高性能沥青基碳纤维的生产工艺和产品质量、提高产能、降低成本等，沥青基碳纤维将会有更好的发展前景。

149 一种新型材料中间相炭微球有几种制备方法？

中间相沥青炭微球是一种新型材料，是在研究中间相的过程中发展起来的。它的制备方法主要有缩聚法、乳化法和悬浮法；每种制备方法的工艺均为中间相沥青炭微球的形成、分离和炭化(石墨化)。

150 中温煤沥青是怎样通过热缩聚法制取中间相沥青炭微球的？

将一定量的反应物料(如粉碎后的粒状中温沥青等)置于反应釜中，然后在氮气保护和搅拌状态下，以一定的升温速率升到反应温度并在该温度下恒定(反应)一段时间，然后自然冷却到室温，得到富含微球的中间相沥青，再经过分离、干燥、不熔化、炭化工序，获得中间相沥青炭微球。

151 在热缩聚法制备中间相沥青炭微球过程中影响因素有哪些？

其影响因素有反应温度、反应时间、升温速率、搅拌速度等，其中，反应温度和反应时间是最主要的影响因素。随着温度的升高，中间相沥青炭微球的收率明显增加；随着反应时间的延长，中间相沥青炭微球显著变大。提高搅拌速度，可加剧反应体系中物料的流动，起到阻止微球长大、降低微球收率的作用，但这种效果不明显。

152 石油重质油是怎样通过催化缩聚法制取中间相沥青炭微球的？

以石油重质油或萘、蒽等芳香族碳氢化合物为原料，以路易斯酸作为催化剂，如 $AlCl_3$、HF/BF_3等，首先在较低温度下进行加压催化缩聚合成沥青，然后卸压采用热缩聚法获得富含微球的中间相沥青，之后经过分离、干燥、不熔化、炭化工序，获得中间相沥青炭微球。

153 乳化法制备炭微球时对中间相沥青有何要求？又如何制备？

乳化法中间相炭微球要求是各向异性的中间相沥青。

首先将中间相沥青破碎成一定尺寸的小颗粒，而后将沥青小颗粒与分散介质(硅油等)按照一定比例搅拌混合，在氮气吹扫保护下加热至沥青软化点以上，使沥青小颗粒软化熔融，与分散介质形成低黏度液态胶体——乳化液；在乳化液形成过程中被四周的分散介质包围的软化熔融沥青液滴，在自身表面张力的作用下收缩成球形。冷却乳化液即可得到中间相沥青炭微球的悬浮液。经分离、干燥，获得粒度均匀的中间相沥青炭微球，再通过不熔化、炭化工序，获得中间相沥青炭微球。

154 乳化法制备沥青炭微球时常用的分散剂有哪几种？应用时如何选择？

丙三醇和高温硅油是乳化法制备中间相沥青炭微球常用的两种分散介质，其中，丙三醇的沸点为 290℃，耐高温硅油在 360℃以下性质稳定；前者宜作为较低软化点沥青乳化成球的分散介质，后者适宜作为较高软化点沥青乳化成球的分散介质。这两种分散介质在成球温度下的黏度均较低，表面张力亦较小，有利于软化沥青颗粒收缩成球。

155 悬浮法制备炭微球时对中间相沥青有何要求？又如何制备？

悬浮法中间相炭微球源于可溶性中间相沥青或各向同性中间相沥青。

悬浮法制备中间相沥青炭微球，首先将可溶性中间相沥青溶于有机溶剂(四氢呋喃或喹啉)中，再与悬浮介质(表面活性剂、水等)构成悬浮液，在一定温度下强力搅拌，使沥青溶液在悬浮介质中形成分散均匀的小液珠，然后加热脱除有机溶剂，冷却体系，过滤精制得到中间相沥青炭微球，再经不熔化、炭化获得中间相沥青炭微球。

156 怎样用超临界萃取制备中间相沥青炭微球？

将固态的原料沥青和脂肪烃置于一个充有氮气的封闭体系中加热到临界状态，再将体系打开，使其他组分脱离体系，获得中间相沥青微球。

157 中间相沥青炭微球是怎样进行炭化和石墨化的？

中间相沥青炭微球的炭化，通常采用管式炭化炉，以氮气为保护气体，炭化温度为1000℃。中间相沥青炭微球的石墨化，通常使用中频感应石墨电炉，以氩气作为保护气体，石墨化温度为2300~3000℃。

158 中间相沥青炭微球结晶度和有序性是怎样进行调控的？

中间相沥青炭微球抗氧化能力的本性源于微球中碳结构的有序性和结晶度。从炭化工学的角度来看，控制减少中间相沥青微球在500℃左右炭化过程的微晶破坏，会提高中间相沥青炭微球的结晶度和有序性。亦即在中间相沥青微球500℃左右(一般350~700℃)炭化过程中，采用较低的升温速率，减缓微球中小分子物质汽化逸出的速度，避免或减轻已逸出气体扰动对炭微晶结构的破坏，进而通过高温炭化获得具有高抗氧化能力(高结晶度与有序性)的中间相沥青炭微球。

159 为什么中间相沥青炭微球是一种有着极大开发潜力和应用前景的碳材料？

中间相沥青炭微球具有良好的化学稳定性、堆积密度高、易石墨化、热稳定性好以及优良的导电和导热性等，因此是一种有着极大开发潜力和应用前景的炭材料。

160 中间相沥青活性炭微球是怎样制备的？

首先是中间相沥青炭微球制取。以吡啶不溶物质量分数为3.7%的煤沥青为原料，在460℃下热缩聚3h，获得富含微球的中间相沥青，然后采用热过滤(150℃)去除母液沥青，再经吡啶抽提、干燥后获得平均直径为18.5μm的中间相沥青微球。

其次是中间相沥青炭微球的活化。将浓度为0.5g/cm^3的KOH水溶液按照一定的碱碳比与中间相沥青炭微球混合，在50℃、93.1kPa下浸渍4h，然后干燥，将干燥的产物用稀盐酸和水冲洗至中性，干燥后即得到中间相沥青活化炭微球。

161 中间相沥青活性炭微球性能的影响因素有哪些？

(1) 碱碳比：活化收率随着碱碳比的增大而减少，而比表面积则随着碱碳比的增大而提高。

（2）活化温度：中间相沥青活性炭微球的活化收率随着活化温度的提高而减少，比表面积随着活化温度的上升而先增大后减小。

（3）活化时间：中间相沥青活性炭微球的活化收率随着活化时间的延长而减少，而其比表面积在活化时间0.5～1h区间，随着活化时间的延长而上升；在活化时间1～2h区间，随着活化时间的延长而变化甚微；活化时间>2h后，随着活化时间的延长而快速下降。

162 为什么中间相炭微球是一种极具潜力的锂离子电池负极材料？

（1）球状结构有利于实现紧密堆积，可制备高密度电极；(2)低的比表面积可以减少在充放电过程中电极边界反应的发生，减低第一次充电过程中的容量损失；(3)特有的片层状结构，便于锂离子在球的各个方向插入(嵌入)和放出，解决了石墨类材料由于各向异性过高引起的石墨片的溶胀、塌陷和不能快速大电流放电等问题。

163 如何制备沥青基球形活性炭？

选择高软化点的沥青(如软化点>200℃)，加入减黏剂(如萘)成为成球用沥青原料，再加入成球用的高分子溶液(如聚乙烯醇)，搅拌，成为沥青球悬浮液。减黏剂通过抽提分离，沥青球恢复原来高软化点的性质，之后进行不熔化处理(在300℃、空气氧化)成为热固性沥青球，再进行高温炭化和活化(二者的反应温度均在800℃以上)，最后形成球形活性炭。

164 什么是两亲性碳材料？其应用前景怎样？

沥青本身是亲油疏水的，但是通过改性，向沥青分子中引入亲水官能团(如羰基、磺酸基、硝基)后，沥青就会变成既亲水又亲油的两亲性材料。通常将浓硫酸和浓硝酸混合，再与沥青在一定温度下共混氧化，即可得到两亲性碳材料。

两亲性材料作为一种新型的碳质材料，由沥青或焦为原料制备而来，在超级电容器、锂离子电池、晶体诱导及限域生长等方面均表现出优良的性质和明显作用，发展潜力令人看好。

165 如何以两亲性碳材料制备无定型纳米碳粉？

以高温煤焦油沥青为原料，经浓硝酸和浓硫酸混合物在30℃下氧化制备出较高收率的两亲性碳材料，并在氨水溶液中使该原料形成凝胶，然后经过乙醇交换和超临界技术，最终制备出颗粒分布均匀、平均尺寸10nm左右的无定形纳米碳粉。

166 硫黄有哪些物理性质？

硫黄，外观为淡黄色脆性结晶或粉末，表面不平坦或粗糙，脂肪光泽，有特殊的臭味，体轻、质松脆，导热性和导电性差，易砸碎，断面呈蜂窝状，纵面可见细柱或针状晶体，近于平行排列。其相对分子质量为32.06，闪点为207℃，熔点为119℃，沸点为444.6℃。硫黄不溶于水，微溶于乙醇、醚，易溶于二硫化碳。固体硫黄相对密度为2.0，液体硫黄相对密度为1.8，气态硫黄相对密度为1.1。

硫黄在加热过程中，在特定的温度下相态会发生变化：黄色固体→黄色流动液体（112℃）→暗棕色黏稠液体（250℃）→暗棕色易流动液体（300℃）→橙黄色液体（445℃）→草黄色气体（650℃）→无色气体（900℃）。

伴随着其相态的变化，硫黄中硫分子的硫原子数目随温度的不同而有所差异，存在如下平衡：固态（$3S_8$）$\rightleftharpoons$液体（$4S_6$）$\rightleftharpoons$气体（$12S_2$）。温度升高时，平衡向右移动；温度减低，平衡向左移动。

167 随着硫黄添加比例增加，其硫黄沥青结构会发生怎样变化？

实践证明，大约15%的硫黄可以溶于普通的沥青中，当硫黄加入超量后，多余的硫黄将呈现游离状态以连续或断续填料状态分布在沥青中。随着硫黄加入量的不断增加，沥青中分布的硫黄会因混合不当而游离与沥青分离；当硫黄含量大于40%时，这种现象便显而易见，这样硫黄不但不能起到改性作用，反而会加剧沥青公路的质量恶化。最新研究成果表明，使用一种特殊加工的硫黄添加剂不仅可以大大提高硫黄改性沥青的质量，而且可以打破硫黄改性沥青中硫黄含量的最高“限区”40%，硫黄在硫黄改性沥青中含量可高达到60%以上。

168 SEA单一硫黄改性剂技术有何特点？

SEA就是将单一硫黄直接加入沥青中进行改性的技术。含硫的沥青混合料要优于常规沥青混合料，可大大改善公路沥青路面的抗车辙和抗疲劳开裂性能。但缺点是，把硫黄直接加入沥青对环境污染大。单质硫的熔点为119℃（比较低），在高温熔融状态下容易产生硫蒸气、SO_2和H_2S等有害气体，有刺鼻气味和烟雾产生。

169 SEAM硫黄改性剂技术有何特点？

SEAM是指在硫黄中增加烟雾抑制剂，而制成硫黄颗粒的技术。硫黄在常温下呈黑褐色颗粒状，易于操作，易于在热沥青混合料中熔化。另外，在硫黄中添加了烟雾抑制剂，硫黄在150℃以下不产生H_2S、SO_2，硫蒸气的浓度也很低。添加该硫黄改进剂可以提高沥青混合料的强度和耐久性，使得硫黄改性沥青混合料与其他常规沥青混合料相比几乎没有泛油现象，抗车辙性能明显提高，道路使用寿命较长，维修费用低。对使用较差石料或多蜡沥青的沥青混合料，适量加入硫黄对其还有明显的补强作用。

170 Thiopave(赛欧铺)硫黄改性剂技术有何特点？

Thiopave 是将一些复合改性剂和硫黄一起进行预处理，然后制成小颗粒的技术。这些改性的小颗粒在拌和过程中直接投入沥青混合料中，颗粒一接触热混合料就迅速熔化，并在拌和过程中充分分散到沥青混合料中。Thiopave 颗粒可以降低沥青混合料的拌和温度，作为一种新型硫黄基温拌沥青混合料来生产。而这种温拌技术可以在生产和铺筑的过程中减少硫黄烟雾和气味的产生。

171 ARP 硫黄改性剂技术有何特点？

ARP 是在硫黄的基础上加入沥青后制作出改性沥青粒料的技术，可直接投入搅拌中使用。研究表明：它是一种非常特殊的沥青改性粒料，用它配制的沥青混凝土有着非常高的马歇尔稳定度和抗车辙试验的动稳定度，普通的沥青混凝土无法与它相比。ARP 还具有良好的低温使用性能。使用 ARP 拌和混合料进行铺路试验，证明评价是符合实际的。

172 硫黄与沥青混合造粒应注意什么事项？

实践证明，仅仅将沥青和硫黄混合是无法通过造粒生产出所需要的固体颗粒产品的，必须寻找其他添加剂和稳定剂以生产出混合均匀稳定的混合黏结剂。这种混合物料不仅要满足沥青公路质量要求，而且在性能上要满足造粒的要求。加入少量的高分子聚合物和其他稳定剂不仅在硫黄和沥青的混合中起到搭桥与稳定作用，而且可以进一步改善硫黄改性沥青的路用性能，同时在改善物料的造粒性能上也起到重要作用。

173 硫黄在沥青中以何种状态存在？

硫是原油的重要组成成分，因此硫黄和沥青具有天然的易混性。与沥青相互混合的硫黄在沥青中存在三种不同形态：化学结构态、溶解态和微小结晶态，通常以离散的微小颗粒态分散在沥青中。研究表明，在较低温度(120~150℃)下，硫黄不仅会与碳氢化合物反应，而且可以与其他有机物发生反应。例如，硫黄会与吲哚形成多硫化物。硫在沥青中的溶解度取决于沥青的类型及起源，在 130~150℃的温度范围内，硫在大多数沥青中的溶解度为 20%或更大，溶解的硫起着黏结剂的作用。当反应温度高于 120℃时，生成的多硫化物会部分溶解未反应的硫。在硫-沥青混合物冷却至环境温度下，被沥青溶解的硫黄会缓慢重新结晶并析出。溶解硫和结晶硫在硫-沥青黏结剂中的相对量取决于硫的添加量。不溶于沥青的过量硫以结晶状态存在，结晶硫精细分散在沥青中用作填料或结构剂，起着骨架的作用。用2%~3%(质量)的硫黄来处理沥青，能够降低储能模量并使材料的表观塑化；当沥青-硫混合物含硫量达10%时，力学性能随着放置时间而变化，部分硫会慢慢再结晶；含硫量30%时，一部分硫立即沉淀，而另一部分硫在缓慢结晶。

174 在测试硫黄改性沥青结合料时，为什么常会遇到“相容性”和“成熟期”问题？

“相容性”问题：硫黄的密度是普通沥青结合料的2倍，当硫黄掺加到基质沥青中时，在放置一段时间后，两种材料很容易产生离析现象。因此，在进行相关的结合料性能试验(如DSR、BBR试验等)时，试样的离析往往导致试验结果变异性较大。因此，有些研究不建议对硫黄改性沥青结合料的性能进行测试。然而，通过控制混合温度、充分拌和以及合理确定测试时间会在一定程度上减少“相容性”问题对试验结果的影响。

“成熟期”：在130℃左右的温度下，硫黄被掺加到基质沥青中搅拌均匀，在硫黄改性沥青的降温冷却过程中，结合料中融化的硫黄会存在结晶化过程，称为硫黄改性沥青的“成熟期”。在“成熟期”结束后，硫黄改性沥青结合料的性能将趋于稳定。这个“成熟期”往往会持续许多天，其时间长短受沥青结合料试样的体积、外界降温速率等条件的影响。

175 实验室是怎样制备硫黄改性沥青的？

(1) 加热一定量的基质沥青，至温度130℃±5℃；(2)保持130℃±5℃，剪切搅拌1min(2000r/min)；(3)在1~2min内，加入硫黄改性剂，剪切搅拌30min(3000r/min)；(4)尽量避免重复加热样品，如必须重复加热，加热样品至130℃±5℃，手工搅拌1min至样品均匀。

176 硫黄的掺配比例如何影响硫黄-沥青结合料的针入度？

硫黄的掺配比例越高，硫黄-沥青结合料的“成熟期”就越短，稳定后针入度值越低。说明随着掺配比例的增加，硫黄-沥青结合料建立强度的速度越来越快，形成的强度也越来越高。

177 硫黄的掺配比例如何影响硫黄-沥青结合料的软化点？

硫黄的掺配比例越高，硫黄-沥青结合料的软化点越高，说明随着掺配比例的增加，结合料稳定后的劲度越来越高，不同掺配比例的结合料“成熟期”至少需要8天。

178 硫黄的掺配比例如何影响硫黄-沥青结合料的黏度？

硫黄的掺配比例越高，硫黄-沥青结合料的黏度显著降低，但当硫黄掺配比例大于20%后，黏度无明显变化。这一黏度变化趋势说明，掺加硫黄改性剂的硫黄-沥青结合料具有明显的温拌特性。

179 硫黄改性剂主要组成是什么？该剂有何特点？

硫黄改性剂主要成分是硫黄，是在硫黄中添加烟雾抑制剂和增塑剂等成分制成的半球状黑褐色固体颗粒。硫黄改性剂与沥青有着良好的相容性，与集料有着很好的黏结性。壳牌赛欧铺就是一种硫黄改性剂。

180 为什么硫黄沥青能显著提高沥青混合料的动稳定度？

硫黄改性沥青混合料成型后，混合料中溶解和分散的硫黄最终都形成结晶，作为结构强度增强剂，使得硫黄改性沥青混合料的抗剪强度和黏结性能都得到明显增强，高温性能显著提高，动稳定度显著提高。

181 硫黄改性沥青对混合料性能有哪些影响？

硫黄改性沥青混合料抗疲劳性能明显高于普通沥青混合料；硫黄改性沥青混合料高温性能显著优于普通沥青混合料；硫黄改性沥青混合料低温性能与普通沥青相比会略微降低。硫黄改性沥青混合料抗水损害性能与普通沥青混合料相比降低较明显。

182 怎样提高硫黄改性沥青的抗水损害性能？

（1）添加抗剥离剂：主要有两类，一类是液体抗剥落剂，一般都是有机高分子表面活性剂，另一类是消石灰等矿物质添加剂。研究表明，效果最好、最稳定的还是在沥青混合料中掺入石灰，无论是消石灰粉还是生石灰粉效果都很好。而消石灰粉等矿物质掺入可分为干法和湿法两种。干法是指消石灰粉等矿物质以一定比例等量替代矿粉在沥青混合料中使用，湿法是指消石灰粉等矿物质添加剂以一定比例掺到沥青中形成沥青胶浆再加以使用。

（2）选择特种沥青对其进行硫黄改性，可显著提高沥青的抗水损害能力。如壳牌开发的25℃针入度50dmm左右、软化点大于50℃、15℃延度大于80cm等指标的沥青。使用其开发的硫黄改性剂赛欧铺进行硫黄改性，可提高沥青混合料的抗水损害。硫黄与沥青比例为3∶7或4∶6。

183 硫黄改性沥青对路面结构的初始建设费用有何影响？

对传统的路面结构，含硫黄改性剂的改性沥青混合料的路面初始建设费用要节省5%，因为硫黄改性剂的使用减少了沥青的用量，从而降低了造价。

对于长寿命沥青路面，使用硫黄改性沥青混合料的路面结构的初始建设费用有明显的减低。若以10℃为设计温度，初始建设费减少5%；若以20℃为设计温度，初始建设费减少12%；若以30℃为设计温度，初始建设费减少22%。

184 硫黄改性沥青对路面结构碳排放有何影响?

因硫黄改性剂加入沥青能大幅降低沥青的黏度，具有温拌剂的功能，大幅降低拌和温度20~30℃，既可以大幅降低能耗，减少对周围环境和施工的危害，同时又能保持和热拌沥青混合料基本相同的使用品质。

设计温度为10℃时，对于传统路面结构或长寿命路面结构，含与不含硫黄改性沥青混合料的路面结构碳排放量相等。

设计温度为20℃时，对于长寿命路面结构，含硫黄改性剂的改性沥青混合料的路面结构碳排放量比不含硫黄改性剂的沥青混合料路面结构低5.8%。

设计温度为30℃时，对于长寿命路面结构，含硫黄改性剂的改性沥青混合料的路面结构碳排放量比不含硫黄改性剂的沥青混合料路面结构低14.5%。

185 乳化沥青冷再生 Thiopave 混合料有何特点?

该再生混合料特点是抗水稳定性方面更优，冻融劈裂强度比TSR更能满足JTG F40规范要求，这一点对再生利用旧沥青路面材料具有重要的现实意义；再生混合料具有更优良的高温稳定性；再生混合料抗疲劳性能也较好。

186 为什么硫黄改性温拌再生沥青技术是新型路面技术? 有何特点?

硫黄改性温拌再生沥青技术是一种集节能减排和废弃物再利用于一身的新型路面技术，尤其是在掺加大比例(60%)RAP料后仍可以满足新拌沥青混合料的质量要求，部分性能指标甚至远远超过规范的技术要求。其特点是：

(1) 硫黄改性温拌再生技术进一步发掘了厂拌热再生的潜力和能力，增加了厂拌热再生工艺中RAP料的掺加比例，无须使用再生剂，降低了厂拌热再生的综合成本。

(2) 硫黄改性温拌再生沥青混合料的出料温度较低，只需要130℃左右，实现了温拌工艺。在这种情况下，新集料的加热温度就不需要很高，减少了RAP料的进一步老化，节约了能源消耗。

(3) 硫黄改性温拌再生沥青混合料的性能完全满足国家规范的技术要求，通过使用大比例(60%)的RAP料，将大大降低我国公路大修的材料成本。

187 硫黄改性沥青混合料生产应注意哪些事项？

（1）硫黄改性剂以“干拌”方式，直接投入热集料中。硫黄改性剂的添加宜在沥青喷洒1~3s后开始，并在沥青喷洒完毕前添加完毕。

（2）除味剂需与硫黄改性剂同时添加，可以使用人工直接投入拌和锅，也可按照比例预先加入硫黄改性剂料斗。

（3）混合料生产温度的控制：沥青混合料的出料温度为125~135℃，集料的加热温度比出料温度高5~10℃，混合料的废弃温度高于145℃，沥青加热温度为135~145℃。

（4）烘干集料的残余含水量不得大于1%。

（5）必须保证冷料干湿度比较均匀，以防止生产温度波动过大。

（6）硫黄改性沥青混合料在生产过程中各料仓的仓位为1/2~2/3，严禁出现空仓等料情况。

（7）硫黄改性沥青混合料在生产过程中产生的溢料不能直接放回冷料仓。

（8）若某一盘料的出仓温度超过145℃，必须将此料废弃，并立即停止生产，查找超温原因，确保生产温度控制在要求范围内，才可以继续生产。

（9）混合料生产结束时，必须用白料清洗拌和仓和搅拌叶。在清理任何仍有残留硫黄改性沥青混合料的密闭空间时，严禁使用火焰喷枪或其他使硫黄改性沥青混合料残渣温度超过150℃的方法。

188 硫黄改性沥青混合料的压实工艺应注意哪些方面？

（1）紧跟慢压。

（2）可碾压温度范围较窄，故初始压实很重要，尽量在高温时完成初压。

（3）碾压过程中若出现推移和裂缝，需立即采用胶轮压路机进行碾压。

189 硫黄改性沥青对环境有何影响？

通过对硫黄改性沥青混合料洗出液的硫酸盐和硫化物浓度、pH值、溶解氧含量、水毒性及14天种子生产影响测试结果表明，硫黄改性沥青混合料对试验的水生生物和陆生生物均无影响，从而表明硫黄改性沥青混合料对环境的影响非常小。

190 什么是煤沥青？其组成怎样？各组成有何特点？

煤干馏是以煤为原料，在隔绝空气条件下加热分解的反应过程。按照加热温度不同，其分为高温干馏（加热温度为900~1100℃）、中温干馏（加热温度为700~900℃）、低温干馏（加热温度为500~600℃）。煤干馏后得到煤气、煤焦油、焦炭等。其中，煤焦油再进一步进行蒸馏，除去相对轻的组分，如轻油、酚油、萘油、洗油和蒽油等，剩余的残余物质即为煤沥青。

煤沥青主要由三环及以上的芳香族化合物，含氧、硫、氮杂环化合物和少量的聚合碳组成。用喹啉和甲苯两种溶剂，把煤沥青划分为3种组分，即α树脂(喹啉不溶物，QI)、β树脂(溶于喹啉而不溶于甲苯，TI-QS)、γ树脂(溶于甲苯，TS)。

α树脂是煤沥青中的重组分，其相对分子质量为1800~2600。该树脂含量高，可使煤沥青的黏度增大、软化点升高、针入度变小，使沥青的摩擦系数、抗油腐蚀能力和高温性能得到提高。β树脂是煤沥青中的中组分，其相对分子质量为1000~1800，在煤沥青中主要起到黏结的作用。它在常温下以固态形式存在，温度升高时呈熔融态，是一种热可塑性物质。煤沥青的路用性能对β树脂有很大依赖，加热后β树脂即可以熔化并呈流体状态存在。这使石料在搅拌过程中可以与煤沥青紧密结合，在冷却后又能重新凝聚成一体，这样的表现使得路面变得平整。但是，如果β树脂含量偏高，将会使煤沥青的脆性增大，铺筑的路面在低温条件下容易出现开裂。

γ树脂是煤沥青中的轻组分，其相对分子质量为200~1000。这种组分是一种半流体状态，颜色为黄色，具有一定的黏性。γ树脂在煤沥青中可使煤沥青流动性得到提高，这是因为γ树脂可以溶解α树脂和β树脂。γ树脂偏高会使煤沥青针入度偏高、软化点偏低。γ树脂中还含有具有刺激性气味和致癌物质如苯并芘等多环芳烃，使用前必须进行脱毒处理。

191 煤沥青有哪几种？各有何特点？

我国煤焦化企业生产煤沥青有四种，即低温煤沥青、中温煤沥青、高温煤沥青和改质煤沥青。

(1) 低温煤沥青(常简称低温沥青)，即软沥青，环球软化点为35~75℃，它虽然含多环芳烃等有毒致癌物质少，但是其胶质含量也较少，改性需要添加更多的改性剂。低温沥青组分萘及不饱和成分含量高，致使改性后的煤沥青稳定性和抗老化性很难得到解决，路面容易产生裂缝，难以满足道路施工要求，故其在道路应用较少。主要用于建筑防水、电极碳素材料和炉衬黏结剂，也可用于制备碳黑和作为燃料，还是系列新型碳材料，如针状焦、中间相沥青、中间相沥青基碳纤维、中间相沥青基泡沫炭等的优质原料。

(2) 中温煤沥青(常简称中温沥青)，环球软化点为75~95℃，它无论从胶质含量还是软化点等方面，都更接近于道路沥青的应用性能。但是，其改性后得到的道路沥青产品存在有毒气体，以及其低温性能仍不能满足道路施工的规范要求。因此，还需要去除毒性及提高路用性能等。目前，中温煤沥青通常被用来生产涂料、电极、沥青焦、油毛毡等产品，而且可以用作燃料以及沥青炭黑的原材料。

(3) 高温煤沥青(常简称高温沥青)，即硬沥青，环球软化点为95~120℃。此外，根据用户要求，煤焦化厂可生产软化点为120~250℃的特高温沥青。高温煤沥青用途：主要使用在超高功率电极、优质预焙阳极和炭块、耐火材料、炭素、高密高强度石墨，还用于防水建材、调和烧火油、道路铺筑等方面。

(4) 改质煤沥青(常简称改质沥青)。普通煤沥青的改质技术是指沥青经热聚合处理，使一部分β树脂转化为α树脂，另一部分γ树脂转化为β树脂，从而获得软化点为100~120℃的β树脂(其质量分数大于18%)，以及α树脂(其质量分数为6%~15%)。改造处理时可采用各种工艺路线，如热聚法、化学催化法、闪蒸法以及空气氧化法等。

192 煤沥青中的苯并芘类毒性化学物质怎样去除？

煤沥青中含有一定的苯并芘类化学物质，抑制或减少该类物质无论对煤沥青的应用还是在环保方面都会产生深远影响。研究发现，煤沥青采用与不饱和聚酯树脂、聚乙二醇等聚合物反应，脱出苯并芘类化学物质。在一定条件下，苯并芘类化学物质降低率超过90%，显示脱出煤沥青苯并芘类化学物质的可能性。

193 煤沥青有哪些主要应用？

(1) 黏结剂。在炭材料制品的生产过程中，煤沥青是重要的黏结剂。黏结剂质量直接决定了电极的质量。软化点高的煤沥青黏结剂在燃烧过程中更容易形成碳网晶格，能提高电极制品的强度，降低电阻率。软化点低的煤沥青黏结剂有利于电极各向异性的提高。

(2) 浸渍剂。炭材料属于多孔材料，大量气孔的存在必然对炭材料的性能产生影响。为此，对炭材料进行浸渍密实化处理，降低孔隙率和渗透率是提高炭材料制品性能的重要工艺过程。中温沥青是主要的浸渍剂。要求沥青应具有较低的不溶物含量，还要具有良好的高温流动性和渗透性，即低黏度。

(3) 中间相沥青。中间相沥青是一种介于液相反应产物和固体产物之间的新型功能性材料；煤沥青是制取中间相沥青的主要原料；由于煤沥青资源、价格、性能、炭产率高等特点，中间相沥青的应用得以快速推广。

(4) 环氧煤沥青涂料。目前，环氧煤沥青涂料主要用于输送油、气、水、热力管道的防腐等。

(5) 针状焦。针状焦是制作超高率石墨电极的重要原料；煤系针状焦是以煤焦油馏分和煤沥青为原料生产制得的。目前，煤系针状焦制取的主要方法有真空蒸馏法、M-L法(两段法)、改质法、溶剂萃取法、离心法等。

(6) 沥青基碳纤维。沥青基碳纤维以煤沥青或石油沥青为原料，经沥青的精制、纺丝、预氧化、炭化或石墨化等处理后，得到的含碳量大于92%的特种纤维。该类碳纤维不但具有炭材料固有的性能优点，而且兼具纺织纤维的柔韧性和加工性的特点，是一种新型的增强材料。

(7) 燃料。代替重油，可改善其燃烧性能；制成煤沥青浆体燃料，如沥青乳化燃料和硬质沥青-水浆。

(8) 道路沥青。煤沥青具有对沙石结合力较强、抗腐蚀性好和抗老化性较强等特点，但铺路时低温容易开裂、高温容易软化，因此不能直接用于铺路，在使用前要加入一定量的其他物质就可以生产质量比较高的道路沥青，满足道路沥青需求。

194 煤沥青对石油沥青改性的影响因素有哪些？

(1) 煤沥青与石油沥青的配伍性。建议选择四氢呋喃可溶物较高的煤沥青进行石油沥青的改性。

(2) 煤沥青的内掺比例。随着其内掺比例的增加，石油改性沥青的软化点上升、针入度下降、延度下降。煤沥青最佳内掺比例为15%。

(3) 搅拌温度。随着搅拌温度的升高，煤沥青与石油沥青的分子受热发生链断裂，重新组合形成的胶体，使得沥青混合性能趋于优化，搅拌温度为125℃时达到最优，随后温度持续升高，小分子物质挥发，又出现下降趋势。

(4) 煤沥青的粒度大小。随着加入煤沥青固体颗粒粒度的增大，石油改性沥青的软化点和延度均呈现先上升、后减少，针入度呈减小趋势。混合沥青调配时，煤沥青颗粒的最佳颗粒范围为60~80目。

(5) 不同的搅拌方式。搅拌方式也是影响煤沥青改性石油沥青改性的重要因素之一，剪切搅拌效果比机械搅拌效果更优。

(6) 化学试剂对煤改性的石油沥青(混合沥青)有一定影响。如聚合物SBS对混合沥青的延度有大幅提升，其最佳的加入量为1.5%。但十二烷基苯黄酸钠对混合沥青的改性能力有限。

195 不同搅拌方式对煤沥青改性石油沥青指标有何影响？

不同的搅拌方式对改性沥青的延度影响最大。研究表明，当煤沥青的掺量较低(如10%)时，剪切搅拌后改性沥青的延度明显大于机械搅拌后改性沥青延度。然而，随着煤沥青的掺量的增大，二者之间的差距开始减少，当煤沥青的掺加量达到20%时，机械搅拌的改性沥青的延度甚至比剪切搅拌的改性沥青的延度高。

196 煤沥青、石油沥青和煤沥青改性石油沥青的四组分如何？其发生了什么变化？

煤沥青、石油沥青和煤沥青石油沥青的四组分分析结果如表3-2所示。

表3-2 煤沥青、石油沥青和煤沥青改性石油沥青的四组分分析结果

项目	饱和分/%	芳香分/%	胶质/%	沥青质/%
基质沥青(石油沥青)	45.41	19.37	29.37	6.31
煤沥青(CTP)	2.91	15.40	36.93	44.76
煤沥青改性石油沥青1	38.77	21.35	31.71	7.91
煤沥青改性石油沥青2	28.83	27.25	35.06	8.29
煤沥青改性石油沥青3	37.02	23.70	29.95	9.33

注：基质沥青为70号石油沥青，煤沥青为中温煤沥青；煤沥青改性石油沥青1为10%的煤沥青(粒径是0.18mm)改性基质沥青；煤沥青改性石油沥青2为20%的煤沥青(粒径是0.18mm)改性基质沥青；煤沥青改性石油沥青3为10%的煤沥青(粒径是0.85mm)改性基质沥青。

在煤沥青对石油沥青改性过程中，二者间存在组分间的化学变化。当煤沥青与石油沥青相互接触时，两种物质间的小分子物质如饱和分发生聚合作用，形成相对分子质量和结构与芳香烃类似的物质；两种物质间的大分子却又发生一定的溶解作用，溶解大分子物质，形成类胶质物质。可见煤沥青作为一种改性剂，与石油沥青间的作用既包括小分子的相互聚合，也包括大分子间的溶解。煤沥青改性石油沥青的结果使改性沥青四组分更趋于符合优质道路沥青四组分的要求。

197 煤沥青改性石油沥青时发生了什么变化？

研究表明，煤沥青与石油沥青混合改性时，不仅发生了物理变化，还发生了化学变化，如发生了脱羟基反应、芳香环的聚合反应及羰基的裂解反应等。

198 煤沥青改性石油沥青有何优点？

煤沥青与石油沥青结合的混合沥青具有更好的抗老化性能，煤沥青的掺入比例越大，混合沥青的抗老化性能越强。

199 煤沥青改性石油沥青制备的主要工艺条件是什么？

研究结果表明，煤沥青可以作为道路沥青的改性剂，煤沥青掺入石油沥青制备，其制备的主要工艺条件：搅拌方式是剪切搅拌，剪切温度为125℃，煤沥青的加入比例为15%，煤沥青的粒径是60~80目。

200 煤沥青对SBS改性沥青有何影响？

研究发现，在SBS改性沥青中掺加煤沥青时，煤沥青的颗粒存在一个最优掺和现象，当煤沥青的粒径为60~80目时，复合改性沥青的延度最大。当用60~80目的煤沥青时，SBS的掺入量同样存在一个最优掺加量。当SBS掺加量为1.5%时，复合改性沥青的延度最大；当SBS掺加量大于1.5%时，复合改性沥青的延度反而减少。随着SBS掺加量的不断提高，复合改性沥青的软化点随之升高，石油沥青的高温稳定性得到改善。

201 如何制备煤沥青改性石油沥青(混合沥青)?

(1) 将石油沥青加热到125~135℃，通过流量计准确计量，按照工艺要求的数量泵入混融罐。

(2) 将煤沥青加热到115~125℃，按照工艺要求的掺入比例，如15%~25%，准确计量并泵入混融罐。

(3) 连续搅拌5~10min，充分反应混合沥青再通过高速剪切机剪切、研磨。

(4) 经细化和分散合格的混合沥青送入成品罐储存，储存温度为120~130℃。

(5) 按要求对混合沥青进行检测，确认分析合格后待用。

202 煤沥青加入石油沥青对其混合沥青性质有何影响?

(1) 煤沥青的加入对混合沥青的高温性能有较好的改善。

(2) 加入煤沥青，混合沥青对石料的黏附性高于石油沥青。

(3) 加入煤沥青，混合沥青的耐热老化性能显著改善。

(4) 随着煤沥青含量的增加，混合沥青的低温性有所衰减。

(5) 加入煤沥青，混合沥青的PI值略有降低，但对沥青体系的感温性影响不大。

203 影响废胶粉对混合沥青的改性因素有哪些?

混合沥青是指煤沥青改性石油沥青，废胶粉对混合沥青改性的产品为橡胶沥青(CRMA)，其影响因素有：

(1) 随着搅拌温度的升高，CRMA的软化点和延度均出现最大值，针入度出现最小值，峰值均在190℃附近，表明CRMA制备的最优搅拌温度为190℃。

(2) 随着废胶粉掺量的增加，CRMA变硬，使得高温性能得到改善，但胶粉的加热使得沥青分子间的内聚力降低，延度下降十分明显。最终确定废胶粉的最佳掺加量为10%。

(3) 随着废胶粉目数的增大或粒径的减少，CRMA的针入度呈下降趋势，软化点呈上升趋势，延度也呈上升趋势。研究认为，CRMA调配时胶粉最佳粒径目数应大于80目。

(4) 原料匹配性。研究结果表明，原料废胶粉对CRMA的性能影响更明显，同一牌号不同油源石油沥青原料对 CRMA 的性能影响不大。

204 橡胶改性混合沥青(CRMA)与煤沥青改性石油(CTPMA)性质比较，其差异是什么？

研究结果表明，CRMA 与 CTPMA 软化点接近，但 CTPMA 的针入度更低、延度更好，表明 CTPMA 分子间内聚力大，抗剪切能力好，硬度高、黏度高等(见表 3-3)。所以煤沥青对石油沥青的改性比废胶粉对混合沥青改性的主要指标更优。其原因是，煤沥青与石油沥青在结构上相似性决定了二者有相对良好的相容性。

表 3-3 CRMA 与 CTPMA 的比较

项目	CRMA	CTPMA
软化点/℃	59.1	55.2
针入度(25℃)/0.1mm	64	53
延度(25℃)/cm	26	56

注：CRMA 的搅拌温度为 190℃，废胶粉的比例为 10%，废胶粉粒径大于 80 目。CTPMA 的搅拌温度为 125℃，煤沥青 CTP 比例为 15%，煤沥青粒径为 60~80 目。

205 什么是煤油共处理技术？什么是液化沥青(简称 CSA)？

煤与油共处理是煤炭洁净利用的高效方法之一，它起源于煤的直接液化，是一项新的煤炭液化技术。该技术是将煤和石油渣油同时转变为轻、重质油，并产生少量 C_1~C_4气体的煤液化方法。将石油渣油或重油作为煤液化的溶剂，在得到较高的煤转化率的同时提供石油渣油或重油。某处理的本质必然涉及煤的裂解、加氢和石油渣油或重油的加氢提质，是两种工艺的结合和发展。研究表明，在一定条件下共处理，煤和催化油浆裂解的自由基碎片适度交联、重新组合，在分子水平上融为一体，可以获得组成和性质与特立尼达湖沥青(TLA)近似的液化沥青重质产物。

煤和催化裂化油浆共处理反应所得到的重质产物，常简称为液化沥青，有时也称为共处理重质产物(简称 CSA)。

206 CSA 液化沥青是怎样制备的？

煤油共处理反应时，先将 Fe 系或 Mo 系催化剂担载于煤上，煤和渣油以一定比例由釜盖上的加料孔投入高压反应釜中；经低压氮气置换 3 次后，在室温充入反应气体至一定压力，然后采用控温仪表控制升温，一般经过 1.5~2h 达到反应温度，开始保温；达到设计的反应时间后，停止加热；再降压排气，将釜中气体直接排入常温的蒸馏釜，收集冷凝的液体，不凝气体经洗液吸收后排空；气体排完后，将液固物料从高压釜下部直接排入蒸馏釜中，然后进行减压蒸馏，控制蒸馏釜温度到330℃；当真空度为0.090MPa时停止蒸馏，收集并称量共处理反应生成的水和油品质量；同时，打开蒸馏釜泄料阀门放料并收集，冷却后称重，得到共处理重质产物即为煤液化沥青。

207 在共处理反应条件下，煤和油浆单独转化有何不同？

在共处理反应条件下，煤单独转化时，四氢呋喃可溶物为73%，其中甲苯可溶物产率为57%；4种催化裂化油浆单独转化率四氢呋喃可溶物均在98%以上，其中甲苯可溶物产率是95%以上。可见在共处理条件下，煤产生了较多的四氢呋喃不溶物，而催化油浆产生很少的四氢呋喃的不溶物，这对煤油共处理反应很重要。

208 油浆种类对共处理液化沥青有何影响？

液化沥青的软化点随着油浆的比例增大而变软，但对延度的影响有一定变化，高芳香分含量油浆的液化沥青，其延度较大；低芳香分含量的油浆，其液化沥青的延度很小。高芳香分含量油浆的液化沥青有适宜的四种组分。可见油浆的芳香分含量是液化沥青延度、流变性质的关键。

209 反应温度和蒸馏条件对共处理液化沥青性质影响有哪些？

反应温度影响：

(1) 对液化沥青相对分子质量影响：在其他条件相同的情况下，随着温度的升高，相对分子质量 $M>1000$ 的分子逐渐减少，而相对分子质量较小的分子逐渐增多。共处理液化沥青的重均相对分子质量不到700，而石油沥青的重均相对分子质量均大于1000，甚至达到数千。这说明共处理液化沥青与石油沥青的分子组成在结构方面有差异，共处理液化沥青中煤结构的引入是其结构差异的主要原因。

(2) 对液化沥青路用性能影响：在其他条件相同的情况下，随着反应温度的升高，液化沥青的软化点逐渐降低，延度也在逐渐减少。这与相对分子质量随反应温度减少有关。

(3) 对液化沥青流变性影响：在其他条件相同的情况下，随着反应温度的升高，共处理液化沥青的黏度降低。说明共处理反应温度升高促进了沥青中大分子的裂解，使得沥青中的小分子随着温度增加而增多。

蒸馏条件影响：在煤油共处理反应物中以甲苯可溶物为原料，进行蒸馏。常压蒸馏与减压蒸馏相比，沥青的软化点偏低，但延度增大。在减压状态下，蒸馏温度越高，沥青的软化点越高，延度也越高。

210 Fe系催化剂和Mo系催化剂在煤油共处理反应中有何差异？

研究结果表明，Mo系催化剂在煤油共处理反应时，没有发生缩聚反应，煤转化芳香分更多，使共处理沥青有更多的芳香分，能产生低软化点的重质产物，所以 Mo 催化剂是比 Fe 催化剂更好的煤转化催化剂。

211 共处理液化沥青适宜四组分是什么？与石油沥青适宜四组分相比有何差异？

研究结果表明，共处理液化沥青的适宜四组分为：饱和分为 5%～10%，芳香分为 20%～25%，胶质为 55%～66%，沥青质为 10%～15%。

石油沥青适宜的四组分：饱和分为 13%～31%，芳香分为 32%～60%，胶质为 19%～39%，沥青质为 6%～15%。

与石油沥青适宜的四组分相比，共处理液化沥青适宜四组分中，饱和分和芳香分偏低，胶质和沥青质偏高。

212 CSA 液化沥青组成是什么？

液化沥青是指共处理液化重质产品（CSA）。对其进行溶剂萃取可分为沥青 Asp（甲苯可溶物）、前沥青稀 PA（甲苯不溶、四氢呋喃可溶物）和残渣（四氢呋喃不溶物）；残渣又可通过灰分分析将其分为有机渣和无机渣。

在大多数共处理 CSA 中，四氢呋喃可溶物占比 65%～80%，前沥青稀占比 20%～30%，沥青含量 40%～55%，灰分占比 2.5%～7.5%，有机残渣占比 20%～30%。

213 CSA 液化沥青性质特点是什么？

CSA 的特点是针入度低、软化点较高，与天然沥青改性剂近似，而且它们组成中都含有沥青、前沥青稀、有机残渣和无机灰分，但不同的 CSA 的组成分布不完全相同。

214 CSA 液化沥青的组成对改性沥青性质有何影响？

共处理的液化沥青 CSA 整体改性基质沥青时，组分之间存在相互作用。沥青组分 Asp 能促进前沥青稀 PA 和残渣在基质沥青中溶解、分散。经过萃取分离的组分，当物理混合改性基质沥青时，不能达到整体改性效果。薄膜烘箱老化试验后结果显示，组分改性时前沥青稀 PA 和残渣不及沥青组分 Asp 更能改善基质沥青的抗老化性能和感温性能，说明沥青组分 Asp 是改性剂中的关键组分。

215 为什么 CSA 液化沥青作为改性剂可克服 TLA 特立尼达湖沥青改性剂的局限性？

CSA 作为改性剂时，同一改性剂对不同基质沥青的改性结果不同，不同条件下所制备的 CSA 对同一基质沥青改性效果也不同。通过调整反应条件，可形成系列改性剂。TLA 为特立尼达湖的天然沥青，性质单一，因此以 CSA 用作改性剂时克服了 TLA 改性剂性质单一的局限性。

216 CSA 液化沥青与 TLA 特立尼达湖沥青对石油沥青改性相比，其优点是什么？

研究结果表明：CSA 改性石油沥青的常规路用性能(如软化点、延度和抗老化性能)、混合料试验性能(如马歇尔残留稳定度)和储存稳定性(如老化前后的软化点差)等性质优于 TLA 改性石油沥青，其他性质近似。

217 CSA 作为改性剂，其含量增加对改性沥青性质有何影响？

随着改性剂比例的增加，改性沥青软化点逐渐增高，针入度逐渐降低，说明改性沥青逐渐变硬。薄膜烘箱试验结果显示，随着改性剂比例的增加，改性沥青的感温性能和抗老化性能得到改善。

218 影响 CSA 改性石油沥青的因素有哪些？

(1) 搅拌方式：试验结果表明，剪切搅拌比手动搅拌效果更好，它能高效、快速、均匀地将在通常情况下互不相溶的一个或多个相分布到另一个连续相中，表现出改性沥青更好的延度，针入度更小，软化点更高。

(2) 改性剂的粒度：颚式破碎后的粒径较大，气流破碎后粒径较小。结果表明，气流破碎后的液化沥青的改性效果更佳，延度指标大幅提高。

(3) 改性剂的加入比例：增大加入比例，改性沥青针入度和延度下降，软化点升高。

(4) 基质沥青：石油沥青作为基质沥青，不同的 CSA 对基质沥青改性结果不相同，但均是针入度降低、软化点升高。

(5) 反应温度：温度对改性沥青老化有着明显影响，研究表明，在 135℃、老化 12h 时改性沥青性质变化远低于 163℃、老化 5h 的变化。

219 为什么说 CSA 液化沥青改性石油沥青有很好的应用前景？

一是液化沥青(CSA)改性的石油沥青性质优于或近似于 TLA 改性石油沥青的性质。二是制备液化沥青的成本低，因为该沥青制备是基于廉价的煤和低品位的催化裂化油浆，加工过程简单，成本低廉，经济效益好。三是液化沥青有望应用到其他普通沥青路面的建设中，以提高路面寿命，降低翻修和维护频次，大幅减少公路建设成本。

220 什么是煤炭直接液化技术和间接液化技术？

煤炭直接液化技术是指将煤炭、催化剂和溶剂混合在液化反应器中，在适宜的温度和压力条件下，将煤炭直接转化为液态产品的技术。该技术的优点是油品收率高，馏分油以汽油和柴油为主，此外还有液化残渣、燃气等，产品的选择性相对较高，设备体积小、投资低、运行费用低等；缺点是反应条件相对苛刻，得到的产物组成复杂，分离相对困难。

煤炭间接液化技术是先将煤炭在汽化炉内汽化得到合成气，再通过费托(F-T)反应得到相对分子质量分布很宽的液体产物，最后通过对液体产物蒸馏、加氢、重整等精炼过程得到合格的液体燃料、化学品以及残渣等的技术。该技术的优点是合成条件较温和，转化率高，煤种适应性强，产品洁净，无硫氮污染，工艺成熟；缺点是油品收率低，反应物均为气体，设备庞大，投资高，运行费用高等。

221 什么是煤直接液化残渣(DCLR)？其组成如何？

煤直接液化残渣(Direct Coal Liquefaction Residue，DCLR)是在煤炭直接液化过程中产生的占原料煤炭10%~30%的残渣，是一种高碳、高灰和高硫的物质，主要由未转化的煤炭、无机矿物质以及煤液化催化剂组成，其成分复杂，性质取决于煤炭的种类、液化工艺和固液分离的方法等。

把DCLR通过不同溶剂(正己烷、甲苯、四氢呋喃)逐级萃取，可将其分为四个组分：重质油(HS，可溶于正己烷)、沥青烯(A，不溶于正己烷而溶于甲苯)、前沥青烯(PA，不溶于甲苯而溶于四氢呋喃)和四氢呋喃不溶物(THFIS，未反应的煤、催化剂和矿物质)。其中，重质油占比20%~30%(质)，主要由烷基取代的萘衍生物组成；沥青烯占比20%~40%(质)，主要由六元环缩合芳烃组成；前沥青烯占比15%~30%(质)，主要由桥键和氢化芳烃连接的多个缩合芳香烃组成；四氢呋喃不溶物占比45%(质)左右，主要由未反应的煤炭、石英、硫酸钙、磁黄铁矿等矿物质组成。

222 煤直接液化残渣(DCLR)的沥青性质及其四组分如何？

煤直接液化残渣(DCLR)在常温下是一种片状的黑色固体，密度为1.2~1.3g/cm^3，针入度为1.0~5.0(0.1mm)，软化点为170~190℃，灰分含量为15%左右，感温性差，温度升高时黏度下降很快，没有黏度峰值，是一种非牛顿型的假塑性流体，高温时接近牛顿流体。煤直接液化残渣的四组分如表3-4所示。

表3-4 煤直接液化残渣的四组分

指标	饱和分/%	芳香分/%	胶质/%	沥青质/%	I_c
DCRL	0.8	4.4	14.6	80.2	4.26

注：胶体不稳定系数 I_c=(沥青质+饱和分)/(芳香分+胶质)。

(1) DCLR的油分(主要指饱和分和芳香分)含量很低，仅为5.2%，导致

DCLR 的黏滞度大；DCLR 的胶质含量较低(仅为 14.6%)，在宏观性能上表现出 DCLR 黏结力、延度等性能较差；DCLR 的沥青质含量很高，导致 DCLR 的软化点很高，黏性很大，质地硬、脆、稠等。

(2) 胶体不稳定系数 I_c 可用来判断沥青的胶体结构类型，评价四组分是否处于合理区间。DCLR 的胶体不稳定系数 I_c 为 4.26，四组分之间的比例不平衡，严重失调，这主要是由 DCLR 中沥青质含量高导致的。

223 为什么说 DCLR 归属于不饱和烃且是小分子物质？

元素分析仪研究结果表明，DCLR 主要由 C、H 元素组成，C/H 值较大；红外光谱研究表明，DCLR 由一种不饱烃及一种烷烃取代苯异构体，归属于不饱和烃基。凝胶色谱研究表明，DCLR 的重均相对分子质量仅为 497，多分散性仅为 1.46，表明 DCLR 属于一种小分子物质，具有单分散性。

224 DCLR 的高温挥发性如何？不溶物中是否有毒性？

研究结果表明，DCLR 在 190℃ 试验条件下，挥发性仅有 0.02%，挥发物的含量很少，且多为芳烃和烷烃。DCLR 在固体废物浸出试验中未查出任何 PAH (多环芳烃)，DCLR 不存在浸出物中有毒性的风险。

225 DCLR 改性沥青制备工艺条件是什么？

将 DCLR 加入某 90 号基质沥青(石油沥青)中，二者的质量比为 10∶100，进行改性沥青研究，通过正交试验和灰色关联，得出 DCLR 改性沥青制备的工艺条件：剪切温度为 150℃，剪切时间为 45min，剪切速率为 4000r/min。

226 DCLR 改性石油沥青的相容性如何？

通过玻璃化转化温度法、溶解度参数法、红外光谱法、离析法、Cole-Cole 图法、显微镜法等对 DCLR 与 5 种石油沥青改性研究发现，一般而言，拥有较低沥青质含量和胶体不稳定系数(I_c)的石油沥青，其与 DCLR 的相容性较好，其相容性排序为：90 号沥青>70 号沥青>50 沥青。

227 什么是 Cole-Cole 图法？其评价 DCLR 改性石油沥青的掺量比例如何？

Cole-Cole 图法是用来描述复介电常数(电阻率)的实部和虚部之间随频率变化的关系曲线，近年来被引用到石油沥青与改性剂相容性的研究中。因为石油沥青属于黏弹性材料，对基于流变学方法的 Cole-Cole 图法来评价 DCLR 与石油沥青相容性更合理。该图法研究推荐 DCLR 改性 90 号石油沥青时，DCLR 掺入量不宜超过 12%；DCLR 改性 70 号石油沥青时，DCLR 掺入量不宜超过 8%；DCLR

与50号石油沥青相容性较差，不适用对50号石油沥青的改性。

228 为什么DCLR改性沥青适用于沥青路面的中、下面层？

DCLR改性沥青的G_t(车辙因子随温度升高而下降的速率)值随着DCLR的掺量增加而增大，尤其在46~58℃车辙易形成区的温度区间，这种表现更为强烈。这说明DCLR改性沥青在46~58℃车辙易形成区的温度区间，其高温性能虽然随着DCLR掺量的增加而增强，但在较高的DCLR掺量下，DCLR改性沥青对温度变化极其敏感。结合DCLR改善沥青高温性能这一特点，建议通过控制DCLR在8%之内，将DCLR改性沥青用于沥青路面的中、下面层(抗车辙结构层)或用于沥青稳定基层。

229 DCLR掺量对其改性沥青高、低温性能有何影响？

对不同掺量DCLR的改性沥青进行性能评价，发现DCLR的加入可以改善沥青的高温性能，但对其低温性能有所损伤。DCLR掺量越高，DCLR改性沥青的高温性能越强，低温性能越差，其使用的范围越来越小。

230 DCLR掺量对其改性沥青的疲劳性能、抗老化性能有何影响？

研究表明，随着DCLR的掺量不断提高，改性沥青的疲劳性能、抗老化性能均越来越差。综合考虑，DCLR掺量应控制在8%以内。

231 DCLR掺量对其改性沥青感温性能有何影响？

DCLR改性沥青的研究发现：DCLR的加入可以改善沥青的感温性能。这主要是因为DCLR中含有较多的沥青质，将其加入石油沥青中，使得沥青体系逐渐形成不规则的骨架结构，促成沥青胶体结构从溶胶型向溶凝胶型、凝胶型体系的转变，直接改善沥青的感温性能。从DCLR改性沥青的感温性能来考虑，推荐DCLR掺量应控制在6%~8%。

232 SBS和橡胶粉复合DCLR改性沥青是怎样制备的？

首先，称取一定量的掺量5%DCLR的改性沥青，加热到160℃，使其成为流动状态。其次，加入一定量的SBS与DCLR改性沥青进行混合，在190℃低速搅拌剪切(4000r/min)0.5h。再次，加入一定量的橡胶粉与沥青进行共混，在190℃低速搅拌剪切(4000r/min)1h。最后，将复合DCLR改性沥青在180℃下发育0.5h。

233 不同增溶剂对DCLR改性沥青低温性能影响效果排序是什么？

对芳烃油(具有较高的芳烃含量)、煤油(类似于沥青本身的软组分：芳香分

+饱和分）、硅烷偶联剂（其分子结构中含有多种特殊基团，可以将不同种类、不同分子结构特征及相容性较差的两种物质在两相界面连接起来）、苯甲醛（其特有的醛基可以打开，连接沥青和DCLR中的芳环发生缩合反应，提高两者的相容性）、二甲苯（可溶解DCLR中过多的沥青质，使胶体结构趋于平衡）等五种相容剂的研究，结果表明：不同增溶剂对DCLR改性沥青低温性能的特性改善影响优劣排序为芳香油>硅烷偶联剂>苯甲醛>煤油>二甲苯。

234 DCLR改性沥青胶浆是怎样制备的？

将DCLR加热到190℃，沥青加热到120℃，使其为流动状态。按照一定比例将DCLR与沥青混合，用剪切仪在160℃以4000r/min剪切1.5h，制备成DCRL改性沥青。将矿粉加热到120℃，使矿粉与改性沥青混合，并在160℃以人工搅拌的方式搅拌10min，使之均匀，制成沥青胶浆。

235 DCLR加入量对其改性沥青胶浆有何影响？

研究结果表明，DCLR的加入量可以显著提高沥青胶浆的高温性能，但对沥青胶浆的疲劳性能、低温性能有损害。当DCLR掺量高于10%时，DCRL的加入会显著降低沥青胶浆的低温性能和疲劳性能。结合沥青胶浆的高低温性能、疲劳性能，推荐DCLR的适宜掺量不高于10%。

236 粉胶比对DCLR改性沥青的胶浆有何影响？

研究结果表明，不同粉胶比对改性沥青胶浆性能有一定影响，当粉胶比为0.6~0.8时，主要影响胶浆的高温性能；当粉胶比为1.0~1.2时，主要影响胶浆的低温性能和疲劳性能。结合沥青胶浆的高低温性能和疲劳性能，推荐适宜的粉胶比为0.8~1.0。

237 复合DCLR改性沥青大幅提高沥青混合料低温开裂能力的原因是什么？

这是因为复合DCLR改性沥青中SBS和橡胶粉的加入，在混合料中生成了完整的网状空间，为胶浆增加了变形空间和抗变形能力，为混合料提供了足够的黏结力，从而显著提高了混合料的低温开裂能力。

238 DCLR改性沥青、SBS的DCLR改性沥青和SBS+橡胶粉复合DCLR改性沥青等混合料的水稳定性如何变化？

研究结果表明，DCLR改性沥青（DCLR掺量5%）混合料的水稳定性基本接近SBS的DCLR改性沥青（SBS掺量2%）混合料的水稳定性，SBS+橡胶粉复合DCLR改性沥青（SBS掺量2%+橡胶粉掺量15%）混合料的水稳定性最好。这主要是因为 DCLR 中存在杂原子，增加了沥青与集料的黏附程度，而复合 DCLR 改性沥青中 SBS 和橡胶粉会进一步提高沥青和集料之间的黏结力，增加了沥青膜的抗剥离能力，进一步提高了混合料的水稳定性。

239 DCLR 改性沥青适宜应用到哪些场景？

因为 DCLR 改性沥青混合料的高温性能和水稳定性能优越，低温性能相对不足，从气候条件来考虑，DCLR 改性沥青混合料应用时，推荐应用于夏季气温高且持续时间长以及多雨地区；从交通条件来考虑，推荐应用于道路重载交通和慢速交通多的地区；从混合料应用层位来考虑，推荐应用于路面结构的中、下面层或基层。

240 为什么道路中面层是抗车辙能力最不利层位？DCLR 改性沥青适宜用在中面层吗？

一是中面层的极限最高温度达 60℃以上，并且中面层在一天中处于高温的时间很长；二是车轮与路面接触的外侧边缘处是路面剪应力相对较大的位置，剪应力峰值沿着深度方向往往位于 4～8cm 深度处，正好处于中面层。因此，道路中面层是抗车辙能力最不利层位。

因为 DCLR 改性沥青高温性能优异，在炎热天气下能够提供足够的强度，改善整个路面的抗车辙性能，所以 DCLR 改性沥青适宜应用在中面层。

241 开展生活废旧塑料改性沥青研究有何重要意义？

（1）用废旧塑料作为改性剂，可提高沥青路面高温稳定性和耐久性，延长路面使用寿命。

（2）废旧塑料来源广、价格低，制作改性剂的成本低，可以降低改性剂的价格，节约路面工程投资。

（3）开辟废旧塑料应用领域，变废为宝，减少废旧塑料对环境污染，保护环境，节约资源。

242 为什么低密度聚乙烯（LDPE）是生活废旧塑料改性沥青的主流？

在国内外研究中，利用以低密度聚乙烯为主要成分的生活废旧塑料改性沥青成为主流。这是因为低密度聚乙烯的柔软性、伸长率、耐冲击性都比高密度聚乙烯好，而且密度小，熔点较低，结晶度小，溶解参数较宽，在溶解分解区呈液态，这些因素使得低密度聚乙烯容易与沥青共混。除此之外，低密度聚乙烯虽是长链结构，但在主链上带有数量较多的烷基侧链和较短的甲基支链，这种多支链树枝状的不规整分子结构，有利于加强与集料的黏结。相对而言，高密度聚乙烯分子结构是单纯的线形，分子排列十分规整，结晶度高，很难被小分子溶剂溶解，故不宜作为改性剂。

243 国内外生活废旧塑料改性沥青制作方法主要有哪几种？

(1) 把废旧聚乙烯塑料薄膜或包装袋去除灰尘和杂质，加工成尽可能小的碎片，直接加入热沥青中进行改性。

(2) 将回收得到的生活废旧塑料分类后，对其进行热降解处理后制成塑料颗粒使用。

(3) 添加共混组分与塑料一起作为混合改性剂使用，共混组分可以是塑料(如EVA)，也可以是橡胶(SBR、SBS)，将不同改性剂的优点叠加，或者添加炭黑、硅藻土、高岭土等无机填料，改善改性沥青的高温储存稳定性。

但是，上述三大类方法制作的改性沥青始终存在离析问题，即在把废旧塑料加入沥青溶液之后的很短时间内即结皮析出，大大影响了改性效果。

244 废旧塑料鉴别方法有哪些？

第一类：物理方法鉴别，包括外观鉴别、密度鉴别、溶解度鉴别、熔融鉴别等。

第二类：化学方法鉴别，包括燃烧鉴别、热解试验鉴别、显色反应、元素鉴别等。

第三类：仪器鉴别，包括红外光谱法、X射线照射法等。

245 生活废旧塑料分选方法有哪些？

(1) 人工分选法：人工把不同塑料分拣归类，适用了小批量的塑料分离。分离精度高，效率低，劳动强度大。

(2) 磁选法：除去塑料中的金属碎屑，克服人工分选的不足。

(3) 风力分选法：依据塑料的相对密度不同、相同体积的塑料随风飘移的距离不同来进行分选，此法通常用于大量废料的初选工序。

(4) 静电分选法：高分子材料在静电感应后具有不同的带电特性，根据不同物质的带电特性可将废旧塑料分选开，该分选方法成本高。

(5) 浮选法：利用塑料表面化学性质不同，有选择地加以处理，使其具有疏水性或亲水性来进行分选，适用于密度相差较小的塑料分离。

(6) 低温分选法：利用各种塑料的脆化温度不同，分阶段改变其温度，就可以有选择地进行粉碎，同时达到分离的目的，具有分选与粉碎在一个工序完成的优点。

246 生活废旧塑料回收再利用的方法有哪些？

生活废旧塑料的回收利用可分为简单再生和改性再生两大类。

简单再生利用是指把回收的生活废旧塑料制品经过分离、清洗、破碎、造粒后直接加工为成型产品，或者把塑料制品加工厂的边角料加入适当添加剂成型再利用。简单再生利用的方法之一就是造粒，其基本工艺路线是：

收集→分选→粉碎→清洗→脱水→烘干→配料→混合→造粒。

改性再生利用是指将再生料通过机械共混或化学接枝进行改性的技术，如增韧、增强、并用、复合、活化粒子填充等共混改性，或者交联、接枝、氯化等化学改性。改性再生制品的力学性能得到提高，可以作为档次较高的再生塑料制品，但改性再生利用的工艺路线较为复杂，有的需要特定的机械设备。

247 制作沥青改性剂对废旧塑料有什么要求？

（1）生活中塑料袋、包装塑料薄膜、塑料盆、塑料桶、塑料凳子、塑料玩具，以及来自塑料制品生产中的塑料边角料等，其主要成分是PE或PP类，均可用于制作沥青改性剂。可以用单一的废旧塑料(PE或PP废旧塑料)，也可以把几种塑料混合制成沥青改性剂(PE和PP的混合废旧塑料)。

（2）废旧塑料在制作沥青改性剂之前，应对其进行清洗，以避免废旧塑料所黏附的垃圾、油污影响改性剂及改性沥青的性能。

（3）符合要求的废旧塑料应在废旧塑料收购站(厂)用人工或机械分拣得到。

（4）PE或PP改性沥青性能不同。PP类废旧塑料改性沥青的软化点较高，PE类废旧塑料改性沥青的软化点相对较低。在一般情况下，为提高沥青的高温稳定性，应优先使用PP类的废旧塑料。

248 生活废旧塑料制作沥青改性剂的新方法(CRP)是什么？

把废旧塑料片或塑料颗粒(recycled plastic，RP)加热至250~260℃，同时加入裂化剂，使得塑料分子链断裂，冷却后即制作成裂化废旧塑料改性剂(cracking recycled plastic，CRP)。该方法称为加热裂化制备废旧塑料改性剂新方法。

249 实验室如何制备热裂化废旧塑料改性剂(CRP)？

（1）在电子天平上称取原塑料颗粒150~200g，放入耐高温的钢杯中。

（2）将钢杯放置于电炉上加热，加热温度至250~260℃，加热的同时进行搅拌，确保原塑料颗粒受热均匀。

（3）加热约10min后原塑料颗粒开始熔融，同时加入裂化剂，继续搅拌，使钢杯中熔融的塑料受热均匀。

（4）再加热至约10min后，停止加热搅拌，使样品在室温下自然冷却。

250 为什么说热裂化塑料改性剂(CRP)化学活性更强？

塑料的热稳定性与塑料分子的化学活性呈正相关关系。化学活性主要取决于分子中化学键的强弱，化学键越弱越有利于发生化学反应。其中不饱和键、极性基团越多，越有利于提供电子，发生氧化还原反应。热重法-差视扫描量热法联合谱图分析表明，裂化处理后塑料的热稳定性有所降低，分子中的不饱和键增多，同时形成了更多的极性基团，分子中的化学键变得更加活泼，更容易给出电子，氧化还原反应更容易，因此裂化后塑料的化学活性更强。

251 废旧塑料改性剂的结晶度与哪些因素有关？

差视扫描量热法(DSC)曲线分析表明，结晶度主要与高分子的两个性质有关。一是内聚能，内聚能越大，结晶度越高；而内聚能主要由相对分子质量大小决定，相对分子质量越大，内聚能越大；另外，内聚能也受高分子链上的极性基团影响，极性基团越多，内聚能越大。二是链的柔顺性，高分子链段的柔顺性越好越有利于结晶，柔顺性主要受支化程度、交联程度影响，支链越多、交联越多就越不利于结晶；另外，柔顺性也与链长有关，链越长，柔顺性越好，反之则差。

252 为什么说热裂化废旧塑料改性剂的结晶度明显下降？

差视扫描量热法(DSC)曲线分析表明，塑料裂化前后的分子结构已经明显不同，裂化后塑料相对分子质量的分布更宽，相对相对分子质量更小，高分子链更短，且带有更多的支链，使得内聚能降低、高分子链的柔顺性下降，所以热裂化废旧塑料改性剂的结晶度明显下降。

253 一种聚合物能否用作沥青改性剂，需要满足哪些条件？

与沥青的相容性好；在沥青混合温度条件下不分解；易加工和批量生产；使用过程中始终能保持原有性能；经济合理，不显著增加工程投资。

254 什么性质的基质沥青与聚合物的相容性更好？

(1) 从基质沥青的四组分来评判与聚合物的相容性。饱和分 8%~12%、芳香分及胶质 85%~89%、沥青质 1%~5%的基质沥青与聚合物的相容性较好。

(2) 宜采用高标号的基质沥青。一般随着针入度减小，相容性降低，形成网状结构所需的聚合物增加，温度的敏感性也增加。但为使改性沥青达到较好的高温稳定性效果，沥青标号也不宜选择过大，应结合路面使用温度范围而定。

255 如何采用高速剪切混合乳化设备制备废旧塑料改性沥青？

(1) 在电子天平上称取 400~500g 基质沥青。

(2) 根据已称取的基质沥青重量和外掺改性剂的比例称取废旧塑料改性剂。改性剂外掺比例一般为沥青重量的 5%~6%。

(3) 将基质沥青在电炉上加热至 155~165℃，按设计比例加入生活废旧塑料改性剂。

（4）将改性剂在沥青中静态溶胀，温度保持在160~180℃，其间用玻璃棒搅拌，直至塑料变软或者分散为小块状。溶胀的目的是防止剪切时较硬的塑料块破坏剪切仪转子，同时使改进剂剪切后更好地分散在沥青中。塑料颗粒的溶胀时间较长(40min左右)，裂化后的塑料溶胀时间较短(10min左右)，具体溶胀时间与改性剂掺量和粒径大小有关。

（5）将溶胀后的改性沥青置于高速剪切仪中剪切，剪切温度保持在160~170℃，剪切速度为2000~3000r/min，塑料颗粒改性沥青的剪切时间约为30min，裂化废旧塑料改性沥青的剪切时间约为10min。

（6）剪切停止后，沥青表面无层状漂浮物，用玻璃棒蘸在玻璃板表面无颗粒状改性剂，则判定剪切混合完成，改性沥青可用于下一步试验。

256 裂化与未裂化废旧塑料改性沥青的储存稳定性有何不同？

（1）裂化废旧塑料改性沥青是用CRP废旧塑料改性剂制作的，其改性沥青试样表面光滑、均匀，无分层现象；在长时间热储存后仍然保持着均匀性，无明显离析，满足聚合物改性沥青技术要求(软化点差小于2.5℃)，储存稳定性好。工程上应采用CRP改性剂的改性沥青。

（2）未裂化废旧塑料改性沥青是用RP废旧塑料改性剂制作的，其改性沥青试样表面凹凸不平，上部有较厚的结皮，为再次聚合的塑料，离析严重，储存稳定性差，不能满足聚合物改性沥青技术要求。工程施工中若采用未裂化的RP塑料颗粒改性剂的改性沥青，则必须边剪切边使用，同时保证有足够的储存温度并不断搅拌。

257 生活废旧塑料改性沥青储存稳定性主要特点是什么？

（1）RP改性沥青在停止搅拌和温度下降后的短时间内即产生严重的离析，试样表面结皮，上下部软化点之差大于2.5℃，不能满足我国聚合物改性沥青的技术要求；CRP改性沥青在(135℃±5℃)的烘箱里离析48h后冷却，上下部软化点之差小于2.5℃，能够满足我国聚合物改性沥青的技术要求。因此，CRP改性沥青的储存稳定性远优于RP改性沥青。

（2）CRP改性沥青储存稳定性良好，改性剂掺量、基质沥青种类对离析没有明显影响。

（3）RP与沥青没有形成稳定的互溶体系，在RP颗粒聚集与分子结晶的共同作用下产生离析，而CRP分子变小，相对分子质量减少，分子结构较为松散，有利于为沥青中轻组分所分散；CRP相对分子质量分布宽，溶解度参数范围较广，更多的沥青组分能够将其溶胀；CRP分子极性更强，与沥青中的极性组分

(沥青质)的相互作用更强，能在沥青各组分中当中起到胶溶作用；CRP 的结晶能力降低，避免了 CRP 因为结晶而相互聚集，这些分子结构的变化使 CRP 与沥青有着良好的相容性而不离析。

(4) 为保证改性沥青性能，从而保证混合料拌和与摊铺施工质量，工程应用中应采用 CRP 型废旧塑料作为改性剂。

258 从废旧塑料改性沥青红外光谱分析中能够得出什么重要结论?

通过红外光谱分析可知，两种生活废旧塑料改性沥青均以物理改性为主，改性沥青仍是多相复合体系，通过各种相间的协同作用体现改性沥青的各种性质。这些性质将受到改性剂(RP、CRP)在沥青中分散、吸附、溶胀、溶解、交联的直接影响。

259 与未裂化 RP 相比，裂化的 CRP 分子结构有何特点?

(1) 分子尺寸更小，相对分子质量更低，链段间的相互作用力更弱，分子结构更为松散，更容易为沥青中的轻质组分所分散。

(2) 相对分子质量分布更宽，溶解度参数的范围较广，能与沥青中的多个组分互配，使更多的沥青组分能够将其溶胀。

(3) 分子极性更强，具有更多的不饱和键以及极性基团，与沥青极性组分(胶质和沥青质)相互作用更强，使 CRP 分子能在沥青中起到胶溶作用，形成胶粒界面层更为牢固。

(4) CRP 高分子链的柔顺性下降，链长变短，支化程度变大，形成了一定量的活泼基团而容易发生交联；高分子链段的柔顺性下降，使其结晶能力降低，在沥青中不易结晶，避免了 CRP 结晶而相互聚集产生离析。

260 生活废旧塑料改性沥青混合料的水稳定性如何变化?

研究结果表明，废旧塑料改性剂没有改变沥青与集料的黏附性，与基质沥青混合料相比，废旧塑料改性沥青的水稳定性有所提高，CRP 改性沥青混合料的水稳定性好于 RP 改性沥青混合料。

261 废旧塑料 CRP 与 SBS 改性沥青性质有何差异?

(1) 在相同掺量条件下，CRP 改性沥青的针入度与 SBS 改性沥青的针入度相差不大，但 SBS 改性沥青的软化点和黏度高于 CRP 改性沥青，CRP 改性沥青的 5℃ 延度略大于 SBS 改性沥青。

(2) 根据 SBS 改性沥青的软化点要求及软化点随掺量的变化情况，SBS 改性沥青的掺量一般为 4%时就可以使软化点达 70℃以上，要使 CRP 改性沥青达到相同的软化点指标，掺量应比 SBS 掺量多 1%左右。

262 什么是干法改性？有何优势？对改性剂有何要求？

干法改性是指直接将改性剂投入沥青混合料的拌和锅内，与矿料和沥青共同拌和制作改性沥青混合料的施工工艺。其优势是设备简单、施工成本低、施工工艺简单。

其对改性剂的要求是，熔点与沥青混合料拌和温度相近，易于熔化和分散在沥青中。

263 废旧塑料干法改性有何意义？

在 170~180℃，废旧塑料 CRP 改性剂可以完全熔化，且与沥青有着优良的相容性，满足干法拌和对改性剂的要求。这一特性表明，可以直接把 CRP 投入拌和锅里与沥青拌和，而不需要采用剪切设备预混，从而给施工带来很多方便。对于没有专门改性沥青剪切设备的地方道路施工企业，无论工程大小都可以采用干法改性，节约改性沥青成本。因此，研究废旧塑料干法改性有着重要的现实意义。

264 干法 CRP 改性沥青拌和的主要工艺条件是什么？

混合料拌和时，在 175±5℃ 条件下，添加 CRP 改性剂后拌和时间不宜低于 30s。添加顺序为：喷洒沥青后先添加 CRP，拌和 25~30s；然后添加矿粉，以保证 CRP 完全熔化，同时避免 CRP 浸入集料表面而影响与集料的黏附性。

265 生活废旧塑料干法改性沥青的效果如何？

（1）干法添加的 CRP 能较好地溶于沥青中，提高了沥青性能，但相比湿法改性，指标略低。

（2）无论干法还是湿法，其改性沥青性能随着 CRP 掺量的增加而提高。

（3）CRP 与混合料拌和时间应根据 CRP 的粒径确定，一般宜大于 30s。

（4）干法改性沥青与湿法改性沥青性能相近，表明 CRP 干法改性沥青可以用干法施工。

266 什么是浇筑式沥青混凝土(GA)？其有何特点？

浇筑式沥青混凝土(GA)又称注入式沥青混凝土，是在高温状态下(220~260℃)拌和，摊铺是依靠自身的流动性成型而无须碾压就能达到规定密实度和平整度要求的沥青混合料。属于密集配沥青混凝土，具有沥青含量高、细集料含量和矿粉含量高、孔隙率小(通常不大于 1%)特点。

267 浇筑式沥青混凝土桥面铺装有何优点？其主要矛盾是什么？

浇筑式沥青混凝土桥面铺装优点：

（1）混合料几乎是无孔隙率的，因而成型过程中无须碾压或轻微碾压便能达到强度要求，不会出现因压实不足而造成的缺陷或病害。

（2）不透水，也不吸水，对经常性潮湿作用的气候因素影响不敏感，所以不会出现水损害方面的问题。

（3）成型的混合料在气候因素的影响下不易老化，因而具有较强的使用耐久性。

（4）浇筑式沥青混凝土呈黏弹性，对钢桥面板变形有很好的追从性。

对浇筑式沥青混凝土而言，良好的高温稳定性要求和施工流动性要求的高沥青含量是一对矛盾，成为浇筑式沥青混凝土配合比设计的难点，并不同于普通路面的沥青混凝土。

268 浇筑式沥青混凝土为何用 SBS 和 CRP 复合改性沥青？其胶结料的原料构成是什么？

SBS 改性可以显著提高沥青的软化点，同时增大沥青的黏度，CRP 改性可提高沥青的软化点和黏度，但增大黏度幅度小于 SBS。因此，SBS 和 CRP 的复合改性可以提高沥青软化点，同时又不过大增加沥青黏度，从而满足浇筑式沥青的施工流动性要求，克服单掺 SBS 过大使沥青黏度增大但施工流动性不足的问题。研究结果表明，沥青原料构成为 5%SBS+5%CRP+(33.5%湖沥青+5%岩沥青+61.5%70#沥青)的复合改性沥青胶结料可满足浇筑式沥青混凝土软点要求及施工流动性要求。

269 工业上是怎样进行废旧塑料改性沥青生产的？

（1）基质沥青加热。废旧塑料颗粒的熔融温度为 150~160℃，为了保证基质沥青不老化，同时达到废旧塑料的熔融温度，基质沥青应加热到 160~170℃，计量后打入溶胀罐。

（2）添加改性剂。人工把废旧塑料颗粒倒入添加机械中，按设计添加量自动称量，然后加入溶胀罐。改性剂掺加比例一般为沥青重量的 5%~6%。

（3）溶胀。基质沥青与废旧塑料改性剂的混合溶胀是制备改性沥青的重要环节，充分溶胀可使废旧塑料颗粒趋于液体状态。通常，废旧塑料颗粒与基质沥青溶胀时间要在 20min 以上，颗粒变大，溶胀时间适当延长。溶胀罐应配有搅拌器，溶胀过程要不停搅拌。

（4）剪切。溶胀一定时间后，初步混溶的沥青通过剪切磨(或胶体磨)进行剪切混溶，在剪切过程中沥青的温度要保持稳定，剪切时间根据溶胀罐的沥青容量确定，一般剪切两到三遍即制成改性沥青。

（5）储存和运输。剪切完成后的沥青打入储存罐，等待运输。废旧塑料改性沥青易离析，储存罐必须配有搅拌器，同时必须保证较高的储存温度。热裂化废旧塑料改性剂与沥青的相容性好，为确保改性沥青质量也要配有搅拌器，存储温度可适当低些。

270 什么是微表处？其应用特点是什么？

微表处(Micro-surfacing)是采用专用机械设备将聚合物改性乳化沥青、粗细集料、水、填料和添加剂等按照设计配合比要求拌和成稀浆混合料摊铺到原路面上，并很快开放交通的具有高抗滑和耐久性能的薄层。也可用于多层施工，如车辙填料、提高路面高程以及路表的重新处理。复合层应用允许微表处的厚度超过10mm厚度规则。

微表处应用的特点：①施工速度快；②开放交通快；③对交通影响小；④具有良好的抗滑性能；⑤密封路面；⑥黏附性好；⑦修复车辙；⑧延长施工期；⑨保护环境；⑩桥面应用。

271 什么是稀浆封层(Slurry Seal)？其有何作用？

稀浆封层是指采用专用的机械设备(稀浆封层摊铺车或称稀浆封层机)将乳化沥青、粗细集料、填料、水和添加剂等按照设计配比拌和成流动状态的稀浆混合料摊铺到路面上，经过破乳、凝结、硬化而形成的沥青封层。稀浆封层通常只铺一层(其厚度为级配中最大集料的粒径)。其具有防滑作用、耐磨耗作用、防水作用和填充作用等。

272 微表处在我国高速公路沥青路面维修养护的主要用途是什么？

(1) 防止水破坏。无论采用半刚性路面、刚性组合式路面还是刚性路面，路面都产生不同的水破坏。水破坏很快，性质非常严重，是石路基路面的主要破坏因素。防止水破坏是微表处技术在我国高速公路沥青路面维修养护中的一个最主要用途。

(2) 修复车辙。车辙是我国高速沥青路面的主要病害之一，单层微表处适用旧路面车辙深度不大于15mm的情况；超过15mm必须分层铺筑；深度大于40mm时，不适宜采用微表处处理。

(3) 恢复路面服务功能。路面功能降低是指路面不平整或太光滑，使其不再具有预期的行驶质量和服务水平。高速公路沥青路面在使用过程中，其摩擦系数会下降，路面因坑槽、反射裂缝等修补出现平整度下降，微表处罩面可使路面快速恢复服务功能。

273 为什么要进行微表处试验段铺筑？

(1) 操作人员熟悉设备，辅助人员明确分工，各司其职进行演练；(2)验证设备的稳定性和精确性等施工性能；(3)检验稀浆混合料的施工性能，确定生产配合比。

274 什么是沥青路面再生技术？

沥青路面再生技术是一种通过特定工艺将旧路面材料进行处理，得到满足路面要求的混合料，从而实现旧路面材料重复利用的技术。

275 不同再生方式在旧料利用率、级配、强度、水稳定性等方面的区别是什么？

不同再生方式在旧料利用率、级配、强度、水稳定性方面的对比如表3-5所示。

表3-5 不同再生方式的对比

再生方式	冷再生方式				热再生方式	
	厂拌冷再生		现场冷再生		厂拌热再生	现场热再生
	乳化厂拌	泡沫厂拌	乳化就地	泡沫就地		
旧料利用率/%	90~100	80~90	90~100	90~100	20~50	90~100
再生层性能	柔性基层	倾向水稳基层	柔性基层	倾向水稳基层	和新热拌混合料等同	与新热拌混合料等同
级配控制	可控制	可控制	不能控制	不能控制	可控制	可控制
强度形成	逐渐形成，后期强度增大	早期强度形成快，易开放交通	逐渐形成，后期强度明显增大	早期强度形成快，易开放交通	很快，铺完基本可以开放交通	很快，铺完基本可以开放交通
水稳性能	一般	不好	一般	不好	好	好
级配特征	偏粗	偏细（需要粉料）	偏粗	偏细（需要粉料）	和普通一样	和普通一样

276 乳化沥青冷再生技术特点是什么？

(1) 无论厂拌冷再生还是就地冷再生，混合料均无须加热，直接拌和，无污染，节约资源。

(2) 利用旧材料，可节约资金20%~50%。

(3) 施工时间短，强度增长快，施工后可快速开放交通。

(4) 作为基层用的乳化沥青混合料，碾压成型后具有柔性，不易产生裂缝，耐久性好。

(5) 储存稳定性好，厂拌的乳化沥青混合料可储存一个月左右。

(6) 用于对原路面出现深层裂缝及拥包、坑槽等现象进行修补。

277 就地乳化沥青冷再生技术优点是什么？

（1）节省投资。一次完成的回收再利用方式，比传统的回收方式增加70%~80%的效益，比传统路面翻新方式在成本上节省20%~50%。

（2）保护环境和节省资源。不需要从自然界开采大量的沙、石、沥青等原材料，也不向自然界倾倒大量的废旧沥青混合料，100%利用现有旧料；施工中产生的振动、噪声比其他施工方法小，在市区也可进行夜间作业，有利环保。

（3）交通干扰小。维修时只需要封闭一个车道，其余车道可以开放交通，最大限度地减少路面维修给交通带来的干扰和影响，施工结束后即可开放交通。

278 就地乳化沥青冷再生技术缺点是什么？

（1）对级配不能实现严格控制，对铣刨层以下的结构病害无法处理。

（2）就地乳化沥青冷再生混合料成型时间比泡沫沥青冷再生混合料成型时间长。

（3）由于需要加铺一层罩面，改变了原路面的标高，对于要求路面标高严格的高速公路就不能采用这项技术。

279 就地乳化沥青冷再生技术应用范围是什么？

就地乳化沥青冷再生技术适用于一级、二级、三级公路沥青路面的就地再生利用。对于一级、二级公路，再生层可作为沥青路面的下面层或基层；对三级公路，再生层可作为沥青路面的面层或基层；用作上面层时应采用稀浆封层、碎石封层或微表处等加铺一定厚度的罩面层。

280 厂拌乳化沥青冷再生技术优势是什么？

（1）能够严格控制级配，同时能够对铣刨层以下的病害进行有效修补。

（2）冷再生工艺全过程能耗低，常温拌和、摊铺，无有害气体发生。

（3）旧路面铣刨材料有效利用率可达到94%以上。

281 厂拌乳化沥青冷再生技术缺点是什么？

（1）再生混合料强度的形成需要较长时间。

（2）乳化沥青冷再生层一般需要加铺一定厚度的罩面层。

（3）施工效率略低，成本费用偏高。

282 厂拌乳化沥青冷再生技术应用范围是什么？

厂拌乳化沥青冷再生技术适用于各等级公路旧沥青路面材料的再生利用。再生后的沥青混合料根据性能和具体工程情况，可用于高速公路和一级、二级沥青路面的下面层、底基层，不可用于上面层。当用于三级、四级公路上面层时，应采用稀浆封层、碎石封层或微表处等做一层罩面层。

283 乳化沥青再生混合料的强度形成机理是什么？

乳化沥青再生混合料是一个多种材料的混合物。压实不久的乳化沥青再生混合料是由初步破乳恢复沥青性能的乳化沥青、较大数量的水、粗集料、细集料和矿粉构成，包括微量的水泥；压实成型的混合料，在行车荷载和环境温度作用下，水分不断蒸发，乳化沥青不断破乳恢复沥青黏结性质。约七天后，乳化沥青再生混合料含有很少量水分，强度发育完成，最终达到与热沥青路面几乎相同的效果。

284 乳化沥青稀浆封层应用范围是什么？

乳化沥青稀浆封层应用范围：用于二级、三级、四级公路沥青路面的预防性养护罩面；用于新建或改扩建各等级公路(包括高速公路)的下封层；用于新铺沥青路面的封层；用于在沙石路面上铺磨耗层；用于水泥路面基层防水连接层；用于水泥混合土路面和桥面的维修养护；其他应用，如城市道路、厂区道路、停车场等。

285 乳化沥青稀浆封层技术不能解决哪些工程问题？

(1) 稀浆封层由于厚度薄，不具备结构补强功能。

(2) 当沥青路面出现泛油时，不能选用乳化沥青稀浆封层方案。

(3) 当水泥混凝土路面出现断板且板块不稳定时，不能选用乳化沥青稀浆封层方案。

(4) 当路面结构层出现反射性开裂时，采用乳化沥青稀浆封层方案不能阻止或抑制路面反射性开裂的发生。

286 添加剂和填料在稀浆封层混合料中的作用各是什么？

添加剂的主要作用是调节稀浆混合料可拌和时间、破乳速度、开放交通时间等施工性能，并在一定程度上改变稀浆封层混合料的路用性能。

填料的主要作用是改善级配，提高稀浆混合料的稳定性，加快或减缓破乳速度，提高封层强度等。

287 乳化沥青稀浆封层有哪些技术？

(1) 聚合物改性沥青稀浆封层：用聚合物或其他特殊用途的添加剂的改性乳化沥青来增强稀浆的特殊性，以满足工程的特殊需求。改性乳液可以改善沥青和集料之间的黏聚力或提高稀浆封层的耐久性。

（2）纤维乳化沥青稀浆封层：它是在普通封层的基础上，通过掺加纤维来提高普通稀浆封层路用性能。纤维乳化沥青稀浆封层具有抗裂性、耐磨性能好、技术经济价值高等特点，并具有普通稀浆封层所具有的优点。纤维乳化沥青稀浆封层分为普通乳化沥青的纤维稀浆封层和改性乳化沥青的纤维沥青稀浆封层。

（3）橡胶粉乳化沥青稀浆封层：它是通过掺加橡胶粉来提高普通稀浆封层路用性能。

288 橡胶屑干法处理新技术中 Plus Ride 混合料的结构特点是什么？

（1）采用较粗颗粒的橡胶屑以增强橡胶颗粒的弹性变形能力。橡胶屑的粒径分布是不连续的，在 1.68mm 处有一很大的断点，1.68～6.35mm 的粗颗粒占 60%～70%，1.68～4.75mm 的粗颗粒所占比例最大，约占 50%。橡胶屑的用量常为集料总质量的 1%～6%，最常见的用量为 3%。

（2）采用断级配的集料，降低细集料的比例，以便腾出空间来容纳橡胶颗粒。

（3）要求富量的沥青砂浆来增强橡胶颗粒与集料的黏附性和充填混合料中的空隙，以使混合料具有必要的耐久性和密水性。

289 橡胶屑干法处理新技术中类集料干法处理混合料的结构特点是什么？

（1）类集料干法处理（Generic Dry Process）系统的橡胶屑不像“Plus Ride”那样是以粗粒径为主的间断级配，而是一种由粗颗粒和细颗粒橡胶屑组成的连续级配。粗的橡胶颗粒将起到“弹性集料”作用，承担除冰雪的功能，而细的橡胶屑将与热拌沥青发生“反应”而起到对结合料的改性作用。

（2）类集料干法处理系统混合料的矿料级配是按照密级配的原则来设计的，并按比例做了一些修改，以便容纳同样是按密级配原则设计的橡胶颗粒。

290 橡胶屑干法处理新技术中橡胶块沥青混凝土（CRAC）混合料的结构特点是什么？

（1）加大了橡胶屑的粒径，其橡胶屑的级配有一很窄的粒径范围，为 4.75～12.5mm，其中主要部分是 4.75～9.5mm 的粗颗粒，故称为橡胶块（Chunk Rubber）。

（2）加大了橡胶屑的用量，通常为集料总质量的 3%～12%。

（3）橡胶颗粒是作为一种弹性集料加入矿料中的，它与矿料合成在一起组成密级配结构。

291 橡胶屑干法处理新技术在改善沥青性能方面有哪些发展？

（1）采用细的或超细的橡胶粉来取代常规干法处理的粗颗粒橡胶屑。细的橡胶屑可以较容易与沥青在热拌混合料中发生反应，以改善沥青结合料的性能。

（2）延长混合料拌制后的养生时间和温度以强化橡胶屑在高温混合料中的融胀作用。

（3）采用对橡胶屑进行预处理（Per-treatment）或预反应（Per-reaction）方法，使橡胶屑能比较容易地与沥青发生融合反应。

292 橡胶屑干法处理新技术中后融胀干法处理和预融胀干法处理有何不同？

后融胀干法处理是指在干法加工混合料时把橡胶屑加入拌和好的混合料之后，以提高橡胶屑热融胀能力，改善干法处理对沥青的改性作用。

预融胀干法是指在干法加工混合料时将橡胶屑与一部分沥青的融胀过程预先在专门的设备上进行，然后将融胀好的橡胶屑用直投法加入沥青搅拌设备的拌缸中，与集料和其余部分的沥青一起拌和成橡胶沥青混合料。

293 非搅动型橡胶沥青湿法处理有哪些新技术？

（1）对橡胶屑进行降解活化处理技术。采用高强度机械手段（如双螺杆挤出机）来破坏硫化橡胶中的网状连接，采用微波、超声波等物理方法来切断橡胶的硫-硫键，用硫黄、硫化物、黄酸等活化剂对橡胶屑进行反硫化处理。经反硫化处理的橡胶屑更容易分散和融化于热沥青中，从而提高结合料的热储存稳定性。但随着橡胶屑降解程度的增强，橡胶改性沥青的性能将随之下降。

（2）对橡胶屑进行表面活化处理。其目的是使橡胶屑的表层变得与沥青更加容易融合。由于只涉及橡胶颗粒表层，未进入其内核，因而橡胶屑进行表面活化处理对橡胶改性沥青性能影响会小于橡胶屑降解活化处理方法。以炼油厂催化裂化的产物FCC油浆对橡胶屑进行预处理为例，FCC油浆的组成结构与沥青相近，含有较多的芳香烃和饱和烃，用FCC油浆浸泡橡胶屑，使橡胶屑表面膨润疏松，部分恢复生胶性质。因此，经FCC油浆预处理的橡胶屑更容易在沥青中分散、熔融，从而提高橡胶屑改性沥青的储存稳定性。

（3）在橡胶屑与沥青的高温融胀过程中强化橡胶屑的反硫化和降解作用。采用氢气催化剂使橡胶屑在融胀过程中通过加氢裂变来强化其反硫化过程。采用FCC过程废弃的裂化催化剂来强化对橡胶屑的反硫化降解作用。采用在热融胀中加入有机酸，采用双氧水处理橡胶屑等。该方法提高了结合料储存的稳定性，产品性能也得到改善，代表了非搅动型橡胶改性沥青的发展方向。

此外，采用胶粉与SBS的复合改性沥青也是有发展前景的。微小的胶粉颗粒镶嵌在SBS网络结构中，有助于改善橡胶沥青储存稳定性，而SBS改性作用则有助于提高结合料的路用性能。

294 搅动型橡胶沥青湿法处理有哪些新技术?

（1）利用温拌技术来改善沥青-橡胶施工的和易性。选择适宜的温拌剂加入沥青-橡胶中即可制得温拌橡胶沥青，使得沥青-橡胶的拌和温度下降30℃左右，从而改善沥青-橡胶的施工和易性。

（2）利用“等密度”原理改善沥青-橡胶储存稳定性。其原理是将密度大于沥青的橡胶和与密度小于沥青的PE材料，按与沥青等密度的原则结合在一起，使复合粒子的密度接近于沥青的密度，使改性剂悬浮于液态沥青中而不容易产生离析。实际使用时，把橡胶屑和塑料按一定比例制成更接近沥青密度的“塑胶颗粒”作为橡胶沥青的原材料。

295 橡胶沥青(橡胶改性沥青和沥青-橡胶)在热拌沥青混合料路面中有哪些应用?

（1）橡胶改性沥青可用于沥青路面的中层和下面层。

（2）沥青-橡胶可用于沥青路面的磨耗层。

（3）沥青-橡胶可用于水泥路面加铺改造工程中。

（4）混凝土桥面的上面层宜采用沥青-橡胶混合料来铺设，下面层可用橡胶改性沥青铺设。无论是沥青-橡胶还是橡胶改性沥青，均不宜用于刚性桥面的铺装结构中。

296 橡胶沥青的施工条件有何要求?

（1）橡胶沥青混合料适宜在温暖、干燥的气候条件时施工，大气和路表面的温度应大于13℃，并且继续在上升。

（2）橡胶沥青混合料不适宜在雨天、早春或深秋的寒冷天气，以及大气和道路表面的温度低于13℃气候条件下施工。

（3）橡胶沥青混合料不适宜在原路面存在较宽裂缝(大于12.5mm)或弯沉大、承载能力不足的原路面上施工。

（4）橡胶沥青混合料不适宜在需要大面积手工作业的工况下施工。

（5）橡胶沥青混合料不适宜在运距长(沥青拌和站至现场的距离)的条件下施工。容许运距取决于气温、风力、自卸货汽车保温设施、现场的等待时间等因素，应根据实际情况确定。

297 橡胶沥青混合料对摊铺温度有什么要求?

（1）当气温不小于18℃时：摊铺机料斗内的混合料温度宜在160~170℃；摊铺机熨平板正后方刚摊铺好的铺层温度宜在150~165℃。

（2）当气温小于18℃时：摊铺机料斗内的混合料温度宜在165～175℃；摊铺机熨平板正后方刚摊铺好的铺层温度宜在155～165℃。

298 橡胶沥青混合料对碾压温度有什么要求？

（1）当气温不小于18℃时：初压开始温度为150～165℃；初压结束温度为140～155℃；复压结束温度≥125℃。

（2）当气温小于18℃时：初压开始温度为155～165℃；初压结束温度为145～155℃；复压结束温度≥125℃。

299 橡胶沥青在表面处置与封层的应用方面有什么优势？

沥青-橡胶结合料因具有十分良好的黏弹性及施工时的高温高黏度特点，使其在应用于表面处置及封层时，有一系列独特的优势。

（1）能保持很厚的结合料摊铺层：施工时所具有的高温黏度使其喷洒至路面时流动性很差，结合料不会到处流淌，因而可以采用更高的结合料用量，保持很厚的结合料摊铺层。沥青橡胶的洒布率通常为普通沥青或乳化沥青的3～4倍，也比改性沥青高出1倍以上。

（2）提高了石屑沥青膜的厚度：高的结合料用量，加大了裹覆在石屑上的沥青膜厚度，从而提高了结合料与石屑之间的黏附性，也改善了与原路面之间的黏结强度，大大降低了石屑脱落的风险。

（3）厚的沥青膜改善了石屑封层抗水损害的能力，提高了封层的耐久性和疲劳寿命。

（4）良好的黏弹性使石屑封层具有杰出的吸收、松弛应力的能力和抗反射裂缝的性能。

300 喷洒型橡胶沥青有哪些应用领域？

（1）应用于单层或多层的表面处治中，可作为较低等级的道路表面处治沥青路面。

（2）应用于石屑封层，可作为各种道路预防性养护的表面封层。

（3）应用于防水黏结层，可作为热拌沥青混合料路面和桥梁、隧道沥青铺装层下封层。

（4）应用于旧沥青路面与水泥路面的加铺、改造中，可作为防止与延缓反射裂缝的应力吸收层。

301 温拌技术有哪几种类型？温拌沥青混合料有何特点？

温拌技术类型：矿物泡沫技术（人造沸石）；有机化合物降黏剂；化学活性

剂；泡沫沥青技术。

温拌沥青混合料：它是一种拌和温度介于热拌沥青混合料和冷拌(常温)沥青混合料之间，性能达到或接近热拌沥青混合料的节能减排、环境友好的新型沥青混合料。

302 温拌沥青混合料可用于什么沥青路面？

(1) 尤其适用于沥青路面维修养护中的薄层罩面和超薄罩面。

(2) 尤其适用于有更高环保要求的城市道路建设和维修养护。

(3) 尤其适用于隧道内路面的铺筑。

(4) 适用于再生比例更高的混合料。

303 什么是矿物泡沫技术？

沸石(Zeolite)是一种硅酸铝钠、硅酸铝钾、硅酸铝钙和硅酸铝钡等铝硅酸盐的集合物，它含有结合非常松散的水，在加热时会被排出，而在潮湿的环境中则可以吸收水分。天然沸石存在于火成岩的晶洞中，人工沸石是通过水热晶化作用而合成的。目前常用的品牌有 Asphalt-Min 和 Advera，是一种由硅酸铝和碱性金属组成的人造沸石(Synthetic Zeolite)，通过水热作用结晶化，内部含有 21%的水分。将其加入沥青混合料中时，在 85~182℃的温度范围内会析出很少水分，这些水与沥青形成受控的泡沫效应，从而在沥青混合料中起到某种润滑作用。

304 矿物泡沫-沸石使用特点及其对路用性能影响各是什么？

沸石(Zeolite)是一种白色粉末(50~200 目)，通常加入量为混合料质量的 0.3%。它的应用对间歇式搅拌设备没有特殊的改装要求，可以采用将预称好的小包装直接投入拌缸，也可利用第二粉料罐自动称重后加入拌缸。沸石可以在常规热拌混合料拌和温度的基础上降低 32℃，它在高温下释放水分是逐渐进行的，可持续 6~7h，直至温度低于 100℃，因而能较长时间保持泡沫。

加入沸石的温拌沥青混合料有着良好的压实效果，不会影响混合料的抗车辙能力，但在较低的拌和温度下碾压时存在降低抗水损害性能的倾向。

305 Sasobit 有机化合物降黏剂有何温拌特性？

常用的有机化物降黏剂有石蜡类和树脂类两种。

石蜡类降黏剂是利用费托合成法生产的长链人造石蜡，呈白色颗粒状。其特点是：在 98℃熔点以下的温度时具有很高的黏度，而在熔点以上则比沥青的黏度更低，并在高于 115℃时完全融化在沥青中。石蜡类降黏剂在 65~115℃的温度范围内可在沥青中硬化并分散为微观的条状物。与一般石油中所含的软蜡不同，石蜡类降黏剂在路面工作温度下不会影响混合料的高温性能，而在混合料的施工温度下，其作用是一种降黏剂，可比常规热拌沥青混合料拌和温度降低 10～30℃。石蜡类降黏剂的加入量为结合料质量的 1.3%～1.7%，为了提高降黏效果，也可增加至黏结剂质量的3%，但加入量不应超过黏结剂质量的4%，否则将影响它的低温性能。

石蜡类降黏剂温拌混合料的一个重要特点是，它的降黏作用只受拌和温度影响，因而在规定温度范围内可以获得良好的压实性能。石蜡类降黏剂固化后会增加沥青稠度，因而有助于改善混合料的抗车辙能力。石蜡类降黏剂加入量过大，会降低沥青的低温延伸性，因而降低了沥青的低温性能。

306 Sasobit 有机化合物降黏剂有哪几种加入方式？

（1）直接加入沥青，只需低速搅拌，而不需采用胶体磨等高速剪切设备。

（2）可以用小包装直接投入间歇式搅拌设备的拌缸。

（3）可以在计量后由压缩空气送入间歇式搅拌设备拌缸或连续式搅拌设备添加剂加入口。

307 Evotherm 化学活性剂的温拌特性是什么？

目前，市场上供应多种品牌的化学活性温拌剂，其中应用最多的是美国 Mead Westvaco 公司的 Evotherm 产品。Evotherm 是一种基于沥青分散技术由多种化学添加剂组成的化学包(Chemistry Package)，被设计成具有增强沥青对集料的裹覆、黏附性，以及降低黏度、改善混合料和易性的功能。第一代 Evotherm ET (Emulsion Technology)是一种高浓度的乳化沥青(残留物占 70%左右)，含有多种化学添加剂，包括黏附促进剂、和易性改善剂和独特分子结构的乳化剂等。2005年，美国 Mead Westvaco 公司开发了新一代的 Evotherm DAT(Dispersed Asphalt Technology)，它可直接注入沥青搅拌设备的沥青供给管道或拌缸中，因而使用更方便。目前，Evotherm ET 大多数为 Evotherm DAT 所取代。

Evotherm 的最大特点是温拌温度很低(85～115℃)，较常规的热拌混合料的拌和温度可降低 55℃左右，燃油消耗可降低 50%，温室气体的排放量可减少 46%。Evotherm 化学活性剂是一种从冷拌技术发展而来的温拌技术，与其他化学添加剂的温拌技术相似，本身就带有增强黏附性功能，所以在解决抗水损害性能方面不需另加添加剂。

308 WAM Foam 泡沫沥青是如何形成的？

WAM Foam 是一种利用泡沫沥青来降低沥青混合料颗粒间摩擦力的新搅拌工艺。与常规热拌混合料的搅拌工艺不同，它将结合料分为软沥青与硬沥青两部分(两者合成的沥青等级与所选择的沥青标号相符)，先将软沥青与集料拌和，之后在喷入硬沥青的同时喷入少量的水，使水与硬沥青形成体积增大15倍左右的泡沫沥青，作为降低集料颗粒间摩擦阻力的润滑剂。软沥青在结合料中的比例通常为20%~30%，黏度应为0.0015m^2/s(60℃)左右；硬沥青通常用针入度70~100或PG分级58/64-22沥青，占结合料的80%。集料应加热至130℃，然后与软沥青拌和，集料中的粉料应尽可能除去。硬沥青应加热至175~180℃，与常温下的水进行泡沫化，水量为硬沥青质量的2%~5%。混合料拌和温度为100~120℃，合成结合料等级相当于PG58/64-22或针入度为70~100(0.1mm)的沥青。

309 WAM Foam泡沫沥青技术对设备的要求是什么?

WAM Foam工艺需要对搅拌设备进行大的改动，首先需要设置两种沥青的储存、输送、计量和供给系统。此外，控制系统也应做相应的改动，需要有两套独立的控制软、硬沥青的硬件和软件系统。

310 WAM Foam泡沫沥青的温拌有何效果?

WAM Foam是一项专利技术，矿料先与软沥青拌和的好处是，可以使集料裹覆一层均匀的沥青膜，硬质沥青逐渐溶入软沥青的过程一直延续至整个铺筑过程，因而能获得分布良好沥青膜，并在摊铺和碾压过程中保持较低的黏度。该温拌技术可降低沥青混合料的施工温度达40~50℃，沥青混合料的拌和温度为100~120℃，碾压温度为80~110℃。它的优点是，可以节约燃料30%，减少二氧化碳30%的排放。

311 Low Energy Asphalt泡沫沥青是如何形成的?

Low Energy Asphalt是一种利用细集料中的水分在搅拌缸与高温沥青拌和过程中直接产生泡沫沥青的方法。它的特点是，粗集料和细集料要分开投入搅拌缸，并分开与沥青拌和。粗集料经烘干筒加热烘干与沥青先行拌和，细集料则适当洒水拌和后直接投入拌缸。含水的细集料遇到高温的沥青而生成泡沫沥青，连同细集料一起裹覆在粗集料的表面。

312 泡沫沥青温拌技术的特点是什么?

泡沫沥青温拌技术的最大特点是，除水以外无须添加任何添加剂，是各种方法中成本最低的。泡沫沥青温拌技术的关键是如何保持泡沫在较长时间不消失。由于温拌泡沫沥青混合料的压实性能相对较差，因此，使泡沫沥青混合料能在给定的温度下获得充分压实是泡沫沥青温拌技术成败的关键。

313 中国石化“东海牌”温拌沥青的特点是什么?

中国石化在借鉴和吸收国内外温拌沥青技术的基础上，考虑使用方便、安全等因素，开发了化学活性剂的温拌沥青技术，即通过外掺温拌剂到普通沥青的温拌技术。目前，该技术已实现工业化生产，路面施工应用效果明显，降低拌和温度 30~50℃。温拌沥青质量与相应的普通沥青质量相当，温拌沥青混合料与热拌沥青混合料相当。该技术对拌和楼混合料生产、沥青储存、运输等操作环节无额外要求，方便用户使用。同时，中国石化也制定了温拌道路石油沥青标准和温拌聚合物改性沥青标准。

314 温拌沥青节能减排效果如何?

由于温拌沥青可显著降低沥青与集料的拌和温度，降温幅度达 30~50℃，可显著降低燃料油消耗。与热拌沥青相比，温拌节约能耗 22%左右。

温拌沥青技术可显著降低拌和厂的烟气排放量。与热拌沥青相比，二氧化碳降低了 67%，氮氧化合物降低了 83.6%，一氧化碳降低了 92.6%，二氧化硫降低了 70.3%，烟尘降低了 50%。

温拌沥青技术可显著降低摊铺温度，使温拌现场摊铺的沥青烟气明显减少。与热拌沥青相比，沥青烟降低了 90%，苯可溶物降低了 97%，苯并芘降低了 47.3%。

315 对硬质沥青概念有哪些说法?

目前，对硬质沥青的含义说法不一，下面列举了几种情况：

(1) 25℃针入度范围 30~60(0.1mm)的石油沥青。如 JTG F40—2004 中 50 号和 30 号道路石油沥青产品；GB 15180—2010 标准中 AH-50 和 AH-30 重交通道路沥青等。

(2) 25℃针入度值范围为 15~30(0.1mm)的石油沥青。

(3) 25℃针入度范围为 10~40(0.1mm)，60℃黏度 1000~10000Pa·s，主要用于重载交通路面承重层。

(4) 25℃针入度小于 25(0.1mm)的石油沥青。

笔者认为，硬质沥青和低针入度沥青有区别也有联系，低针入度沥青应包括硬质沥青，25℃针入度小于 60(0.1mm)的石油沥青可为低针入度沥青；25℃针入度小于 25(0.1mm)的石油沥青可为硬质沥青。

316 中国石化自主开发的硬质沥青母粒质量指标是什么?

该硬质沥青母粒，其沥青的 25℃针入度不大于 5(0.1mm)，软化点在 100~

140℃；溶解度不小于99.5%，灰分不大于1%，颗粒直径小于8mm。

317 中国石化开发的硬质沥青母粒可应用在哪些方面？

（1）硬质沥青母粒用于生产不同系列或特殊要求的低针入度沥青，显著改善沥青的高温性能、抗老化性能和黏附性。

（2）用于复合SBS改性沥青或橡胶改性沥青生产。可生产高黏、高强度改性沥青，可在一定程度上降低SBS的用量和改性沥青生产成本，改善橡胶沥青的质量。

（3）替代天然沥青。该产品类似于天然沥青，但其高、低温性能显著优于天然沥青。同时，它几乎不含无机物和杂质，不存在天然沥青改性过程中出现的设备磨损、矿物质沉积堵塞管线等问题。

（4）抗车辙剂。硬质沥青母粒具有非常高的软化点，可作为道路沥青的抗车辙剂，使用时可直接添加在拌和楼的石料中加热搅拌混合均匀应用即可。

（5）非道路方面的应用。硬质沥青母粒在非道路方面也有广泛的应用，如橡胶生产中的添加剂，用于建筑防水材料、油田钻井添加剂等。

318 中国石化开发的硬质沥青母粒产品先进性怎样？其产品有何特点？

产品先进性：中国石化开发的硬质沥青母粒产品是将硬质沥青造粒成半球状的沥青颗粒，使用方便，应用范围广，填补了国内空白，处于世界领先水平。

产品特点：(1)硬质沥青母粒产品呈颗粒状，是一种特殊的硬质沥青产品；(2)硬质沥青母粒产品富含胶质和沥青质；(3)硬质沥青母粒产品具有软化点高、针入度低、溶解度高、杂质含量低等特点；(4)硬质沥青母粒产品采用编织袋包装、运输，使用方便；(5)硬质沥青母粒有很广泛的应用领域。

319 中国石化“东海牌”沥青为什么能第二次在上海虹桥机场跑道成功应用？

2022年10月，中国石化第二次参与上海虹桥机场跑道建设。跑道加铺要求重点是增强沥青道面性能，突出抗滑性，兼具抗高温和长寿命特点，因此对沥青产品质量提出了非常苛刻的工程要求。为了满足机场跑道高性能沥青要求，中国石化炼油销售公司梳理系统内企业资源指标特点，筛选出了优质基质沥青，经过100多次配方研究及优化，送检沥青产品应用性完全达到要求，在与国际同类品牌同台竞争中性能突出，最终入选沥青供应名录。在工程中标后，公司细化“一案一策”服务方案，有效保障项目高质量竣工验收。此次上海虹桥机场东跑道道面的“盖被”加铺工程，应用面积约$26\times10^4m^2$，全部采用中国石化“东海牌”沥青，有力提升了“东海牌”沥青的品牌影响力，助力中国石化“油转特”转型发展。长期以来，炼油销售公司一直致力于服务国家基础设施建设发展，积极参与国际高端沥青市场竞争，不断研发新特沥青用于重大工程，努力打造优质沥青民族品牌。

320 什么是薄层罩面与超薄罩面？其有什么技术要求？

国内通常将压实厚度为2~3cm的热拌沥青混合料罩面称为薄层罩面；将压实厚度在2cm以内的热拌沥青混合料罩面称为超薄罩面。其应具备技术要求为：

(1) 易压实。薄层罩面和超薄罩面施工中，混合料由于厚度小、热量散失快，达到较高的密实度往往比较困难。可通过施工专用设备(如为压实薄层设计的高频低幅振动压路机)、温拌沥青技术等来解决。

(2) 黏结牢固。其一，为使薄层罩面与超薄罩面层与原路面牢固黏结，施工时往往需要喷洒黏层油。国外Novachip技术是将黏层油喷洒装置集成到沥青混合料摊铺车上，几乎在黏层油喷洒的同时摊铺沥青混合料，非常有利于改善层间黏结。其二，石料与结合料之间应该牢固黏结。为此，薄层罩面与超薄罩面经常使用聚合物改性沥青，必要时还需加入其他添加剂，以提高混合料的性能。

(3) 表面抗滑性能良好。薄层罩面与超薄罩面是表面功能层，直接与车轮接触，要求有良好的抗滑性能。为此，集料选择必须严格要求石料的磨光值、压碎值、磨耗值、针片状含量等指标；级配设计常采用间断级配，以提高罩面层的宏观构造深度。

321 薄层罩面与超薄罩面如何分类？

(1) 按照混合料类型不同，薄层罩面与超薄罩面层混合料类型主要包括SMA-10、SMA-5、SAC-10、OGFC-10等。

(2) 按照混合料拌制工艺的不同，薄层罩面与超薄罩面层可以采用热拌技术、温拌技术等。

(3) 按照施工设备和工艺不同，薄层罩面与超薄罩面层可采用传统摊铺、双层摊铺、Novachip技术等。

322 Novachip超薄罩面技术特点是什么？

(1) 改性乳化沥青黏层油，使得超薄罩面层黏结性更好。超薄罩面的厚度一般在2~3cm，继续减薄罩面厚度会造成罩面层无法牢固地黏结到原路面上。而超薄罩面使用了大剂量改性剂的改性乳化沥青作为黏层油，其喷洒厚度比普通工况要厚得多。厚的黏层油不仅可以封闭原路面上所有的细小裂缝，还可以在热拌材料层和原路面之间起到牢固黏结作用，从而使得超薄罩面成为可能。改性乳化沥青黏层油的洒布率为0.9L/m^{2}左右。当温度为143~166℃的沥青混合料摊铺到黏层油上之后，高温的沥青混合料使改性乳化沥青中的水分迅速挥发，热拌沥青层底部的 1/3 左右与黏层结合，热拌沥青层上部的 2/3 部分仍然保持了大空隙结构。

（2）高品质的石料及科学的级配为超薄罩面的表面功能提供了保证，超薄罩面对粗、细集料提出了具体技术要求，对矿料级配也给出了三种级配类型。

（3）专用的摊铺设备使超薄罩面具有简便的施工工艺。

323 Novachip 超薄罩面摊铺设备有哪些主要配置？该设备有何优点？

设备主要配置：料斗，两个螺旋送料器，保温的改性乳化沥青储罐，改性乳化沥青喷头。

设备作用：超薄罩面摊铺设备使得改性乳化沥青的喷洒几乎与热拌沥青混合料的摊铺同时进行(间隔时间不超过 5s)，因此，热拌沥青混合料的热量可以将黏层改性乳化沥青渗透到热沥青混合料中。施工速度可以达到 9. 1～27. 4m/min，施工效率高，可以最大限度地减少施工对交通的影响。

324 什么是高黏度改性沥青？其有何用途？

高黏度改性沥青是一种 60℃时具有很高的绝对黏度(大于 20000Pa · s)、高温黏度轻微增加的特种改性沥青。

高黏度改性沥青可应用于排水路面、抗滑路面，还可应用于钢桥面铺装、白改黑应力吸收层、防水的黏结层、寒冷地区、交叉路口等。

325 高黏度改性沥青聚合物含量通常是多少？其含量对改性沥青性能有何影响？

高黏度改性沥青的聚合物含量通常为 6%～12%。

由于高黏度改性沥青的聚合物含量较高，当从沥青中吸收大量轻组分后，在沥青中形成连续相显示出聚合物的性质，从而使改性沥青具有优异的黏结和抗分层能力。

326 排水型沥青路面的沥青应具有哪些主要特征？

（1）抗集料分散性：为确保混合料的稳定性，应将集料强有力黏结在一起，要求有高强的包裹力和黏附性；宜使用黏附性较大的沥青。

（2）耐久性：因混合料孔隙率较大，易受阳光和空气等作用而老化，故包裹集料的沥青膜应该有足够厚度；宜使用耐久性强、能形成厚沥青膜的高黏度沥青。

（3）耐水性：由于混合料具有排水功能，必然长期浸透雨水，为确保耐水性(抗剥离性)，沥青对集料应有很好的黏附性；宜使用与集料有较强黏附性的沥青。

(4) 耐流向性：在重交通路面上应用，混合料应该具备较好的抗塑变形能力(较好的抵抗车辙能力)；宜使用软化点高或60℃黏度高的沥青。

327 为什么沥青60℃黏度是影响排水型沥青混合料路用性能的关键指标？

排水型沥青路面要求采用高黏度的改性沥青，以改善混合料的力学性能、耐久性和感温性等，这些性能与沥青的60℃黏度密切相关。随着沥青60℃黏度的提高，排水型沥青混合料的抗压强度、劈裂强度、抗弯拉强度明显增大，高温稳定性、水稳定性和低温性能显著提高。因此，沥青60℃黏度是影响排水型沥青混合料路用性能的关键指标。

328 直投式高黏度改性沥青的改性剂(TPS)组成及使用怎样？

直投式高黏沥青改性剂是以苯乙烯类热塑性弹性体(TPS)为基体，复配具有黏结性的低分子树脂和抗老化剂等成分，经混合造粒而成。这种改性剂可以通过普通机械搅拌方式快速分散到基质沥青中，制备出性能优异的改性沥青；也可以加入石料中，与沥青一起在高温下拌和，直接制备改性沥青混合料，省去事先制备改性沥青的过程。

329 提高高黏度改性沥青稳定性的方法是什么？

提高高黏度改性沥青稳定性的方法主要为化学反应增容方法，即通过交联剂的作用，使聚合物分子与沥青分子之间发生不同程度的化学交联反应，提高改性沥青的黏度和稳定性。该方法适合于聚合物含量较低(小于6%)的改性沥青，而不适合聚合物含量较高(大于6%)的改性沥青。因为，在聚合物含量较高的高黏改性沥青中，聚合物已成为连续相，化学反应增容剂会导致改性沥青的黏度太大，使得摊铺施工困难。此时，可采用聚合物与超细粒子结合适中的体系，采用先复合再改性沥青的方法，提高其高温储存稳定性，同时提高施工质量。其主要原理是：利用聚合物与超细粒子结合，降低聚合物与沥青密度差，提高其动力学稳定性。同时，在保证改性沥青良好施工前提下，采取化学反应增容方法，进一步提高改性沥青高温稳定性。

330 一种高黏度沥青改性剂的组成及其制备各是什么？

一种国产高黏度沥青改性剂的组成如下：

(1) 热塑性橡胶：采用纳米级高分散硫化苯乙烯-丁二烯聚合物作为改性剂的主要成分，赋予了改性沥青优良的高低温性能。纳米级高分散硫化苯乙烯-丁二烯聚合物是粉状固体，不饱和双键含量低，其在沥青中的分散性、相容稳定性和抗老化性优于传统的 SBS。此外，其内含的酰胺表面活性剂界面作用可改善沥青与石料的附着力，提高水稳定性。

（2）增黏剂：高黏度沥青的一个关键指标是 60℃ 动力黏度大于 20000Pa·s。增黏剂的加入能增加改性沥青的 60℃ 动力黏度，提高沥青混合料的强度和水稳定性。采用烯烃类聚合物作为改性沥青的增黏成分。

（3）增塑剂：增塑剂的加入能降低改性沥青的热熔黏度，提高改性沥青与骨料的热拌和性，降低混合料拌和温度，同时增加热塑性橡胶与沥青的相容性。采用橡胶加工油作为改性剂的增塑成分。

高黏度沥青改性剂制取：将上述的热塑性橡胶、增黏剂和增塑剂按照一定比例混合，经高速混合机搅拌均匀，然后进入双螺杆挤出机进行挤出造粒，得到黄色小颗粒状的高黏度沥青改性剂。

331 一种制备特高黏高弹改性沥青方法是什么？

将 70 号基质沥青预热至 170℃，按一定的质量分数掺加 SBS 改性剂、高黏剂、增韧剂后，用高速剪切机剪切 50min，温度控制在 180～190℃；完成后按比例添加其他助剂(如相容剂、稳定剂)，并在 180℃ 温度下继续搅拌 1.5h 制得高黏弹复合改性沥青样品。

332 一种以 SBS 与微纳米级废胶粉复合改性制备高黏高弹沥青方法是什么？

采用加热炉将 90 号基质沥青升温至 180℃，然后将微纳米级速溶胶粒改性剂(14%)和 SBS 改性剂(3%)分别加入沥青中，并利用玻璃棒加以搅拌，使改性剂均匀分散在沥青中，采用 5000r/min 剪切速率剪切 10min，使改性剂全部分散在沥青中，再加入稳定剂以 700r/min 剪切 30min，最后放入 150℃ 的烘箱中搅拌发育 30min。

333 排水沥青材料的发展趋势是什么？

针对我国重载重交通状况，进一步提高排水沥青的黏结性、高低温性能、耐老化性和耐水性，同时兼顾施工性，是排水沥青材料的发展趋势。要重点关注沥青材料的耐老化性和耐水性；此外，开发功能性高黏度改性沥青，如阻燃、耐油的路面材料；利用胶粉等废弃高分子材料，开发环保节能、更耐久和更低噪声的排水路面材料也值得深入研究。

334 什么是彩色沥青路面？其有哪几种类型？

彩色沥青路面主要是指添加颜料的沥青混凝土路面，以及使用石油树脂并在混合料中添加颜料的沥青路面。

彩色沥青路面的种类主要有：(1)沥青结合料着色；(2)使用彩色集料着色；(3)彩色沥青结合料；(4)无色沥青结合料；(5)表面涂覆着色材料；等等。

335 彩色沥青路面具有什么功能？

彩色沥青路面具有两大功能：

(1) 美化城市、改善道路环境、体现城市风格特色的功能，具体应用于城市街道、广场、风景区、公园和旅游景点等地。

(2) 诱导车流，使交通管理直观化，具体应用于区分不同功能的路段和车道，以增强驾驶员的识别效果，提高道路通行能力，保障交通安全。

336 彩色沥青路面的胶结料分哪两种类型？

(1) 采用适当的溶剂将石油沥青中的黑色沥青质脱去，留下颜色较淡的其他组分，并配以改性材料，加入一定色泽的特殊颜料，使沥青按需变成红、黄、蓝、绿等不同的色彩。或采用石油炼制的某馏分油加入填充剂构成类似沥青性质的样品，再辅助改性材料及着色剂等，也能生产出彩色沥青。此类技术难度大、成本高，限制了其应用。

(2) 利用现代石油化工产品(如芳烃油、聚合物、树脂和其他外加剂等)调配出与沥青性能相当的浅色胶结料。目前，工程上配制的胶结料主要采用该方法生产。

337 浅色胶结料常使用的四种树脂性能如何？

浅色胶结料是由树脂、聚合物、芳烃油和其他外加剂聚合而成的，其主要成分是树脂。常用的四种树脂是环氧树脂、聚氨酯、丙烯酸树脂、热熔树脂，其性能情况如下：

(1) 环氧树脂：可以调配出各种颜色。相对其他几种树脂，环氧树脂的耐潮湿能力强，可以在夏季潮湿的季节施工，但不能在全年施工。因为温度越低，环氧树脂的固化时间越长，而且无法通过加入催干剂加速固化。此外，环氧树脂具有强烈的气味，有一定的毒性，固化的漆膜比较脆。

(2) 聚氨酯：也可以调制出各种颜色。它最大的优点是能在低温下固化，可以全年施工。通过加入催干剂，最低可以在地面温度5℃下固化。聚氨酯不会产生刺激性气味，容易施工，固化后漆膜也相对柔软。其不足之处是，对潮湿环境的容忍度低，施工时对相对湿度要求较高。

(3) 丙烯酸树脂：可以调配出多种颜色，它的优点与聚氨酯类似，可以在地面5℃下固化。固化时间大约在1.5h，而且漆膜的柔韧性、延展性较好。缺点是，环境湿度大于80%时无法施工，成本较高。

（4）热熔树脂：是由一种含有防滑骨料的改性树脂组成，可以直接施工于现有路面，对环境温度的敏感性不高，可以快速施工，不会对交通产生很大影响。其缺点是，漆膜较脆，刮涂施工后的接缝处不平整，不能形成连续的漆膜，驾驶舒适性不佳。

338 彩色沥青混合料对集料有什么要求？

不宜使用黑色或深褐色的集料，宜选用与铺面颜色相近或浅色的集料。一般以红色、黄色、绿色为主，骨料多用石灰岩、玄武岩、辉绿岩、花岗岩等彩色石料。

339 如何选择彩色沥青的颜料？

（1）耐高温性：至少在混合料的摊铺温度下不分解、不变色。

（2）耐光稳定性：因为彩色沥青路面直接暴露在空气中，受紫外线影响较大，必须在日光中稳定、不褪色。

（3）遮盖力和着色性：浅色胶结料通常为无色透明状，因此要求颜料的遮盖力、着色性较强。

（4）价格适中，便于推广应用。

340 无机颜料和有机颜料各有何特点？对常用氧化铁红系列颜料哪些指标提出要求？

无机颜料有更好的耐热性、耐气候能力和遮盖力，价格相对便宜。有机颜料密度小，色泽鲜艳，色谱齐全，价格偏高。

目前，工程上普遍采用氧化铁红系列无机颜料，其技术指标对铁含量、相对着色力、色差、挥发物、水溶物、筛余物、水悬乳液 pH 值、吸油量、热损失等均提出了要求。

341 一种以芳烃油和石油树脂为基础原料制备彩色沥青方法是什么？

称取芳烃油于搅拌罐中，加热至 180℃后将 SBS 和 EVA 分次加入搅拌罐中充分溶解，然后将 C_5 石油树脂加入搅拌罐中，搅拌均匀后在 180℃保温 2.5h，即制得彩色沥青。

说明：上述 4 种材料的用量比例为 m(芳烃油)：m(SBS)：m(EVA)：m(石油树脂)= 50：4：6：40。

342 一种高含量聚合物彩色沥青制备方法是什么？

（1）将一定比例的基础油加入反应釜中，加热至 170~180℃；（2）缓慢加入一定比例的树脂，维持170~180℃搅拌2h；(3)分批加入一定比例的聚合物，保持反应釜内温度不低于160℃；(4)保持温度小于190℃，以12000~18000r/min高速剪切1h；(5)180℃温度下低速搅拌2h即制得彩色沥青胶结料。

343 彩色沥青混合料配合比设计有什么要求？

彩色沥青路面主要采用AC-16、AC-13两种路面结构形式，其配合比设计方法宜采用马歇尔设计方法。矿料级配可参照《公路沥青路面施工技术规范》(JTG F40—2004)相关要求。胶结料最佳用量的确定类似于普通沥青混合料最佳沥青用量的确定方法。

与普通沥青混合料配合比设计方法相比，彩色沥青混合料的配合比设计还需要确定颜料的最佳用量。设计时按胶结料生产配合比掺入1%、2%、3%、4%、5%等5种不同含量的颜料，经反复比较，得出颜色效果最佳的颜料用量；然后按此用量调整生产配合比，并进行马歇尔试验验证，当马歇尔技术指标合格后便可使用。

当彩色沥青混合料应用于人行道、广场等，其马歇尔技术标准可适当降低。

344 太阳辐射对彩色路面的色彩有何影响？

太阳光辐射(尤其是紫外线辐射)是造成彩色沥青路面失去原有色彩效果的主要原因。有试验结果表明，紫外线辐射对色彩的影响在前期比较明显，路面颜色明显变深、变暗；但是后期色彩变化不再明显，说明路面色彩逐渐趋于稳定。经过紫外线的照射之后，大红、粉色的路面耐紫外线能力较差，色彩变暗变深的速度大于氧化铁红。

345 彩色沥青路面摊铺时应满足什么要求？

(1) 在摊铺前将摊铺机应清理干净，防止原有的黑色沥青污染。

(2) 彩色沥青的下承面应清洁平整，摊铺彩色沥青混合料之前应洒布用浅色胶结料配制的稀释沥青作黏层油。

(3) 摊铺过程中如有严重污染、离析、色彩差异较大的混合料，应予清除。

(4) 彩色沥青混合料的摊铺温度为140~150℃。

346 温拌彩色沥青混合料的技术优势是什么？

(1) 减少彩色沥青胶结料在高温下产生的有害气体及粉尘的排放量，减少环境污染，降低给市政道路周围居民带来的危害。

(2) 由于混合料操作温度降低，可节省燃料油成本20%~40%，同时减少了机械设备的损耗。

（3）彩色沥青混合料用于表面层，而且比较薄，施工时混合料容易冷却，两种技术结合，保证了彩色沥青混合料的铺装。

（4）温拌彩色沥青混合料碾压完成后的温度较低，可以很快恢复交通，特别适合市政道路的施工，减少施工对市政交通的干扰。

347 温拌彩色沥青混合料的施工温度的控制范围是什么？

拌和温度为130～140℃，初始碾压温度为120～130℃，复压温度为90～110℃，终压温度为60～90℃，碾压完成温度为50～60℃。

348 彩色沥青路面的发展前景如何？

（1）功能多样性。在彩色沥青混凝土材料里掺入夜间能发光的材料如玻璃珠，发光效果更好，使道路在夜间更醒目，针对我国公路网线复杂、车辆众多的情况，具有很高的实用价值。

（2）彩色沥青结合料造粒。当采用浅色胶结料生产彩色沥青混凝土时，必须将原有沥青运输管道、储罐清洗，以防止浅色胶结料被污染，同时还需要投入颜料，这些要求使生产工艺较为烦琐。若将颜料加入胶结料后进行造粒处理，直接投入拌缸中进行彩色沥青混凝土生产，这样可以不必清洗管道，简化了施工工序，而且方便了彩色沥青胶结料的运输和储存。这种技术特别适合进行彩色沥青路面维修时小批量的彩色沥青混凝土生产。

（3）彩色沥青稀浆封层。彩色沥青混合料的造价远高于普通沥青混合料，这影响了彩色沥青混合料的大面积应用。将浅色沥青结合料乳化后，可以铺装10mm以下的彩色沥青稀浆封层路面，这样可降低彩色路面造价。彩色沥青稀浆封层可用于彩色沥青路面的养护，也可以用于黑色路面的彩色铺装。

（4）超薄彩色沥青罩面。例如，采用人工染色的彩色石料（基本为单一粒径），以环氧树脂作为结合料，可以在原有黑色路面上铺装5～10mm超薄彩色沥青抗滑表层。

（5）色彩多样性。胶结料生产途径从传统的减压脱色向利用现代工业石油化工产品调配出与沥青性能相当的聚合物浅色胶结料发展，并研制开发了红、黄、蓝、绿、驼色（本色）为主色的系列彩色沥青，其色彩和性能更加优良。

（6）温拌彩色沥青。可满足色彩、节能、环保、性能等各方面的需求，发展空间很大。

349 纳米级二氧化钛有何特点？

纳米级结构材料简称纳米材料，是指单元结构尺寸处于1～100nm范围内的材料。由于其尺寸已接近光的波长，加之其具有大表面的特殊效应，它所表现的特征，例如熔点、磁性、光学、导热、导电性等，往往不同于该物质在整体状态时所表现的性质。因此将纳米粒子的量子尺寸效应与二氧化钛的结合，会大大提高纳米二氧化钛作用效果，其作为“环境友好型催化剂”受到人们的广泛关注。

纳米级二氧化钛具有透明性、紫外线吸收性、熔点低、磁性强、热导性能等特征，在化妆品、塑料、涂料、精细陶瓷和催化剂等方面得到广泛应用。它是一种新型的光催化材料，具有安全无毒、经济实惠、稳定性好等特点，是光催化降解汽车尾气的新型材料。

350 纳米级二氧化钛光催化活性的影响因素有哪些？

在光催化反应中，光催化的活性越高，则反应速率越快，反应效率越高。其影响因素有内因和外因两个方面。

（1）晶型种类：二氧化钛有三种晶型，即锐钛矿型、金红石型和板钛矿型。板钛矿型因结构不稳定，在光催化中很少使用。金红石型比锐钛矿型更加稳定，对紫外线屏蔽效果更好，被广泛应用于涂料、油漆、化妆品、塑料等领域。但在催化活性方面，锐钛矿型明显高于金红石型，这是因为锐钛矿型二氧化钛禁带宽度较大，晶格缺陷较多，在高温处理过程中不易烧结。

（2）晶格尺寸；非纳米级二氧化钛光催化剂的催化效能并不高，但纳米级颗粒(粒径 1~100nm)在光学性能、催化性能等方面有较大的优异性。因为粒径小，光电子和空穴从纳米粒子体内扩散到表面的时间短、数量多，则活性提高；颗粒小，比表面积大，降解物在光催化剂颗粒表面吸附多，则反应速率就越快。

（3）晶格结构：对于光催化活性的提高，粒子缺陷也起着重要作用。把金属离子引入二氧化钛晶格内部，将新的电荷或缺陷引入晶格内部，或者改变晶格类型，将影响光电子和空穴的运动状况及分布状态，最终改变二氧化钛的光催化活性。

（4）反应条件影响：光源需要满足波长和光强的要求；pH 值主要是通过改变催化剂表面特性以及反应化合物存在形式来影响催化活性，所以不同有机物光催化反应有其不同的最适 pH 值。温度湿度对光催化速率也有一定影响。

351 纳米级二氧化钛催化降解汽车尾气的机理是什么？

二氧化钛是一种能带间隙较宽的新型半导体(n 型)材料，由于半导体能带不连续，在波长小于一定范围的光照射下，能吸收能量高于其禁带宽度的波长光的辐射，产生电子跃迁，形成空穴电子对，从而产生活性很强的自由基和超氧离子等活性氧，易将有机物和有害气体催化分解。

根据此理论，若将纳米二氧化钛添加到路面材料中，在光照条件下，二氧化钛可变为催化剂，将汽车尾气排放的一氧化碳、碳氢化合物和氮氧化合物分解为相应的碳酸盐和硝酸盐吸附在路面空隙中，遇到雨天即可随雨冲走。

分解机理可表示为如下反应式：

$CO+O_2 \longrightarrow CO_2$　　（反应条件：紫外线、纳米二氧化钛催化剂）

$HC+O_2 \longrightarrow H_2O+CO_3^{2-}$　　（反应条件：紫外线、纳米二氧化钛催化剂）

$NO_x+O_2 \longrightarrow NO_3^-$　　（反应条件：紫外线、纳米二氧化钛催化剂）

352 影响纳米级二氧化钛降解汽车尾气效果的主要因素有哪些？

（1）光照强度。纳米级二氧化钛作为光催化剂降解汽车尾气的必要条件是光源。

（2）纳米级二氧化钛掺量。当纳米级二氧化钛光催化材料掺入量有一个合适值时，降解效能最佳。

（3）纳米级二氧化钛掺入方式。采用表面涂覆式添加催化剂的降解速率明显高于拌和式。

（4）分散度。纳米材料粒径较小，比表面积加大，易出现团聚现象，从而影响纳米级二氧化钛的光催化效果。

（5）其他掺入物。如N和S对纳米级二氧化钛进行掺杂，增强了对可见光吸收能力，即使在可见光辐照下也能有效降解有毒气体NO_x。

353 为什么在实际施工中采用直接拌和方式掺入纳米级二氧化钛催化剂？

拌和式中尽管没有将纳米级二氧化钛置于路面的表面，但沥青膜层较薄，紫外线以及产生的活性氧化物可穿过沥青膜，从而发挥降解汽车尾气的效果，且直接拌和的方式操作简单，而涂覆的方式则存在被车轮带走、被风吹散及被雨水带走等风险。

354 如何提高纳米级二氧化钛的分散度？

可通过分散剂和超声波分散技术对纳米级二氧化钛进行分散。如硅烷溶剂就是一种分散剂，把纳米级二氧化钛分散到该溶剂中，就可制成具有分解尾气功能的涂料。在沥青混合料加入时，把添加的纳米级二氧化钛作为矿粉的一部分，与矿粉一起加入进行拌和。

355 纳米级二氧化钛对沥青质量有何影响？

（1）对针入度影响：随着纳米级二氧化钛掺入量的增加，沥青针入度先较小增加后逐步降低；随着紫外线照射时间的增长，添加纳米级二氧化钛的试件的针入度损失率均小于未添加纳米级二氧化钛的试件。

（2）对软化点影响：随着纳米级二氧化钛掺入量的增加，沥青软化点先降低后逐步升高后又开始降低；添加纳米级二氧化钛对沥青软化点影响很小，但是随着紫外线照射时间的增长，软化点均有所提高。

(3) 对延度影响：随着纳米级二氧化钛掺入量的增加，沥青延度逐步降低，当超过4%以后，延度降低速度加快；在紫外线照射下，添加纳米级二氧化钛的沥青，其延度损失率有减小趋势。

356 纳米级二氧化钛改性沥青对其混合料的水稳定性有何影响?

试验表明，纳米级二氧化钛改性沥青对其混合料的水稳性有着明显改善(残留稳定度保持在90%以上)。因为纳米有着丰富的比表面积，使得沥青中的结构沥青用量增加，从而提高了混合料的耐水损害能力。

357 纳米级二氧化钛改性沥青对其混合料的高温性能有何影响?

试验表明，纳米级二氧化钛改性沥青对其混合料的高温性能有着明显改善作用，车辙动稳定度可提高30%以上。因为纳米粉粒有着巨大的比表面积和超强的表面活性，一方面，纳米粉粒对沥青有极强的吸附作用，使沥青中的轻组分减少，改变了沥青的温度敏感性；另一方面，纳米粉粒特殊的表面活性使得纳米颗粒在沥青混合料中发生了特殊的物理化学或化学反应，从而提高了混合料的抗车辙能力。

358 纳米级二氧化钛改性沥青对其混合料的低温性能有何影响?

试验表明，纳米改性沥青混合料的破坏应力和破坏应变均明显高于普通沥青混合料(破坏应变提高了45.1%，破坏应力提高了28.43%)，而劲度模量却比普通沥青混合料低。因此，纳米级二氧化钛的加入，极大地改善了沥青混合料的低温抗裂性能。

359 现场摊铺的含纳米级二氧化钛沥青混合料对尾气有催化作用吗?

现场摊铺的含二氧化钛沥青混合料对一氧化碳和碳氢化合物均具有一定的催化分解效果，与室内的试验结果相近，从而验证了实际施工拌和出来的混合料对汽车尾气中这两种有害气体确实起到催化分解作用。

360 纳米级二氧化钛的催化作用会随着时间的推移而降低吗?

混合料中纳米级二氧化钛的催化作用并不随着时间的推移而减弱，原因主要有两个方面：其一，纳米级二氧化钛材料稳定性好，性能不受沥青拌和时高温、气候环境变化、盐分腐蚀等因素影响；其二，沥青膜的裹覆没有造成纳米材料的流失。

361 纳米级二氧化钛在沥青及混合料中的加入比例是多少?

在沥青中，纳米级二氧化钛的加入比例一般控制在10%以下。因为纳米级二氧化钛颗粒在沥青中存在一个最大临界体积分数，大于该体积分数，复合材料的性质将向着不利于使用方向变化。

在沥青混合料中，纳米级二氧化钛的加入比例可分为两种情况：其一，按照油石比为基数进行添加，通常按油石比的5%左右添加纳米级二氧化钛；其二，按照混合料总量为基数添加，通常按混合料总量的0.4%左右添加纳米级二氧化钛。

362 纳米级二氧化钛环氧乳化沥青是怎样制备的？

将基质沥青与固体类添加剂混合搅拌均匀，进行乳化，再加入水性环氧固化剂，得到组分B。然后将计量的水性环氧乳液(含一定量的纳米级二氧化钛)，即组分A，加入组分B，经高速搅拌混合均匀即得到纳米级二氧化钛水性环氧乳化沥青。

363 纳米级二氧化钛对乳化沥青的性能有何影响？

(1) 纳米级二氧化钛的加入，在一定程度上影响沥青的乳化性能，掺量与乳化程度成反比。掺量增加，筛上余量增加，乳化程度降低。

(2) 随着纳米级二氧化钛掺量的增加，乳化沥青的标准黏度有所升高，总体变化不明显。

(3) 纳米级二氧化钛的加入，对乳化沥青蒸发残留物的性能影响大致规律：随着纳米级二氧化钛掺量的增加，蒸发残留物的硬度增加，延度降低，总体来说变化比较大。

(4) 随着纳米级二氧化钛用量的增加，乳化沥青的稳定性进一步降低。

364 纳米级二氧化钛在沥青路面应用领域的发展趋势是什么？

(1) 利用纳米级二氧化钛催化分解汽车尾气以及改善沥青性能等方面的研究，在我国尚处于初级阶段，以后可在激活纳米级二氧化钛活性、选择良好载体、与其他材料联合降解空气污染物等方面加强研究。

(2) 沥青试验如软化点、针入度、延度等常规沥青评价指标，是否同样适合纳米级二氧化钛改性沥青的基本性能，需要研究和验证。

(3) 纳米级二氧化钛加入沥青中，在沥青混凝土路面铺筑完成后，是否具有净化汽车尾气的效果，需要进一步的验证。

365 “十四五”期间，防水沥青发展方向是什么？

(1) 防水产品在全生命周期内低碳制造、低碳排放、低碳应用。

(2) 开发高耐久性防水产品，更有利推动防水行业碳减排。

（3）推动节能减排，可回收再利用。

（4）完善防水标准体系，提升防水材料全生命周期的耐久度和环保性，形成配套简化高效的政府标准，满足市场与创新需求，基本形成市场规范有标可循、创新驱动有标引领、转型升级有标支撑的新局面。

366 “十四五”期间，交通领域科技创新规划与沥青有关内容是什么？

（1）在重大基础设施建设关键技术中，开展设计时速 120km 以上高速公路系统前期研究。我国目前高速公路设计时速不超过 120km，若设计时速更高，则会对路面材料质量提出更高要求。

（2）基础设施维养及改造技术中，研发应用基础设施预防性养护、快速维养修复及扩容改造等新技术、新材料、新装备，提升交通基础设施精细化、快速化、智能化维养水平。

367 交通运输部关于公路“十四五”发展规划重点任务中与沥青相关内容有哪些？

一是提升基础设施供给能力和质量。以构建现代化高质量综合立体交通网络为导向，加强公路与其他运输方式的衔接，协调推进公路快速网、干线网和基础网建设。以沿边沿海公路、出疆入藏骨干通道、西部陆海新通道、革命老区公路等为重点，着力提升通道能力，优化路网结构，扩大覆盖范围，全面提升公路基础设施供给能力和质量。

二是提升公路养护效能。以提升路况水平为导向，加强养护实施力度，加快建成可靠耐久的供给体系、规范高效的管理体系、绿色适用的技术体系和长效稳定的保障体系，全面提升公路养护效能，深入推进公路养护高质量发展。

三是增强创新发展动力。坚持创新驱动发展战略，注重科技创新赋能，促进公路交通数字化、智能化，推动公路交通发展由传统要素驱动向更加注重创新驱动转变，增强发展新动能。

四是推进公路绿色发展。贯彻落实绿色发展理念，推动公路交通与生态保护协同发展，继续深化绿色公路建设，促进资源能源节约集约利用，加强公路交通运输领域节能减排和污染防治，全面提升公路行业绿色发展水平。

第四章　常减压蒸馏生产石油沥青技术

1　原油的一般性状是什么？

原油是指从地下开采出来而未经加工的石油，通常是黑色、褐色或黄色的流动或半流动的带有浓烈气味的黏稠液体，相对密度一般介于0.80和0.98之间。世界各地所产原油性质有不同程度的差异。与国外原油相比，我国主要油区原油的凝点及蜡含量较高，庚烷沥青质含量较低，相对密度大多在0.85~0.95，属偏重的常规原油。

2　原油为什么要分馏？它一般有哪些馏分？

原油是一个多组分的复杂混合物，其沸点范围很宽，从常温一直到500℃以上。无论对原油进行研究或是进行加工，都必须对原油进行分馏。分馏就是按组分沸点的差别将原油“切割”成若干“馏分”。每个馏分的沸点范围简称为馏程或沸程。

根据各组分沸点的范围，原油的馏分组成一般包括：汽油馏分（也称轻油或石脑油馏分）：初馏点~200℃（或180℃）；煤柴油馏分（或称常压瓦斯油）：150℃（或180℃）~350℃；减压馏分（也称润滑油馏分或减压瓦斯油）：350~540℃；减压渣油：>500℃（或>540℃）。同时，人们也将常压蒸馏后>350℃的渣油称为常压重油。显然，常压渣油包含了减压渣油部分。还要注意，这里所讲的馏程温度均为常压下油的沸点。

3　石油高沸点馏分的烃类组成怎样？

石油高沸点馏分的沸程范围为350~540℃。高沸点馏分的烷烃主要包括C_{20}~C_{44}（以正构烷烃计）的正、异构烷烃；环烷烃包括从单环到六环的带有环戊烷环或环己烷环的环烷烃，其结构以稠环类型为主。芳香烃以单环、双环和三环芳香烃的含量为主，同时还含有一定数量的四环以及少量高于四环的芳香烃。此外，在芳香环外还常含有环数不等的环烷环（多至5~6环烷环）。多环芳香烃多数也是稠环类型。

4 什么是石油蜡？对沥青有什么影响？

原油中还含有一些高熔点、在常温下为固态的烃类，它们通常在原油中处于溶解状态，但如果温度降低到一定程度，其溶解度降低就会有一部分结晶析出。这种从石油中分离出来的固体烃在工业上称为“蜡”，按结晶形状及来源不同分为石蜡和地蜡。

石油中的蜡会使石油沥青主要指标延度下降，在使用中会使沥青的耐高温性能下降，等等。对沥青而言，它是非常有害的物质，在生产中应最大限度地降低沥青中的蜡含量。

5 什么是石蜡？其物性数据怎样？有什么样的化学组成？

石蜡是从柴油及减压馏分油中分离出来的结晶较大并呈板状结晶的蜡。按熔点的高低，石蜡又分为软蜡(低于45)、中等熔点的蜡(45~50℃)和硬蜡(50~70℃)

石蜡相对相对分子质量一般为300~450，分子中碳原子数为17~35，相对密度为0.86~0.94，熔点在30~70℃。

石蜡的主要组成是正构烷烃。石蜡基原油生产的石蜡中，正构烷烃含量一般在80%以上，商品蜡中的正构烷烃含量更高。除正构烷烃外，还含有少量的异构烷烃、环烷烃以及极少量的芳香烃。

6 什么是微晶蜡？其物性数据怎样？有什么样的化学组成？

微晶蜡(旧称地蜡)是从减压渣油中分离出来的呈细微结晶形的蜡。

微晶蜡相对分子质量一般为450~800，分子中碳数为35~60。由于微晶蜡化学组成比石蜡复杂，所以无明显的熔点，一般用滴点或滴熔点表示，微晶蜡滴点范围为75~95℃。

微晶蜡的化学组成主要是带有正构或异构烷基侧链的环状烃，尤其是环烷烃；正构烷烃的含量一般较少。

7 我国减压渣油的一些特点是什么？

(1) C/H比偏高，一般在1.6左右。

(2) 硫含量不高，但氮含量偏高。

(3) 残炭较低，相对分子质量偏高(约为1000)。

(4) 金属含量较低，且镍含量远大于钒含量(塔河重质原油除外)。

(5) 减压渣油的收率偏高，一般占原油的40%~50%。

8 我国减压渣油的四组分有什么特点？

(1) 饱和分含量差别较大，从14.3%~47.3%，相差达2倍之多；

（2）芳香分含量较低，一般在30%左右；

（3）胶质含量较高，大多在40%~50%，几乎占减压渣油量的一半；

（4）庚烷沥青质含量较低，大多数小于3%。

9 渣油主要的物理性质有哪些？各受什么影响？

（1）密度。我国减压渣油的密度一般在910~1000kg/m^3，其大小随渣油的氢含量的增大而减小。

（2）黏度。它是衡量液体内部摩擦阻力的重要指标，其大小与油品的族组成有关。一般说来，烷烃含量较高的重油，其黏度偏低；芳烃含量较高的重油，其黏度偏高；胶质、沥青质含量较高的渣油，其黏度更高，但安定性变差。

（3）凝点。它取决于重油的组成，含烷烃较多的重油，凝点也较高。重油中含胶质、沥青质较多，就能使其凝点降低。这是因为胶质、沥青质能阻止、破坏石蜡结晶结构的形成，使之不能形成网格式骨架结构，从而使凝点降低。

（4）残炭。它反映了渣油加工过程中的生焦倾向。虽然不能直接测出原料油在焦化或催化裂化过程中的生焦量，但残炭值与生焦量的关联性很好。残炭值与渣油中的氢碳比、芳碳率和芳环缩合度关系密切。

（5）灰分。常规原油中的灰分较小，主要富集在渣油中。其成分主要是无机盐、金属有机物及一些混入的杂质。与原油种类、性质和加工过程有关。灰分在渣油中会增加机件的磨损、腐蚀和产生积炭。

（6）相对分子质量。不同渣油的相对分子质量差别很大，它与渣油的化学结构密切相关。我国减压渣油的平均相对分子质量在900~1100，各组分的相对分子质量差别大，其分布也不相同。

10 渣油中饱和烃组成情况怎样？

渣油中的饱和烃是由正构烷烃、异构烷烃和环烷烃及其衍生物组成的。不同减压渣油的饱和烃含量差别较大，石蜡基的减压渣油饱和烃含量较高，环烷基的减压渣油则较低。我国减压渣油中饱和烃的平均相对分子质量在600~900，是渣油中各组分的最小组分。它基本上不含硫，氢碳摩尔比较大，为2.0左右，是适宜的裂化原料。

11 渣油中芳烃组成情况怎样？

渣油中芳烃按结构组成分类，包括单环芳烃、双环芳烃和稠环芳烃。我国减压渣油中的芳烃含量在30%左右，并且芳烃中有一半以上是重芳烃（以稠环芳烃为主），其裂化性能最差，是生焦先兆物。芳香的相对分子质量集中在600~3000，芳烃的氢碳比为1.5~1.7。

12 渣油中胶质组成情况怎样？

胶质是渣油中大相对分子质量的、多种非烃类化合物的混合物。其相对分子质量为1000~2000，氢碳比为1.4~1.5。我国胶质量很高，几乎占渣油的一半。胶质是过渡态中间组分，它可被氧化生成沥青质，或经加氢处理之后还原为多环芳烃和饱和烃。胶质可完全溶解在油分中，胶质有助于沥青质均匀地分散在油分中形成稳定的胶体体系。

13 渣油中沥青质组成情况怎样？

沥青质是黑褐色到黑色的固体物，无固定的熔点，相对密度大于1.0，不溶于轻烃，是由聚合芳环、烷烃链和环烷环组成的沥青质结构，含有硫、氮和金属等杂原子。沥青质是渣油中生焦率最高的组分，其生焦率为35%~45%。沥青质也是相对分子质量最大、极性最强的组分之一，其氢碳比最低，为1.1~1.3。芳碳率更高，平均相对分子质量可为几千甚至接近10000。我国减压渣油中沥青质的含量很小，普遍在3%以下。

14 原油评价包括哪些内容？

原油评价是对原油的一般性质及特点进行一系列化验分析得出的数据和结论。可根据实际需要进行简单评价和综合评价。为了确定炼油厂加工总流程及产品方案，必须进行原油的综合评价，特别是在我国原油日趋变重和加工多种原油混合油时，更有重要意义。

为确定原油类别和特点，并为炼厂设计和制订加工方案提供数据而进行的原油分析研究工作，通常包括如下内容：

（1）原油的一般性质分析。如相对密度、黏度、凝点、含蜡量、沥青质、硅胶胶质、残炭、水分、含盐量、灰分、机械杂质、元素分析、微量金属及馏程等。

（2）常规评价。除了原油的一般性质外，还包括原油的实沸点蒸馏数据和窄馏分性质。

（3）综合评价。除了上述两项内容外，还包括直馏产品的产率和性质。将原油切割成汽油、煤油、柴油馏分及重整原料、裂解原料和裂化原料等馏分，并测定其主要性质，提出原油的不同切割方案。进行汽油、柴油和重馏分油的烃族组成分析，进行润滑油、石蜡和地蜡的潜含量测定。有时，为了得到复杂混合物的汽液间的平衡数据，还须进行平衡汽化，并作出平衡汽化时馏出物的产率与温度的关系曲线等。

15 原油有哪几种分类法？

原油的组成极为复杂，对原油的确切分类是很困难的。原油性质的差别主要在于化学组成不同，所以一般倾向于化学分类，但有时为了应用方便，也采用商品分类法。

原油的化学分类是以它的化学组成为基础的，但因为有关原油化学组成的分析比较复杂，所以通常都利用原油的几个与化学组成有直接关联的物理性质作为分类基础。在原油的化学分类中，最常用的有特性因数分类及关键馏分特性分类。

16 原油商品分类有几种？各按什么原则进行？

原油的商品分类可以作为化学分类的补充，在工业上也有一定的参考价值，分类的依据包括按密度分类、按硫含量分类、按氮含量分类、按蜡含量分类、按胶质含量分类等。

（1）按原油的密度分类：

轻质原油　　>34°API　　<852 kg/m^3(20℃密度)

中质原油　　34~20°API　　852~930kg/m^3(20℃密度)

重质原油　　20~10°API　　931~998kg/m^3(20℃密度)

特稠原油　　<10°API　　>998kg/m^3(20℃密度)

（2）按原油的硫含量分类：

低硫原油　　硫含量<0.5%

含硫原油　　硫含量0.5%~2.0%

高硫原油　　硫含量>2.0%

（3）按蜡含量分类：

低蜡原油　　蜡含量0.5%~2.5%

含蜡原油　　蜡含量2.5%~10%

高蜡原油　　蜡含量>10%

（4）按胶质含量分类：

低胶原油　　原油中硅胶胶质含量小于5%

含胶原油　　原油中硅胶胶质含量在5%~15%

高胶原油　　原油中硅胶胶质含量大于15%

17 原油按关键馏分的特性如何分类？

将原油在实沸点蒸馏装置馏出的250~275℃作为第一关键馏分，残油用没有填料柱的蒸馏瓶在40mmHg残压下蒸馏，切取275~300℃馏分(相当于常压395~425℃)作为第二关键馏分。测定以上两个关键馏分的相对密度，对照表4-1中的相对密度分类标准，决定两个关键馏分的属性，最后按照表4-2确定该原油的性质。

表 4-1　关键馏分的分类指标

关键馏分	石蜡基	中间基	环烷基
第一关键馏分（轻油部分）	D_4^{20}<0.8210 相对密度指数>40 （K^*>11.9）	D_4^{20}：0.8210~0.8562 相对密度指数 33~40 （K=11.5~11.9）	D_4^{20}>0.8562 相对密度指数<33 （K<11.5）
第二关键馏分（重油部分）	D_4^{20}<0.8723 相对密度指数>30 （K>12.2）	D_4^{20}=0.8723~0.9305 相对密度指数 20~30 （K=11.5~12.2）	D_4^{20}>0.9305 相对密度指数<20 （K<11.5）

注：K 值按关键馏分的平均沸点和相对密度指数求定，不作为分类标准，仅作为参考数据。

表 4-2　关键馏分特性分类

编号	轻油部分的类别	重油部分的类别	原油的类别
1	石蜡(P)	石蜡(P)	石蜡(P)
2	石蜡(P)	中间(I)	石蜡~中间(P-I)
3	中间(I)	石蜡(P)	中间~石蜡(I-P)
4	中间(I)	中间(I)	中间(I)
5	中间(I)	环烷(N)	中间~环烷(I-N)
6	环烷(N)	中间(I)	环烷~中间(N-I)
7	环烷(N)	环烷(N)	环烷(N)

18　按特性因数原油如何分类？各有什么特点？

按特性因数(K)大小，原油分为三类：

特性因数 K>12.1　　石蜡基原油

特性因数 K=11.5~12.1　中间基原油

特性因数 K 为 10.5~11.5　环烷基原油

石蜡基原油一般烷烃含量超过 50%，含蜡量较高，相对密度较小，凝固点较高，含硫、含胶质较低，生产的润滑油黏温性能好，是较好的裂化原料，但难以生产质量较好的沥青。环烷基原油含环烷烃和芳香烃较多，一般相对密度较大，凝固点较低，燃烧时发热值较高，生产润滑油的黏温性能差；原油中含大量的胶质和沥青质，可生产高质量的沥青。中间基原油的性质则介于上述二者之间。

19　生产石油沥青时，原油为什么要进行筛选？

原油主要是由多种相对分子质量不同和沸点不同的烃类化合物及非烃类化合物组成的混合物。在炼油厂，生产石油沥青主要采用四种方法：蒸馏法、溶剂脱沥青法、氧化法和调和法。但无论采用哪种方法生产沥青，其关键还在于原油，因为生产特殊石油沥青体系的产品，对原油有特殊的要求。蒸馏法对这种要求特别高，而调和法对这种要求则相对降低。由此可见，不是任何原油均可生产符合标准的沥青，制造石油沥青的原油必须进行筛选。

20 国内外原油的分类情况怎样？

就世界石油资源而言，中间基和石蜡-中间基原油占了大部分。世界开采的115个大油田的统计调查表明，中间基和石蜡-中间基原油占到90%。中国石油资源也比较丰富，现原油产量保持在1亿吨以上，进入世界主要产油大国。但已开发并形成生产能力的油田所产的原油80%是石蜡基，而中间基和环烷基原油只占20%，这与世界主要油田原油基属分布的差别很大。

21 为什么说环烷基原油是生产沥青的首选资源？

环烷基原油又称沥青基原油，是以含环烷烃较多的一种原油，具有蜡含量低、酸值高、密度大、黏度大、胶质含量高、残炭含量高以及金属含量高等特点，其裂解性能很差，很少作为催化原料；通常，环烷基原油采用一般的常减压蒸馏便能生产出满足标准要求的沥青产品，个别原油甚至用常压蒸馏就能实现，且沥青收率高。而得到的道路沥青延度高，具有良好的流动性能，与石料结合能力强，路面不易开裂，不易出现车辙和具有好的抗老化性能，是生产道路沥青首选原油，但环烷基原油资源稀缺。

22 为什么说中间基原油是生产沥青的重要资源？

适用于生产沥青的中间基原油要比环烷基原油多得多。这类原油与环烷基原油相比，在组成上有很大的差异，通常含有一定数量的蜡，它们需要用减压蒸馏将中间馏分取出才能生产适合道路使用的沥青。中间基原油中有相对分子质量较高的很难蒸馏的含蜡组分，由于它们较易裂解，当蒸馏温度过高时，生产出的沥青会生成焦而得不到均相的沥青。因此必须采用减压深拔，以便能用蒸馏法直接得到各种针入度等级的道路沥青。中间基原油的另一个特征是沥青收率低，通常只占原油的10%~25%，并且含有相当多易裂化的石蜡组分和高沸点组分，而低蜡则要留在沥青中。通常选用低蜡的中间基原油较适合生产沥青。

23 为什么说石蜡基原油生产沥青难度很大？

石蜡基原油中含蜡量高达20%~30%，在进行蒸馏、溶剂脱沥青等脱蜡之后，一般也难达到现行沥青标准中蜡含量≯3.0%的要求。而蜡含量大小对沥青的性质和使用性能有着非常不利的影响，具体表现在：

(1) 随着蜡含量的增加，沥青的针入度增加，延度减少明显，软化点先升高后下降。

(2) 蜡在高温时熔化，降低了沥青的黏度，增大了温度敏感性，影响沥青的高温性能，在夏季炎热条件下易使路面产生车辙和拥包。

(3) 在冬季低温条件下，蜡分子结晶形成胶束，使沥青的极限拉伸应力和延度减小，容易造成沥青低温发脆、开裂。

(4) 降低了沥青与集料的亲和力，影响沥青的黏结力和抗水剥离性。

(5) 减小了沥青的低温应力松弛性能，容易产生低温裂缝。

此外，石蜡基原油含有大量的烷烃，由于它们较易裂解，当蒸馏温度过高时，生产出的沥青会生成焦而得不到均相的沥青。

24 选择适合生产沥青的原油的实验室评价方法是什么？

判断原油是否适合生产沥青，最可靠的方法是通过实验室对原油进行评价实验。其评价实验有两种：

方法 1：适用于切割温度不大于 400℃(常压)的实沸点原油蒸馏评价实验。

该实验在带有分离效率在 14~18 块理论塔板的分馏柱的蒸馏设备上进行。并应在 5∶1 的回流比下操作(若压力在 0.674~0.27kPa 时可采用2∶1 的回流比)，原油实沸点蒸馏装置如图 4-1 所示。实沸点蒸馏可把原油按照沸点高低分割为若干馏分。操作时，将原油装入蒸馏釜中加热蒸馏。原油装入量根据实验装置的大小，其范围在 1~30L。以装入 3L 为例，则可取约每 100mL 为一馏分，其馏出速度为 3~5mL/min。为了避免原油受热分解，整个操作分三阶段。第一阶段是在常压下，大约可蒸出初馏~200℃的馏出物。第二阶段为减压一段，在 13.3kPa 残压下进行。第三阶段为减压二段，在残压<0.5kPa 压力下进行(可在原装置不经过精馏柱或转移到另一个简易的减压蒸馏装置中

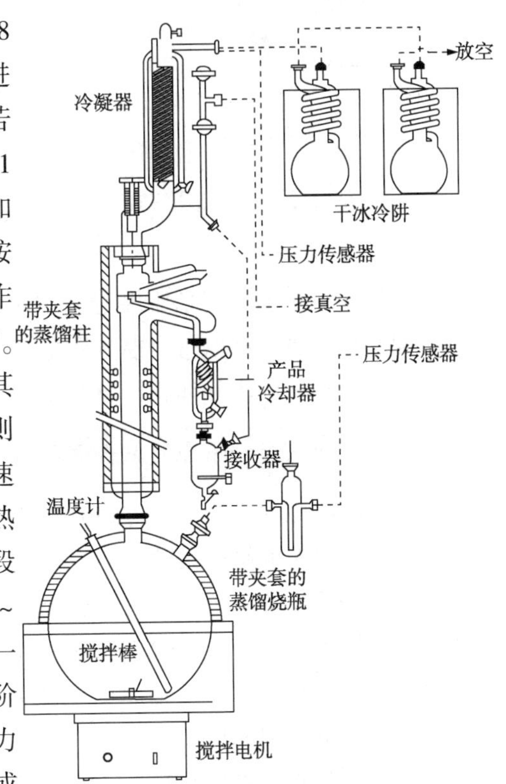

图 4-1 原油实沸点蒸馏装置(15 块理论塔板)

进行)。蒸馏完毕后，将减压下的蒸馏温度换算成常压下的相应温度。实沸点蒸馏装置可蒸馏出520℃以前的馏出物，未蒸出的残油从釜内取出，以便进行物料计算及有关性质测定。

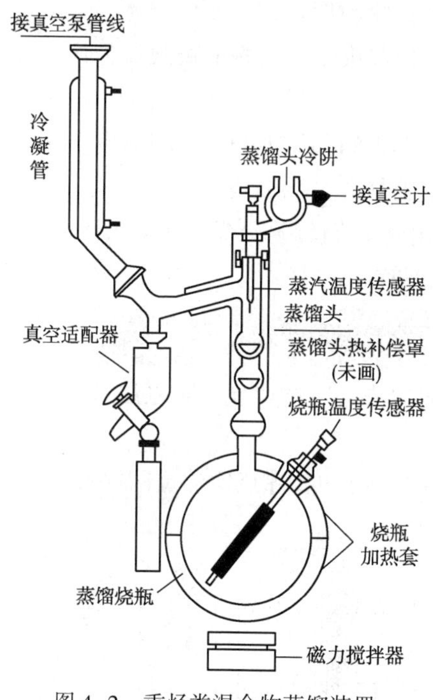

图4-2　重烃类混合物蒸馏装置

方法二：用于初馏点高于150℃的原油蒸馏评价实验。

用蒸馏来评价这类原油的方法已作为国家标准加以统一，称为重烃类混合物蒸馏法(真空釜式蒸馏法)，其实验装置如图4-2所示。

该法适用于初馏点高于150℃的重烃混合物如重油、石油馏分、渣油的蒸馏过程。它是在全密闭的条件下，使用一个带有低压降雾沫分离器的蒸馏釜进行操作。本实验方法可用来评价生产沥青以指导炼油厂生产，还可以提供各沸点范围渣油的收率和获得充足的油样来评价沥青的性质。但该法不足之处是，实验时被评定的油样遭受长时间的加热，因此沥青的某些性质可能受到影响。实验是将一定体积的试样在绝对压力6.6~0.013kPa(50~0.1mmHg)和规定的蒸馏速度下蒸馏，并按预选温度切割馏分。记录蒸馏过程中每个切割点的蒸汽温度、操作压力和其他变量；称取每个馏分质量和测定其相应密度，便可以得到切割温度对馏分的质量百分收率和体积百分收率的蒸馏曲线。

25　有哪些经验法可判断原油是否适合生产沥青?

为了预测哪些原油适合生产道路沥青及大致的产率情况，不少学者总结出一些经验公式作为快速的筛选条件。

(1) 杨三华提出的确定原油是否适合生产沥青的经验公式。他认为原油中的沥青质(A)、胶质(R)及蜡(W)等三种组分含量可作为考查该油是否能生产沥青。当$(A+R)/W<0.5$时，这种原油不适合生产沥青；当$(A+R)/W=0.5\sim1.5$时，可生产出质量达到SH 0522标准的普通道路沥青；当$(A+R)/W>1.5$时，这种原油可用于生产质量符合GB/T 15180标准的重交通道路沥青。

(2) 前苏联提出的确定原油是否适合生产沥青的经验公式。当$A+R-2.5W>$

8时，这类原油是高胶质低蜡、高胶质含蜡和含胶质低蜡，最有利于生产道路沥青。当A+R-2.5W=0~8及A+R>6时，这类原油是高胶质高蜡、含胶质含蜡或少胶质少蜡，也可用于生产沥青。当A+R-2.5W<0时，这类原油是含胶高蜡、少胶含蜡或低胶高蜡，不利于生产道路沥青。

(3) 用原油中沥青质与胶质含量比(A/R)确定原油是否适合生产沥青的经验公式。当A/R的比值在1.0~1.3，易在减压塔底取得优质直馏沥青；当A/R的比值在0.3~0.4，则减压塔操作只有进行深拔，才能取得合格的直馏道路沥青或氧化沥青的原料。当A/R的比值在小于0.3时，原油往往不宜生产直馏道路沥青。(注：这里所说的沥青质不是目前所采纳的C_7不溶物，而是C_5不溶物。)

26 原油精馏过程的必要条件有哪些?

(1) 混合物各组分间相对挥发度存在差异，相对挥发度$\alpha \neq 1$是精馏方法分离混合物的根本依据。精馏过程主要是依靠多次汽化及多次冷凝的方法，实现对液体混合物的分离，因此，液体混合物中各组分的相对挥发度有明显差异是实现精馏过程的首要条件。

(2) 气液两相接触时必须有浓度差和温度差，即上升的气相中轻组分浓度要高于该塔板上平衡时气相中轻组分浓度，而下降的液相中轻组分浓度也要高于该塔板上平衡时轻组分浓度。同时所接触的气液两相，气相温度要高于液相温度，这样才能形成不平衡状态，造成传质和传热的推动力。

(3) 塔顶要有液相回流和底部的气相回流，以保证气液两相接触时浓度差别和温度差别。有了液相回流，就会使各层塔板上依次产生的轻组分浓度比平衡时液相组成浓度高而温度较平衡时温度低的液相回流。气相回流存在使气相中重组分浓度总高于平衡时的气相浓度，其温度也高于平衡时的温度。

(4) 必须提供气液两相密切接触的场所——塔板(或填料)。气液两相通过多层塔板上的充分接触，才能保证传质和传热的进行。

27 石油精馏塔与化工精馏塔相比，其工艺有哪些特点?

(1) 用复合塔代替多塔体系。如要把石油分离成汽油、煤油、轻柴油、重柴油和重油5个馏分，按照精馏原理，需要4个塔。实际生产中，一个常压塔再加一个汽提塔就可完成上述产品的分离。

(2) 采用过热水蒸气汽提代替塔底重沸器。因为用塔底重沸器很难找到热载体，而且原油精馏塔的处理量很大，用塔底重沸器会使其体积庞大，还会因温度高而使油品结焦。用过热水蒸气汽提，热源容易获得，还可降低油气分压，避免油品结焦。但过热水蒸气量要适当，因为过大会造成塔气相负荷增大，甚至冲塔。

(3) 原料入塔要适当过汽化量。过汽化量是指原油入塔时汽化的量与精馏段各产品的量之差，其目的使精馏段最低侧线以下的几层塔板上有一定的液相回流。若无过汽化量就会有一部分精馏段的轻质油品流向塔底，使塔的轻质油收率降低。对一般的二元或多元精馏，理论上讲，进料的汽化率在0~1区间任意变化仍能保证产品质量。

（4）全塔的热平衡。石油精馏全塔的热量主要来自加热炉提供的热进料，在进料状态(温度、汽化率)已确定情况下，塔顶回流比也就随之确定。在一般情况下，由全塔的热平衡决定的回流比已完全能满足精馏的要求。二元或多元精馏体系则不同，它是由分离精确度要求决定的，至于全塔的热平衡，可通过再沸器进行调节而达到。

（5）恒分子回流的假定完全不适用。该假设是指在塔内的气、液相的摩尔流量不随塔高而变化。石油是复杂混合物，各组分间的性质有很大的差异，它们的摩尔汽化潜热可以相差很大，沸点之间的差别甚至可达几百度。所以对石油精馏恒分子回流的假定完全不适用。

28 生产沥青时原油为什么要进行减压蒸馏？

（1）大于500℃的馏分，在原油合适的情况下可直接作为重交通道路沥青，可满足道路交通的需求；或作为溶剂脱沥青原料生产沥青调和组分。

（2）石油是沸程范围很宽的复杂混合物，从常温到500℃以上。350~540℃的馏分在常压条件下难以蒸出，而这部分馏分油是生产润滑油和催化裂化原料油的主要原料。

（3）其中沸点在350~540℃馏分在我国多数原油中含量很高，约占总馏出物的60%。在原油日趋短缺的年代，对它进一步加工非常必要。

（4）减压深拔技术可靠。油品蒸气压随温度降低而降低，在温度不高时，相对挥发度增大，有利于蒸馏。350~540℃馏分利用减压深拔技术可以分离出来。

29 如何确定减压塔各点温度？

由于在设计中一般无法提供常底油的平衡汽化数据，常规减压塔进料段温度只好根据经验选择，一般在365~385℃。减压塔顶一般采用循环回流，塔顶不出产品，塔顶温度主要是水蒸气和不凝气离开塔顶的温度，这个温度比循环回流进塔温度高20~40℃。干式减压塔塔底温度接近于汽化段的温度，湿式减压塔塔底温度较汽化段温度低5~10℃，有时可以相差17℃之多。

30 为什么原油减压蒸馏常用填料代替塔板？填料有哪些种类？如何评价其性能？

减压蒸馏时，用填料代替塔板是因为用填料进行传质时，压降小，有利于提高减压拔出率，同时也可以降低塔底减压渣油的针入度，有时可直接生产直馏沥青。

填料根据其填装特点的不同，可分为规整填料和乱堆填料。乱堆填料是采用颗粒填料乱堆于塔中，常用颗粒填料有拉西环(Rnschig Ring)、鲍尔环(Pall Ring)、矩鞍环(Intalox Saddle)、金属矩鞍环(Intalox Metal)等。在塔内整齐堆砌的规整填料具有大通量、低压降、高效率的优点，越来越引起人们的注意，在大型蒸馏塔中格里希(Glitsch)格栅型填料、孔板波纹填料、丝网波纹填料已得到广泛的应用。

填料性能评价主要有以下几种方法：

(1) 比表面积(m^2/m^3)：所谓比表面积是指单位体积的填料堆积空间中填料所具有的表面积的总和。比表面积越大，对传热、传质越有利。

(2) 空隙率(%)：所谓空隙率是指填料外的空间与堆积体积的百分比，空隙率越高，阻力降越小。

(3) 当量理论板高度：它是指相当一块理论塔板分离能力所需填料层的高度。当量理论板高度越小，分离效能越高。填料尺寸越大，则其当量理论板高度越高。

31 填料塔内气、液相负荷过低或过高会产生哪些问题？

在填料塔内随着气相流速的增加，床层的阻力降增加，填料层中的持液量也相应增大。当气相流速增加到某一特定数值时，液体难以下流，产生液泛的现象，塔的操作完全被破坏。此时的气速称为泛点气速，填料塔适宜的操作气速一般为泛点气速的60%~80%。填料塔泛点气速的高低主要和气、液相介质的物性——重度、黏度、两相的流量以及填料层的空隙率等因素有关。

液相流量太小则可能使部分填料的表面没有被充分地润湿。填料塔内气、液相的传热和传质过程主要是通过被液体浸湿的填料表面来进行的，如果部分填料没有被润湿，也就意味着传热、传质的表面积相应减小，必然会使分离效果降低。填料塔内的液相流量太低时，应设法增加该段循环回流的流量。

32 如何确定填料塔的填料层高度？

填料层高度等于所需要的填料层体积除以塔截面积。塔截面积已由塔径确定，填料层体积则取决于完成任务所需要的总传质面积和每立方米填料所能提供的气、液接触面积。上述总传质面积应等于塔的吸收负荷与塔内传质速率的比值。计算塔的吸收负荷要依据物料衡算，传质速率要依据传质速率的方程，而吸收速率方程式中的推动力总是实际浓度与某种平衡浓度的差值，这又需要知道相平衡关系。因此，填料层高度的计算涉及物料衡算、传质速率与相平衡这三种关系式的应用。

为了防止填料层过高之后液体在塔内分布不均匀，影响传热、传质的效果，大型石油蒸馏塔每段填料层高度一般不超过 5.5m。如果需要的填料层太高，可分为若干段在中间加设液体再分布器。

33 减压塔与常压塔相比，有何明显的特点？

（1）要求尽可见提高拔出率，但对分离要求降低。

（2）减压顶系统多采用循环回流，而不用塔顶冷回流。

（3）减压塔顶不出产品，以利于降低顶压降。

（4）塔内塔板数少、板间距大。

（5）减压塔两头细、中间粗。顶部细是因为气相负荷小，中间粗是因为气相负荷大。底部细是为了减小渣油在其中的停留时间。

（6）减压塔底座高。塔底液面距泵入口之间高差在 10m 左右，为热油泵提供足够的灌注头。

（7）减压塔通常有几个中段回流，往往每一个侧线都设有循环回流。

（8）湿式减压蒸馏时，塔底蒸汽量比常压多，以降低油气分压。

（9）减压塔板压降较低。

34 什么是“湿式”减压蒸馏？有什么特点？流程如何？

“湿式”减压蒸馏的流程见图 4-3。

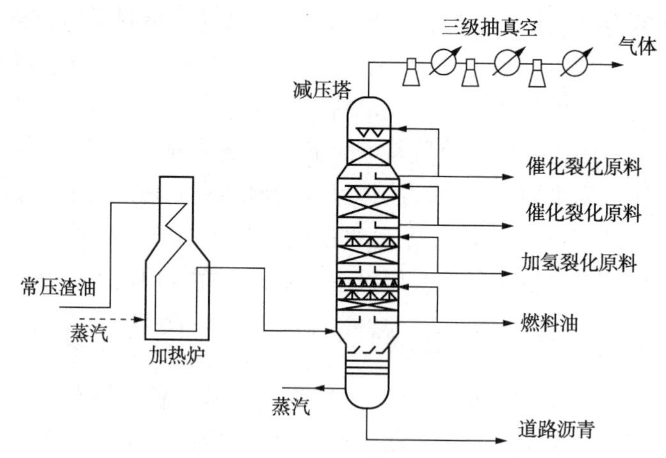

图 4-3 “湿式”减压蒸馏工艺流程

“湿式”减压蒸馏即向加热炉管内注入水蒸气以增加炉管内油品流速；向塔底注入水蒸气，以降低塔内油气分压，达到在低于油品分解的温度下，获得所需要的油品收率过程。

其特点是：减压塔一般采用板式塔和两级蒸汽喷射抽空器，塔的真空度低、压降大，减压拔出率也相对较低，是一种传统的减压蒸馏。消耗大量蒸汽，而且还加大了塔顶一级冷凝冷却器的负荷，多消耗了大量冷却水，同时还多产生了含油含硫工业污水。

35 什么是“干式”减压蒸馏？采用了何种新技术？流程如何？有什么优点？

“干式”减压蒸馏是采用了新技术，在塔和炉管内不注入水蒸气的情况下，使塔的闪蒸段在较高的真空度(一般残压2.0~3.3kPa)和较低的温度(360~370℃)下蒸馏。

“干式”减压蒸馏采用的新技术：

(1) 在塔内部结构上采用了处理能力高、压力降小、传质传热效率高的新型金属填料及相应的液体分布器，取代了全部或大部分传统的板式塔盘。

(2) 采用三级抽空器以保证塔顶高真空。

(3) 减压炉管逐级扩径，保证炉管内介质在接近等温汽化条件下操作，以减少压降并防止发生局部过热。

(4) 采用低速转油线以获得低的压力降和温度降等。

“干式”减压蒸馏系统流程见图4-4。

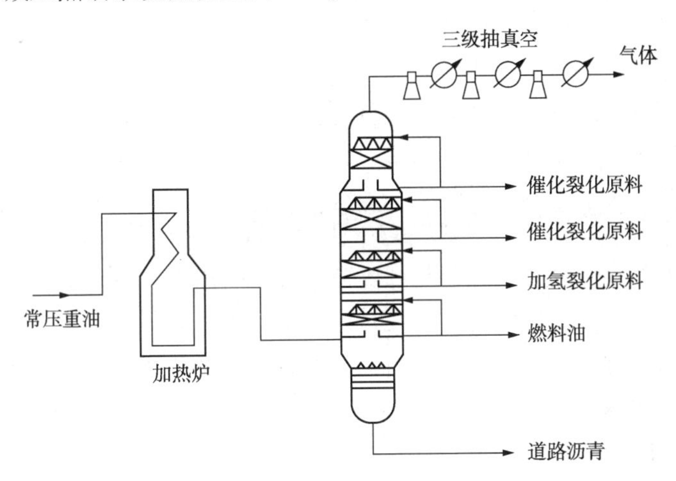

图4-4 “干式”减压蒸馏工艺流程

“干式”减压蒸馏优点：

(1) 提高了汽化段的真空度，在较低的汽化温度下，仍有较高的拔出率。

(2) 提高了装置的处理能力。因为在相同的汽化温度下，仍有较高的拔出率。

(3) 水蒸气消耗减少。

(4) 减压炉的热负荷降低。因为在同样的处理量下，炉出口温度降低。

(5) 大大降低了塔顶冷凝器的负荷及冷却水用量或风机电耗。因为塔顶馏出物基本不含水蒸气。

(6) “干式”蒸馏时，塔底温度比汽化段温度只低3℃左右，因此塔底温度的提高有利于热量的回收利用。

(7) “干式”减压蒸馏工艺，还可在减压塔底直接生产道路沥青。

需要指出的是，“干式”减压蒸馏适合于燃料型减压塔，但是否适用润滑油减压塔，有待实践进一步考察。

36 湿式减压操作与干式减压操作如何相互转换?

对湿式减压塔改造为干式减压塔时，一般也保留湿式系统，所以干、湿式可以相互转换。湿式转向干式操作时：

(1) 减压炉出口油温度按20℃/h速度降至干式操作指标内。

(2) 关闭减压炉炉管注汽。

(3) 投用减压塔顶增压喷射器，工作正常后关闭增压器副线阀门。

(4) 逐渐关闭减压塔塔底吹汽阀门，调整好操作。

干式转向湿式操作时：

(1) 向减压炉管注汽，注汽前一定放尽蒸汽冷凝水。

(2) 向减压塔底吹入适当蒸汽。

(3) 投用减压塔顶增压喷射器，将其副线阀门打开。

(4) 减压炉出口温度逐渐升高至湿式操作指标，调整好操作。

37 减压塔为什么设计成两端细、中间粗的形式?

减压塔上部由于气、液相负荷都比较小，故而相应的塔径也小。减压塔底由于温度较高，塔底产品停留时间太长容易发生裂解、缩合结焦等化学反应，影响产品质量，而且对长期安全运行不利，为了减少塔底产品的停留时间，塔的汽提段也采用较小的塔径。绝大多数减压塔下部的汽提段和上部缩径部分的直径相同，有利于塔的制造和安装。

减压塔的中部由于气、液相负荷都较大，相应选择了较大的直径，故而构成了减压塔两端细、中间粗的外形特征。

38 怎样开、停间接冷却式蒸汽喷射器?

启动蒸汽喷射器前要先对减压塔顶各级水封罐加水，保持水封作用，给冷凝冷却器、一级冷却器、二级冷却器通上冷却水，冷却器是空气冷却器的可开风机，末级冷却器排空阀门应该打开，待蒸汽喷射器启动后将减压系统的空气不凝气排出。设有增压喷射器的暂时不开，将其副线阀门打开，全空冷系统第三级空冷和塔顶水封罐放空管线保持畅通，所有阀门要打开。为使真空度逐渐升高，先开二级或三级喷射器蒸汽阀门，使塔内真空度达到 80kPa(600mmHg)以上，后开一级喷射器蒸汽阀门使塔内真空度达到 93kPa(700mmHg)左右，有增压喷射器的再开增压器蒸汽，增压喷射器工作正常时逐步关闭副线阀门。

停用蒸汽喷射器时，先打开增压喷射器副线阀门，关闭增压器蒸汽阀门，后逐渐关闭一级喷射器蒸汽阀门，依次关闭二级、三级喷射器蒸汽阀门。

39 减压塔真空度是如何控制的？

减压塔真空度采用多级蒸汽喷射泵的串接运行来获得。蒸汽压力的改变将明显影响真空度。因此，在应用蒸汽喷射泵时，一般要在蒸汽管线设置压力调节系统，以保证至喷射泵的最佳蒸汽压力。对于蒸汽系统管网压力偏低的炼油厂，设置压力调节系统反而会降低蒸汽压力，在此情况下，就不设或不投用蒸汽压控系统。

40 影响真空度下降有哪些原因？

（1）蒸汽喷射器使用的蒸汽压力不足，影响喷射器的抽力。这是常见的影响真空度下降的主要原因之一。应及时调整蒸汽压力，通常蒸汽压力为 0.8～1.1MPa，节能型喷射器使用低压蒸汽抽真空的，也要稳定压力。

（2）塔顶冷凝器和各级冷凝冷却器的冷却水温度高或水压低。这将造成各级喷射器入口压力升高，使真空度下降。设置空冷器和各级冷凝冷却器，在外界气温升高或空冷风机电气系统跳闸时，都会引起各级喷射器入口压力升高使真空度下降。应设法降低水温、提高水压，提高冷却效果，也可以采用工业风定期吹扫，防止水结垢，提高冷却效率，降低各级喷射器入口压力。

（3）减压塔顶温度控制过高。这会使气相负荷增大，进入冷凝冷却器油气量增加，增大了冷凝冷却器负荷，冷后温度升高，使真空度下降。处理时，可增大中段回流或顶循环回流流量，尽量降低塔顶温度。

（4）减压炉油出口温度升高或减压塔进料组成变化轻。轻组分油过多，将使汽化量增大，使塔顶气相负荷增加，塔顶冷凝冷却器因负荷大而冷不下来或冷后温度升高，使真空度下降。应检查引起减压炉出口油温度变化的原因，使其稳定在操作指标范围内，检查常压系统操作条件是否有异常，防止过多轻组分油带到减压系统中。

（5）塔底汽提蒸汽量过大或有炉管注汽及汽提塔汽提量过大。吹汽量大虽然有利重质馏分油汽化，有利于提高拔出率，但由于水蒸气量增大，增加了塔顶冷凝冷却器负荷，使冷后温度上升，增大喷射器入口气相负荷，影响真空度提高。

因此，塔内吹入的蒸汽量不宜过多。

（6）减压塔底液位过高。进塔物料大于出塔物料时会使真空度下降，在塔底液面控制失灵时会出现此现象，应迅速降低塔底液位。

（7）减顶油水分离罐装满油，塔顶不凝气管线堵塞不畅通，造成喷射器背压升高，使真空度下降。处理时应检查油水分离罐中油液位应在正常位置，不凝气放空或去加热炉低压瓦斯管线畅通。

（8）蒸汽喷射器本身故障，如喷嘴堵塞、脱落，影响正常工作。应与减压系统隔断或停工检查。

（9）减顶油水分离罐水封破坏，或减压系统设备管线有泄漏，使空气进入减压系统，使喷射器入口增大了空气量，增大了喷射器的负荷使真空度下降。在开工试压或气密试验时，应做好设备密封检查，防止出现空气漏进减压系统。

41 减压塔真空度高低对操作条件有何影响?

减压塔的正常平稳操作，必须在稳定的真空下进行，真空度的高低对全塔气液相负荷大小、平稳操作影响很大。

在减压炉出口油温度、进料油流量、塔底汽提吹汽流量及回流量均不变的条件下，如果真空度降低，就改变了塔内油品压力与温度平衡关系，提高了油品的饱和蒸气压。相应地，油品分压增高，使油品沸点升高从而降低进料的汽化率，收率降低。在操作上，由于汽化率下降、塔内回流减少，各馏出口温度上升。因此，在把握馏出口操作条件时，为了应对真空度的变化，除调节好产品收率，也要相应地调节好馏出口温度：当真空度高时，馏出口温度可适当降低；真空度低时，馏出口温度要适当提高。

42 减压塔塔顶压力的高低对蒸馏过程有何影响?

减压塔主要利用抽真空的方法来降低塔的操作压力，侧线可获得润滑油馏分和催化裂化的原料，塔底可以得到合格的石油沥青或沥青调和组分。塔压的高低直接关系到产品质量的好坏和能耗的高低。

对于润滑油型减压塔，为了保证馏分油的质量，塔板数较多，全塔压力降较大。提高塔顶真空度，在相同拔出率的前提下则可以适当地降低炉出口温度，减少油品的分解，实现“高真空、低炉温、浅颜色、窄馏分”，达到改进产品质量的目的。因此，多数润滑油型减压塔塔顶残压维持在5.3kPa，炉出口温度降至390℃左右。由于抽真空一般采取三级冷凝、两级抽真空的方法，如果要求更低的残压，在一级冷凝温度相同的条件下，水的饱和蒸气压也保持不变，那么进入一级抽空器的水蒸气量增大，相应地需要增加喷射器喷射的工作蒸汽量和二级冷凝器的负荷，必然使装置的能耗上升。

对于生产催化裂化原料的减压塔，为了节约能耗，多数炼厂都改造成干式减压蒸馏装置。由于塔内没有汽提水蒸气，闪蒸段油气压力的降低只有依靠深度减压才能达到。一方面采用阻力降小的填料，另一方面塔顶采用 1.3~2.6kPa 低的残压，为此只能采取三级抽真空方式才能实现。

提高减压塔的真空度既有好的效果，也会带来一些不利的因素。因此，减压塔最佳压力的选择，必须通过不同方案的经济效益的比较方可求得。

43 减压塔抽真空时，真空度上不去的原因是什么?

减压塔试抽真空时，真空度抽不上去的原因比较多，首先应检查蒸汽压力是否偏低，冷却水压力是否偏低，使用循环水的装置水压差是否偏小，冷却系统流程是否正常，大气腿水封是否建立，塔顶挥发线上注氨、注缓蚀剂阀门是否已关闭，大气腿是否畅通。以上这些如均正常，可再检查第三级冷凝冷却器不凝汽出口是否正压，如正压则放空线不通。经过以上检查如再未发现问题，抽真空系统出现了试压时未能发现的漏点，则抽空器本身存在故障。

44 影响减压塔顶温度变化有哪些原因?

减压塔顶温度是减压塔控制热平衡的一个重要手段，塔顶温度变化有如下原因：

(1) 减压炉油出口温度变化。如炉出口油温升高，油汽化量增大，塔顶温度升高，应将减压炉出口温度稳定地控制在指标范围内。

(2) 各回流流量变化。各回流流量变化增大、取热量多时，塔顶温度降低；各回流流量减小、取热量少时，塔顶温度升高。应保证塔顶循环回流流量不要过大，调节好各中段回流流量，以利于减压塔热量利用，使塔顶温度稳定。

(3) 塔底汽提吹汽量变化。如吹汽量增大，真空度若下降，则塔顶温度上升。

(4) 减压塔进料流量变化。如进料流量增大或进料油性质变轻、拔出率不变，则塔内回流量增加，使塔顶温度下降；当进料减少或进料油性质变重、拔出率不变时，则内回流量减少，塔顶温度升高。

(5) 某一个减压侧线油泵抽空较长时间没有处理好，减压塔顶的热负荷加大，使减压塔顶温度上升。

(6) 塔顶填料设施损坏，如安置好的填料被吹乱、回流油分配喷嘴堵塞。填料型减压塔中部没有洗涤和喷淋段，该段的喷淋器喷嘴堵塞或各自过滤器堵塞，会导致塔内该冷凝的气相未冷下来上升至塔顶，造成塔顶温度升高。判断这些现象，均应仔细观察，喷嘴堵塞大体都有一个变化过程，应仔细检查这些部位温度变化及喷淋系统油压力变化，如喷淋过滤器前后油压差的变化。发现问题应尽快处理，处理不及时，堵塞加剧，将影响开工周期。

45 减压塔底液位是如何控制的？

减压塔底介质又黏又稠，操作温度高，要求停留时间短，又是真空系统。因此，一般液位测量仪表均不能满足要求，实践中几乎都采用内浮球液位调节器来控制塔底的抽出量，保证塔底的液位在限定的范围内波动。塔底液位调节阀采用气关式，调节器为反作用调节器。或用双阀兰液位测量仪，要有拌热，冲洗油要进行选择，以不影响产品质量为原则。最好同时用内浮球液位调节器和双阀兰液位测量仪，两者可有比对，有利于生产。

46 引起减压塔底液位变化的原因有哪些？

维持减压塔底液位稳定，是保证减压塔物料平衡和平稳操作的重要手段。塔底液位的波动必将引起渣油流量变化，影响原油换热温度变化，给整个装置带来影响。因此，平稳减压塔底液位对整个装置的稳定操作起着重要作用。主要影响因素如下：

（1）真空度发生变化，如真空度低时，塔内油汽化量减少，塔底渣油增加，液位上升。

（2）减压炉出口油温度变化或各侧线馏出量变化，如减压炉出口油温度升高，塔内油品汽化率增加，塔底液位下降。侧线馏出油减少时，减压塔内过汽化油部分最终回到塔底使塔底渣油增多、液位上升。

（3）减压塔进料油流量变化或组成变化，如进料油流量增大或组成变重，会使渣油增多、液位升高。

（4）塔底汽提量变化，如增大吹汽流量，在真空度不变时，将提高塔内油品汽化率，会使液位下降。

（5）仪表控制失灵。重油黏度大，仪表失灵时常发生，显示假液位。

（6）塔底机泵故障如油泵抽空、密封泄漏等导致塔底液位上升。

（7）减压渣油出装置不畅，如减压渣油热供下游装置的管线阀门关小，渣油出装置冷后温度过低、黏度大输、送困难等均使减压塔底液位升高。

47 减压塔顶油水分离罐如何正常操作？

减压塔顶油水分离罐在减压操作中，一是将喷射器抽出的介质冷凝物在该罐中分离成油和水；二是利用该容器的结构，使容器内产生一定高度的水面，对大气腿进行水封，防止空气进入抽真空系统，破坏真空度并产生爆炸危险。

在操作中，水界位的高度应注意控制好，水界位过高，水会溢流到分油储油罐（池）内，造成外送减顶油带水；水界位过低，油水来不及分离，排水会带油或有乳化的水包油排出，给处理污水带来负担。控制水界位一般用仪表控制或设有破坏虹吸的倒“U”形管装置，要检查倒“U”形管顶部阀门是否打开与大气连通，真正起到破坏虹吸作用，否则倒“U”形管一旦产生虹吸作用，会将容器内水界面自动放掉，造成严重后果。要经常检查实际的油水界位高度，与仪表控制的是否一致，防止出现假界面。

48 填料型减压塔各填料段，上部气相温度怎样控制，有什么作用？

为保证干式减压塔产品质量合格，提高收率，便于调节操作，在各填料段上部侧线、集油箱下部空间均设有气相温度控制点，用上段回流油或洗涤油流量来调节该点温度。

回流油流量减少或洗涤油流量降低，可引起该段上部气相温度升高，导致上段产品质量变重、收率提高。如回流油流量增加或洗涤油流量提高，会使上段产品质量变轻、效率降低。

影响该点气相温度变化的因素有真空度变化、减压塔进料流量变化、其他填料段上部气相温度变化、上段集油箱液位高低变化等。

由于填料型减压塔的温度是分段控制的，当外界条件影响塔顶温度变化时，调节效果迟缓，可调节各填料段上部气相温度，使塔顶温度较快地稳定下来。

49 如何判断减压系统有泄漏？

由于减压塔内压力低于大气压力，因此减压系统有泄漏难以发现。一旦设备或工艺管线有泄漏，看不见有漏油痕迹，空气被吸入塔内。漏入的少量空气一般不会对减压系统产生影响，但存在大量空气漏入时，会使真空度降低，应认真仔细查找泄漏点。

一般泄漏点很小时，听不到空气通过泄漏点的振动尖叫声；当泄漏处增大时，可以听到大量空气高速流过泄漏处产生的噪声。因此，通过泄漏点空气流通噪声可以判断寻找泄漏处。

还可以通过减顶瓦斯气体分析数据，推断是否有泄漏。在正常情况下，减顶瓦斯气体中N_2含量较低，各装置情况有所差异，含量在3%~5%，有时会更高，达到10%(体)以上。当减压系统有泄漏时，例如转油线处有一长约10mm、宽1~5mm的泄漏孔，漏进许多空气，能听到刺耳的尖叫声。减顶瓦斯气体中N_2含量明显增高，达到35%~36%(体)，漏处堵好，减顶瓦斯气体中N_2含量恢复正常。

50 当减压塔底浮球式仪表液位计故障不能使用时，如何维持正常操作？

减压塔底油温度高，处于负压，只能安装浮球式仪表液位计。一旦液位计发生故障，一般应停工处理。为了继续生产，可以采用在减压渣油泵入口安装一块真空表，参考其真空度维持生产。

减压塔底液位正常生产时，塔底泵入口压力可以通过塔底液位与油泵入口油柱高度计算出来，如液位高度为 10m 时，忽略管线阻力，真空度约为 30kPa（220mmHg），液面每升高 1m，真空度约下降 7.2kPa（54mmHg），根据真空度下降值可初步判断液位高度。

减压渣油泵入口一般无处安装真空表，可将备用泵出口阀门关闭，入口阀门打开，出口压力表换为真空压力表，并做好备用泵的预热，防止指示失灵。

51 干式减压塔回流油喷嘴头堵塞有何现象及其原因？如何处理？

干式减压塔填料上方有回流油或洗涤油，为使填料均匀地工作，要求获得均匀的喷淋密度。因此，回流油或洗涤油入塔喷嘴头应工作正常，保证液相油品分布均匀，使填料正常工作。

当回流油或洗涤油喷嘴头有堵塞现象时，回流油或洗涤油入塔压力升高，回流油或洗涤油流量逐渐降低，侧线馏出温度升高，产品变重，颜色不好。

造成喷嘴头堵塞的原因：过滤器因焦粉沉积过滤网，使油通过受阻，细焦粉长时间沉积于喷头或喷头分配器内温度较高而造成结焦堵塞。

为避免喷嘴头堵塞，一定要保证回流油或洗涤油正常流量。流量小、管内流速低，易造成焦粉沉积。一旦发现过滤器前后压差增大，需及时清洗过滤器，检修时选择安装性能好、结构合理的喷嘴头，使其能在生产中长时间使用而不发生堵塞。

52 干式减压塔汽化段上部，塔板或填料发生“干板”会造成什么后果？

减压塔进料汽化段上部塔板或填料无内回流时称干板（当干式减压塔汽化段上部填料上的内回流油不足时，也称“干板”）。

减压塔汽化段上部通常在塔的最高温度下操作，若较长时间在干板下操作，会造成塔板或填料结焦，使该处塔板或填料压降升高，严重时减压塔将无法工作。

造成干板的主要原因是，塔板或填料上无内回流或填料回流油过轻、流量过低；当减压塔拔出率过高、减压塔过汽化率小时，也会导致干板结焦；最后一个侧线采用全馏出，也会导致干板。

减压操作时必须注意：板式塔必须保证有较充足的回流和内回流油；填料塔必须保证喷淋密度和汽化段上一个侧线的馏出量，方可避免汽化段上结焦和保证产品质量。

53 减压塔进料温度过高的原因是什么？它会引起哪些不良后果？

减压塔进料温度过高主要由减压炉出口油温度过高引起，其次是因为拔出率过高或最后一个侧线油馏出量过多，使过汽化油流入进料段偏少。

当减压塔进料温度过高后，会使侧线油变重，蜡油干点升高，残炭升高，引起过汽化油中炭粒焦粉增多，易于堵塞喷嘴头和过滤器。渣油中炭粉增多，易于堵塞换热器而影响传热效果。加热炉出口油温度过高、油品有部分裂化，也引起减压塔顶负荷增大。冷却负荷大，导致真空度下降；裂化严重时，减压塔底油相对密度变小，有时会出现塔底泵抽空现象。

54 在减压塔内如何合理地使用破沫网？

减压塔从汽化段到最下抽出侧线之间设置了塔板或填料，其目的在于降低最下抽出侧线馏分油的残炭和重金属含量，这一段一般称为洗涤段。为保证馏出油的质量要求，在洗涤段的上方还设有破沫网，以除去气流中夹带的液滴。破沫网的操作状态有湿态和干态两种，湿态操作的破沫网上淋洒着冲洗油。冲洗油一般是最下抽出侧线产品的部分返回塔内的油品。湿态操作的破沫网洗涤效果好，但主要缺点是阻力降大。干态的破沫网主要依靠气体中夹带泡状液滴冲击金属网丝，气泡破裂，气体上行，液体吸附在金属丝上，再流至交叠两根金属丝的接触处，当聚集到一定的体积后，液滴自行下落达到破沫的目的。

在塔内，破沫网多半是采用分块砌装的，原先多采用平丝网，效果不够理想。而把丝网压成波纹状重叠安装，这种破沫网的分离效果好而且阻力降小，压降在 0.133kPa 以下。

由于丝网长期处于高速气流冲刷之下，故其材质的选择十分重要。某些装置处理酸值及含硫量较高的原油，即使采用不锈钢丝网，在停工检修时发现，这些破沫网已变脆甚至已经破碎。一些炼厂正在开展用渗铝的钢材来代替不锈钢以解决腐蚀问题的试验。

55 减压炉出口的几根炉管为什么要扩径？

在设计减压炉时，应该控制被加热的油品在管内加热过程中不超温。油品超温会发生裂解，对结焦速率和产品质量都是有影响的。因而减压炉设计时，除应选用适当的辐射管热强度外，有时还需在油品汽化点部位注入一定量的水蒸气，以降低油品分压，使进料在规定温度下达到所需汽化率。如油品在汽化点以后不扩径或扩径不够，油品在炉内的温度会高于出口温度而引起分解，并且在进入转油线时截面突然扩大而形成涡流损失。减压炉出口几根炉管的适当扩径可较大程度地减小上述情况的发生，所以减压炉出口几根炉管的适当扩径是十分必要的。

56 减压塔开工时常遇到哪些问题？应如何处理？

（1）真空度抽不上去。此时，首先要根据渣油出装置情况严格控制好原油量，确保减压塔底液面不高且平稳正常。其次要稳定好常压部分的操作，特别注意常压塔最下层侧线拔出量，不能拔得太轻。最后要控制好减顶温度，一般控制在90~110℃为宜，并且尽可能将各中段回流多打一些，这样对真空度有好处。若真空度仍上不去，则要考虑减压塔顶抽真空系统是否有泄漏或抽空器本身的故障、水封状况、放空是否畅通，还要检查冷却水压力、冷却水量是否正常等。

（2）减压塔顶温猛然上升。这是开启抽空器太快所致，有很大可能会使减压塔板瞬时被冲翻或填料被冲散。因此，开启抽空器一定要缓慢。

（3）减顶产品输出困难。减压塔顶产品泵应事先试好，防止减顶温度超指标后，减顶产品不能及时打出去。

（4）减压侧线泵不易上量。根据实际情况采用不同的对策。如内回流大时，可减少侧线的内回流，若减压塔的轻组含量高时，可首先考虑是否减压渣油的原料（常压渣油）轻组分含量高引起的等。

57 减压停工过程中，加热炉何时熄火？应注意什么事项？

停工过程中，当减压炉出口温度降至300℃时，加热炉开始熄火。装置可根据情况留一个瓦斯嘴不熄火，以保持炉膛温度，方便炉管扫线。

熄火的火嘴要及时扫线，加热炉全部熄火后，要及时扫燃料油线或瓦斯线。

加热炉熄火后，根据炉膛温度下降情况，关小烟道挡板、一次风门、二次风门，并向炉膛吹汽进行焖炉，以溶解炉管外壁上的结盐。

需要特别注意的是，凡是用陶纤衬里的加热炉绝不允许焖炉，因为陶纤吸水性能特别强，大量吹汽会损坏陶纤衬里。

58 减压蒸馏抽真空系统流程怎样？抽真空系统包括哪些设备，它们各自起什么作用？

减压蒸馏塔顶抽真空系统是减压蒸馏大系统中非常重要的一部分，其抽真空系统流程情况见图4-5。

减压蒸馏塔顶抽真空系统包括塔顶冷凝器、蒸汽喷射器、中间冷凝器、后冷凝器、受液罐等相应设备和相应的连接管线。

抽真空系统的作用是，把减压蒸馏塔顶流出物料中可冷凝组分冷凝为液体加以回收，把常温常压下不可冷凝的气体组分从塔顶压力升高到略大于大气压力后排入大气或引至加热炉火嘴，从而稳定地保持工艺要求的塔顶真空度。

湿式减压蒸馏塔顶流出物由不可凝气体（裂解产生的小分子烃和漏入的空气）、减顶油和水蒸气组成。它们首先在减顶冷凝器中被冷却，冷却终温随冷凝器结构形式和冷媒的温度而变，通常小于35℃。此时，大部分水蒸气和减顶油气被冷凝为液体，由大气腿流入受液罐。未凝的水蒸气和减顶油气以及不可凝气

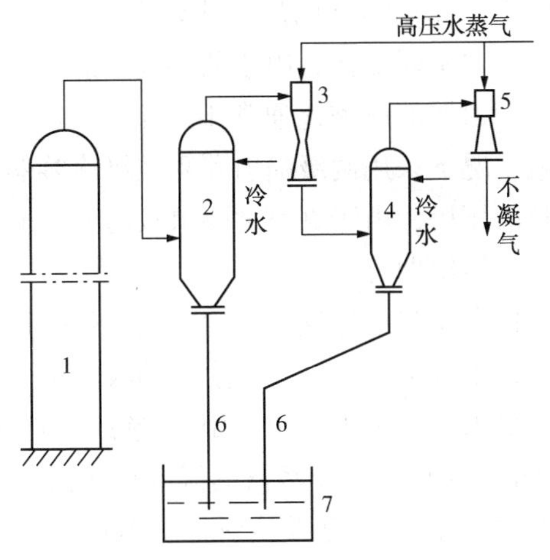

图 4-5　减压蒸馏塔顶抽真空系统示意图

1—减压蒸馏塔；2—大气冷凝器；3——一级蒸汽喷射抽空器；
4—混合冷凝器；5—二级蒸汽喷射抽空器；6—大气腿；7—水封池

体被蒸汽喷射器组抽吸并升压。因此，减顶冷凝器的作用是，减小蒸汽喷射器的吸入量，降低吸气温度。

蒸汽喷射器组一般由一级蒸汽喷射器、中间冷凝器和二级蒸汽喷射器组成。它的作用是，把被抽吸各组分的压力提高到略大于大气压力，并把抽吸的可凝组分和一级蒸汽喷射器的工作蒸汽在中间冷凝器中冷凝为液体，由大气腿流入受液罐。

第二级蒸汽喷射器的排出物压力已大于大气压力，但若直接排入大气，将污染装置环境，所以要设立后冷凝器，把占排出物绝大部分的水蒸气冷凝为液体，由大气腿流入受液罐。未凝组分基本上是减压蒸馏塔顶排出的不可凝组分，内含有毒气体硫化氢，应引入瓦斯系统进行相应的处理。

三个冷凝器排出的液体流入受液罐，在此进行油、水分离。分出的油即为减顶油，可作为重柴油组分，用泵送到工厂罐区；分出的水为含油含硫污水，由下水道排至全厂污水处理厂。

59　蒸汽喷射抽空器的工作原理是什么？喷射器级数是怎样确定的？工作蒸汽怎样选择？

蒸汽喷射抽空器工作原理是：工作蒸汽通过喷嘴形成高速度蒸汽，静压能转变为动能，与吸入的气体在混合室混合后进入扩压室。在扩压室中，速度逐渐降低，动能又转变为静压能，从而使抽空器排出的混合气体压力显著高于吸入室的压力。

每一级喷射器所能达到的压缩比，即排出压力(绝压)与吸入压力(绝压)之比，具有一定的操作限度。如果需要的压缩比较大，为单级喷射器不能达到时，则可采用两级或多级喷射器串联操作，串联的多级喷射器和级间冷凝器组成蒸汽喷射器抽空器组。单级喷射器的压缩比通常不大于8。对湿式减压蒸馏塔，由于真空度要求较低，一般工况下采用两级喷射器和三级冷凝器组成的喷射抽空器组即可满足要求。对填料减压塔，由于真空度要求较高，一般采用三级喷射器和三级冷凝器组成的喷射抽空器组即可满足要求。

喷射器的最适宜工作介质为水蒸气，因为它提供的能量大而且可以在级间冷凝器中冷凝为水被排走，不会增加后一级喷射器的吸入量。工作蒸汽的压力随工厂系统的条件而异，一般采用0.784~1.079MPa(绝)，国内炼厂实际使用的最低工作蒸汽压力为0.392MPa(绝)。工作蒸汽的温度应超过相应压力下的蒸汽饱和温度30℃，并要在工作蒸汽管线上靠近喷射抽空器设置蒸汽分水器，确保进入喷嘴的蒸汽不携带水滴，以免湿蒸汽在高速下严重侵蚀喷射抽空器。另外，水蒸汽的温度和压力要相对稳定，因为它的密度、焓等主要物理性质与水蒸气温度和压力有直接的关系。

60 影响不凝气量的因素有哪些?

蒸汽喷射器的抽气量，在吸入温度相同条件下，随不凝气量呈正比例增加。所以减少不凝气量是减少抽气量、提高真空度的重要措施。影响不凝气量的因素有以下几种。

(1) 减压炉温度。减压炉温度越高，油品的裂解程度越大，裂解产生的小分子烃量越大，因此，要努力降低炉温。

(2) 漏入空气量。现有装置运行中的漏入空气量基本上是个不变的值，它的量很小，所以对塔顶真空度的影响不大。

(3) 减压渣油的温度及其在减压塔底的停留时间。高温减压渣油在减压塔底的停留时间过长，可能出现裂解而生成小相对分子质量的裂解气，上升至塔顶成为抽真空系统的不凝气。因此要防止渣油温度过高、停留时间过长。渣油温度主要决定于炉出口温度，但也受汽提蒸汽温度的影响。汽提蒸汽的温度不宜高于420℃，否则会促进渣油的裂解。渣油在塔底的停留时间应控制在1min以内，以减少裂解和结焦。

61 减压塔顶抽真空系统为什么易受腐蚀?应采取什么措施?

减压塔顶抽真空系统易受腐蚀的原因：减压渣油中硫含量很高，在高温下裂解产生小分子烃类及硫化物特别是硫化氢气体，上升到塔顶与喷射抽空器的工作水蒸气混合，进入三级冷凝冷却系统；水蒸气被冷凝，硫化氢气体部分溶解在水中，形成较强的酸性溶液，因而加速了对冷凝器及大气腿管线的腐蚀。

采取措施：

(1) 在新建的减压塔中，顶抽真空系统应充分考虑用耐腐蚀材料。

(2) 塔顶应注入缓蚀剂，以减缓对设备的腐蚀。

(3) 不定期地对设备和管线进行检厚，按时巡检，发现问题及时处理。

62 提高真空度的关键是什么？

提高真空度的关键是，在保持工作蒸汽温度、压力稳定的前提下，努力降低塔顶冷凝器出口温度，即喷射器的吸入温度，以减少吸气量。

63 为什么干式蒸馏要用增压器，湿式蒸馏不用增压器？

干式减压蒸馏塔的塔顶压力一般要求小于 1.6kPa（绝）。塔顶流出物由不凝气和减顶油气组成，没有水蒸气。当吸入压力小于 2.67kPa(绝)时，应采用三级喷射器，而常规湿式减压蒸馏的现有装置上大多只有两级喷射器，达不到所要求的真空度。因此，在湿式改为干式时，塔顶在冷凝器前加设增压器。所谓增压器，原理与蒸汽喷射器相同，其作用是把塔顶流出物的压力提高到能够被冷凝器冷为液体时的压力。采用增压器后，塔顶压力不再受塔顶冷凝器冷凝温度的限制，能达到干式蒸馏的要求。

干式减压蒸馏的原理：通过增加蒸汽喷射器的级数并改造减压塔内件，使减压塔进料段的总压小于常规湿式减压蒸馏条件下的烃分压，从而取消炉管注汽和塔底注汽提蒸汽，实现干式操作。只有在减压塔压力降较小、取消的炉管注汽和塔底汽提蒸汽量大于增设的增压器所需要的工作蒸汽量时，干式操作在经济上才是合理的。

如果减压塔压力降值较大，即使采用增压器把塔顶压力降低了，但减压塔进料段的压力未降到小于常规湿式减压蒸馏条件下的油分压，则仍需在塔底注入汽提蒸汽维持湿式蒸馏操作。此时，注入减压塔的汽提蒸汽全部从塔顶流出，成为增压器的吸入气体，大大增加了增压器的负荷，因此要相应地加大增压器的工作蒸汽量和增压器尺寸。在这种情况下，增压器的工作蒸汽量必然大于减压塔底汽提蒸汽量的减少值，使减压蒸馏系统总的蒸汽用量增加，但又不能提高减压拔出率和提高分馏效率，因此是不合理的，这就是湿式减压蒸馏不用增压器的原因。

64 蒸汽喷射器的串汽现象是怎样造成的？

正常使用的蒸汽喷射器抽力足，响声均匀、无噪声，当蒸汽喷射器工作不正常时，蒸汽喷射器发生串汽现象，声音不均匀且有较大噪声，抽力下降，真空度降低。

串汽的可能原因如下：

(1) 同级几台蒸汽喷射器并联，操作抽力不同，抽力高的喷射器入口压力低，抽力低的喷射器入口压力高。气体由高压向低压流动，产生互相撞击，从而引起不均匀的串汽现象。

(2) 冷凝冷却器冷后温度升高，蒸汽喷射器入口负荷过大，真空度降低，超过蒸汽喷射器设计的压缩比时，也可引起不均匀的串汽现象。

(3) 喷射器末级冷却器不凝气体排空管线不畅通，使喷射器后部压力升高而引起串汽现象。

65 减压塔顶冷凝器有哪几种形式？它们都有什么优缺点？

减压塔顶冷凝器、级间冷凝器和后冷凝器有三种类型可供选用，一为直接水冷凝器，二为管壳式水冷凝器，三为增湿空气冷却器。三者的优缺点比较如下。

直冷式的优点是：冷却水与塔顶气体直接接触，冷后气体温度(喷射器的吸入温度)与冷却水入口温度的差值最小。在冷却水温度相同的情况下，它所能达到的真空度略高于管壳式，而且冷后气体温度稳定，因而真空度稳定。此外，直接水冷凝器的设备尺寸小，可以挂在减压塔塔体上，不用安装框架，占地面积小。直冷式的缺点是：冷却水全部变为含油污水排至含油污水系统，或需单独建设这种水的循环水冷系统，因此污水量大。如果把污水处理设施所需的投资计算在内，则其投资和占地面积都比管壳式大得多。基于上述缺点，新建炼厂已不采用直冷式，而且老厂也陆续将直冷式改造为管壳式或增湿空冷器。

管壳式的优点是：冷却水与塔顶气体间接传热，冷却水不受油品污染，因此它的投资、操作费用和占地面积比直冷式冷凝器(加上污水处理设施)小得多。管壳式的缺点是：冷凝效果受水质的影响大，水质差，水压不足；水的流速过小时，积垢快，传热速率迅速下降，因此在装置检修后开工初期，时常出现塔顶真空度较高，然后随时间的推移，真空度逐渐下降的现象。此外，我国南方的一些炼厂，夏季的循环冷却水温度高达 34~35℃，使塔顶冷凝器的冷后温度高达40℃，所以塔顶压力为 9.34~1.06kPa (绝)，减压蒸馏拔出率较低。为了克服这些缺点，有的炼厂增设减顶冷凝器冷却水的升压泵，以保持水压、加大流速，并在冷凝器管程水侧设立反冲洗的管线，同时加注防垢剂，以减缓积垢。

湿式空气冷却器优点：(1)具有管壳式水冷凝器的优点；(2)由于不用循环冷却水，所以不存在管壳式的上述缺点。随着对水质量和水环境要求的不断提高，污水处理已成为炼油化工的主要问题，因此要尽量减少污水排放。所以减顶空冷已经成为今后一段时间的发展趋势。湿式空冷器的缺点是：(1)占地面积较大，在老装置改造时往往成为限制因素；(2)在室外气温低于-10℃时，易发生管内冻结、管子破裂的故障，影响真空度的稳定。

66 如何进行正压试验及负压试验？

正压试验：减压塔要关闭各侧线抽出阀门、中段回流返塔阀门、汽提蒸汽进塔阀门、塔底油抽出阀门，水封罐U形管处加盲板。由减压炉入口给汽，当水封罐放空线见汽后，关闭放空阀；当塔顶压力上升到0.12MPa时，关闭给汽阀，蒸汽试压30min，检查减压塔的气密性，如遇到紧急情况，可由塔顶及水封罐放空泄压。

负压试验：进行减压系统气密试验时，首先减压系统必须先经蒸汽正压试验符合要求后进行。一切按开蒸汽喷射器要求做好准备工作，减压塔要关闭各侧线抽出阀门、中段回流返塔阀门、汽提蒸汽进塔阀门、塔底油抽出阀门，减压炉转油线加盲板，开始抽真空。当减压塔真空度达到96kPa时，关闭末级放空阀门，关闭蒸汽喷射器蒸汽阀门，注意关闭水封罐顶放空阀门，进行气密试验24h，真空度下降0.2~0.5kPa，为气密试验合格。

67 常见的真空度波动的原因和排除方法各是什么？

常见的真空度波动的原因：(1)减压塔底液面过高；(2)常压的拔出率太低，大量的轻组分进入减压塔；(3)减顶瓦斯的后路不畅；(4)减顶冷却器新鲜水量太小，冷却器汽化；(5)抽真空蒸汽带水；(6)抽真空器蒸汽量匹配不合适。相应排除的方法：(1)校对仪表，并将液位调到正常位置；(2)提高常压侧线的抽出量，减轻减压顶的负荷；(3)吹扫减压瓦斯的后路，更换回火器的钢丝；(4)提高冷却水的用量，并重启冷却器；(5)采取措施，改善气体质量；(6)重新匹配蒸汽量。

68 几种隐蔽性较强的影响减顶真空度的因素是什么？其对策是什么？

隐蔽性较强的影响减顶真空度的因素：

(1) 减顶冷却器的大气腿的水封被油封代替，造成冷却器排气不畅，导致真空度剧烈下降。

(2) 减顶系统出现漏项。由于减顶系统是负压，空气倒窜到系统中，造成减顶真空度波动。

(3)减顶水冷器管束泄漏。如果减顶冷却器的冷却能力余量较大，冷却器的管束有轻微的泄漏，可能影响不到真空度，但装置在设计时一般余量都不大，所以管束的泄漏对真空度还是有影响的。

(4) 抽真空蒸汽的温度不合适。在不同温度下，蒸汽的性质(如焓、密度、黏度、体积膨胀系数等)是不一样的，特别是密度对抽空器的影响最大。所以当蒸汽温度与设计值不符时，也将影响真空度的稳定性。

相应的对策：

(1) 操作中，要经常校对集油的液面，并保证液面不能长时间处于满的位置。污油要连续外送。

(2) 按减压系统对真空度级分段取样，即从每级抽空器冷却器的放空阀处各采一瓦斯样，分析其中的空气含量，若瓦斯中空气含量高，则采样点之前的部分即为漏点所在。查到漏点后，因为是负压，用胶带粘一下即可，若抽空器泄漏，则要更换抽空器。

(3) 从各大气腿采含硫污水的样，分析其硬度，纯含硫污水的硬度即为蒸汽冷凝水的硬度，一般小于 10mg/L。若硬度较大，即可判断是该组冷却器出现漏点。处理方法一般为在局部停工，冷却器堵管或换芯子。

(4) 参照抽空器的设计温度，将蒸汽的温度调到合适的值。一般常用蒸汽的温度在 235℃左右。

69 在减压蒸馏中提高沥青质量的途径有哪些？

(1) 降低塔的压降，提高减压塔的拔出率。目前，降低塔的压降最有效的方法就是用填料来代替舌形塔板、网孔塔板或筛板等内构件。填料有矩鞍环、阶梯环和格里希格栅等。某厂采用全填料减压塔后，其闪蒸段的残压可降到 2.4kPa，而改造前的板式减压塔(“湿式”操作时)，闪蒸段的残压为 14.27kPa。某厂通过优化减压塔的设计，大幅度提高了拔出率，使减压渣油中的<500℃馏分仅为4%，大大低于目前设计标准要求的减压渣油中<500℃馏分不大于 8%、<538℃馏分不大于 10%的要求。该厂通过减压深拔生产出了合格的 AH-70 的重交通道路沥青。

(2) 通过优化操作，提高沥青的质量。防止减压渣油中混入其他轻组分，否则会降低沥青的薄膜烘箱试验后的针入度比；为确保减压塔顶的残压不超过 9.3kPa，稳定抽真空的过热蒸汽的压力，控制循环水的温度<32℃，压力大于 0.4MPa；调整好减压塔内的气液相负荷均匀；当塔顶负荷大时，应尽量多抽出减三线油，减少减二线油或减二线油的回流量；根据具体情况调整好各侧线的回流比；尽量多抽减二线油、减三线油量；将减二线油和减三线油的黏度控制在适当的范围内，这样才能兼顾减压馏分油和沥青的生产。控制好减四线集油箱的液面，一般控制在不高于 70%，减少集油箱的油漏回到渣油中，确保拔出率；在不影响真空度的条件下，加大塔底汽量，以便提高总拔出率；尽量减少减压塔底泵的注封油量(减二回流油)或用馏分重的油作为密封介质；可将减压塔底泵的密封改为波纹管，不用注封油等措施来确保沥青的质量。

(3) 改变生产工艺，提高沥青的质量。可采用强化蒸馏法、高真空膜式蒸馏法、二级减压蒸馏等来提高沥青产品的质量。

70 二级减压蒸馏的流程是什么？它是怎样生产沥青的？

虽然通常调节拔出率可得到不同牌号的道路沥青，但为了使操作平稳，不造成经常变换工艺条件，可采用二级蒸馏的方法。二级减压蒸馏工艺流程见图 4-6。

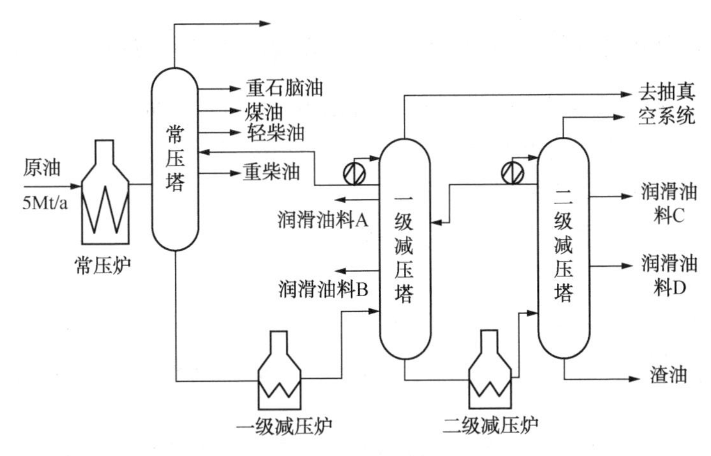

图 4-6 二级减压蒸馏工艺流程

其生产沥青的方法是，分别从一级减压蒸馏塔底和二级蒸馏塔底得到软、硬沥青基础组分，然后调和得到不同针入度的沥青产品。

71 强化蒸馏的含义是什么？怎样利用强化蒸馏来提高沥青的质量？

传统的原油蒸馏理论中，通常将原油和渣油视为分子溶液，并假定原料的宏观相和组成仅与溶液的性质有关，因此只考虑相对挥发度的大小，而忽略了石油具有非均相(超分子结构)存在的现实。在此理论下，提高蒸馏产品的收率只能通过蒸馏效率来实现。

强化蒸馏理论重视了原油和渣油中非均相的存在，并利用它们的外部因素(温度、压力、加热速度、添加剂等)影响下的变化，通过调节分散体系中分子的相互作用，调节分散相复杂结构单元的大小和它们的物理化学性质，最终使蒸馏产品的收率得到提高。

强化蒸馏是指在蒸馏中加入一些强极性物质或芳香组分，以取代被沥青吸附的含蜡组分，从而达到降低沥青中的蜡含量、提高沥青质量的目的。

渣油(沥青)是富含胶质、沥青质的胶体体系，与石油体系相比，其分散特性更为明显。渣油体系是以沥青质为中心，依次吸附或溶解胶质、芳香分和饱和分形成的分散体系。吸附了部分胶质分子的沥青质为分散相，而油分(芳香分和饱和分)为分散介质即连续相。当渣油中加入部分极性更强的组分后，渣油中沥青质、胶质对它们的吸附能力大于原渣油中的小分子的芳香分和饱和分，由此削弱了小分子芳香分及饱和分所受的超分子的结构引力场的影响。在蒸馏时，使这些分子脱离原体系变得更为容易。如某厂原油，含蜡量较高，用传统的直馏深拔工艺生产得不到合格的道路沥青。然而，在该油中加入20%~30%催化油浆作为强化剂再重新切割后，能够改善沥青性质，尤其对沥青延度有明显提高。

72 强化蒸馏的添加剂有什么作用？其选择及应用应注意什么？

在原油中或重油加入添加剂(也叫活化剂)，起着表面活化剂的作用，它能调节超分子结构和溶剂化层的大小，改变分散体系的性质。加入的添加剂分子吸附在复杂结构体中心核和溶剂化层的相界面上，抵消了超分子结构过剩表面能，降低了表面张力，从而使烃类在分散介质和分散相间重新分配。

选择及应用应注意：

(1) 添加剂应选择相对分子质量较大、碳链较长的有机物。

(2) 添加剂应根据工艺状况，选择塔底馏出物，如可用常压塔底渣油作原油的强化剂。

(3) 强化比(添加剂量/原油流量)应根据原油性质及加工量而定，以换热终温的变化幅度作为参照。强化比不能超限，否则会影响正常生产。

(4) 添加剂注入位置应考虑压差、温度。压差为0.30~0.35MPa，温度差为150℃以内。

73 什么是高真空短程膜式蒸馏？高真空短程膜式蒸馏有何特点？其生产沥青流程如何？

高真空短程蒸馏归属于分子蒸馏的范畴。所谓分子蒸馏是在高真空条件下，蒸发面和冷凝面的间距小于或等于被分离物料的蒸气分子的平均自由程。由蒸发面逸出的分子，既不与其他的气体分子碰撞，也不自身碰撞，毫无阻碍地向冷凝面方向运动并凝集在冷凝面上。短程蒸馏是一种条件不很严格的分子蒸馏，它在操作上要求的真空度可适当放宽，冷热面的距离有时略大于蒸气分子平均自由程。

高真空短程蒸馏的特点：

(1) 高真空短程蒸馏理论上可以在任何温度下进行，只要冷热面存在温度差，就能达到分离的目的。

(2) 高真空短程蒸馏从蒸发表面逸出的分子直接飞射到冷凝面上，中间不与其他分子发生碰撞，理论上没有返回蒸发面的可能性，所以高真空短程蒸馏过程是不可逆的。

(3) 高真空短程蒸馏是液层表面上的自由蒸发，没有鼓泡现象。

(4) 高真空短程蒸馏表示其分离能力、分离因素与组分蒸气压和相对分子质量之比有关。

高真空短程蒸馏流程见图 4-7。其原料是减压渣油，首先通过脱气塔，随后到专为高真空短程蒸馏设计的两个薄膜蒸馏器，串联布置；蒸馏器的真空度维持在 5~50Pa。蒸馏器带有夹套，用循环的高温导热油作为加热介质。蒸馏器带有旋转刮板，以使蒸馏器的加热表面保持湍流状态，以避免有任何裂化产物的出现。重质馏分油在中间冷凝器中被冷凝。在加热表面与冷凝器中间装有高效的雾沫分离器，以使分离得到的馏分金属和沥青质含量保持最低。每个蒸馏段都单独设有自己的抽真空单元，而得到的馏分油则分别收集。最后，薄膜蒸馏器所得到的最重馏分即为深拔沥青，在条件适当的情况下可得到不同牌号的重交通道路沥青。

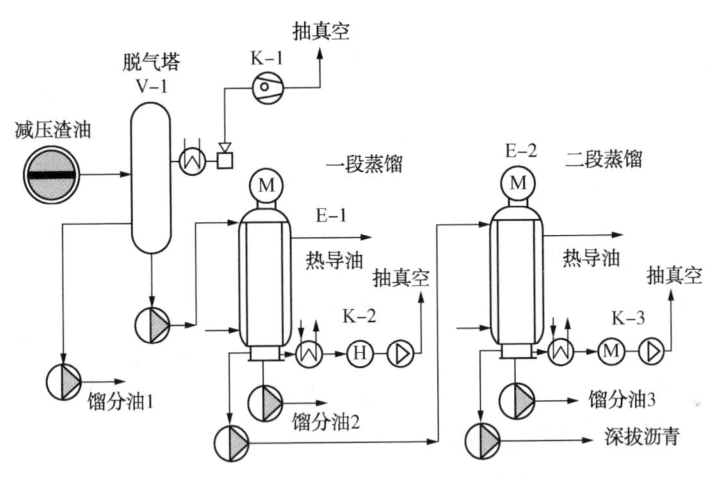

图 4-7　高真空短程膜式蒸馏流程

74 怎样用减压馏法生产高等级道路沥青?

(1) 原油选取。一般用减压馏法直接生产高等级道路沥青，原油的选取非常重要。其原油优劣的先后顺序是：环烷基，环烷-中间基，中间-环烷基，中间基，石蜡-中间基。而中间-石蜡基、石蜡基原油很难用该法生产。我国炼油厂现加工原油的种类很多，因此对适合生产沥青的原油应分储分炼。

(2) 认真选用减压塔底泵及渣油孔板流量计的封油。一般减压渣油泵及其孔板流量计的封油常用柴油和蜡油，但它们会对沥青的三大指标产生较大的影响，使沥青的针入度增大、软化点降低、延度下降。所以当减压塔用来生产沥青时，应停注上述封油。减压渣油泵可用自身的减压渣油作封油，或采用机械密封减压渣油泵，而不用封油。

（3）减压深拔。提高拔出率的方法有提高减压炉出口温度、提高减压塔顶和汽化段的真空度等手段，最大限度地减少减压渣油的轻组分含量。因为轻组分含量较高，会使沥青的蜡含量升高，造成闪点不合格，影响沥青产品的质量。

75 如何提高减压塔的拔出率？

（1）提高炉出口温度。研究表明，切割温度越高，对生产高等级道路沥青越有利。在实际生产中，减压炉出口温度提高有利于减压深拔，也有利于高等级道路沥青生产。但减压炉出口温度太高会出现渣油裂解，影响减压塔顶真空度。因此，控制适当的减压炉出口温度十分重要。

（2）提高减压塔顶的真空度和汽化段的真空度。通过降低减压塔顶的温度来提高塔顶的真空度；通过调整各中段的回流比，使减压塔内的液相负荷均匀，降低减压塔顶至汽化段的压降，从而提高汽化段真空度。

（3）过汽化油侧线抽出。过汽化油有三种去向，一是返回减压塔底，二是返回到常压塔底，三是设一侧线抽出。显然，侧线抽出更有利于提高拔出率。

（4）减压塔底少量吹入蒸汽。在一般的减压抽真空系统设计中，漏入空气量和裂解气体量的取值都较大，少量吹汽并不会影响到真空度，但可降低油气分压，提高拔出率。过热水蒸气不应低于380℃，否则可改为减压炉管注汽。

（5）降低全塔的压降。用填料来代替板式塔盘，在减压塔进料段安装压力降小、气液分离效率高、气体分布均匀的进料分布器。

（6）提高常压渣油的拔出率。提高常压塔的深拔率不仅可以多产柴油，对减压塔的操作也有益的。因为提高常压渣油的拔出率，可降低减压塔进料的气相负荷，降低塔板压降，提高拔出率。

（7）提高减一线的拔出率。减一线的柴油主要是来自常压渣油中的部分重柴油，减一线拔得好，不仅有利于整个减压蜡油的拔出，还可以减轻减压塔顶气相负荷，提高真空度。

76 怎样优化微湿式减压蒸馏的操作？

（1）提高常压塔拔出率。尽量将350℃以前的馏分从常压塔中拔出来，可以有效降低减压塔塔顶的负荷，提高减顶真空度。

（2）保持低液位。降低减压塔内各集油箱液位，特别是洗涤油的液位高度。否则，上部侧线集油箱内的油品会溢流下来，形成喷淋状，增大液相负荷和压降。因此，保持低液位操作，可有效降低减顶到汽化段的压降。

（3）控制好回流比。通过优化，顶循环回流取热与中段回流取热比保持在1：4左右，可有效降低减压塔顶压。

(4) 调整塔底吹汽量。塔底注入的蒸汽量以不影响减压塔顶真空度为原则，过热水蒸气温度以高于减压渣油的温度为宜。

(5) 调整一、二级和增压器抽空蒸汽比例。合理调整各级抽空蒸汽的比例，有助于提高减顶真空度。

(6) 根据原油加工量和原油性质进行调整。减压操作采用干式还是微湿式，取决于原油的性质和加工负荷。当原油的轻组分较高时，宜采用干式蒸馏；而原油变重时，则微湿式减压操作有利于提高减压拔出率。

77 新型复合斜孔塔板结构和性能特点各是什么？它适合何种原油生产沥青？

复合斜孔塔板结构由两部分组成：一是交错反向排列的固定斜孔，占70%~80%；二是定向排列的浮动斜孔，占20%~30%。固定斜孔是气液接触主要区域，浮动斜孔有两个作用：一是导向孔，推动两侧流体流动，减少死区和返混；二是调节开孔率，增加操作弹性。

基于上述结构，该塔板的性能特点是：

(1) 处理能力大。因为复合斜孔塔板开孔处的气体动能因数和开孔率都较浮阀大得多。

(2) 塔板效率高。复合斜孔塔板孔口反向交错排列，避免气液并流造成的气流不断加速，其定向排列的浮动斜孔具有导向作用，推动塔内侧湍流区液体流动，减小死区和返混。

(3) 操作弹性相对较大。因该塔板采用了20%~30%的浮动斜孔，使复合斜孔塔板较筛板、舌形、网孔塔板具有较大的操作弹性。

(4) 塔板压降较低。该塔板压降远低于普通浮阀塔板，但比填料塔压降稍高。

(5) 结构简单，易于检修，节省投资。复合斜孔塔板主要采用冲压而成，部分采用浮阀。斜孔结构简单，加工成本低，不易堵塞，特别适用于高温结焦的物系分馏中。

该塔板可用在减压蒸馏塔中，以酸值高的稠油为原料，通过减压蒸馏，可直接生产出润滑油基础油和重交通道路沥青。

78 近年来，我国常减压蒸馏装置的技术新进展表现在哪些方面？

(1) 我国常减压蒸馏装置在大型化的设计、施工、生产管理等方面都取得了重大进展，加工能力超10Mt/a的常减压蒸馏装置不断涌现。

(2) 开发和应用了一系列实用新技术，出现了两段闪蒸、强化蒸馏、减压深拔、二次减压蒸馏、减一线生产柴油、初馏塔加压等新工艺、新技术。

(3) 电脱盐技术和国产设备日臻完善。开发了鼠笼式高效电脱盐、垂直极板电脱盐等一系列新技术，电脱盐技术基本能满足设备防腐和二次加工装置对原料盐含量的要求。

(4) 轻烃回收工艺日益完善，装置加工损失率进一步降低。特别是大型装置和加工进口轻质原油的装置，均采用了不同工艺流程对“三顶气”进行回收，损失减少，增效明显。

(5) 常减压蒸馏装置能耗呈逐渐下降趋势，有的装置已达到国外同类装置的先进水平。

(6) 总拔出率有所提高。常减压蒸馏装置新型高效塔盘和填料的应用日益广泛，使其总拔出率有所提高。

(7) 加工原油的品种日趋多样化，加工原油呈劣质化和重质化。

(8) 生产操作趋于多样化和智能化。

79 近年来，国外常减蒸馏技术新进展表现在哪些方面？

(1) 在节能方面，普遍采用原油预处理闪蒸(初馏)流程、窄点技术优化换热流程、计算机优化中段回流取热等技术。

(2) 采用先进的自动控制技术。

(3) 在电脱盐方面，解决了各种原油的深度电脱盐问题。

(4) 提高了装置的操作周期，选择了抗腐蚀性材料，提高了设备使用周期。

(5) 全填料干式减压蒸馏。

(6) 大直径低速转油线及减压塔进料分布器。

(7) 各种气液传质内部件的开发与应用。

80 利用减压深拔技术生产高品质石油沥青应注意哪些方面？

(1) 原油的选择：环烷基原油是首选，但这类原油相对较少。其次选择中基原油，这类原油蜡含量的差别较大，因此要进行原油评价，对减压渣油进行沥青质量分析，是否满足交通部标准或国家标准的要求，进而确定该原油是否适合生产石油沥青。再次，随着原油资源的减少、生产规模的扩大，利用混合原油加工生产沥青将是发展趋势。最后，除对单一原油进行评价外，还要通过试验确定混合原油比例，这也是应该注意的方面。

(2) 生产工艺：常减压蒸馏工艺，其中最关键的是减压深拔技术，通过不同程度减压深拔可生产不同牌号的沥青。减压深拔可从两个方面来考虑：其一提高减压加热炉的出口温度；其二是提高减压塔的真空度，可根据装置的实际情况而定。

(3) 减压塔底泵封油：减压塔底泵不能用柴油或蜡油密封，因为密封的柴油或蜡油会进入减压渣油，对沥青针入度、延度、蜡含量等诸多指标造成不良影响。应采用机械密封或减压渣油自封，目前大多采用渣油自封。

第五章　溶剂脱沥青生产技术

1　溶剂脱沥青工艺的作用是什么?

溶剂脱沥青工艺(SDA)是重要的重油二次加工手段之一。它是利用轻烃溶剂对渣油中各组分的溶解度不同，选择性地脱除渣油中难以转化的沥青质、胶质及有害的重金属，为下游装置提供更好的原料。因此，溶剂脱沥青工艺实质上是一个劣质渣油的预处理过程。

另外，溶剂脱沥青也是生产优质道路沥青的一种重要手段，特别是对石蜡基原油，一般直馏法无法生产出合格的高等级道路沥青，而溶剂脱沥青所得的脱油沥青辅之以必要的改质手段(如调和法)，则可生产出较高质量的道路沥青。这对目前我国拓宽道路沥青生产原料、缓解道路沥青紧缺的现状无疑具有十分重要的意义。

2　溶剂脱沥青技术的发展概况怎样?

溶剂脱沥青技术起源于20世纪30年代。1936年，Kellogg公司建成了世界上第一套工业化溶剂脱沥青装置，主要是从减压渣油中提取高黏度指数的重质润滑油。第二次世界大战后，随着汽车工业的迅速发展，对发动机燃料的需要量急剧增加，于是以提供轻质化原料为主的溶剂脱沥青工艺得到了较大的发展。其中，最具代表性的是20世纪七八十年代由Kerr McGee公司开发的渣油超临界抽提(ROSE)工艺和UOP公司的抽提脱金属工艺(Demex)；此外，还有Foster-wheeler公司的低能耗脱沥青(LEDA)工艺、法国石油研究院(IFP)的SOLVAHI法、IFP-BASF工艺、Kerr McGee公司的DOBEN工艺、日本凡善的多降液管的筛板抽提MDS工艺等。目前，全世界溶剂脱沥青装置超过100套，主要溶剂为丙烷、丁烷和戊烷，总加工能力估计在50Mt/a，最大的一套装置的加工能力是2.6Mt/a。

我国溶剂脱沥青技术起步较晚。1958年，我国第一套丙烷脱沥青装置在兰州炼油厂建成投产，主要生产润滑油原料。1984年，由北京石油化工科学研究院、吉林省石化设计院和吉林化学工业公司炼油厂三家联合进行了丁烷脱沥青超临界回收技术研究工作；1987 年，建成了一套采用自主技术的 0.2Mt/a 生产装置，主要生产催化裂化原料。目前，我国现有溶剂脱沥青装置约 30 套，总加工能力约 8.95Mt/a，主要以丙烷为溶剂，生产重质润滑油料，同时也生产催化裂化原料及沥青，其中以丁烷为主要溶剂的超临界回收装置有 8 套。国内的大部分脱沥青装置已采用较先进的沉降法两段脱沥青流程和临界回收溶剂的技术。

3　溶剂脱沥青装置对炼厂的效益有什么影响？

溶剂脱沥青装置会显著影响重油的加工效益。对于一个拥有常压蒸馏、减压蒸馏、加氢裂化和催化裂化等装置的炼油厂，在有、无溶剂脱沥青装置情况下，其效益对比如图 5-1 所示。从图 5-1 中可以看出，在炼厂中增设溶剂脱沥青装置后，整体加工利润增加；所加工的原油越重，利润增加就越明显。

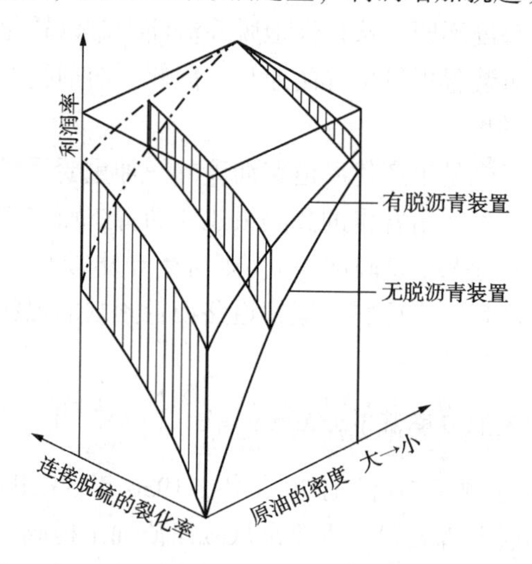

图 5-1　有、无溶剂脱沥青装置的经济效益对比

4　溶剂脱沥青技术对提高我国道路沥青质量有什么意义？

公路部门提供的资料显示，通过汽车在沥青路面和沙石路面上行驶对比发现，行驶在沥青路面上的汽车具有平均时速提高 25%以上、节约汽油 15%~20%、轮胎寿命延长 15%、成本下降 15%、汽车大修间隔里程增加 20%等显著优点，所以沥青是一种节能材料；而我国道路建设远跟不上交通量发展的需要，要逐渐扭转这种落后局面，需要提供足够数量的道路沥青。

面对须从石蜡基原油生产沥青的国情，仅采用常减压蒸馏及氧化法无法生产出好的道路沥青。主要原因是原油中的蜡含量高，对沥青质量影响较大。而用溶剂脱沥青技术可以有效降低沥青中的蜡含量，与调和法相结合，就可以生产出各种牌号的石油沥青。

5 溶剂脱沥青的原料是什么？

溶剂脱沥青的加工对象一般是减压渣油。不同原油所得到的渣油其性质相差悬殊，残炭值的范围在4%～20%，镍和钒的含量可相差2～3个数量级；至于化学组成和分子结构，来源不同的渣油差别就更明显了。

有时，为了直接从脱沥青装置中生产合格的沥青，可在减压渣油中掺入其他重油分。例如，在减压渣油中掺入催化油浆作为溶剂脱沥青的原料，直接生产合格的重交沥青。

6 沥青质有什么特性？

沥青质为黑褐色到深黑色易碎的粉末状固体，没有固定的熔点，加热时通常先膨胀，在300℃以上时分解生成气体和焦炭，相对密度大于1。我国主要的几种渣油中分出的沥青质，其H/C质量比是0.092～0.108，平均相对分子质量从几千到一万，单元结构数为4～10，单元结构中芳环数为7～10。

沥青质在渣油中是以胶体溶液还是以悬浮液的形态存在，在很大程度上取决于渣油的特性。沥青质与芳烃具有亲液性，它们之间可形成高度分散的胶体溶液。沥青质与烷烃之间呈疏液性，特别是对低相对分子质量的烷烃，例如戊烷、石油醚等表现得更明显。因此，沥青质的分散状态与体系的化学组成是密切相关的。在含重芳烃多的原料中，沥青质呈胶体分散；当加入过量的石油醚或类似的烷烃后，就会凝聚并沉降析出。上述的过程是可逆的，在凝聚和沉降析出的沥青质中，加入足够的芳烃又可再次成为胶体分散。芳烃能够使沥青质胶溶的原因是，芳烃容易被沥青质吸附并起到保护层的作用，它把石油中的疏液组分对胶体颗粒的凝聚作用隔离开来。在通常情况下，渣油中总是有足够比例的胶溶组分，因此沥青质总是呈稳定的胶体结构。掌握这种性质是很有意义的，它不仅是溶剂脱沥青的理论依据，在某种情况下，又利用这种性质来减缓固体物的沉积或焦炭的生成，延长装置的生产周期。该性质不仅在脱沥青过程，而且在其他热加工过程也很重要。

研究认为，分散体系中沥青质是胶溶或是凝聚，主要取决于与它相处介质的表面张力。溶剂表面张力小于24×10^{-5}N/m(25℃)，沥青质就会凝聚：如果表面张力大于26×10^{-5}N/m(25℃)，则全部胶溶；表面张力在24×10^{-5}～26×10^{-5}N/m，既可以是胶溶也可以是凝聚，这要根据沥青质的性质来判断。

7 沥青质对石油沥青质量及性能有什么影响？

（1）沥青质的含量及化学性质，对石油沥青形成的胶体类型起着重要作用。沥青质的H/C比较小，容易形成凝胶型沥青，反之，则容易形成溶胶型沥青。

（2）沥青质是沥青中的重要组分。沥青质作为沥青胶体溶液的核心，分散在石油沥青的其他组分中，形成稳定的胶体体系。如果石油沥青中缺少了沥青质，就难以得到优质的道路沥青。高质量的道路沥青中，沥青质的含量为8%～16%。

（3）随着石油沥青中沥青质的含量增大，沥青的针入度减少，软化点升高。掌握此规律对沥青调和很有用。

（4）沥青的黏度随着沥青质的含量增加或是相对分子质量的增大而增大。这有利于与其他物料(如沙石骨料)的黏结，便于施工。

（5）沥青质可改善沥青的感温性能。它可以使沥青质在高温下保持较高的黏度，但同时它的结构均匀性变差。

（6）沥青质的存在有利于提高石油沥青的热稳定性。

8 溶剂对沥青质有什么影响?

渣油中的沥青质会随使用溶剂的不同有显著差别。虽然有很多溶剂都可用来分离沥青质，但从溶剂来源、毒性及选择性方面来考虑，用低相对分子质量的烷烃来分离渣油中的沥青质已基本上为人们所接受，它是一种以溶解度为基础的物理分离方法。从渣油中析出的沥青质数量随烃类溶剂的相对分子质量增大而递减，当烃类的碳数达到7后，沥青质析出量基本保持不变。C_7烃与比它更重的溶剂相比，具有沸点低、便于回收等优点，这就是选择C_7烃溶剂作为测定渣油中沥青质的原因。以C_7不溶物作为沥青质已列为ASTM标准。对石蜡基原油来说，用C_7烃类为沉淀剂所得的沥青质是很少的。例如，典型的大庆减压渣油和米纳斯减压渣油，其沥青质含量都不超过0.5%(质)。在这种情况下，使用C_5烃类溶剂作为沉淀剂测定沥青质来判断渣油的性质更有实际意义。因此，在提到沥青质含量时，一定要指出是什么溶剂下的沥青质。

9 温度对沥青质沉淀有什么影响?

用过量的溶剂稀释渣油后，沉淀出的沥青质量随温度的升高而减少。但温度接近临界温度时，是有例外的，在此条件下，沥青质量随温度的升高而增大。

10 分离步骤对沥青质沉淀有什么影响?

不同的分离次序也可以引起沥青质量的变化。使用三种不同的正构烷烃(戊烷、庚烷和癸烷)沉淀沥青质，用单独的溶剂与先后使用两种溶剂得到的沥青质是不一样的。用庚烷从渣油中直接分离，得到10.6%(质)的沥青质；如果该渣油首先使用戊烷进行预分离，随后在戊烷沥青质的基础上再使用庚烷，则得到的沥青质要比前者多。采用癸烷也有类似的现象。它清楚地表明，沥青质的含量取决于溶剂对渣油中小分子组分对大分子组分、极性化合物、非极性化物等之间所形成的溶解度的破坏程度。

11 沥青质在加工过程中有什么特点?

沥青质组分在重油轻质化过程中是一种有害组分，要设法除掉。据分析，其生焦率一般在35%~45%，它的存在会严重恶化后续催化裂化、加氢裂化等装置的操作。作为加氢裂化和加氢脱硫的原料，也要求渣油中不含沥青质。研究表明，当加氢原料中的C_7沥青质含量少于0.05%(质)时，加氢条件可以缓和得多。然而对沥青产品而言，沥青质却是一种不可缺少的组分，它在沥青中既是黏度的载体，又起到改善沥青温度敏感性的作用。

12 胶质有什么性质?

胶质是一种黏稠的半固体物质，具有黏附性，将它涂成薄层时呈深红色，并随胶质相对分子质量的变小而逐渐变浅。胶质也是分子结构复杂、相对分子质量较大的混合物，难以分离成结构单一的化合物。胶质的H/C比在0.117~0.125，相对分子质量为1000~2000，平均结构单元数为2，每个单元中的芳环数约为5、环烷环数约为3。一般胶质化学分子式中含2~3个氧原子，硫的含量较少，不足以达到1个硫原子。氧、硫原子在分子中的位置难以确定，据推测，这些原子是处在环与环之间，并形成桥链将两个环连接起来。胶质是一种复杂的稠环化合物，其环数和烷烃侧链的长度或环间的链长都很难确定。定性地说，如果胶质的密度大和折射率高，就表明烷烃侧链短，分子中的芳环数相应较多。

胶质的碘值为30~40，但在石油胶质中未发现有非芳烃双键的存在，碘值的产生可能是取代反应的结果。轻质胶质可溶解在硫酸中生成磺酸。渣油中胶质的生焦量是15%~20%。胶质能与由芳烃和饱和烃组成的油质完全溶解，它的存在可以帮助沥青质均匀地分散在油质中形成稳定的胶体结构。油质、胶质和沥青质之间有着密切的联系，通过氧化和加氢可以相互转化，油质中的多环芳烃可氧化生成胶质，胶质进一步氧化就变成沥青质。反之，沥青质可以通过加氢转化成胶质，再加氢就得到多环芳烃的油质。在它们之中，胶质处在转化的过渡态，是三者中最不稳定的中间物。因此，渣油中胶质和沥青的比例会随着外界条件改变而有所不同。

13 渣油中的金属种类及分布如何?

渣油中含有多种微量金属元素，这些元素的含量和化学形态对重油的加工过程有着直接影响。渣油中已发现的元素有镍、钒、铁、钠、镁、钴、铜、锌、铬、铝、铅、钙等34种。其中含量最多的是镍、钒和铁，一般情况都在几十到几百μg/g。镍、钒和铁等都是以有机金属化合物的形态存在于原料渣油中的。

在催化裂化时，原料中的金属会沉积在催化剂上，达到一定的浓度后就明显地危害催化剂的活性和选择性。我国原油中的金属主要是镍。为了提供质量较好的催化裂化原料，设法降低渣油中的金属含量是必要的。

渣油中含有的金属种类很多，这里只选取对重油轻质化过程产生显著影响的镍和钒进行讨论。对大多数渣油来说，镍和钒一般都富集在沥青质中，它们占渣油金属的60%~80%，而饱和烃几乎不含镍和钒。因此可以预料，一旦将渣油中的沥青质脱除后，也就实现了脱金属的目的。然而，有些渣油的金属并非大部分集中在沥青质中，而是主要集中在胶质中。遇到这种情况，用溶剂脱油沥青来脱金属就较困难，只有牺牲脱沥青油收率来换取较好的脱金属效果。我国大庆减压渣油的金属主要集中在沥青质中，而胜利减压渣油的金属主要集中在胶质中。

14 渣油化学组成的分析方法有几种？各有什么特点？

渣油的组成分离可以采用化学法和物理法两种。化学法一般是采用浓硫酸进行磺化，使渣油中的含芳烃化合物转化成不溶于油的化合物，因此只能得到饱和烃的油分，这种分析方法现在已很少采用。广泛应用的是溶剂分离和吸附分离方法。但由于渣油组成非常复杂，各组分之间缺乏明确的界限，分子间的作用力，包括氢键的缔合、π-π 体系的缔合、酸碱的作用以及极性基团的偶极间的作用均与渣油在溶剂中的浓度、温度以及溶剂的介电常数等因素有关。因此，其分离结果受实验条件支配。要得到准确而又能重复和再现的结果，严格规定操作条件和使用的溶剂是十分必要的。

15 脱沥青油与其他几种重油的裂化性能有何不同？

脱沥青油、焦化馏分油、减压馏分油和减黏馏分油等几种重油裂化性能的比较见图 5-2。

从图 5-2 可以看出，脱沥青油、焦化馏分油、减压馏分油、减黏馏分油在同等的转化率时，脱沥青油的裂化性能最好，汽油收率最高，焦炭收率最小。

16 脱沥青油的主要用途有哪些？

（1）作润滑油原料。用减压渣油为原料生产润滑油，以丙烷或丙/丁烷的溶剂脱油沥青应用得最普遍。它适合加工黏度(100℃)在 30~3000mm^2/s 范围内的各种渣油，得到的脱沥青油是制备光亮油、气缸油或其他润滑油的优良原料。

用溶剂脱油沥青生产润滑油的优点是：润滑油的饱和烃含量高；黏度指数比馏分润滑油高 20~40 个单位；碳氢比低(由于脱除了芳烃)；含硫量及含氮量减少 40%~50%；残炭值显著降低；在润滑油型炼油厂里，增设溶剂脱油沥青装置后，大约可使润滑油的总产量增加 20%。

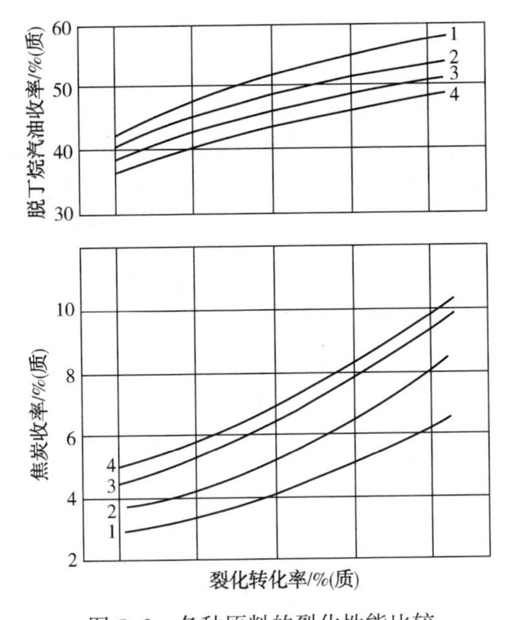

图 5-2　各种原料的裂化性能比较

1—脱沥青油；2—减压馏分油；3—焦化馏分油；4—减黏馏分油

(2) 作催化裂化原料。渣油溶剂脱油沥青后所得的脱沥青油，由于脱除了大部分沥青和金属等，乃是很好的催化裂化原料。它的残炭值虽然一般比减压馏分油高，但这一残炭主要来自大分子烃类，在催化裂化过程中并不大量生成焦炭。

(3) 作加氢脱硫原料。渣油加氢脱硫，可为二次加工提供较好的原料。但减压渣油的镍含量或硫含量很高时，用加氢脱硫会对其催化剂造成很大影响或使产品中硫含量超标。在此情况下，用溶剂脱油沥青先除去含硫和金属量高的少量沥青，随后再加氢脱硫，这可明显地提高脱硫效果和降低操作成本。

17　脱油沥青有什么用途?

(1) 用来生产道路沥青。石蜡基原油用通常的常减压蒸馏生产不出质量较好的沥青，而应采取其他措施，其中溶剂脱油沥青是最有效的方法。在缺少适合生产沥青的资源情况下，采用溶剂脱油沥青法从石蜡基原油中生产道路沥青，是缓解沥青供应紧张的重要手段。

(2) 用来生产建筑沥青。建筑沥青主要用于制造防水卷材及屋面工程或地下防水保温涂层，要求较高的软化点，通常用减压渣油为原料，经氧化而制得。但氧化法对环境造成严重污染，需要在防污染措施上进行较大的投资。采用溶剂脱油沥青并通过控制操作条件，也可达到生产建筑沥青的目的。

溶剂法生产的建筑沥青与氧化沥青性质不完全一致，表现为：在相同软化点的情况下，针入度较小，原因在于溶剂沥青含油量较少。

（3）用来代替天然沥青生产特种产品。

① 作为油漆和印刷油墨的原料。天然沥青针入度小，软化点高，黏着性很小，极易破碎成粉末。一般的氧化沥青由于含油量多、胶质少，构成沥青微胞，使沥青的分散不均匀，产生较大的黏结性。因此，二者不适合作为油漆、印刷油墨的原料。用溶剂脱油沥青作原料，经过一定程度的氧化，可制成符合使用要求的油漆沥青。

② 生产电缆沥青。电缆沥青用于动力和通信电缆的外扩层的防腐、防潮和绝缘。对电缆沥青的要求是，具有较好的黏附性、耐久性、抗老化性和加工性能。用丙烷脱油沥青为原料，再进行氧化，再调入稀释组分，就可得到电缆沥青。

（4）用来制活性炭。活性炭长期用于精制食糖和药品，近年来广泛用于上下水的净化、工业污水的处理、溶剂回收、防止烃类散逸、排烟脱硫、脱氮催化剂等。活性炭分为粉末状和粒状两种。

脱油沥青可用于生产粒状活性炭。生产过程为：先将脱油沥青进行热处理（可采用氯化铝、氯化铁、氯化锌、氯化铜或磷酸化合物作催化剂），把得到的产物粉碎，加入水，加表面活性剂和木质素等制成直径很小的颗粒，再进行升温处理，便可获得粒状活性炭。

（5）用作黏结材料。炼铁用的焦炭需要用强黏结性煤来生产，也可采用弱黏结煤添加黏结材料来代替。一般的直馏沥青由于其本身的焦化值低，不能做黏结材料，必须加以改质，增大其 C/H 比，使之变成软化点高、芳香性大的黏结物质。从溶剂脱油沥青中得到的脱油沥青能满足这一要求。

（6）用来制氢和合成氨。脱油沥青的 C/H 比在石油产品中是最高的，然而它可掺在渣油中作为重油部分氧化制氢的原料，在碳的利用上比较合理，不仅得到氢气，而且得到的二氧化碳又是合成尿素的主要成分。

（7）作沥青水浆燃料。从溶剂脱油沥青中所得的硬沥青也可用于锅炉燃料，其中最简单的方法是，把它粉碎成粉以代替煤粉，但它与液体、气体燃料相比，在储存、运输和对环境污染上存在的问题较多，有待解决。为了较好地利用硬沥青作为燃料，近年来开发的沥青水浆代用液体燃料，无论在储存、运输和燃烧方面都获得满意的结果。沥青水浆由 60%~70% 的沥青粉和 30%~40% 水，加入适量的分散剂和稳定剂混合制成。分散剂、稳定剂的种类和用量需根据沥青的种类、储存期、运输方式及距离等因素来选择和调整。

（8）作碳素纤维的原料。碳素纤维具有密度小、摩擦系数小、热及电传导率大、耐热冲击、耐腐蚀、不易氧化、抗拉强度大等优点。因此，碳素纤维有许多重要用途，尤其与金属、塑料等材料复合后可作为特殊的结构材料。

从溶剂脱油沥青中得到的脱油沥青乃是制造碳素纤维的一种原料，其生产步骤是：将减压渣油经过溶剂脱油沥青，得到的脱油沥青经热空气处理成为焦油；随后加热熔融、抽丝得到焦油纤维；再使焦油纤维在含臭氧的空气中氧化处理，并在空气中加热进行不融化处理；不融化纤维在氮气流中加热炭化，便得到低弹性率的碳素纤维。如果再在更高温度下急剧热处理，使炭化晶粒沿纤维轴方向高度定向，便得到高弹性率的碳素纤维。

18 沥青水浆具有什么特点和用途？

（1）流动性好，储存和运输的稳定很好，有可能取代目前使用的液体燃料。

（2）沥青水浆为假塑性流体，故在高剪切速率下具有较低的黏度，目前已能制得黏度为100~200mm^2/s的沥青水浆。因此，其喷雾及与空气混合和燃烧性能等都很好。

（3）沥青具有较高挥发组分，且灰分较少，原来使用重油燃料的系统都能改烧沥青水浆。

19 溶剂脱油沥青中的胶质有什么用途？

新设计的溶剂脱油沥青装置采用两段脱沥青工艺的较多。也就是说，把减压渣油分成三个产品，即脱沥青油、沥青和胶质。胶质的性质介于脱沥青油和脱油沥青之间，其硫含量大致与减压渣油相当，而金属含量低一些，几乎不含沥青质，黏度比沥青小得多。不同收率的胶质，其性质可能变化很大。胶质在沥青中使沥青质胶溶，是沥青质的良好分散剂，有利于改善沥青的延度。胶质与芳烃组分调和是制造道路沥青的一种途径，或作为很好的沥青调和组分。胶质还可应用在润滑脂、造纸和防水纤维制品、涂料、橡胶和塑料生产上。

20 溶剂的溶解过程是什么？

渣油溶剂脱油沥青的核心是液-液抽提，它属于纯物理性的溶解而形成的质量传递。溶解过程是从两种纯物质（溶剂和溶质）开始，到生成它们的分子混合物（溶液）结束。从微观上看，溶解过程可以分成三个阶段。

（1）当溶质是固体或液体时，溶质分子之间是相互作用的。溶解时，需要从外界吸收能量把溶质分割成分子或离子等粒子，所施的能量便是晶格能、升华热或汽化热。它们通常随分子间力的增大而增大，顺序为：非极性物质<极性物质<氢键物质<离子型物质。当溶质在所研究的体系内已是气体时，该阶段的影响可以不考虑。

（2）溶质质点被相互分开后，就进入溶剂中。由于溶剂分子间也有相互作用的力，因此在溶剂中，为了接纳溶质分子，也需要吸收能量。这个阶段所需的能量依溶剂分子间相互作用力的增大而增大：非极性溶剂<极性溶剂<有氢键的溶

剂。与此同时，当溶质分子的体积变大时，所需能量也增大，因为容纳溶质空间的增大必将破坏更多的溶剂分子间的作用。

（3）溶质分子进到溶剂中后，溶质分子即与邻近的溶剂分子作用，这一相互作用是释放能量，并依下列情况而增大：溶剂和溶质分子都是非极性的<其中之一是非极性而一种是极性的<两种分子都是极性的<溶质质点被溶剂分子溶剂化的。

根据溶解理论，低沸点、小相对分子质量、非极性的烃类是溶剂脱沥青过程中的理想溶剂。它具有溶解油分、不溶解极性大和相对分子质量大的沥青质的优点。沥青质在烃类溶剂中，由于两者之间分子的作用力较弱，所产生的能量不足以补偿拆散极性大的沥青质分子所需要的能量。胶质的极性介乎油和沥青质之间，因此溶解度也介于两者之间。渣油组分在丙烷的溶解度随相对分子质量的增大而减小，也随芳烃的缩合程度增加而减小。相反，原料相同，则溶剂对渣油的溶解能力随着溶剂相对分子质量的增加而增大。

21 温度对溶解能力有何影响?

溶解作用除了与体系的物性有关外，外界条件(如温度和压力)的改变也能促使溶解发生和消失。图 5-3 是理想的丙烷-油-沥青体系在不同温度下的等温相图，用它可定性说明溶解度与温度之间的关系。当体系在 38℃时，由于外加的能量较小，丙烷与油和沥青在大部分情况下都是互溶的，它只在 *abc* 曲线所围成的一个很小的区域内，才使这三组分混合物分成两相，见图中 5-3(a)。当把温度升高至 60℃时，它随着外加能量的增加使分相的区域也随之变大，如图 5-3(b)所示。当体系在 82℃时，丙烷与油不是在任何比例下都互溶，当油和沥青的比例在相图 5-3(c)中的 *p* 点时，再不断加入丙烷稀释，直到浓度达到 $a'b'c'$的三角区时，丙烷-油-沥青混合物就出现三相共存。

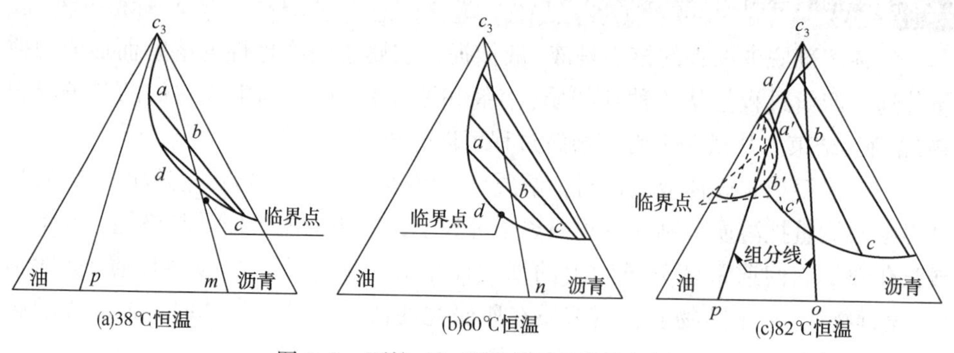

(a)38℃恒温　(b)60℃恒温　(c)82℃恒温

图 5-3　丙烷-油-沥青体系的等温相图

22 为什么要对渣油进行溶剂脱沥青处理？它有什么特点和规律?

渣油的组分分析表明，尽管油源不同，其质量有优劣之分，但它们都含有相当多有价值的高沸点饱和烃和芳烃，可作为重油轻质化的原料。用常规的蒸馏方法，利用混合物中各组分的沸点的不同来实现分离，很难将渣油中的高沸点饱和烃和易裂化的轻质芳烃分离出来。因为这些高沸点烃类对热很敏感，在高温下蒸馏会分解和缩合，不能达到分离的目的。工业规模的减压蒸馏装置，在 5~10kPa 残压操作的情况下，为使渣油不裂化，一般只能蒸出 540℃以前的馏分。

溶剂脱油沥青是基于烃类溶剂对渣油中的组分有不同溶解度的原理来进行分离的，从中得到质量较好的油分。某减压渣油分别进行丙烷脱沥青及减压再蒸馏做比较表明，当收率都是 25%(体)时，脱沥青油中含有 58%(质)的饱和烃，而蒸馏法只有 35%(质)。在非理想的多环芳烃组分的脱除方面也有明显的区别，图 5-4 是用紫外光谱法测定的四环芳烃的含量，用 700g 油中的毫克摩尔表示，减压馏分油中的含量是脱沥青油的 2.5~5.0 倍；单环和双环芳烃的含量也是脱沥青油少，只是没有像四环芳烃的差别那么显著。图 5-5 更充分说明这两种分离方法的特点，减压蒸馏得到的是沸点低、相对分子质量较小的组分，即使在高真空的条件下操作，也只能蒸出渣油中 565℃以前的馏分，仍有相当多的饱和烃留在残渣中。如果用溶剂脱油沥青，将 565℃的渣油再经丙烷脱沥青，就可再得到 36%(质)的脱沥青油，而剩在残渣沥青中的饱和烃就非常少了；若是用戊烷作溶剂进行脱沥青，得到的残渣将几乎不含饱和烃，而只是一些相对分子质量很大的胶质和沥青质。这充分说明，溶剂脱油沥青过程可从渣油中选择性地抽提出更多的饱和烃，随后是芳烃，而对沥青质和胶质是排斥的。

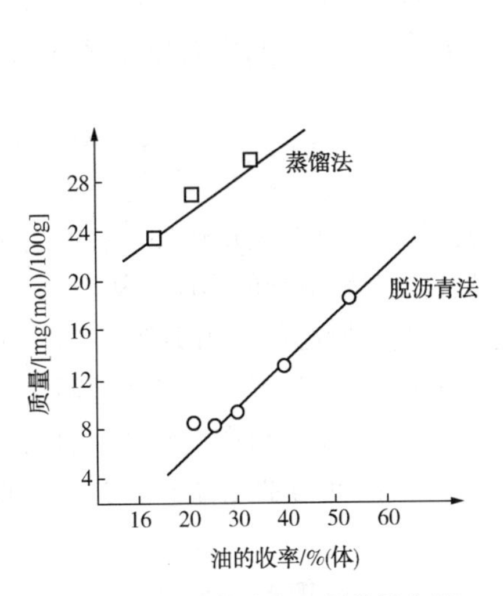

图 5-4　回收的油中四环芳烃含量

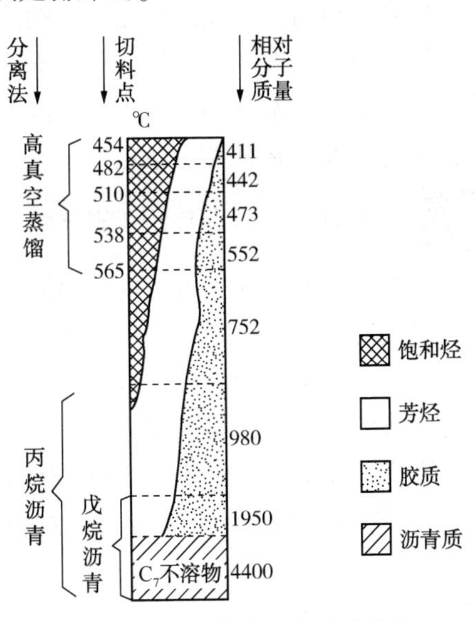

图 5-5　不同分离方法对残渣的分子类型和大小的影响

23 理想溶剂对脱沥青装置有什么影响？对理想溶剂有什么要求？常用哪些溶剂？

脱沥青的关键是选择合适的溶剂。它对装置的性能、灵活性和经济性有着很大影响。理想的脱沥青过程应具有以下特性：只需要很少的传质单元数便可得到所需的脱沥青油，这要求质量传递速度快和达到相际平衡的时间短；对需要抽提的组分有很高的选择性，使洗涤或抽提液回流的程序可以省略；抽提液(脱沥青油)的浓度尽可能高；溶剂容易回收，且能耗较少；对进料状态不敏感；能在常温常压下操作，使用起来安全。

为满足上述要求，给溶剂提出的相应要求是：分配系数和分离系数要高；溶剂在提余物(脱油沥青)中的溶解度要小，避免因夹带造成溶剂的大量损失；溶剂对油分要有强的溶解能力，使它可以在高浓度的溶液条件下操作，而不会出现第三相；溶剂应当容易再生；溶剂在使用条件下化学稳定性好，这不仅为了降低因补充损失的溶剂所增加的费用，更重要的是避免产生有害的影响。从易于使体系分散和分相上要求，在脱沥青过程中使用的溶剂应具有合适的界面张力(界面张力大，不利于分散，但界面张力小对凝聚也是不利的。显然，界面张力应在分散与凝聚权衡中做出选择)，溶剂还应价格低廉，容易得到。

在已筛选过的溶剂中，发现二氧化碳、硫化氢、低级醇类、二氧化硫、氮、氯代烷烃及轻质烃类等都可作为脱沥青的溶剂，它们在特定的条件下都显示出一定的优点。目前，工业上广泛采用的溶剂是 $C_3 \sim C_5$的轻质烃类。

轻质烃类是大多数炼油厂都能提供的廉价溶剂，它们在不很高的压力下便可液化；在适中的温度和压力下，可以脱除渣油中的沥青质，它们的热容较小，无毒，无腐蚀性，并且性质稳定。

24 丙烯对脱油沥青有什么影响？

以炼油厂液化气作为溶剂脱油沥青的溶剂，除大部分都是烷烃外，有的还含一定数量的烯烃，但它对脱油沥青的抽提过程不会产生不利的影响。从理论上，烷烃的沉淀作用比烯烃好。以丙烯为例，它在溶剂中所起的作用类似于 50∶50 的丙烷与异丁烷混合物，即选择性比纯丙烷差一些，但脱沥青效果可通过调整抽提温度得到补偿。长期使用证明，烯烃不会对金属的金相组织产生不良影响。其不足之处在于，蒸汽压比相同碳数的烷烃高一些，因此溶剂贮罐要承受稍高的压力。

25 常用的几种脱沥青的烃类溶剂物性数据有什么不同？

几种常见轻质烃类临界常数、沸点、熔点情况见表 5-1。

表 5-1　常用溶剂的物性数据比较

项目	相对分子质量	沸点/K	熔点/K	临界温度/K	临界压力/MPa	临界体积/(cm^3/mol)	临界密度/(g/cm^3)	临界压缩因子	偏心因子
丙烷	44	231. 1	85. 5	369. 8	4. 2	203. 9	0. 216	0. 281	0. 145
正丁烷	58	272. 7	134. 8	425. 1	3. 8	258. 3	0. 225	0. 277	0. 193
异丁烷	58	261. 4	113. 5	408. 1	3. 6	263. 0	0. 221	0. 283	0. 176
正戊烷	72	309. 2	143. 4	470. 1	3. 4	311. 0	0. 232	0. 269	0. 251
异戊烷	72	301. 0	113. 2	460. 4	3. 4	306. 0	0. 236	0. 273	0. 227

26 丙烷对脱油沥青有什么影响?

在溶剂脱油沥青的烃类溶剂中，丙烷的选择性最好。在温度 38~66℃的范围内与油分完全互溶，而把胶质和沥青质沉析出来，因而脱沥青油的镍及氮化合物含量极少。用丙烷脱沥青从渣油中制取润滑油料已有几十年的历史。它得到的脱沥青油的饱和烃含量和特性因数高，黏度指数比用蒸馏法得到的油高 20~40 个单位；C/H 比低，这是与饱和烃含量高相对应的，脱沥青油的 C/H 比(质量比)可以低于 7∶1，表明脱沥青油中的稠环芳烃的含量已很少；降低了硫和氮的含量，一般只有渣油原料的 40%~50%；降低金属的含量，即使对于含金属量达 700μg/g 渣油，丙烷脱沥青油中金属量可以不大于 1μg/g；脱沥青油的残炭也大幅降低。

以丙烷为溶剂从渣油中得到的脱沥青油，与其他烃类溶剂相比，其质量是最好的，但收率却是最低的。为了提高脱沥青油的收率，有时不惜采用大的溶剂比操作，一般情况选用 6~10(体)。另外，由于丙烷的临界温度较低，只有 96. 8℃，这就限定了丙烷脱沥青的抽提温度不能太高，一般都在 85℃以下，这对加工特别黏稠的渣油是不利的。在较低的温度下操作，渣油黏度大，不易在抽提塔内很好地分散，这必然会影响抽提效果。遇到这种情况，采用丙烷做溶剂就显得不合适了。

27 丁烷溶剂对脱油沥青有什么影响?

丁烷溶剂有异丁烷和正丁烷两种。异丁烷的物性介于正丁烷和丙烷之间，对渣油的脱沥青效果相当于 50%正丁烷和 50%丙烷的混合物。这两种丁烷都有较高的临界温度，分别是 135℃和 152℃。由于临界温度高，脱油沥青可以在较高的温度条件下进行，这对降低渣油的黏度、提高溶剂与渣油之间的传质速率是有利的。然而当渣油较轻时，采用丁烷溶剂会降低抽提的选择性，其损失要用增大溶剂比来弥补。对于提高脱沥青油的收率，采用丁烷溶剂是有效的。

28 戊烷溶剂对脱油沥青有什么影响?

戊烷溶剂的选择性与丙烷和丁烷相比更差一些，它从渣油中脱除的有害杂质是最少的，它适合加工重质、高黏度的原料，其脱沥青油的收率有时比用丙烷高2~3倍。戊烷脱沥青油含有较多的金属，残炭也较高，一般不宜直接用作催化裂化原料。最常用的做法是，将其与减压馏分油按比例掺和在一起进行加氢处理后作为催化裂化装置的原料。

29 混合溶剂对脱油沥青有什么影响?

为了适应原料的多变性和由此带来脱沥青油收率的大幅度变化，要求脱沥青过程有足够的灵活性，采用混合溶剂是方法之一。例如，采用丙烷和丁烷混合物作溶剂既可加工轻质渣油，也可加工重质渣油，既可得到质量要求很高的脱沥青油，也可得到收率高而质量稍差一些的脱沥青油，以满足不同场合的要求。近年来，在润滑油加工中已出现用丙/丁烷混合溶剂代替丙烷溶剂的趋势。它的优点是可使抽提在较高温度下进行，有利于传质，使抽提塔底部沥青的黏度大为改善。在使用丙烷时，塔底温度低，沥青相的黏度高，难以把包在沥青中的油分抽提出来，无形中使脱沥青油的收率受到损失。在使用丙/丁烷混合溶剂后，降低了沥青相的黏度而使脱沥青油能最大限度地抽提出来。研究表明，采用丙/丁烷溶剂脱油沥青不会对润滑油的质量带来不良影响。相反，它在得到收率和质量基本一致的光亮油料的同时，又能多获得催化裂化原料和性能优良的道路沥青，是充分利用渣油的较好途径。

30 根据什么理由来选择脱油沥青的溶剂?

选用哪一种烃类作为脱沥青的溶剂，要视原料性质和产品质量要求而定。但它们有一个共同的规律，就是溶剂的相对分子质量越大，脱沥青油的收率就越高，而质量逐渐变差。对特定的渣油来说，具体的脱沥青油含量存在一定的差别，但变化规律是一致的。另外，在各种溶剂都能满足渣油脱沥青要求前提下，应该选用最轻的溶剂，它可使脱沥青油中杂质(钒，硫、氮)下降、密度减少、残炭值下降、黏度减小。

31 溶剂比对脱油沥青有什么影响?

溶剂比是脱沥青过程中的另一个重要参数，其选用受原料特性和产品质量的制约。对于每一种原料，都相应地有一个最小的溶剂比，以保持脱沥青过程的操作稳定。用环烷基原油的深拔减压渣油作原料，需要的溶剂比最小；用石蜡基的常压渣油、黏稠的渣油和减压蒸馏得到很差的渣油作原料，就需要使用大溶剂比。溶剂比对脱沥青油的收率和质量的影响并不成简单的比例关系。在用异丁烷为溶剂的脱沥青试验中发现，当温度低于 107℃时，溶剂比的影响甚微，随着溶剂比的降低，脱沥青油收率稍有增加；当温度高于 121℃时，溶剂比的增加可以明显提高脱沥青油的收率，见图 5-6。对某渣油研究结果还表明：当溶剂比(质)在 2~4.5 范围内，脱沥青油收率随溶剂比提高而下降，但质量可以改善；进一步提高溶剂比，会出现脱沥青油收率提高，但质量变差，即溶剂比在附近出现了最低值，如图 5-7 所示。

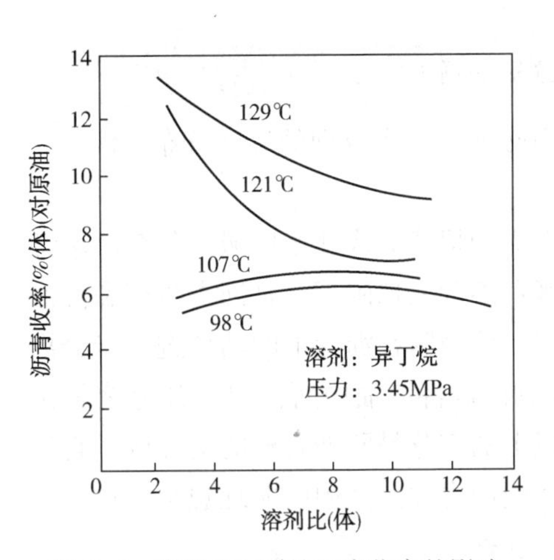

图 5-6　溶剂比对脱油沥青收率的影响

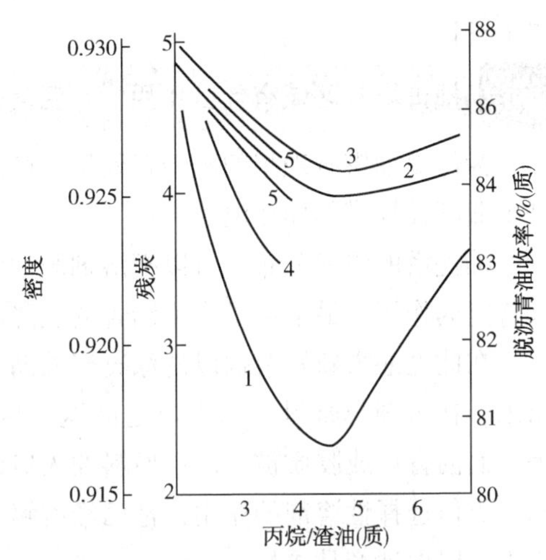

图 5-7　溶剂比对脱沥青油质量和收率的影响

1、2、3—分别为收率、残炭和密度的实验室数据；

4、5、6—分别为收率、残炭和密度的工业装置数据

在较低的温度下，溶剂比小反而能提高脱沥青油收率，其原因是：在多组分的抽提过程中，各组分都很活跃地参与相际间的传质。当油分大量溶解于溶剂中，并达到一定浓度后，溶液便可认为是一种具有溶解力更强的溶剂，从而能进一步把渣油中的更重组分也抽提出来，这就是脱沥青油收率能够提高的原因。

32　抽提温度对脱沥青操作有什么影响?

在脱沥青时，用抽提温度调节脱沥青油的收率是一种既灵敏又方便的手段。一般来说，对烃类溶剂，在合适的温度范围内，随着抽提温度的降低，可以增加油的溶解度，提高脱沥青油的收率。但是，脱沥青油的收率不仅受到溶解度的影响，还会受到诸如混合强度等其他因素的制约，即使油在溶剂相中未达到饱和状态，脱沥青油的收率在小的温度区间内未必随着抽提温度的降低而增加。如降低操作温度时导致油的黏度增大，使传质速率减慢，造成脱沥青油收率的降低。温

度与传质作用综合作用的结果，使脱沥青油收率基本保持不变。

各种烃类溶剂都有一个合适的抽提温度范围。对丙烷溶剂，抽提温度在60~80℃；丁烷溶剂在90~140℃和戊烷溶剂在140~190℃较为妥当。当抽提温度接近溶剂的临界温度时，溶剂脱沥青过程也很难操作，其原因是：温度对溶解度的影响非常敏感，温度稍有波动，就会使大量的油分在富油相和富溶剂相之间转移，造成操作不稳定。在溶剂脱沥青过程中出现这种现象就称为冲塔或是出“黑油”。因此，对溶剂脱沥青的上限温度也有限制，尽量不要在接近临界温度的情况下操作。

33 抽提塔各区域有什么作用？其温度分布如何？

为使提抽塔有理想的脱沥青效果，塔内必须有一个合理的温度分布。图5-8是工业型抽提塔的操作温度剖视图。

抽提塔的温度分布：可以把溶剂脱油沥青抽提塔分成几个区域，每个区域都有特定的作用。最下部是作为沥青的沉降区；溶剂入口附近，是沥青凝聚和洗涤区，在此处注入新鲜溶剂以洗涤凝聚的沥青，使吸附在沥青上的油分进一步分离出来；在溶剂与原料渣油入口之间这一区域，是将渣油中所需要的油分溶解出来，而沥青质或胶质被析出；原料油入口以上的部分是脱沥青油的提纯区，它显示出类似选择性溶剂的作用，把已经溶解在脱沥青油溶液中的非理想组分进—步除去，以保证产品质量。

在原料入口以下至溶剂入口以上的区域，温度基本保持不变，这就创造了一个安静的环境，使溶剂在从下往上移动过程中利用浓度差溶解渣油中的油分，但又避免轴向反混造成的传质效率降低，而沥青在仅受重力作用下实现沉降分离。在原料入口以上的部分要形成温差，使顶部温度比下面的温度高，其作用是：将下部温度较低的油溶液在往塔顶流动的过程中逐步升温，降低溶剂对油的溶解性，迫使其中相对分子质量较大的油析出，依靠密度差向抽提塔底部沉降。这种运动可起到类似蒸馏过程中内回流的作用，使脱沥青油的质量得到改善。温差的合适范围是10~20℃。

经验证明，在脱沥青抽提塔出现图5-9(a)的温度分布时，操作是正常的，脱沥青油的收率和质量都很稳定；当塔的温度出现图5-9(b)型分布时，即靠近原料入口处的温度与塔顶的温度接近，脱沥青油的质量显著变差，且收率波动很大。这种温度分布形成的原因很复杂，至今尚无满意的解释。然而，可以肯定的是，它与原料的性质和溶剂比等因素有着密切的联系。上述的两种温度分布图是由塔内物料的流动状态自然形成的，外界对它施加的影响甚微。为了使温度分布正常，比较容易解决的方法是加大溶剂比。

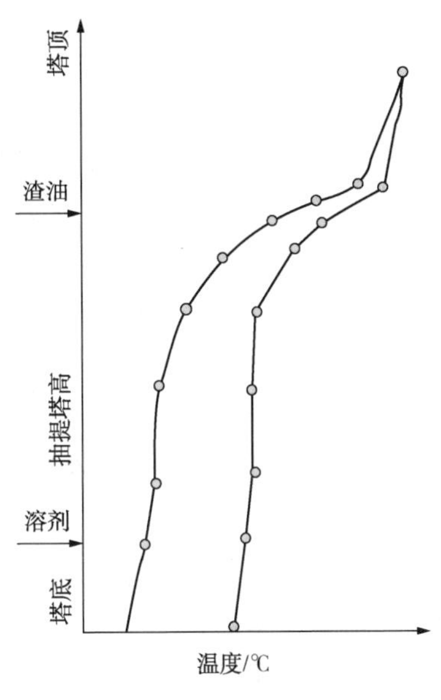

图 5-8　工业脱沥青抽提塔正常操作温度分布

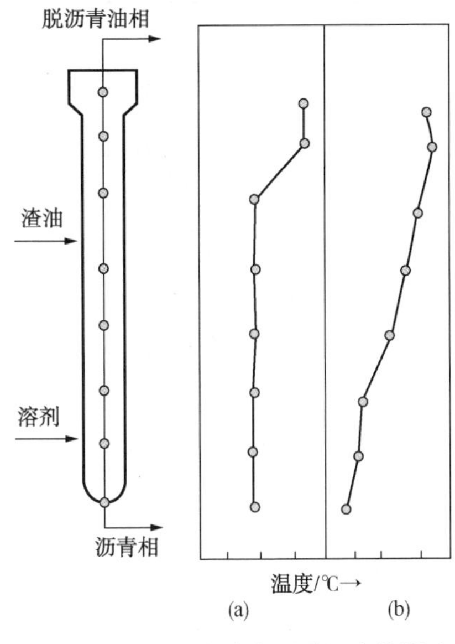

图 5-9　塔内温度分布对脱沥青的影响

34 抽提压力对脱油沥青有什么影响?

试验结果表明，在低于溶剂的临界温度下操作，压力对脱油沥青的收率和性质的影响不容忽视。对于同一种渣油-溶剂体系，在其他条件(如温度、溶剂比等)不变情况下，随着压力的升高，脱油沥青收率和蜡含量均降低，而脱沥青油收率随着压力的升高而增加。

在溶剂脱沥青装置实际操作中，调整抽提温度最普遍，其次是调整溶剂比，抽提塔的操作压力一般调整较少。操作压力必须高于操作温度下的溶剂混合物的饱和蒸气压，以保持体系呈液相，方可保持脱沥青过程是液-液抽提。根据加工方案的不同，抽提压力也不尽相同，抽提压力也有较大的范围，通常在 2. 8 ~ 4. 2MPa。

35 脱油沥青收率对产品的质量有什么影响?

从图 5-10 可以看出，脱油沥青的收率增大，其残炭值也在增大，产品的质量变差。从几种溶剂的关系来看，溶剂越轻(如丙烷)，脱油沥青的收率越低，残炭值越小，产品的质量越好。溶剂越重(如戊烷)则相反。

从图 5-11 可以看出，脱油沥青的收率增大，其油中杂质含量也在增大，尤其是金属含量增加幅度最大。

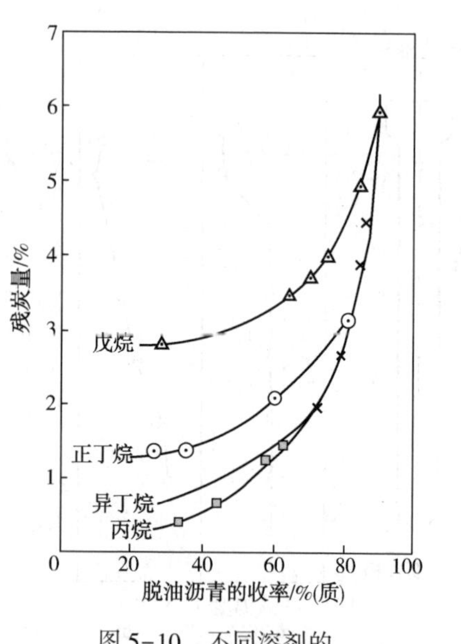

图 5-10　不同溶剂的脱沥青油收率与残炭关系

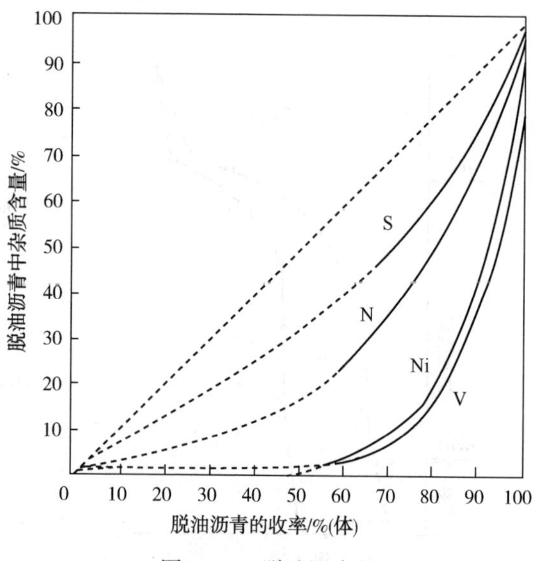

图 5-11　脱油沥青的收率与油中杂质含量关系

36　溶剂脱沥青工艺的基本流程是什么?

图 5-12 是溶剂脱油沥青工艺的一种基本流程。它首先使渣油和溶剂按一定比例进行混合稀释，然后再将其调整到合适的温度后从中上部进入抽提塔。溶剂从抽提塔的下部进入，在溶剂入塔前要根据工艺要求调整温度，它是维持抽提塔底温度的主要手段。抽提塔是一个多段接触抽提器。抽提时，渣油以分散相的形式由上往下移动，而溶剂则作为连续相由下往上流动。这时，渣油中的油分就溶解在溶剂中，沥青则沉降到塔的底部。在抽提塔的顶部装有加热器，当含油溶剂向上流动经过加热器后，逐渐升高温度而形成一种以温度差为推动力的内回流时，依靠它的作用来控制脱沥青油的质量。抽提温度主要控制塔顶温度和塔底温度，塔顶温度用进料的温度和塔顶加热器的加热负荷来调节，塔底温度用溶剂进塔温度来控制。脱沥青抽提塔要保持足够的压力，使抽提过程在液相下进行。塔顶的含油溶液通过压力控制阀后先进入重沸型蒸发器，将部分溶剂蒸发出来，重沸器可采用低压蒸汽作热源。留在蒸发器底部的脱沥青油溶液在保持正常的液位下连续地送到闪蒸塔进一步脱除溶剂。蒸发溶剂所需要的热量是用闪蒸塔的脱沥青油作热载体，方法是把部分脱沥青油抽出，并送到加热炉使其升温后再循环回闪蒸塔，结果在闪蒸塔底部得到的只是含很少溶剂的脱沥青油。从重沸器和闪蒸塔蒸发出来的溶剂合并在一起，经冷凝回到溶剂储罐后循环使用。从闪蒸塔底部得到的脱沥青油仍需进一步汽提以脱除残留的溶剂。汽提塔是在接近常压的条件

下操作的，汽提时在塔的下部送入250~300℃的过热蒸汽。汽提出的溶剂和蒸汽先经过冷凝罐，在入压缩机之前在分水罐脱水。分水罐的底部装有液位控制仪来调节冷凝水的流量，这种污水要经过处理才能排放。经过脱水处理的汽提溶剂用压缩机升压至稍高于溶剂储罐的压力，随后冷凝流入低压溶剂储罐。在汽提塔底放出脱沥青油便是目的产品，可用泵将它送出装置做进一步加工应用。

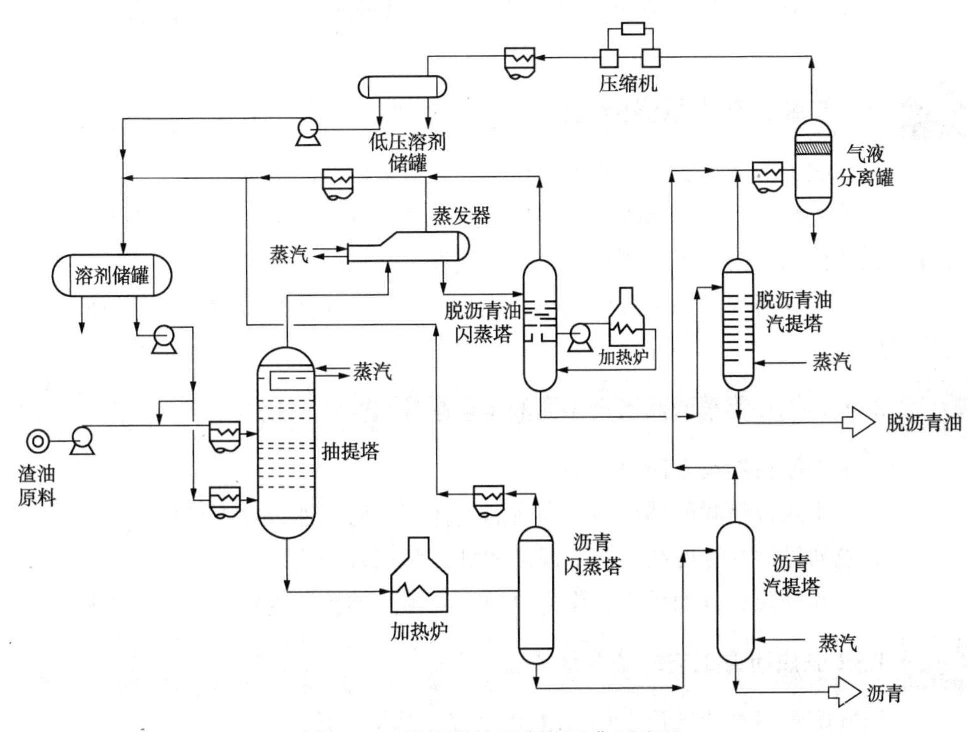

图5-12 溶剂脱油沥青装置典型流程

在抽提塔底得到的沥青溶液通常含有35%~40%(质)的溶剂。它是利用抽提塔的自身压力将沥青溶液以一定的流率通过加热炉升温，随后在闪蒸塔内回收的溶剂。

闪蒸塔底部的热沥青还含有少量溶剂，它需要进一步汽提。汽提同样是在接近常压的沥青汽提塔内进行的。汽提用的过热蒸汽从塔底部送入，蒸汽和汽提溶剂经过塔顶与脱沥青油的汽提溶剂合并，经过冷凝器脱水后到压缩机的入口分水罐进行二次脱水，再经过压缩、冷凝等步骤，最后成为液体流到低压溶剂储罐。沥青汽提塔底部的沥青同样是本过程的产品，泵送到沥青储罐中。

采用上述流程的脱沥青过程有DEMEX工艺、ROSE工艺、LEDA工艺、SOLVAHL工艺等。

37 DEMEX 脱沥青工艺的特点是什么?

(1) 简化工艺流程，以两段抽提沉降为主。

(2) 采用超临界技术回收溶剂，约 85%溶剂不经过蒸发，溶剂经换热冷却后循环使用。

(3) 在溶剂的亚临界温度下抽提。

(4) 生产方案灵活，既可生产两种产品，也可生产三种产品，依实际需要而定。

38 ROSE 脱沥青工艺的特点是什么?

(1) 简化工艺流程，新建的 ROSE 工艺装置采用两段抽提为主。

(2) 采用超临界技术回收溶剂，约 90%的溶剂不需要经过蒸发，溶剂经换热冷却后循环使用。公用工程用量可比单效蒸发溶剂回收法低 50%。

(3) 在抽提塔中使用了规整填料，优化、改进了换热系统流程，所以降低了建设投资。

39 SOLVAHL 溶剂脱油沥青工艺的特点是什么?

(1) 采用超临界技术回收溶剂。

(2) 使用两台串联的抽提器，在有温度梯度和低线速条件下操作。

(3) 脱沥青油的纯度高；溶剂温度较低，脱沥青油收率高。

(4) 一部分脱沥青油循环，作为热源用于预热抽提器进料和汽提塔进料。

40 RSR 脱油沥青工艺的特点是什么?

采用低压脱沥青的流程，称为 RSR 过程。其特点是：

(1) 利用一种混合溶剂。该溶剂由两部分组成，一部分为油的溶剂，另一部分为沥青的沉淀剂。

(2) 它所需的操作压力较低，维持在蒸馏设备允许承受的压力范围内。

(3) 脱沥青油溶液和沥青溶液经过闪蒸后再用热氮气进行汽提，脱除残留的溶剂。

41 LEDA 脱油沥青工艺流程是什么？它有什么特点?

LEDA 脱沥青工艺流程见图 5-13。

从流程图 5-13 可以看出，该工艺最大特点是，溶剂与渣油的抽提是在转盘塔内进行的。抽提效率通过改变转盘的转速来保证，溶剂的选择性和溶解能力靠调整操作条件来满足。采用低溶剂比和多效蒸发技术来降低能耗。

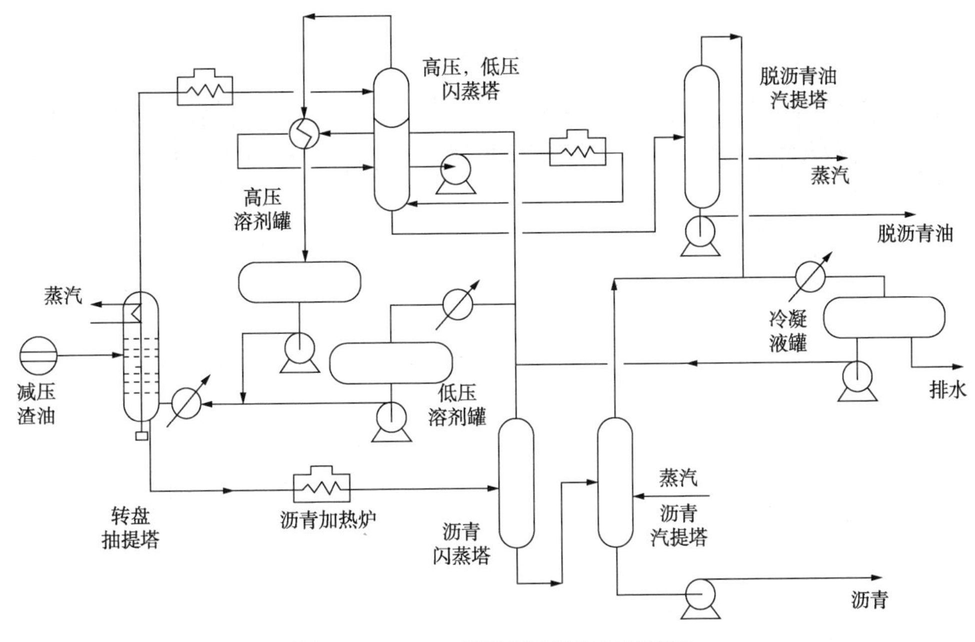

图 5-13　LEDA 脱油沥青简化工艺流程

42　为什么要进行两段法溶剂脱沥青？

为了适应产品质量要求的多变性和应对某些渣油，常规溶剂脱沥青过程中存在不易加工、抽提塔阻塞、破坏连续操作等问题。为此，提出了用两段脱沥青流程的解决办法，并广为采用。两段法溶剂脱油沥青在流程安排上又有两种方案，一种称为抽提法两段脱沥青，另一种是沉降两段脱沥青。

43　抽提法两段脱沥青工艺流程是什么？

抽提法两段脱沥青需要两个抽提塔。该过程的流程见图 5-14。原料渣油预热至 130~145℃进入抽提塔，冷溶剂也同时进入抽提塔。经过逆流抽提后，在塔顶可得到脱沥青油溶液；经过蒸发脱除溶剂后得到质量很好的脱沥青油，称为轻脱油。从第一抽提塔底部得到的是沥青溶液，它靠本身的压力进入第二个抽提塔，同时向这个抽提塔内打入定量的溶剂以进行第二次抽提。从该塔顶部得到的是二段脱沥青油溶液，经过溶剂回收后便得到质量稍差的脱沥青油，称为重脱油；塔底排出的沥青溶液经过溶剂回收后便是沥青产品。该法与一般脱沥青法相比，装置的生产能力大，操作灵活，可生产残炭范围较宽的脱沥青油和各种规格的沥青。

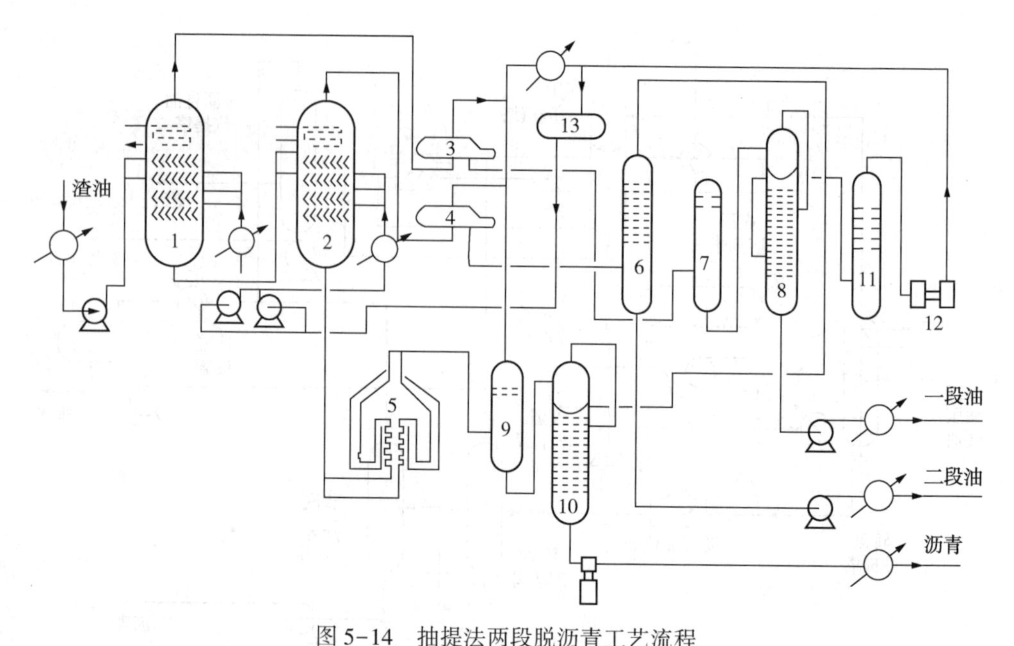

图 5-14　抽提法两段脱沥青工艺流程

1—一段脱沥青抽提塔；2—二段脱沥青提抽塔；
3、4—高压蒸发器；5—沥青加热炉；6—二段油汽提塔；
7、9—蒸发塔；8、10—汽提塔；11—脱水罐；12—压缩机；13—溶剂储罐

44 沉降法两段脱沥青工艺有什么特点？其流程是什么？

沉降法两段脱沥青工艺的特点是：在使用与一段脱沥青相同的溶剂比的情况下，尽量挖掘溶剂的潜在溶解能力，首先将渣油中的油分尽可能抽提出来，然后把得到的脱沥青油溶液根据需要按阶段升温；利用温度升高后溶剂对油分溶解能力降低的原理，使质量较差的重质油分从溶液中析出，留在溶液中的脱沥青油的质量得到改善。

图 5-15 为某厂沉降法两段脱沥青的工艺流程。减压渣油从塔的上部、溶剂从塔的下部按一定的比例泵入脱沥青抽提塔，并在预定的温度下进行逆流接触。脱沥青后得到的含有少量溶剂的沥青溶液从塔底排出，经过加热炉加热到预定的温度后依次进入闪蒸塔和汽提塔，从汽提塔底放出的便是脱除溶剂的沥青产品。含有大量溶剂的脱沥青油溶液从塔顶流出，经过加热器升温后进入沉降塔。这时，由于溶解力降低，会有一部分重质脱沥青油组分在塔内析出并沉降至塔的底部，它经过溶剂回收后得到的便是重脱沥青油。从沉降塔顶流出的是质量较好的脱沥青油溶液，经过溶剂回收后的产品可以用来生产重质润滑油或作为催化裂化原料。

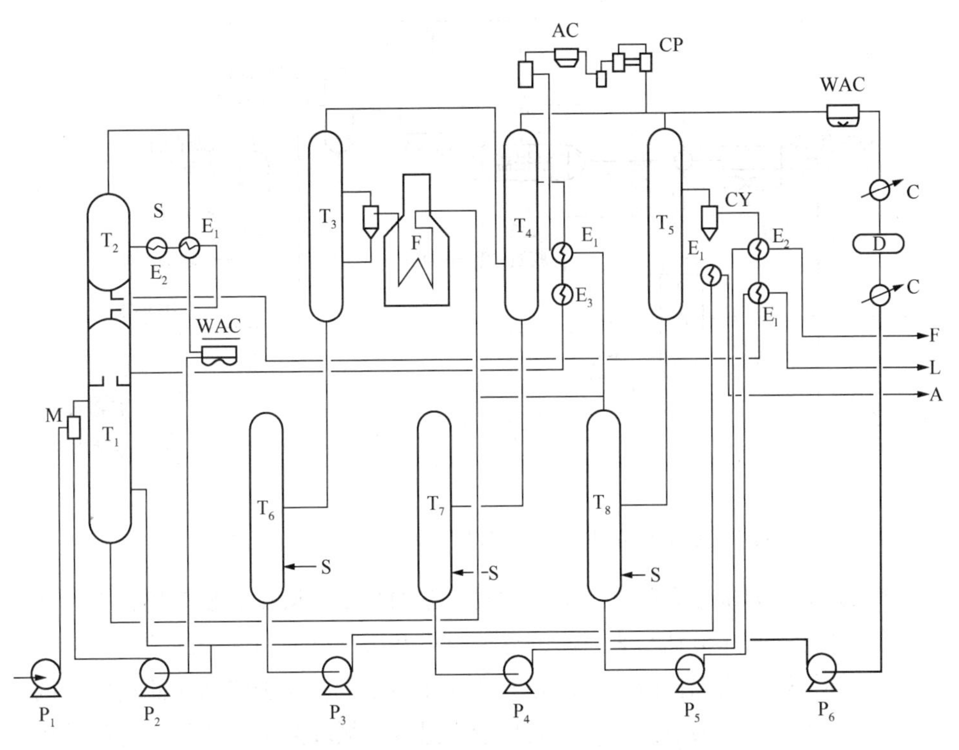

图 5-15 某厂沉降法两段脱沥青工艺流程

T_1—抽提塔；T_2—沉降塔；T_3—沥青蒸发塔；T_4—重油蒸发塔；T_5—轻油蒸发塔；T_6—沥青汽提塔；T_7—重油汽提塔；T_8—轻油汽提塔；CY—旋风分离器；M—静态混合器；D—丙烷罐；E_1—换热器；E_2—蒸气加热器；E_3—凝结水加热器；WAC—湿气空冷却；P_1—原料泵；P_2—丙烷增压泵；P_3—沥青泵；P_4—重油泵；P_5—轻油泵；P_6—丙烷泵；CP—丙烷压缩机；S—蒸汽；A—沥青；F—重油(催化裂化原料)；L—150BS 润滑油

45 常规单段脱沥青与两段脱沥青相比有什么不同?

采用单段常规脱沥青工艺只能保证一种目的产品质量，需要在脱沥青油和脱油沥青之间做出选择。如果要保证脱油沥青的质量，那么得到的脱沥青油的残炭和黏度将是随意的，不一定能作为生产高质量润滑油的原料；相反，保证了脱沥青油质量，则脱油沥青的质量就得不到保障。采用沉降法两段脱沥青工艺能做到两者兼顾，既可再生产出优质润滑油原料，又可得到质量符合标准的道路沥青或沥青调和组分。此外，所得到的那部分重脱沥青油既可作为燃料油也可作为催化裂化原料。

46 Demex 脱沥青流程图及过程是什么?

Demex 流程如图 5-16 所示。

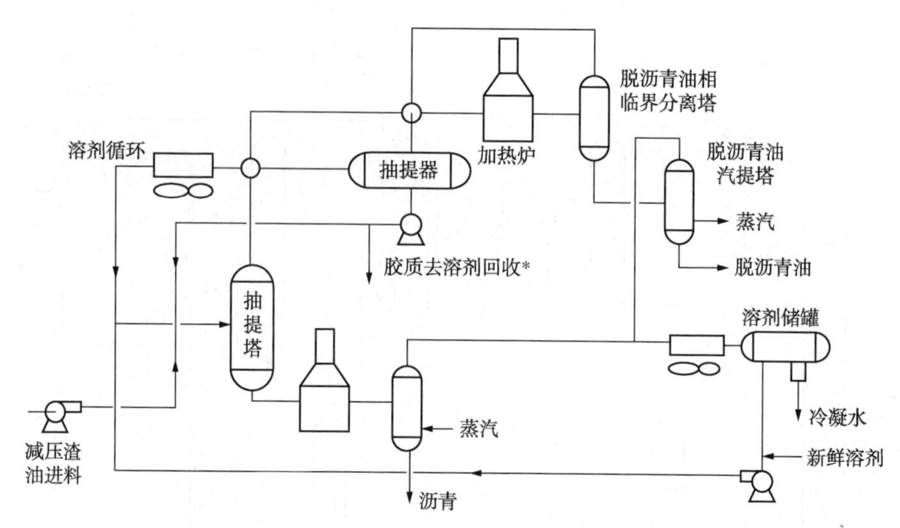

图 5-16　带有超临界回收的 Demex 流程（*表示根据需要决定是否要出胶质）

该工艺流程力求最大限度地减少抽提设备的数量和操作的复杂性，操作费用比普通方法低。减压渣油与来自超临界分离塔和溶剂罐的两部分的溶剂混合后进入第一段抽提塔，为保持溶剂呈液相，抽提压力至少要高于溶剂在此温度下的饱和蒸汽压。脱沥青油溶液升温所需的热量通过冷却循环溶剂来获得。过程采用尽可能低的溶剂比，以降低公用工程和投资费用。沥青质在第一段抽出，为保持沥青有足够的流动性，便于有效地回收溶剂，也可兑入一些胶质。沥青通过加热炉加热后进行闪蒸及水蒸气汽提脱除溶剂。

抽提塔顶的流出物通过与溶剂换热而被加热，由于温度升高，流出物中的溶剂对胶质和高分子芳烃的溶解能力降低，在第二段抽提器（沉降塔）中沉降下来，并从塔底排出。它可循环至第一段抽提塔作为进料的一部分，也可直接送至回收系统经脱除溶剂后作为产品。该塔的顶部流出物通过与热溶剂换热使温度继续升高，随后进入另一个加热炉使脱沥青油溶液的温度高于溶剂的临界温度，使脱沥青油与大部分溶剂分离。分离了溶剂的脱沥青油再进行闪蒸和蒸汽汽提以除去剩下的少量溶剂。

来自脱沥青油和沥青汽提塔的溶剂经过冷凝，脱水后用泵打回至抽提塔以循环使用。超临界分离塔的塔顶流出物是可直接循环使用的高温溶剂，它与过程本身中的其他物流换热回收大部分热量后，再冷却至适当的温度便直接泵入抽提塔中。从 Demex 过程得到的脱沥青油是催化裂化装置的良好原料。

47　抽提塔原料多孔管分布器作用及类型各是什么？均匀布孔管有什么要求？

使用多孔管分布器的目的是，使流体沿管长方向均匀分布，使单位管长所流出的流体相等。渣油在多孔管内的流动为变质量的流动过程，具有质量流速不断减少的特点。对于这种变质量流动过程，会出现三种流动模式，即动量交换型、摩阻控制型和摩阻占优势型，见图 5-17。

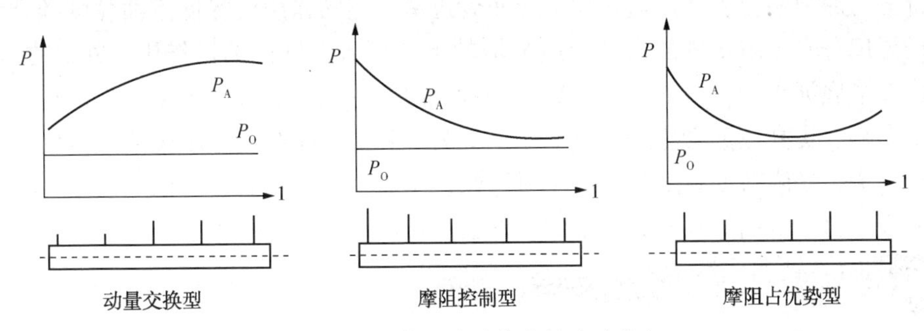

图 5-17　液体在多孔管内的流动状态

事实上，管道的摩擦阻力一般是比较小的，因此最常遇到的是动量交换型。从图 5-17 上看到，如果需要在各点的流量得到均匀的分布，合理的方法是采用不均匀的布孔。实际上，从制造方便来考虑，更为常用的是均匀布孔。均匀布孔主要指沿分布管管长方向均匀开孔。大型抽提塔以采用具有输送管道的并列多管型和树枝形分布器为宜，它除采用多根小直径的分布管作较细致的流体分布外，还能使各分布管的长径比减小，满足动量交换型流动的要求。此外，均匀布孔型多孔管的开孔设计还要求开孔总截面比分布管的截面小，从而使流体沿分布管管长分布均匀。如要求不均匀度在±5%以内，则开孔总截面应小于分布管截面的 37%；如果不均匀度允许达到±10%，那么开孔的总截面可放宽到不超过 50%。

48　抽提塔原料多孔管分布器液滴有几种类型？对液滴流速有什么要求？

溶剂脱沥青的抽提效果除了受分散相渣油在塔截面均匀程度的约束外，还与液滴离开孔口时的形态有关。根据喷射速度的大小，可把液滴喷出的形态分成四类：(1)单液滴逐个喷出；(2)层流柱状喷出；(3)湍流柱状喷出；(4)喷雾状态。当喷射速度处在层流柱状喷出区，但比较接近湍流柱状区时，效果最佳。液滴呈球状，具有最大的传质表面积和传质速率。研究指出，在液滴形成的瞬间，传质程度就相当于接近平衡时总传质量的 20%。当液滴通过喷孔的线速度为 10cm/s 时，液滴大小比较均匀；当线速度为 10～30cm/s 时，液滴均匀性较差；速度大于 30cm/s 后，将形成一条头细中间粗并连在一起的射流，最后分散成大小很不规则的液滴。根据工艺要求及上面提到的通过喷孔的最佳速度和使分布管均布的流体力学原理进行合理设计，便能保证液滴群沿整个塔截面得到均匀分布。

49 溶剂进入抽提塔的位置分布是什么？

溶剂脱沥青过程使用的溶剂应分若干路在沿塔高的不同位置进入，其中的一小部分与原料混合，然后通过原料分布管进塔，它的作用是降低渣油黏度和调整塔的温度分布。溶剂中的大部分应从塔的下部打入，发挥抽提作用；除此之外，还应在塔底沥青相内打入溶剂，数量一般占溶剂总量的30%。如果操作的稳定性不受影响，提高在沥青相进溶剂的比例更为有利，它能起到用新鲜溶剂对沥青相进行洗涤，把附在沥青上的油分尽量回收，从而明显增加脱沥青油的收率。在沥青界面下打入溶剂提高脱沥青油收率的技术目前已被广泛采用。

50 抽提塔的选型有哪些？各有什么特点？

（1）混合-沉降型：它是最早使用在工业生产中的一种抽提设备。渣油和溶剂在混合器中借压力作用而密切接触，然后输送到沉降器进行分相。为了使沉降效果好，多采用卧式沉降器。混合-沉降器的优点是单级效率高，一般为80%以上，结构简单，运转稳定可靠；缺点是占地面积大、溶剂的藏量多等。

（2）挡板塔：挡板塔是溶剂脱沥青过程中广泛采用的一种塔型。在塔中的两股物流借助于密度的不同而互相逆向流动，彼此作用，形成接触表面而实现传质。挡板塔在处理量上不如喷淋塔，但在分离能力上，由于轴向混合被限制在板与板之间的范围内，而没有扩展至整个塔内，因此可抑制轴向返混引起的不良效果。挡板塔的另一个显著特点是结构简单，没有活动部件，在操作时不致发生故障，操作周期较长。对要求处理量大但不需要很多理论级数的溶剂脱油沥青过程来说，是一种非常适用的抽提工具。

（3）转盘塔：溶剂脱油沥青体系中渣油的相对分子质量和黏度都很大，与它接触的溶剂有很大的差别，因而有人认为，在使用挡板塔作为脱沥青抽提塔时传质速度慢，对提高抽提效率是不利的。根据这一理由，提出了采用从外部加入能量使液体产生剪切作用的转盘塔，它的原理是：在剪切力的作用下，连续相产生涡流，处在湍流状态，使分散的油相破裂形成液滴，从而增加了传质面积和传质强度。因此，它适合应用在分离程度要求高的场合，如在渣油脱沥青生产润滑油情况下使用。

（4）代替塔器功能的静态混合器。静态混合器是混合两种或多种流体的设备。流体在静态混合器内流动时受内部构件的约束，产生分流、合流、旋转，改变流向和流速，使每种流体都达到良好的分散，流体间达到良好的混合。静态混合器在溶剂脱油沥青过程中主要用于渣油与溶剂的混合。依靠渣油与溶剂在静态混合器内迂回、加速、减速、混合、再分开、再混合，经过多次重复后实现在短距离内达到均匀混合的目的，起到强化传质的效果。虽然静态混合器对流体的性质及流动的状态有很强的适应能力，能满足流体在宽阔的流型范围内实现流体间的混合，也能使黏度相差悬殊的两种液体实现良好的混合，但只有在液体的黏度、混合比率与流型之间的搭配合适时，才能得到最佳效果。

(5) 新型填料抽提塔。该塔的特点是采用了高效的新型规整填料或蜂窝式的格栅填料，开孔率大，从而避免了因渣油或沥青沉积堵塞填料。例如，用蜂窝式的格栅填料代替转盘塔后，理论塔板数增加，脱油沥青的收率提高，脱油沥青的软化点也相应提高。

51 抽提塔为什么要对沥青界面进行控制？其控制方法有哪些？

抽提塔的界面控制对溶剂脱沥青过程的效果有明显的影响。如果维持低界面操作，会造成沥青溶液在塔底停留时间短而使分离效果差，从塔底打入的二次溶剂起不到再次洗涤沉降沥青溶液的作用，不利于提高脱沥青油收率。界面低还可能出现进加热炉的沥青溶液中的溶剂含量增大，造成炉出口温度突然下降，影响平稳操作，使加热炉热负荷增加、燃料消耗增大。如果抽提塔的界面过高，则会造成冲塔，影响产品质量，严重时还会造成操作事故。因此，抽提塔内有一台灵敏可靠的界面计来监控沥青界面已成为装置设计中的关键之一。

用仪表测量沥青界面已有许多成功的经验，如用差压计测量、用内浮筒界面计测量等。界面测量仪安装后能否指示准确、调节灵活，除仪表本身质量外，关键是确定界面上下两相的密度差。此值定得太大时，指示变化十分迟钝，甚至当界面已不在仪表浮筒变化范围内，指示仍然不变；该值定小了，界面指示变化异常快，无法与流量串联控制。对抽提塔的介质组成、密度、温度等参数进行分析，认为界面上下层的密度差约为 0.24 较适宜，以此作为确定密度差的依据。实践证明该判断是正确的，在使用中取得了满意的效果。按同样的方法，也可用在临界沉降塔中，但介质的相对密度差应确定为 0.3 左右较适宜。

尽管采用仪表检测沥青界面是可接受的方法，但由于沥青黏度大，容易堵塞传递信号的管线，因此检测的可靠性总受到怀疑。为确保安全，至今仍保留人工做定期检查的规定，以判断仪表指示是否正确，并可根据情况给以修正。人工检查是检查设在抽提塔下部的三个沥青界面检查口所喷出物料的状态。三个检查口位于应控制的沥青界面附近，每个检查口之间的距离在 33cm 以上。检查时如果从所检查的口中喷出细、湿的液体雾状物，则认为是脱沥青油溶液相；如果放出的像绳子条状物，则是沥青溶液相；在这两相之间的过渡区喷出的是细干粉。当细的干粉状物在中间的检查口出现时，便可认定沥青界面处在正合适的位置。

52 脱沥青油溶液的溶剂回收有哪几种方法？蒸发回收时为何有大量的泡沫？怎样消除？

一种是传统的蒸发回收。所谓蒸发回收就是用低压蒸汽作热源将溶剂汽化与脱沥青油分离，然后溶剂再经换热、冷凝和冷却后循环使用。采用简单的蒸发回收溶剂流程，其能耗很大；采用多效蒸发代替单效蒸发，可使能耗降低约一半。

另一种是超临界回收溶剂的方法。它是在超临界状态下使溶剂与脱沥青油分离，然后经换热冷却到合适的温度后再循环使用。这种回收方法有85%~90%的溶剂不必蒸发，剩下的部分是溶解在脱沥青油中的溶剂，这时再采用闪蒸-汽提来回收剩余的溶剂，也可基本上解决起泡的问题。

在蒸发时会发生起泡和雾沫夹带，这是蒸发回收中一个常遇到的问题，其发生原因如下：(1)由于大量溶剂蒸发出来之后，留在溶液中的溶剂大量减少，再进一步蒸发溶剂就会产生大量难以控制的泡沫；(2)在蒸发时还因散失大量热量使油温降低、黏度增大，这样进一步蒸发就要积储更大的能量以克服从液相逸出的阻力，也会造成蒸发时起泡。

消除和避免蒸发时产生泡沫可用物理的方法，如气流、冲击、离心力、热、火花及α射线照射；也可用加入化学药剂的方法破坏形成的泡沫薄膜来抑制泡沫生成。一般来说，消泡剂的扩张系数越高、黏度越小，其消泡的效果就越好。消泡剂中以使用硅油的较多。

53 什么样的操作原则最经济？

溶剂脱油沥青过程的溶剂是循环使用的，装置的大部分投资和几乎所有的能耗都直接用于溶剂回收系统。评价脱沥青装置的经济性和操作性能也主要取决于溶剂回收系统。

在与抽提温度相近的温度下回收溶剂是最经济的。如果回收温度过高，则高温溶剂蒸汽所携带的热量难以回收；如果溶剂回收温度设定得较低，则溶剂在循环再使用前必须再加热，再加热也表示热量的损失。溶剂回收时压力最好也与抽提压力保持相近，不要降得太低，否则会增加溶剂泵的操作费用，抑或在低压下蒸发溶剂造成蒸发体积增大而需相应增加设备投资。

54 沥青溶液的溶剂回收方法是什么？怎样消除雾沫夹带？怎样减少沥青的气泡？

从抽提塔底部排出的沥青溶液含溶剂不多，含量为35%~40%。一般采用加热炉使沥青溶液升温，然后再蒸发回收。沥青溶液蒸发溶剂最突出的问题是雾沫夹带和起泡。国内在解决沥青的雾沫夹带上有成功的经验。它是设一个被称为换热塔的设备，将闪蒸后的脱沥青油进入换热塔的上部，而沥青溶液蒸发出来的溶剂从下部进入。在逆流接触过程中，油溶液对上升的气体起到洗涤的作用，捕捉携带的沥青液滴。这对溶剂后部的冷凝、冷却系统起着很好的保护作用，同时还得到回收部分高温溶剂蒸汽热量的效果。解决沥青雾沫夹带及起泡的其他方法是，采用在闪蒸前注入含硅抗泡剂、在闪蒸塔的蒸发空间安装一组能提供高压蒸汽的加热盘管、料液采取切线进料、装上金属丝网的除雾毡片、在闪蒸塔顶的内侧装一个旋风分离器且位置与蒸汽出口相对等。所有措施的综合效果解决了蒸发时的雾沫夹带，还可以提高处理能力，并延长换热器的清洗周期。

沥青塔底的脱油沥青是调和沥青的组分，但常出现沥青有大量的泡沫，影响沥青的质量。泡沫是溶剂和水在高温下的汽化的结果。减少沥青的气泡的方法提高沥青炉的出口温度，或适当增大汽提蒸汽量。其中提高沥青炉的出口温度是最有效的手段，但要防止炉子结焦。汽提蒸汽量过小，溶剂从沥青中汽提的不完全；过大，沥青中水含量偏高。所以汽提时蒸汽量要适当。

55 脱沥青装置溶剂消耗是怎样产生的？该指标有何意义？

溶剂脱沥青装置的溶剂在循环使用时，由于送到装置外的脱沥青油和沥青总会含有溶解在其中的微量溶剂，再加上设备泄漏和溶剂储罐及压缩机分液罐排水带走溶剂等原因，总会造成一定的溶剂损失。为了维持装置的正常操作，要定期向装置补充溶剂。

溶剂消耗也是衡量装置水平的一项技术经济指标。就丙烷脱沥青而言，对0.5Mt/a的装置，溶剂损耗应保持在2kg/t(原料)以下；装置规模越小，溶剂损耗越大，有时甚至会达到5kg/t(原料)以上。对不采用压缩机回收流程的丁烷脱沥青装置，溶剂损耗要比丙烷脱沥青多一些。对大型装置来说，正常的值应不大于3kg/t(原料)。

56 高软化点脱油沥青在管线流动时怎样维护？凝堵时怎样处理？

目前，溶剂脱沥青装置所生产的脱油沥青软化点越来越高，对沥青回收系统的管线伴热、保温和清洗措施的落实不容忽视，否则将严重影响装置的正常开工。沥青管线伴热的方式随沥青软化点的变化而有所不同。在低软化点时采用1.0MPa蒸汽管伴热即可；随着软化点升高，就必须采用高压蒸汽、热油或电伴热，使管线内的沥青黏度降低、容易流动。如在输送177℃高软化点沥青的管线上采用热油伴热系统，这样沥青即使在管道内断流，也能维持管内的沥青有足够高的温度而不致凝固。尽管如此，高软化点沥青总有一种生焦的趋势，经过一定时间之后管线仍会因沥青结焦而堵塞。

另外，管线加热保温的目的是防止沥青凝固，然而高温会促进附在管壁上流动很慢的沥青生焦。因此，凡有遇到高软化点沥青的场合，一定要设冲洗油系统。实践证明，采用催化裂化轻循环油作冲洗油是较合适的。该油含芳烃较多，对重质残渣和沥青质有较强的溶解力。冲洗泵及输送沥青的泵一般都采用蒸汽往复泵。用柱塞泵冲洗管线时，要注意不要让洗油在工艺用泵上通过，必须走旁路以防止超压将泵损坏。为安全起见，有些炼油厂还规定生产期间冲洗泵要保持运转状态，以备急需。

57 脱沥青装置污染及腐蚀情况怎样?

脱沥青装置在生产时对环境的污染是很微弱的。在正常情况下，唯一的污染源来自压缩机气液分离罐和溶剂储罐的污水，它们含有微量的溶剂，在操作不正常时，水中才会有少量脱沥青油或沥青。溶剂脱沥青属于低温过程，其设备基本不受腐蚀。但在汽提塔顶部的换热器及管线的腐蚀还是比较严重的，应注入适量的缓蚀剂以降低对设备的腐蚀。

58 超临界流体抽提体系在临界区有什么特点?

超临界流体抽提过程是一种新型的分离技术，它利用体系在临界区具有反常的相平衡特性及异常的热力学性质，如液体具有气体溶解的性质、液体汽化的潜热很小、超临界溶剂黏度低、扩散系数大等，通过改变温度、压力等参数，使体系内组分间的相互溶解度发生剧烈变化，从而实现组分的分离。超临界流体抽提过程已在炼油工业中得到应用。

59 超临界流体抽提与其他物理分离方法相比有什么优点?

超临界流体抽提兼有普通抽提和蒸馏的优点，具体表现在：

(1) 超临界流体抽提的操作温度在临界温度附近。这种适中的温度有利于分离热稳定性差的化合物。

(2) 超临界溶剂能溶解不挥发的化合物。

(3) 超临界溶剂溶解力是密度的函数，可通过改变溶剂的密度来选择性地溶解各种化合物。

(4) 改变超临界溶剂的组成也可改变它的溶解性能。

(5) 通过等温减压、等压加热或同时改变温度和压力，使溶剂从溶液中分离出来，从而实现溶剂在不出现相变的情况下进行回收。

(6) 在溶剂与溶质分离的同时，可对溶质进行分馏。

(7) 超临界溶剂黏度低、扩散系数大，因此能迅速进行传质。

60 纯组分的 P–T 相图怎样? 在超临界流体区域内最适宜的温度范围是什么?

纯组分的典型 P–T 相图见图 5-18。

对超临界流体抽提而言，相图右上方的性质尤为重要。这个区域的温度和压力都超过该组分的临界值，流体的性质介乎液体和气体之间，它具有类似于液体的密度和溶解力，又具有类似于气体的黏度和传递能力。气体、液体和超临界流体的典型性质见表 5-2。

表 5-2　气、液和超临界流体的典型性质

项　目	气体	超临界流体	液体
密度/(g/cm^3)	$(0.6\sim2.0)\times10^{-3}$	$0.2\sim0.9$	$0.6\sim1.6$
扩散系数/(cm^3/s)	$0.1\sim0.4$	$(0.2\sim0.7)\times10^{-3}$	$(0.2\sim2.0)\times10^{-5}$
黏度/($Pa\cdot s$)	$(1\sim3)\times10^{-5}$	$(1\sim9)\times10^{-5}$	$(0.2\sim3.0)\times10^{-3}$

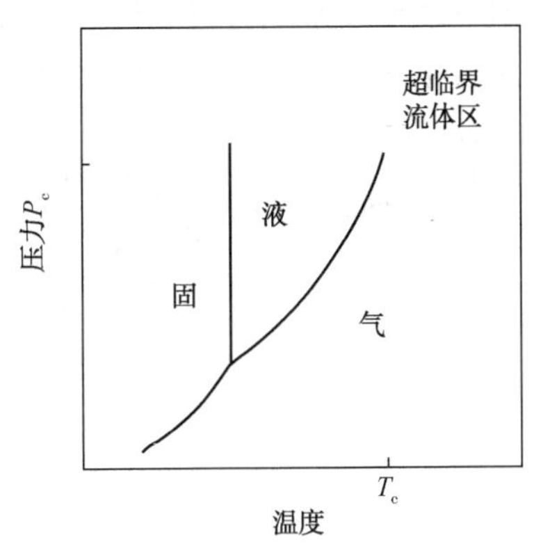

图 5-18　纯组分的 $P-T$ 相图

在超临界流体区内，应用得最多的范围是：

$$0.9<T_r<1.2 \text{ 和 } 1.0<P_r<3.0$$

式中　T_r——对比温度$=T/T_c$；

T_c——临界温度；

T——实际温度；

P_r——对比压力$=P/P_c$；

P_c——临界压力；

P——实际压力。

该范围的特点是：流体性质对温度和压力的变化最敏感，通过改变温度和压力，就能使超临界流体的性质产生明显改变。因此，超临界流体抽提及超临界溶剂回收技术就是建立在这个基础上，通过调控温度或压力使体系中的组分相互分离或达到回收溶剂的目的。

61　二元混合物的 $P-T$ 相图怎样？相包络现象是怎样形成的？

双组分相变规律不仅与温度和压力有关，而且受体系组成的影响。在二元体系内，恒组成的饱和蒸汽和饱和液体的 $P-T$ 关系，是用该组成下的泡点线与露点线所组成的图形来描述的。泡点线与露点线的汇合处就是该组成的气相和液相具有相同的密度和其他性质的状态点，即临界点，如图 5-19 所示。

图中的 AC_A、BC_B 两线代表两种纯物质 $P-T$ 相属性；而环形曲线 $DFCGE$ 是代表某组成下二元混合物的相特性，其中 DFC 部分是该组成混合物的泡点线，EGC 部分为露点线。当组成发生变化后，曲线的形状和位置也相应地改变。因此，将不同组成的若干个 $P-T$ 曲线投影到同一个面上，就得到图 5-20，图中的虚线是临界点轨迹。不同种类的混合物，临界点轨迹线可呈现不同的形状，例如

对非理想体系，可能有最低的临界温度点。在一般情况下，体系中临界温度低的组分浓度越高，混合物的临界温度越低。

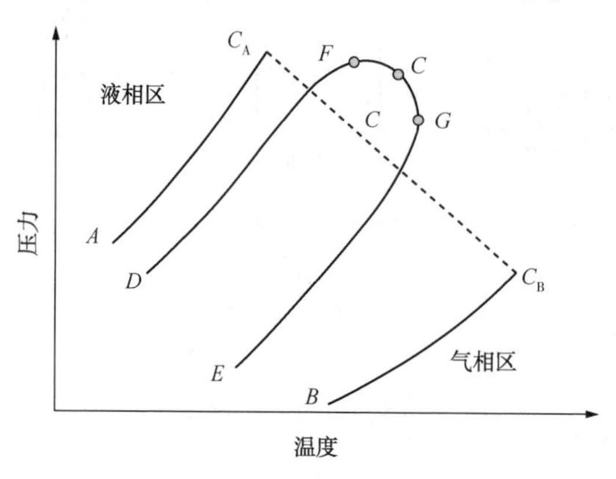

图 5-19　二元混合物的恒组成 $P-T$ 图

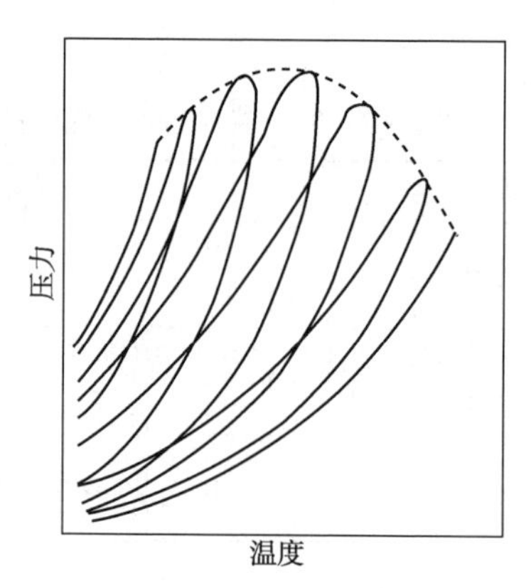

图 5-20　不同组成混合物的 $P-T$ 图

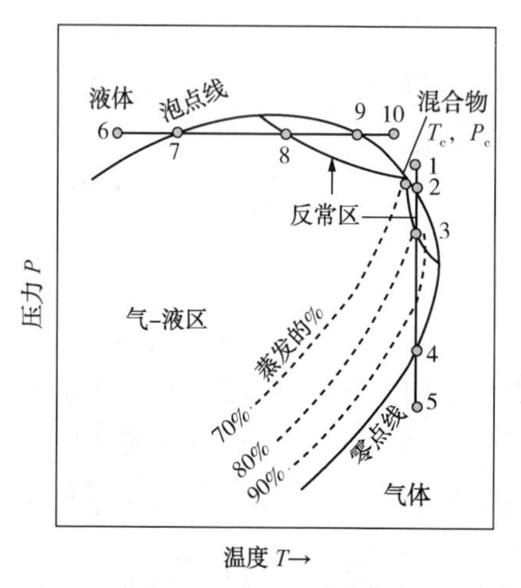

图 5-21　典型的相包络

在研究二元体系的 $P-T$ 相图时，发现在临界区附近有一个奇特的相包络现象，见图 5-21。当体系从高压气相的状态点 1 开始，恒温降压到饱和蒸汽线上的 2 点，也即露点。如果继续降压，它不是进一步汽化，却出现了液相增加的现象。当达到 3 点时，液相分率到了最高值。再降低压力则液相又复汽化，直至 4 点恢复为饱和蒸气压。这种因压力降低而引起液化的现象称为反常凝聚。如果将此状态变化反过来，即自 5 点恒温升压，那么到达露点线上的 4 点时开始出现正常的凝聚，到 3 点液相分率处于最高点。在此之后进一步升高压力，液相反而减少，直至 2 点又变成饱和蒸汽，这就是反常汽化；同样在恒压下升高温度，也可见到另一类反常凝聚现象，如由点 6、7、8、9、10 所形成的直线；而其逆过程便是恒压下的反常汽化。上述现象总是出现在由各恒定蒸发百分数线的压力最大值点的连线与泡点线所围成的区域，和由各恒定蒸发百分数线的温度最大值点的连线与露点线所围成的区域的两个部分所组成。

62　二氧化碳和丙烷作溶剂时有什么不同？

许多超临界流体抽提过程都采用 CO_2 抽提溶剂。但当分离对象是类似于渣油的烃类时，则更多采用轻质烃类如丙烷。二者作为溶剂时有关情况见图 5-22 和图 5-23。

图 5-22 是以丙烷和 CO_2为溶剂的渣油两段脱沥青过程中的第二段脱胶质的相图，其中溶剂比都选定为 10：1(质量)。在两种体系中，虽然进料的组成都一样，但其相特性是很不一样的。从图中可以看到，丙烷混合物和 CO_2混合物的临界温度大致相同，但 CO_2混合物的临界压力要比丙烷混合物的高出很多。

图 5-23 中用 CO_2作溶剂，要使它在气相中对油的溶解能力达到与丙烷相同的程度，则需要很高的压力。因此通过经济技术分析，尽管 CO_2在选择性方面优于丙烷，但高的操作压力掩盖了它的优点。

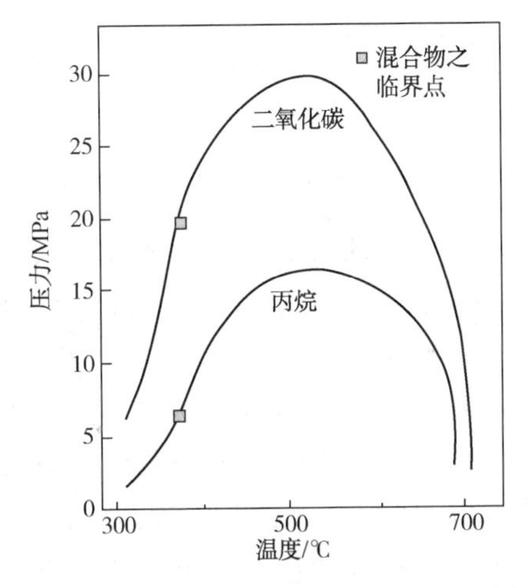

图 5-22 溶剂-油-胶质混合物的 P-T 图(溶剂比 10：1)

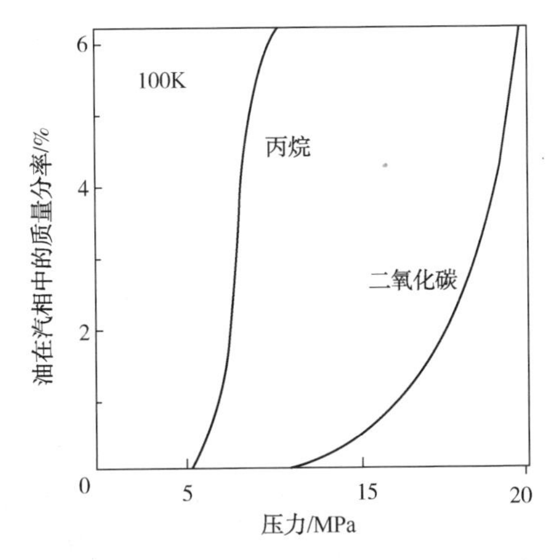

图 5-23 压力对 CO_2和丙烷溶解油分的影响(100K，体系组成：91%溶剂，6%油，3%胶质)

63 溶质对溶解度有什么影响？

溶解度与溶质的性质有关，例如油的相对分子质量和芳香度等都会对溶解度产生影响，如图 5-24 和图 5-25 所示。

从图 5-24 中可以看出轻、重油对溶解度的影响，结果表明，轻油溶解能力要比重油大得多。

从图 5-25 中还可以看到芳香度对溶解度的影响，其结果是，油的芳香度高，则溶解度就小。

64 为什么要用混合溶剂？它有什么优点？

在脱沥青过程中，为了降低装置的投资和减少操作费用，总希望降低抽提的溶剂比。但降低溶剂比往往造成脱沥青油收率降低，补救的方法是提高溶剂的溶解度。

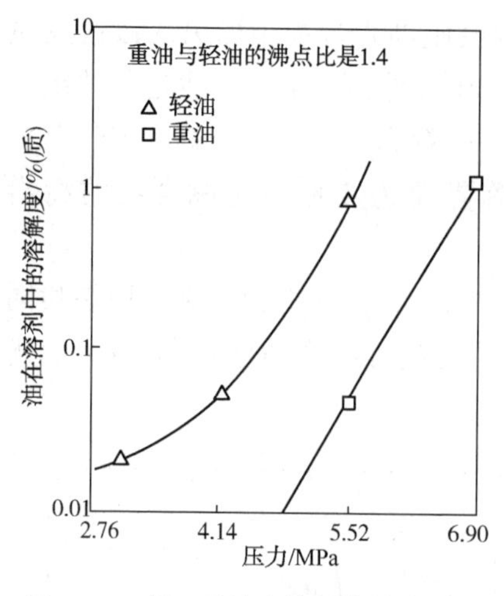

图 5-24　轻、重油在溶剂中的溶解度

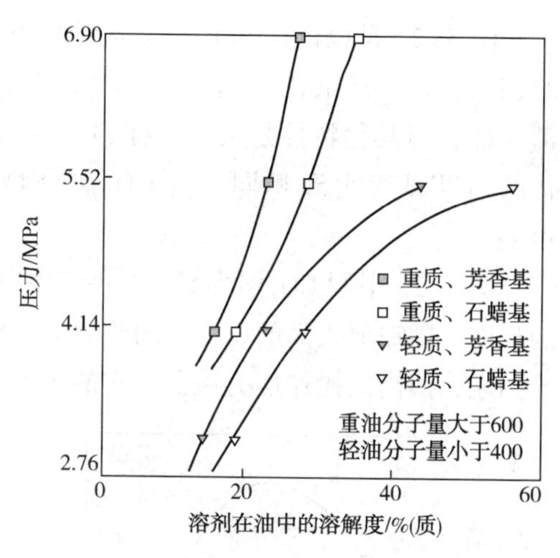

图 5-25　芳香度对超临界溶剂溶解度的影响

有时用单一的溶剂因受操作温度的限制，得不到预料的溶解度。在这种情况下，可在原有的溶剂中适量加入第二种溶剂，可称之为携带剂。该办法能使混合溶剂的临界温度发生变化，以满足操作的要求。例如，有一种要分离的混合物，由于热稳定性的要求，不允许温度超过 341K，那么最好能找到一种临界温度为 335K 左右的溶剂。这样的话，操作温度就可选择在临界温度附近以便得到令人满意的分离效果。但似乎难以找出一种单纯的溶剂能满足上述要求，因此可把临界温度为 304K 的 CO_2 和临界温度为 370K 的丙烷按适当比例混合而成为一种符合要求的溶剂。

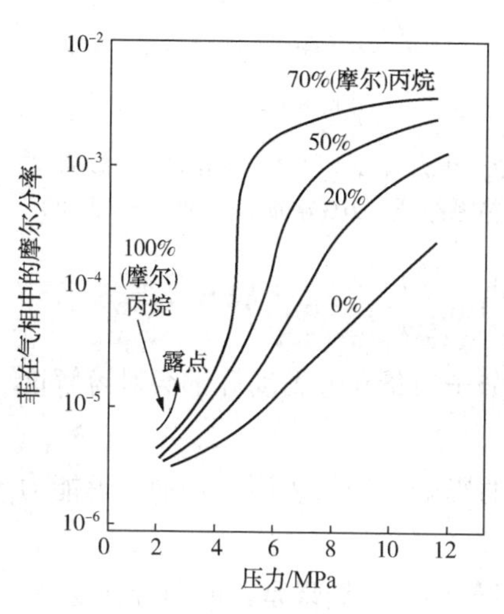

图 5-26　菲在 CO_2、丙烷及其混合物中的溶解度

使用混合溶剂的另一个优点是，两种溶剂混合后，由于分子间的作用力发生变化，会出现溶解度明显增大，有加和效应。图 5-26 是菲在 CO_2、丙烷及其混合物中的溶解特性。当丙烷在混合物中浓度增大时，菲在混合物中浓度增大，当丙烷小于 20%时，溶解度变化幅度减小。因此，可在溶解度变化大、压力小的区域内选择溶剂比进行抽提。

65　轻、重溶剂对减压渣油超临界流程有什么不同?

(1) 轻溶剂(如丙烷)超临界脱沥青。其流程图见图 5-27。它首先把渣油、丙烷加热至 100℃，压力维持在 10~11MPa(丙烷的临界温度为 97℃，临界压力为4.2MPa)，并以2：1~3：1(质)的溶剂比在混合器内混合，混合后的物料进到第一分离器，渣油中的沥青质和胶质首先分出。剩下的脱沥青油进入第二分离器，这时温度仍保持100℃，但压力降到4~6MPa时，溶剂丧失了对油的溶解力，油从溶剂中析出并沉降下来，同时溶剂得到再生，它经压缩机或泵增压至起始时的10MPa后再次循环使用。经测定，再生溶剂的数量占整个溶剂的90%以上，脱沥青油和沥青中的溶剂含量仅占总溶剂量的5%，这部分溶剂再经过蒸发，汽提和压缩后重复使用。该过程与常规的液体丙烷脱沥青相比，溶剂比可从5：1(质)降到2.5：1(质)，因此建设装置的投资也相应减少，能耗显著降低。

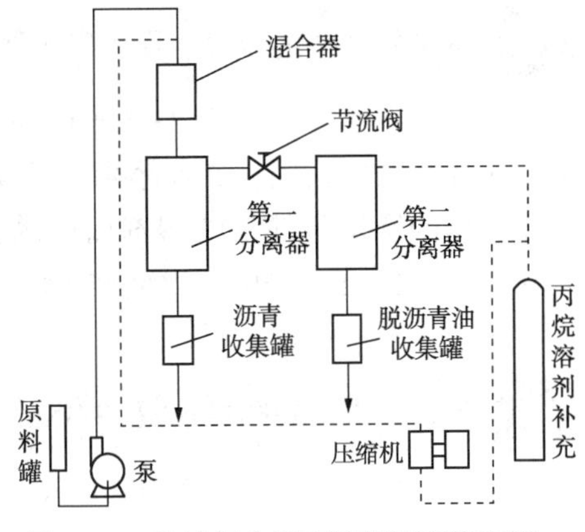

图5-27　渣油超临界丙烷脱沥青流程图

(2) 重溶剂(如丁烷、戊烷等)超临界脱沥青。在图5-27中，流程中没有压缩机，溶剂直接冷却循环使用。所用溶剂始终处在超临界状态下，但通过恒定压力、改变温度使溶剂的密度产生变化的方法来分离渣油中的沥青、胶质和脱沥青油，剩下的超临界溶剂当其密度小于0.2g/cm^{3}时，可以和脱沥青油实现较为完全的分离，达到循环使用的目的。

66 超临界抽提、常规抽提和减压蒸馏相比较有什么不同?

这三种方法的比较见表5-3。

表5-3　超临界抽提、常规抽提和减压蒸馏比较

项　目	减压蒸馏	常规丙烷脱沥青抽提	超临界丙烷脱沥青抽提
操作压力/MPa	—	3.5	14
操作温度/℃	385	79	162
原料干点/℃	571	571	587
减压渣油或沥青收率/%(对原料)	13.1	13.1	10.5
产品中重金属(Ni+V)/(mg/L)	2.2	2.5	0.2
产品的密度/(kg/m^3)	955.4	940.2	940.2
产品中残炭/%(质)	5.4	2.0	1.5

注：产品指的是减压馏分油和脱油沥青。

由表5-3可知，超临界法可从减压渣油得到金属含量和残炭很低的催化裂化原料，抽提温度高有利于热量的回收，但操作压力相对较高。

67 溶剂脱沥青的温度、压力等主要操作条件在什么范围内?

抽提溶剂通常可采用2~8个碳原子的烷烃，也可用其他溶剂，如乙烯，丙烯、丁烯、氯代烷烃、二氧化碳、氨和二氧化硫，以及上述这些溶剂的混合物。由于使用的操作条件是随溶剂而变的，因此抽提过程的操作范围是压力7.5~14MPa，温度120~150℃，接触时间15~40min。当采用塔式抽提时，塔内温差应保持在5.5~11℃。

68 为什么渣油超临界抽提(ROSE过程)可明显降低能耗?

Kerr-McGee公司在20世纪70年代开发的渣油脱沥青过程，称为ROSE(Residue Oil Supercritical Extraction)过程。它的主要特点是利用超临界流体的性质实现胶质的分离和溶剂回收，以代替常规的蒸发回收。根据脱沥青的体系和操作条件的变化，有85%~93%的抽提溶剂可以不经过蒸发且在不发生相变的情况下将溶剂冷却到合适的程度后便能循环使用。ROSE过程在节能方面有显著效果。节能的原因可用图5-28来解释。

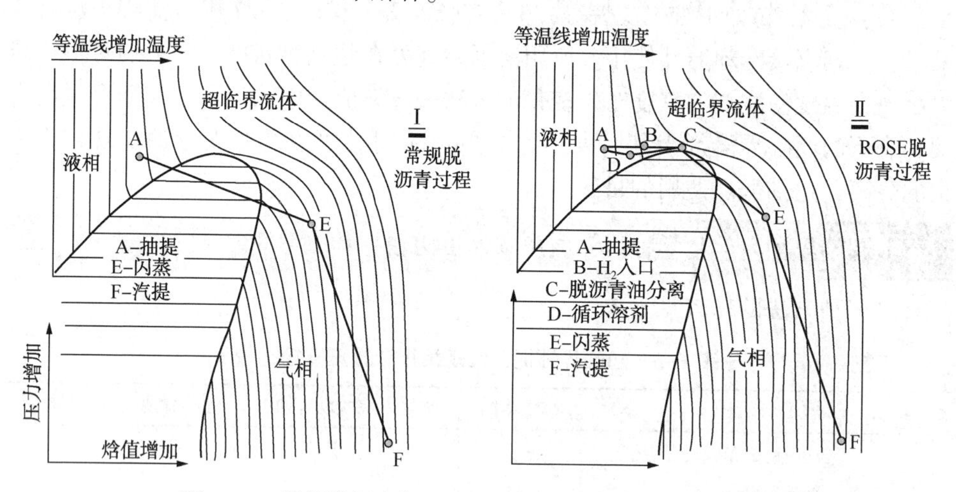

图5-28 常规脱沥青与ROSE过程中溶剂回收的焓值变化

图5-28中的Ⅰ和Ⅱ分别表示常规的液相脱沥青过程和ROSE脱沥青过程中溶剂随状态不同所引起的焓变情况。在常规脱沥青时，由于脱沥青溶剂离开分离器时是一种低温、高压的液体，含有一定数量的脱沥青油，以状态点A表示。随后把溶液加热至E点，使溶剂从溶液中蒸发出来以便循环使用。在E点时，实际上绝大部分溶剂都在这里蒸发了，只有极少量的溶剂需要在更高的温度和更低的压力下汽提。在ROSE过程中，抽提状态虽然与常规的方法相同，如图5-28Ⅱ中的A点。但在溶剂回收阶段，它不是直接加热汽化，而是把脱沥青油溶液继续升温，从状态A经B到达状态C点，接近溶剂的临界点。此时的溶剂基本上是

不含油的超临界流体，其量占溶剂总量的85%～93%，随后将不含油的溶剂经过换热降低温度从C经D回到状态A。对比结果表明，Ⅰ中从状态A到状态E的焓值差要比Ⅱ中状态A至状态C的焓值差大得多，也就意味着前者的溶剂回收消耗更多能量。经测定，ROSE过程在回收溶剂时所需的能耗只是单效蒸发的34%、双效蒸发的60%。

69 丙烷的溶剂脱沥青过程与丁烷的溶剂脱沥青过程有什么区别?

二者的区别主要是由溶剂的不同而产生的，具体表现在：

（1）操作条件不同：丙烷溶剂脱沥青抽提温度较低，操作压力较低，溶剂比较大。

（2）对产品的影响不同：丙烷溶剂脱沥青，由于其溶剂的选择性较好，脱沥青油的质量较好，但收率较低。

（3）生产工艺的不同：在超临界抽提中，丙烷溶剂脱油沥青在溶剂的回收方面复杂，如要用压缩机来压缩从闪蒸、汽提回收的丙烷溶剂；而丁烷脱沥青则不需要压缩机系统，而靠冷却即可对闪蒸、汽提溶剂进行回收利用。

70 在近临界状态下常规方法计算溶剂-渣油体系物理和热力学性质为啥存在较大误差?

（1）计算溶剂和渣油组分在临界状态附近的物理性质不准确。在临界状态附近常会出现反常现象，而且对外界条件变化反应非常敏感。

（2）混合规律不适于轻烃-渣油物系。例如，沥青-溶剂混合物的黏度计算、工艺模拟和API计算都是按混合规律计算的，其结果与工业生产实际数据相差很大。

（3）计算石油馏分性质的综合关联式不适用于计算脱沥青油和沥青的性质。例如，用工业模拟程序计算的溶剂密度-温度关系存在不连续点，有较大的误差。

71 超临界抽提技术和超临界溶剂回收技术有什么共同点?

（1）超临界抽提和超临界溶剂回收技术的温度区间都在临界温度附近。

（2）超临界溶剂对溶质溶解能力为密度的函数，通过改变溶剂密度可以选择性地溶解不同的溶质组分。

（3）溶剂回收过程是通过恒温降压、恒压加热或同时改变温度、压力，在溶剂不发生相变的情况下，把溶剂从溶液中分离出来。

（4）超临界溶剂的黏度低、扩散系数高，有得利于传质。

72 脱沥青装置对原料有什么要求?

原料较轻，要通过增大溶剂比或降低抽提温度来弥补；原料较重，要通过减小溶剂比或提高抽提温度来弥补。当脱油沥青用来生产沥青或作为调和组分时，希望用较重的减压渣油。某丁烷脱沥青装置对原料的要求见表5-4。

表5-4 脱沥青装置对原料要求表

项目	原料名称
	减压渣油
初馏点/℃	≮400
密度ρ_4^{20}/(kg/m³)	>950
500℃含量/%	≯10

73 原料质量变化对产品质量有何影响？

减压渣油黏度低，油质较轻，沥青收率低，会使沥青针入度小于质量指标，应控制好萃取塔温度梯度，适当降低溶剂比和提高进料温度；减压渣油黏度高，油质较重，沥青收率高，会使沥青针入度大于质量指标，应控制好萃取塔温度梯度，适当提高溶剂比和降低进料温度。

74 如何控制溶剂脱沥青装置的抽提温度？

(1) 主温控调节。主温控调节是控制抽提器操作温度、调节抽出物收率的重要手段。此温度控制是通过调节溶剂(主溶剂和稀释溶剂)的温度来实现的，主温控与溶剂总管的温控构成一个主副参数串级调节系统，当溶剂温度发生变化或原料温度发生变化时，该控制系统实施其自动调节过程。

(2) 副温控调节。抽提器下部是沥青相进行单独抽提的场所，进一步提取沥青相中的轻组分。在控制一定量的副溶剂之外，选择适当的温度也是极其重要的。由于改变温度可以改变溶剂的溶解度，故此调节副溶剂的温度作为控制沥青质量(特别是软化点)的补充手段，是十分重要的调节方法。

75 胶质沉降器进料温度是如何控制的？

(1) 进料温控。进料温控用来控制胶质沉降器的操作温度。抽提器顶抽出物经过换热升温，降低溶剂的溶解度，使胶质在沉降器中沉降析出。因此，进料温度是调节脱沥青油收率和质量的关键因素。此温度的控制是通过调节抽出物与高压溶剂换热的冷、热路流量换热，以保证胶质沉降器操作的必要温度。

(2) 副溶剂温控。胶质沉降器下部是胶质进行抽提的场所，在控制一定量的副溶剂以达到下部抽提所必需的溶剂比之外，选择适宜的温度是控制胶质质量的必要手段。

76 怎样调节溶剂脱油沥青的超临界温度？

溶剂分离器的温度是在临界条件下操作的，它的大小直接影响溶剂的回收效果。此温度的控制是通过以进料温控为主控回路，以炉出口温控和加热炉瓦斯压控为副回路的串级调节系统的自动控制来实现的。进料温度发生变化、炉出口温度发生变化及瓦斯压力发生变化，均可分别同时实现其自动调节过程，以保证超临界回收所必需的温度。

77 抽提压力、超临界回收压力、沥青加热炉压力对操作各有什么影响？

抽提器的操作压力要大于溶剂在操作温度下的饱和蒸汽压。保证溶剂不汽化，抽提过程处于液-液相操作。若抽提器压力突然下降到操作温度下溶剂的饱和蒸汽压，其增压泵的介质就会出现大量汽化而导致泵抽空，使正常生产无法保证。因此，抽提部分压力必须稳定地控制在溶剂的操作温度饱和蒸汽压力以上，以保证液-液相抽提，其压力控制与其顶部脱沥青油溶液流量进行串级调节。

超临界分离器压力控制的目的，不仅是要创造一个稳定的超临界回收条件，而且要保证在此回收的溶剂能够顺利地循环回抽提。所以稳定了分离器的压力，就稳定了溶剂比。其压力控制方法是通过增大或减少补充溶剂量来调节的。

对加热炉的压力控制，提出了很高的要求。因为过低的操作压力，可能导致沥青相以及胶质相中的溶剂过早地汽化、分层。使沥青及胶质相的黏度大幅度上升，造成炉管结焦。为此，炉子的操作压力要保持在设计值以上。

78 丙烷脱沥青生产的主要工艺条件是什么？

某丙烷脱沥青装置的主要操作参数见表5-5。

表5-5 丙烷脱沥青装置主要工艺条件

项目名称	单位	设计指标	控制指标	备注
萃取塔顶温度	℃	—	50~60	
萃取塔底温度	℃	—	33~38	
原料入塔温度	℃	—	100~120	关键
溶剂入塔温度	℃	—	30~35	关键
溶剂比		6∶1	4.2~4.5∶1	体积比
临界塔顶温度	℃	—	98~102	
临界塔压力	MPa	4.2	3.4	
炉出口温度	℃	230	220~240	
油浆掺炼比	%	—	5~10	
溶剂丁烷含量	%	—	0~5	关键
沥青收率	%	—	53~56	
消泡剂注入量	μg/g	—	3~8	

79 丁烷脱沥青装置主要工艺指标如何？

某丁烷脱沥青装置的主要操作见表5-6。

表5-6 丁烷脱沥青装置主要工艺条件

设备	操作参数	设计值	实际控制值
抽提器	温度/℃	110~129	105~135
	压力/MPa	4.2~4.4	3.6~3.8
沉降器	压力/MPa	4.2~4.2	3.5~3.9
	温度/℃	135~152	115~145
分离器	温度/℃	233~235	234~236
	压力/MPa	5.0~5.2	4.5~4.7
	液位/%	40~60	40~60
汽提塔	压力，MPa	0.55~0.65	0.55~0.65
沥青溶液加热炉	温度/℃	314~316	305~310
	压力/MPa	3.4~3.6	2.4~2.8
脱沥青油溶液加热炉	压力/MPa	5.2~5.4	4.4~4.8
	温度/℃	294~296	232~236

80 丁烷脱油沥青除用于沥青调和外还有哪些主要用途？

丁烷脱油沥青是以减压渣油为原料，经过丁烷溶剂抽提后得到的一种以沥青质和胶质为主的硬质沥青，其软化点随着溶剂比和抽提温度的不同而变化。丁烷脱油沥青可与其他组分调和生产道路沥青或建筑沥青，此外，还有以下几个方面的用途。

（1）铸造用沥青粉。我国小型铸铁件铸造过程现主要使用槽模砂，其砂型制作过程为将砂子、煤粉和黏土按比例混合机制成型。配料中所加煤粉的粒度一般为200目。在浇铸过程中，煤粉可在高温下分解形成一层保护性气体膜，并生成一种类似于石墨的光亮炭，防止铸件粘砂，提高铸件的光亮度。但主要缺点是其亮碳值较低(4~5)，加入量大，灰分较多。而硬沥青的亮碳值可高达30左右，加入一份沥青粉相当于加入六份煤粉。因此，硬沥青粉可以显著地降低型砂中的灰分含量，且其防粘砂性优于煤粉。故硬沥青粉可作为铸造行业煤粉的代用品。

（2）铸造用乳化沥青黏结剂。硬沥青在受热时熔化，在较高的温度下可发生氧化聚合反应，冷却后又变为固态。故其受热硬化过程是不完全可逆的。用沥青作黏结剂的芯砂出砂性好，在高温时其放出的气体有防粘砂作用，铸出的铸件表面光洁。同时，芯砂强度下降较慢，因此适于机床铸造等较大型铸件的型芯。

乳化沥青的硬化机理实质上是由小分子向大分子转化的过程，其转化顺序为油质→胶质→沥青质→碳青质→半焦油质。在一定温度下烘干芯砂时，沥青分子活动加剧，并在氧的作用下进行氧化聚合脱氢反应，相对分子质量会逐渐增大，从胶体转变为半固体及固体，从而使芯砂获得强度。

乳化沥青砂的比强度一般为0.2~0.3MPa·1%，加入黏土后可以获得较高的湿强度(0.01~0.03MPa)。乳化沥青砂的最佳烘干温度为250~270℃。

用乳化沥青作为黏合剂时，芯砂制作和修型都很方便，特别是出砂性良好，很适合于水爆清砂。其主要缺点是，芯砂干强度不很高，浇铸时烟雾较大，劳动条件差，配料工序多，不便机械化。

(3) 铸造型砂溃散沥青。大型型砂是由水玻璃和砂按一定比例配制后成型固化而得到的。然而，水玻璃在浇铸过程中易被熔化，冷却后和砂子结成坚硬的块状物，使砂芯难以清除。在型砂配料中加入一定量的沥青溃散剂，由于沥青有溃散作用，冷却后，水玻璃的黏砂性降低，便于清除砂芯。溃散沥青的性能要求软化点应高，针入度应小，且能被粉碎、过筛、成粉。

(4) 油漆沥青。油漆沥青是调制沥青漆的主要原料。沥青漆的特点是耐水、耐酸碱及化学品，防腐性能好，绝缘性好，价廉易得，施工方便，故仍在油漆工业占有一定的位置。近年来，由于合成树脂行业的冲击，油漆沥青销路不畅。烘漆沥青是油漆沥青的一个特殊品种，其质量要求高，颜色纯正，有光泽，软化点高，针入度低，含蜡含油少，油溶性好。硬沥青进行适当改性后，可以作为油漆沥青的代用品。

(5) 沥青类钻井液处理剂。沥青类钻井液处理剂是国内外现代钻井工程不可缺少的重要剂种，它具有良好的防塌、润滑、乳化、降低滤失和高温稳定等综合效能。国外钻井用沥青类产品包括磺化沥青、羟烷基化沥青、阳离子沥青、乳化沥青、氧化沥青及其中一种或几种与表面活性剂、腐殖酸类辅料配成的沥青掺和物等。

(6) 固体燃料。硬沥青经适当粉碎后，可直接作为燃料燃烧。日本一些公司已利用性质极差的尤里卡沥青(一种硬沥青)作为锅炉燃料。富士石油有限公司曾将粉末沥青用作锅炉燃料，锅炉操作稳定，运行良好。对于锅炉只需改进燃烧器，增加硬沥青粉碎系统和烟道气脱硫系统即可。

(7) 沥青水浆燃料。北京石油化工科学研究院以中原减压渣油经丁烷脱沥青得到软化点大于150℃的硬沥青为原料，制成了沥青-水浆燃料。该沥青-水浆燃料具有黏度低、流动性好、储存稳定、燃烧稳定、热值高、灰分低和便于组织燃烧等特点。北京石油化工科学研究院等单位研制的沥青-水浆燃料在广州石化总厂储运分厂中转车间的10t/h的蒸汽炉上进行了60h的燃烧试验。试验表明，该燃料能长期稳定燃烧，火焰明亮，烟气符合排放标准，可作为重油代用燃料。

（8）黏结材料。硬沥青除用作冶金焦的黏合剂和铸造用乳化沥青黏结剂之外，还可用来制取用作木材或赛璐珞材料生产隔音板的黏合剂。硬沥青和含离子键的弹性材料一起可以制成用作屋面防水涂层的压敏沥青黏性制品。

（9）印刷油墨。利用硬沥青生产印刷油墨，其中包括非油基印刷油墨、报纸用活版印刷油墨、非油基报纸胶版印刷油墨、低黏度金属版印刷油墨和纸面凹版印刷油墨等。

（10）用硬沥青造气。日本宇部公司氮素厂以石油硬沥青等作为造气原料进行了4项气化实验，实验结果表明：当压力(表压)为2.35~2.45MPa、温度为1100~1500℃、沥青水浆料液浓度为60.7%~66.5%(质)时，沥青转化率为88%~97%，冷煤气收率为64%~67%。

81 脱油沥青的针入度小于质量指标怎样调节？

（1）适当提高萃取塔进料温度。丙烷、丁烷选择性好，溶解度下降，沥青收率提高，沥青针入度相应升高。

（2）适当降低溶剂比。随着溶剂比的降低，一部分非理想组分回到脱油沥青中，沥青收率提高，沥青针入度相应升高。

（3）适当降低溶剂中的丁烷含量。随着丁烷含量的降低，一部分非理想组分回到脱油沥青中，沥青收率提高，沥青针入度相应升高。

（4）在掺炼比5%~12%范围内适当提高油浆掺炼比。随着油浆掺炼比的提高，混合原料黏度下降，沥青收率保持不变时，沥青针入度相应升高。

82 脱油沥青的针入度大于质量指标怎样调节？

（1）适当降低萃取塔进料温度。丙烷、丁烷选择性差，溶解度上升，沥青收率降低，沥青针入度相应降低。

（2）适当提高溶剂比。随着溶剂比的提高，一部分非理想组分进入脱沥青油中，沥青收率降低，沥青针入度相应降低。

（3）适当提高溶剂中的丁烷含量。随着丁烷含量的提高，一部分非理想组分进入脱沥青油中，沥青收率降低，沥青针入度相应降低。

（4）当原料掺炼部分催化油浆时，油浆掺炼比降低，混合原料黏度上升，沥青收率保持不变，沥青针入度相应降低。

83 脱油沥青通常能满足质量要求吗？可采取什么措施获得高品质的道路沥青？

丙烷脱沥青产品软化点相对较低，针入度和蜡含量相对偏高；丁烷脱沥青产品软化点相对偏高，针入度和延度偏低。因此，无论是丙烷脱沥青还是丁烷脱沥青，一般均不符合道路沥青的标准要求(特别是丁烷脱沥青产品)。

脱油沥青通常作为沥青调和硬组分原料，通过沥青调和技术，沥青产品质量明显提高，可得到符合标准要求的高品质沥青，如重交道路沥青、A 级道路沥青等。

随着市场对低针入度沥青的需求增长及对低标号沥青产品标准的进一步修订完善，脱油沥青生产各种低标号硬质沥青优势越来越明显。

第六章　沥青调和生产技术

1 什么叫沥青的“哑铃调和法”?

1979 年，L. W. Corbett 以戊烷为溶剂将沥青分成四个组分——饱和分(S)、芳香分(A)、胶质(R)和沥青质(At)，然后将这些组分每两个一组进行重新混合，考察每一种组分对沥青性质的影响，这就是著名的“哑铃调和法”。

Corbett 研究认为：饱和分和芳香分的针入度极大，软化点很低，是沥青的软组分，起塑化作用；而胶质与沥青质的针入度很小，软化点很高，是沥青的硬组分，在沥青中起稠化作用；饱和分对沥青的温度感受性起到不良作用；芳香分可以促进沥青物理性质的改善；胶质对沥青的温度感受性也会产生不良影响，但它可以提高沥青的延度并改善沥青质的分散程度；沥青质不是一个非常重要的组分，但可以大大改善沥青的感温性能，保持沥青在高温下的黏度，因而它是沥青中希望的组分。基于这种观点，Corbett 认为，戊烷脱沥青所得到的富含沥青质的脱油沥青与富含芳香分的脱沥青油进行调和，将可生产出最优质的、比蒸馏法所生产的沥青要好得多的道路沥青。“哑铃调和法”为以后的沥青调和奠定了理论基础，已被广泛采用。

2 用调和法生产沥青具有哪些优点?

(1) 生产高品质的石油沥青。沥青调和的主要理论依据是按照沥青中四个不同的组分(饱和分、芳香分、胶质和沥青质)对沥青性质的贡献，通过调和工艺使原来四组分匹配不好的沥青转化为四组分匹配更合理的胶体体系，大幅提高沥青的品质。

(2) 可以扩大生产沥青的油源。随着经济的快速发展和技术的进步，对沥青的质量要求越来越高，品种需求越来越多，以往采用的单一油源常减压蒸馏工艺，很难满足不同品质沥青的生产要求。采用不同油源生产的沥青组分进行调和，可以较容易地生产不同品质的沥青产品，显著地扩大沥青生产的油源范围。

(3) 优化炼油装置原料和产品。沥青是炼油过程中的残渣之一。用调和法生产沥青产品时，可以通过不同工艺之间的组合，优化二次加工装置的原料性质和产品品质，实现低附加值组分的合理利用。例如：催化油浆可通过减压蒸馏分为轻、重两组分，轻油浆可作为催化裂化、延迟焦化或蜡油加氢装置的原料，重油浆可作为沥青调和组分；高硫减压渣油作为延迟焦化装置的原料时，轻油收率和产品质量均较差，同时严重威胁装置的安全，而高硫减压渣油对调和沥青非常有利，可作为高品质沥青的调和组分。

(4) 提高沥青生产的灵活性。当单独采用常减压蒸馏或溶剂脱沥青等工艺不能生产合格的沥青时，可考虑用调和法，通过多组分调和来生产沥青产品，提高沥青生产的灵活性。

3 沥青调和的主要理论依据是什么?

沥青调和的主要理论依据是按照四个不同的组分(饱和分、芳香分、胶质和沥青质)对沥青性质的贡献进行的。

(1) 饱和分是沥青的软化剂，其增塑性强于芳香分，但饱和分含量不能过高，饱和分过多，会使沥青中分散介质的芳香度降低，不能形成稳定的胶体分散体系，一般保持在13%~31%较为合适。

(2) 芳香分也是沥青的软化剂，可以提高沥青中分散介质的芳香度，使胶体体系易于稳定，芳香分合适的含量为32%~60%。

(3) 胶质具有良好的塑性和黏附性，能够对沥青质起到很好的胶溶作用。胶质可以大大提高沥青的延度，但对感温性不利，其较好的比例范围为19%~39%。

(4) 沥青质存在可以改善沥青的高温性能，但沥青质含量过多，会使沥青的延度大大减小，易于脆裂，其较理想的含量一般为6%~15%。

(5) 蜡是沥青的有害组分，它的存在会使沥青的流变性、黏附性和热稳定性变差，造成高温流淌、低温脆裂。蜡含量不应大于3%。

虽然沥青调和的依据是各组分对沥青性质的贡献，但必须注意，一些调和沥青的四组分数据相近，物理性质却差异很大。因此，调和沥青的性质与各组分比例之间并非简单的线性加和关系，而与形成的胶体结构有关，沥青的调和比例必须通过试验来确定。

4 调和沥青的硬组分和软组分主要有哪些?

调和沥青的硬组分主要包括溶剂脱沥青工艺生产的脱油硬沥青、减压渣油深拔得到的沥青、减压渣油经氧化或半氧化后得到的沥青等。

调和沥青的软组分主要包括常压渣油、减压渣油或石化产品加工过程中得到的富芳组分(如催化裂化油浆、润滑油精制抽出油、乙烯裂解尾油以及废机油等)。其中应用较多的软组分是减压渣油、催化油浆和润滑油精制抽出油等。

5 沥青调和过程中应注意哪些问题？

（1）组分匹配。不同油源和不同加工工艺所得到的沥青调和组分，其化学组成差别很大，在调和沥青时，一定要对调和组分的物理性质和化学组分进行详细分析，通过小调试验找到各组分对调和沥青性质的影响规律，选出各组分间的最理想的掺兑比例，以实现软、硬组分间的优势互补。

（2）相对分子质量分布。尽可能保持调和组分的相对分子质量分布均衡是生产优质调和沥青的前提和基础。如果软、硬调和组分之间的相对分子质量分布出现较大的断层，那么沥青的胶体结构可能不稳定，薄膜烘箱后针入度比和质量损失等指标不够理想。

（3）保持调和组分的性质稳定。沥青调和属于工业化生产，由于受到原油资源及工艺条件波动的影响，沥青调和组分的性质往往会出现较大的波动，这样会造成调和沥青的质量不稳定。因此，沥青生产过程中一定要稳定油源及工艺条件，并对调和过程进行跟踪监测。

（4）调和温度。调和温度对沥青的性质有着显著影响。温度过低，调和组分的黏度大，不易分散均匀；温度过高，易造成沥青热老化。一般调和温度保持在120~150℃较为合适。

（5）混合强度。沥青调和组分的黏度较高，在线调和时易出现层流现象而影响调和的均匀度。因此，在线调和时最好选用静态混合器，同时在沥青储罐上安装搅拌设施，这样有利于消除因调和不匀带来的二次调和问题。

6 直馏沥青调和有什么规律？

大量的研究发现，对于同一种油源，按同一种工艺生产的直馏沥青软、硬组分，调和沥青的软化点和针入度的对数是调和比及组分的软化点和针入度对数的线性函数。调和沥青的针入度公式可表述为：

$$\lg P=\alpha\lg A+(1-\alpha)\lg B \tag{6-1}$$

式中 P——调和沥青的针入度，dmm；

A、B——指软、硬组分的针入度，dmm；

α——调和比，即 A 组分在调和沥青中的质量分数，%。

对于同基属的不同原油，采用相同或相似生产工艺得到的两种沥青进行调和，调和沥青的针入度可按式(6-2)计算：

$$P=0.94[\alpha A+(1-\alpha)B] \tag{6-2}$$

7 从生产方式划分沥青调和工艺有哪些？

（1）调和罐。工业生产中最简单的调和工艺是调和罐，其流程示意图见

图 6-1。将 110~150℃的沥青调和组分准确计量，分别打入调和罐中，罐内设蒸汽或导热油盘管，用泵将沥青组分抽出进行罐外循环，以达到搅拌、调和的目的。也可以在罐壁上安装搅拌器进行罐内搅拌。为了达到均匀调和的目的，调和罐法一般需要保持较高的温度和较长的搅拌时间。由于热和氧的作用会导致沥青的流变性能受到一定程度的损失，同时增加动力消耗，为了避免沥青老化，可在调和时在其罐顶部充氮气，减少罐顶部表面沥青与空气的接触，从而降低沥青氧化。

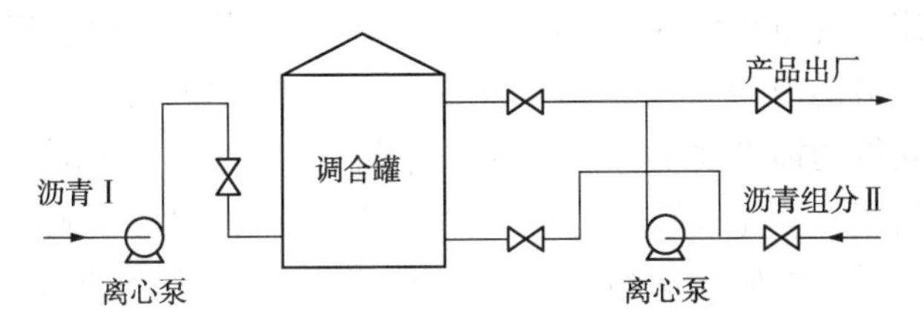

图 6-1　罐式调和的流程示意图

(2) 在线调和。将沥青调和组分按预定的调和比例泵送到混合器中，经混合后连续得到调和产品，通过控制各调和组分流量和质量指标，对产品质量进行自动控制。在线调和关键设备是调和组分的计量设施、静态混合器或混合阀。为了确保调和沥青产品质量稳定，工业生产上往往将在线调和与调和罐结合使用，这样可以降低对在线设备仪表的精度要求，使沥青调和更加便捷、实用。

8　从调和沥青原料划分调和沥青的工艺有哪些方式?

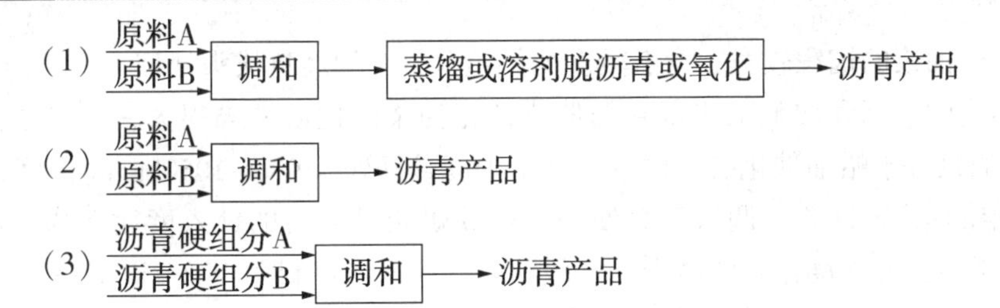

9　沥青调和中常见的原料组合类型有哪些?

(1)溶剂脱油沥青与减压渣油的调和；(2)氧化沥青与减压渣油的调和；(3)氧化沥青与溶剂脱油沥青的调和；(4)抽出油与溶剂脱沥青的调和；(5)抽出油与氧化沥青的调和；(6)催化油浆与溶剂脱沥青的调和；(7)催化油浆与氧化沥青的调和；(8)两种不同针入度的沥青调和；(9)含有少量聚合物的母液与减压渣油的调和；(10)沥青与沥青颗粒的调和；(11)多种沥青组分的调和。

10　用润滑油精制抽出油调和沥青时应注意哪些问题?

润滑油精制抽出油是润滑油基础油经溶剂(如糠醛、苯酚、甲基比咯烷酮等）抽提后得到的非理想组分，其中含有杂环化合物、芳烃、胶质和沥青质。实践证明，润滑油精制抽出油是沥青调和的有效软组分。润滑油精制抽出油的主要组分是芳香分，但是不同原油及不同馏分得到的抽出油性质差异很大，因此，在选用抽出油时应注意以下两点：

（1）应尽量选用重质润滑油馏分的精制抽出油。润滑油馏分越重，其平均相对分子质量与沥青组分越接近，调和沥青的高温性能越好。

（2）应选用蜡含量较低的抽出油。润滑油生产工艺有正序和反序两种。正序工艺为原油减压蒸馏所得减压直馏蜡油→糠醛精制→酮苯脱蜡，即先精制后脱蜡。正序工艺获得的抽出油蜡含量高，凝点偏高。反序工艺为减压直馏蜡油→酮苯脱蜡→糠醛精制，即先脱蜡后精制。反序工艺糠醛抽出油中固态正构烷烃即石蜡含量少，凝点低，方便运输和使用。因此，以抽出油作为沥青调和软组分时，应选用蜡含量低的反序工艺生产的抽出油。

11 催化裂化油浆作为沥青调和的软组分有哪些优缺点？

（1）优点。催化裂化油浆是由饱和分、芳香分、胶质和少量沥青质组成的，其中芳香分含量一般可达到60%~70%。催化裂化油浆中的重芳烃组分是优良的沥青调和软组分，用富含芳香分的催化油浆作为沥青调和组分，可以弥补硬沥青中芳香分与胶质的不足，改善沥青的胶体结构，特别是对沥青的延度有明显的改善作用，提高沥青的品质。

（2）缺点。

① 催化油浆的馏程较宽，含有较多的轻组分，必须经过拔头处理；

② 不同的油源和加工工艺得到的催化裂化油浆的性质差异很大，一般重油催化裂化油浆好于蜡油催化裂化油浆，油浆密度最好处于980~1050kg/m^3区间；

③ 油浆热稳定性差，调入后会使沥青薄膜烘箱试验后的针入度比下降，油浆调入量越多，针入度比降幅越大，一般油浆调入量应控制在45m%以下；

④ 催化油浆中含有催化剂粉末，会造成设备磨损，同时也增加了沥青中的固体不溶物。

12 用富含芳烃的馏分作为沥青改质组分的生产工艺主要有哪些？

（1）催化油浆改质工艺。催化油浆是一种富含芳烃的炼厂副产品，除含有一定量的饱和烃及低缩合芳烃外，还含有大量难以裂化的高缩合极性芳烃，是较好沥青的调和组分。严格地说，催化油浆改质沥青工艺可分为三种：用油浆与脱油沥青直接调和沥青产品，可称为冷改质法；（油浆+减压渣油）经溶剂脱沥青后直接获得沥青产品，称为热改质法；（油浆+常压渣油）经减压深拔生产沥青，即强化蒸馏法。

① 冷改质法。催化油浆一般含有较多的轻馏分，若不经处理直接与基础沥青调和，则可能导致调和沥青的闪点和薄膜烘箱试验后质量变化不合格。此外，催化油浆中的轻馏分对沥青的针入度和软化点影响过于敏感，使操作难以控制。冷改质法通常是对催化油浆进行拔头处理后，将重馏分作为调和组分，该工艺过程的特点是简单易行，操作费用较低。但是，油浆拔头过程只能除去小分子饱和烃与芳烃，而对于沥青性能影响很大的大分子蜡却无法控制，因此冷改质法不适用于对高含蜡渣油脱油沥青进行改质。

油浆的切割温度(拔头程度)对调和沥青的质量影响很大。在实际操作中，过高或过低的油浆切割温度均不利于沥青调和。切割温度过低，调和沥青的针入度曲线变化过于剧烈，在实际生产中不易控制沥青针入度的稳定性；切割温度过高，调和沥青的针入度曲线开始变化较快，但随着油浆调入比例增加，针入度上升趋于缓和。实际生产中将油浆切割温度控制在400~430℃，闪点>250℃，运动黏度>50mm^2/s较为合适。

冷改质法多采用调和罐或静态混合器进行沥青调和。对于重溶剂脱沥青过程得到的脱油沥青，由于其软化点较高，黏度较大，沥青质胶溶分散状态差，对调和工艺条件的要求也更为苛刻。

② 热改质法。热改质法是基于催化油浆的性质和溶剂脱沥青过程的特点，将油浆和减压渣油按一定比例混合后作为溶剂脱沥青过程的进料。该工艺具有两个优点：其一，掺入油浆降低了渣油的黏度，有利于两相之间的传质，提高了脱沥青过程的抽提效率；其二，可将油浆中的烷烃和低缩合芳烃抽提到脱沥青油中，改善脱沥青油的收率和性质。混合原料的溶剂脱沥青过程能够有效地脱除原料中的蜡分，而将高缩合芳烃和胶质留在脱油沥青中，使脱油沥青的性质大为改善。热改质法是目前研究和应用最广泛的一种脱油沥青改质方法。

③ 强化蒸馏法。渣油(沥青)是以沥青质为中心，依次吸附胶质、芳香分、饱和分形成的分散体系。在此体系中，吸附了部分胶质的沥青质为分散相，而油分(芳香分和饱和分)为分散介质。当渣油中加入部分极性更强的芳烃后，其中沥青质、胶质对它们的吸附溶解趋势大于原渣油中的小分子芳香分与饱和分，由此削弱了小分子芳香分与饱和分所受的超分子结构引力场的影响，在蒸馏时，使这些分子更容易脱离原体系。这种分散体系的极限状态不但与添加物的性质和浓度有关，还与原体系各组分的性质有关。基于这个原理，强化蒸馏技术以富含芳烃的催化油浆作为强化剂加入渣油中，通过蒸馏处理，改善沥青的化学组成及组分间的配伍性，降低其中的蜡含量。

渣油(沥青)掺兑催化油浆进行强化蒸馏时，油浆中的大部分饱和烃和部分芳烃与渣油(沥青)中的部分非理想组分一起被蒸出而作为二次加工原料，沥青质、胶质及大部分重质芳烃仍保留在残余油中，使其组成和性质发生相应的变化。通过选择合适的原料、配比和蒸馏条件，可使残余组分具有合理的组成和结构。

强化蒸馏技术具有一次性投资少、容易实现等特点。但是，蒸馏法毕竟是一种简单的分离过程，产品质量受原料性质的影响较大，因此只适用于对基础沥青改性幅度要求不大的厂家。

(2) 糠醛(酚)精制抽出油改质工艺。糠醛(酚)精制抽出油是润滑油加工过程中的副产品，其主要组分为芳香分。与催化油浆相比，抽出油的饱和分含量较低，芳香分含量明显较高，是脱油沥青的理想调和组分。因此糠醛(酚)精制抽出油改质工艺要比催化裂化油浆改质工艺简单得多，只需与脱油沥青进行简单的调和即可生产出不同档次和牌号的道路沥青产品。

13 沥青在线调和对设备有什么要求?

沥青在线调和需要做好两方面工作：一是实现不同沥青组分(如软、硬调和组分)间的均匀混合，二是完成各调和组分的独立计量。沥青在线调和最常用的混合设备是静态混合器，可以在较低的流速下达到湍流状态，对沥青的混合有较高的强化作用。另一个关键设备是在线计量设备，其准确与否对调和沥青质量影响显著。沥青(尤其是硬质沥青)属于高黏物质，需要在较高的温度下进行计量，因此对计量设备的要求较为苛刻。

目前广泛采用的在线计量设备主要有质量流量计和体积流量计两类，其中质量流量计计量准确、精度高，但价格高；体积流量计计量误差大，但价格低。如果采用单一的在线调和工艺生产沥青产品，建议采用质量流量计。若采用在线调和与调和罐相结合的生产工艺，可考虑采用体积流量计计量。

14 静态混合器的工作原理是什么?

静态混合器没有运动部件，但具有独特性能的搅拌混合机构。它依靠设备的特殊结构和流体的运动，使液体各自分散，彼此混合起来达到良好的混合效果。当流体通过静态混合器时，混合元件使物流时而左旋，时而右旋，不断改变流动的方向，不但将中心的液体推向周边，而且将周边的流体推向中心，从而获得良好的径向混合效果，管内无死区也无短路现象。与此同时，在相邻元件连接处的界面上，流体也会发生自旋。这种完善的径向环流混合作用，使流体自管子横截面上的温度梯度、速度梯度和质量梯度明显降低，从而获得良好的两相流体的混合效果。

15 静态混合器与动态混合设备相比有什么优点?

静态混合器与动态混合设备相比的优点是：流程简单、结构紧凑、投资少、能耗省、生产能力大、操作成本低且易于实现连续混合过程等，它是沥青调和优先选用的一种强化设备。

16 调和罐的加热和搅拌设施是如何设置的?

（1）小型调和罐。容积一般小于 $50m^3$，常用于小型沥青厂或改性沥青生产过程中。小型调和罐搅拌器可设计为顶部搅拌器，转速通常小于100r/min；沥青的加热设施通常采用夹套式或盘管式，加热介质多为导热油，可快速加热沥青至调和温度。

（2）大型调和罐。容积一般大于 $1000m^3$，常用于大型的沥青生产和储存企业。大型调和罐的搅拌设施可以采用成对设置在罐壁搅拌器，转速300~500r/min；也可以采用罐内喷射式的混合器。沥青的加热设施一般采用加热盘管，盘管可分区分层设置；加热介质通常为1.0MPa的过热蒸汽，加热升温速度较慢，调和时间较长。

（3）中小型调和罐。其容积介于小型和大型调和罐之间，混合方式可采用罐外循环或罐内喷射式。加热设施宜采用盘管式加热。

17 选择沥青调和组分的原则是什么?

（1）明确调和沥青的目标产品及质量标准。

（2）掌握各调和组分的组成和质量特性。

（3）不同组分的关键指标要有互补性，如某一组分的蜡含量高，则其他组分的蜡含量要低。

（4）软、硬组分要有稳定的连续资源供应。

（5）不同调和组分预期的调和四组分分布应该合理，有利于形成稳定的胶体结构。

18 沥青调和比例是怎样确定的?

沥青的调和比例可以采用对数调和公式初步确定各组分的调和比例范围，然后通过试验确定最终的调和比例。在确定沥青调和原料之后，将不同原料按一定比例和数量加入试验容器中，在一定温度下搅拌均匀、检测分析，结果达到目标值时即可确定沥青调和比例。如果检测结果未达到目标产品质量要求，则需要重新调制沥青样品，直到满足要求为止。

19 实验室沥青调和试验对沥青工业化生产有哪些指导作用?

（1）实验室得到的调和比例可以指导工业生产。实验室确定的沥青调和比例一般可以直接用于工业试生产，通过对生产样品监测、调整和优化调和比例，确定最终的工业调和比例。

（2）实验室确定的沥青调和温度可用于工业生产。工业生产中应尽量按照试验确定调和沥青温度进行生产。如果工业生产温度达不到实验室温度要求，可以通过延长调和时间来弥补。

（3）实验室确定的沥青调和时间一般不能用于工业生产。由于工业生产的调和罐容积与实验室差异太大，放大效应非常显著，所以工业生产的沥青调和时间必须通过工业生产来确定。

20 沥青罐的加热有哪些方式？各有什么特点？

沥青罐包括调和罐和储存罐，其加热方式通常有三种，即过热蒸汽加热、导热油加热和电加热。

有自产蒸汽的企业，其沥青罐加热一般采用 1.0MPa 的过热蒸汽。蒸汽加热的缺点是：随着输送距离的延长，蒸汽压力和温度明显下降，有时会降低到100℃以下，很难满足调和沥青温度要求。因此，蒸汽加热时，一定要提高蒸汽的温度，并注意加热后蒸汽的回收。

导热油加热通常用于无自产蒸汽的沥青企业，尤其是生产改性沥青时，由于沥青的温度要求高，通常均采用导热油加热。导热油加热一般采用循环加热方式，即以煤或柴油等作为燃料，在加热炉内加热导热油，高温的导热油通过泵送到沥青调和罐的加热盘管或夹套内，降温后的导热油再回到加热炉加热，如此循环。导热油加热方式的效率高、速度快，但污染较大，采用时需考虑环保问题。

通过电加热方式来加热沥青，环境污染小，热能利用效率高，是具有较大发展潜力的沥青加热方式。

21 沥青调和温度是怎样确定的？

沥青的调和温度与调和原料的性质密切相关。调和温度通常比沥青软点高90~100℃。常用的调和温度范围为 135~150℃。如果有高软化点的调和组分，可以适当提高调和温度，但最高温度不宜超过 160℃，以防止沥青的快速老化。

22 什么是硬质沥青母粒？其产品质量有啥特点？

硬质沥青母粒是指丁烷脱油沥青装置生产的软化点很高的脱油沥青通过冷却和造粒而成的沥青母粒。其产品质量特点是针入度特别小[25℃针入度 0~5(0.1mm)]、软化点特别高(100~140℃)。

23 硬质沥青母粒怎样生产 50 号沥青和 30 号沥青等低针入度沥青？

（1）通过沥青调和技术生产低针入度沥青。

(2) 选择合适的软组分。根据需要选择不同品质70号沥青作为软组分或选择不同90号沥青作为软组分。

(3) 硬质沥青母粒作为调和硬质组分。

(4) 通过实验室试验确定工业生产的比例及生产方案。

(5) 生产调和时需要较高的调和温度，温度可控制在150~160℃。

(6) 调和罐应有好的搅拌效果。

24 硬质沥青母粒调和应注意什么事项?

(1) 硬质沥青母粒的加注。有两种加注方法，其一，将袋装的硬质沥青母粒提升到调和罐的顶部，从人孔加入。其二，建立一个有导热油的地罐，将硬质沥青母粒加入含高标号的液体沥青地罐中，加热搅拌使硬质沥青母粒溶解，制成针入度相对较低的沥青，然后用泵将它打入沥青调和罐进行调和。

(2) 硬质沥青母粒的加热。由于沥青母粒的软点在100℃以上，所以采用硬质沥青母粒调和时，沥青的调和温度较高，通常在150~160℃。

(3) 硬质沥青母粒搅拌。由于沥青母粒的软化点高、熔化成液体时黏度大，因此调和罐搅拌须有较高的搅拌强度。沥青调和罐容积较小时可采用顶搅拌；若调和罐容积较大，可同时采用侧搅拌和罐外的循环搅拌。

25 调和温度和调和时间有何关系?

在调和过程中，调和时间和调和温度关系为：调和时间越长，在制得相同质量调和沥青时，调和温度就越低；反之，调和时间越短，在制得相同质量调和沥青时，调和温度就越高。

26 调和沥青的针入度与调和组分的针入度有何关联?

在通常情况下，当两种调和组分体系性质接近时，调和沥青针入度介于软、硬调和组分的针入度之间。但当两组分体系的性质相差较大时，调和沥青针入度将无规律可循，可能大于或小于任何一种原料沥青的针入度，只能通过沥青调和试验来确定。

27 对首次工业沥青调和，怎样判断沥青调和时间?

由于受到调和温度、罐容积、搅拌方式、混合强度等诸多因素的影响，首次沥青工业试验的调和时间必须通过试生产来确定。在确定调和时间时，可以设定3~5个沥青采样时间点，相邻两个采样时间点的间隔可根据实际情况来定，一般取2~5h。采样前，停止搅拌，静置1h后，采样分析沥青的针入度、软化点和延度三大指标，待相邻的两组样品的质量指标基本一致时，可以认为已搅拌均匀，前一个采样点所对应的搅拌时间即可定为该沥青工业生产的调和时间。

28 调和沥青新产品时为什么要进行热储存稳定性跟踪？

沥青的调和温度往往高于储存温度，同时沥青短期储存通常为热储存，为了防止沥青在储存过程中发生质量衰减，调和新的沥青产品时，必须对新产品的热储存稳定性进行跟踪。沥青新产品的质量跟踪过程要定期监测储存温度、搅拌等因素对产品质量的影响，并做好跟踪记录，作为沥青新产品生产过程中质量控制的必要条件之一。

29 为什么说沥青调和技术是未来沥青生产的发展方向？

（1）社会的发展对沥青品质提出了越来越高的要求，个性化、功能化的需求越来越多，单一的生产技术很难生产出多样化的沥青产品。调和技术生产工艺广泛，可以通过不同生产工艺的组合，满足对沥青产品的个性化需求。

（2）从现有的原油情况来看，适合于生产高品质沥青的原油种类和数量相对不足，区域分布也不平衡。而调和沥青技术对原油种类要求相对较低，可以通过技术组合来解决这一问题。

（3）沥青调和技术可以克服不同沥青原料的缺点，集成其优点，更容易实现沥青产品的差别化和功能化。

第七章 聚合物及橡胶改性沥青生产技术

1 我国聚合物改性沥青如何分类？其适用范围是什么？

目前，我国聚合物改性沥青生产通常采用交通部《公路沥青路面施工技术规范》(JTG F40—2004)对聚合物改性沥青的要求。根据我国聚合物改性剂的使用情况，主要分为三类：

(1) Ⅰ类为SBS类热塑性橡胶类聚合物改性沥青。Ⅰ-A型及Ⅰ-B型适用于寒冷地区，Ⅰ-C型适用于较热地区，Ⅰ-D型适用于炎热地区及重交通路段。

(2) Ⅱ类为SBR类聚合物改性沥青。Ⅱ-A型适用于寒冷地区，Ⅱ-B和Ⅱ-C型适用于较热地区。

(3) Ⅲ类为热塑性树脂类聚合物改性沥青，如聚乙烯-醋酸乙烯酯(EVA)、聚乙烯(PE)改性沥青，适用于较热和炎热地区。通常要求软化点温度比最高月使用温度的最大日空气温度高20℃左右。

2 什么是沥青改性剂？常用的有机改性剂有哪些？各有什么特点？

在沥青或沥青混合料中加入的天然或人工合成的有机或无机材料，可熔融或分散在沥青中，以改善或提高沥青的路用性能。常用的改性剂有橡胶改性剂、热塑性树脂改性剂、热塑性弹性体改性剂等。

橡胶改性剂：橡胶是在很宽的温度范围内具有高弹性及伸缩性的高分子材料，包括天然橡胶和合成橡胶。代表品种有SBR、CR、EPDM、废橡胶粉等。它作为沥青改性剂，一般能赋予改性沥青良好的低温性能。

热塑性树脂改性剂：可以反复受热软化(或熔化)和冷却凝固的树脂，一般为线型高分子聚合物，代表品种有EVA、PE、PP等。热塑性树脂作为沥青改性剂，一般能赋予改性沥青良好的高温性能。

热塑性弹性体改性剂：热塑性弹性体又称热塑性橡胶，兼具橡胶和热塑性塑料的特性，在常温下显示橡胶弹性，受热时呈可塑性的高分子材料。可按交联性质分为化学交联型和物理交联型，也可按结构特点分为嵌段共聚物和接枝共聚物等，代表品种有SBS、SB、SIS等。热塑性弹性体一般能赋予改性沥青良好的高低温性能。

3 什么是沥青稳定剂？

沥青稳定剂是指能增加溶液、胶体、固体、混合物等稳定性能的添加剂。当用于改性沥青时，可以保持改性剂与基质沥青之间的化学平衡，降低表面张力，防止改性剂凝聚、离析，提高改性沥青的稳定性。

4 什么是沥青分散剂？

沥青分散剂是指吸附在液-固界面，从而显著降低液-固界面的界面自由能，使被分散的固体微粒能均匀地分散在液体中，并不再重新聚集的添加剂。当用于改性沥青时，能使改性剂微粒均匀地分散在基质沥青中。

5 什么是沥青抗剥离剂？

沥青抗剥离剂是指为提高集料与沥青的黏附性，增强沥青混合料的抗水损害能力而向沥青中添加的有机或无机添加剂，如高分子有机酸、胺类、消石灰、水泥等。

6 一种理想的道路沥青应具有哪些特点？

（1）在高温下具有较高的劲度，减少沥青路面的车辙和推移，改善沥青混合料的抗疲劳性能；

（2）在低温下具有较小的劲度，减少路面的温度收缩裂缝；

（3）在施工过程中具有较低的黏度，改善沥青的施工性能；

（4）在水存在的情况下，沥青与骨料具有较强的黏附性，改善沥青的抗水剥离性能。

7 用于沥青改性的聚合物主要可分为几大类？

用于沥青改性的聚合物一般分为三大类，即热塑性弹性体类、橡胶类和树脂类。

（1）热塑性弹性体类：主要包括苯乙烯类嵌段共聚物，如苯乙烯-丁二烯-苯乙烯(SBS)、苯乙烯-异戊二烯-苯乙烯(SIS)、苯乙烯-聚乙烯/丁基-聚乙烯(SE/BS)等；此外还有聚氨酯弹性体、聚脲烷弹性体、聚烯烃弹性体等。它们同时具有橡胶和树脂的特性，其中以SBS改性沥青的高低温性能最佳，是目前国内外用量最多的沥青改性剂。我国SBS改性沥青的实际产量约占改性沥青总产量的四分之三。

(2) 橡胶类：如天然橡胶(NR)、丁苯橡胶(SBR)、三元乙丙橡胶(EPDM)、顺丁橡胶(BR)、丁基橡胶(IIR)等。橡胶类改性剂一般能赋予沥青良好的低温性能。在橡胶类沥青改性剂中，SBR的改性效果最为显著，在实际工程中得到大量的使用。

(3) 树脂类：也称热塑性体，主要包括乙烯-醋酸乙烯酯共聚物(EVA)、聚乙烯(PE)、无规聚丙烯(APP)、无规聚 α-烯烃(APAO)等。这类改性剂的优点是在沥青中容易分散，可以增加沥青的劲度，缺点是热储存稳定性差。取得实际应用的主要有PE、APP和EVA。

8 聚合物主要具有哪些结构特点?

由于聚合物分子比较大，从而使其分子结构、形态、聚集态等的差异较多。与低分子物质相比，聚合物具有以下特点：

(1) 相对分子质量大。聚合物由大量($10^3 \sim 10^7$)的重复单元组成，以共价键方式相互连接，这些单元可以是一种(均聚物，如PE)，也可以是几种(共聚物，如SBS)，形成线型分子、支化分子、网型分子等。

(2) 一般聚合物的主链都有一定的内旋转自由度，可以使主链弯曲具有柔性。

(3) 聚合物由许多结构单元组成，结构单元之间的范德华力作用非常明显。

(4) 只要高分子链之间存在交联，即使交联度很小，聚合物的物理力学性质也会发生很大变化，主要表现为不溶和不熔。

(5) 聚合物聚集态有晶态和非晶态两种，其晶态比小分子的晶态结构有序程度低得多，而非晶态比小分子液体的有序程度高。

(6) 同一种聚合物加入不同的填料或添加剂后，可以加工成不同性质的材料。

(7) 具有高的品质系数，即极限强度与密度的比值较大。

9 聚合物的溶解过程有什么特点?

聚合物的溶解过程是大分子在溶剂中的扩散过程，这一过程主要通过链段运动来实现。其分子链段的聚集形态不同，溶解过程存在较大的差异。

对于非晶态的聚合物，其溶解过程可分为两个阶段：

(1) 溶胀阶段：聚合物分子之间的作用力很强，其分子与溶剂分子的尺寸相差悬殊，运动速度差别也很大。因此，当聚合物浸入溶剂中时，溶剂分子首先渗入大分子的间隙中，从外层开始逐渐向内部深入，溶剂化作用逐渐进行，即原来存在于聚合物分子间的物理结合力逐渐被大分子与溶剂分子间的物理结合力取代。由于溶剂分子的渗入增大了聚合物分子之间的距离，其体积出现膨胀。溶胀的程度与交联网状结构交联程度有关。当交联程度大到可以阻止溶剂分子渗入时，溶胀也不可能发生。对超高相对分子质量的聚合物来说，如果没有合适的溶剂使之充分溶剂化，这种聚合物也只能溶胀而不能溶解；对于一般的线型聚合物，如不能使大分子充分溶剂化，也只能有限溶胀而不能溶解，如 PE。

（2）溶解阶段：对于非交联的聚合物，如果溶剂的溶解性能优良，则可以无限地吸收溶剂分子达到无限溶胀，最终完全溶解。为了加快溶解速度，可以在溶胀阶段借助搅拌等物理作用来加快溶剂化速度。

线型无定形聚合物通过溶胀能顺利地溶解，而结晶聚合物与之不同。结晶聚合物是晶区和非晶区相间共存的体系，其晶区分子链有序而紧密，溶剂分子不能渗入，只有非晶区吸收溶剂分子能发生溶剂化作用。可见，要使结晶聚合物顺利溶解，首先要使结晶熔化，使分子链发生溶剂化作用。

结晶聚合物分为极性和非极性两类。用于改性沥青的材料均为非极性结晶聚合物，如 PE、EVA 等，其溶解过程往往需要加热。因为非极性基团的相互作用时吸热或热效应很小，加热可促使其非晶区的溶剂化作用及晶区的熔化。

聚合物的溶解能力，随相对分子质量增大和结晶度提高而变差。

10 聚合物的选用原则有哪些？

（1）从生产的难易程度和储存稳定性方面来考虑：

① 密度适中。聚合物改性剂的密度应与基质沥青的密度相近，这样可以减少聚合物与基质沥青的分层趋势，使改性沥青更易稳定。

② 结构和极性上与沥青相似。根据相似相溶原理，如果聚合物与基质沥青在结构上具有相似性或极性(溶解度参数)与基质沥青相近，有助于二者更好地溶解和分散。

③ 熔化温度适中。聚合物的熔化温度应在沥青混合料的常规拌和温度之下，从而使聚合物能在沥青的熔融温度范围内与之相熔。

④ 热分解温度不低于沥青的常规拌和、施工温度，防止聚合物发生热分解而丧失原有性能。

⑤ 熔融指数域较宽，这样才能有效地保证改善基质沥青的感温性能。

（2）从使用地区的气候条件来考虑：

不同聚合物性剂所适用的气候条件有很大的差异。一般认为，南方炎热地区对改性沥青的高温稳定性要求较高，选用热塑性树脂(如 PE、EVA 等)效果较好；北方寒冷地区对改性沥青的低温抗裂性能要求较高，选用橡胶类性剂(如 SBR 等)较为合适。热塑性弹性体(如 SBS)兼具热塑性树脂和橡胶类性剂的特性，适用范围更为广泛。对于那些夏季炎热、冻季寒冷的地区，对改性沥青的高低温性能均要求很高，选择SBS作为性剂可以同时兼顾高、低温性能，是首选的改性剂。

(3) 从承受的载荷方面来考虑

对于以轻型车辆为主，对行车舒适性要求较高的旅游道路，产生车辙的可能性较小，抗裂性是考虑的重点，可以选择低温性能好的SBS、SBR等改性剂；对于可能经常行驶重载车辆的路面，如高速公路、一级公路、运煤干线等，需要考虑的重点是抗车辙、拥包等永久变形，可以选用高温性能较好的性剂，如SBS、PE等。

此外，选用高分子类改性剂时，不仅要从性能和生产工艺方面来考虑，同时也要考虑经济性，如聚合物的价格、用量、市场供应情况等，必须在生产工艺、改性效果和经济效益等方面找到一个最佳点。

11 聚合物改善改性沥青高温性的主要原因是什么？

(1) 聚合物在沥青中大部分以颗粒或网状结构存在。在温度较高时，沥青分子流动性增强，当受到荷载时易发生形变。聚合物通过两种形式共同参与运动：一是聚合物本身颗粒尺寸远大于沥青分子尺寸，颗粒本身在沥青中运动比较困难，在一定程度上降低了沥青的流动性；二是改性剂在沥青中由于溶胀和吸附作用形成网络结构，分子链彼此相互缠绕，使流动单元变大，增加了对沥青的流动阻力。

(2) 聚合物溶胀和吸附作用。聚合物加入沥青后，由于溶胀和吸附作用，部分沥青中的油分如饱和分和芳香分进入聚合物内部，沥青中油分含量减少，沥青质含量增加，在一定程度上降低了原沥青的流动性。

(3) 聚合物的弹性恢复。在沥青中受外力较大时，聚合物发生了链段运动，产生了形变，但是整个分子不发生位移，这种形变在外力除去以后，仍能够恢复。尤其是热塑性弹性体类改性剂，这类改性剂易在沥青中形成网络结构，链段能承受较大外力，其弹性恢复性能更好，对沥青高温稳定性的贡献更显著。

(4) 黏度对温度的感受性降低。现代高分子物理学认为，液体的流动是一种分子的扩散过程，黏度则表征分子的扩散速度，按照一般速率过程处理可得到Arrhenius方程：

$$\eta = B \cdot e^{\Delta E/(RT)} \tag{7-1}$$

式中 η——液体的黏度，mm^2/s；

B、R——常数；

ΔE——流动活化能，是液体分子向周围扩散所需的能量，kJ/mol；

T——试验温度，℃。

如果上式转化为自然对数形式则为：

$$\ln\eta=\ln B+\Delta E/(RT) \tag{7-2}$$

上式表征了熔体黏度对温度的依赖性。一般来说，聚合物改性沥青中的改性剂含量较低时，高温时聚合物改性沥青的力学行为可以看作是一般黏稠液体的流动，其熔融黏度同温度的倒数存在着线性关系；流动活化能越大，则斜率越大，黏度对温度的敏感性也越大。改性沥青的吸热能均比原沥青降低，亦即改性沥青的流动活化能降低，则黏度对温度的敏感性降低。也就是说，随着温度的升高，改性沥青的黏度变化比原沥青要稳定，反映到物理力学行为上，就是沥青的高温性能得到了改善。

12 什么叫聚合物的溶解度参数？如何测定聚合物的溶解度参数？

假定两种聚合物相容过程中没有体积变化($\Delta V_m=0$)，那么其混合热可用经典的 Hildebrand 溶解公式计算，即：

$$\Delta H_m=V_m\varphi_1\varphi_2[(\Delta E_1/V_1)^{1/2}-[(\Delta E_2/V_2)^{1/2}]^2 \tag{7-3}$$

式中 φ_1、φ_2——组分 1、2 的体积分数,%；

V_m——混合物的摩尔体积，m^3/mol；

ΔE_1、ΔE_2——聚合物 1、2 的内聚能，kJ/mol；

V_1、V_2——聚合物 1、2 的摩尔体积，m^3/mol。

把 $\Delta E/V$ 定义为聚合物的内聚能密度(Cohesive Energy Density，简称 CED)，意思是为了克服分子间的作用力，在零压力下把单位体积的分子移到其分子间力的引力范围之外所需的能量。把 CED 的平方根定义为聚合物的溶解度参数，以 δ 表示，其量纲为$(cal/cm^3)^{1/2}$，则：

$$\delta=(\Delta E/V)^{1/2} \tag{7-4}$$

如果两种物质的溶解度参数越接近，就越能互相溶合。

实验室测定聚合物的溶解度参数，常用溶液黏度法或测定交联网溶胀度的方法。用若干种溶解度参数不同的液体作为溶剂，分别测定聚合物溶液的特性黏度，从特性黏度与溶剂的 CED 关系中找到特性黏度的极大值所对应的 CED，即为该聚合物的 CED。测出聚合物的 CED 后，就可以容易地计算出其溶解度参数。

聚合物的溶解度参数 δ 还可以由其分子中重复单元之中各基团的摩尔引力常数按 Small 公式直接计算出来：

$$\delta=\frac{\sum F}{V}=\frac{\sum F\times\rho}{M} \tag{7-5}$$

式中 δ——聚合物的溶解度参数，$(J/cm^3)^{1/2}$；

F——聚合物重复单元中各基团的摩尔引力常数，$(cal/cm^3)^{1/2}/mol$；

V——聚合物重复单元的摩尔体积 m^3/mol；

ρ——聚合物的相对密度；

M——聚合物重复单元的相对分子质量。

聚合物各重复单元中各基团的摩尔引力常数 F 如表 7-1 所示。

表 7-1 聚合物各重复单元中各基团的摩尔引力常数 $F[(cal/cm^3)^{1/2}/mol]$

基团	F	基团	F	基团	F	基团	F
$—CH_3$	148.3	—O—醚，乙缩醛	115.0	$—NH_2$	226.6	—Cl 芳香族	161.1
$—CH_2—$	131.5	—O—环氧化物	176.2	—NH—	180.0	—F	41.3
>CH—	86.0	—COO—	326.6	—N—	61.1	共轭	23.3
>C<	32.0	>C=O	263.0	—C≡N	354.6	顺	-7.1
CH_2=	126.5	—CH	292.6	—NCO	358.7	反	-13.5
—CH=	121.5	$(CO)_2O$	567.3	—S—	209.4	六元环	-23.4
>C=	84.5	—OH→	225.8	Cl_2	342.7	邻位取代	9.7
—CH=芳香族	117.1	—H 芳香族	171.0	—Cl 第一	205.1	间位取代	6.6
—C=芳香族	98.1	—H 聚酸	-50.5	—Cl 第二	208.3	对位取代	40.3

以 SBS 4402 为例计算其溶解度参数 δ。

SBS 4402 的结构式为：

$$[(CH_2—\underset{\underset{C_6H_5}{|}}{CH})_n—(CH_2—CH=CH—CH_2)_m]_4Si$$

SBS 4402 的刚性链段 PS 和柔性链段 PB 的比例为 40∶60。其 PS 链段重复单元中有一个 CH_2—($F=131.5$)、一个 >CH—（$F=86.0$）、五个芳香族—CH=($F=117.1$)、一个芳香族—C=($F=98.1$)、$\sum F_{PS}=901.1$，聚合物相对密度 $\rho=0.94$，重复单元的相对分子质量 $M_{PS}=104.1$，则：$\delta_{PS}=8.14$。

PB 链段重复单元中有两个 CH_2—($F=131.5$)、两个=CH—($F=121.5$)，$\sum F_{PB}=506$，聚合物相对密度 $\rho=0.94$，重复单元的相对分子质量 $M_{PB}=54.1$，则：$\delta_{PB}=8.79$。

那么，SBS 4402 的溶解度参数 $\delta=0.4\delta_{PS}+0.6\delta_{PB}=8.53$。

13 聚合物改性沥青主要用于哪些领域？

（1）新建高等级公路沥青路面的铺筑；

（2）道路维修养护，特别是在道路大中修中得到一定程度的应用；

(3) 特殊铺装，如应用于复合式路面、桥面铺装、机场道面以及其他特殊路段；

(4) 特殊性路面，如排水性路面、开级配抗滑磨耗层、沥青玛蹄脂碎石路面等高使用性能的路面；

(5) 其他特殊用途，如水泥混凝土路面填缝材料、小桥梁无缝伸缩缝处理技术、层面防水、大坝防水等；

(6) 生产建筑防水用沥青卷材；

(7) 沥青防水胶。

14 什么是 SBS？其结构和特性如何？

SBS 是一种热塑性弹性体，是以 1,3-丁二烯和苯乙烯为单体、四氢呋喃为活化剂，以正丁基锂为引发剂，在环己烷溶剂中采用阴离子聚合法得到的线型或星形嵌段共聚物。每个丁二烯链段的末端都连接着一个苯乙烯链段，若干个丁二烯段偶联则形成线形或星形结构，如图 7-1 所示。从聚集态结构来看，在室温下，聚苯乙烯(PS)和聚丁二烯(PB)之间热力学不相容而形成两相结构，类似于合金的“金相组织”结构，如图 7-2 所示。其中 PS 段聚集在一起，形成物理交联区域，即硬段，称作微区(domain)，表现出塑料的高强度；PB 段则形成软区，也可称为连续相，呈现橡胶的高弹性。SBS 的硬段作为分散相而分布在连续的聚丁二烯之间，起着物理交联点固定链段和丁二烯补强活性填充剂的作用，它阻止了分子链的冷流，在常温下，甚至在低温-100℃时仍具有硫化橡胶的特征。PB 链段镶嵌在 PS 段之间，连接成线型或星形结构。SBS 通过 PB 嵌段的聚集形成一种三维结构，它分散在沥青中，PS 末端赋予材料足够的强度，中间嵌段 PB 段又使共聚物具有良好的弹性。

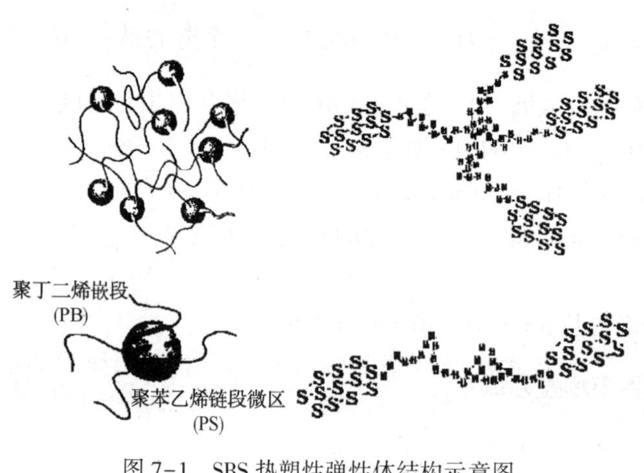

图 7-1 SBS 热塑性弹性体结构示意图

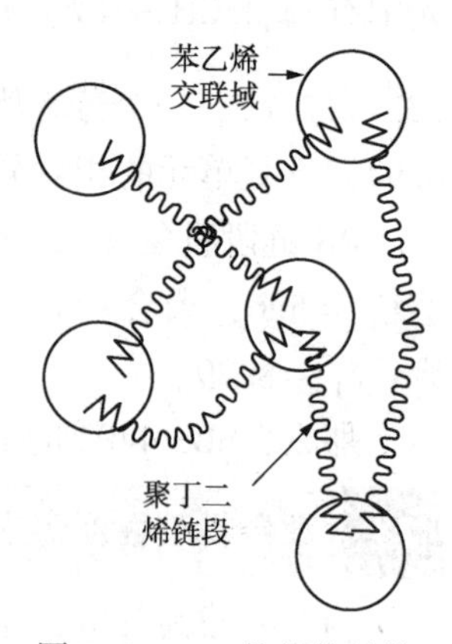

图 7-2 SBS 的相位结构

15 什么叫聚合物改性沥青的储存稳定性？

聚合物改性沥青储存稳定性是指其在热储存过程中不发生离析的性能。由于沥青和改性聚合物的相对分子质量差异很大，二者往往不能很好地相容。聚合物改性沥青在热储存时，若储存时间过长，或储存过程中未进行搅拌或搅拌不够，聚合物微粒在高温下(液态)会发生凝聚，在沥青上部形成乳状层结皮，影响沥青的性能。聚合物改性沥青的储存稳定性是由聚合物和沥青的相容性决定的，相容性越好，改性沥青也越稳定。

16 聚合物改性沥青热力学相容性机理是什么？

从热力学角度来看，聚合物改性沥青的相容性是指一种或多种聚合物与沥青任意比共混时均能形成稳定的均相体系的能力。根据热力学第二定律，两种能够相容的化合物要形成稳定的、无规则的、分子混合的均相体系，必须是在等温、等压下的自由能变化小于或等于零。自由能的变化可表示为：

$$\Delta G_m = \Delta H_m - T\Delta S_m \tag{7-6}$$

式中　ΔG_m——混合前后体系自由能的变化，kJ/mol；

ΔH_m——混合前后体系热焓的变化，kJ/mol；

ΔS_m——混合前后体系热熵的变化，kJ/mol；

T——热力学温度，K。

只有当 $\Delta G_m \leqslant 0$，即 $T\Delta S_m \geqslant \Delta H_m$时，混合才能自由进行。熵的变化可由下式表示：

$$\Delta S_m = -k(n_1\ln\varphi_1 + n_2\ln\varphi_2) \tag{7-7}$$

式中　n_1、n_2——组分 1、2 的摩尔数；

φ_1、φ_2——组分 1、2 的体积分数；

k——波尔兹曼常数。

由于 φ_1、φ_2为分数，故 $\ln\varphi_1$、$\ln\varphi_2$为负值，则 ΔS_m为正值，即表示混合过程中熵总是增加的。对于相同的体积来说，低分子的分子数远大于高分子的分子数，因此低分子的混合熵大得多。也就是说，当两种聚合物共混时，混合熵的变化不大，即 $T\Delta S_m$较小。

在一般情况下，聚合物的混合过程大多是吸热反应，即 $\Delta H_m>0$，而：

$$\Delta H_m = V_m(\delta_1 - \delta_2)^2\varphi_1\varphi_2 \tag{7-8}$$

式中　δ_1、δ_2——组分 1、2 的溶解度参数，$(\mathrm{J/cm^3})^{1/2}$；

V_m——混合物的摩尔体积，$\mathrm{m^3/mol}$。

因此：

$$\Delta G_m = V_m(\delta_1-\delta_2)^2\varphi_1\varphi_2+Tk(n_1\ln\varphi_1+n_2\ln\varphi_2) \qquad (7-9)$$

通常 $\Delta H_m > T\Delta S_m$，故 $\Delta G_m > 0$，由热力学第二定律可知，共混过程不能自发进行，即聚合物与沥青是不相容的，即使采用剪切搅拌等机械方法将其混合，从热力角度来看也是不稳定的，分散相具有自动凝聚、离析的能力。

由于聚合物的 $T\Delta S_m$ 很小，要使 $\Delta G_m \leqslant 0$，ΔH_m 也必须很小，即 δ_1 与 δ_2 越接近，越有利于二者相容。通常在 $(\delta_1-\delta_2)<1(\mathrm{cal/cm^3})^{1/2}$ 时，沥青和聚合物可以发生溶解。按平均结构式计算，一般沥青质的溶解度参数约为 $9.5(\mathrm{cal/cm^3})^{1/2}$，聚合物(如SBS)的溶解度参数为 $8.1(\mathrm{cal/cm^3})^{1/2}$，要使聚合物均匀地分散到沥青中，就必须加入助溶剂或进行化学反应改性。

17 为什么说反应型SBS改性沥青的热稳定性好于非反应型SBS改性沥青？

对于非反应型SBS改性沥青，由于SBS与沥青之间物理化学性质存在较大的差异，决定了二者的相容性较差。SBS在沥青中不能溶解，只能吸收沥青中的极性和溶解度参数相近的组分而溶胀。这样，在SBS改性沥青中存在着三种区域结构：SBS相、沥青相和SBS与沥青之间的界面层。SBS相和沥青相通过界面层相联系。此界面层的厚度、结构、黏结强度等性质决定了沥青的热稳定性及其改性沥青的性质。非反应型SBS改性沥青界面层是通过SBS与沥青之间的物理吸附作用，靠分子之间的范德华力来维持的。范德华力作用范围很小(几个Å)，作用力很弱，所以仅靠范德华力缔结的界面层并不很稳定。为提高界面层黏结强度，采用反应性SBS改性沥青方法，即通过加入交联剂使沥青与SBS之间发生反应，在界面上形成化学键(一般为共价键)。共价键键能要比范德华力大1~2个数量级，从而大大提高了界面层黏结强度。所以，反应型SBS改性沥青在热稳定性、软化点、黏度等方面都明显优于非反应型SBS改性沥青。

18 什么叫聚合物改性沥青的工艺相容性？

工艺相容性是一个综合的概念，是指共混物的动力学稳定性。形成工艺相容性的原因有：(1)聚合物和沥青的黏度大，当用机械方法将它们混合后，虽然体系是热力学不相容的，但由于黏度大，自动分离为两相的速度较为缓慢；(2)聚合物大分子的相互扩散，使分子链位移，增加了体系的储存稳定性；(3)在高剪切力的作用下，有些大分子链被切断，产生极为活泼的自由基，与沥青分子之间发生反应，提高了体系的相容性；(4)加入表面活性剂、偶联剂等对聚合物表面进行改性，使它们通过化学吸附或反应，在聚合物表面形成覆盖层，从而改善聚合物和沥青的亲合性，增强材料界面的结合力。

19 影响聚合物改性沥青储存稳定性的因素主要有哪些?

(1) 沥青的化学组成。沥青是含硫、氮、氧等杂原子的极性稠环大分子化合物，是一种自身平衡的胶体体系。1979 年，L. W. Corbett 把沥青划分为饱和分、芳香分、胶质和沥青质。饱和分和芳香分是沥青中的软组分，主要起塑化作用；胶质和沥青质是硬组分，在沥青中起稠化作用。当沥青中的沥青质含量少且处于被胶体很好地胶溶状态时，这种沥青是溶胶型，具有较好的塑性。而当其中沥青质含量较多又不能很好地胶溶分散时，沥青质就会相互联结成三维网状结构，即凝胶型，塑性显著变差。能否形成稳定的胶体结构与沥青化学组成密切相关。

沥青组成的复杂性和来源的多样性，使得沥青与聚合物配伍性的研究非常复杂。大量的研究结果和工程实践表明，改性沥青的性质与沥青和聚合物的组成密切相关，沥青的化学组成直接影响改性沥青的稳定性。当沥青中加入聚合物后，聚合物能吸收沥青中的饱和分和芳香分而溶胀，聚合物对沥青中软组分的竞争吸附，将导致原沥青中沥青质胶粒缔合或缔合度增加，破坏了沥青胶体体系的平衡。随着沥青中软组分的减少，沥青各组分的平衡将发生移动而寻求一种新的平衡体系。如果沥青中的软组分(尤其是芳香分)不足，就无法形成稳定的胶体溶液，这也是生产聚合物改性沥青时选择基质沥青的原因。一般认为，聚烯烃类改性剂与饱和分含量高的沥青相容性好；橡胶类，如 SBR 和 SBS 与芳香分含量高的沥青相容性好。图 7-3 表明沥青与不同聚合物的适应性；图 7-4 表明沥青的化学组成对 SBS 改性沥青体系相容性的影响。

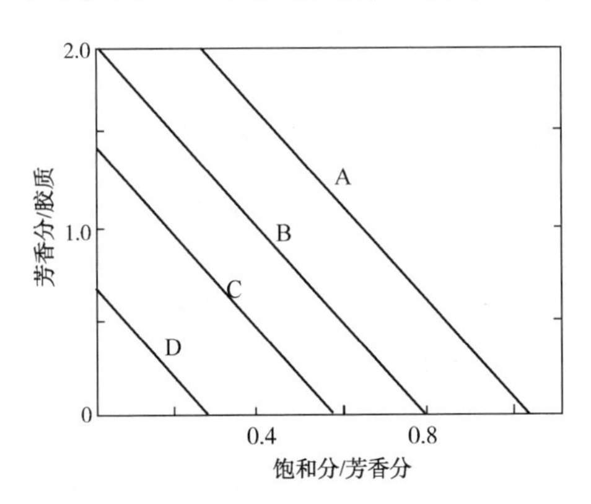

图 7-3 沥青与不同聚合物的适应性

A—与 20% PE 相容；B—与 10% PE 相容；

C—与 20% APP 相容；D—与 10% SBS 相容

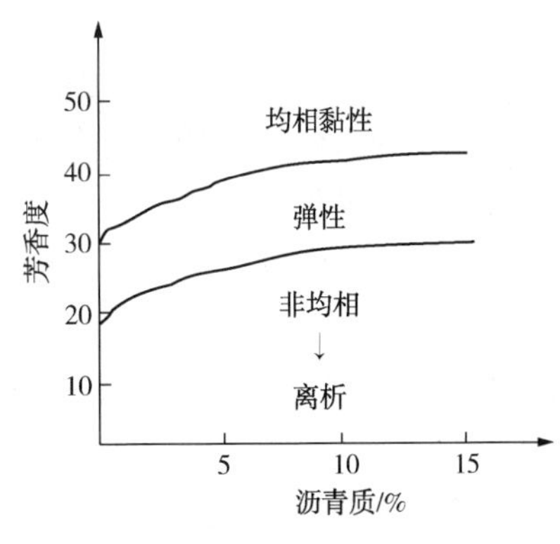

图 7-4 可溶分的芳香性对

SBS 改性沥青体系相容性的影响

(2) 黏度和剪切速率。与聚合物共混体系不同，改性沥青体系各相之间的高温黏度差别很大。同时，在制备改性沥青时往往采用胶体磨等高速剪切设备，所以黏度和剪切速率是影响相容性的重要因素。

共混的分散过程是一个动态平衡过程，即在一定的剪切应力场作用下，聚合物在不断地发生着破碎与聚结，当破碎与聚结速度平衡时，会达到聚合物的平衡粒度。对于这种动态平衡模型，可以通过式(7-10)来计算平衡时聚合物相的粒径 R^*：

$$R^* = (12\pi) P\sigma\Phi_D / [\eta\gamma - (4\pi) P\Phi_D E_{DK}] \tag{7-10}$$

式中 P——碰撞时导致聚集的概率；

σ——表面张力，N；

Φ_D——聚合物的体积分数；

η——沥青的表观黏度，mm/s,；

γ——剪切速率，m/s；

E_{DK}——聚合物的宏观体积破碎能。

由式(7-10)可知，当 η 上升，γ 增大或 Φ_D、σ 及 E_{DK} 降低时，都使 R^* 减少，提高了分散效果。但这个动态过程并不是一个稳定的过程，一旦剪切场撤去，聚集过程就会占主导地位，聚合物会发生聚集，浮于改性沥青表面，发生离析现象。但如果沥青软组分有足够的溶胀能力，则扩散过程达到一定程度后，聚合物会被软组分进一步溶胀。此时，聚合物相的表面张力和黏度都发生变化，使 R^* 进一步减少。不断地重复这一过程，当 R^* 足够小时，改性沥青就达到稳定相容的程度，即使撤去剪切场，沥青也不会发生离析。

试验观测表明，聚合物的粒径小于 1μm 时，改性沥青就不会发生离析现象；若聚合物的粒径大于 30μm 时，改性沥青会发生离析；当聚合物的粒径处于 1~30μm 区间时，则改性沥青可能离析也可能稳定。

(3) 聚合物加入量。聚合物的加入量对改性沥青的储存稳定性影响较大。以相容性较差的聚合物 SBS 为例，当其加入量较少(1%~2%)时，聚合物粒子可以在沥青中充分溶胀，微粒之间没有相互作用，聚合物为分散相，沥青为连续相。由于聚合物与沥青之间的界面作用，二者之间不易发生相分离，聚合物粒子均匀地分布在沥青中。此时，聚合物仅使沥青的黏度和弹性增加，但性能改善不明显。

随着聚合物用量的增加(3%~6%)，聚合物吸油溶胀后逐渐在沥青中形成网络结构。在这种情况下，沥青和聚合物之间的相态变化很难控制，在不同的温度下可能出现不同的连续相，其性质也随温度变化很大。

聚合物溶胀吸收了沥青中大量的油分，使得沥青相中沥青质含量相对增加，基质沥青原有的胶体平衡态被破坏，改性沥青的储存稳定性变差，容易发生两相离析。聚合物的用量越大，改性沥青的稳定性越差。

当聚合物用量达到某一临界值时，分散体系会发生相反转，聚合物变为连续相，沥青变为分散相。在这种情况下，不是聚合物改性沥青，而是沥青中的油分对聚合物的塑化，该体系反映出的性质不再是沥青的性质而是聚合物的性质。从经济角度来考虑，这种改性沥青是没有意义的。R. Blanco 用透射电镜研究了不同 SBS 含量的改性沥青样品后认为，相反转发生在 SBS 浓度为 6%~8%。当 SBS 用量小于 6%时，分散相为 SBS，它以球状微粒的形式分散在沥青中；当 SBS 用量大于 8%时，SBS 为连续相，沥青分散在 SBS 网络中。同样，聚合物的最佳加入量也会受到诸如聚合物的结构形态、基质沥青组分差异和工艺条件等因素的影响。

（4）稳定剂的种类及用量。改性沥青使用的稳定剂包括物理交联型稳定剂(如炭黑等)和化学交联型稳定剂(如硫黄粉)。由于化学交联型稳定剂可以同时与沥青和聚合物发生化学反应，因而其稳定效果远好于物理交联型稳定剂。沥青的聚合物交联反应主要包括烯键交联、功能基团交联和酸化反应，不同类型的交联反应所用的稳定剂种类和反应活性差别很大，故改性沥青热储存稳定性也存在着明显的差异。

20 聚合物 SBS 改性沥青的改性机理主要有哪些?

对聚合物改性沥青的微观结构研究表明，其改性机理主要包括相容改性、溶胀网络改性、胶体结构变化改性和增强作用改性。

（1）相容性改性。由于沥青与聚合物在相对分子质量、化学结构上差异很大，因而属于热力学相容性差的体系，体系中不同组分在相界面上的相互作用，使沥青的性能得到改善。聚合物在沥青中的溶胀和分散是一个动态平衡过程，Maccarrone 认为：聚合物在沥青中的理想状态是细分布而不是完全溶解。聚合物在沥青中分散成丝状与沥青质胶团均匀地分布于沥青的油分中，形成一个稳定的不会发生相分离的物理意义上的体系，与聚合物溶解的油蜡组分会缓慢地扩散进入聚合物链段的空隙中，使链段松动、脱离直至溶解。好的相容性是改性沥青的首要条件，也是降低沥青材料温度敏感性的先决条件。国外学者通过对不同来源的沥青与各种聚合物的相容性进行分析，并与其物理力学性质相联系，认为不同沥青因其组分含量不同而与聚合物的相容性不同，相容性好的体系性能指标优于相容性差的体系性能。

（2）溶胀网络改性。对 SBS 改性沥青的研究表明，存在于沥青中改进剂 SBS 的丁二烯段(PB)为轻组分所溶胀，聚苯乙烯段(PS)保持不变；随着 SBS 含量的增加，改性体系会发生相反转，从以沥青为连续相转变为以聚合物为连续相。由于嵌段弹性体中聚苯乙烯内聚能密度较大，故其两端分别与其他的聚苯乙烯聚集在一起形成球状物(微区)，作为物理交联点分散在聚合物连续相中。网格之间强烈的相互作用限制了沥青质点之间的位移和沥青胶体的流动，提高了沥青的内聚力和柔韧性，沥青的弹性和黏度大幅提高。Shuler 等发现，高含量 SBS 改性沥青的弛豫曲线中出现了一个弹性平台区，其 $\tan\delta$ 值不随温度的升高而增大。这些研究以及显微镜观察都证实，高含量 SBS 改性沥青中存在 SBS 网络结构。

(3) 胶体结构变化改性。聚合物的加入能吸附沥青中的某些组分，沥青中与改进剂结构相似的轻组分(主要是油蜡)经过渗透、扩散进入聚合物网络，使聚合物溶胀，从而有效地降低游离蜡含量；组分的变化使得高蜡含量的沥青从溶胶结构转变为溶-凝胶结构，感温性能显著下降，沥青的其他性能也得到改善。实验表明，用 5%SBS 改性蜡含量为 6%的沥青后，其游离蜡含量降低到 2.23%；蜡含量的降低最终改善了沥青的感温性能，表现为沥青的针入度降低、软化点明显升高、升温过程中相变吸热峰显著下降。另外，蜡含量降低也能减小蜡熔融-结晶相变过程对沥青性质的不良影响。

(4) 增强作用改性。聚合物粒子在改性沥青体系中起着增强的作用：聚合物粒子体积小、数量多，在低温时它们与基质沥青的模量不同，可产生高度的应力集中，诱发大量的银纹和剪切带；银纹和剪切带的产生及发展会消耗大量的能量，提高沥青的抗冲击强度和可塑性；而较大的聚合物粒子能防止单个银纹的生长和断裂，使其不至于很快发展为破坏性裂纹，从而改善沥青的低温柔韧性。从这种意义上说，聚合物是沥青的增韧剂。

21 什么叫银纹？银纹存在对 SBS 和 SBR 改性沥青有哪些好处？

银纹是指材料表面或内部的一些缺陷在受到应力集中作用时而引发的微细空穴，这些空穴再发展为很细的纹痕，就称为银纹。当形变进一步发展，取向伸直的分子链发生断裂时，银纹就转化为微裂缝。

在低温条件下，基质沥青中分子流动性下降，分子间距离缩短，分子间作用力增强，脆性增加。而基质沥青经过聚合物改性后，在低温下，改性剂微粒可以起到应力集中的作用。在外力拉伸下，改性剂粒子周围引发大量银纹或剪切带，这些银纹或剪切带的发展将终止于另一颗粒；同时银纹与银纹相遇时，会使银纹转向或支化。这些过程的协调作用，大大延缓了材料的破坏过程。当材料进一步拉伸时，因低温下沥青的模量大于 SBS 和 SBR 的模量，在银纹转化为裂缝的过程中，由于界面处存在改性剂粒子，它跨越裂缝两岸而阻碍了裂缝的进一步扩大发展，同时吸收和消耗了使混合物断裂所需要的能量，因此使沥青的低温下延度提高、抗裂性增强。

银纹还有一个优点，即在应力作用初期，银纹体相当硬；当应力超过一定数值后，银纹体开始屈服，形变随时间延长而发展；卸载后应变逐渐恢复，形变随时间的延长而消失。所以 SBR、SBS 改性沥青在低温下不仅延性好，而且具有良好的韧性。

22 改善聚合物改性沥青储存稳定性的途径主要有哪些？

改善聚合物改性沥青储存稳定性的方法有很多，概括起来可分为物理改性法、化学改性法和物理-化学综合改性法。

所谓物理改性即通过加入相容剂来改善聚合物和基质沥青的相容性。当基质沥青的化学组成不能满足相容性要求时，可以添加适宜的组分，使外加剂(聚合物和相容剂)的溶解度参数与基质沥青的溶解度参数相当，从而达到形成热力学稳定性体系的目的。例如，在 SBS 体系中加入芳香性较强的糠醛精制抽出油、古马隆树脂和萜烯树脂、热解油和脂肪酸的残渣，均有利于促进聚合物的溶胀，达到使聚合物改性沥青体系稳定的目的。此外，加入炭黑等能促进聚合物在沥青中形成物理交联的组分，也可以提高聚合物改性沥青的储存稳定性。

化学改性法是基于沥青中的沥青质、胶质与聚合物在交联剂的作用下进行化学反应。沥青中的沥青质、胶质等重组分是复杂的混合物，包含多芳环、杂环衍生物以及芳环环烷烃和杂环的重复单元结构的混合物。芳烃 α 位上的活泼氢以及烷烃上受热易断裂的 C—S 键等，能产生活性点，这是沥青进行反应共混的切入点。沥青的聚合物改性反应主要包括烯键交联、功能基团交联、酸化反应。烯键交联是通过交联剂使含烯键的聚合物与沥青发生交联反应，在聚合物的粒子表面形成稳定层，改善聚合物与沥青的相容性。烯键交联所用的交联剂有单质硫、交联二烯烃、1,4-苯二醌肟、酚醛树脂等。功能基团交联是通过在聚合物粒子表面反应形成立体位阻稳定层，克服沥青中聚合物粒子之间的相互吸引。这种交联反应是将交联剂接枝到聚合物分子上，其交联剂包括马来酸酐、环氧基团和缩水甘油酯等。例如，Koch 公司加入反应型增容剂，促使 SBS 和沥青发生接枝反应，将 SBS 稳定地分散到沥青中。酸化反应是利用无机酸将沥青中所含的碱性基团与聚合物进行交联，提高改性沥青的性能。可用于交联反应的无机酸主要有磷酸、多聚磷酸和高磷酸等。研究表明，酸的加入对提高改性沥青的储存稳定性效果明显。

在聚合物改性沥青的研究和生产过程中，物理改性法和化学改性法往往不是独立使用的，二者组合可以收到良好的效果。例如，Elf 公司在生产改性沥青产品时，先用相容剂将 SBS 溶胀后加入沥青中充分混合，同时加入反应型稳定剂，生产的改性沥青产品稳定性很好。孙大权等通过加入少量增容剂和偶联剂，采用物理分散、化学反应改性的方法研制出了反应性 SBS 改性沥青。SBS 加入量为4%即可达到 JTJ 036 标准。这种反应性沥青具有良好的热储存稳定性，长期储存(163℃，8d)未发生离析现象。利用荧光显微照相技术观察反应性 SBS 改性沥青的微观结构，表明其具有 SBS、沥青两相连续的空间网络结构。Chevillard 先将交联剂、SBS 和芳烃油混合制得交联弹性体浓缩物，然后将其与基质沥青在液体状态下混合熟化 12~48h，增加硬沥青的 SHRP 高温分级性能。

23 聚合物改性沥青储存稳定性的评价方法主要有哪些?

(1) 显微镜观察法。

显微镜观察法可以直接地反映聚合物在沥青中的物理分布、形态结构和相态，是应用最多的一类方法。Engel、Maccarrone、Bokowsa 和余剑英等分别用热台光学显微镜、荧光显微镜、透射电子显微镜(TEM)对聚合物改性沥青的形态结构和储存稳定性进行了研究。

(2) 仪器法。

吉永海等用红外光谱研究了 SBS 改性沥青的储存稳定机理。赵晶等用凝胶渗透色谱(GPC)研究了 SBS 改性沥青在不同工艺条件下的相对分子质量分布特征，并探讨了 SBS 的改性机理。此外，吉永海等、梁乃兴等利用示差扫描量热法(DSC)分别研究了 SBS 改性沥青的储存稳定性及稳定机理。

(3) 离析试验法。

离析试验法是目前国内外评价聚合物改性沥青储存稳定性最常用的方法。对于 SB、SBS 类改性沥青，美国、德国、瑞典和我国均使用一端封闭的铝管。具体做法是：将改性沥青样品放入盛样管中，在高温条件下放置一段时间后，在冷冻状态下均分为三段，通过上、下两段的软化点差来评价改性沥青的离析程度。我国要求离析温差≯2.5℃，美国要求≯2.2℃。瑞典斯德哥尔摩皇家理工学院研究发现，由于热储存过程引起聚合物改性沥青试样上部的弹性增加而下部变硬，因此认为，采用上部和下部的软化点差来表征聚合物改性沥青的离析程度有一定的局限性，当改性剂量达到6%时，软化点差有异常变化。

(4) 动态剪切流变仪法。

瑞典斯德哥尔摩皇家理工学院也采用动态剪切流变仪，通过测定样品管上部和下部的流变特性，用离析指数 *IS* 来表征改性沥青热储存后的离析程度：

$$IS=\lg(G_B^*/G_T^*) \tag{7-11}$$

式中 G_B^*——下部改性沥青的复数剪切模量；

G_T^*——上部改性沥青的复数剪切模量。

但试验结果仍显示出改性剂量达到6%时出现一些异常。

（5）LAST 法。

LAST(Laboratory Asphalt Stability Test)法也可用来评价沥青的储存稳定性。LAST 的试验装置是按实际储罐等比例缩小的，主要包括内外加热器各一个、两个搅拌桨和温度控制装置。一般测定采用内部加热方式无搅拌(模拟静态储存)和高速搅拌两个过程。把 700~800g 沥青放入罐中，温度稳定到 165℃时开始计时，在 0h、6h、24h、48h 用吸管取出顶部和底部的沥青样品做动态剪切流变试验(DSR)分析。采用不同频率扫描(0.15~15Hz)得出离析比：

$$R_{SG}^{*}=G_{T}^{*}/G_{B}^{*} \tag{7-12}$$

$$R_{S\delta}=\delta_{T}/\delta_{B} \tag{7-13}$$

式中　R_{SG}^{*}、$R_{S\delta}$——离析比；

G_{T}^{*}、G_{B}^{*}——储罐上、下部样品的复数剪切模量；

δ_{T}、δ_{B}——储罐上、下部样品的相位角。

如果离析比在 0.8~1.2 范围内，认为改性沥青不发生离析。LAST 法解决了离析试验法试样管直径太小、阻碍沥青上下对流的问题，但是其试验装置比较昂贵，操作过程复杂，难以普及应用。

24 SBS、SBR、EVA 和 PE 改性沥青各有哪些特点？其相对效果如何？

虽然可用于沥青改性的聚合物品种有很多，但在实际工程中应用的聚合物主要是 SBS、SBR、EVA 和 PE。

SBS 按照结构类型可分为星形结构和线形结构。星形结构的 SBS 的相对分子质量很高，与基质沥青的相容性很差，但对沥青性能提高幅度较大；线形结构的 SBS 与基质沥青的相容性好于星形结构的 SBS，但其改性效果不如星形结构的 SBS。SBS 改性沥青的主要优点是，可以显著改善基质沥青的高温和低温性能，使路面的抗车辙能力提高、低温开裂温度降低，具有很好的抗疲劳性能和黏附性能，是一类性能良好的沥青改性剂。SBS 改性沥青在制备过程中一般需要强烈的机械分散，在液态条件下储存很容易发生离析现象，因此采用预混合法生产时须加入合适的稳定剂。

EVA 是乙烯和醋酸乙烯酯的共聚物，属于典型的无规共聚体。当醋酸乙烯酯含量低、熔融指数小时，有助于提高基质沥青的高温性能；反之，则利于提高基质沥青的柔顺性和低温抗裂性。EVA 与沥青有着良好的相容性，在沥青中很容易分散，在热拌沥青中只要用对流式搅拌机械混合即可，但在静态条件下储存仍会出现离析现象，使用前必须充分搅拌。EVA 可以改善沥青的高温稳定性、低温柔韧性和弹性，适合于高等级公路路面的养护。

PE 可分为高密度(HDPE)和低密度(LDPE)两大类，只有 LDPE 才能用于沥青改性。PE 与沥青的相容性较差，它与热沥青混融后，有一些柔顺卷曲的 PE 支链相互结合形成网状交联结构，可以明显改善沥青的高温稳定性和低温黏附性；但随其用量的增加，改性沥青的低温延度下降，低温性能变差。PE 可以提高基质沥青的黏附性，以酸性矿料为例，其黏附性可以提高 2~3 级。

SBR 改性沥青也存在离析问题，但它与沥青的相容性好于 SBS。SBR 可以改善沥青的流变学性能，使沥青黏弹性和低温延度大大提高；同时也可以提高沥青黏附性和黏韧性，降低其感温性能。SBR 改性沥青具有良好的抗冲击、抗开裂、耐磨耗和防水能力，延长道路的使用寿命。

吕伟民等对目前具有代表性的几种聚合物改性沥青的各项性能指标进行了综合对比研究，结果如表 7-2 所示。国外某公司对 SBS、PE 和 EVA 改性沥青的效果进行了对比试验，结果见表 7-3。在表 7-3 中，“+”表示改性效果明显；“0”表示改性效果不明显；“-”表示无改性效果或效果降低。

表 7-2　几种改性沥青性能综合比较

改性组分	高温稳定性	低温柔韧性	温度敏感性	弹性	黏弹性	耐久性
SBS(星型)	优	优	优	优	优	优
SBS(线型)	优	中	中	中	优	优
EVA	中	中	中	中	中	中
PE	中	差	差	差	差	中

表 7-3　国外某公司对不同聚合物改性沥青改性效果比较

改性组分	抗车辙变形	抗温缩裂缝	抗温度疲劳裂缝	抗交通疲劳裂缝	抗磨损性能	抗老化性能
SBS	+	+	+	+	+	+
EVA	+	-	-	+	+	0
PE	+	-	-	-	-	0

对比表 7-2 和表 7-3 可以看出，SBS 在高低温性能、弹性恢复性能和感温性能方面均有突出的表现，其改性效果最佳；EVA 的高温稳定性与 PE 相当，但低温延度稍好一些，其改性效果次之；PE 除对沥青的高温性能有所改善外，其他性能都没有明显改善，改性效果最差。对于用作高等级公路面层的改性沥青，无论是炎热地区、温暖地区、还是寒冷地区，都应优先选用 SBS 改性沥青；EVA 改性沥青适用于炎热地区和一般温暖地区，但不宜用于寒冷地区；而 PE 改性沥青除可用于炎热地区外，温暖和寒冷地区均不适用。

25　目前聚合物改性沥青的制备工艺主要有哪些？

要制备性能优良的改性沥青，必须首先将聚合物改性剂均匀地分散到基质沥青中，制成稳定的均相体系。实际上，由于大部分聚合物改性剂与沥青的相容性不好，聚合物加入基质沥青中后，很容易发生离析现象，影响聚合物的改性效果。

目前，制备改性沥青的主要方法可分为现场拌和法及预混合法。现场拌和法即采用胶体磨或高剪切机等专用设备在铺路现场制备改性沥青。预混合法可分为直接法和间接法。直接法是将聚合物加入熔融的沥青中，用强力搅拌器拌制成均匀的改性沥青产品；间接法是先将聚合物制成母液或母粒，然后再与基质沥青调和成改性沥青产品。

从 20 世纪 50 年代开始，国内就开始用直接混溶法生产改性沥青，主要的共混设备是搅拌机。为了避开改性剂的离析问题，国内公路部门大部分采用现场拌和法制备改性沥青，随拌随用，所以不存在离析问题。现场拌和法所用的设备主要有胶体磨和高剪切机两大类，这也是国外常用的专用改性沥青制作设备。国际知名品牌为德国 SIEFER 公司 TRIGONAL 系列胶体磨。奥地利喜来利(Heraklith Gruppe)和 RF 集团的 NOVOPHALT、美国 ELF 公司和 HEATAC 公司等都采用胶体磨法生产改性沥青。近年来，我国也开发出了类似的改性沥青设备，如北京国创改性沥青有限公司开发的 LG-8 型炼磨式改性沥青设备，其他还有路翔公司、永固大道公司开发的改性沥青设备等。由于现场拌和法需要在施工现场利用特殊的设备制备改性沥青，易受到自然环境等因素的制约，应用起来不如成品改性沥青方便。

成品改性沥青技术是利用预混合工艺生产的储存稳定性好的改性沥青产品。预混合工艺能够使得改性沥青实现工厂化生产，使聚合物改性剂能够均匀分散、溶解在基质沥青中，形成均相的热稳定体系。一般通过化学方法改性，让改性剂与基质沥青依靠化学键连接，形成三维网络结构，使改性剂发挥最佳的改性效果。与现场拌和法相比，成品改性沥青技术不但使改性沥青使用方便，而且还可以降低聚合物的用量，改善改性沥青的各项性能指标。目前，预混合工艺的研究和应用主要集中在沥青生产部门。例如，中国石化镇海炼化分公司和中国石化湖南石油化工有限公司均利用母粒法生产改性沥青成品。改性母粒法是以 SBS 为主体，复配特定的相容剂和添加剂，经造粒成型后得到稳定的固体产品。改性沥青母粒与基础沥青和稳定剂混合后，就可得到成品改性沥青，其主要工艺如图 7-5 所示。抚顺石油化工研究院从解决聚合物改性沥青离析问题入手，开发了直接法和母液法生产改性沥青的新工艺，如图 7-6 所示。在改性沥青制备过程中，可使用一种富芳软组分对 SBS 进行预处理，制备成 SBS 母液，然后将母液与基础沥青混合，同时加入交联剂，以提高 SBS 与沥青的相容性。对于低芳香分含量的沥青，可以采用该工艺，也可以采用将改性剂和交联剂直接加入熔融的沥青中，通过一般的高剪切机或胶体磨将改性剂和交联剂分散，使制备流程简化。对于相容性较好的高芳香分含量的沥青，可以采用此工艺。母液法所用的软组分可以是润滑油糠醛精制抽出油、溶剂脱沥青油、芳香分油或减四线馏分等。

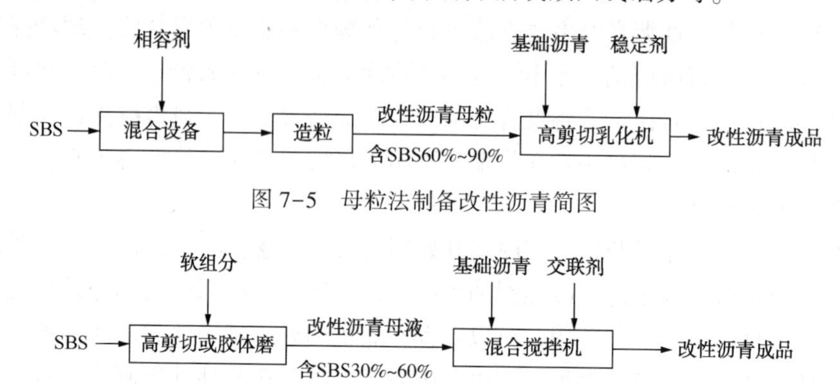

图 7-5　母粒法制备改性沥青简图

图 7-6　母液法制备改性沥青简图

马健萍等人利用高速剪切和二次泵技术实施沥青改性，突破了以往沥青改性必须采用的胶体磨技术，适用范围广，可加工不同类型的改性沥青；采用该技术提高了生产效率，产品的技术指标满足甚至超过规范要求。根据该技术研制出的生产设备制备的 PE、SBS 改性沥青已应用于实体工程。

26　预混合法改性沥青制备工艺与现场拌和法相比有哪些优点？

（1）热储存稳定性好。从改性沥青的微观结构来看，现场拌和法采用高剪切设备可以使聚合物均匀地分散到基质沥青中，但由于聚合物和基质沥青间存在着明显的相界面，没有形成空间网络结构，是热力学不稳定体系，热储存后会发生离析现象。在路面施工过程中，不可避免地要受到诸多因素的制约，一旦改性沥青不能及时使用，必然会出现离析现象，从而影响改性沥青的使用性能。而预混合法由于同时采用了物理分散和化学改性，使聚合物与基质沥青形成了均相的热力学稳定体系，达到了最佳的改性效果，因而可以长期储存，增加了施工的灵活性。

（2）具有更好的高低温性能。采用现场拌和法和预混合法制备的改性沥青，不仅从微观结构上有所差别，而且在各项性能上也存在着明显的不同。图 7-7~图 7-10 为两种方法制备的改性沥青各项性能的比较。

从图中可以看出，采用预混合法制备的改性沥青对针入度的影响相对较小，但对软化点的影响相对较大，可以在针入度降低不大的情况下，得到较高软化点的改性沥青，使沥青的高温稳定性和感温性能得到改善。预混合工艺制备的改性沥青在当量脆点和弹性恢复方面也比现场拌和工艺制备的改性沥青优越。

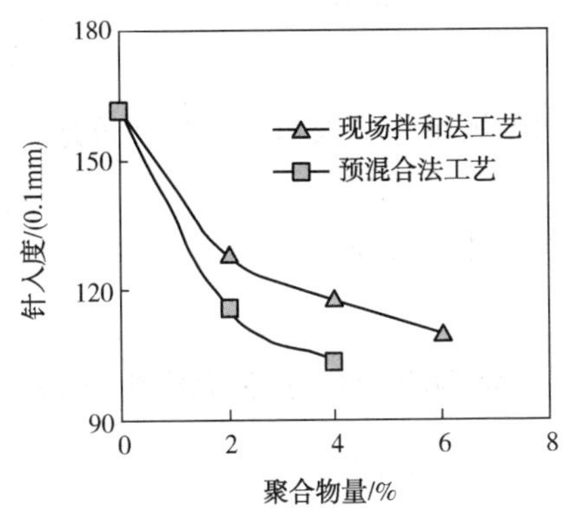

图 7-7　生产工艺对针入度影响

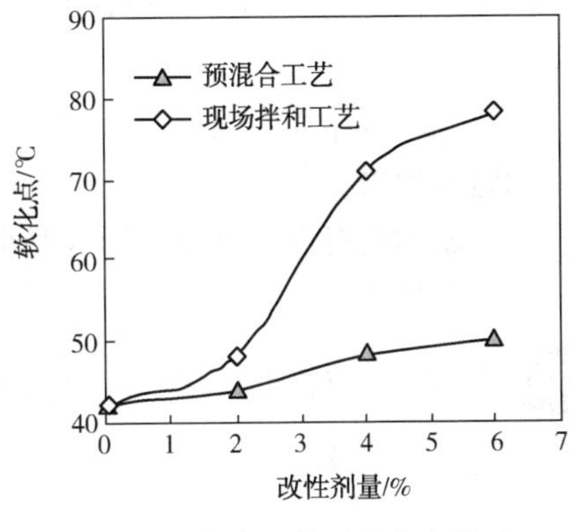

图 7-8　生产工艺对软化点影响

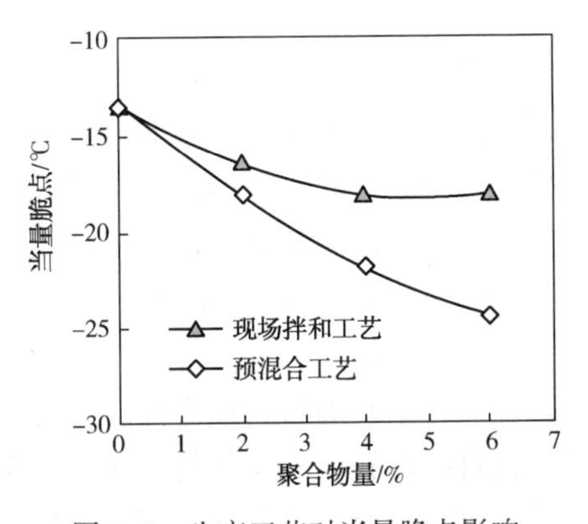

图 7-9　生产工艺对当量脆点影响

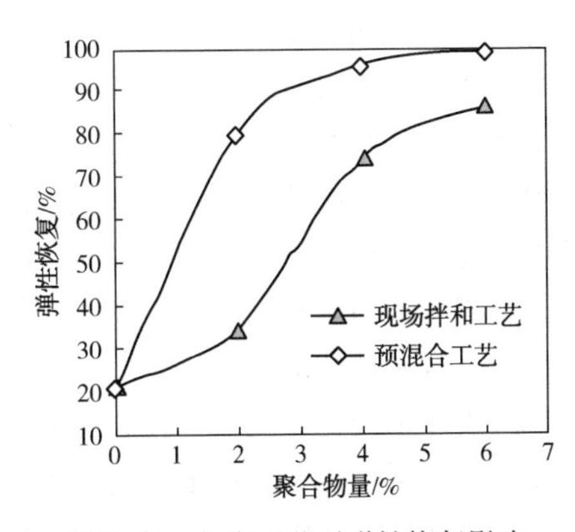

图 7-10　生产工艺对弹性恢复影响

(3) 可以减少聚合物的用量，降低生产成本。与现场拌和法相比，预混合法可以较大幅度地提高基质沥青的软化点和弹性恢复，降低当量脆点，在达到同样的改性效果时，可以减少聚合物用量，达到降低改性沥青生产成本的目的。

27　丁苯橡胶改性沥青有哪些优点？选用丁苯橡胶改性剂时应注意哪些问题？

用丁苯橡胶改性沥青具有以下优点：

(1) 可以改善基质沥青的流变学性质，大大提高黏弹性和低温延性，增加路面的抗冲击能力、抗低温开裂能力和耐磨耗能力，延长道路使用寿命；

(2) 可以增大沥青的黏附度和黏韧性，改善沥青与集料的黏附性，提高路面的强度和防水能力，增强路面的耐久性；

(3) 可以降低沥青的感温性能，改善沥青的高低温性能，使沥青的弹塑性范围扩大、耐流动变形性能提高，从而改善路面的行车舒适性，提高行车速度。

选用丁苯橡胶改性剂时应注意下列问题：

（1）改性剂要与沥青有较好的相容性，在储存或使用温度下不会出现离析现象；

（2）能降低路面对温度、荷重及承载时间的敏感性，大幅度减少不可逆永久变形和脆裂现象；

（3）添加后对沥青黏度的影响要小，有利于拌和及施工；

（4）价格要便宜。

28 丁苯胶乳改性沥青生产方法有哪些？在生产和使用时应注意哪些问题？

目前，丁苯胶乳（SBR）改性沥青的生产方法主要有两种。

（1）预混式法。

预混法是将胶乳加入熔融的热沥青中，边搅拌边加热，待胶乳中的水分蒸发干净后，形成均匀稳定的橡胶改性沥青。预混法的优点是施工设备简单；缺点是加工时间长，不适合大规模生产，容易发生突沸现象。由于丁苯胶乳含水量达到40%～60%，因此生产过程中要特别注意控制胶乳的加入速度，一边加入一边搅拌脱水，使胶乳中的水分慢慢挥发，以免发生突沸现象。脱水后的橡胶颗粒并不能均匀地分散在基质沥青中，因此脱水过程完成后，需用高速剪切设备将橡胶颗粒剪切成粒径约为0.05μm的微粒，提高改性剂的分散效果和改性效果。

（2）直接拌和法。

直接拌和法即在混合料拌和过程中加入胶乳。将集料加热到预定温度并送入拌和机，为了不让含水量很高的胶乳与高温集料直接接触，先向集料表面按比例喷入加热到指定温度的沥青，最后再按比例喷入胶乳，搅拌数秒钟即可制成橡胶改性沥青混合料。直接拌和法主要在公路部门使用。

直接拌和法最大的缺点是：胶乳本身的黏度大，接触空气后挥发速度比较快，在使用过程中易发生挂壁现象，严重时会堵塞输送管道，使胶乳计量失真。

橡胶沥青及其混合料在生产和施工过程中，必须严格控制胶乳的质量及各个步骤的温度。在通常情况下，沥青的拌和温度及碾压温度是根据沥青的黏温曲线确定的。一般在拌和过程中取黏度为$180mm^2/s \pm 20mm^2/s$时所对应的温度，初压时取黏度为$300mm^2/s \pm 30mm^2/s$时所对应的温度，即拌和温度控制在185℃±5℃，初压温度控制在170℃±10℃，复压温度控制在130℃±10℃，终压温度控制在80℃±10℃。如果操作温度控制不严，会严重影响路面的施工质量。工厂拌和法生产丁苯橡胶沥青混合料的周期为41～60s。

29 提高聚合物与基质沥青相容性的主要混合设备有哪些？

用机械手段提高聚合物与沥青的相容性，主要通过减小聚合物颗粒的粒径来实现。目前，聚合物改性沥青生产中常用的混合设备主要有胶体磨和高剪切乳化机。

(1) 胶体磨。胶体磨主要由一个高速转动的转子和定子组成，在定子和转子的圆锥面上均匀地布置了许多齿槽以增加剪切效果。根据磨道的形式不同，可分为单阶胶体磨和三阶胶体磨，定子和转子之间的间隙可调，其结构示意见图 7-11。其工作原理是：将物料从轴的中心吸入，经过磨道，由于离心力的作用从周边甩出。物料颗粒在这一过程中受到强烈的剪切作用，其粒径可以达到 1μm 以下，达到均匀共混的目的。

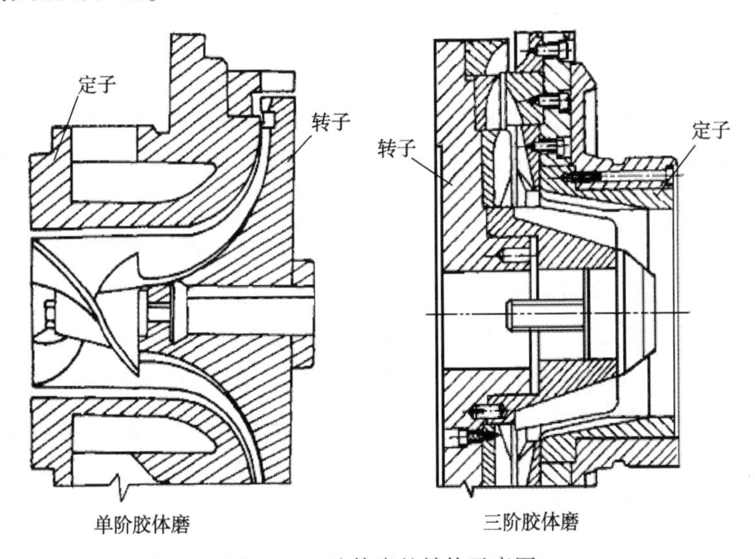

图 7-11　胶体磨的结构示意图

胶体磨的操作有干法和湿法两种，一般应用湿法，这时所处理的物料不是固体而是悬浮液。动力消耗很大，往往须将悬浮液中的固体颗粒预磨到 0.2mm 左右。湿法胶体磨不仅适用于细粉的磨碎，还可用于各种悬浮液的混合。

胶体磨是改性沥青生产中最有效和最常用的混合设备之一。

(2) 高剪切乳化机。高剪切乳化机是一种新型的混合设备，由高速旋转的转子与精密的定子工作腔组成，其转速可达 10000r/min 以上。工作时，转子高速旋转产生轴向吸力，将物料吸入工作腔内，依靠强烈的剪切力将物料中的小颗粒切碎，达到均匀分散的目的。高剪切乳化机可将颗粒物剪切到 0.5μm 左右。目前，间歇式高剪切乳化机的处理量可以达到 $10m^3$/批。

30　不同的原料及工艺条件对 SBS 改性沥青的改性效果有何影响?

(1) 原料的影响。

① 基质沥青。沥青是由饱和分、芳香分、胶质和沥青质形成的胶体溶液。沥青中加入聚合物后，聚合物会吸收沥青中的饱和分和芳香分而溶胀，使沥青各组分的平衡发生移动；如果沥青中的软组分(尤其是芳香分)不足，就会破坏胶

体溶液的稳定性，两者发生离析现象。一般来说，聚烯烃类改性剂与饱和分含量高的沥青相容性好；橡胶类，如 SBR 和 SBS 与芳香分含量高的沥青相容性好。有学者认为，以 SBS 作为改性剂时，基质沥青的组分系数 Ic[(沥青质+饱和分)/(芳香分+胶质)]最好介于 26%~32%。

② SBS 的类型。SBS 的结构、相对分子质量、嵌段比及用量对改性沥青性能有着不同程度的影响。一般星形结构的 SBS 与基质沥青的相容性差，但其改性效果优于线形结构的 SBS。SBS 的相对分子质量越大，在基质沥青中越难溶胀。随着苯乙烯含量的增加，SBS 的弹性和拉伸强度增加。较高的苯乙烯含量可以增加改性沥青的高温性能，而较高的丁二烯含量可以提高改性沥青的低温性能。但是，增加苯乙烯刚性段的含量，必然导致 SBS 的塑性成分增加，其溶胀能力和速度就会显著下降，适宜的嵌段比为 30/70。当 SBS 加入量 1%~2%(质)时，可以在沥青中充分溶胀，二者之间不易发生相分离，但对沥青的性能改善不明显。继续增加 SBS 的用量，基质沥青原有的动态平衡被打破，产生了不均匀体系，易导致离析发生。综合考虑，SBS 的适宜用量为 4%~5%(质)。

因此，在选用 SBS 改性剂时，不但要考虑其分子结构、相对分子质量，同时也要考虑嵌段比和用量。如果要选用星形结构的 SBS，则要有足够的时间使其溶胀，否则不但达不到应有改性效果，其热储存稳定性问题也难以解决。从制备 SBS 改性沥青的难易程度来看，线形结构的 SBS 更适合于工厂化生产。

(2) 生产工艺的影响。SBS 改性沥青的生产工艺分为现场拌和法和预混合法。

现场拌和法通常在道路施工现场使用，由于 SBS 在生产过程中得不到充分的溶胀和分散，故其效果较差。

预混合法包括直接加入法、母液法、母粒法和溶剂法。

直接加入法是将 SBS 颗粒直接加入热熔沥青中，经过溶胀发育、剪切分散、反应稳定三个过程，最后获得热储存稳定的改性沥青产品。直接加入法是目前采用最多的 SBS 生产工艺，如果工艺条件选择恰当，可以生产出性能良好的改性沥青。该方法的主要缺点是，设备投资大，生产周期长，需要特殊的混合设备(如胶体磨、高剪切机等)。

母液法是预先将 SBS 分散在富芳软组分中，制成 SBS 母液，然后与基质沥青(或硬组分)、交联剂一起经过简单的搅拌，即可得到改性沥青产品。母液法的优点是，SBS 分散程度高，产品稳定性好，生产周期较直接加入法短，特别适合于溶脱法生产调和沥青的厂家。其缺点是，必须有特殊的混合设备。

母粒法是将 SBS、交联剂与少量沥青混合，用螺杆挤出机造料成形，得到改性母料，生产改性沥青时，只需在一定的温度下搅拌均匀即可。母粒法简化了

SBS 改性沥青的生产工艺，使改性沥青产品的辐射半径大大增加，是一种值得推广的好方法。

溶剂法是用小分子溶剂事先将 SBS 溶解，与热沥青搅拌均匀后，蒸馏出溶剂即可得到改性沥青产品。这种生产工艺的缺点是能耗高，且由于改性沥青的黏度很大，难免会在沥青中残留一些溶剂，影响沥青的改性效果，因此在路用 SBS 改性沥青生产中很少采用此方法。

（3）工艺条件的影响。

① 混合强度。SBS 与基质沥青的共混分散过程是在一定的剪切应力场作用下，SBS 颗粒不断地发生破碎与聚结的动态平衡过程。其混合强度的大小是保证工艺相容性的关键，只有当 SBS 颗粒的粒径小于 1μm 时，改性沥青才不会发生离析现象，但如此小的粒径在工业生产中很难实现，一般剪切到 5μm 左右即可。

② 反应温度和反应时间。SBS 属于高分子聚合物，提高反应温度或延长反应时间均有利于改善 SBS 改性沥青的感温性和高低温性能，增强体系的稳定性，但过高的反应温度或过长的反应时间均会导致改性沥青的热老化加剧，并使其综合性能逐渐降低。较合适的反应温度为 170~180℃；对于线型 SBS，反应时间宜控制在 40~60min，星型 SBS 反应时间宜控制在 60~80min。

（4）稳定剂的影响。SBS 改性沥青的稳定剂包括物理交联稳定剂和化学交联稳定剂。物理交联稳定剂(如炭黑)的用量较大，其稳定效果不如化学交联稳定。由于基质沥青中存在许多不同类型的活性基团和活性点，故可用于 SBS 与基质沥青发生交联反应的化学交联稳定剂种类很多，如二烯烃、单质硫、马来酸酐、磷酸等，不同稳定剂效果差异很大。目前，应用较多的化学交联稳定剂是具有硫给予功能的有机硫化物。

31 SBS 命名中四位数字的含义是什么？

SBS 命名的四位数字中，左起第一位，1 表示线形，4 表示星形；第二位表示 S 对 B 的比例，3 为 30∶70，4 为 40∶60；第三位表示是否冲油，0 为非冲油，1 为冲油；第四位表示相对分子质量大小，1 为不大于 10 万，2 为 14 万~26 万，3 为 23 万~28 万。如 SBS1301，表示线形、S 对 B 的比例为 30∶70、非充油、相对分子质量不大于 10 万。

32 SBS、SBR、EVA 和 PE 等聚合物对改性沥青性质影响的比较？

高温稳定性：SBS 使软化点提高最多，其软化点大小为 SBS>SBR>EVA>PE。

低温抗裂性：SBS 使 5℃ 延度大幅度增大，而 PE 使延度降低，EVA 略有增加，SBR 增加幅度比 SBS 小，即 SBS>SBR>EVA>PE。

弹性恢复：SBS 改性沥青的弹性恢复性能极好，PE 几乎没有弹性，EVA 有一定的弹性，SBR 比 SBR 弹性差，即 SBS>SBR>EVA>PE。

60℃黏度：SBS 增大最多，其次是 PE、EVA、SBR，即 SBS>PE>EVA>SBR。

针入度指数 PI：SBS 使 PI 增大最显著，其次是 EVA、PE、SBR，即 SBS>EVA>PE>SBR。

33 SBS 掺入量对改性沥青性能有怎样影响?

随着 SBS 剂量的增加，改性效果也随之增大，针入度减小，软化点升高，5℃延度增大。但当 SBS 的加入剂量增加到 4%以上时，改性沥青各性能指标增加的幅度明显减小；当 SBS 剂量达到 6%以上时，改性效果变化不明显。因此，在生产实践中，要根据改性效果情况选择适当的掺量，避免不必要的浪费。

34 沥青四组分对 SBS 的相容性有什么影响?

沥青的化学组成对改性沥青的影响主要是沥青中能够溶胀聚合物的组分含量，对于 SBS 改性沥青体系，SBS 与沥青质、胶质的相容性差，与饱和分、芳香分相容性好，特别是芳香分多，相性更好，沥青质越多，相容性更差。

在同样条件下，沥青质含量少、芳香分含量高的沥青其相容要好。

沥青的针入度减少，相容性变降低，表明饱和分对 SBS 改性沥青的改性效果起到很大作用。同种原油生产的沥青，其 90 号沥青比 70 号沥青有更好的相容性。

35 SBS 改性沥青生产溶胀过程中对温度有什么要求?

SBS 改性沥青在生产溶胀过程中，SBS 加热不宜超过 190℃，在 160~180℃时，SBS 具有较好的柔韧性，并容易加工；当 SBS 加热温度超过 190℃时，SBS 就会不同程度地氧化、焦化、分解、降解，造成使用性能下降。

36 SBS 改性沥青在发育过程中对温度有什么要求?

SBS 改性沥青在发育时，一般情况下温度控制在 160℃左右。由于沥青组分复杂性，对于一些基质沥青需要高一点的发育温度才有效，必须小试确定。

37 改性沥青生产中基质沥青如何选择?

尽量选择交通部 JTG F40—2004 规范要求的 A 级道路沥青，不要选择石油化工行业标准普通沥青和国家标准的重交通道路沥青，因为 A 级道路沥青对 10℃延度和蜡含量等都提出了更高的要求。SBS 改性沥青的突出优点就是低温延度的大幅提高，因而对基质沥青的延度也有更高的要求。同时，基质沥青蜡含量的高低对改性沥青的感温性能也有直接的关系，蜡含量越高，其感温性能越差。

38 为什么要对改性沥青的基质沥青进行选择？

加工改性沥青时，并不是基质沥青符合A级道路沥青标准的，就简单认为用任何一种改性剂都能得到很好的效果。基质沥青与改性剂之间存在着配伍性问题，基质沥青常规指标并不能完全反映沥青的内在组分性质。沥青作为一种石油炼制产物，其成分相当复杂。从化学成分来说，可分为沥青质、胶质、芳香分和饱和分，每个组分之间的比例关系直接影响改性剂的配伍性问题。从改善沥青组分与改性剂相容性的要求出发，要尽量选用较低沥青质含量和较高芳香分含量的基质沥青。实际生产中必须对基质沥青进行改性试验，考察不同改性剂品种、工艺条件的改性效果，最终选定合适的配伍及工艺。

39 不同SBS改性沥青产品对基质沥青怎样选择？

一般来说，基质沥青以通常工艺手段采用SBS改性后，其25℃针入度下降20~25个单位。如70号重交沥青改性后，针入度一般在45~50个单位，故只能生产符合SBS改性沥青Ⅰ-D产品的要求。所以生产Ⅰ-D改性沥青产品，一般选用70号沥青；生产Ⅰ-C改性沥青产品选用90号沥青；生产Ⅰ-B改性沥青产品可选用110号沥青。在基质沥青采购时必须考虑到这一点。

40 改性沥青的稳定剂作用/用量/温度/种类怎样？

作用：使SBS与基质沥青发生浅度交联，形成交联的大分子网络结构，阻止SBS的离析。

用量：0.1%~2%。

温度：150~190℃。

种类：硫、无机盐类和高分子化合物类，无机盐类主要有金属氯化物、硅酸盐、磷酸盐等，高分子化合物使用较多的有聚乙烯醇、羧甲基纤维素等。

41 改性沥青的相容剂作用/用量/种类/性质怎样？

作用：改善基质沥青与SBS的相容性。

用量：2%~10%。

种类：糠醛抽出油、成品橡胶填充油、催化油浆等。

性质：黏度、闪点、芳烃含量(关键指标)。

42 SBS改性沥青热储存稳定性主要有哪些影响因素？

(1) 不同SBS品种对改性沥青储存稳定性的影响。线型SBS改性沥青储存稳定性普遍优于星型 SBS 改性沥青，对于星型 SBS 改性沥青，嵌段 22/78 要优于 30/70 的储存稳定性。

（2）不同 SBS 剂量对改性沥青储存稳定性的影响。对于相同品种的 SBS，随着 SBS 含量的增加，聚合物吸收沥青轻质油分的比率也在增加。当 SBS 剂量超过 3%时，SBS 改性沥青经过热储存时，SBS 溶胀度会大大减少，其离析程度有明显的增大。

（3）不同储存温度对 SBS 改性沥青储存稳定性的影响。不同储存温度下，相同品种和剂量的 SBS 改性沥青离析程度不同，温度越高，离析越严重。

（4）不同基质沥青对 SBS 改性沥青储存稳定性的影响。同一种改性剂对不同的基质沥青会有不同的改性效果，这就是基质沥青与改性剂的配伍性。并不是所有的基质沥青均可用于 SBS 改性并生产出性能最优的沥青。加入稳定剂后，改性沥青中聚合物的形态结构发生了变化。稳定剂加入降低了沥青相与 SBS 之间的界面能，也促进了 SBS 相的分散，并且阻止了 SBS 相的凝聚、能够强化黏结，从而提高热储存的稳定性。但一种稳定剂不是对所有沥青都有效，因此不同种类的沥青改性剂应选用不同的稳定剂，才能取得良好的效果。

43 糠醛抽出油对 SBS 改性沥青性能有哪些影响？

（1）糠醛抽出油能改善 SBS 改性沥青的高、低温性能，针对不同的基质沥青能制得合格的改性沥青产品。

（2）糠醛抽出油的加入使得改性沥青老化试验后 25℃针入度比和 5℃延度均增大，抗老化性能趋好。

（3）糠醛抽出油能显著影响改性沥青的高温储存稳定性，较高的糠醛抽出油含量对于保证 SBS 的网络结构有着明显改善，从而保证改性沥青储存稳定性。

（4）在其他原料、生产工艺和产品等相同条件下，不同基质沥青对糠醛抽出油加入量不同，甚至有较大的差别。

44 充分发挥稳定剂的稳定效果应考虑哪些影响因素？

（1）聚合物 SBS 必须以一定细度的粒径均匀分布在沥青相中。

（2）稳定剂应符合一定的添加反应工艺条件。

（3）相容性好的基质沥青改性，添加稳定剂的比例小；相容性差的基质沥青改性，添加稳定剂的比例大。

45 为什么说高温储存的 SBS 改性沥青搅拌或循环不宜频繁？

（1）沥青受热后，其轻质油分在搅拌或循环情况下挥发更快，使沥青变硬变脆，黏结性降低。

（2）罐表层以下沥青在搅拌或循环时会上升至罐表层，与空气接触，导致更多沥青因与空气接触会发生一定程度的老化。

（3）在管道内不断运行的沥青在储存罐顶部散落进大罐内时，使表层沥青的表面积增大，与空气接触的面积增大，也导致沥青的表层发生一定程度的硬化。

（4）频繁搅拌或循环会降低沥青的温度，沥青温度反复升高与降低，既增加了成本，又容易使沥青老化。

46 高温储存对SBS改性沥青的软化点有什么影响？

（1）短时间储存对改性沥青软化点影响不大，不同改性剂均存在这一现象。

（2）高温储存一段时间后，改性沥青软化点均有所降低，但不同改性沥青软化点降幅不同。

（3）相同原料、不同加工方式对改性沥青储存期间的软化点影响有着较大的区别（如实验室和工业生产），甚至趋势是相反的。

47 常温储存对SBS改性沥青的软化点有什么影响？

改性沥青在常温下储存一段时间后，软化点均发生了衰减现象。这是因为高温下形成的“聚集团”并不是稳定的，在长时间的常温放置过程中，“聚集团”中的改性剂“核”会逐渐发生变化，轻组分会从“聚集团”中析出，“聚集团”厚度减薄，黏度变小，软化点降低。

48 老化对SBS改性沥青的软化点有什么影响？

（1）无论线型SBS还是星型SBS，对同一种基质沥青均未表现出突出优势，不存在孰优孰劣。

（2）同一种改性剂对不同的基质沥青改性，软化点差别较大。

（3）改性沥青老化后表现出与基质沥青不同的变化规律，软化点有可能增大，也可能减少，这与具体的改性沥青组合有关。

（4）短期老化和长期老化对改性沥青软化点影响不同，且没有规律可循，只能通过试验来确定。

49 改性沥青在生产、发育及老化阶段，其针入度如何变化？

剪切后的分散料经发育后，其针入度呈小幅升高的变化，但是在静置老化阶段，针入度指标却随着老化时间的增加而逐渐变小。

50 改性沥青在生产、发育及老化阶段，其延度如何变化？

剪切后的分散料经发育后，其延度呈无规律变化，但是在静置老化阶段，延度指标却随着老化时间的增加而逐渐变小。

51 什么是沥青-橡胶?

为了从本质上更好地表征沥青-橡胶结合料的特点，美国 ASTM 在它的术语标准 D8 中对沥青-橡胶做了以下定义：“沥青-橡胶是由沥青、回收的废轮胎橡胶和某些添加剂掺和成的混合物，其中至少有总质量 15%的橡胶成分，并在热沥青结合料中充分反应从而使橡胶颗粒膨胀。”定义包含以下 3 个要素：

（1）沥青-橡胶是轮胎橡胶屑与基质沥青掺和而成的混合物。

（2）橡胶屑的比例至少应占结合料总量的 15%。

（3）橡胶屑在高温沥青中融胀，一部分为沥青中轻质油分所融溶，而仍然保持着固体橡胶颗粒的核心。

52 废橡胶粉改性沥青的生产技术主要有几种？各有什么优缺点?

废橡胶粉改性沥青的生产技术主要分为湿法和干法两大类。湿法生产的废橡胶粉改性沥青常用于填缝料、封层(应力吸收膜)，也可用于热拌沥青混合料；干法仅用于热拌沥青混合料。

（1）湿法(McDonald 法)。

湿法是将废橡胶粉在 160~180℃的热沥青中拌和 2h，制成改性沥青悬浮液，称为沥青橡胶(asphalt rubber)，然后拌入混合物中。当废橡胶粉改性沥青用于热拌沥青混合料时，胶粉用量一般为沥青的 6%~15%，最多不超过 20%。如果废橡胶粉的加入量太大，泵送和施工将出现困难。废橡胶粉改性沥青用于应力吸收膜时，废橡胶粉的添加量宜为 25%~32%。

湿法制备改性沥青的工艺比较简单，不过改性效果与废橡胶粉的细度关系很大，粒度越细，与沥青的接触面积越大，越易拌和均匀，且不易发生离析、沉淀现象，有利于管道输送或泵送。

（2）干法(Piusride 法)。

干法是将废橡胶粉直接喷入拌和锅中拌和而制备废橡胶粉改性沥青混合料的方法，废橡胶粉加入量为混合料的 2%~3%，所得到的混合物称为橡胶改性混合料。该方法的优点是无污染，由于橡胶颗粒分布在路面上，使路面保持粗糙，增加了路面的摩擦力，可明显减少刹车距离。

53 废橡胶粉的脱硫方法有几类?

废橡胶粉脱硫再生是通过加入某些化学剂或者通过其他作用打断硫化胶中的 C—S 和 S—S 键，从而破坏其三维结构。废橡胶粉的脱硫方法可分为以下 3 类：

（1）能量破坏法。能量破坏法又可分为超声波法、超高频辐射法、在蒸汽热压釜中脱硫法、射线作用下的在废胶粉上单体接枝聚合法等。

（2）化学脱硫法。如用三酚基磷、丁基二硫代磷酸钠和硫醇胺再生剂；用二硫代三醇、镁-铝氧化物、苯胺、甲基碘脱硫法；利用热机械法生产再生胶时，加入4,4-二硫代二苯基马来酰胺作添加剂，以打破交联键。

（3）微生物脱硫法。近年来，Loeffler M 等研究了利用硫杆菌对胶粉进行改性，得到的胶粉可作为生胶添加剂。

54 废橡胶粉的生产方式有哪些？

（1）室温粉碎法（AS），是指在常温下，将废旧橡胶用辊筒或其他设备的剪切作用进行粉碎的一种方法。室温粉碎过程产生的粒子具有粗糙的孔表面，形如为海绵状。该法是废橡胶粉生产领域内占主导地位的生产方法。

（2）低温磨制法，是废橡胶经低温催化后而采用机械进行粉碎的一种方法。这种方法制得的粒径比室温粉碎法更小。低温磨制法产生的微粒表面光洁，其表面积比室温粉碎法的材料的表面积小。

（3）湿法或溶液法，这种方法是先将废橡胶粗碎，然后使用化学药品或水对粗胶粉进行预处理，再将预处理的胶粉投入圆盘胶体磨粉碎成超细胶粉。这种胶粒表面为凹凸形，呈毛刺状态，在同样体积下表面积大，有利于与其他材料结合。

55 用废橡胶粉改性沥青可以提高基质沥青的哪些性能？

（1）可以提高沥青的高温性能。随着废橡胶粉掺入量的增加，橡胶沥青的针入度、延度逐渐降低，软化点逐渐升高，可以避免在炎热夏季路面出现黏软和拥包现象，解决炎热地区夏季路面流淌问题。

（2）可以改善低温性能。普通道路沥青的低温（如0℃）延度试验多呈现脆性断裂，无明显的延伸性。掺入废橡胶粉后，改性沥青的常温延度虽然降低，但低温延度有明显的提高。低温延度增大，表明在低温时具有较大的变形能力，可以缓解路面受外力作用或基层应力反射到面层的开裂与破损，有利于改善沥青混合料的低温抗裂性。脆化温度下降，对于减轻路面冬季开裂、提高沥青混凝土的低温稳定性是非常重要的，同时对于延长路面的寿命有着重要的现实意义。

（3）可以增强沥青与集料的黏附性。废橡胶粉改性沥青对酸性石料，如石英石、花岗岩等的黏附性明显增强，当废橡胶粉含量超过8%时，用水煮法试验，对酸性石料的黏附性都可以达到4~5级，在石料表面形成的沥青膜也比较厚。

（4）可以提高沥青的抗老化性能。沥青薄膜烘箱试验表明，废橡胶粉改性沥青的热损失少，针入度和延度下降幅度小，黏度值增高不多，说明改性沥青的抗老化性能增强。

（5）可以提高沥青的感温性能。废橡胶粉加入沥青中，可以增强沥青的韧性，增加沥青体系的稠度，有效地吸附沥青中的油蜡，从而减少游离蜡的含量，使沥青的感温性下降。

56 影响废橡胶粉改性沥青性能的主要因素有哪些？

（1）基质沥青。废橡胶粉在热熔沥青中会吸收油分膨润并缓慢脱硫。废橡胶粉的吸油率会达到其自身重量的40%～60%，废橡胶粉吸收沥青中的油分会导致沥青的使用性能和寿命下降。因此，用于废橡胶粉改性的基质沥青最好含有较多的油分，尤其是芳香分要高。

（2）橡胶粉的粒度。橡胶粉的粒度越小，与基质沥青的接触面积越大，易于吸油膨胀而达到较好的分散状态，其改性效果也越好。橡胶粉的粒度受到生产工艺的影响。采用液氮冷冻粉碎法可以生产出很细的橡胶粉，但其技术复杂，生产成本很高。试验表明，使用24～30目的橡胶粉就可以满足改性沥青的要求。目前，常温辊压法生产胶粉在我国普遍使用，工业化生产技术已处于世界领先水平。近年来，国内开发了一种新型的粉碎机，遵循剪切研磨原理，齿盘耐磨，工作寿命长，可将粒度4mm以下的废胶块一次性粉碎到80目以上。国内废橡胶粉的价格一般为2800元/t(40目)～3200元/t(80目)，价格远低于SBS。

（3）活化剂。由于废橡胶粉是硫化胶，分子呈网络结构，无黏性、无塑性而具有弹性，为了使橡胶在沥青中均匀分散并充分拌和，须对橡胶颗粒进行降解和塑化，使之重新获得某些生胶的性质。为了加速塑化过程，缩短改性沥青的制备时间，可添加适量的活化剂，如α-巯基苯噻唑二硫化物、硫化四甲基秋兰姆、二硫化酚醛低聚物、脂肪族和芳香族聚胺等。一般添加量为1%即可，用量超过2%，将造成废橡胶过度裂解，使改性沥青质量下降。

（4）温度。废橡胶粉改性沥青的生产过程中，橡胶粉需要吸油膨胀，甚至发生脱硫反应，因此生产废橡胶粉改性沥青需要适当的温度。废橡胶粉改性沥青适宜的制备温度为160～170℃。

（5）搅拌时间和强度。橡胶粉改性沥青是一种胶粉颗粒均匀地分散在沥青中形成的悬浮液。为了增强废橡胶粉的分散性，延长搅拌时间和提高搅拌强度是必要的。近年来，湿法生产废橡胶粉沥青的工艺有了重大的改进，废橡胶粉加入沥青后，不仅仅是简单的机械搅拌，而且还通过高剪切装置，如胶体磨进行加工。由于在加工过程中得到了进一步的溶胀和粉碎，废橡胶粉在沥青中的分散更加均匀，改性效果也更好。

57 沥青-橡胶结合料主要特征是什么？

（1）粗的橡胶屑(10目/1.2mm和更小的粒径)在沥青搅拌站加入沥青，并持续搅动直至到达平衡状态。

（2）橡胶屑仍然保持颗粒状态。

（3）高的黏度和沥青膜厚度。

（4）成为一种结合料的改性剂。

（5）橡胶含量为15%～22%。

58 橡胶改性沥青主要特征是什么？

（1）细的橡胶屑（30目/600μm或更小的粒径）在炼制厂或沥青总站加入沥青中。

（2）橡胶屑被制成可溶的、溶解的、非粒子的。

（3）低的黏度和结合料用量。

（4）主要是一个结合料的改性过程。

（5）结合料吸收橡胶中的高分子聚合物。

（6）橡胶的含量可以在0.1%～10%的范围内。

（7）试图使轮胎橡胶屑具有像沥青那样的性质。

59 为什么说橡胶改性沥青与沥青-橡胶结合料不同？

橡胶改性沥青与沥青-橡胶结合料在作用机理、追求目标、制作工艺上是完全不同的，二者是两种类型的橡胶（化）沥青，不应将二者混为一谈。

60 与普通沥青和常规聚合物改性沥青相比，沥青-橡胶结合料的优势是什么？

（1）可以使低成本的粗颗粒（1～2mm）橡胶屑用量高达20%以上，降低了沥青橡胶（AR）结合料的生产成本。

（2）杰出的黏弹性和坚韧性，可以全方位地改善沥青混合料的路用性能，具有良好的抗车辙、抗水损害、抗低温裂缝和反射裂缝的能力。

（3）高的结合料用量和沥青膜厚度，提高了路面的耐久性和抗疲劳寿命，在一定的条件下可适当减薄罩面的结构厚度，因而降低了路面建设和维护养护的成本。

61 与普通沥青和常规聚合物改性沥青相比，沥青-橡胶结合料缺点与局限性是什么？

（1）在施工温度范围内，黏度比普通沥青高很多，它的施工和易性较差，因此必须相应提高它的生产、摊铺、碾压的温度，由此将带来烟雾和异味污染。

（2）它的施工条件较为苛刻，对温度的敏感性很高，施工温度控制不好，容易导致压实质量方面的问题。

（3）由于储存稳定性差，只能现场制作，无法长期储存，也不宜长距离运输。

（4）路面的结构厚度受到了一定限制，不宜很厚，更适用于表面磨耗层。

62 橡胶改性沥青在材料要求、生产工艺、使用条件、应用领域等方面的特点是什么？

（1）要求采用至少 600μm 以下的细或超细粒径的废旧轮胎橡胶，因为细的胶粉更容易融溶于热沥青中。

（2）在生产工艺上，要求高强度的处理工艺，使橡胶颗粒发生部分的反硫化和解聚合作用，从而消融于高温的沥青中。

（3）在储存的稳定性上，可以较长时间地储存而不降低其基本性能，不需要在使用工程中进行不断搅动。

（4）可以进行工厂化生产，而将制备好的成品结合料运往拌和站供用户直接使用。

（5）由于降低了结合料的高温黏度，可以获得与常规改性沥青类似的施工和易性。

（6）在应用领域方面，橡胶改性沥青更适合于密级配的沥青混合料。

63 沥青-橡胶结合料在材料要求、生产工艺、使用条件、应用领域等方面的特点是什么？

（1）要求采用粗颗粒的橡胶屑，橡胶屑粒径分布的主要部分应在 0.3~1.18mm。

（2）在生产工艺上要求采用低强度的处理工艺，橡胶屑在热沥青中的反应主要是物理的融胀作用。在这一处理工程中，橡胶屑仍然保持着固体颗粒的核心。

（3）沥青-橡胶结合料只有在橡胶用量较大的状态下才能显示出它的优势，橡胶屑的用量与结合料总量之比通常在 15%~20%。

（4）在使用条件上，沥青-橡胶结合料不能长期储存，只能现制现用，而且在使用过程中必须不断搅拌以保持结合料性能的稳定。

（5）由于高用量的橡胶屑导致沥青-橡胶结合料的高黏度特性，这一方面使沥青-橡胶结合料在热拌型或喷洒型的应用中可大幅提高结合料的用量；另一方面则恶化了施工和易性引起某些施工上的困难。

（6）沥青-橡胶结合料优势应用领域是断级配及开级配沥青混合料和表面处治与石屑封层。

64 橡胶改性沥青的作用机理是什么？

橡胶屑在热沥青中的反应或融合作用可以分成两大类，即物理的融胀作用和化学降解作用。在任何一种湿法处理工艺中，这两种现象都是同时存在的。当处理工艺的强度较低时，即较低的处理温度、较短的反应时间、低速的搅拌混合时，物理的融胀作用占主导地位；当处理工艺的强度很高时，即较高的处理温度、较长的反应时间、采用高强度机械剪切研磨时，则化学降解过程处于主导地位。

反应或融合作用是指沥青和橡胶屑在高温下掺和在一起时发生的物理交换，它包含了橡胶屑颗粒在沥青中融胀和使结合料发育而达到要求物理特性的过程。虽然“融合作用”也常称为“反应”，但它并不是一种化学反应，而是一种物理的相互作用。在这个过程中，橡胶屑从沥青中吸收芳香油和轻质馏分(低挥发或低活性分子)，并释放出某些在生产橡胶时使用的类似油类的物质。

融胀是指橡胶屑在高温沥青中发生的一种物理性质的相互作用过程，该过程中橡胶屑的表面部分被沥青的轻质馏分所吸收融解，并释放出某些油分，形成一种凝胶(Gel)状的物质，但其核心仍保持着固体颗粒。

65 沥青-橡胶结合料的作用机理是什么?

在沥青-橡胶结合料的处理过程中，只有极少量的橡胶颗粒完全消融于沥青中，起主导作用的是物理融合作用，其制备工艺采用低强度融胀处理工艺，即低速率的搅拌而不是高速的剪切研磨，融胀的时间也不能太长，融胀温度相对偏低，而对废旧轮胎橡胶则要求采用粗粒径的橡胶屑。在这样的条件下，橡胶屑在热沥青中的融合作用是一个逐渐变化和发展的过程。这可分为三个阶段。第一阶段是橡胶屑在热沥青物理融合作用的开始阶段，橡胶屑的表面与沥青中的轻质油分开始融溶，但是橡胶屑的固体颗粒只有很少一部分参与反应，显得融胀不足。第二阶段是融胀的适宜阶段，橡胶屑相当部分已经参与反应，而仍然保持着固体颗粒的核心，这是沥青-橡胶结合料所要求的融胀状态，此时结合料具有很高的黏度。第三阶段是当橡胶屑在高温沥青中继续融胀时，橡胶屑被沥青中轻质油分融解的部分越来越多，而固体颗粒核心则越来越小，显示出过度融胀状态，结合料的高温黏度也随之下降。

66 橡胶改性沥青中影响橡胶屑与沥青相容性的因素主要有哪些?

(1) 橡胶屑和沥青的化学组成。

(2) 橡胶屑的物理形态——橡胶屑细度。

(3) 橡胶屑与沥青湿法处理的工艺参数。

(4) 添加剂的作用。

67 橡胶改性沥青中提高改性沥青相容性的添加剂有哪些?

最常用的添加剂是调和油，它是以芳香油为主要馏分的轻质油，可以调节沥青的软硬程度。经验表明，添加适当比例（如2%~16%）的调和油，有助于橡胶屑在热沥青中融胀过程。此外，还可以通过添加某些化学反应剂、稳定剂、活性剂等添加剂来强化橡胶屑在热沥青中的脱硫和解聚合作用，改善结合料存储的稳定性。这些都会有助于提高橡胶改性沥青的相容性。

68 橡胶改性沥青设计的基本原则是什么？

（1）宜选择天然橡胶含量高的废旧轮胎橡胶作为橡胶改性沥青的原材料。

（2）橡胶屑的加工宜达到50~100目的细度，以降低结合料的处理温度和加快胶粉融入沥青中。橡胶屑的用量宜选择在10%~15%。

（3）基质沥青应根据气候、温度、交通量等工程应用条件来选择。对于寒冷地区的结合料，宜选择较软的沥青作基质沥青（如90号沥青、110号沥青等），必要时可添加2%~3%的调和油。对于炎热地区的结合料，宜选用较硬的沥青作基质沥青（如70号沥青、50号沥青等）。

（4）应合理地控制处理强度，操作温度宜在200~220℃。橡胶颗粒脱硫、降解的程度以满足工厂化生产为准，可允许在拌和厂通过循环流动方式使尚未完全消融的细颗粒在沥青中保持悬浮状态。

（5）鉴于在结合料的储存稳定性以及高温、中温、低温性能之间存在着矛盾的关系，在设计结合料时应根据实际应用条件，合理地兼顾和平衡结合料各性能之间的关系。

69 影响沥青-橡胶结合料的主要因素有哪些？

（1）基质沥青，包括它的化学组成与物理特性。

（2）橡胶屑，包括它的化学组成、粒径的大小与级配、加入沥青中的比例。

（3）橡胶屑在热沥青中的处理工艺参数，包括处理的温度、时间和搅拌强度。

70 沥青-橡胶结合料中基质沥青的选择原则是什么？

基质沥青的选择通常是根据气候条件和橡胶屑的相容性来考虑的。从气候条件来考虑，较软基质沥青其延度、变形能力较强，因此有利于提高沥青-橡胶结合料的低温性能；而较硬基质沥青其抵抗变形能力较强，因而有利于提高沥青-橡胶结合料的高温性能。从相容性的角度来考虑，软的基质沥青其轻质油分的比例高，有利于橡胶颗粒的融胀；而硬的基质沥青其轻质油分的比例低，它与橡胶屑的相容性相当较差。因此，太硬的基质沥青不宜作为沥青-橡胶结合料的基质沥青，通常以选择中等或中等偏软的基质沥青为宜。我国基质沥青宜采用A级沥青，热区选择50号沥青和70号沥青，温区选择70号沥青和90号沥青，寒区选择90号沥青和110号沥青。

71 对橡胶屑的化学组成和物理特性各有哪些要求？

橡胶屑化学成分的质量要求包括丙酮抽出油(6%~16%)、灰分(≤8%)、炭黑(28%~38%)、橡胶碳氢化合物(42%~65%)、天然橡胶(28%~38%)等。

橡胶屑物理特性技术要求包括纤维含量(≤0.5%)、钢丝含量(≤0.01%)、相对密度(1.1~1.2)、颗粒的单边长度(≤4.75mm)、滑石粉或碳化钙含量(≤3%)、其他杂质含量(无)。

72 橡胶改性沥青生产主要包括哪几个过程？

(1) 基质沥青的加热升温过程。

(2) 基质沥青、橡胶屑、添加剂等的计量过程。

(3) 基质沥青、橡胶屑及添加剂的预混过程。

(4) 橡胶屑在沥青中的分散和反应过程。

(5) 储存和运输。

其中，橡胶屑在沥青中的分散和反应过程是最重要的阶段，橡胶屑与沥青的混合物将在胶体磨或高速剪切机中经过若干次循环研磨后达到要求的细度和分散均匀度，或者通过多级的高速剪切机或胶体磨实现一次性连续研磨后达到要求的细度和分散均匀度。

73 橡胶改性沥青的质量控制方法是什么？

首先实验室配方和工艺的试验：在实验室的小型试验设备上按初步设计的配方进行试验，并根据试验的结果进行调整，使产品符合设计要求，确定生产配方、适宜加工温度、反应时间等，并制定详细生产工艺和操作规程，用于指导大批量的生产。

其次工业的试生产：实验室验证后的橡胶改性沥青配方和生产工艺还需要在工业生产设备上通过试生产，对工艺工程做出进一步调整优化，使产品质量满足要求，之后才能确定正式生产用的配方和生产工艺条件。

74 橡胶改性沥青与常规改性沥青工艺控制上有什么不同？

橡胶改性沥青生产设备通常与常规改性沥青生产设备是通用的，但需要根据橡胶改性沥青的工艺要求来调试其工艺过程的参数——处理温度与时间。橡胶改性沥青受基质沥青的组成、橡胶屑的成分/细度/用量、基质沥青与橡胶屑混合剪切研磨的速度与遍数等多种因素的影响，需要通过试验来确定。为避免基质沥青的过度老化，通常采用205~215℃的处理温度是比较合理的，反应时间根据反应设备的大小、剪切强度等具体情况来确定。SBS改性沥青剪切研磨处理温度不宜超过190℃，通过采用160~180℃处理温度是比较合理的。

75 沥青-橡胶结合料生产主要包括哪几个过程?

（1）基质沥青的加热升温过程。

（2）基质沥青、橡胶屑、添加剂等的计量过程。

（3）基质沥青、橡胶屑及添加剂的预混过程。

（4）橡胶屑在沥青中的融胀和反应过程。

76 沥青-橡胶结合料主要工艺参数要求是什么?

（1）基质沥青储存罐温度：150~160℃。

（2）基质沥青加热罐温度：200~210℃，温度自动控制系统的控制精度宜为设定值的±3℃。

（3）沥青与橡胶的混合搅拌温度：180~210℃，搅拌过程中的温度变化不应超过设定值的±5℃。

（4）反应罐工艺要求：180~210℃，并在规定的温度下保持45~60min反应时间。

（5）储存罐工艺要求：180~195℃，持续保存时间一般不宜超过10h（在储存期间仍需不断搅拌）。

（6）橡胶屑用量：橡胶屑的用量与结合料总量之比通常在15%~20%。

77 如何对沥青-橡胶结合料生产过程进行质量监控?

黏度是沥青-橡胶结合料最为敏感的指标，可将它作为控制结合料生产质量的控制指标。在沥青-橡胶结合料的整个生产过程中，黏度变化不宜超过设定值的±500mPa·s。通常，当黏度的变化超过设定值的±500mPa·s，说明沥青-橡胶结合料的原材料组成有可能与原设计发生了变化。在沥青-橡胶结合料的正常生产过程中，宜按每小时一次定时检查结合料的黏度。

78 如何进行沥青-橡胶结合料延期使用?

每批成品沥青-橡胶结合料持续保存时间一般不宜超过10h（在储存期间仍需不断搅拌）。如果沥青-橡胶结合料延期使用，应停止加热，结合料将自然冷却，当结合料冷却到180℃以下再次启用时必须重新加热（再加热次数不宜超过2次），使其温度上升到180~210℃的范围内，必须重新检验结合料的黏度，以验证其是否处于规定的范围内。如果在沥青-橡胶结合料延期使用的时间更长（如过夜），再加热重新使用时应额外添加10%以上的橡胶屑，并在180~210℃的温度范围内搅拌和反应45min，以重新建立起沥青-橡胶的黏度至规定的范围内。

79 橡胶沥青在运输过程中对运输设备有什么要求?

自卸车槽在装橡胶沥青混合料之前必须彻底清洗干净，去除黏结在底板和侧板上的任何残留物质。车槽在清洁后和运输过程中应在底板和侧板上均匀喷洒一层防黏剂。防黏剂可用皂液(洗衣皂液)、稀释的硅脂乳液或专门的沥青防黏剂，不得使用柴油或其他溶剂作为防黏剂。

保持混合料温度而尽可能减少热量失散是橡胶沥青混合料运输作业的基本要求。采用有隔热车厢的自卸载货汽车则效果更好。防水篷布是自卸载货汽车必须配备的，篷布应不透水，具有足够强度以抵抗风力的撕扯，并能在侧面及后部垂下 0.3m；载货汽车上应有足够的锚固点，以便用拉索将帆布拴牢，不致使下垂部分在风中飘起而拍打车厢和篷布与车槽顶部混合料，以致形成空气流动通道。

80 橡胶沥青在运输过程中对温度有什么要求?

自卸载货汽车中混合料温在到达摊铺现场时，应控制在 160~175℃ 的温度范围内。较热的天气(气温大于 18℃)和运距较短可采用低值；较冷的天气(气温小于 18℃)和运距较长可采用高值；大多数情况下可采取中值(165℃)。

81 目前，工业化应用的轮胎橡胶改性活化技术有哪些?

(1)水油法：污染大，已淘汰。(2)动态脱硫(罐)法：市场占比最多，污染大、安全容错率低，已被列入限制类。(3)密炼法：污染大，生存困难。(4)螺旋加热法：活化效果不理想，产品性能低。(5)螺杆加热挤出法(单、双)：安全稳定，主要推荐工艺。(6)高混生热法：深度活化不方便排料，安全容错率低。

82 单一的螺杆热挤出法是怎样活化橡胶的? 其有何优点和不足?

将橡胶粉、软化油的混合物经过加热的精密螺杆，以高温热能和精密螺杆、料筒之间的剪切力提供断键能量，使胶粉获得活化效果。

优点：不添加水，污染物排放总量大大减少；封闭螺杆内橡胶只有很少部分发生热氧老化和劣化，橡胶性能可以较大程度保存；设备工业化程度高、安全性高、连续化生产；螺杆具有较大推送力，可以实现深度活化。目前，橡胶再生行业单螺杆工业化应用更成熟。

不足：不同螺杆结构设计的维保量差异大；单一的螺杆热挤出法易出现活化不充分。

83 复合型螺杆热挤出法是怎样活化的? 其有何优点?

将橡胶粉、软化油、断硫活化剂(可选)的混合物加入搅拌罐，通过罐壁导热或高混摩擦生热实现预分散和浅度活化，再经过加热的精密螺杆，以高温热能和精密螺杆、料筒之间的剪切力提供断键能量，获得活化效果。

优点：不添加水，污染物排放总量大大减少；封闭螺杆内橡胶只有很少部分发生热氧老化和劣化，橡胶性能可以较大程度保存；设备工业化程度高、安全性高、连续化生产；活化效果较单一螺杆热挤出法更好，螺杆具有较大推送力，可以实现深度活化；业内已有连续大量生产螺杆免维保技术。

84 当前橡胶改性活化技术需考虑哪些因素？

(1)环保性和安全性(容错率)是前提条件。(2)产品性能是立足之本。(3)设备投资和运行成本是增效主因。(4)操作工人作业环境、劳动强度以及生产对工人依赖度是生产保障。

85 解交联橡胶用于沥青改性对加工设备有何要求？

一是上料系统宜简单高效，减少输送死角，因为胶泥柔软、内部黏等。二是采用胶体磨或强剪切设备，因为轮胎橡胶中存在少量丁基橡胶等不易活化成分。

86 橡胶在沥青改性中是否掺量越高越好？

橡胶是无定形聚合物材料，不具有优异的热流动性。从橡塑行业的角度，工业化验证表明，橡胶在 PE、PP 等塑料共混物应用比例超过 35%，会极大影响加工和使用性能。作为改性橡胶在沥青中应用时，追求过高掺量意味着橡胶烃裂解为芳香烃组分增加，经济性和产品性能方面均不合理。

87 橡胶预处理后活化橡胶对沥青改性有何影响？

(1)操作温度降低(如从 215℃降至 175℃)，胶体磨的剪切次数减少(如多次剪切降至 1~2 次)。(2)采用常规胶体磨加工设备，生产效率高。(3)橡胶掺量可显著提升，改性效果随着提高。(4)较低的运动黏度，施工和易性较好(5)高温加工异味小，更安全，活化橡胶不会因飞扬黏附在罐壁而发生火灾。

88 微纳橡胶是怎样生产的？其有何优点？

通过采用橡胶的解交联技术，主动调控微量氧气进行化学断链实现绿色解交联(<200℃，<500kW · h/t)。解交联后稳定性优良，自身再交联状况大幅降低，能实现微纳分散，溶解于沥青中，作为沥青胶体的新组分，采用螺杆连续多阶脱硫技术生产。其优点是既保留了动态脱硫罐“生产质量稳定”的优势，又解决了“二次污染、高能耗和安全隐患”等问题。

89 用微纳橡胶生产橡胶沥青时有何特点？

橡胶掺量高(约30%)，操作温度低(约180℃)，有毒有害气体的排放量降低约85%，还具有黏度低特点；储存稳定性好、黏结强度高、成本低及施工和易性好等优势。既显著提高了道路质量，又能消耗大量废轮胎，缓解“黑色污染”，实现了废旧轮胎的高值化、规模化、环保化、功能化利用，具有显著的经济、环保及社会效益。

90 SBS橡胶复合改性沥青有何特点？

采用微纳橡胶或活化胶粉与聚合物SBS复合改性，既兼顾了橡胶的黏性又兼顾聚合物SBS弹性，使得SBS橡胶沥青的性价比更高，其价格低于SBS改性沥青、性能高于SBS改性沥青，油石比、施工和易性和环保型均与SBS改性沥青同水平等。

91 橡胶沥青发展趋势是什么？

一是严格规范化施工管理，确保施工质量；二是生产专用橡胶产品，适应市场需求，提高产品竞争力；三是制定更合理、更科学橡胶产品质量标准指导生产及工程实践；四是通过技术创新，实现材料低碳化的同时，进一步挖掘其性能潜力，进而实现耐久路面潜在的节能减排价值。

第八章　乳化沥青生产技术

1　什么是表面活性剂？

凡能降低表面张力的物质都具有表面活性，其中能显著降低溶液(一般指水)表面张力和液-液界面张力，而且具有一定性质、结构和吸附性能的物质称为表面活性剂。

按表面活性剂在水溶剂中能否离解及离解后所带电荷的类型可分为非离子型、阳离子型、阴离子型和两性离子型。不论是何种类型的表面活性剂，都含有性质不同的两个部分：一部分是由疏水亲油的碳氢组成的非极性集团，即疏水基或亲油基；另一部分为亲水疏油的极性集团，即亲水基或疏油基。

2　什么叫乳化液？

乳化液是指一种或多种液体以液珠的形式分散在与它不相混溶的液体中形成的分散体系。乳化液的液珠直径一般都大于0.1μm。在乳化体系中，以珠状形式存在的相称为不连续相或分散相，而以连续形式存在的相称为连续相或分散介质。

乳化液属于热力学不稳定体系，可分为以下几种类型。(1)水包油型：以O/W表示，其分散相为油，连续相为水。(2)油包水型：以W/O表示，其分散相为水，连续相为油。(3)套圈型：以O/W/O或W/O/W表示，以水相和油相交替地包裹，这种类型乳化液较少见。

3　什么叫道路用乳化沥青？

所谓道路用乳化沥青，主要是指将石油沥青热融达到流动状态，再经过剪切、粉碎、研磨等机械作用，使沥青以细小的微粒状态分散于含有乳化剂、稳定剂等水溶液中，形成水包油型的相对稳定均匀的多相分散体系，此分散体系又称沥青乳化液或沥青乳状液。其中沥青为分散相，水为连续相。

4　乳化沥青有哪些优点和缺点？

乳化沥青有以下优点：

(1) 可以冷施工。乳化沥青用于筑路及其他用途时，不需要加热，可以直接与集料拌和，或直接洒布，或喷涂于集料及其他物体表面，施工方便，节约能源，减少污染，改善劳动条件，同时减少了沥青的受热次数，缓解了沥青的热老化。

(2) 可以增强沥青与集料的黏附性及拌和均匀性，可节约 10%～20% 的沥青。

(3) 可以延长施工季节，气温在 5～10℃时仍可施工。

(4) 乳化沥青比热沥青更适宜于黏层铺筑、贯入式路面铺筑、透层铺筑、微表处铺筑等。

(5) 可以扩大沥青的用途。除了广泛地应用在道路工程外，还应用于高速铁路、建筑屋面及洞库防水、金属材料表面防腐、农业土壤改良及植物养生、沙漠的固沙等方面。

乳化沥青有以下弱点：

(1) 需要增加乳化沥青生产设备及乳化剂、稳定剂等原料，相应地增加了成本。

(2) 由于乳化沥青混合料中含有水分，与热沥青混合料相比，其成型强度形成较慢。

(3) 沥青含量低的乳液增加了运输成本。

5 什么叫乳化剂、阳离子乳化沥青和阴离子乳化沥青?

能使油品乳化并保持稳定的一种表面活性物质叫作乳化剂。乳化剂可分为阳离子型、阴离子型、两性离子型和非离子型。

用阳离子乳化剂制得的带正电荷的乳化沥青叫阳离子乳化沥青。

用阴离子乳化剂制得的带负电荷的乳化沥青叫阴离子乳化沥青。

6 在铺路工程中如何选用乳化沥青?

乳化沥青适用于各种类型沥青面层的施工，其施工工艺与热沥青基本相同。浇洒法施工的表面处治或贯入式面层宜使用沥青含量为 40%(阴离子)或 60%(阳离子)的快裂或中裂型乳化沥青，其用量可比规定的热沥青用量减少 15%～20%。拌和法施工的各种沥青混合料的面层可根据集料中粉料的数量选用沥青含量为 40%(阴离子)或 50%(阳离子)的中裂或慢裂型乳化沥青，其用量可按照经验或根据马歇尔稳定度试验确定。采用中裂型沥青乳液时，为延长与集料拌和时的裂解或破乳时间，可先将集料用水(1%～3%)拌和后再与规定数量的乳化沥青拌和。采用氯化钙水溶液(1%～1.2%)或烷基酚聚氧乙烯醚(OP－10)水溶液(0.2%～0.5%)预先润湿集料，也是延长乳液裂解时间的有效措施。

为改善旧沥青路层的使用质量或提高沥青面层的抗滑、热稳定性能，国际上通常采用沥青胶浆，即将乳化沥青、水泥、沙等混合料作为封层，其乳化沥青应选用阳离子型乳化沥青。

7 在建筑工程中使用乳化沥青有哪些优点?

在建筑工程中，乳化沥青主要用作防水涂料，其优点是：

(1) 可以在潮湿的基础上使用，与基础之间有很强的黏结力；

(2) 可以冷施工，避免了采用热沥青施工可能造成的着火、烫伤、中毒等事故的发生，有利于安全与环境保护；

(3) 可以减轻劳动强度、提高工作效率；

(4) 价格相对便宜；

(5) 施工机具容易清洗。

8 乳化沥青的形成机理是什么?

沥青和水的表面张力差别很大，无论在常温或高温下都不会与水相溶，但通过高速搅拌或剪切作用，将沥青粉碎成0.1~0.5μm的微粒，并分散在含有表面活性剂的水介质中，则可以获得一种颗粒均匀分散的乳状液。在沥青-水体系中，乳化剂能将其亲油基团定向吸附在沥青微粒表面，而亲水基团则伸入水相。由于沥青微粒表面被乳化剂分子定向包裹，这不仅降低了沥青-水之间的界面张力，还在沥青颗粒的表面形成了一层致密的膜，阻止了沥青颗粒的絮凝与聚结，使沥青乳液在一定时期内保持均匀和稳定。

若采用离子型表面活性剂，还可以使沥青颗粒表面带有同种电荷，在沥青颗粒互相靠近时产生静电斥力而使沥青颗粒处于分散稳定状态。

9 乳化沥青在使用过程中的破乳原因是什么?

乳化沥青与矿料接触后，乳液中的水分逐渐失散，使沥青颗粒重新凝聚的过程称为破乳(裂解)。破乳的主要原因是：(1)水分蒸发；(2)与矿料接触；(3)与矿料的静电作用。

10 影响乳化沥青破乳的因素有哪些?

影响破乳速度快慢的因素主要是乳化剂的类型和用量，其次是集料的性质、级配和干湿度，此外，施工时的气候条件和机具的状态也会对破乳产生影响。

阴离子乳化沥青与集料表面接触时，水先润湿集料，形成吸附膜，继而沿毛细孔进入集料内部。阴离子乳化剂的亲水基与水形成较强的氢键，而使乳化剂向集料表面移动，沥青微粒表面电荷减少，界面膜破裂，逐渐产生聚结，最终在集料表面形成连续的薄膜。由于阴离子乳化剂与集料(特别是酸性集料)的黏附性差，不能将水挤出集料表面，同时由于与水结合较强，也使水挥发很慢，因此阴离子乳化沥青破乳、聚结、成型时间长。

阳离子乳化沥青与集料接触时的起初过程与阴离子乳化沥青相同。由于乳化剂与集料有良好的黏附性，形成桥梁，使沥青微粒通过乳化剂分子达到集料表面并成膜。沥青微粒与集料的结合力远大于与水的结合力，产生一个较大的挤压力，很快将集料上的吸附水挤压出去，界面消失，集料完全被沥青裹覆。此外，在潮湿状态下，集料表面通常带有负电荷，有利于阳离子乳化沥青很快地与集料表面结合。因此，阳离子乳化沥青的破乳、聚结、成型时间短。

集料的孔隙度、粗糙度和干湿度直接影响吸收乳液的水分。多孔、粗糙和干燥的集料容易吸收水分，破坏乳液的平衡，因而破乳速度加快。此外，施工地区气温高、湿度小、风速大，也会加速破乳。

11 用于沥青乳化的乳化剂分为哪些类型?

用于沥青乳化的乳化剂按其分子组成和结构可分为阴离子型、阳离子型、两性离子型、非离子型和矿物型5类。

(1) 阴离子型乳化剂。这类乳化剂的极性基团是—COOH、—OH、—NH、—NCS、—COONa(K)等，非极性基团一般为烷基碳链。用于沥青乳液的阴离子型乳化剂的主要化合物类型有有机羧酸盐、有机磺酸盐和有机硫酸盐(或酯)，亲油基团的烷基碳链长度一般选用C_{12}~C_{18}。

(2) 阳离子型乳化剂。通常使用的阳离子乳化剂有下列几类：烷基胺类，如伯胺、烷基丙烯二胺、烷基丙烯三胺等；酰胺类；季铵盐类；咪唑啉类；环氧乙烷胺类；胺化木质素类。用于沥青乳液的阳离子乳化剂主要类型有脂肪胺及各种胺盐，如烷基胺或二胺类、酰胺类、环氧乙烷双胺类、季铵盐类、胺化木质素类等。

(3) 两性离子型乳化剂。此类乳化剂主要有四类：氨基酸类；甜菜碱类；咪唑啉类；磷酸酯型。两性离子型乳化剂可以吸附在带负电荷或正电荷的物质表面，有良好的乳化性和分散性，但合成原料来源较困难、价格较高，目前在乳化沥青中的应用较少。

(4) 非离子型乳化剂。此类乳化剂主要有聚乙烯二醇类、多元醇类。用于沥青乳液的非离子型乳化剂主要化合物类型有聚氧乙烯衍生物、多元醇酯(山梨醇、季戊四醇等)、烷基醇酰胺、聚醚、烷基多苷等。

(5) 矿物乳化剂。主要是以黏土、膨润土、石灰、石棉等为乳化剂。

12 乳化沥青质量的基本要求有哪些?

乳化沥青质量的基本要求有以下五点：

（1）沥青含量应满足规定要求。乳化沥青中沥青含量一般为50%～60%，且浇洒用乳液的沥青含量要高于拌和用的乳化沥青。

（2）沥青粒子要尽可能分散均匀。乳化沥青外观为棕褐色，无沥青沉降和凝聚现象，在显微镜下观察颗粒大小均匀、无明显团块。

（3）在运输和保存中，对机械和热作用有足够的稳定性。乳化沥青经过运输和储存仍能保持沥青粒子均匀分散，无沉降现象或有沉降现象但仍能恢复均匀分散。

（4）足够的耐寒性。乳化沥青能在气温5～10℃下使用，经过-5℃耐冻稳定性试验应无粗颗粒或团块。

（5）在使用中不存在可逆性，即无再乳化的可能。乳化沥青使用后遇雨水不再形成乳液。

13 乳化沥青如何分类?

（1）按照所用的乳化剂类型，乳化沥青可分为阴离子型、阳离子型、两性离子型、非离子型和胶体型乳化沥青。

（2）按照破乳速度不同可分为快裂型、中裂型和慢裂型乳化沥青。

（3）按其用途不同可分为路用型、农用型、防水防潮型、燃料型等。

14 影响乳化沥青性能的主要因素有哪些?

乳化沥青最重要的性能是乳液的黏度、黏附能力、储存稳定性和破乳速度。影响这些性能的主要因素如下。

（1）基质沥青。基质沥青是乳化沥青最基本的成分之一，占其总量的55%～70%。一般来讲，各种标号石油沥青均可以用来生产乳化沥青的基质沥青，但要看该沥青是否容易乳化，是否满足施工的应用要求等。基质沥青的针入度、组成和化学结构对其乳化的难易有着较大的影响，通常饱和分含量高和酸值低的基质沥青较难乳化，要求乳化剂具有较长的烷基链。基质沥青的含量可以改变乳化沥青的黏度和其他性能，其含量越高，乳化沥青的黏度越大。高黏度的乳化沥青储存稳定性好，破乳速度快。

（2）乳化剂、稳定剂和pH值。乳化剂的*HLB*值与基质沥青的*HLB*值应接近。各种类型的乳化剂可以单独使用，但选用单一的乳化剂有时会出现絮凝和沉降现象，利用稳定剂可以解决这一问题，同时也可以达到降低乳化剂用量的目的。为了增强乳化效果，适应基质沥青的性质变化等因素，最好选用复合型乳化剂。

加入稳定剂能够提高乳化沥青的储存稳定性，达到节约乳化剂用量的目的。但是乳化剂和稳定剂之间也存在着配伍性问题，使用时须根据所选用的乳化剂种类进行筛选，稳定剂的加入量不要过多，以免影响沥青的性能，特别是延度。

乳化沥青的pH值与其乳化稳定性和储存稳定性关系密切，不同类型的乳化剂适应的pH值范围不同，某些阴离子型乳化沥青需加入碱性化合物，如NaOH、KOH等，将乳液的pH值调节到10~12。对于胺型乳化剂水溶液，必须添加无机酸或有机酸才能溶于水，这是因为胺类化合物作为沥青乳化剂时必须先转化成铵盐，用不同的酸调整pH值，就能得到不同*HLB*值的铵盐类沥青乳化剂。使用季铵盐类沥青乳化剂时，添加无机酸或有机酸可以增强乳化剂的活性，在提高乳化沥青的乳化稳定性和储存稳定性的同时，可以降低乳化剂的用量；用季铵盐类乳化剂制备乳化沥青时，其乳液的最佳pH值为5~6，而胺型乳化剂水溶液的最佳pH值在3~5。

用于调整pH值的酸包括无机酸和有机酸，如盐酸、硝酸、磷酸、甲酸、乙酸、丙烯酸、丁二酸等，其中最经济有效的酸类物质是盐酸和乙酸。

(3) 水。水是乳化沥青的第二大组分。不能忽略水对乳化沥青性能的影响。自然界获得的水难免溶解或悬浮着各种物质，影响水的pH值，含杂质过多的水须经处理才能应用。通常采用不含过多离子或杂质的工业水或自来水。对于阴离子型乳化沥青，如果水中钠离子的浓度过高，会降低其储存稳定性。当用胺类乳化剂生产乳化沥青时，水溶液呈酸性能使沥青微粒的粒径变小，对提高其储存稳定性有利。

(4) 温度。沥青和水的温度是比较重要的工艺参数。适当地提高温度有利于沥青在水中分散，温度过低，乳液的流动性不好；温度过高，会导致水汽化，产生大量的气泡，影响乳化沥青的产量和质量，同时过高的温度增加了能源消耗和生产成本。此外，对于非离子型乳化剂，随着温度升高，氢链逐渐被破坏，其亲水性下降，尤其是接近乳化剂的“浊点”时，乳液的稳定性明显下降。一般来说，沥青与水混合后的平均温度控制在85℃左右。

(5) 沥青微粒的粒径和分布。沥青微粒的粒径取决于界面张力，界面张力越低，沥青越容易分散。沥青的来源和组成、水、乳化剂和助剂含量、温度等因素都对沥青微粒的粒径和分布产生重大的影响。此外，胶体磨的转速和间隙直接影响沥青微粒的粒径，一般胶体磨转子的转速为3000~8000r/min。沥青通过转子切割成1~2μm的粒子，与适宜的乳化剂水溶液混合后可形成稳定的乳液。

15 什么叫表面活性剂的亲水亲油平衡值?

表面活性剂的亲水亲油平衡(Hydrophilic Lipophilic Balance，缩写为HLB)值是W. C. Griffin于1949年提出的。*HLB*值是指表面活性剂的亲水和亲油能力的相对大小。每一种表面活性剂均有对应的*HLB*值，其范围为1~40。*HLB*值越高，亲水能力越强；反之则亲油能力越强。亲水亲油能力以*HLB*值为10分界，小于

10的表面活性剂主要表现为亲油性，大于10则表现为亲水性。一般将石蜡的*HLB*值定为0，将十二硫酸钠的*HLB*值为40。

*HLB*值为1~4的表面活性剂在水中不分散；3~6的表面活性剂分散不好；6~8的表面活性剂剧烈振荡后在水中以乳状形式分散；8~10的表面活性剂可在水中形成稳定的乳状液；10~13的表面活性剂可在水中形成半透明至透明的分散体；>13的表面活性剂可在水中形成透明溶液。

*HLB*值为3~6的表面活性剂适合作为W/O型乳化剂，7~9适合作为润湿剂，8~18适合作为O/W型乳化剂，13~15可作为洗净剂，15~18适合作为增溶剂。

16 如何计算表面活性剂的*HLB*值？

（1）计算表面活性剂的*HLB*值可以用Davis提出的基团贡献法。即将表面活性剂的结构分解成一些基团，每个基团对*HLB*值均有一定的贡献，用试验测出各基团的*HLB*值，称为*HLB*基团数。将各基团的*HLB*基团数代入式(8-1)即可算出表面活性剂的*HLB*值。

$$HLB=\sum(\text{亲水基团数})+\sum(\text{亲油基团数})+7 \quad (8-1)$$

表8-1列出了用于计算表面活性剂*HLB*值的基数。

表8-1 表面活性剂亲水和亲油基的基团数

亲水基的基团数		亲油基的基团数	
$—SO_3Na$	38.7	—CH—	-0.475
—COOK	21.1	$—CH_2—$	-0.475
—COONa	19.1	$—CH_3$	-0.475
酯(失水山梨醇环)	6.8	=CH	-0.475
酯(自由)	2.4	$—CF_2—$	-0.870
—COOH	2.1	$—CF_3$	-0.870
—OH	1.9	苯环	-0.870
—O—	1.3	$—CH_2CH_2CH_2O—$	-0.15
—OH(失水山梨醇环)	0.5	$—CH(CH_3)—CH_2—O—$	-0.15
$—(CH_2—CH_2O)—$	0.33	$—CH_2—CH(CH_3)—O—$	-0.15

例如计算十二烷基硫酸钠*HLB*值，其分子式为$CH_3(CH_2)_{11}SO_3Na$，亲油基团(CH_3—、—CH_2—)基团数为-0.475，亲水基团—SO_3Na基团数为38.7，$HLB=38.7+12\times(-0.475)+7=40$。

(2) HLB 也可以通过临界胶束浓度(CMC)来计算：

$$\lg CMC = a + b \times (HLB) \tag{8-2}$$

式中 a、b——试验常数。

(3) 对于多元醇脂肪酸酯类表面活性剂，其 HLB 值可以用下式计算：

$$HLB = 20(1 - S/A) \tag{8-3}$$

式中 S——酯的皂化值；

A——脂肪酸的酸价。

或：

$$HLB = (E + P)/S \tag{8-4}$$

式中 E——聚氧乙烯的质量分数,%；

P——多元醇的质量分数,%。

(4) 对于聚乙二醇类表面活性剂，其 HLB 值可以用质量百分数来计算：

$$HLB = \frac{\text{亲水基质量}}{\text{亲水基质量} + \text{亲油基质量}} \times 20 \tag{8-5}$$

表面活性剂的 HLB 值具有加和性，可以用于混合表面活性剂的 HLB 值的计算。如含 40% Span80(HLB=4.3)与 60% PEG400 单油酸酯(HLB=11.4)的混合表面活性剂的 HLB=40%×4.3+60%×11.4=8.56。

17 什么叫表面活性剂的临界胶束浓度(CMC)？

表面活性剂能形成胶束的最低浓度，称为临界胶束浓度(CMC)。

当表面活性剂的浓度低于 CMC 时，其组分以单体形式存在于溶液中；达到 CMC 时，原来以单体形式存在的表面活性剂分子会聚集在一起形成胶束；当表面活性剂浓度大于 CMC 时，其分子以单体和胶束的动态平衡存在于溶液中，此时再增加表面活性剂，其单体分子浓度不再增加，而只增加胶束数量。

表面活性剂水溶液的表面张力随着浓度的增加而降低，达到 CMC 时，其水溶液的表面张力不再下降。也就是说，CMC 是表面活性剂水溶液表面张力达到最小值时的临界浓度。

18 Gemini 型表面活性剂的特点是什么？

Gemini 型表面活性剂是一类新型的表面活性剂，被称为第三代表面活性剂。该型表面活性剂的特点是：

(1) 形成胶束能力强，临界胶束浓度低。

(2) 吸附在界面的能力超过形成胶束的能力，降低表面张力效率高。

(3) Krafft 点低、水溶性好，且有优异的水溶助长性和增溶性，有助于配方设计。

(4) 与其他表面活性剂的配伍性好，开发性能优良、成本低廉的 Gemini 型沥青乳化剂将是沥青乳化剂的发展方向之一。

19 慢裂快凝乳化沥青的破乳机理是什么？

慢裂快凝沥青乳化剂一般具有两个或多个亲水基。在施工过程中，乳化沥青颗粒与石料表面的亲合力、吸附性更强，就像架起多座桥梁，沥青更容易通过桥梁到达石料表面。

在沥青与矿料表面接触成膜同时产生相应挤压力，可以充分挤出矿料表面水分并将其挤到沥青薄膜之上铺展开来，更易挥发，从而达到快成型(快凝)效果。同时，由于亲水基多、亲水性更强，沥青微粒界面膜强度更高，界面水合层更牢固，界面电荷层电性更强，乳液稳定性提高，拌和时界面不易破裂，破乳时间相对延长，满足了施工对成浆时间的要求(慢裂)。

20 非离子乳化剂与其他乳化剂配合使用时有什么作用？

(1) 加入非离子可以延长乳液与石料接触时的破乳时间。

(2) 用于稀浆封层时，可以改善混合料的和易性。

(3) 可以提高乳化能力。

21 乳液储存稳定性对乳化剂有哪些要求？

(1) 两液相的密度差要小。

(2) 连续相的黏度要高。

(3) 两液相的界面张力要小。

(4) 粒子表面要有比较宽的双电层。

(5) 粒子的表面吸附层要有一定程度的机械韧性。

其中，(3)、(4)、(5)三项均与乳化剂的性质有着直接关系。

22 乳化剂对破乳速度的影响因素有哪些？

(1)稳定剂的加入；(2)施工时石料的级配；(3)用水量的大小；(4)乳液的温度；(5)环境的温度和湿度；(6)拌和时的扰动程度。

23 实际施工中影响破乳速度的因素有哪些？

(1) 乳化剂用量的影响：随着乳化剂量的增大，破乳速度逐渐减慢。

(2) 稳定剂的影响：对阳离子乳化沥青，往石料中喷洒氯化钙溶液可减缓破乳速度。

(3) 石料级配的影响：石料中含有的粉料越多，破乳速度越快，这是因为粉料含量加大，则石料的比表面积大，同时相对吸附和活性点较多，所以会加快与乳液的作用速度。

（4）用水量大小影响：增加水的用量会降低破乳速度。

（5）环境温度和湿度影响：环境温度越高，破乳速度越快，湿度影响相对较小，但值得一提的是，石料若处于饱和状态，则会极大地影响破乳速度。

24 影响乳化沥青破乳速度的因素有哪些？

（1）乳化剂的用量：乳化剂用量越大，发生破乳的时间越长。

（2）助剂的使用：助剂用量越大，破乳时间越长。

（3）润湿水量的影响：润湿水量越大，破乳时间越长。

（4）乳液 pH 值：阳离子乳化剂水溶液一般应调节为酸性或中性才能较好地发挥乳化效果。

25 影响阳离子乳化沥青储存稳定性的因素有哪些？

（1）乳化剂的分子结构与乳化性能。

（2）界面张力的影响：油/水界面张力的降低有助于乳液的稳定。

（3）界面膜的性质影响：乳液微粒的布朗热运动，使微粒相互碰撞，若碰撞使界面膜破裂，两个液珠并结为一个大液珠，最终导致破乳。因此，界面膜的机械强度是决定稳定性的主要因素之一。

（4）其他因素影响：如乳液中电解质浓度越大，会促使液珠并结进而聚沉；连续相的黏度越增大，絮凝变慢；等等。

26 用于乳化沥青的稳定剂有哪些种类？其作用机理是什么？

用于乳化沥青的稳定剂有无机类稳定剂和有机类稳定剂。无机类稳定剂主要是无机盐，如氯化铵、氯化钠、氯化钙、硅酸钠、磷酸钠等。无机盐类稳定剂可与各类阴离子和阳离子乳化剂配合使用，通常加入量为 0.2%~0.6%，可节约乳化剂用量 20%~40%。无机盐类稳定剂稳定效果最好的是氯化铵和氯化钙。有机类稳定剂有天然（如淀粉、明胶、骨胶等）或水溶性合成高分子化合物（如聚乙烯醇、羟甲基纤维素钠、聚丙烯酰胺、聚乙二醇、烃乙基纤维素等）。它可与各类阳离子或非离子乳化剂配合使用，加入量一般为 0.1%~0.15%。

用单一的乳化剂制备乳化沥青时，有时会出现乳液颗粒粗大或不均匀现象，即乳液出现絮凝或沉降。加入有机或无机盐类稳定剂后，可以起到稳定沥青乳液的作用。无机盐类稳定剂的稳定机理可以用双电层理论来解释。在乳化剂的存在下，沥青-水界面会形成双电层，即吸附了乳化剂分子的沥青微粒与其扩散层界面上存在 ξ 电位差，其 ξ 电位差越大，沥青微粒相互靠近时产生的静电斥力也越大，沥青乳液分散体系就越稳定。电位差的大小取决于扩散层的厚度。当加入盐类稳定剂后，沥青微粒会选择性地吸附带电离子，而沥青乳液体系本身是电中性的，沥青微粒表面的电荷密度增大，必然导致扩散层的厚度增加，使沥青微粒的ξ电位差升高、斥力增大。因此，沥青分散体系就趋于稳定。

当以有机高分子类物质(如淀粉、明胶、骨胶等)作为乳化沥青的稳定剂时，其作用机理与无机盐类稳定剂不同，这类物质加入水中会形成胶体溶液，使体系的黏度上升，减缓了沥青微粒的聚结速度。此外，高分子稳定剂能够在沥青微粒表面形成保护膜，当两个带有高分子吸附层的沥青微粒相互接近时，由于空间位阻效应而无法相互穿透，使沥青微粒处于良好的分散状态。

27 稳定剂复配有什么好处？

无机稳定剂与有机稳定剂的作用机理不同，但都能提高乳液储存稳定性。研究和实践证明，将二者复配使用，会起到更好的效果。例如，沥青乳液中加入聚丙烯酰胺稳定剂，可以提高水相的黏度，能在分散的沥青微粒上形成界面膜，使其微粒相互碰撞时不易聚结，减少沥青微粒的沉降速度。沥青乳液中加入氯化钙后可增加水相密度，减少与沥青相的密度差。通过复配氯化钙与聚丙烯酰胺稳定剂，其一方面增加水相的密度，另一方面增加水相的黏度；复配稳定剂的总量与单一稳定剂的用量相同，却可以起到双重的稳定效果。

28 不同稳定剂在生产乳化沥青时用量大约是多少？

(1) 氯化铵、氯化钙等卤素无机盐在乳液中用量约为1.5%。

(2) 明胶、PVA等水溶性高分子聚合物在乳液中用量约为1%。

(3) 盐酸、亚硫酸等无机酸在乳液中用量适量。

(4) 聚氧乙烯型OP-10等非离子表面活性剂在乳液中的用量约为0.08%。

29 怎样选择稳定剂的类型？

(1) 加入卤素无机盐能增强乳液颗粒之间的双电子层效应，增加电势电位，阻止乳液颗粒的相互聚集。

(2) 加入水溶性高分子聚合物能在乳液中以网状、线状的形式存在，对乳液颗粒起到隔离作用，增强乳液的黏附性。

(3) 加入一些非离子表面活性剂，能降低水的表面张力，当它与乳化剂混溶于水后，能起到复合乳化的效果，增强乳化效果。

(4) 稳定剂的离子类型与乳化剂的离子类型要匹配。

30 选择沥青乳化剂应注意哪些问题？

(1) 要有合适的 *HLB* 值。沥青的 *HLB* 值一般为16~18，选用乳化剂的 *HLB*

值应接近此范围为宜。如果沥青乳化剂亲水基团的基团数过大、亲油基团数过小，则乳化剂亲水性强而亲油性差，反之则亲油性强而亲水性差。这两类乳化剂均不能使沥青微粒在水中达到良好的分散状态。

（2）要有适宜长度的碳链。乳化剂的碳链长度实际上反映了与沥青亲和力的大小，碳链越长，与沥青的亲和力越强，与水的亲和力越差。因此，碳链的长度选择要适中，用于乳化沥青的乳化剂碳链长度通常为 C_{12} ~ C_{18}。

（3）尽量选用复合乳化剂。使用单一的乳化剂制备乳化沥青时，易发生絮凝或沉降现象，故应尽量选用两种以上的乳化剂复配使用，达到不同乳化剂的优缺点互补。

（4）根据沥青的性质筛选乳化剂。每一种乳化剂均有一定的适用范围。当沥青的标号或组成发生变化时，一定要重新筛选乳化剂的品种及用量，否则可能造成乳化沥青的性能严重变差。

31 乳化沥青与改性乳化沥青的生产工艺有哪些?

（1）间歇式生产工艺。其特点是需要配备一个大容量的皂液掺配罐，其容量能满足一定的生产时间。一罐皂液用完后，沥青乳化机需要停机，等待下一罐皂液配制完后再继续进行生产。

（2）连续生产工艺。

① 批量掺配连续生产工艺。该工艺是配置两个以上皂液罐，使沥青乳化生产过程保持稳定且连续运行，由于皂液的掺配工艺不同，分为三种工艺方式：

a. 两罐皂液罐交替掺配皂液，并交替向沥青乳化机供应皂液。

b. 先在一个皂液罐分批掺配皂液，然后将该罐的皂液泵入另一个皂液存储罐，再从存储罐把皂液泵入沥青乳化机中，实现连续生产。

c. 将胶乳直接通过管道送至乳化机进口，与皂液、沥青一同进入胶体磨。它属于一次热混合法改性乳化沥青生产工艺。

② 管道掺配连续生产工艺。其特点是配有多台计量泵，用于将水、乳化剂和其他添加剂(酸、稳定剂)等原材料送入管道混合器，高效动态混合后再送入乳化机中，皂液的掺配在管道输送中完成混合。该生产工艺适用于工艺配方高度固定的乳化沥青生产。

32 沥青原材料的乳化性能可以从哪些方面来判断?

（1）沥青胶体结构。溶胶结构型沥青最易乳化，凝胶结构型沥青最难乳化，溶-凝胶型沥青的易乳化性能介于上述两类沥青之间。综合道路工程要求和易乳化性能要求，溶-凝胶型沥青适用于乳化沥青的原材料。

（2）沥青的蜡含量。因为各类沥青乳化剂中的油溶性基团对于沥青中的石蜡较难嵌入，因此含蜡量高的沥青比蜡含量低的沥青更难乳化，生产的乳化沥青其稳定性较差，易破乳，也易结皮，乳化剂用量大、蒸发残留物延度变差等。

（3）沥青的黏度和针入度。采用同一种原油和同一加工方法生产的道路沥青，其黏度值较小者易于乳化，而黏度值较大者难以乳化；其针入度值较大者易于乳化，而针入度值较小者难以乳化。

（4）沥青酸含量。道路沥青中酸的含量多少与其易乳化性能有着一定关系，通常认为，道路沥青酸总量大于1%的沥青易于乳化。

（5）沥青密度。道路沥青密度大于1.0g/cm^3，乳液中水包油的沥青颗粒易向下沉淀，需要加热搅拌。沥青密度在0.98~1.0g/cm^3，生产的乳液具有较好的稳定性，且耗用的乳化剂相应较少。

33 为什么溶-凝胶型沥青是适合用于乳化沥青的原材料?

溶胶结构型沥青最易乳化，因为这类沥青中油分含量多，沥青质含量很少甚至不含，并且相对分子质量也小，胶粒或胶团完全分散于油分中，之间没有或者只有极小的吸引力。这类沥青易于被剪切分散，形成稳定的乳液。

凝胶结构型沥青最难乳化。因为这类沥青中沥青质含量很多，并且相对分子质量很大，胶粒或胶团形成连续的三维空间网络结构，必须在较高温度和极强的机械作用下才能被剪切开来，分散性也差，难以形成稳定的沥青乳液。

溶-凝胶型沥青的易乳化性能介于上述两类沥青之间。

综合道路工程要求和易乳化性能要求，溶-凝胶型沥青适合用于乳化沥青原材料。

34 沥青蜡含量对乳化及乳化沥青性能有什么影响?

沥青的含蜡量对用于乳化的沥青材料是一个重要选择条件。因为各类沥青乳化剂中的油溶性基团对沥青中的石蜡较难嵌入，因此含蜡量高的沥青比蜡含量低的沥青更难乳化，生产的乳化沥青其稳定性较差，易破乳，也易结皮，乳化剂用量大，蒸发残留物的性能也会受到较大影响(如延度指标，含蜡量高的沥青制成乳液，其蒸发残留物的延度将降低)。

35 乳化沥青对水质有什么要求?

（1）水的pH值：6.0~8.5。

（2）水的硬度：CaO<80mg/dm^3。

（3）外观：无色透明、无悬浮或沉淀物以及泥沙等杂质。

36 为什么水的pH值要求在6.0~8.5?

水的pH值表示水的酸或碱的强度。它会影响乳化剂水溶液的乳化效果，在很大程度上决定沥青乳化的好坏。各种乳化剂在一定的pH值范围内，才有最大的活性，产生最大的效果。水的pH值在6.0~8.5范围内，不会对乳化剂本身造成影响。只有当选择的水的pH值小于6.0的酸性范围或者大于8.5的碱性范围可能会出现两种情况：一种是水的pH值与乳化剂的pH值相一致，水不会对乳化剂产生负面影响；另一种是水的pH值与乳化剂的pH值不一致，乳化剂溶解时，水会消耗掉一部分乳化剂的作用，从而使这一部分乳化剂失效，这种负面作用对于沥青乳化的效果会产生很不利的影响。

37 水的硬度和离子对乳化沥青生产有什么影响？

水的硬度和离子对乳化沥青生产有较大的影响，有有利的一面，也有不利的一面。

水中的钙盐和镁盐的总含量称为硬度，它是水质的一个重要指标。硬水在生产阴离子乳化沥青时，镁离子和钙离子的存在会成为不利因素。这是因为阴离子乳化剂大多以可溶性的钠或钾盐的形式存在，当有大量的镁离子和钙离子存在时，会形成不溶于水的物质，从而影响乳化效果，甚至会导致乳化失败。

镁离子和钙离子的存在对生产阳离子乳化沥青来说是有利的。例如，有时为制备更稳定的乳液，在生产过程中会加入氯化钙为稳定剂。

水中的碳酸根离子、碳酸氢根离子的存在对于形成稳定的阳离子类乳液是不利的。这是因为这些离子常常与作为阳离子类乳化剂所常用的水溶性胺基盐酸盐进行反应，生成不溶性盐。但对于阴离子类乳液，碳酸根离子、碳酸氢根离子具有缓冲作用，是有利的。

此外，水中存在粒状物质时，一般带负电荷物质居多，对阳离子乳化剂有吸附作用，所以对阳离子类乳液的生产是不利的。

38 橡胶胶乳类改性剂有哪些？各有什么特点？

（1）天然橡胶胶乳(NRL)。天然胶乳的弱点是不耐老化，带负电荷，不能直接与阳离子乳化沥青掺配使用。

（2）丁苯橡胶胶乳(SBSL)。丁苯橡胶胶乳是综合性能较好的通用型合成橡胶胶乳，具有良好的耐老化性、耐热性和耐腐蚀性以及较高的稀释稳定剂，品种多、价格低，广泛应用于道路及土木建筑工程。丁苯胶乳有阳离子型、阴离子型、非离子-阴离子复合型等。丁苯胶乳与乳化沥青掺配制成的改性乳化沥青，具有良好的热稳定性和耐久性。如果掺入2%~4%的丁苯橡胶胶乳，可以提高改性乳化沥青的软化点，增加低温延度而降低脆点。

（3）氯丁橡胶胶乳(CRL)。它具有极好的综合性能，主要表现在较强的黏合能力、较好的成膜性、较强的强度，并且具有耐油、耐燃、耐溶剂、耐热、耐臭氧老化等性能。它的弱点是耐寒性能低、储存稳定性差。氯丁胶乳改性乳化沥青能明显改善乳化沥青的黏附性、热稳定性、耐老化性、耐化学腐蚀等性能。

(4) 羧基胶乳。它具有更好的结构稳定性、冻融稳定性、黏结性以及相溶性，耐燃性能也明显提高。特别是由于羧基官能团的作用，能使胶乳在不太高的温度下彼此交联而自然硫化，并具有更好的黏结性能，因此为道路和建筑工程提供了较好的乳化改性沥青材料。

(5) 热塑性丁苯橡胶胶乳(SBS)。SBS 产品是固体颗粒，不能直接用来制造改性乳化沥青。热塑性丁苯橡胶胶乳液主要选用线型 SBS 产品材料，难以乳化。

(6) 乙烯-乙酸乙烯酯共聚物胶乳(EVA)。EVA 是一种树脂类改性剂，形成的产品有固体、溶液和乳液。乙酸的含量高时，会使 EVA 胶乳的耐老化性、耐水性、耐化学品性相对降低，但黏结力很强。EVA 胶乳一般为非离子型，与乳化沥青容易掺配均匀，稳定性好。通常，随着 EVA 胶乳掺量的增加，胶乳改性乳化沥青的针入度减低、软化点增加。EVA 胶乳改性乳化沥青是良好的沥青路面层间黏结料。

39 橡胶胶乳与乳化沥青混合的基本条件有哪些？

(1) 乳化剂类型，主要是指两种乳液离子特性一致；(2)乳化剂亲水亲油平衡(HIL)值；(3)密度；(4)酸碱性(pH 值)；(5)表面张力。

40 沥青乳化生产流程的关键是什么？应该怎样控制？

沥青乳化生产流程的关键是沥青和皂液的流量按照比例控制。

进口的乳化沥青生产设备基本采用全自动化控制，其控制信号除从流量计采集外，目前还有沥青乳化机出口的乳化沥青温度采集，以控制油水比，使沥青含量精度控制在±0.5%。国产的乳化沥青生产设备现在采用全自动化控制的也越来越多。

41 为什么说沥青及水的温度是乳化工艺中的重要参数？

沥青和水是乳化沥青生产中两种用量最大的原料，对其温度控制非常必要。如果乳化前沥青温度过低，则沥青黏度大，流动困难，功率消耗很大，也会影响乳化质量；如果沥青及水的温度过高，不仅消耗能源，增加成本，而且还会使水汽化，导致乳液的油水比例发生变化，同时导致乳液的质量和产量降低。一般要求沥青和水混合后乳液平均温度为 85℃左右。

42 沥青乳化剂应用要注意什么问题？

(1) 合理控制乳化剂和添加剂的用量。用量少了，将影响乳液的储存稳定性；用量多了，乳液的成本提高，造成浪费。

（2）如果采用复配乳化剂（两种以上）生产乳化沥青和改性乳化沥青，则应注意加料顺序、温度等要求。

（3）对于胺类乳化剂，应根据乳化剂使用说明，加酸调整水溶液的 pH 值（用 pH 试纸或酸度仪进行测定）。

（4）对于非液态乳化剂（中裂型较普遍），要求较长的稀释溶解时间和较高的水温。为了提高溶解效率和效果，一般先将乳化剂稀释，再进入搅拌罐中溶解。

（5）当交替使用不同离子类型的乳化剂时，乳化沥青生产线各个部分都应予以清洗。

43 乳化剂为什么要复配？

因为用单一乳化剂常常不能满足技术和使用性能的要求。例如，不同种的沥青对乳化所需的 *HLB* 值不同，而一种乳化剂具有固定的 *HLB* 值；为了满足各种施工方法和施工条件需求，对乳化沥青的技术和使用性能要求不尽相同。将数种乳化剂按一定比例混合，可以实现功能的互补，发挥乳化剂的综合效应，达到所需的性能要求，甚至可降低生产成本。

44 复配乳化剂应达到什么要求？

（1）具有很强的乳化能力；（2）能控制破乳速度，符合慢裂、快裂、中裂以及慢裂快凝等性能要求；（3）能控制一定的黏度；（4）能增强沥青微粒的电势，尽量形成双电层；（5）使用方便；（6）价格低。

45 复配乳化剂在应用时从哪几个方面评价？

（1）乳化沥青技术性能达到规定要求。

（2）能满足施工时对乳化沥青使用性能的要求。

（3）能降低乳化沥青的生产成本。

46 阳离子和阳离子乳化剂复配的特点是什么？

阳离子与阳离子复配能够起到降低乳化剂用量和改变某些使用性能的协同效应。乳化剂用量可降低 30%～40%，且由中裂型乳液变成快裂乳液，加速路面成型，提高路面早期强度。

47 阳离子和非离子乳化剂复配的特点是什么？

非离子乳化剂具有乳化能力强、价格较阳离子型低、可延缓乳化沥青与混合料的破乳速度、明显改善混合料的和易性的特点。但是，非离子乳化剂单独使用时，乳化沥青除了储存稳定性不易满足要求外，由于电荷原因，其黏附性也不合格。非离子和阳离子乳化剂复配，可以延缓乳液的破乳速度，解决混合料拌和时乳液破乳速度快、矿料裹覆不匀即结块的问题。

48 阴离子和阴离子乳化剂复配的特点是什么？

阴离子乳化剂应用时间较长，使用方便，价格便宜，技术成熟。经过复配，可根据需要控制破乳速度，达到稀浆封层的施工要求。

49 阴离子和非离子乳化剂复配的特点是什么？

非离子乳化剂在水溶液中不会离解产生带电离子，用这种乳化剂生产的沥青乳液拌制混合料，必须依赖水分蒸发才能实现破乳，使沥青黏附在集料表面。非离子与阴离子乳化剂复配，可以利用离子型乳化剂易破乳的特点，实现对沥青乳液破乳速度的控制。

50 生产乳化沥青主要工艺参数有什么要求？

（1）胶体磨或均质机法。制备乳化沥青时，将热沥青（110～120℃）和热的乳化剂水溶液（60～90℃），以固定的比例分别进入转子已经在高速旋转（3000～8000r/min）的胶体磨中。沥青通过转子切割成粒子并与乳化剂水溶液混合后即可连续制备乳化沥青，乳化沥青温度控制在平均85℃左右。产品的沥青颗粒粒径平均为1～2μm。要注意控制生产条件，加料要适量和均衡，这是保证产品均匀的重要因素。水的硬度必须控制，必要时使用软化设备。

（2）搅拌器法。这是一种间歇式生产乳化沥青的方法。搅拌器上装有桨叶，其位置需偏离搅拌器的中心，以免形成漩涡。制备乳化沥青时，先将定量的热乳化剂溶液倾入搅拌器中，然后将热沥青在搅拌状态下逐渐注入搅拌器中，并继续搅拌（100～800r/min）。采用此法制备的乳化沥青不如胶体磨法均匀，有些颗粒粒径小于1μm，有些大于10μm。

51 如何改变乳化沥青的黏度？

（1）改变沥青含量。沥青含量增加，乳化沥青的黏度随之增加，当沥青含量小于60%时，沥青量的改变对乳化沥青的黏度影响不明显；而当其含量大于60%时，随着沥青加入量的增加，乳化沥青的黏度急剧上升。

（2）改变水相的成分。水相的成分对乳化沥青的黏度影响很大，减少水中的含酸量或增加乳化剂的用量，以及降低沥青和水相的温度，均可增加乳化沥青的黏度。此外，采用高分子稳定剂也可以提高乳化沥青的黏度。

（3）改变流经胶体磨的流量。流经胶体磨的流量增加，乳化沥青黏度上升，反之黏度则下降。

52 如何提高乳化沥青的储存稳定性?

(1) 提高水相的密度。沥青的密度一般略大于水的密度，向水相中加入氯化钙等盐类既可以提高水相的密度，又可以增加沥青微粒的双电层电位差，有利于提高乳化沥青的储存稳定性。

(2) 采用复合型乳化剂比单一乳化剂更容易生产出稳定性好的乳化沥青。

(3) 增加体系的黏度。

(4) 优化工艺条件。温度、pH 值、乳化剂的种类及用量、乳化设备等也是影响乳化沥青储存稳定性很重要的因素，必须根据沥青性质及乳化剂类型与用量认真筛选，并对各因素进行综合分析及优化。

53 阳离子乳化沥青具有哪些优点?

(1) 阳离子乳化沥青与集料的结合具有嵌入黏附的物理-化学作用。路用集料的绝大部分在有水存在的情况下，呈现出负电荷性。阳离子沥青乳液中带正电荷的沥青微粒与集料上所带的负电荷由于强烈的吸引，取代了原先包在骨料外面的水分，并在集料表面沉积成膜，此反应是不可逆的，因而沥青乳液与集料的黏附性能好。

(2) 阳离子乳化沥青对骨料的适应性很强，对酸碱骨料都适用。阳离子沥青乳液微粒在集料上的成膜，不完全依赖于水分的蒸发，所以当集料表面潮湿或空气湿度很大时仍可施工。

(3) 乳化沥青的乳化剂用量相对较少。

(4) 阳离子乳化沥青的制备过程对水质不敏感，乳液可用硬水制备。

(5) 阳离子乳化沥青储存稳定性好，可以较长时间存放。

(6) 阳离子乳化沥青能在低温和潮湿的天气中使用，气温在 5℃ 以上就可以正常施工，因而能够延长施工季节。

(7) 阳离子乳化沥青冻融稳定性好，能在较低温度下冷藏，冻融的乳液在适宜温度下经搅拌或摇动后仍能使用。

(8) 阳离子乳化沥青对土壤的稳定固化性能优良，能作为土壤的稳定剂使用。

54 什么叫改性乳化沥青?

改性乳化沥青是指以乳化沥青为基料，以高分子聚合物(一般为橡胶胶乳)为改性材料，同时添加适量的分散稳定剂或其他微量的助剂，在一定的工艺条件下混溶制备而成的具有某种特征的稳定沥青橡胶混合乳液，这种乳液也称为橡胶改性乳化沥青。

改性乳化沥青既具有橡胶改性沥青的特性，同时保留了乳化沥青的优点。改性乳化沥青可用于高等路面的日常养护、桥面铺筑、隧道防护、地下建筑和屋面防水等工程中。近年来，改性乳化沥青逐渐被用作稀浆封层、微表处，可以较好地防治路面骨粒松散、磨光、车辙、开裂等病害。

55 橡胶胶乳改性乳化沥青的生产工艺有哪些？

(1) 沥青乳化机前加入工艺。

① 将橡胶胶乳掺入乳化剂水溶液中，然后将沥青送入乳化机进行乳化的方法(也称为二次内掺法或二次热混合法)。

② 橡胶胶乳直接送入沥青乳化机(也称为一次内掺法或一次热混合法)。

(2) 橡胶胶乳与成品乳化沥青的混合工艺。

① 橡胶胶乳在胶体磨出口处加入(也称一次外掺法或一次外掺热混合法)。

② 橡胶胶乳与成品乳化沥青的常温混合法(也称一次冷混合法)，改性效果稍差。

(3) 乳化沥青的复合改性工艺：两种胶乳的复合改性，两种胶乳不能混合一起加入，应分别在胶体磨的前、后加入。

56 如何制备橡胶胶乳改性乳化沥青？各制备方法有哪些优缺点？

(1) 橡胶改性乳化沥青的制备方法：

① 一次冷混合法：将橡胶胶乳与乳化沥青在常温下送入乳化机中进行混合分散后制成改性乳化沥青。

② 一次热混合法：先将60~70℃的乳化剂水溶液与120~130℃的熔融沥青制成热乳化沥青，然后将常温橡胶胶乳加入该热乳化沥青中经适当混合后制成改性乳化沥青。

③ 二次热混合法：先将60~70℃的乳化剂水溶液与常温橡胶胶乳进行混合乳化，然后将120~130℃的热熔沥青加入其中再送入乳化机中进行二次乳化，制成改性乳化沥青。

④ 一次外掺混合法：经沥青乳化机得到的乳化沥青，在保持热状态下立即与常温的橡胶胶乳经过机械搅拌混合，得到的改性乳化沥青。

(2) 各制备方法的优缺点如下：

① 对于一次冷混合法，其优点是混合温度较低、能耗低，生产工艺相对简单。其缺点是：沥青与橡胶微粒之间的吸附、扩散、渗透作用进行的程度有限；橡胶分子与沥青分子不能很好地融合在一起，使部分橡胶以微粒的形式填充于沥青胶体中，故改性效果较差。

② 对于一次热混合法，其混合温度与二次热混合法相同，若混合时间控制

得恰当，可以使沥青微粒与橡胶微粒很好地融合，一次机械分散即可达到较理想的改性效果，但其效果仍不如二次热混合法。

③ 二次混合法由于混合温度高，又经过两次机械分散，所以沥青与橡胶粒子能达到很好的融合，体系中很少存在独立的沥青微粒与橡胶微粒，故改性效果良好；其缺点是要经过两次机械分散，工艺流程长、能耗高。

④ 一次外掺法制取的改性乳化沥青改性效果稍差，改性乳化沥青成品不能长距离运输和长时间储存，因此应该在道路工程现场生产使用。

57 为什么不同胶乳复合生产改性乳化沥青时不能混合加入？应该怎样加入？

因为不同的胶乳混合后，一般会引起胶乳混合液的稳定性变差，甚至破乳。

胶乳的加入方式可采取一种胶乳在胶体磨前加入，另一种胶乳在胶体磨后加入。先把胶乳加入皂液中，可以使皂液中沥青乳化剂与胶乳中的乳化剂重新分布达到新的平衡，稳定性就好得多。

58 为什么不同胶乳复合生产改性乳化沥青时必须进行实验室验证？

用不同的胶乳复合生产改性沥青时，不但要求各种胶乳与沥青乳化剂微粒的电荷一致或相互匹配，还要求各种胶乳的微粒电荷一致或相互匹配。这些不同原料之间的匹配关系必须通过试验来进行验证。

59 橡胶改性乳化沥青的稳定机理是什么？

乳化沥青和橡胶胶乳均为乳化分散体系，制备改性乳化沥青时，将二者混合，在强烈的机械力作用下，各自原来的平衡被打破。在二者的混合体系中，沥青微粒(A)和橡胶胶乳微粒(R)受到机械力的作用后，某些微粒的界面膜发生破裂，A与R粒子相互碰撞。由于它们之间有良好的相溶性和亲和性，于是互相吸附、扩散、渗透、融合为一体，成为沥青橡胶。这种混合集团在机械力的作用下，又会被切割成微小的颗粒，其外层重新吸附乳化剂的亲油基团，形成扩散双电层。A/R粒子的形成、乳化剂分子的重新分布，以及扩散双电层的重新形成，保证了沥青橡胶乳化体系的相对稳定。

在橡胶改性乳化沥青分散体系中，所有的橡胶微粒R与沥青微粒A并非以完全均匀混合的A/R粒子形式存在的。其中存在着4种微粒，即均匀A/R微粒、不均匀A/R微粒、A微粒和R微粒。4种微粒的比例直接影响着改性效果，A/R粒子比例越高，改性效果越好。

60 影响改性乳化沥青稳定性的因素有哪些？

(1) 乳化剂的类型不一致。如果乳化沥青和橡胶胶乳所用的乳化剂类型不一致，两者相遇后会因其界面电荷相反而相互吸引，引起界面膜破裂，导致凝聚和沉降。因此，制备改性乳化沥青时，二者所用的乳化剂类型必须一致。

（2）乳化剂的 *HLB* 值不一致。若两者的 *HLB* 值不同，混合后体系的 *HLB* 值会发生变化，导致体系的稳定性变差。故两种乳液的 *HLB* 值应相同或接近。

（3）密度不一致。密度是决定乳化液稳定的因素之一，如果橡胶乳液与乳化沥青的密度相差太大，混合后会使体系的密度发生变化，可以导致沥青与橡胶微粒沉降。

（4）pH 值不一致。pH 值是保证乳化液稳定性很重要的因素，两种乳液的 pH 值应尽可能保持一致，否则会发生酸碱中和反应而影响分散体系的稳定度。

61 SBS 改性乳化沥青的生产工艺怎样？

第一步，生产出需要的 SBS 改性沥青：聚合物 SBS 与沥青等原料经过聚合物的溶胀、分散研磨和发育三个过程制成成品改性沥青。

第二步，配制皂液：乳化剂、水、添加剂等按照一定要求搅拌而成。

第三步，皂液和改性沥青经过胶体磨制成 SBS 改性乳化沥青。

62 乳化 SBS 改性沥青性能优异但尚未实现规模化的生产和应用，其原因是什么？

（1）SBS 必须有很高的粉碎细度，一般要求粒径不大于 2μm。

（2）需要配备有耐高温、耐高压及良好的降温设施的乳化生产设备。

（3）乳化剂与 SBS 改性沥青要有良好的乳化能力及配伍性。

63 生产 SBS 改性乳化沥青对设备有什么特殊要求？

（1）乳化系统管路耐压和密封须满足工艺要求。

（2）胶体磨应具有足够的动力，具有均化和分散特性，还要具有超强的剪切研磨 SBS 改性沥青的能力。

（3）胶体磨应具有足够的承受背压能力，是生产 SBS 改性乳化沥青又一个必备条件。胶体磨一般应采用双机械密封以承受更大的背压。

（4）乳化系统必须配置适宜的热交换装置以降低乳化系统压力，并使 SBS 改性乳化沥青迅速降温。SBS 改性乳化沥青的出口温度一般应控制在 85℃左右。

64 SBS 改性乳化沥青有什么特点？

SBS 改性乳化沥青能够大幅度降低沥青的温度敏感性。一方面使沥青的软化点提高，在夏天高温季节提高路面的抗推移和抗车辙能力；另一方面使沥青的脆点降低，在冬天寒冷季节，不发脆，具有柔韧性，减少路面裂缝。SBS 改性乳化沥青提高了与集料的黏附性，增强了沥青弹性恢复能力。因此，SBS 改性乳化沥青全面提高了改性乳化沥青质量。

65 乳化沥青生产设备按照生产工艺流程不同可分为哪两类？各有什么特点？

(1) 批量掺配乳化生产设备。这类设备在国内应用最广。其优点是：有两个皂液容器轮流掺配，皂液在容器内可充分搅拌混合，生产效率高，工艺流程明晰，设备检维方便。其缺点是：占地面积较大。

(2) 管道式乳化生产设备。国内应用较少，其特点是：配有多台计量泵，用于将水、乳化剂和其他添加剂(酸、稳定剂)等原材料送入管道混合器，高效动态混合后再送入乳化机中，皂液的掺配在管道输送中完成混合；可连续生产，设备占地面积小，适用于工艺配方高度固定的生产单位；设备控制精度、运行稳定性和自动化程度等要求都很高，设备检修比较复杂且成本高昂。

66 乳化沥青生产设备按照设备配置和机动性不同可分为哪几类？各有什么特点？

(1) 移动式乳化沥青生产设备。它是将胶体磨、乳化剂泵、沥青输送泵和电控装置等固定在一个专用的底盘上，构成主机单元，或称工作站，可移动到需要的地方。其他装置如皂液罐、热沥青存储罐等不配置，客户可根据现场条件和用途，将其组装成适用的成套的乳化沥青生产装置。

(2) 撬装式乳化沥青生产设备。它是将沥青乳化的各种设备安装在一个或两个以上的标准集装箱中，需要搬移时分别装车运输，到达指定地点后依靠叉吊机具快速安装组合成工作状态的乳化沥青生产设备。这类设备一般应用于工程量较大的公路施工工程。

(3) 固定式乳化沥青设备。一般布置在大型沥青储存库或炼油厂附近，布局宽敞，生产能力大，形成一个有一定服务半径的沥青乳化生产基地。

67 成套的乳化沥青生产设备通常由哪几部分组成？

成套的乳化沥青生产设备通常由 5 个部分组成：沥青乳化机、沥青配制系统、皂液掺配系统、胶乳体系和计量控制体系。

68 乳化沥青的核心设备乳化机的结构和作用各是什么？

一般常采用的沥青乳化机有胶体磨和高速剪切机等形式。乳化机主要包括定子和转子两部分，转子在定子中高速旋转，两者的间隙一般为 0.25~0.5mm，间隙可调，最小间隙可调至 0.025mm。乳化效果主要视流体所受剪切力大小而异，而这种剪切力是由于沥青颗粒在乳化剂溶液中受到转子表面切割而产生的。

乳化机的作用是通过增压、剪切、研磨等机械作用使沥青形成均细化颗粒，稳定而均匀地分散于乳化剂水溶液中，形成水包油(O/W)沥青乳状液。采用不同的力学作用原理，沥青乳化机的结构形式也不相同。

69 胶体磨的机械密封有什么优点？

(1) 滑动面与沥青不接触，它们在密封介质(水或油)中运转；允许在较高温度(200℃)下运行。

(2) 允许在较高压力(1.6MPa)下运行。

(3) 可在无产品情况下运行，密封件由带压介质冷却和润滑。

70 皂液掺配系统包括哪些设备？有什么作用？

皂液掺配系统一般由热水罐、皂液罐、皂液泵和水泵等组成。每个泵均须配备流量计，精确控制介质的流量。

该系统具有升温、保温、计量等功能，其作用是溶解乳化剂及其添加剂，并制备沥青乳液生产所要求的皂液。

71 皂液调配罐的功能有哪些？

皂液调配罐是制取合格皂液的关键设备，一般应具备如下功能：

(1) 稀释乳化剂：对于非液态的乳化剂(中裂型较普遍)，一般要溶解成浓度为10%~20%的水溶液。稀释后的乳化剂，通常泵送到皂液调配罐中与热水再度混合，制成生产用皂液。

(2) 制取皂液：热水、乳化剂、添加剂或橡胶胶乳(改性乳化沥青用)按照比例进入调配罐中，经过搅拌器分散，混合形成乳化剂水溶液。

(3) 乳化剂水溶液储存罐：单一的乳化剂水溶液调配罐是不能进行连续生产的，应该设置储存罐，以便将乳化剂水溶液暂存，供乳化机使用。如果设置两个以上调配罐，则调配罐交替进行，保持连续生产。

72 皂液调配罐由哪些部分组成？

皂液调配罐主要由罐体、加热器、搅拌器、液位计、温度计等组成。

73 胶体磨启动时有什么要求？

胶体磨启动时一定要灌入液体，如果胶体磨中没有液体，不可启动，因为胶体磨中转子和定子之间的间隙非常小，无液体启动时可能造成损坏。

74 乳化机产量越高越好吗？

沥青乳化机应始终在推荐的工作能力范围内工作。加大沥青乳化机的原料输入量会增加产量，但也会造成沥青颗粒的尺寸增大、产品质量降低。为了有效发挥沥青乳化机的使用性能，必须在乳化沥青的质量和沥青乳化机的工作能力之间找到最佳点。

75 对沥青乳液储存设备要求有哪些？

（1）采用密封容器，减少水分蒸发。（2）在容器中加装搅拌装置，定期进行搅拌。（3）使用离心泵，经常性循环，防止沉淀离析。（4）进出口设均设置于储罐底部。（5）存放温度保持在5~40℃。（6）使用前应搅拌均匀。（7）长期大容量存放要定期抽样检验。（8）远离高温热源。（9）不同品种不要混合，不同批次产品混合要慎重。（10）室外温度低于-5℃时，沥青乳液储存罐不应存放乳液，如果罐内有剩余的乳液应及时排净，以免造成乳液破乳。

76 乳液储存期间出现块状或团状结皮对其使用性能会造成什么影响？

（1）改变了乳液的油水比，使油水比不能满足技术指标要求。（2）施工中容易引起输送系统的故障。（3）不易进行洒布。（4）影响与集料拌和的均匀性。

77 引起沥青乳液结皮的主要原因有哪些？

（1）水分蒸发。刚生产出的乳化沥青，温度在80℃左右，乳液表层水分会较快地蒸发，造成乳液表面结皮。因此，乳液储罐应密封较好，减少水分散失。

（2）乳化沥青微粒的转相。道路工程中使用的乳化沥青大多是水包油型（O/W）乳液。刚生产出的乳化沥青在降温过程中，可能会发生相反转，即由O/W型微粒转变为油包水型（W/O）微粒。由于沥青相黏度大，这些W/O型沥青微粒可能相互靠拢，从而产生絮凝现象。

（3）微粒界面膜被击破。乳化沥青微粒界面膜强度在高温时较小，此时微粒之间的运动碰撞可能击破界面膜而产生聚结，从而加剧结皮现象。

（4）存在部分未乳化的沥青。沥青成分的复杂性、乳化剂的乳化能力的有限，以及生产设备性能不佳，可能造成部分沥青原料未被乳化而夹带在乳液中。在静置过程中，未乳化沥青原料聚结上浮形成结皮。

78 为了预防乳化沥青结皮，对乳化沥青生产过程有哪些要求？

（1）选择性能好、乳化能力强的乳化剂。

（2）选择良好的乳化机械，确保乳化沥青微粒细微、均匀。

（3）在乳化沥青中添加稳定剂。

（4）在沥青乳化完成后的30~40min内，乳液在密闭状态下，经常性缓慢搅动，频率以表层不产生结皮为标准。试验证明，在搅动作用下，如果开始

30~40min 内乳液不产生结皮，乳液以后就不易产生结皮或结皮现象大大减少。

79 乳化沥青储存应注意什么事项？

在低温（5℃以下）保存乳化沥青，一定要防止乳液的结冰；如果加热乳化沥青，注意使储存罐内的乳液处于流动状态，避免乳液在加热器周围出现过热现象。

80 改性乳化沥青储存应注意什么事项？

改性乳化沥青属于双重复合型热力学不稳定体系。除具有与乳化沥青完全相同的特点外，由于胶乳的加入，增加了体系的不稳定性，故改性乳化沥青的储存稳定性比普通乳化沥青更差。鉴于此，改性乳化沥青储存除严格执行普通乳液的储存方法和预防措施要求外，还应有计划地组织生产和使用，保证在有效期内用完储存罐内的改性乳化沥青。室外温度低于-5℃时，沥青乳液储存罐不应存放乳液。储存罐剩余的乳液应及时排净，以免造成乳液破乳。

81 乳化沥青运输应注意什么事项？

（1）在装运乳化沥青之前，必须检查清理储存罐和运输罐车，避免因罐、车被其他材料污染而造成乳液离析。（2）运输距离尽量控制在 200km 以内。（3）常温运输。（4）采用密封容器，减少水分蒸发。（5）使用离心泵循环，防止沉淀离析。特别是卸车前，须先循环、采样检验，然后才能卸车。

第九章　主要沥青生产技术工业生产案例

1　常减压蒸馏技术工业生产案例是什么？

案例1　常减压蒸馏生产70号道路沥青

一、巴士拉原油及减压渣油性质评价

（1）巴士拉原油性质。

原油对沥青产品质量有着非常重要的影响。科威特原油通过常减压蒸馏可得到直馏的高品质的道路石油沥青。对巴士拉原油性质评价，见表9-1。可以看出，巴士拉原油也属高硫中间基原油，与科威特原油性质比较接近，可用直馏法生产道路沥青。

表9-1　巴士拉原油性质

分析项目	巴士拉原油	科威特原油
密度(20℃)/(g/cm^3)	0.8511	0.8665
黏度(50℃)/(mm^2/s)	4.452	6.965
酸值/(mgKOH/g)	0.06	0.07
硫含量/%	2.11	2.85
胶质/%	5.88	9.2
沥青质/%	0.25	1.8
蜡含量/%	2.12	3.8
原油类型	高硫中间基原油	高硫中间基原油

（2）巴士拉减压渣油的性质。

对巴士拉的减压渣油的性质评价见表9-2。

从表9-2可以看出，巴士拉减压渣油沸点>540℃的饱和分比科威特减压渣油沸点>500℃的饱和分高。因此，对巴士拉原油进行常减压蒸馏生产直馏沥青，必须减压深拔。

表 9-2 巴士拉减压渣油性质

项　　目	巴士拉减压渣油	科威特减压渣油(>500℃)
密度(20℃)/(g/cm^3)	1.0142	1.008
运动黏度(100℃)/(mm^2/s)	864	1464
酸值/(mgKOH/g)	0.01	—
硫含量/%	4.88	5.08
沥青四组分		
饱和分/%	18.14	10.3
芳香分/%	55.97	50.5
胶质/%	21.80	32.4
沥青质/%	4.09	6.8

注：巴士拉减压渣油沸点>540℃；科威特减压渣油沸点>500℃。

二、巴士拉原油常减压蒸馏生产道路沥青

(1) 目标产品。

目前，70 号道路沥青是市场需求的主流产品，所以拟定用巴士拉原油生产 70 号道路沥青。

(2) 常减压蒸馏装置关键操作参数。

由于巴士拉原油相对较轻，要生产 70 号道路沥青，只有对减压蒸馏装置进行深拔，才有可能得到 70 号道路沥青。其常减压蒸馏装置关键工艺参数如下：

① 常压炉出口温度：364~366℃。

② 减压炉分支出口温度：388~392℃。

③ 减压塔顶真空度：≥98kPa。

(3) 生产高等级道路沥青的措施。

① 减压塔深拔。在保证常压系统生产正常下，加强减压系统操作，减顶温度控制在 50~80℃，保证减压塔的高真空度；减压炉四路分支温度控制在 388~392℃，在真空度≥98kPa 的情况下，出口温度尽量控制在上限；在保证洗涤效果情况下，尽量减少洗涤油用量。

② 减压塔底渣油中停注冲洗油。关闭减压塔底渣油线孔板流量计冲洗油，用减压渣油代替，注意减压塔底渣油流量和减压塔底液位变化，防止减压塔底渣油流量计失灵而导致减压塔底液位过高或过低，以提高沥青品质。

③ 减压塔底渣油泵停注柴油。将减压塔底渣油泵原来的柴油作封油改为自封油流程，加强减压渣油泵运行情况的检查，防止减压渣油泵喷油，以提高沥青的品质。

三、直馏沥青产品的质量

对减压塔底的减压渣油取样，进行检测分析，结果见表9-3。

从表9-3可以看出，用巴士拉原油通过减压深拔技术可以生产满足交通部《沥青路面施工技术规范》(JTG F40—2004)对70号A级沥青的质量要求。该70号A级沥青产品10℃延度较好，有相对大的富裕度。

表9-3 巴士拉原油直馏70号道路沥青检测结果

试验项目		单位	技术要求	检测结果	试验方法
针入度(25℃，100g，5s)		0.1mm	60~80	72	T0604
针入度指数 *PI*		—	-1.5~+1.0	-1.4	T0604
软化点		℃	≥45	46.5	T0606
60℃动力黏度		Pa·s	≥160	174	T0620
延度(10℃)		cm	≥15	88	T0605
延度(15℃)		cm	≥100	>150	T0605
蜡含量(蒸馏法)		%	≤2.2	1.93	T0615
闪点(开口)		℃	≥260	>270	T0611
溶解度		%	≥99.5	99.92	T0607
密度(15℃)		g/cm^3	实测记录	1.037	T0603
TFOT (163℃，5h)	质量变化	%(质)	≤±0.8	-0.024	T0609
	针入度比	%	≥61	70	T0604
	延度(10℃)	cm	≥6	8	T0605

四、结语

高硫中间基的巴士拉原油，原油相对较轻，渣油四组分中的饱和分相对较高；通过常减压蒸馏生产70号道路沥青必须进行减压深拔操作，其减压渣油可满足交通部《沥青路面施工技术规范》(JTG F40—2004)对70号A级沥青的质量要求。

2 溶剂脱沥青技术工业生产案例是什么？

案例2 丙烷溶剂脱沥青装置沥青生产

一、丙烷脱沥青装置原料和工艺指标

(1) 原料质量指标要求。

生产沥青期间加工的原料为蒸馏装置加工中间基原油(沙中原油、阿曼原油、普鲁托尼原油、卡宾达原油、凯萨杰原油、马希拉原油等)或掺入不大于25%的低蜡石蜡基原油生产的减压渣油。减压渣油控制指标见表9-4。

表 9-4　减压渣油的质量控制指标

项　　目	单　　位	控制指标	理想范围	最大可控范围
针入度	0.1mm	>200	—	—
黏度(100℃)	mm^2/s	≤600	400~600	350~900

(2) 丙烷脱沥青装置主要工艺指标要求(见表 9-5)。

表 9-5　丙烷脱沥青装置主要工艺指标

项目名称	单　　位	控制指标	备　　注
萃取塔顶温度	℃	50~60	
萃取塔底温度	℃	33~38	
原料入塔温度	℃	100~120	关键
溶剂入塔温度	℃	30~35	关键
溶剂比	V	4.2~4.5∶1	
临界塔顶温度	℃	98~102	
临界塔压力	MPa	3.4	
炉出口温度	℃	220~240	
油浆掺炼比	%	5~10	
溶剂丁烷含量	%	0~5	关键
沥青收率	%	53~56	
消泡剂注入量	μg/g	3~8	

二、丙烷脱油沥青质量

丙烷脱沥青质量见表 9-6。当脱油沥青的针入度小时，沥青的 15℃ 延度为零；当脱油沥青的针入度大时，沥青的蜡含量与 A 级道路沥青蜡含量要求相比质量卡边。所以丙脱沥青要生产高品质的道路沥青，须找到合适的沥青软组分与之进行沥青调和。丙烷脱油沥青质量见表 9-6。

表 9-6　丙烷脱油沥青质量

项　　目	内控要求	检测结果 1	检测结果 2	试验方法
针入度(25℃，100g，5s)/(0.1mm)	25~50	23	47	GB/T 4509
软化点/℃	50~65	60	50	GB/T 4507
延度(15℃)/cm	—	0	150	GB/T 4508
蜡含量/%	≤1.8	1.86	2.12	SH/T 0425
灰分/%	≤0.3	0.1	0.09	GB/T 508
闪点(开口)/℃	≥315	>310	>310	GB/T 3536

三、调和沥青的软组分

根据沥青加工企业实际情况，选择糠醛抽出油的重抽出油（因为该糠醛抽出油的蜡含量偏高，所以要把糠醛抽出油进行再次分离，得到的糠醛重抽出油作为沥青调和的软组分）作为软组分，其重抽出油的质量要求见表9-7。

表9-7　糠醛重抽出油的质量要求

项　　目		减三线重抽出油	减四线重抽出油	试验方法
蜡含量/%	≤	3.8		附录A
饱和烃含量/%	≤	23	20	SH/T 0509
糠醛气味		常温下无味		
芳烃含量/%	≥	实测		SH/T 0509
初馏点/℃	≥	295	310	SH/T 0165
凝固点/℃	≤	28	35	GB/T 510
闪点（开口）/℃	≥	220	240	GB/T 3536
水含量/%	≤	0.03		GB/T 260

四、沥青的调和

沥青各组分混合是由在线的静态混合器和调和罐的喷射搅拌器组合而成的。沥青调和时将硬组分（丙烷脱沥青）和软组分（抽出油）通过流量计及流量调节阀组按给定的调和比例经泵送到静态混合器，经混合后得到的调和沥青从顶部进入重交沥青调和罐（丙烷脱油沥青泵150m^3/h、抽出油泵28m^3/h，合计178m^3/h；调和罐实际调和罐容为1100m^3）。静态混合器调和用时6～8h后，为进一步将调和产品混合均匀，当调和罐油位高于旋转喷头1m时，关闭从罐上部进料，同时从罐的下部进料，经旋转喷头二次混合，直至达到预计调和量（1100m^3）。停调和泵开启两台循环泵，用调和罐的旋转喷头以200m^3/h进行自循环，沥青调和温度140～145℃，循环混合6～8h后停循环泵，静止30～40min后，安排过程控制分析，根据控制分析情况确定是否对调和比例做出调整，如果符合内控要求，安排做出厂分析。沥青调和主要工艺参数见表9-8。

表9-8　沥青调和主要工艺参数

项　　目	单　　位	指标要求
沥青调和时间	h	6～8
沥青循环时间	h	6～8
沥青调和温度	℃	140～145
丙脱沥青储存温度	℃	140～160
抽出油储存温度	℃	75～95
重交沥青储存温度	℃	125～145

五、调和沥青产品的质量

从表 9-9 可以看出，用丙烷脱沥青与重抽出油调和的沥青，其产品质量满足 GB/T 15180—2010 对重交通道路沥青 AH-70 的指标要求。

表 9-9 调和沥青产品的检测结果

检验项目		AH-70 质量要求	检测结果	试验方法
针入度(25℃，100g，5s)/(0.1mm)		60~80	64	GB/T 4509
延度(5cm/min，15℃)/cm		≥100	>150	GB/T 4508
软化点(环球法)/℃		44~54	48.5	GB/T 4507
闪点(COC)/℃		≥230	285	GB/T 267
含蜡量(蒸馏法)/%		≤3.0	1.9	SH/T 0425
密度(15℃)/(g/cm³)		报告	1.028	GB/T 8928
溶解度(三氯乙烯)/%		99.0	99.93	GB/T 11148
薄膜加热试验(163℃，5h)	质量变化/%	≤0.8	-0.07	GB/T 5304
	针入度比/%	≤55	71	GB/T 4509
	延度(15℃)/cm	≥30	>150	GB/T 4508

六、结语

(1) 丙烷脱油沥青装置生产的脱油沥青直接作为沥青产品，其质量不能满足沥青标准的要求，须通过沥青调和技术生产高等级的沥青产品。

(2) 控制好丙烷脱沥青与重抽出油质量要求，对二者进行沥青调和，其产品质量满足 GB/T 15180—2010 对重交通道路沥青 AH-70 的指标要求。

3 沥青调和技术工业生产案例是什么?

案例 3 调和法生产 50 号道路沥青

一、沥青原料

(1)抗车辙沥青母粒。

抗车辙沥青母粒是中国石化研发的一种新产品，由溶剂脱沥青工艺生产的富含胶质、沥青质的特种沥青，具有软化点高、黏度大、针入度低等特点，呈半球状，是调和低标号硬质沥青很好的硬组分。抗车辙沥青母粒的指标要求见表 9-10。

(2) 70 号道路沥青。

试验研究和工业生产所用的 70 号道路沥青均为中国石化采用中东原油生产的“东海牌”70 号 A 级沥青，质量情况见表 9-11。

表 9-10　抗车辙沥青母粒性能指标

项　　目		单　　位	质量要求	试验方法
软化点		℃	105~120	GB/T 4507
颗粒尺寸，<8mm	≥	%	90	Q/SH 3210 049
针入度(25℃，5s)	≤	0.1mm	5	GB/T 4509
溶解度	≥	%	99.5	GB/T 11148
灰分	≤	%	1.0	SH/T 0029

表 9-11　“东海牌”70 号 A 级道路沥青质量检测结果

试验项目		单　　位	技术要求	检测结果	试验方法
针入度(25℃，100g，5s)		0.1mm	60~80	73	T0604
针入度指数 *PI*		—	-1.5~+1.0	-1.5	T0604
软化点		℃	≥46	47.0	T0606
60℃动力黏度		Pa·s	≥180	205	T0620
延度(10℃)		cm	≥20	55.0	T0605
延度(15℃)		cm	≥100	>150	T0605
蜡含量(蒸馏法)		%	≤2.2	1.9	T0615
闪点(开口)		℃	≥260	>300	T0611
溶解度		%	≥99.5	99.9	T0607
密度(15℃)		g/cm^3	实测记录	1.04	T0603
薄膜烘箱(163℃，5h)	质量变化	%(质)	≤±0.8	-0.04	T0609
	针入度比	%	≥61	68	T0604
	延度(10℃)	cm	≥6	8	T0605

二、试验研究

利用抗车辙沥青母粒和 70 号沥青按照一定比例，在 150℃左右通过沥青调和可生产 50 号 A 级道路石油沥青，试验数据见表 9-12。

表 9-12　调和 50 号 A 级道路沥青实验室结果

试验编号		50A-1	50A-2	50A-3	50A-4	备　　注
配比	MM70A(*P*=69)/%	97	—	—	—	
	ZH70A(*P*=65)/%	—	98	—	—	
	SH70A(*P*=71)/%	—	—	—	96	
	GZ70A(*P*=70)/%	—	—	97	—	
	硬质沥青母粒(软化点 109℃)/%	3	2	3	4	

续表

试验编号		50A-1	50A-2	50A-3	50A-4	备　注
检测项目		调和 50A 沥青质量检测结果				质量指标
针入度(25℃)/0.1mm		56	52	57	48	40~60
针入度指数 *PI*		-1.04	-0.76	-0.79	-1.05	-1.5~+1.0
软化点/℃		51.0	51.3	53.5	50.9	≥49
15℃延度/cm		>150	>150	>150	>150	≥80
10℃延度/cm		16	28	26	17	≥15
黏度(60℃)/(Pa·s)		260	326	357	284	≥200
薄膜烘箱试验	针入度比/%	64	73	66	66	≥63
	10℃延度/cm	6	5	6	5	≥4

结果表明：采用不同企业生产的 70 号 A 级道路沥青调和 50 号 A 级道路沥青，加入沥青母粒的量是不同的，通常比例范围在 2%~4%；为保证抗车辙沥青母粒与 70 号 A 级道路沥青调制 50 号 A 级道路的 10℃延度指标，建议在工业生产中要求 70 号 A 级道路沥青的针入度在 70~80(0.1mm)，薄膜烘箱前的 10℃延度大于 50cm。

三、工业化生产

(1) 生产工艺。

采用调和工艺生产 50 号道路沥青的工艺流程见图 9-1。生产过程大致如下：

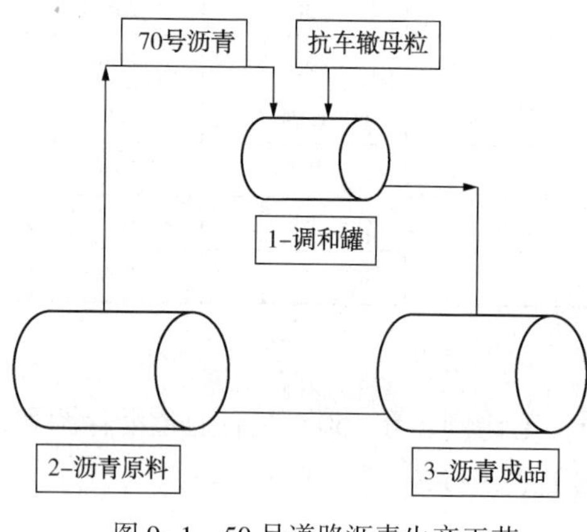

图 9-1　50 号道路沥青生产工艺

原料 70 号道路沥青预热至 140~145℃，泵入调和罐，至其 1/3 罐容时启动搅拌，并开始在投料口加入抗车辙沥青母粒，投料口需安装网状格栅，小网格大小约为 5cm×5cm，防止结块掉入；投料结束后补充沥青液位至经计量校准处，在 150~155℃连续搅拌 2~6h(根据调和罐情况确定)。生产过程中通过调整沥青母粒的加入比例，控制软化点不小于 50℃，针入度 50~55(0.1mm)，15℃延度不小于 100cm。指标满足要求且质量稳定后，调和罐的沥青可以泵送至沥青成品罐。

当沥青成品罐内 50 号道路沥青至 1/3 罐的高度时，开启罐内循环搅拌，温度控制在 150℃左右；至罐的安全高度时，停止泵入，搅拌 6~16h(可根据成品罐实际情况调整)采取样品进行分析，质量合格后封罐。若个别指标不合格，采取相关措施，直到沥青产品合格。

(2) 工艺条件。

生产工艺条件如下：

① 沥青原料温度：140~145℃。

② 调和罐温度：150~155℃。

③ 调和罐搅拌时间：2~6h(根据调和罐情况确定)。

④ 调和罐顶搅拌转速：≥50r/min。

⑤ 成品罐搅拌时间：6~16h(根据成品罐情况确定)。

⑥ 成品罐侧搅拌转速：≥350r/min。

(3) 工业上生产50号道路沥青产品质量。

工业上利用“东海牌”抗车辙沥青母粒和70号道路沥青按一定的比例通过沥青调和工艺生产的50号道路石油沥青检测结果见表9-13。结果表明：利用该原料和工艺生产的道路沥青满足交通部《沥青路面施工技术规范》(JTG F40—2004)对50号A级道路沥青的要求。

表9-13　工业生产50号A级道路沥青检测结果

项　　目		质量指标	样品1	样品2	试验方法
针入度(25℃，100g，5s)/(0.1mm)		40~60	56	54	T0604
针入度指数 *PI*		-1.5~+1.0	-1.28	-1.36	T0604
软化点(环球法)/℃		≥49	51	51	T0606
闪点(COC)/℃		≥260	>300	>300	T0611
15℃延度/cm		≥80	>150	>150	T0605
10℃延度/cm		≥15	16	17	T0605
60℃动力黏度/(Pa·s)		≥200	273	264	T0620
含蜡量(蒸馏法)/%		≤2.2	1.80	1.82	T0615
密度/(g/cm³)		实测	1.039	1.029	T0603
溶解度(三氯乙烯)/%		≥99.5	99.8	99.7	T0607
薄膜加热试验(163℃，5h)	质量损失/%	±0.8	-0.1	-0.06	T0609
	针入度比(25℃)/%	≥63	67	69	T0604
	延度(10℃)/cm	≥4	5	6	T0605

注：样品1和样品2分别来自两家企业的70号沥青与抗车辙母粒调和的50号A级道路沥青。

四、结语

(1) 溶剂脱沥青工艺生产的抗车辙沥青母粒具有软化点高、针入度小、黏度高的特点，是生产低标号沥青的理想的调和硬组分。

(2) 采用抗车辙沥青母粒与70号A级道路沥青调和生产50号A级道路沥青的工艺，其操作简单方便，是一种灵活的低标号沥青生产工艺，其中抗车辙沥青母粒是调和工艺的关键。

4 聚合物改性沥青技术工业生产案例是什么?

案例 4　SBS 聚合物改性沥青生产

一、SBS 改性沥青指标要求

由于东海大桥特殊性，根据东海大桥设计及施工要求，质量指标参照交通部《公路沥青路面施工技术规范》(JTG F40—2004)聚合物改性沥青 SBS Ⅰ-D 技术要求，但关键质量指标如针入度、软化点、延度等与交通部 SBS 类改性沥青 Ⅰ-D 质量指标比较，均有较大的提高(见表 9-14)。

表 9-14　东海大桥 SBS 改性沥青设计指标要求

项　　目		工程设计指标要求	SBS 改性沥青 Ⅰ-D 指标要求	检查方法
针入度(25℃，100g，5s)/(0.1mm)		50~70	40~60	T0604
针入度指数 PI	≥	0	0	T0604
延度(5℃，5cm/min)/cm	≥	25	20	T0605
软化点 $T_{R\&B}$/℃	≥	65	60	T0606
运动黏度(135℃)/(Pa·s)	≤	3.0		T0625
闪点/℃	≥	250	230	T0611
溶解度/%	≥	99		T0607
弹性恢复(25℃)/%	≥	70	75	T0662
离析，48h 软化点差/℃	≤	2.5		T0661
RTFOT 后残留物				
质量变化/%	≤	±1.0		T0610
针入度比(25℃)/%	≥	65	65	T0604
延度(5℃)/cm	≥	15	15	T0605

二、试生产工艺

东海大桥 SBS 改性沥青试生产采用美国 DALWORTH 公司改性沥青高剪切胶体磨生产工艺。聚合物被高速剪切及高度研磨，研磨充分、颗粒细，达到充分的改性效果，而且一次剪切研磨完成，无须多次循环，可连续式生产 SBS 改性沥青 40t/h。

1. 基质沥青和改性剂的选择

(1) 基质沥青原料选择。

改性沥青生产及使用过程中最主要的问题是能够得到沥青和聚合物两相相容和稳定的体系。由于沥青和聚合物在相对分子质量、化学结构、黏度、密度等方面有较大差别，因此要得到这一稳定体系不是一件容易的事。对 SBS 改性沥青体系，由于 SBS 和沥青质的相容性很差，与芳香分和胶质的相容性好，所以基质沥青应有较低的沥青质含量和较高的芳香分、胶质含量。含硫中间基原油如沙中原油、伊轻原油等都含有相对较高的芳香分和胶质，沥青质含量相对较低，生产实践也证明，沙中、伊轻原油是理想的生产改性沥青的基质沥青。试生产采用沙中和伊轻原油生产的东海牌 AH-90 重交沥青为基质沥青。

（2）SBS 改性剂原料选择。

SBS 是苯乙烯和丁二烯嵌段共聚物，玻璃态的聚苯乙烯与橡胶态的聚丁二烯不相容。由于 SBS 的两相分离结构，使得它具有两个玻璃化温度，即中间基聚丁二烯的-80℃和端基聚苯乙烯段的 100℃。SBS 与沥青在热状态下相容后，端基软化并流动，中间基吸收沥青的油分形成体积大许多倍的海绵状材料；当改性沥青冷却后，端基硬化且物理交联，中间基嵌段进入具有弹性的三维网络中；这种改性剂生产的改性沥青，在拌和温度下网络结构消失，有利于拌和施工，而在路面使用温度下为固态，产生高拉强度和高温下的抗拉伸能力，从而使改性沥青具有很好的使用性能。

目前，国内使用的 SBS 主要有中国石化生产的 YH-791(H)、YH-801 和北京燕山石化生产的 SBS 4303、SBS 1301 及韩国 LG-501 等。根据以往生产经验，在基质沥青、工艺配方和工艺条件完全相同情况下选择 YH-791(H) 和 LG-501 进行试生产，产品质量见表 9-15。

表 9-15　不同 SBS 试生产改性沥青产品的主要性能指标

项　　目	工程设计指标要求	YH-791(H)	LG-501
针入度(25℃，100g，5s)/(0.1mm)	50~70	56	55
延度(5℃，5cm/min)/cm　≥	25	32.4	29.9
软化点 $T_{R\&B}$/℃　≥	65	92.2	88.8
RTFOT 后残留物			
延度(5℃)/cm　≥	15	17.1	14.7
离析软化点差/℃　≤	2.5	5.6	1.8

离析是 SBS 改性沥青产品的关键质量指标，用岳阳石化合成橡胶厂 YH-791(H) 与韩国 LG-501 生产的 SBS 改性沥青产品质量相比，YH-791(H) 虽然延度等指标相对较好，但产品易离析，无法达到质量指标要求，所以选择韩国 LG-501 的 SBS 生产。

2. 工艺参数优化

（1）反应温度优化。

选用 LG-501 SBS，在基质沥青、工艺配比和除反应温度外工艺条件完全相同的工况下进行不同反应温度对比试生产，产品质量见表 9-16。

适当提高反应温度，有利于提高SBS的剪切研磨效果，使SBS在基质沥青中分散得更加均匀，同时提高了改性沥青的发育温度，缩短溶胀发育时间，有利于提高改性沥青延度；但反应温度过高，会导致产品老化速度加快而使延度下降。试生产表明，反应温度控制在中温较为适宜。

表 9-16　不同反应温度下 SBS 改性沥青的主要性能指标

项　　目		工程设计指标要求	低温	中温	高温
针入度(25℃，100g，5s)/(0.1mm)		50~70	65	65	64
延度(5℃，5cm/min)/cm	≥	25	30.1	35.9	33.8
软化点 $T_{R\&B}$/℃	≥	65	82.2	85.7	89.2
RTFOT 后残留物延度(5℃)/cm	≥	15	14.5	18.1	16.5

(2) 操作压力优化。高剪切胶体磨设备允许的操作压力为 3.447~20.682kPa，在实际生产过程中，通过调节磨出口开度，改变磨的操作压力，从而改变磨的负荷，产品质量见表 9-17。

表 9-17　不同操作压力下 SBS 改性沥青的主要性能指标

项　　目		工程设计指标要求	低压	中压	高压
针入度(25℃，100g，5s)/(0.1mm)		50~70	66	65	65
延度(5℃，5cm/min)/cm	≥	25	30.8	35.5	35.7
软化点 $T_{R\&B}$/℃	≥	65	78.8	80.4	81.1
RTFOT 后残留物延度(5℃)/cm	≥	15	15.3	18.7	18.5

胶体磨的操作压力提高，其负荷也提高，使SBS颗粒磨得更细更均匀，有利于提高沥青产品的延度，从而改善沥青产品质量。分析结果表明，操作压力达到一定值时，沥青产品质量已基本没有变化，但由于磨负荷提高，能耗大幅增加，所以选择中等操作压力是最合适的。

(3) 溶胀发育时间优化。选择 LG-501 SBS，在基质沥青、工艺配方和工艺条件完全相同的工况下生产的SBS改性沥青产品，从封罐后开始采样进行跟踪分析，产品旋转薄膜烘箱老化(RTFOT)后延度变化规律见表 9-18。

表 9-18　改性沥青延度与储存时间

储存时间/h	0	16	24	32	40
RTFOT 后残留物延度(5℃)/cm	4	14	19	15	13

聚合物吸附沥青中的油分溶胀发育后形成连续的网状结构，改善了沥青的高低温性能。发育时间短，溶胀发育未完成，聚合物的改性沥青作用未能得到充分

发挥，产品质量不理想；溶胀发育时间过长，产品会在高温下老化，导致产品质量下降，尤其是RTFOT后延度下降很快。试生产结果表明，选择24h左右溶胀发育时间是最理想的。

三、SBS改性沥青工业生产及其质量情况

工业生产时采用试生产优化后条件，采用美国DALWORTH公司CM-9S高剪切胶体磨生产设备，选用沙中、伊轻原油生产的东海牌AH-90作为基质沥青，以韩国LG-501 SBS为改性剂，在中等温度、中等压力、24h左右溶胀发育时间下，产品质量达到最佳，完全满足东海大桥SBS改性沥青的技术要求，见表9-19。

表9-19 东海大桥SBS改性沥青质量全分析结果

项　　目		工程设计指标要求	分析结果	检查方法
针入度(25℃，100g，5s)/(0.1mm)		50~70	67	T0604
针入度指数 *PI*	≥	0	0.01	T0604
延度(5℃，5cm/min)/cm	≥	25	40	T0605
软化点 $T_{R\&B}$/℃	≥	65	78.3	T0606
运动黏度(135℃)/(Pa·s)	≤	3.0	1.8	T0625
闪点/℃	≥	250	>260	T0611
溶解度/%	≥	99	99.86	T0607
弹性恢复(25℃)/%	≥	70	88	T0662
离析，48h软化点差/℃	≤	2.5	1.8	T0661
RTFOT后残留物				
质量变化/%	≤	±1.0	-0.080	T0610
针入度比(25℃)/%	≥	65	73	T0604
延度(5℃)/cm	≥	15	20	T0605

四、结语

(1) 东海大桥SBS改性沥青采用美国WALWORTH公司CM-9S高剪切胶体磨生产设备，在中等温度、中等压力范围内，研磨一遍，所选用的设备能使SBS粒子均匀分散至5μm以下，满足东海大桥SBS改性沥青连续稳定生产的要求；同时，由于处理量较大，可以满足东海大桥SBS改性沥青供货时间集中、供货量大的施工要求。

(2) 东海大桥SBS改性沥青生产，采用沙中和伊轻原油生产的东海牌AH-90重交沥青作为基质沥青，以LG-501 SBS为改性剂，按一定比例内掺，所产改性沥青质量稳定，各项指标达到并超过工程设计要求，满足东海大桥改造沥青路面设计、施工质量要求。

5 废胎胶粉改性沥青技术工业生产案例是什么？

案例 5　废胎胶粉橡胶沥青工业生产

一、产品执行标准

产品标准执行交通部《路用废胎胶粉橡胶沥青》（JT/T 798—2019）中“废胎胶粉橡胶沥青技术要求”热区要求。

二、废胎胶粉橡胶沥青工业生产

（1）原材料要求。

基质沥青：采用 70 号“东海牌”沥青。

添加剂：废胎胶粉（40 目）、SBS 改性剂、相容剂、稳定剂等。

（2）工艺配方。

根据产品质量要求及实验室小试确定橡胶沥青工艺配方，见表 9-20。

表 9-20　废胎胶粉橡胶沥青生产工艺配方

名　称	SBS 改性剂	废胎胶粉	相容剂	稳定剂
掺入比例/%	1.5	19~21	1~1.5	0.1~0.5

（3）主要工艺操作参数要求。

基质沥青温度：140~160℃。

成品罐温度：185~195℃。

预混罐温度：190~200℃。

胶体磨严格执行操作规程。

（4）生产过程。将原料沥青升温到一定温度，然后与废胎胶粉、相容剂、改性剂、稳定剂等按一定比例加入预混罐中，控制好预混温度。预混一定时间后，通过加料泵将预混物料加入胶体磨的入口，在胶体磨中剪切、分散后，进入成品罐中保持一定温度继续发育，直到产品合格。

（5）化验分析。封罐后 2h 采样分析 180℃黏度一次，5~12h 后采样全分析，直至符合要求。其结果见表 9-21。

表 9-21　废胎胶粉橡胶沥青检测结果

项　　目	单　　位	技术要求	检测结果	试验方法
180℃旋转黏度	Pa·s	3.0~4.0	3.4	T0625
25℃针入度（100g，5s）	0.1mm	40~60	51	T0604
软化点	℃	>65	71	T0606
弹性恢复（25℃）	%	>60	69	T0662
延度（5℃，1cm/min）	cm	>5	10	T0605

三、储存和出厂

（1）产品储存：橡胶沥青储存温度为160～180℃。如橡胶沥青未及时使用，一般采用保温间歇式搅拌储存，在储存过程中，每隔6h左右开启搅拌装置搅拌20min左右；如遇特殊情况未及时出厂导致性能衰减，需二次加工，适当添加橡胶粉及聚合物以满足指标要求。

（2）产品出厂：橡胶沥青经检测合格，采用带保温的罐车运输，一般运输半径不超过500km。

四、注意事项

（1）控制好成品罐发育温度，保证产品发育合格。

（2）停工时，用基质沥青进胶体磨系统置换。

（3）废胎胶粉、改性剂等加入一定要均匀。

五、结语

在70号基质沥青中加入废胎胶粉主剂、添加少量的SBS等，预混加热搅拌，再通过胶体磨剪切、发育可得到满足规范要求的废胎胶粉橡胶沥青产品。

6 乳化沥青生产技术工业生产案例是什么？

案例6　一特种乳化沥青生产

一、生产原料

（1）基质沥青：东海牌90号A级道路沥青。

（2）乳化剂：复合乳化剂，由8种乳化剂按一定比例混合而成。

（3）盐酸：37%工业盐酸，用来调节皂液酸碱度。

二、皂液配制

皂液配制在高铁阳离子乳化沥青生产过程中相当重要，直接关系到产品质量，特别是各组分比例控制和混合液温度控制。

皂液按以下步骤进行配制：

（1）生产前对稀释罐进行清洗：当皂液罐内存留皂液与本次生产皂液相同时，将皂液罐内剩余皂液排尽；否则，须对皂液罐、管线、胶体磨进行彻底清洗。

（2）提前将需加热的乳化剂按生产需要搬至烤房内加热。

（3）将热水罐内的水加热至要求温度。

（4）按配料表对各种乳化剂进行计量称重。

（5）④号乳化剂在三个小稀释罐中进行配制，其他乳化剂在大稀释罐中进行配制。

（6）将热水打至稀释罐内，液位控制在2/3处，开启搅拌。

（7）将各种乳化剂和盐酸按要求分批加到稀释罐中，每批乳化剂和盐酸加完后，大稀释罐搅拌 10min，小稀释罐搅拌 5min，搅拌完后将皂液打至皂液罐中，并同步加水至皂液罐中进行稀释。

（8）当皂液罐液位达到搅拌液位时，开启皂液罐搅拌器进行搅拌。

（9）按皂液配制总量查皂液罐罐容表，计算皂液配制时皂液罐液位控制高度。

（10）各种乳化剂稀释完并打入皂液罐后，皂液罐补水至皂液配制总量。补水时停止搅拌，防止出现假液位。

（11）分析皂液罐内皂液 pH 值，根据皂液 pH 值要求确定是否需要再增加盐酸。

（12）开启皂液泵，对皂液罐内皂液进行循环，罐内皂液搅拌并循环 1～2h。

（13）启动胶体磨前清洗皂液泵前过滤器。

三、专用乳化沥青生产

（1）乳化沥青核心系统——胶体磨工作站概况。

① 组成：装置包括美国进口道维施 MP－10S 改性乳化沥青站、乳化沥青成品罐、输送泵、流量计等配套生产设施。生产站核心设备道维施高剪切胶体磨具有独特的“内齿形”结构，具有“一次性剪切研磨合格”功能，与同类产品相比，效率更高。

② 规模：一体化装置设计生产乳化沥青与改性乳化沥青规模均为 50t/h，可按需进行切换。

③ 技术特点：关键设备采用进口，性能优良，质量保证，混合均匀性好。

④ 产品性质：生产的产品主要为乳化沥青与改性乳化沥青。

（2）工艺流程示意图(见图 9-2)。

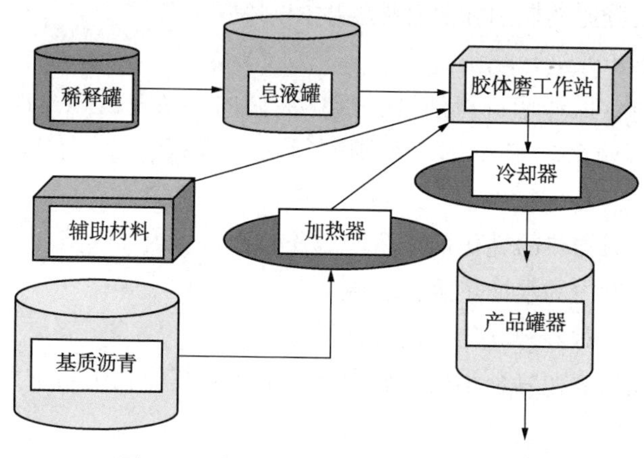

图 9-2　乳化沥青生产工艺流程示意图

（3）生产过程。

① 基质沥青加热至135~140℃，开启乳化沥青原料泵，建立稳定沥青循环。

② 启动皂液泵，建立皂液循环。

③ 启动胶体磨。

④ 皂液导入胶体磨。

⑤ 沥青导入胶体磨。

⑥ 调节沥青泵、皂液泵流量，使产品固含量控制在60%~61%。

⑦ 生产稳定后，在线采样分析产品固含量，根据分析结果确定是否需要对沥青和皂液流量进行调整。

⑧ 停车。

a. 恢复循环：切换胶体磨进口阀为回流循环状态，目的是停止沥青导入胶体磨，使皂液冲洗胶体磨。

b. 关闭沥青泵入口后，停沥青泵，再关出口阀。这样能够将沥青泵中沥青尽量甩出，排空。

c. 停皂液泵，关闭皂化系统相关阀门，停止皂液的加入。

d. 打开水阀，用清水冲洗胶体磨，然后打开胶体磨进口净化风吹扫线，吹扫胶体磨至乳化沥青产品罐，停止胶体磨。

e. 设备和管线复位。

（4）生产主要运行参数（见表9-22）。

表9-22　生产主要运行参数

项　目	参　数	项　目	参　数
沥青泵变频器/Hz	30~35	皂液流量/(L/min)	270~320
胶体磨出口温度/℃	85~90	胶体磨电机电流/A	70~80
皂液温度/℃	50~55	胶体磨出口压力/psi*	15~20
沥青胶体磨入口温度/℃	135~140	皂液泵出口压力/psi	40~60

* 1psi=6.895kPa。

（5）产品温度控制。

乳化沥青产品胶体磨出口温度按以下公式计算：

$$T=(0.45 \cdot B\% \cdot T_B+S\% \cdot T_S)/(0.45 \cdot B\%+S\%) \tag{9-1}$$

式中　T——乳化沥青产品温度；

T_B——基质沥青温度；

T_S——皂液温度；

$B\%$——沥青在乳化沥青中的含量；

$S\%$——皂液在乳化沥青中的含量。

基质沥青温度按135℃、皂液温度按50℃计算，乳化沥青出胶体磨温度为84.3℃。为了防止产品在胶体磨中汽化，产品胶体磨出口温度须控制在100℃以下。

（6）生产物料平衡(见表9-23)。

表9-23　生产物料平衡参数

项　　目	收率/%(质)	流率/(kg/h)
入方		
沥青	60	30000
乳化剂	2	1000
水	38	19000
合计	100	50000
出方		
乳化沥青	100	50000
合计	100	50000

四、乳化沥青产品质量

乳化沥青产品质量见表9-24。

表9-24　乳化沥青产品质量

项　　目		单位	性能指标要求	检测结果	试验方法
外观			浅褐色液体、均匀、无机械杂质	浅褐色、均匀、无杂质	JC/T 797
颗粒极性		—	阳	阳	JTJ 052—2000
恩氏黏度(25℃)			5~15	10	
筛上剩余量(1.18mm)		%	<0.1	<0.1	
储存稳定性(1d，25℃)		%	<1.0	<1.0	
储存稳定性(5d，25℃)		%	<5.0	<5.0	
低温储存稳定性(-5℃)①		—	无粗颗粒或块状物	无粗颗粒、块状	
水泥混合性		%	<1.0	<1.0	
蒸馏残留物	残留物含量	%	58~63	60.5	
	针入度(25℃，100g，5s)	0.1mm	60~120	89	
	溶解度(三氯乙烯)	%	≥97	98	
	延度(15℃)	cm	≥50	46	

①当乳化沥青实际使用中经过低温储存和运输时，进行此项检测。

检测结果表明，该乳化沥青满足铁路CRTSⅠ型板式无砟轨道的乳化沥青指标要求。

五、结语

高铁专用乳化沥青的成功开发、生产和应用，打破了日本、德国对此技术的长期垄断，填补了国内空白，为中国石化“东海牌”沥青应用于铁路建设开辟了广阔的市场前景。

第十章　道路石油沥青的应用技术服务

1　什么叫沥青路面？沥青路面如何分类？

沥青路面是以沥青材料为结合料，黏结矿料而修筑面层与各类基层和垫层所组成路面结构。

(1) 沥青路面按强度构成原理分类：

① 密实类沥青路面——要求矿料的级配按最大密实度原则设计。

② 嵌挤类沥青路面——要求采用颗粒较为均一的矿料。

(2) 按施工工艺分类：①层铺法；②路拌法；③厂拌法。

(3) 按技术特性分类：①沥青表面处治路面；②沥青贯入式路面；③沥青碎石路面；④沥青混凝土路面；⑤乳化沥青碎石混合料；⑥沥青玛蹄脂碎石(SMA)路面；⑦开级配沥青磨耗层(OGFC)。

2　什么是层铺法路面施工工艺？层铺法施工工艺应注意哪些事项？

层铺法是指沥青与不同粒径的石料分层撒铺、压实的路面施工方法，主要用于沥青表面处治和贯入式，是沥青路面发展的初级阶段常用的一种施工工艺。

层铺法施工中应注意以下事项：

(1) 各工序必须紧密衔接，不得脱节。

(2) 不得在潮湿的石料或底层浇洒沥青。

(3) 沥青用量应严格控制，压实要适当，以免压实不足而影响嵌锁或压实过度而造成石料破碎，影响沥青贯入。

(4) 宜选择一年中干燥和较炎热的季节施工，在日最高气温低于15℃到来之前半个月结束，以保证成型。

3　什么是拌和法施工工艺？

拌和法施工工艺是一定级配的集料与沥青按一定的配合比均匀地拌制成沥青混合料，再经摊铺、压实的路面施工方法。该工艺主要用于中、高级路面的施工。

4 什么叫结合料？什么叫沥青混合料？

在沥青混合料中，把集料黏结在一起的胶结料称为结合料，它包括各类道路石油沥青和改性沥青。

由沥青与矿料按一定比例拌和而成的混合料称为沥青混合料。

5 什么叫沥青混凝土混合料？沥青混凝土混合料分为哪些种类？什么叫油石比？

沥青混凝土混合料是由适当比例的粗集料、细集料及填料组成的符合规定级配的矿料与结合料拌和而成的符合技术标准要求的沥青混合料。

沥青混凝土混合料可分为密级配沥青混凝土混合料、半开级配沥青混合料、开级配沥青混合料、间断级配沥青混合料和乳化沥青碎石混合料等。

密级配沥青混凝土混合料是指各种级配的颗粒级配连续、相互嵌挤密实的矿料与结合料拌和而成，压实后剩余空隙率小于3%~5%的沥青混合料。

半开级配沥青混合料是由适当比例的粗集料、细集料及少量填料与沥青结合料拌和而成，压实后剩余空隙率大于6%~12%的半开式沥青混合料，也称为沥青碎石混合料。

开级配沥青混合料是指矿料级配主要由粗集料嵌挤形成，细集料和填料较少，压实后剩余空隙率大于18%的开式沥青混合料。

间断级配沥青混合料是指矿料级配组成中缺少一个或若干个档次而形成的级配间断沥青混合料。

乳化沥青碎石混合料是由乳化沥青与矿料在常温状态下拌和而成，压实后剩余空隙率在10%以上的常温沥青混合料。

沥青混合料中沥青质量与集料质量之比，以百分数表示，油石比也称为沥青用量。油石比与沥青含量含义和数值均不相同。

6 什么叫砂粒式、细粒式、中粒式、粗沥青式和特粗式沥青混合料？

最大集料粒径等于或小于4.75mm(圆孔筛5mm)的沥青混合料叫砂粒式沥青混合料。最大集料粒径为9.5mm或13.2mm(圆孔筛10mm或15mm)沥青混合料称为细粒式沥青混合料。最大集料粒径为16mm或19mm(圆孔筛20mm或25mm)的沥青混合料叫中粒式沥青混合料。最大集料粒径为26.5mm或31.5mm(圆孔筛30~40mm)的沥青混合料叫粗粒式沥青混合料。最大集料粒径等于或大于37.5mm(圆孔筛45mm)的沥青碎石混合料叫特粗式沥青混合料。

7 什么叫沥青面层？

由沥青材料、矿料及其他外掺剂按要求比例混合、铺筑而成的单层或多层式结构层。三层铺筑的沥青面层自上而下依次称为上面层（也称为表面层）、中面层和下面层（也称为底表层）。

8 什么叫改性沥青路面？什么叫开级配沥青表层（OGFC）？

沥青面层中任一层采用改性沥青为结合料铺筑的路面称为改性沥青路面。

具有抗滑、降噪等功能的开级配沥青路面表面层称为开级配沥青表层（OGFC）。

9 什么叫整平层、透层和黏层？

铺筑在旧路面上主要起调整高程、横坡和平整度等整平作用的层次叫整平层。

为使沥青面层与非沥青材料基层结合良好，在基层上浇洒乳化沥青、煤沥青和液体沥青而形成的透入基层表面的薄层叫透层。

为加强在路面的沥青层与沥青层之间、沥青层与水泥混凝土路面之间的黏结而洒布的沥青材料薄层叫黏层。

10 什么叫磨耗层？

为了改善行车条件，防止行车对面层的磨损，延长路面的使用寿命而在沥青面层顶部用坚硬的细集料和结合料铺筑的薄结构层。

11 什么叫单层式、双层式和三层式表面处治路面？

浇洒一次沥青，撒布一次集料铺筑而成的厚度为1~1.5cm（乳化沥青表面处治为0.5cm）的层铺法沥青表面处治路面叫单层式表面处治路面。

浇洒两次沥青，撒布两次集料铺筑而成的厚度为1.5~2.5cm（乳化沥青表面处治为1cm）的层铺法沥青表面处治路面叫双层式表面处治路面。

浇洒三次沥青，撒布三次集料铺筑而成的厚度为2.5~3cm（乳化沥青表面处治为3cm）的层铺法沥青表面处治路面叫三层式表面处治路面。

12 什么叫热拌热铺沥青混合料路面？什么叫常温沥青混合料路面？

沥青与矿料在热态下拌和、热态下铺筑施工成型的沥青路面叫热拌热铺沥青混合料路面。采用乳化沥青或稀释沥青与矿料在常温下拌和、铺筑的沥青路面叫常温沥青混合料路面。

13 什么叫沥青表面处治路面？其适用范围是什么？

沥青表面处治是在路面表面分层浇洒沥青、撒铺石料和压实而成的厚度不超过3cm的薄面层。按浇洒沥青和撒铺石料的次数可分为单层式、双层式和三层式3种，其厚度分别为1.0~1.5cm、1.5~2.5cm和2.5~3.0cm。表面处治的主要作用是降低磨耗，增强路面的抗滑和防水能力，提高路面的平整度，改善路面的行车条件。

表面处治适用于：

(1) 为碎(砾)石路面或基层提供一个能承受行车和大气作用磨耗层或面层，提高路面等级；

(2) 改善或恢复原沥青面层的使用品质；

(3) 作为大空隙率沥青面层的防水层。

14 什么叫沥青贯入式路面？其适用范围是什么？

沥青贯入式路面是在初步压实的碎石层上面分层浇洒沥青、撒铺嵌缝料(或封面层)并压实而成。其厚度一般为4~8cm。

沥青贯入碎石层是一种多孔隙结构，其强度主要依靠碎石之间的嵌锁作用，沥青起到黏结和稳定碎石的作用，故温度稳定性好。为了防止路表水浸入，沥青贯入式面层应进行封面。

沥青贯入式面层结构主要用于不具备机械拌和设备的场合。

15 什么叫乳化沥青碎石路面？其适用范围是什么？

乳化沥青碎石路面是采用乳化沥青与一定级配的矿料，采用经验方法或经试拌确定乳化沥青用量，在拌和厂机拌或采用人工拌制，经摊铺、碾压、成型的路面。

乳化沥青碎石适用于三、四级公路的沥青面层或作为二级公路和一般城市道路的养护罩面以及各组道路的调平层。

16 什么叫热拌沥青碎石路面？其适用范围是什么？

热拌沥青碎石路面是指一定级配的碎石与沥青经热拌和后构成的一种沥青面层或基层，按照碎石的最大粒径可分为粗粒式、中粒式和细粒式。

沥青碎石主要用于基层及一般道路上双层式沥青混凝土路面的下层或调平层。单层式沥青碎石的厚度为4~7cm，双层式可达10cm。

17 什么叫沥青混凝土路面？其适用范围是什么？

沥青混凝土路面是由具有良好级配的集料加入沥青经初步搅拌后，再掺入矿粉均匀拌和铺筑而成的一种密实型结构层。

沥青混凝土适用于各级公路和城市道路的沥青路面面层。由于其结构强度高，若基层坚固，路面结构合理，可以承受繁重交通；又因其剩余空隙率小，不易受到水和空气等的侵蚀，故使用寿命较长；高速公路、一级公路、城市主干道均应采用沥青混凝土作为面层，二级公路和一般城市道路均应采用沥青混凝土作为面层。

18 什么是沥青玛蹄脂碎石混合料？其组成特征和路用性能如何？

沥青玛蹄脂碎石混合料(SMA)是一种以沥青、矿粉及纤维稳定剂组成的沥青玛蹄脂结合料，填充于间断级配的矿料骨架中所形成的混合料。

其组成特征主要包括：

① SMA 是一种间断级配的沥青混合料，5mm 以上的粗集料比例高达 70%~80%，矿粉用量达 8%~13%，粉胶比远超出通常 1.2 的限制值。由此形成间断级配，很少使用细集料。

② 为了加入较多的沥青，一方面增加矿粉用量，同时使用纤维作为稳定剂。

③ 沥青用量较多，高达 6.5%~7%，黏结性要求高，并希望选用针入度小、软化点高、温度稳定性好的沥青。最好采用改性沥青，以改善高低温变形性能及与矿料的黏附性。

SMA 的结构组成可概括为“三多一少”，即粗集料多、矿粉多、沥青多、细集料少。

SMA 的路用性能：沥青玛蹄脂碎石混合料是一种抗变形能力强、耐久性较好的沥青面层混合料；由于粗集料的良好嵌挤，混合料有非常好的高温抗车辙能力；SMA 的集料之间填充了相当数量的沥青玛蹄脂，包裹在粗集料表面，因玛蹄脂具有较好的黏结作用，使混合料的低温抗裂性能大幅度提高；添加纤维稳定剂，使沥青结合料保持高黏度，其摊铺和压实效果较好；间断级配在表面形成大孔隙，构造深度大，具有良好的抗滑性能；混合料的空隙很小，几乎不透水，故具有很好的耐老化性能及耐久性，水稳定性也有较大的改善。

19 沥青混合料如何分类？

（1）按矿质混合料的级配组成分类：①连续密级配沥青混凝土混合料（AC）；②连续半开级配沥青混合料（AM）；③开级配沥青混合料（OGFC）；④断级配沥青混合料（SMA）。

（2）按照矿料的公称最大粒径分类：沥青混合料根据组成分为特粗式、粗粒式、中粒式、细粒式和砂粒式，与之对应的集料粒径尺寸见表 10-1。

表 10-1 沥青混合料的级配与矿料的公称最大粒径的对应关系

沥青混合料类型	公称最大粒径尺寸/mm	最大粒径尺寸/mm	密级配			半开级配	开级配	
			连续级配		间断级配	沥青稳定碎石	间断级配	
			沥青混凝土	沥青稳定碎石	沥青玛蹄脂碎石		排水式沥青磨耗层	排水式沥青碎石基层
砂粒式	4.75	9.5	AC-5	—		AM-5	—	—
细粒式	9.5	13.2	AC-10	—	SMA-10	AM-10	OGFC-10	—
	13.2	16	AC-13	—	SMA-13	AM-13	OGFC-13	—
中粒式	16	19	AC-16	—	SMA-16	AM-16	OGFC-16	—
	19	26.5	AC-20	—	SMA-20	AM-20	—	—

续表

沥青混合料类型	公称最大粒径尺寸/mm	最大粒径尺寸/mm	密级配			半开级配	开级配	
			连续级配		间断级配	沥青稳定碎石	间断级配	
			沥青混凝土	沥青稳定碎石	沥青玛蹄脂碎石		排水式沥青磨耗层	排水式沥青碎石基层
粗粒式	26.5	31.5	AC-25	ATB-25		—	—	ATPB-25
	31.5	37.5	—	ATB-30		—	—	ATPB-30
特粗式	37.5	53.0	—	ATB-40		—	—	ATPB-40
设计空隙率/%			3~5	3~6	3~4	6~12	>18	>18

20 什么叫稀浆封层？其适用范围及优点是什么？

稀浆封层是用一定级配的石屑或沙、水泥、石粉和乳化沥青拌和成糊状稀浆，摊铺在路面上，经破乳、析水、蒸发、固化，最后形成封层。其外观类似沥青砂或细粒式沥青混凝土，对路面能够起到改善和恢复表面功能的作用。

稀浆封层适用于沥青路面预防性养护，不但有利于填充和治愈路面的裂缝，还可以提高路的密实性以及抗水、防滑、抗磨耗等能力，提高路面的服务能力，延长路面的使用寿命。用稀浆封层技术处理水泥混凝土路面，可弥合表面细小的裂缝，防止混凝土表面剥落，改善车辆的行驶条件，用稀浆封层技术处理沙石路面可以起到防尘和改善道路状况的作用。

稀浆封层可用于各级公路，甚至可用在城市道路、机场道路、桥面铺装等工程中。

稀浆封层具有以下优点：

① 防渗。SBS 改性乳化沥青稀浆封层处理的表面孔隙率小，防渗透能力强，可防止路表水的侵入，延缓路面病害的发生。

② 抗滑。稀浆封层的摩擦系数比较高，可以提高路面的抗滑能力。

③ 弥缝。因稀浆封层对原路面具有良好的弥缝作用，所以对处理原路面的网裂效果较好。

④ 提高平整度和行车舒适感，同时可以提高车速，降低运输成本。

⑤ 改善路面外观，延长路面的使用寿命。稀浆封层可以弥补和覆盖网裂，起到保护层、磨损层、防滑层、防渗层的作用，甚至可以达到或超过 2mm 厚的热沥青混合料罩面层的作用。配比合理的稀浆封层完全依照操作规定施工，一般 5mm 厚的封层可使用 4~6 年。

⑥ 施工方便。稀浆封层采用冷施工，方便、快捷，可以延长施工季节 1~6 月，改善施工条件，减少环境污染。

⑦ 价格便宜。稀浆封层的造价一般在 10 元/m^2左右。与热拌沥青相比，可以节省沥青 10%~20%，节约能耗 30%。

21 沥青路面的损坏形式主要包括哪些种类？

沥青路面的损坏形式主要包括：

(1) 裂缝类，包括横向裂缝、纵向裂缝、龟裂和块状裂缝；

(2) 变形类，包括车辙、拥包、波浪、沉陷、隆起等；

(3) 表面损坏类，包括泛油、松散、掉粒、坑槽、露骨、磨光等。

22 沥青路面裂缝是怎样分类的？

按照裂缝外观的不同，裂缝可分为横向裂缝、纵向裂缝、网裂、块状裂缝、排挤裂缝等不同类型。按照裂缝形成原因不同，裂缝可以分为荷载裂缝、非荷载裂缝(低温收缩裂缝、温度疲劳裂缝等)、反射裂缝等不同类型。

23 什么是纵向裂缝？其产生的原因是什么？

纵向裂缝是指与道路中线大致平行的裂缝。一般认为纵向裂缝与路基路面结构强度不足和行车荷载的作用有关，属于荷载裂缝。

其产生的原因主要包括如下方面：

(1) 路面结构强度不足以抵抗交通荷载作用。路面结构设计不合理、路面厚度不足、基层施工质量不好等都会造成路基路面结构强度不足，这是纵向裂缝发生的内因。车载超载现象严重，重载、大交通量和高轮胎压力则是产生纵向裂缝的外因。这样的纵向裂缝可能进一步发展成网裂。

(2) 地基不良、路基不均匀沉降(尤其是旧路加宽后路基的不均匀沉降)，容易造成路面纵向裂缝。

(3) 基层纵向裂缝或旧路边缘会在其上的沥青层产生反射的纵向裂缝。尤其是在路面宽度较大时，路面基层的横向收缩产生纵向开裂，必然会反射到路面表面。

(4) 相对方向的交通荷载显著不平衡，会造成路面的纵向裂缝。

(5) 沥青混合料两幅摊铺时接缝温度低、压实不够会形成纵向裂缝。

24 什么是横向裂缝？其产生的原因是什么？

横向裂缝是指与道路中线接近于垂直的裂缝。按照成因不同，横向裂缝主要分为温度裂缝和反射裂缝。

(1) 温度裂缝包括低温收缩裂缝和温度疲劳裂缝。低温收缩裂缝是指在气温大幅下降后，沥青路面的收缩变形受到约束，产生的拉应力或者拉应变超出沥青层抗拉强度或者极限拉应变而出现的开裂。温度疲劳裂缝是指由于环境温度变化，沥青路面在温度应力的反复作用下产生的疲劳开裂。产生温度裂缝的外因主要是气温的骤然变化；内因包括沥青材料的质量差、沥青强度等级相对于气候条件而言偏低(沥青过硬)、沥青老化等。

(2) 反射裂缝。半刚性基层横向开裂、加铺的沥青面层由于下层旧沥青路面的横向裂缝、水泥路面的横向接缝等，基层的裂缝导致沥青层内部产生拉应力或拉应变，当超过沥青层的允许拉应力或拉应变时，就会造成沥青路面的横向反射裂缝。此外，沥青路面与构造物连接处填土压实度不足、固结沉陷等，也会形成横向裂缝。

25 什么是网裂？其产生的原因是什么？

路面裂缝与裂缝之间纵横交错连接成龟甲纹状的不规则裂缝称为网裂(或龟裂)。

网裂既可能是荷载型裂缝，也可能是非荷载型裂缝，有如下几种：

(1) 通常认为，路面结构强度不足，在重载、大交通量的行车作用下出现疲劳破坏，这是产生路面网裂的主要原因，属于荷载型裂缝，一般出现在路面轮迹带的位置，有时与车辙同时出现。

(2) 还有一种荷载型裂缝，其表现形式为轮迹带位置的多条平行纵向裂缝，一般自上而下发展。其产生原因主要是剪切疲劳破坏(多条纵向平行裂缝)和一次性剪切破坏(单条纵向裂缝)。

(3) 沥青材料的质量差、沥青强度等级相对气候条件而言偏低(沥青过硬)、沥青老化等，使得沥青路面在环境温度变化下产生网裂，属于非荷载型裂缝。

26 什么是块状开裂？其产生的原因是什么？

块状开裂是将路面分割成块状的纵横交错的裂缝。块状开裂形成的原因有：

(1) 由沥青层本身的横向裂缝和纵向裂缝不断发展，纵横交错形成的。

(2) 由路面基层的块状开裂产生的反射裂缝。

(3) 由温度疲劳以及沥青老化等产生的开裂。此类块状开裂常见于大面积铺筑的区域，如收费站、停车场、停机坪等。

27 什么是推挤开裂？其产生的原因是什么？

推挤型裂缝属荷载型裂缝，一般出现在下坡、弯道、十字路口等需要车辆频繁制动的路面。由于面层与基层间黏结不牢，车辆频繁制动产生的侧向剪切应力在沥青面层形成新月状或者半月状的推挤开裂。

28 车辙会对交通行车和路面结构造成什么不良后果？

(1) 车辆在变换车道时行驶稳定性差，形成安全隐患。

（2）雨天车辙内积水，冬天车辙槽内聚冰，易导致车辆出现漂滑，影响行车安全。

（3）影响行车舒适度。

（4）轮迹处沥青层厚度减薄，削弱了面层及其路面结构的整体强度，聚集在车辙内的水分在行车作用下渗入路面结构层内部，易诱发网裂等其他路面病害。

29 结构型车辙形成原因是什么？

结构型车辙是指由于路面结构强度不足而引起的包括路基在内的各结构层的永久变形。这类车辙的断面一般呈两边高中间低的V形，车辙范围内经常伴有路面网裂、坑槽等。其形成经历三个阶段。

（1）开始阶段的压密过程。沥青混合料在碾压成型前由矿料、沥青及空气组成的松散混合物，经碾压后，高温下处于半流动状态的沥青及沥青与矿粉料组成的砂胶被挤进矿料间隙中。同时，集料被强力排列成具有一定骨架的结构。碾压完毕交付使用后，当汽车荷载作用时，此密实过程还会进一步发展。

（2）沥青混合料的流动。高温下沥青混合料处于以黏性为主，呈半固态，在轮胎荷载作用下，沥青及沥青胶浆便产生流动，从而使混合料网络骨架结构失稳。这部分半固体物质除部分填充混合料空隙外，还将随沥青混合料自由流动，从而使路面受载处被压缩而变形。

（3）矿质集料的重排及矿质骨架的破坏。高温下处于半固态的沥青混合料，由于沥青及胶浆在荷载作用下首先流动，混合料中粗、细集料组成的骨架在荷载作用下逐渐沿矿料间接触面滑动，促使沥青及胶浆向富集区流动，以至流向混合料自由面，特别是当个别集料间沥青及胶浆过多时，这一过程会更加明显。

30 什么是失稳性车辙？其形成的原因是什么？

失稳性车辙是指由于炎热季节沥青层在交通载荷作用下产生塑性流动而形成的车辙。

失稳性车辙的断面一般呈W形，轮迹带处下陷，轮迹带周边可能出现隆起，此类车辙主要的诱因包括：

（1）重载交通作用。重载交通作用下产生的剪切应力超过沥青混合料的抗剪强度，导致沥青混合料侧向流动变形，不断积累形成失稳性车辙。力学计算表明，在交通载荷作用下，路面材料剪应力极值出现在路面表面层下3~8cm位置，荷载越大，剪应力极值的位置越向下移动。可见，路面中层正好处在高剪应力的分布范围，最容易产生失稳性车辙，其次为表面层，最后为下面层。此类车辙最容易出现在长大上坡路段。

（2）高温。失稳性车辙最容易出现在高温季节。高温对车辙的产生具有十分明显的推波助澜的作用。这是因为随着温度的升高，沥青的黏度呈对数级下降，表现出更多的黏性特征，更容易出现塑性流动变形，沥青混合料的抗压强度和抗剪强度会快速下降。

（3）沥青层压实度不足。由于沥青层施工时混合料或气温偏低、压实次数过少、片面追求平整度等原因造成沥青层压实度不足，在行车作用下进一步压密产生非正常性车辙。这类车辙断面一般呈W形。

31 坑槽是怎样形成的?

上宽下窄的“V”形坑槽，这种坑槽自上而下发展，一般是沥青面层网裂、松散后没有及时处理逐渐恶化形成的。

上窄下宽的“Λ”形坑槽，这种坑槽自下而上发展，往往是路面局部结构强度不足造成的。半刚性基层沥青路面水损害造成的坑槽即属于这一类型。水分进入沥青路面，滞留在基层表面，在荷载作用下反复冲刷沥青层，使沥青膜与集料剥离，发生松散；水分还将基层表面的水泥、石灰、土甚至乳化沥青膜挤到路表面形成唧浆。当路面出现唧浆后，坑槽便会很快出现。

32 沥青路面泛油的原因是什么?

（1）混合料组成设计不当。混合料中沥青用量过多或空隙率过小，在车辆荷载反复碾压下，多余沥青由下部泛到路表形成泛油病害。

（2）混合料级配、拌和控制不严。在沥青混合料拌和时矿粉等细集料含量控制不准，若细集料含量过少，混合料比表面积较小，则沥青用量相对较多，易泛油。

（3）黏层油用量不当。在沥青路面层施工前，往往需要在基层表面喷洒黏层油或做沥青封层，若施工工艺控制不好、黏层油用量不当或喷洒不均匀，都将导致面层局部泛油。

（4）施工质量较差。施工时控制不严，个别部位用油量偏大，或摊铺时混合料产生离析，局部细集料过分集中，均易引起泛油。

（5）集料。一般沥青黏附性等级用水煮法试验评价，而水煮法试验结果受人为主观因素影响较大，所测结果不稳定，尤其是偏酸性集料，与沥青黏结力不足。这些因素可能使沥青与集料剥离而导致泛油。

（6）水损坏。由于雨水渗入可使下层沥青与石料剥离，在动水作用下，沥青膜剥落、上浮引起表层泛油。

33 沥青路面产生松散和麻面的原因是什么?

松散和麻面分别是沥青路面从表面向下不断发展的沥青结合料流失(松散)

和集料颗粒流失(麻面)破坏。松散和麻面的出现是由沥青与集料间的黏附性差造成的，可能有以下原因所致：

(1) 集料颗粒被足够厚的粉尘包覆，使沥青膜黏结在粉尘上，而不是黏结在集料颗粒上，表面的摩擦使沥青膜被磨掉，使集料颗粒脱落。

(2) 表面有离析，离析处缺少大部分细集料。离析面上粗集料相互接触，但只有少数接触点有沥青黏结着集料，在车轮作用下产生集料离散。

(3) 水的侵害也是产生松散的主要原因。雨季雨水侵入沥青混凝土内部，局部高温性能不好的沥青混凝土在高温和重轮载荷的作用下，水侵入沥青膜使沥青剥落，面层局部松散。集料的水含量过高(如刚下过雨的拌和楼的料场，集料的水含量很高，如在拌和时不适当提高温度，会使集料含水量超过标准要求)也会导致沥青膜与集料的黏结不牢，在高温和重轮载荷的作用下使沥青与集料剥离。

(4) 沥青混凝土面层密实度低，不能保证沥青混合料的黏聚力，集料易从沥青中脱落。

(5) 施工因素。控制摊铺混合料温度，确保混合料温度在要求范围内，料温太高(沥青易老化和硬化)或料温太低(不易压实)均不能施工，难以确保压实度达到规范要求；严格控制沥青面层的高程，确保沥青面层厚度。

(6) 随着时间的推移，沥青会老化，使沥青与集料黏结力减弱，在车轮作用下产生集料离散。

(7) 集料与沥青的配伍性：沥青与集料的黏附性和抗剥离性是防止路面剥离的基本条件。所选的沥青应具有较好的黏附性和抗老化性，因沥青呈酸性，集料应选用碱性集料，使得沥青与集料黏附性好。若受条件限制而使用酸性集料，通常要添加一定数量的抗剥离剂来提高沥青与集料的黏附性和抗剥离性，抗剥离剂的优劣决定着沥青混合料的抗剥离性能。

(8) 车辆油渍污染、汽车超重影响。因车辆维修或其他情形，汽车用油渗透到路面空隙中，使混合料松散并逐步形成坑槽。在超载比较严重的高速公路上，油渍污染是造成路面坑槽的重要原因。

34 沥青路面产生推移的原因是什么？

(1) 沥青混合料强度低。沥青路面抵抗水平力的强度由沥青混合料集料嵌挤强度和沥青的黏聚力组成。沥青混合料强度低、压实度偏小，其抵抗水平力的能力差。施工时沥青质量不高，也会导致路面抵抗水平力的能力不足。

(2) 交通荷载大。引起沥青路面推移破坏的最重要原因是交通荷载。如果路面结构层较薄，在重车的反复碾压和推挤下，路面面层很快会出现推移，在坡度较大山区道路上更为明显。

（3）基层含水率大。基层养生期过短或基层配合比设计不当，基层以及下面结构的毛细水和水蒸气上升到基层与沥青面层之间的界面处结冰。气温转暖时，界面上的冰层融化，在行车荷载作用下，界面上形成一层光滑的水膜，从而降低沥青路面抵抗水平外力的能力，使路面容易产生推移破坏。

（4）施工质量影响。沥青面层摊铺施工时天气不好，混合料温度降低较快，振动压路机碾压时，沥青路面内部的黏聚力遭到破坏，降低其抵抗水平力的能力，容易发生推移。

35 沥青产品的取样、试样准备和分析要求是什么？

应严格按照《公路工程沥青及沥青混合料试验规程》（JTG E20—2011）标准中的T0601—2011沥青取样法、T0602—2011沥青试样准备方法及其他沥青质量指标检测的试验方法要求进行，保证所取样品具有代表性、真实性、科学性，能反映被检沥青的基本特性，确保获得的检测结果准确、可靠。

36 沥青到货验收出现质量异常该怎样处理？

沥青采样分析后，结果一旦出现异常，首先应采取复查，确认采样、制样、试验条件，并比对不同人员的分析结果，消除人为误差；其次，与供货方和生产方等单位的分析技术人员进行沟通交流，共享分析检测信息，分析判断自己实验室的检测准确性。

37 常用沥青取样的操作要点是什么？

（1）从不带搅拌的储罐中取样。应先关闭进料阀和出料阀。用取样器取样时，按液面高的上、中、下位置（液面高各为三分之一等分处，但距罐底不得小于总液面高的六分之一）各取样1～4L。取样器在每次取样后尽量倒尽。当储罐过深时，亦可在流出口按不同流出深度分3次取样。对于静态存取的沥青，不得仅从罐顶用小桶取样，也不能仅从罐底阀门流出少量沥青取样。从罐中不同高度取得的3个样品，经充分混合后取1～4L进行检验分析。

（2）从带搅拌设备的罐中取样。液体沥青或经加热已变成流体的黏稠沥青，经充分搅拌均匀后，用取样器从沥青层的中部取规定数量试样。

（3）袋装沥青取样。应在表面以下及袋侧面以内至少5cm处取样。若沥青是软塑的，可用一个干净的热工具切割取样。

38 沥青试验准备应注意哪些事项？

（1）加热：将装有试样的盛样器带盖放入恒温烘箱中，当石油沥青试样中含有水分时，烘箱温度保持在80℃左右，加热至沥青全部熔化后供脱水用；当石油沥青中无水分时，烘箱温度宜为软化点温度以上90℃，通常为135℃左右。对取来的沥青试样，不得直接采用电炉或煤气炉明火加热。

（2）脱水：石油沥青试样中含有水分时，将盛样器皿放在可控温的沙浴、油浴、电热套上加热脱水，不得已采用电炉、煤气炉加热脱水时必须加放石棉垫，时间不超过30min，并用玻璃棒轻轻搅拌，防止局部过热。在沥青温度不超过100℃的条件下，仔细脱水至无泡沫为止，最后的加热温度不超过软化点以上100℃（石油沥青）或50℃（煤沥青）。

（3）过滤及灌模：将盛样器中的沥青用0.6mm的筛网过筛，不等冷却立即一次性灌入各项试验的模具中。根据需要也可将试样分装入擦拭干净并干燥的一个或数个沥青盛样皿中，数量应满足一批试验项目所需的沥青样品并有富余。

（4）沥青反复加热次数：沥青灌模过程中如温度下降，可放入烘箱中适当加热，试样冷却后反复加热的次数不得超过2次，以防沥青老化影响试验结果。需要注意的是，在沥青灌模时不得反复搅动沥青，以避免混进气泡。

（5）灌模剩余的沥青应立即清洗干净，不得重复使用。

39 沥青仪器设备为什么必须进行计量检定或校准？

由于沥青指标检测是条件性很强的试验，仪器生产厂家很多，差异加大，所有的仪器设备必须进行计量检定或校准（包括温度计等影响检测结果的器具）。经检定或校准合格的仪器设备方可投入使用。

40 施工现场检测沥青针入度偏离的原因是什么？应采取什么措施？

（1）试样冷却温度及测试温度偏离规定的25℃±0.1℃，应调整恒温水浴的温度，使试验温度恒定在规定的范围内。

（2）标准针+连杆+砝码的质量未达到规定的100g±0.05g，应更换符合标准要求的标准针、连杆和砝码。

（3）标准针针尖未接触或进入试样表面，应调整针尖位置，使其正好与试样表面接触。

（4）测定次数过多或每一试验点与其他试验点的距离、试验点与试样皿边缘的距离均小于10mm，则会破坏试样原有结构组成，使得针入度测定值偏大。采取规范操作，控制扎针次数、试验点间及到试验皿边缘距离。

（5）操作人员未严格执行试验方法要求造成的其他误差，要求规范操作。

41 施工现场检测沥青软化点偏离的原因是什么？应采取什么措施？

（1）试样加热温度过高或加热时间过长，造成了沥青部分老化。试验时，应控制加热温度和时间。

（2）钢球质量大于或小于试验规定的3.5g±0.05g，应更换符合要求的钢球。

（3）钢球直径小于或大于试验规定的9.53mm，应更换符合要求的钢球。

（4）沥青升温速度过快或过慢，应控制升温速度。

（5）试样环内不清洁，有脱环现象，试验前应检查清洗内环。

（6）操作人员未严格执行试验方法造成的其他误差，要规范操作。

42 施工现场检测沥青延度偏离的原因是什么？应采取什么措施？

（1）试样的测试温度高于或低于试验规定的标准温度，应控制好试件及延度仪的温度。

（2）试样拉伸速度偏离规定的5cm/min±0.25cm/min，应检测和调整拉伸速度，使其满足标准要求。

（3）试样出现了漂浮或沉底现象，应调整延度仪为水的密度。

（4）试样刮模未按规范要求操作，表面不平整。

（5）延度仪启动后震动大。

（6）操作人员未严格执行试验方法要求造成的其他误差，要求规范操作。

43 TFOT和RTFOT薄膜烘箱分析结果为什么存在较大差别？怎样应对？

薄膜烘箱TFOT和旋转薄膜烘箱RTFOT两种类型的仪器由于沥青薄膜的厚度、沥青膜与空气接触的面积、供气方式和强度、氧化时间等不同，试验结果有较大的差别。试验结果表明，RTFOT尽管氧化时间较短，但沥青膜厚度更薄、氧化强度更大，导致测定的沥青老化后结果（如残留延度、针入度比等）相对偏低。

因此，在实际应用中要注意此差别，便于更好地对比和比较。

44 沥青新产品工业生产应注意什么问题？

（1）对生产原料进行相应的评价。工业生产前，要对沥青生产原料进行实验室评价，以确认试验配方和工艺条件。

（2）对计量仪表进行校验。由于沥青黏度大，会导致许多计量仪表结果失真，因此，除选用适应性好的计量仪表外，还必须对其进行检验，保证温度、流量、混合强度等工艺参数的准确性。

（3）对生产和储存设备进行必要的清理。设备内的铁锈等杂质能加快沥青产品的老化，同时也会对沥青的延度、溶解度等指标产生不良影响，严重时会导致沥青质量不合格。因此，工业生产前必须对生产和储存设备进行清理，保持器内清洁。

（4）编制沥青新产品工业生产方案并严格执行。沥青新产品工业生产方案应包括原料准备、开工方案、工艺流程、主要操作参数控制、应急处理措施、产品质量关键指标控制、检测分析、沥青产品储存和质量跟踪等，以保证沥青新产品生产全过程受控。

45 沥青新产品的质量跟踪及评价应注意什么问题？

（1）沥青新产品质量跟踪：必须对沥青新产品的储存过程进行质量跟踪，进一步了解产品质量的稳定性。沥青新产品的质量跟踪要确定储存温度、是否搅拌、分析频次、跟踪周期等，并做好跟踪记录。

（2）对沥青混合料进行室内评价。对储存试验后质量合格的沥青新产品，要求进行沥青混合料的评价。以评价沥青新产品混合料的高温性能、低温性能、水稳定性、疲劳性能等能否满足交通部《公路沥青路面施工技术规范》或其他规范要求。

46 新沥青产品路面应用有哪些方面？

（1）沥青供应商提供满足道路工程使用的合格沥青产品。

（2）沥青混合料室内评价：根据工程要求设计集料的级配和性质、沥青品种及质量要求等，通过试验确定沥青混合料的油石比，验证沥青混合料高温性能、低温性能、水稳定性等使用性能。

（3）铺筑试验路：铺筑试验路就是对实验室沥青混合料研究成果的工业放大，对实验室的试验结果进行验证和优化，进而确定拌和楼生产沥青混合料的配合比，为规模化生产沥青混合料提供方案。

47 沥青专业供应商如何为下游客户做好技术服务？

（1）利用专业知识，为客户推荐产品使用方案。市场经济下，竞争越来越激烈，谁在竞争中立于不败之地，就要看他的服务质量如何。作为沥青供应商，客户缺什么就要服务什么，是基础服务。更高档次的服务是为客户提供全面的技术服务方案，针对不同客户从产品生产、产品性能、储存、检测、使用、评价、跟踪等，从客户的角度来编写技术服务方案，提供更高层次服务质量，保持竞争优势。

（2）做好现场技术指导。现场技术服务是产品售后的重要环节。

首先，要耐心听客户诉求，以此显示对客户的尊重和诚心，不要急于说谁的责任。

其次，要大度，能够容忍客户抱怨。供应商的服务不及时、双方沟通不畅导致的误会等诸多原因，客户会发些怨言，这时一定要做好解释工作，要大度些，避免问题的升级。

最后，站在客户的角度尽快处理问题。在通常情况下，当客户向供应商提出产品问题时，供应商总会站在自己的角度思考问题。此时，供应商应该站在客户的角度思考问题、解决问题，想客户所想，急客户所急，采取有效措施，以最快的速度解决客户的要求，赢得客户，赢得口碑。

（3）做好更深入的技术服务。通常供应商对自己销售的产品品种、质量、性能有一定的了解就可以了。但作为一个专业化的销售公司，还应关心和关注该产品下游使用情况。如作为沥青生产供应商，除了对沥青生产、产品的质量及性能有专业的研究外，还要对沥青产品下游的使用情况进行更深入的研究，如沥青在使用过程中的储存、研究沥青混合料的使用性能等，为客户提供更专业、周到的服务。这样客户才更加喜欢使用你的产品。

48 沥青储存温度如何控制？

（1）施工使用过程中，沥青温度以适于泵送为宜，建议沥青温度控制在140~160℃，其中，重交沥青温度可接近低限、改性沥青温度可接近高限。

（2）较短时间热储存(如一个月内)，建议储存沥青温度控制在120℃以下，储存期间停止搅拌。超过规定的热储存时间(如一个月)，使用前要升温搅拌均匀，并取样检测分析合格后才能使用。

（3）沥青冬储时，如果沥青罐容较小、加热强度大或采用罐中罐加热等，沥青可在常温下储存，可以节约能耗，产品质量受到的损失就非常小；如果沥青罐容大且加热强度低(如蒸汽加热)，沥青的温度须控制在大于软化点25℃以上。

49 沥青储存应注意什么事项？

（1）在加热升温或保温储存过程中，推荐使用导热油、蒸汽加热、电加热等，并将加热介质控制在合适的温度；应避免使用火焰直接加热，以免造成局部过热而影响产品质量。

（2）沥青长期不用时，尽量采用低温静态储存。沥青热储存尽量减少搅拌时间，可采用间歇性搅拌。

（3）沥青储罐一定要做到专罐专储，不同牌号的沥青要分罐储存；即使同一牌号沥青但生产沥青的原油不同，也宜分开储存。

（4）较长时间储存的沥青，使用前一定要搅拌均匀。

（5）沥青罐宜设有搅拌设施，有利于沥青混合均匀。如果没有搅拌器，当沥青可以泵送时，可在两个沥青罐之间循环搅拌。

50 沥青运输应注意什么事项？

（1）运输车辆在装沥青前要处理干净，最大限度地减少罐车侧面及罐底的残留物。

（2）运输车辆要专车专用，不同牌号的沥青要分开装车。

（3）运输前要提高沥青的温度，重交沥青温度尽量控制在140～150℃，改性沥青温度应尽量控制在150～160℃。

51 对沥青储罐有什么要求？

（1）为尽量降低沥青过热风险，储罐必须装配准确的温度传感器和显示设备。这些设备应靠近加热器设置，且可拆卸以便定期清洁和保养。

（2）沥青氧化和挥发分损失均与储罐中沥青暴露的面积与体积的比率正相关，该比率越小越好，因此采用立式储罐优于卧式储罐。

（3）在沥青升温过程中采用罐内外循环搅拌模式时，返回管线应伸入沥青表面之下。如果热沥青呈瀑布式进入罐内，会导致沥青氧化加剧。

（4）储罐需装备有高低限的自动指示报警器。低限报警器可防止加热器导管暴露而引起火灾或爆炸，上限报警器则能避免沥青外溢。

52 石油沥青毒性如何？

沥青是由成千上万种大分子有机化合物组成的复杂混合物，其中的多环芳香烃(PCA)相对分子质量范围为200～450，有致癌的生理活性，特别是苯并(甲)芘和苯基(甲)蒽被认为是强烈致癌性物质。不过石油沥青中这类致癌物质的浓度是非常低的。

石油沥青和硬煤焦沥青有相近的表面外观和类似用途，但这两种材料的致癌程度存在巨大的差异。硬煤焦沥青中的苯并(甲)芘含量为8400～12500mg/L，而石油沥青中苯并(甲)芘的含量在0.1～27mg/L。可见，石油沥青的毒性非常小。

石油沥青中存在致癌物质并不一定会在操作中危害健康，但接触沥青产品的人员仍需采取相应的预防措施。

53 沥青操作人员的防护服装包括哪些？对其有什么要求？

操作热沥青引起的伤害主要是灼伤，因此操作人员必须穿戴能充分防护的服装，其服装要求如下：

（1）紧贴腕部的耐热手套。

（2）防护眼镜和面部防护。

（3）裤长超过长筒靴及袖长超过手套的一套紧袖口外衣。

（4）靴头加固、靴口紧贴、抗热并不会冒火花的长筒靴。

（5）戴披肩的防护帽。

（6）被沥青污染的服装应更换或者干洗，避免渗入内衣裤。弄脏的擦拭材料或工具不得放在服装袋内，以防沾污口袋内衬。

54 沥青操作人员如何做好个人卫生？

（1）必须给操作沥青及沥青材料人员提供防护油膏，以保护暴露的皮肤。

（2）皮肤沾污后必须彻底洗净，特别去盥洗室、吃、喝前必须清洗。

（3）操作沥青之前要涂上防护油膏，如偶然接触沥青也容易洗净。不过防护油膏并不能代替手套或防渗服装，不应作为唯一的防护方式。

（4）汽油、柴油或石油溶剂等不应用来擦拭沾污在皮肤上沥青，因为这些溶剂可能会扩大污染面积，应使用被认可的洁肤霜和温水。

55 如何进行沥青的防火和灭火？

（1）遵守安全操作规程可以大幅降低火灾危险。

（2）沥青引发的小火可用干粉灭火器、泡沫灭火器、水蒸气灭火器、惰性气体灭火剂、喷雾水龙或蒸汽枪等灭火。应避免直接用水喷射，因为水遇到热沥青会产生大量的泡沫，反而会使沥青分散而扩大燃烧面积。

（3）如沥青罐内部着火，罐顶完好无损，可喷射蒸汽或水雾进入罐内部空间，该操作必须由受过训练的人员进行；或者采用泡沫灭火剂，泡沫确保水能很好地分散而减少溢出危险，其缺点是泡沫在热沥青上会迅速消失。

第十一章　沥青其他知识

1　氧化法的作用是什么？

氧化法是将软化点低、针入度及温度敏感性大的减压渣油或溶剂脱油沥青或它们的调和物，在一定温度条件下通入空气进行氧化，使其组成发生变化、软化点升高、针入度及温度敏感度降低，以达到沥青规格指标和使用性能要求。

通过改变原料组成和氧化的条件，即调整氧化深度，可以生产道路沥青、建筑沥青及其他专用沥青。一般浅度氧化(或称半氧化)主要用于生产道路沥青，而深度氧化则用于生产建筑沥青或高软化点沥青等专用沥青。

2　沥青(渣油)氧化的反应机理是什么？氧化反应产物主要有哪些？

沥青(渣油)氧化反应遵循自由基反应机理。最初的自由基可能由烃类分子裂解产生，其反应过程包括以下三个阶段：

(1) 链引发：

$$\dot{R}+O_2 \longrightarrow RO\dot{O}$$

$$RO\dot{O}+RH \longrightarrow ROOH+\dot{R}$$

(2) 链发展：

$$ROOH \longrightarrow R\dot{O}+\dot{O}H$$

$$R\dot{O}+RH \longrightarrow ROH+\dot{R}$$

$$\dot{O}H+RH \longrightarrow H_2O+\dot{R}$$

(3) 链终止：

$$\dot{R}+\dot{R} \longrightarrow R—R$$

$$R\dot{O}_2+R\dot{O}_2 \longrightarrow ROOR+O_2$$

沥青中的芳烃、胶质和沥青质部分氧化脱氢生成水，其余的重质组分中的活性基团互相缩合生成更高相对分子质量物质，其转化过程简单表示如下：芳烃→胶质→沥青质→炭青质→焦炭。

除上述的缩合反应外，氧与烃类物质还可以反应生成羧酸、酚类、酮类和酯类等含氧化合物，其中以酯类为主，占氧化沥青中60%以上的氧。酯基可以连接两个不同的分子生成相对分子质量更高的物质，使沥青中的沥青质含量增加，也使沥青的胶体结构和化学组成及性质发生改变。

3 反应温度和原料性质对沥青中化合氧含量有何影响?

沥青中的化合氧含量与反应温度密切相关。在较低的反应温度下，主要发生酯转化反应；在较高的反应温度下，则主要发生脱氢反应。对同一种沥青而言，反应温度越高，化合于沥青中的氧越少，大部分的氧以水和二氧化碳的形式存在于气相中。对不同的沥青而言，同一温度下的耗氧量有时差别很大。

沥青中的化合氧含量除与反应温度密切相关外，与原料的性质也有重要关系。芳香分含量多的原料，化合的氧也多；芳香分含量少的原料，脱氢反应所占的比例较大，沥青中所化合的氧含量也较少。

4 吹风氧化过程对沥青或渣油的化学组成和物理性质有何影响?

(1) 从物理性质来看，吹风氧化可使沥青的软化点升高、针入度降低、延度变差、脆点升高等。各物理性质的变化程度取决于氧化反应的条件和原料的组成。当氧化温度和时间相同时，含油量多的原料，其物理性质的变化程度和速率小于含油量少的原料。

(2) 从化学组成的变化来看，氧化可使原料中的胶质、芳香分和饱和分总量下降，沥青质含量上升，这是造成物理性质改变的主要原因。反应氧大部分消耗于脱氢反应，只有少量的氧与原料结合生成羧酸、酯类、酚类等含氧化合物，以化合氧的形式残留在沥青中。氧化反应使沥青的碳氢比上升，使相对分子质量较低的组分发生脱氢、缩合等一系列反应，逐渐生成相对分子质量高的沥青质。

(3) 从胶体状态的变化来看，由于沥青质和沥青胶团量增加，被胶团吸附的胶质数量减少，作为胶团间油分的芳香性降低，于是胶团的胶溶性降低，网状结构发达，使沥青更趋于凝胶化，表征胶体特征的针入度指数 *PI* 逐渐增大。也就是说，吹风氧化过程使沥青或渣油的感温性能得到了改善。

5 什么叫微分反应热和积分反应热?

微分反应热是指单位质量的沥青在氧化过程中软化点升高一个单位所释放的热量。

积分反应热是指每单位质量的沥青从某一软化点升高到另一软化点过程中所释放总热量。

6 沥青或渣油氧化的热效应有哪些特点?

沥青或渣油的氧化反应是放热反应。研究表明，以摩尔反应氧为基准的沥青的反应热为255~301kJ/mol。反应热的大小主要取决于原料的组成和反应温度，而与反应过程进行的程度无关。沥青或渣油的组成不同，其反应历程也不同，综合热效应也就存在差异。反应深度对反应的热效应影响也较为明显，随着反应深度的加深，微分反应热降低而积分反应热升高。

在反应温度为200~300℃的范围内，热效应随着反应温度的升高而降低；在空气流量为1.6~20L/(kg·min)的范围内，热效应随着空气流量的升高而升高。

7 如何描述沥青氧化过程的反应速度？

沥青氧化是一个非常复杂的非均相反应体系。总反应速度常数是气相扩散、液相扩散和化学反应诸因素的函数。在鼓泡式氧化塔内，氧化反应是在扩散区进行的。当温度一定时，氧化过程的速度主要取决于空气-沥青相界面的大小和液相内部的搅动程度。由于空气一方面是反应物，另一方面是搅拌剂，为了提高反应速度，一般均根据搅拌的需要来选择空气流量。目前还没有能够描述包括上述各因素的沥青氧化反应动力学模型，只能在鼓泡或气相搅动条件不变的情况下采用如式(11-1)和式(11-2)所示的总包反应方程：

$$k=\frac{1}{t}\ln(R_t/R_0) \tag{11-1}$$

$$k=\ln(\alpha r_0/\alpha_0 r) \tag{11-2}$$

式中 R_0、R_t——原料的初始软化点和时间为t时的软化点，℃；

r_0、r——原料的初始胶质含量和时间为t时的胶质含量。%；

a_0、a——原料的初始沥青质含量和时间为t时的沥青质含量，%。

8 我国的沥青氧化工艺主要有哪些种类？

我国氧化沥青的生产经历了间歇式氧化釜、连续式氧化釜和连续式氧化塔三个阶段。20世纪70年代以前，氧化沥青生产多为釜式氧化装置，其后塔式氧化工艺得到了发展，并逐渐取代了釜式氧化工艺，主要生产建筑沥青产品。80年代以来，高等级公路建设对道路沥青的高低温性能和感温性能提出了更高的要求，用于道路沥青改质的半氧化工艺得到了较快发展，到90年代末，我国已建成氧化沥青装置近30套，总能力达2.55Mt/a。

目前，我国的塔式氧化工艺大致有以下几种形式：

(1) 单塔氧化流程。流程比较简单，处理量大多为50~100kt/a。氧化塔底沥青一般靠自压进入成品罐，在成品罐中进一步冷却降温后去成型系统。

(2) 双塔连续氧化。分并联和串联两种，双塔处理量大，能耗相对较低，生产方案较为灵活。

(3) 三塔串联、分段氧化流程。三塔操作弹性大，可同时生产不同牌号的沥青产品，成品沥青可以边氧化边降温，出装置温度较低，适合于大量生产各种沥青产品。

（4）塔、釜联合流程。为了生产某些特种沥青产品，满足生产要求，也可采用塔、釜联合工艺。

9 塔式氧化沥青装置的工艺流程是什么？

图 11-1 是一种典型的塔式氧化的工艺流程图。沥青氧化的原料用泵抽出，经加热炉加热到所需的温度进入氧化塔内，将压力为 200~250kPa 的空气从氧化塔底部送入。蒸汽引入塔顶气相作安全蒸汽。合格产品由成品泵从塔底抽出打入成品沥青罐包装出厂。氧化尾气、蒸发出的轻质油及蒸汽从塔顶升气管进入混合冷凝器，冷却到 70℃进入气液分离罐。不凝的尾气由罐顶引出，经阻火器进入加热炉。

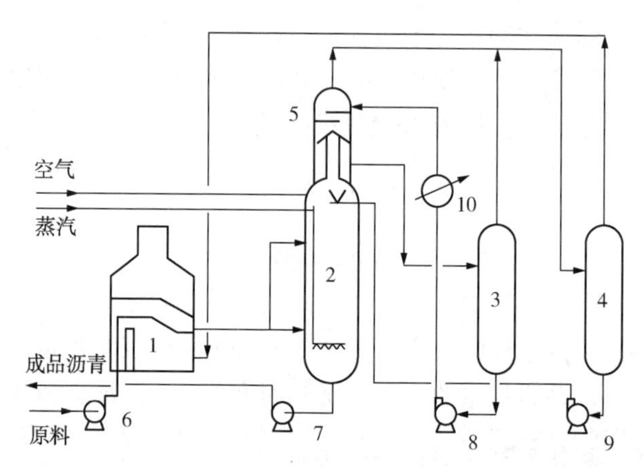

图 11-1　塔式氧化沥青装置的工艺流程

1—加热炉；2—氧化塔；3—循环油罐；4—气液分离罐；5—混合冷凝器；6—原料泵；7—成品泵；8—柴油循环泵；9—注水泵；10—冷凝器

塔式氧化沥青工艺中，普遍采用了氧化塔气相、液相注水措施。液相注水可强化液相内气液传质传热效果，加快反应速度和较好地控制液相反应温度，降低离开液相尾气中的油气浓度。气相注水，可取走部分反应热，并降低气相温度，还可以防止气相着火及爆炸事故。气相注水是经过特殊的喷头将水以雾状喷入塔内气相空间，液相注水是用压缩风雾化水，注入分布管，然后进入液相层。

10 塔式氧化沥青工艺有什么特点？

（1）提高了生产能力，同时生产效率和空气中氧的利用率提高；

（2）生产平稳，产品质量稳定，产品合格率高；

（3）生产连续化，操作自动化，劳动生产率高；

(4) 操作周期长，氧化时间短，生产成本低；

(5) 设备投资少，占地面积小，改善了劳动条件。

11 沥青氧化塔的结构及各部分的作用是什么？

氧化塔是氧化沥青装置的主要设备，其结构如图 11-2 所示。氧化塔为中空的筒形反应器，其长径比为 4~6，个别可达 8 左右。为了提高气液两相接触面，也可以在氧化塔中设置 3~4 层栅板，以强化传质作用。塔内设有空气分布管、气液相注汽及注水喷头。塔壁设有多个测温热电偶及液面测量点。塔顶设有饱和器或直冷式部分冷凝器，尾气经过饱和器或冷凝器将携带的氧化馏出油冷凝分离后，去尾气焚烧加热炉。

原料入塔开口设上、中、下三处，上部开口应高出预计的液面。注水、注汽开口应高出液面 3~4m，以防倒窜。空气分布采用篦式或喷嘴式分布器。

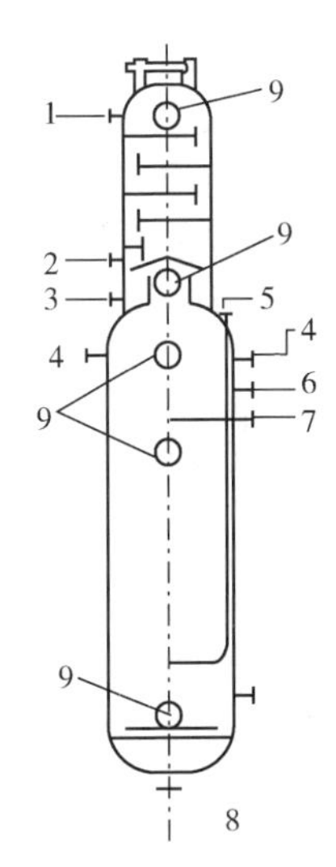

图 11-2　沥青氧化塔结构示意图

1—冷却水；2—冷凝器；3—放空口；4—原料入口；5—压缩空气；
6—安全蒸汽入口；7—气相注水入口；8—成品沥青出口；9—垂直吊盖人孔

12 影响氧化沥青质量的主要因素有哪些？

(1) 原料。氧化沥青的原料包括减压渣油、溶剂脱油沥青、热裂化或减黏裂化渣油等，原料的组成和性质不同，其氧化产品的质量差异很大。因此，在生产不同要求的氧化沥青产品时，一定要精心地选择原料。

(2) 氧化温度。一般来说，在其他条件相同的情况下，氧化反应温度越高，氧化产品的软化点越高，针入度和延度越低。但是氧化温度过高会促使大分子缩和物——苯不溶物和焦炭产生，影响沥青的质量。

(3) 吹风量。在风量较低的范围内，增加风量既会增加供氧量，也会提高氧化塔的气流速度，从而改善传质效果。当风量增加到一定数量时，空气所提供的氧已远大于化学反应所需的氧量，氧化塔的气流速度已足够，氧化过程已基本上不再受传质控制，风量增加对产品针入度的影响逐渐减小；再继续提高风量，对反应速度基本上无影响，所以反映出产品的针入度变化已不大。氧化空气量增加，必然要增加装置能耗，对不同的原料及操作条件，需选择一个合理的空气量。

(4) 反应时间。随着反应时间的延长，氧化深度增加，产品的软化点及黏度增加、针入度降低，延度在反应时间较短时变化较慢；当反应时间达到一定值时，产品延度急剧下降。因此，必须根据原料性质控制适宜的反应时间，才能得到预期的产品质量。

(5) 反应热的排除。氧化反应是放热反应。反应热的大小、热效应在氧化过程中的变化以及与反应条件、原料性质的相互影响，关系到工业装置中反应塔热负荷分布，同时利用反应热以降低装置的能耗也是重要的问题。

13 反应热排除的主要途径有哪些？

(1) 降低进料温度。可以通过热平衡求出最低进料温度，但是进料温度过低会使氧化反应速度减慢，特别是开工时可能出现困难。一般进料温度控制在220~240℃为宜。

(2) 取出部分反应物料加以冷却，然后循环返回氧化塔。如循环料与进料比可为2∶1，循环料的温度为280℃。

(3) 在塔顶气相喷水冷却，能有效控制反应热。喷入水滴下降与上升热气流换热并不断汽化，未汽化的水滴落入液相表层急剧汽化而吸收大量的热。冷却的液层与反应床层充分混合换热，使液相内部形成返混，从而取出反应热。喷水时要注意水均匀分散，防止造成突沸冒顶。

14 催化氧化工艺有什么优缺点？

在沥青氧化过程中加入催化剂，可以显著提高反应速度，缩短反应时间；所得产品脆点低、低温塑性好、弹性大，感温性得到改善，可用于道路铺装、水利工程等要求兼顾高低温性能的场合。催化氧化工艺所用的催化剂有氧化物、卤化物、硫化物、金属粉末、金属盐类等，其中以 $FeCl_3 \cdot 6H_2O$ 和 P_2O_5 的效果最好，并已应用于工业装置。催化剂的加入量一般为0.1%~5%。实际上，催化剂并非只在氧化过程中起作用，残留于产品中的催化剂在后续的储存、施工和使用过程中仍可起到催化作用，影响产品的使用性能。用于氧化沥青生产的多数催化剂在氧化过程中会产生污染性气体并引起设备腐蚀，这也是催化氧化工艺未得到大量应用的原因。

15 氧化沥青装置尾气的主要成分是什么？

(1) 无毒害的气体成分：N_2、O_2、CO_2以及水蒸气。

(2) 烃类：小分子$C_1 \sim C_5$直链烃以及大分子烃类，主要以蒸气和雾状粒子形式存在。

(3) 发臭物：含硫基团和含氧基团化合物。

(4) 多环芳烃：如致癌物质3，4-苯并芘等。

16 苯并(a)芘的物理性质和化学性质怎样？对环境有什么影响？

苯并(a)芘是多环芳香烃类化合物，又名3，4-苯并芘，简称Bap，分子式$C_{20}H_{12}$，相对分子质量253.23，沸点475℃，熔点179℃，相对密度1.351。3,4-苯并芘纯品为无色或微黄色针状结晶，在水中溶解度较小，易溶于苯、氯仿、乙醚、丙酮、环己烷、二甲苯等有机溶剂。在苯中溶解呈蓝色或紫色荧光，在浓硫酸中呈橘红色并伴有绿色荧光。3,4-苯并芘是环境中普遍存在的对动物致癌性很强的一种物质。

3,4-苯并芘对动物具有局部和全身的致癌作用。流行医学调查认为，人的肺癌与环境中3,4-苯并芘的含量之间有着极为密切的关系。虽然目前各国尚无公认3,4-苯并芘的最高容许浓度，但通过动物试验和现场调查提出了一些建议，例如：车间空气中3,4-苯并芘最高容许浓度为0.14$\mu g/m^3$；居民区大气最高容许浓度为$10^{-3}\mu g/m^3$。在氧化塔内，局部过热和原料裂解反应可能是形成3,4-苯并芘的主要原因。

17 氧化沥青装置的尾气如何处理？

氧化沥青装置排出的尾气因含有馏出油和水蒸气，为了便于焚烧，需对其进行预处理。尾气预处理包括湿法和干法两种。湿法包括水洗法、碱洗法、油洗法、饱和器法等；干法采用向塔顶气相喷水，利用自然冷却或设置空冷器冷却后，在油水分离器中进行一次分离气、液(油和水)，然后将含有少量液体的气相进入分液器进一步进行气、液的分离，出来的气体引入焚烧炉中焚烧。预处理法不能有效去除尾气中3,4-苯并芘和消除尾气的臭味，故现代氧化沥青装置均配套设置了尾气焚烧系统，采用高温焚烧方法来解决尾气污染问题。焚烧炉有立式和卧式两种，并有几个燃烧室，使尾气燃烧完全，有害组分在850~1050℃及氧存在条件下氧化分解，焚烧时间为1~3s。经焚烧后，尾气3,4-苯并芘含量可降至0.01~0.018$\mu g/1000m^3$，符合环境要求。焚烧烟气的余热，可以预热原料，或产生过热蒸汽。

18 专用石油沥青主要包括哪些种类？

专用石油沥青是指具有特种性能的、能适应某些特殊环境和满足某种特殊使用要求的石油沥青，按其用途和使用范围可以分为防护类沥青、绝缘类沥青、工艺类沥青、封口类沥青和涂料类沥青五个种类。

防护类沥青的主要用途是防水、防潮和防腐。按其用途可以分为电缆沥青、光缆沥青、管道防腐沥青、钢结构防腐沥青和防水防潮沥青。防护类沥青的共性是，必须具有很高的软化点(80~140℃)和很好的黏附性能。

绝缘类沥青主要用于电气设备绝缘填充材料，根据其使用环境不同可以分为高压绝缘沥青和电机绝缘沥青。高压绝缘沥青可分为6个牌号，主要用于电缆终端匣、接地等的浇注，这类沥青必须具有较高的耐电压值和抗低温性能，保证不会被击穿并在低温情况下不会出现裂缝；同时也必须具有一定的柔韧性和高温流动性，便于浇注施工。电机绝缘沥青用于电机浸渍填充绝缘，其耐电压值比高压绝缘沥青低，但软化点要求很高。绝缘类沥青一般只能用环烷基原油或环烷-中间基原油生产，其他种类的原油很难生产出合格产品。

工艺类沥青主要指用于一些工艺过程助剂或添加剂的专用石油沥青，其中包括光学刻线沥青、光学抛光沥青、铸造型砂溃散沥青、20号橡胶沥青和钻井沥青。

封口类沥青作为蓄电池和干电池的封口剂。封口类沥青要具有良好的耐热性、耐寒性、黏附性，同时必须有很好的密封性能和耐酸性。此外，封口类沥青要易于熔化、质地均匀、外观光亮，在封口温度下要保持良好的流动性，封口后不能产生收缩现象。

涂料类沥青是指作为物体表面涂层成膜物质的一类石油沥青，其中包括油漆沥青、烘漆沥青和弹膛内腔用涂料沥青。涂料类沥青必须具有很好的耐化学品腐蚀的能力和很强的附着能力，其特点是软化点很高，成膜平整光滑、坚硬光亮。

19 电缆沥青具有哪些特点？

电缆沥青用作动力电缆和通信电缆的外涂层，起到密封、绝缘和防腐等作用。与普通沥青相比，电缆沥青具有以下几个特点：

(1) 温度敏感性低。电缆沥青必须具有良好的高、低温性能。高温下不流淌、不黏结，在低温下不脆裂。因此指标要求在200℃下，恒温2h后软化点升高不大于15℃，针入度比不小于80%；在特定的温度下弯曲不会发生脆裂现象。

(2) 黏附性好。为了起到良好的防护作用，电缆沥青必须与金属间有着优良的黏附性能，即使金属护套破损，也不能出现渗水现象。

(3) 具有良好的流动性和抗冲击性能。流动性好可以保证沥青能很好地涂覆于电缆的钢带上并渗透到麻层之中。抗冲击性能则可以保证沥青涂覆层在受到外力冲击下不会出现裂缝。

（4）具有良好的绝缘性能。电缆沥青在使用过程中长期处于电场中，因此必须具有良好的电气性能。一般来说，沥青越硬，其绝缘性能越好。

（5）具有很好的安全性。电缆沥青的使用温度较高，指标要求其开口不低于260℃，这比普通沥青的闪点指标要高出30℃。

20 管道防腐沥青有哪些主要的性能要求？

管道防腐沥青主要用于输油、输气、供水等金属管线防腐的保护涂层。按照输送的介质温度不同，管道防腐沥青分为两个牌号，1号适用的介质温度低于50℃，2号适用的介质温度为51~80℃。对管道防腐沥青的主要性能要求为：

（1）与金属表面有良好的黏附性，在外力作用下不能出现裂缝或脱落现象。输气、输油管道距离很长，不同地区的土壤介质的酸碱性不同，如果在酸碱性不同的两地间同时出现管道保护层破裂现象，就会对管道产生电化学腐蚀。

（2）具有高的软化点和低的温度敏感性，施工和使用过程中，在高温下不流淌，在低温下不脆裂。

（3）对环境介质具有良好的承受能力。

（4）用于内涂层的防腐沥青应能承受水存在下的腐蚀，并且不对水质产生毒害。

21 什么是光学刻线沥青？它有哪些主要的性能要求？

光学刻线沥青是专供光学仪器上刻划特细线条用的主要敷料。在光学仪器的玻璃片上（如刻度盘、标尺、物镜等）刻特细线条（3~4μm）所用的方法有腐蚀法和真空镀金属法两种。这两种方法在刻划、显痕的整个过程中都需要在玻璃上涂覆保护层敷料。保护层敷料主要有蜂蜡型和沥青型两种，蜂蜡型敷料涂层较厚，不易刻划特细线条，逐渐为沥青型敷料所替代。

在配制沥青型敷料时，将粉末状的刻线沥青溶于苯中，静置沉淀约两周后滤去不溶物，按比例加入固马隆树脂和乳香树脂等，再静置沉降1~2周后使用。使用时，将待刻的玻璃用丙酮洗净，均匀涂上敷料，溶剂挥发后即可刻线。显痕主要采用酸腐蚀法（HF、H_2SO_4和H_3PO_4的混合溶液）和真空镀金属法。将已刻蚀或镀金属的玻璃，用溶剂清洗就得到有刻线痕迹的零件。

光学刻线沥青的主要性能要求有：

（1）沥青的杂质少，溶解性能好，可以完全溶解于苯及有机溶剂中。

（2）沥青溶液能在玻璃表面形成均匀、牢固的薄膜。

（3）沥青薄膜对HF、H_2SO_4、H_3PO_4有足够的耐腐蚀性。

（4）沥青薄膜在一定温度（70~100℃）下不软化、不变形。

22 什么是光学抛光沥青？它有哪些主要的性能要求？

光学抛光沥青是用于光学零件抛光过程中调制抛光胶的专用石油沥青。将抛光沥青、松香和蜂蜡按 39∶60∶1 的比例熔化混合均匀后制成抛光胶。使用时根据抛光零件的形状将抛光胶熔化制成平面或球面的胶盘，在盘上不断涂抛光粉，将待抛光零件置于其中进行旋转抛光。

光学抛光沥青的使用性能要求：

（1）软化点一般在 90～110℃。

（2）耐热性能良好，在各种不同温度下沥青的硬度变化小。

（3）应具有适当的油性，并能很好地与抛光剂融合。

（4）具有适当弹性，使抛光盘的表面与零件的表面始终能够精密接触，以保证零件的精密度。

（5）能完全溶解于汽油中。

（6）与树脂、松香有着良好的混溶性。

23 水工沥青必须具有哪些特点？

水工沥青主要用于土石坝沥青混凝土斜墙及心墙工程。水工沥青混凝土由于不受汽车等载荷的反复碾压作用，其裂缝的自愈能力不及道路沥青混凝土强。作为水坝的防渗材料，微小的表面裂缝将会造成严重的后果，再加上坝体常出现下沉、变形等因素，因此，要求水工沥青必须具有如下特点：

（1）具有极好的防渗能力。碾压好的密级配沥青混凝土渗透系数小于 10^{-8}cm/s，没有渗透破坏和溶蚀问题，在自重和水压作用下裂缝有自行愈合的能力。

（2）具有良好的抗变形能力。能够随坝体的变形而发生变化，具有良好的应力松弛性能，在不同的气候条件下不会产生应力破坏。

（3）具有良好的抗震能力。在地震等冲击载荷的作用下，有较大的抗剪切强度和较高的抗疲劳损坏能力。

（4）具有较低的感温性能。水工沥青混合料作为面板暴露在大气中时，其经受的温度跨度较大，这就要求沥青具有较低的感温性能，在高温下不流淌、低温下不开裂。

（5）对水质和周围环境不产生污染。煤沥青中含有较多的致癌物质，而石油沥青的致癌物质含量很低，因此，水工沥青不能使用煤沥青或掺加部分煤沥青。

24 什么是彩色沥青？彩色沥青主要用于哪些领域？

彩色沥青是由基质沥青与矿物颜料或柔性聚合物与不同颜色的颜料复配而成

的彩色沥青胶结料。由于沥青属黑色石油产品，利用物理方法极难遮盖其本色而生产出色彩鲜艳的沥青，故彩色沥青多采用柔性聚合物与不同颜色的颜料复配而成，其性能与道路沥青相当。严格地说，凡具有鲜艳色彩的彩色沥青应属于胶结料，而不是实质意义上的沥青。

彩色沥青适用于路面的彩色铺装，可用于交通工程的安全管理及公园、体育场馆等的美化和装饰。

25 钻井液用沥青产品包括哪些种类？

钻井液用沥青产品包括磺化沥青、羟烷基化沥青、阳离子乳化沥青、氧化沥青，以及其中一种或几种与表面活性剂、腐殖酸类等辅料调配而成的沥青掺和物等。这类产品绝大多数用于水基钻井液。

26 作为水基钻井液处理剂的沥青类产品必须具备哪些必要条件？

（1）在钻井液中高度分散、适度溶解而不产生聚结和漂浮现象。

（2）在使用温度下软化变形，能任意嵌入不规则的井壁裂隙，抑制剥落性页岩坍塌，降低井壁滤饼的渗透性。为使沥青在钻井液中高度分散，一般采取磺化、乳化、氧化、羟烷基化以及掺入表面活性剂等改性措施。

27 沥青类钻井液处理剂的作用机理是什么？

沥青类钻井液处理剂是多种组分的混合物，其作用机理可分为化学作用和物理作用。以化学作用为主的沥青类钻井液处理剂，水溶性部分含量较大且含有大量电负性离子。这些带负电的粒子通过化学作用附着于黏土或页岩的正电荷的边缘并与正电荷相结合，防止液体进入页岩，降低滤失量，抑制黏土膨胀和页岩分散，从而减小页岩坍塌的可能性，提高井壁的稳定性。少量水不溶性粒子则靠物理吸附或覆盖作用抑制页岩的分散和坍塌。

以物理作用为主的沥青类钻井液处理剂的成分主要是水不溶物，它适度分散于钻井液中而无聚结、漂浮现象。例如，磺化沥青胶体粒子和亚微粒子在钻遇地层的高温下变软，在压差作用下变形，嵌入并堵塞不规则井壁微裂缝隙，或黏附在井壁上形成薄而韧、渗透性小的可压缩性滤饼，改善造壁性，从而降低滤失量，防止剥落性页岩表面水化和渗透水化，抑制页岩膨胀、解离和剥落性脱落，防止坍塌，稳定井壁。该系列产品有的还引入植物油、植物胶及表面活性剂等组分，使产品各组分在泥浆中产生协同效应，以适应各种地层，提高对地层矿化水和温度的耐受性，改善与多种处理剂特别是聚合物泥浆的配伍性，使钻井作业顺利通过盐膏层、泥页岩及其他易坍塌地层。

28 与普通道路沥青相比，宽域沥青具有哪些特点？

宽域沥青(Multiphalte)也称为广域沥青、多级沥青或工艺改性沥青，是在一定的黏度范围内调整工艺流程生产的一种性能特别的沥青。其技术指标介于重交通道路石油沥青和SBS改性沥青之间。与普通道路沥青相比，宽域沥青具有如下特点：

（1）沥青的感温性得到了明显改善；

（2）在不降低低温性能的同时，显著提高了沥青的高温性能；

（3）提高了抗水损害的能力；

（4）提高了抗老化性能；

（5）性能好于重交沥青，与SBS改性沥青接近；

（6）储存和施工与重交沥青相似，增加了施工的灵活性。

29 宽域沥青可用于哪些领域？

宽域沥青可用于重交通载荷或可能出现极端气温的地区，最适用于因重交通载荷引起车辙损坏的路段的罩面工程。宽域沥青可用于生产多种沥青混合料，如普通密级配沥青混合料、沥青玛蹄脂碎石混合料(SMA)、多孔式排水性开级配沥青混合料(OGFC)、多碎石沥青混凝土(SAC)、超薄层沥青砂混合料(UTAC)等。此外，宽域沥青也可作为建筑防水沥青。

30 泡沫沥青作为路用材料有哪些优点？

（1）泡沫沥青与集料拌和，可以提高粒料的剪切强度，降低对水的敏感性。泡沫沥青混合料的强度特征接近水泥、石灰等稳定料(国内称半刚性材料)。泡沫沥青混合料具有柔性性质和良好的抗疲劳特性，用其取代半刚性材料铺筑道路的基层可以有效减少反射裂缝。

（2）泡沫沥青混合料拌好后可以立即压实，压实结束即可开放交通，尤其在城市道路维修中，可以明显减少对繁忙道路的交通影响。

（3）拌制泡沫沥青混合料，只需将沥青加热，而集料是在冷、湿状态下与泡沫沥青拌和，可以节省大量的能源。

（4）泡沫沥青混合料可以长期储存，不会发生离析现象，非常适用于道路的日常维修。

（5）泡沫沥青与冷、湿集料有良好的黏结性，可以在阴雨等不利的天气下施工，不会影响施工层的质量。

（6）泡沫沥青可以适应不同种类的集料，如高质量的碎石、矿渣和破碎的路面回收料等。

31 泡沫沥青的形成机理是什么?

当冷水滴(环境温度)与高温沥青(140℃以上)接触时，热沥青与小水滴表面发生热量(能量)交换，加热水滴至100℃，同时将沥青冷却；沥青传递的热量超过了蒸汽的潜热，导致水体膨胀，产生蒸汽。膨胀腔里蒸汽泡在一定的压力下压入沥青的连续相；随着融有大量蒸汽泡的沥青从喷嘴喷出，压缩蒸汽膨胀至略微变凉的沥青，形成的薄膜状，并依靠薄膜的表面张力将气泡完全裹覆；在膨胀过程中，沥青膜产生的表面张力抵抗蒸汽压力直到一种平衡状态，由于沥青与水的低导热性，一般能够维持数秒的时间；发泡过程中产生的大量气泡以一种亚稳态的形式存在。

32 评价沥青发泡效果的指标有哪些?

目前，用于衡量沥青发泡效果的指标主要有膨胀率(发泡体积倍数)和半衰期。

膨胀率是指沥青在发泡状态下体积的与未发泡状态下的体积之比。由于沥青在喷射过程中已开始衰减，故测得的最大发泡体积小于实际最大体积。泡沫沥青的膨胀率越大，对集料的裹覆作用越强，拌制的沥青混合料质量也越好。

半衰期是指泡沫沥青缩减到最大体积一半时所需的时间。该指标用于表征泡沫沥青的稳定性。泡沫沥青的半衰期越长，表明其与集料有较长的时间进行接触拌和，生产的泡沫沥青混合料的质量越好。

33 泡沫沥青作为保温材料具有哪些优缺点?

泡沫沥青保温材料是以沥青、填充物和发泡剂经发泡制成的。表11-1是几种典型的泡沫沥青保温材料的配方。

表11-1 泡沫沥青保温材料的配方

项　目	1	2	3
石灰-沥青膏/%(质)	70	70	50
M400水泥/%(质)	30	30	50
铝粉(100%以外)/%(质)	0.20	0.36	0.50
容重/(g/cm^3)	0.70	0.67	0.82
导热系数/[kJ/(m·h·℃)]	0.635	0.602	0.836
三个月后吸水率/%(质)	65	72	46

泡沫沥青保温材料的优点是重量轻、保温性能好、价格便宜；其缺点是吸水率高。如果在泡沫沥青保温材料外涂覆一层沥青或聚合物薄膜，就可解决吸水率高的问题。

34 防水卷材分为哪些类型？

防水卷材主要分为两大类。一类为高分子聚合物防水卷材，是将高分子聚合物及助剂经混炼、压延或挤出等工序加工而成。另一类是沥青及改性沥青防水卷材，也称为油毡，是防水卷材的主体品种。它是在胎基上、下面覆盖沥青等材料，经压延而成。沥青类防水卷材按照使用的胎基不同又分为有胎和无胎两类。胎材包括有机纤维胎和无机纤维胎，如黄麻布、石棉布、金属薄膜等。无胎卷材又分为改性沥青表面覆盖聚乙烯膜的自黏性油毡、塑料和沥青互相混合以后压延而成的塑料油毡等。

35 国内防水材料用 SBS 改性沥青的基质沥青选择原则是什么？

（1）沥青质含量不可太高，不宜高于 5%；

（2）蜡含量不可太高，不宜高于 5%；

（3）芳香分至少大于胶质与沥青质的总和；

（4）软化点不可太高，针入度不可过小，一般选用针入度大于 140(0.1mm)的沥青。

36 什么是聚合物改性沥青防水卷材？它有哪些优点？

聚合物改性沥青防水卷材简称改性沥青防水卷材，俗称改性沥青油毡，是以改性沥青作卷材的涂盖材料；它是用聚酯毡、玻纤毡等薄毡作胎体增强材料，用片岩、彩色砂、矿物砂、合成膜或金属箔等作覆面材料的一类新型防水卷材。

聚合物改性沥青防水卷材一般分为塑性体、弹性体和橡塑共混体三大类型。它是新型防水材料中使用比例最高的一类，在防水材料中具有重要地位。由于在沥青中加入一定量的聚合物使沥青自身固有的低温易脆裂、高温易流淌的劣性得到改善，同时增强了沥青的弹性、憎水性和黏结性等，因此该类卷材具有高拉伸强度、高延伸率、抗疲劳强度好等特点，属于防水材料中的高、中档产品。

37 什么叫塑性体沥青防水卷材？其代表产品是什么？它有哪些优点？

塑性体沥青防水卷材是用热塑性塑料改性沥青涂盖在经沥青浸渍后的胎基(聚酯胎、玻纤毡或两者的复合胎)两面，在上面撒以细沙、矿物粒(片)料、金属箔或聚乙烯膜等；下面撒以细沙或覆盖聚乙烯膜所制成的一种沥青防水卷材。包括 APP(无规聚丙烯)、聚氯乙烯(PVC)、无规聚烯烃、非晶态聚α-烯烃等改性沥青防水卷材。

塑性体沥青防水卷材的代表产品是 APP 改性沥青油毡，是在一定温度下，把 APP 按比例(10%～20%)与石油沥青混合，进行高剪切搅拌，制备成改性沥青，再用聚酯等作胎体材料，经过复杂的工艺制成的一种优质的防水卷材。该产品的特点是：

(1) 分子结构稳定、老化期长。APP 在改性沥青中呈网状结构，与石油沥青有很好的互溶性，能将沥青包在网中。APP 分子结构为饱和态，所以有非常好的稳定性，受高温或阳光照射后分子结构不会重排，一般老化期在 20 年以上。

(2) 具有良好的耐热性能，适用温区为-15～130℃。特别是耐紫外线能力比其他改性沥青卷材都强，适宜在有强烈阳光照射的炎热地区使用，适合于高温高湿地区的屋面的防水工程。

(3) 拉伸强度高，延伸率大。APP 改性沥青覆盖在具有良好物理性能的聚酯胎或玻纤毡上使制成的卷材具有良好的拉伸强度和延伸率。

(4) 不透水，抗腐蚀，具有较高的自燃点。

(5) 施工简便、无污染。既可冷黏施工，又可热熔施工；既可在混凝土板、木板上施工，也可在塑料板、金属板等材料上施工。

塑性体沥青系列防水卷材用于一般工业与民用建筑工程的防水，尤其适用于高温或有强烈太阳辐照地区的建筑物防水。

38 什么叫弹性体沥青防水卷材？其代表产品是什么？其特点和使用范围是什么？

弹性体沥青防水卷材是用热塑性弹性改性后的沥青，涂盖在经沥青浸渍后的胎基(聚酯胎、玻纤毡或两者的复合)两面，在上面撒以细沙、矿物粒(片)料、金属箔或聚乙烯膜等，下面撒以细沙或覆盖聚乙烯膜所制成的一种优质改性沥青防水卷材。

弹性体沥青防水卷材以 SBS 改性沥青防水卷材为代表，它按胎基分为聚酯胎和玻纤胎两种。聚酯长丝无纺布是目前国际上公认的最佳胎基材料，SBS 改性沥青与聚酯胎的组合是目前同类材料中性能最佳、档次最高的材料。该卷材特点是综合性能好，具有良好的耐高温、耐低温、耐老化性能、非常高的抗拉伸强度和断裂伸长率，施工简便，有着非常广阔的应用前景。与 APP 类卷材相比，除软化点稍低外，其余性能皆优于 APP 卷材。SBS 卷材除适用于一般工业与民用建筑工程的防水外，尤其适用于高层建筑的屋面防水和地下工程的防水、防潮。

39 什么叫橡塑共混类沥青防水卷材？它有哪些特点？

橡塑共混类沥青防水卷材是以橡胶、树脂共混改性沥青为浸渍涂盖层，以聚酯毡为胎体制成的，其特点是：(1)具有弹塑特性，防水综合性良好；(2)延伸性能好，对基层伸缩或开裂变形的适应性强；(3)低温柔性好，能在我国北方的初冬或初春季节的低温环境下施工；(4)用铝箔做反光保护层，对阳光的反射率比白色涂层反射率高，能降低房屋顶层的室内温度；(5)耐老化性能好，最适用于工业与民用建筑屋面的单层外露防水层等。

40 防水卷材中胎基的作用和质量要求是什么？

胎基是沥青防水卷材的骨架，使沥青防水卷材具有一定的形状、强度和韧性，从而保证防水卷材在施工过程中的铺设性和防水层的抗裂性，起到工程防水的作用。

胎基的质量优劣直接影响卷材的防水效果。无论何种胎基，在外观上都要求表面平整、无杂质和凸块，厚度均匀一致，无孔洞，无残边；在物理机械性能方面要求有一定的抗击拉强度；对浸涂材料有良好的黏结性，对浸渍材料有一定的吸收能力，含水量必须低于规定指标。同时，在生产过程中能保证在浸涂材料温度下不致损伤胎基纤维等。

41 改性沥青防水卷材的胎基主要包括哪些种类？各有哪些优缺点？

改性沥青防水卷材的胎基主要有三类：玻纤胎、聚酯胎和复合胎。

玻纤胎主要有玻纤织布和玻纤毡两种。玻纤织布是用连续纤维经过纺织加工后制成的。玻纤毡是由玻璃纤维单丝均匀无规排列，并用黏合剂黏结而成的。玻纤胎为无机纤维胎基，具有耐腐蚀性、耐水性和耐老化性能好的特点，但其延伸率低(约为2%)、强度也低。

聚酯胎主要有聚酯长丝无纺布和聚酯短纤无纺布两种。聚酯胎具有很好的耐腐蚀性、耐水性、耐老化性等。聚酯短纤无纺布的生产要比聚酯长丝无纺布的生产简单得多，所以其价格也要比聚酯长丝无纺布的价格低。但是，同等克重规格的聚酯短纤无纺布的抗拉强度、撕裂强度等性能要比聚酯长丝无纺布的强度低。

聚酯胎与玻纤胎相比，其明显优点是：断裂伸长率大(>30%)，而玻纤胎小(2%左右)；玻纤织布的抗拉强度大于玻纤无纺布(玻纤毡)；聚酯长丝无纺布抗拉强度明显大于聚酯短纤无纺布。

玻纤胎在高温沥青油中尺寸稳定性好。玻纤胎经热沥青浸涂后，纵横向尺寸稳定。但玻纤毡中所含的黏结剂经沥青涂盖材料在高温作用下会失去一定的效能，因此玻纤毡防水卷材的强度主要依靠附着在纤维表面和渗入单根纤维之间的沥青，由其起着紧密联结和限制互相滑动的作用。另外，由于玻纤毡强度低，在生产线的张力作用下，极易拉断，影响正常生产和质量。

第十二章　沥青技术要求和标准

1　什么是道路石油沥青技术要求(GB/T 50092—2022)？

试验指标	单位	15 号	25 号	35 号	45 号	50 号	70 号	90 号	110 号	130 号	试验方法
针入度(25℃，100g，5s)	0.1mm	10～20	20～30	30～40	40～50	40～60	60～80	80～100	100～120	120～140	GB/T 4509
软化点	℃	≥60	≥57	≥55	≥50	≥48	≥44	≥43	≥42	≥39	GB/T 4507
延度(15℃，5cm/min)	cm	—				≥80	≥100	≥100	≥100	≥100	GB/T 4508
延度(25℃，5cm/min)	cm	≥10	≥30	≥50	≥80	—					GB/T 4508
动力黏度(60℃)	Pa·s	≥2000	≥1100	≥600	≥350	实测值					JTG E20 T0620
闪点(开口杯法)	℃	≥260				≥230					GB/T 267
含蜡量(蒸馏法)	%	≤3									JTG E20 T0615
密度(25℃)	g/cm³	实测值									GB/T 8928
溶解度(三氯乙烯)	%	≥99.0									GB/T 11148
老化试验：薄膜烘箱试验(TFOT)(163℃，5h)											GB/T 5304
质量变化(绝对值)	%	≤0.3	≤0.3	≤0.4	≤0.4	≤0.6	≤0.8	≤0.8	≤1.0	≤1.0	
针入度比	%	≥70	≥67	≥65	≥63	≥58	≥55	≥50	≥48	≥46	GB/T 4509
延度(15℃，5cm/min)	cm	—				报告	≥30	≥40	≥50	≥100	GB/T 4508
延度(25℃，5cm/min)	cm	实测值				—					GB/T 4508

2 什么是聚合物改性沥青技术要求(GB/T 50092—2022)?

指标	单位	SBS类(Ⅰ类)				SBR类(Ⅱ类)			EVA、PE类(Ⅲ类)				试验方法
		Ⅰ-A	Ⅰ-B	Ⅰ-C	Ⅰ-D	Ⅱ-A	Ⅱ-B	Ⅱ-C	Ⅲ-A	Ⅲ-B	Ⅲ-C	Ⅲ-D	
针入度(25℃，100g，5s)	0.1mm	>100	80~100	60~80	40~60	>100	80~100	60~80	>80	60~80	40~60	30~40	GB/T 4509
针入度指数 PI①	—	≥-1.2	≥-0.8	≥-0.4	≥0	≥-1.0	≥-0.8	≥-0.6	≥-1.0	≥-0.8	≥-0.6	≥-0.4	JTG E20 T0604
延度(5℃，5cm/min)	cm	≥50	≥40	≥30	≥20	≥60	≥50	≥40	—				GB/T 4508
软化点 $T_{R\&B}$	℃	≥50	≥55	≥60	≥65	≥45	≥48	≥50	≥48	≥52	≥56	≥60	GB/T 4507
表观黏度②(135℃)	Pa·s	≤3											JTG E20 T0625
闪点(开口杯法)	℃	≥230				≥230			≥230				GB/T 267
溶解度	%	≥99				≥99			—				GB/T 11148
弹性恢复(25℃)	%	≥55	≥60	≥65	≥75	—			—				JTG E20 T0662
黏韧性(25℃)	N·m	—				≥5			—				JTG E20 T0624
韧性(25℃)	N·m	—				≥2.5			—				JTG E20 T0624
离析②(软化点差)	℃	≤2.5				—			无改性剂明显析出、凝聚				JTG E20 T0661
TFOT(或RTFOT)后残留物													GB/T 5304
质量变化(绝对值)	%	≤1.0											
针入度比(25℃，100g，5s)	%	≥50	≥55	≥60	≥65	≥50	≥55	≥60	≥50	≥55	≥58	≥60	GB/T 4509
延度(5℃，5cm/min)	cm	≥30	≥25	≥20	≥15	≥30	≥20	≥10	—				GB/T 4508
软化点差($T_{R\&B}$)①	℃	-8~+10	-8~+10	-10~+10	-10~+10	—							GB/T 4507

注：① 针入度指数和软化点差作为选择性指标，建设单位有要求时作为检验评定指标。软化点差为老化后软化点与原样软化点之差值。当软化点差为负变化时，老化试验后的软化点不得低于老化前软化点要求值。

② 离析指标适用于工厂生产的成品改性沥青。现场制作的改性沥青对离析指标可不做要求，但应在制作后，保持不间断的搅拌或泵送循环，保证使用前目测无离析。

3 什么是乳化沥青技术要求(GB/T 50092—2022)?

试验指标		单位	PC-1 PA-1	PC-2 PA-2	PC-3 PA-3	BC-1 BA-1	试验方法
破乳速度①		—	快裂	慢裂	快裂或中裂	慢裂或中裂	JTG E20 T0658
粒子电荷		—	阳离子带正电(+),阴离子带负电(-)				JTG E20 T0653
筛上残留物(1.18mm 筛)		%	≤0.1				JTG E20 T0652
黏度②	道路标准黏度计 $C_{25,3}$	s	10~45	8~20		10~60	JTG E20 T0621
	恩格拉黏度计 E_V(25℃)	—	3~15	1~6		2~30	JTG E20 T0622
蒸发残留度	残留分含量	%	≥60	≥50	≥55	≥60	JTG E20 T0651
	针入度(25℃,100g,5s)	0.1mm	50~200	50~300	45~150	45~150	GB/T 4509
	延度(15℃,5cm/min)	cm	≥40				GB/T 4508
	溶解度	%	≥97.5				GB/T 11148
与粗集料黏附性,裹附面积①		—	≥2/3			—	JTG E20 T0654
与粗、细粒式集料拌和试验①		—	—			均匀	JTG E20 T0659
储存稳定性③	5d	%	≤5				JTG E20 T0655
	1d		≤1				
低温储存稳定性(-5℃)		—	无粗颗粒或结块				JTG E20 T0656

注:① T0658、T0654、T0659 试验与石料类型有关,质量检验时应采用工程实际使用的石料进行试验,仅进行乳化沥青产品质量评定时可不要求此三项指标。

② 乳化沥青黏度宜选用恩格拉黏度计或沥青标准黏度计测定。

③ 乳化沥青生产后 1d 内用完时可选用 1d 储存稳定性,其他情况应选用 5d 储存稳定性。

4 什么是改性乳化沥青技术要求(GB/T 50092—2022)?

试验指标		单位	品种及代号		试验方法
			PCR	BCR	
破乳速度①		—	快裂或中裂	慢裂	JTG E20 T0685
粒子电荷		—	阳离子(+)	阳离子(+)	JTG E20 T0653
筛上剩余量(1.18mm 筛)		%	≤0.1	≤0.1	JTG E20T0652
黏度	道路标准黏度计 $C_{25,3}$	s	8~25	12~60	JTG E20 T0621
	恩格拉黏度计 E_V(25℃)	—	1~10	3~30	JTG E20 T0622
蒸发残留物	残留分含量	%	≥50	≥60	JTG E20 T0651
	针入度(25℃,100g,5s)	0.1mm	40~120	40~100	GB/T 4509
	软化点	℃	≥50	≥53	GB/T 4507
	黏韧性(25℃)	N·m	—	≥5.0	JTG E20 T0624
	韧性(25℃)	N·m	—	≥2.5	
	延度(5℃,5cm/min)	cm	≥20	≥20	GB/T 4508
	溶解度(三氯乙烯)	%	≥97.5	≥97.5	GB/T 11148
与粗集料黏附性,裹附面积①		—	—	2/3	JTG E20 T0654
储存稳定性②	1d	%	≤1	≤1	JTG E20 T0655
	5d	%	≤5	≤5	JTG E20 T0655

注:① T0658、T0654 试验与所使用的石料品种有关,质量检验时应采用工程上实际使用的石料进行试验,仅进行产品质量评定时可不对此两项指标提出要求。

② 改性乳化沥青生产后 1d 内用完时可选用 1d 储存稳定性,其他情况应选用 5d 储存稳定性。

5 什么是液体石油沥青技术要求(GB/T 50092—2022)?

试验指标		单位	快凝		中凝						慢凝						试验方法
			AL(R)-1	AL(R)-2	AL(M)-1	AL(M)-2	AL(M)-3	AL(M)-4	AL(M)-5	AL(M)-6	AL(S)-1	AL(S)-2	AL(S)-3	AL(S)-4	AL(S)-5	AL(S)-6	
黏度	$C_{25.5}$	s	<20	—	<20	—	—	—	—	—	<20	—	—	—	—	—	JTG E20 T0621
	$C_{60.5}$	s	—	5~15	—	5~15	16~25	26~40	41~100	101~200	—	5~15	16~25	26~40	41~100	101~200	
蒸馏体积	225℃前	%	>20	>15	<10	<7	<3	<2	0	0	—	—	—	—	—	—	JTG E20 T0632
	315℃前	%	>35	>30	<35	<25	<17	<14	<8	<5	—	—	—	—	—	—	
	360℃前	%	>45	>35	<50	<35	<30	<25	<20	<15	<40	<35	<25	<20	<15	<5	
蒸馏后残留物	针入度(25℃)	0.1mm	60~200		100~300						—	—	—	—	—	—	GB/T 4509
	延度(25℃)	cm	>60		>60						—	—	—	—	—	—	GB/T 4508
	漂浮度(50℃)	s	—		—						<20	>20	>30	>40	>45	>50	JTG E20 T0631
闪点		℃	>30		>65						>70	>70	>100	>100	>120	>120	GB/T 267
含水量		%	≤0.2														JTG E20 T0621

6 什么是稀浆封层用乳化沥青和改性乳化沥青技术要求（JTG/T 5142-1—2021）？

试验指标		技术要求			试验方法
		改性乳化沥青	BC-1	BA-1	
1.18mm 筛上剩余量/%		≤0.1	≤0.1	≤0.1	T 0652
电荷		正电（+）	正电（+）	负电（-）	T 0653
恩格拉黏度计 E_{25}		3~30	2~30	2~30	T 0622
沥青标准黏度 $C_{25.3}$/s[①]		—	10~60	10~60	T 0621
蒸馏残留物含量/%		≥60	≥55	≥55	T 0651
蒸发残留物性质	25℃针入度/（0.1mm）	40~100	45~150	45~150	T 0604
	软化点/℃	≥57	—	—	T 0606
	5℃延度/cm	≥20	—	—	T 0605
	15℃延度/cm	—	≥40	≥40	
	溶解度/%	≥97.5	≥97.5	≥97.5	T 0607
储存稳定度[②]	1d	≤1	≤1	≤1	T 0655
	5d	≤5	≤5	≤5	

注：① 乳化沥青黏度以恩格拉黏度为准，条件不具备时也可以采用沥青标准黏度。

② 储存稳定性根据实际情况选择试验天数，通常采用 5d，乳化沥青和改性乳化沥青生产后能在第二天使用完成时可选用 1d。个别情况下，改性乳化沥青 5d 储存稳定性难以满足要求，如果经搅拌后能达到均匀一致并不影响正常使用，此时要求改性乳化沥青运至工地后应存放附有循环或搅拌装置的储存罐内，并进行循环或搅拌，否则不准使用。

7 什么是微表处用改性乳化沥青技术要求（JTG/T 5142-1—2021）？

指　　标		技术要求		试验方法
		A 级微表处	B 级微表处	
粒子电荷		阳离子正电（+）	阳离子正电（+）	T 0653
0.6mm 筛上剩余量/%		≤0.1	≤0.1	T 0652
黏度	恩格拉黏度计 E_{25}	3~30	3~30	T 0622
	25℃赛波特黏度/s	20~100	20~00	T 0621
储存稳定性[①]	1d	≤1	≤1	T 0655
	5d	≤5	≤5	
蒸发残留物含量/%		≥60	≥60	T 0651

续表

指　标		技术要求		试验方法
		A 级微表处	B 级微表处	
蒸发残留物性质	25℃针入度/(0.1mm)	40~100	40~100	T 0604
	软化点/℃	≥57②	≥57②	T 0606
	5℃延度/cm	≥60	≥20	T 0605
	溶解度/%	≥97.5	≥97.5	T 0607
	黏韧性/(N·m)	≥7	—	T 0624

注：① 储存稳定性根据施工实际情况选择试验天数，通常采用5d，乳化沥青生产后能在第二天使用完成也可选用1d。个别情况下，乳化改性沥青5d的储存稳定性难以满足要求，如果经搅拌后能达到均匀一致并不影响正常使用，此时要求改性乳化沥青运至工地后应存放附有循环或搅拌装置储存罐内，并进行循环或搅拌，否则不准使用。

② 南方炎热地区、重载交通道路及用于填补车辙时，蒸发残留物软化点不得低于60℃。

8 什么是超薄罩面用SBS改性沥青、高黏改性沥青技术要求(JTG/T 5142-1—2021)?

指　标	技术要求		试验方法
	SBS改性沥青	高黏改性沥青	
针入度(25℃，100g，5s)/(0.1mm)	50~80	40~70	T 0604
延度(5℃，5cm/min)/cm	≥30	≥40	T 0605
软化点/℃	≥75	≥90	T 0606
135℃运动黏度/(Pa·s)	1.0~3.0	—	T 0625，T 0619
165℃运动黏度/(Pa·s)	—	≤3	T 0625，T 0619
60℃动力黏度/(Pa·s)	—	≥200000	T 06020
25℃黏韧性/(N·m)	—	≥25	T 0624
25℃韧性/(N·m)	—	≥20	T 0624
闪点/℃	≥230		T 0611
溶解度/%	≥99		T 0607
25℃弹性恢复/%	≥85	≥95	T 0662
离析(48h软化点差)/℃	≤2.5		T 0661
质量变化/%	-0.5~0.5	-1.0~1.0	T 0610或T 0609
25℃针入度比/%	≥75	≥70	T 0604
5℃延度/cm	≥20	≥25	T 0605

9 什么是超薄罩面用橡胶改性沥青技术要求(JTG/T 5142-1—2021)?

<table>
<tr><th colspan="2">指　　标</th><th>技术要求</th><th>试验方法</th></tr>
<tr><td colspan="2">25℃针入度/(0.1mm)</td><td>30~60</td><td>T 0604</td></tr>
<tr><td colspan="2">5℃延度/cm</td><td>≥20</td><td>T 0605</td></tr>
<tr><td colspan="2">软化点/℃</td><td>≥75</td><td>T 0606</td></tr>
<tr><td colspan="2">180℃运动黏度/(Pa·s)</td><td>2~4</td><td>T 0625，T 0619</td></tr>
<tr><td colspan="2">离析(48h 软化点差)/℃</td><td>≤5.0</td><td>T 0661</td></tr>
<tr><td colspan="2">25℃弹性恢复/%</td><td>≥75</td><td>T 0662</td></tr>
<tr><td rowspan="3">TFOT(或 RTFOT)后残留物</td><td>质量变化/%</td><td>±0.5</td><td>T 0610 或 T 0609</td></tr>
<tr><td>25℃针入度比/%</td><td>≥65</td><td>T 0604</td></tr>
<tr><td>5℃延度/cm</td><td>≥5</td><td>T 0605</td></tr>
</table>

注：厚度 10~15mm 的超薄罩面，60℃动力黏度宜不小于 100000Pa·s。

10 什么是超薄罩面黏层用 SBS 改性乳化沥青、高黏度改性乳化沥青技术要求(JTG/T 5142-1—2021)?

<table>
<tr><th colspan="2" rowspan="2">指　　标</th><th colspan="2">技术要求</th><th rowspan="2">试验方法</th></tr>
<tr><th>SBS 改性乳化沥青</th><th>高黏改性乳化沥青</th></tr>
<tr><td colspan="2">破乳速度</td><td>快裂</td><td>快裂</td><td>T 0658</td></tr>
<tr><td colspan="2">粒子电荷</td><td colspan="2">阳离子(+)</td><td>T 0653</td></tr>
<tr><td colspan="2">筛上剩余量(1.18mm)/%</td><td colspan="2">≤0.1</td><td>T 0652</td></tr>
<tr><td rowspan="2">黏度</td><td>恩格拉黏度计 E_{25}</td><td>1~15</td><td>—</td><td>T 0622</td></tr>
<tr><td>沥青标准黏度 $C_{25.3}$/s</td><td>—</td><td>12~60</td><td>T 0621</td></tr>
<tr><td rowspan="6">蒸发残留物性能试验</td><td>含量/%</td><td>≥62</td><td>≥65</td><td>T 0651</td></tr>
<tr><td>针入度(100g，25℃，5s)/(0.1mm)</td><td>50~150</td><td>40~60</td><td>T 0604</td></tr>
<tr><td>软化点/℃</td><td>≥55</td><td>≥70</td><td>T 0606</td></tr>
<tr><td>5℃延度/cm</td><td colspan="2">≥20</td><td>T 0605</td></tr>
<tr><td>溶解度(三氯乙烯)/%</td><td colspan="2">≥97.5</td><td>T 0607</td></tr>
<tr><td>25℃弹性恢复/%</td><td>≥60</td><td>≥85</td><td>T 0662</td></tr>
<tr><td rowspan="2">储存稳定性/%</td><td>1d</td><td colspan="2">≤1</td><td rowspan="2">T 0655</td></tr>
<tr><td>5d</td><td colspan="2">≤5</td></tr>
<tr><td>与矿料的黏附性</td><td>裹覆面积</td><td colspan="2">≥2/3</td><td>T 0654</td></tr>
</table>

11 什么是加热型密封胶技术要求(JTG/T 5142-1—2021)?

指　标	高温型	普通型	低温型	寒冷型	严寒型
锥入度/(0.1mm)	≤70	50~90	70~110	90~150	120~180
软化点/℃	≥90	≥80	≥80	≥80	≥70
流动值/mm	≤3	≤5	≤5	≤5	—
弹性恢复率/%	30~70	30~70	30~70	30~70	30~70
低温拉伸①	0℃，25%，3次循环，通过	-10℃，50%，3次循环，通过	-20℃，100%，3次循环，通过	-30℃，150%，3次循环，通过	-40℃，200%，3次循环，通过

注：试验方法见现行《路面加热型密封胶》(JT/T 740)。

① 25%、50%、100%、150%和200%的拉伸量分别为3.75mm、7.5mm、15mm、22.5mm、30mm。

12 什么是普通型彩色沥青技术要求(石油树脂型)(DB 37/4416—2021)?

指　标		单位	技术要求	试验方法
针入度(25℃，100g，5s)		0.1mm	60~80	JTG E20 T0604
软化点(环球法)		℃	≥46	JTG E20 T0606
延度(10℃，5cm/min)		cm	≥30	JTG E20 T0605
延度(15℃，5cm/min)		cm	≥100	
闪点		℃	≥240	JTG E20 T0611
60℃动力黏度		Pa·s	≥180	JTG E20 T0620
135℃运动黏度		Pa·s	≤3.0	JTG E20 T0625
颜色等级(铁钴比色法)		档	≤17	GB/T 1722
TFOT(或RTFOT)后残留物	质量变化	%	≤±1.3	JTG E20 T0609或T0610
	针入度比	%	≥55	JTG E20 T0604
	延度(10℃)	cm	≥6	JTG E20 T0605
	延度(15℃)	cm	≥15	JTG E20 T0605

13 什么是改性型彩色沥青技术要求(石油树脂型)(DB 37/4416—2021)?

指　标		单位	技术要求	试验方法
针入度(25℃，100g，5s)		0.1mm	40~60	JTG E20 T0604
软化点(环球法)		℃	≥60	JTG E20 T0606
延度(5℃，5cm/min)		cm	≥20	JTG E20 T0605
闪点		℃	≥230	JTG E20 T0611
135℃运动黏度		Pa·s	≤3.0	JTG E20 T0625
颜色等级(铁钴比色法)		档	≤17	GB/T 1722
TFOT(或RTFOT)后残留物	质量变化	%	≤±1.8	JTG E20 T0609或T0610
	针入度比	%	≥65	JTG E20 T0604
	延度(5℃)	cm	≥15	JTG E20 T0605

14 什么是废胎胶粉橡胶沥青技术要求(JT/T 798—2019)?

指　标	单位	技术要求				试验方法
		寒区	温区	热区	桥面铺装	
180℃旋转黏度	Pa·s	1.5~3.0	2.5~3.5	3.0~4.0	3.0~4.5	T 0625
25℃针入度(100g，5s)	0.1mm	60~80	50~70	40~60	40~60	T 0604
软化点	℃	>50	>58	>65	>65	T 0606
弹性恢复(25℃)	%	>50	>55	>60	>75	T 0662
延度(5℃，1cm/min)	cm	>10	>10	>5	>20	T 0605

15 什么是聚合物胶粉复合改性沥青技术要求(JT/T 798—2019)?

指　标	单位	技术要求	试验方法
135℃旋转黏度	Pa·s	2.0~3.5	T 0625
25℃针入度(100g，5s)	0.1mm	40~60	T 0604
软化点	℃	>65	T 0606
弹性恢复(25℃)	%	>80	T 0662
延度(5℃，5cm/min)	cm	>20	T 0605
离析软化点差	℃	<3	T 0661

16 什么是改性胶粉橡胶沥青技术要求(JT/T 798—2019)?

指　标	单位	技术要求	试验方法
180℃旋转黏度	Pa·s	1.0~3.0	T 0625
25℃针入度(100g，5s)	0.1mm	50~70	T 0604
软化点	℃	>60	T 0606
弹性恢复(25℃)	%	>60	T 0662
延度(5℃，5cm/min)	cm	>20	T 0605

17 什么是均质型橡胶改性沥青技术要求(CJJ/T 273—2019)?

指　标	单位	技术要求			试验方法
		寒区	温区	热区	
针入度(25℃，100g，5s)	0.1mm	60~80	50~70	40~60	JTG E20 T0604
针入度指数 *PI*	—	≥-0.8	≥-0.4	≥0	JTG E20 T0604

续表

指　　标	单位	技术要求			试验方法
		寒区	温区	热区	
延度(5℃，5cm/min)	cm	≥20	≥15	≥10	JTG E20 T0605
软化点 $T_{R\&B}$	℃	≥50	≥55	≥60	JTG E20 T0606
旋转黏度(135℃)	Pa·s	≤3	≤3	≤3	JTG E20 T0625
闪点	℃	≥230	≥230	≥230	JTG E20 T0611
溶解度	%	≥97.5	≥97.5	≥97.5	JTG E20 T0607
弹性恢复(25℃)	%	≥60	≥60	≥60	JTG E20 T0662
储存稳定性，离析48h软化点差异	℃	≤3	≤3	≤3	JTG E20 T0661
TFOT(或RTFOT)后残留物					
质量变化范围	%	≤±1.0	≤±1.0	≤±1.0	JTG E20 T0610，T0609
针入度比(25℃)	%	≥55	≥60	≥65	JTG E20 T0604
延度(5℃)	cm	≥15	≥10	≥5	JTG E20 T0605

注：1. 若在不改变橡胶改性沥青物理力学性质并符合安全条件的温度下易于泵拌和，或经证明适当提高泵送和拌和温度时能确保橡胶改性沥青的质量易施工，可不要求测定135℃黏度。

2. 气候分区按最低月平均气温确定：寒区小于-10℃；温区为-10~0℃；热区大于0℃。

18 什么是亚均质型橡胶改性沥青技术要求(CJJ/T 273—2019)？

指　　标	单位	技术要求			试验方法
		寒区	温区	热区	
针入度(25℃ 100g，5s)	0.1mm	40~70	35~65	30~60	JTG E20 T0604
针入度指数 PI	—	≥-0.8	≥-0.4	≥0	JTG E20 T0604
软化点 $T_{R\&B}$	℃	≥50	≥55	≥60	JTG E20 T0606
旋转黏度(177℃)	Pa·s	≥1	≥1	≥1	JTG E20 T0625
闪点	℃	≥230	≥230	≥230	JTG E20 T0611
溶解度	%	实测	实测	实测	JTG E20 T0607
弹性恢复(25℃)	%	≥50	≥55	≥60	JTG E20 T0662
储存稳定性，离析48h软化点差异	℃	实测	实测	实测	JTG E20 T0661
TFOT(或RTFOT)后残留物					
质量变化范围	%	≤±1.0	≤±1.0	≤±1.0	JTG E20 T0610，T0609
针入度比(25℃)	%	≥55	≥60	≥65	JTG E20 T0604

注：1. 亚均质型橡胶改性沥青由于部分橡胶屑未能消融于沥青中，通常在使用前需要重新搅拌使顶部和底部的结合料混合均匀，但在采用某些添加剂的场合，如能使储存稳定性达到软化点变化小于3℃时，也可不采用重新搅拌的工艺。

2. 气候分区按最低月平均气温确定：寒区小于-10℃；温区为-10~0℃；热区大于0℃。

19 什么是沥青-橡胶的技术性能要求(CJJ/T 273—2019)?

指　　标	单位	技术要求				试验方法
		热拌沥青混合料			表面处治与石屑封层	
		热区	温区	寒区		
Haake 黏度(180~190℃)	mPa·s	1500~4000			1500~3000	本标准附录 B
锥入度(25℃)	0.1mm	25~40	40~55	55~70	40~55	本标准附录 B
回弹恢复(25℃)	%	≥30	≥25	≥20	≥25	本标准附录 B
软化点 $T_{R\&B}$	℃	≥65	≥60	≥50	≥60	JTG E20 T0606

注：Haake 黏度应根据设计融胀温度在 80~190℃内测定。

20 什么是冷再生用乳化沥青质量要求(JTG/T 5521—2019)?

试验指标		单位	质量要求	试验方法
破乳速度		—	慢裂或中裂	T 0658
粒子电荷		—	阳离子(+)	T 0653
筛上剩余量(1.18mm 筛)		%	≤0.1	T 0652
黏度	恩格拉黏度计 E_{25}	—	2~30	T 0622
	25℃赛波特黏度 V_s	s	7~100	T 0623
蒸发残留物	残留分含量	%	≥60	T 0651
	溶解度	%	≥97.5	T 0607
	针入度(25℃)	0.1mm	50~130	T 0604
	延度(15℃)	cm	≥40	T 0605
与粗集料黏附性，裹附面积		—	≥2/3	T 0654
与粗、细粒式集料拌和试验		—	均匀	T 0659
常温储存稳定性	1d	%	≤1	T 0655
	5d		≤5	

注：恩格拉黏度和波塞特黏度指标任选其一检测，有争议时以赛波特黏度为准。薄膜烘箱试验前后黏度比=薄膜烘箱试验后样品黏度/薄膜烘箱试验前黏度。

21 什么是沥青再生剂技术要求(JTG/T 5521—2019)?

检测指标	RA-1	RA-5	RA-25	RA-75	RA-250	RA-500	试验方法
60℃黏度/(mm^2/s)	50~175	176~900	901~4500	4501~12500	12501~37500	37501~60000	T 0619
闪点/℃	≥220	≥220	≥220	≥220	≥220	≥220	T 0611
饱和分含量/%	≤30	≤30	≤30	≤30	≤30	≤30	T 0618
芳香分含量/%	实测记录	实测记录	实测记录	实测记录	实测记录	实测记录	T 0618
薄膜烘箱试验前后黏度比	≤3	≤3	≤3	≤3	≤3	≤3	T 0619
薄膜烘箱试验前后质量变化/%	≤4,≥-4	≤4,≥-4	≤3,≥-3	≤3,≥-3	≤3,≥-3	≤3,≥-3	T 0609 或 T 0610
15℃密度/(g/cm^3)	实测记录	实测记录	实测记录	实测记录	实测记录	实测记录	T 0603

22 什么是电缆沥青技术要求(NB/SH/T 0001—2019)?

项目		质量指标			试验方法
		1号	2号	3号	
软化点(环球法)/℃		85~100		80~100	GB/T 4507
针入度(25℃,5s,100g)/(0.1mm)		≥35		≥50	GB/T 4509
闪点(开口)/℃		≥260			GB/T 267 或 GB/T 3536
垂度(70℃)/mm		≤60			SH/T 0424
溶解度(三氯乙烯)/%		≥99.0			GB/T 11148
冷弯(Φ20mm)	0℃	合格	—	—	附录 A
	-10℃	—	合格	—	
	-15℃	—	—	合格	
黏附率(0℃)/%		≥95			SH/T 0637
热稳定性(200℃,24h) 软化点升高/℃ 针入度比/%		 ≥15 ≥80			附录 B

注:闪点试验方法可采用 GB/T 267 或 GB/T 3536,仲裁时以 GB/T 267 为准。

23 什么是民用机场道面石油沥青技术要求(MH/T 5010—2017)?

项目		沥青标号					试验方法
		A-130	A-110	A-90	A-70	A-50	
25℃针入度/(0.1mm)		120~140	100~120	80~100	60~80	40~60	JTG E20 T0604
软化点/℃	≥	40	43	45	46	49	JTG E20 T0606
15℃延度/cm	≥	100				80	JTG E20 T0605
10℃延度/cm	≥	50	50	50	50	40	JTG E20 T0605
60℃动力黏度/(Pa·s)	≥	60	120	160	180	200	JTG E20 T0620
含蜡量(蒸馏法)/%	≤	2.2					JTG E20 T0615
闪点/℃	≥	230		245	260		JTG E20 T0611
溶解度/%	≥	99.0					JTG E20 T0607
旋转薄膜(RTFOT)或者薄膜(TFOT)加热试验							
质量变化/%	≤	±0.8					JTG E20 T0610 JTG E20 T0609
残留针入度比/%	≥	54	55	57	61	63	JTG E20 T0604
15℃残留延度/cm	≥	35	30	20	15	10	JTG E20 T0605
10℃残留延度/cm	≥	12	10	8	6	4	JTG E20 T0605

24 什么是民用机场道面湖沥青复合改性沥青技术要求(MH/T 5010—2017)?

项目		技术要求	试验方法
25℃针入度/(0.1mm)		30~50	JTG E20 T0604
软化点/℃	≥	80	JTG E20 T0605
25℃弹性恢复/%	≥	80	JTG E20 T0662
5℃延度/cm	≥	15	JTG E20 T0605

注：湖沥青复合改性沥青为SBS改性沥青与湖沥青复合改性后的沥青，SBS改性沥青与湖沥青掺配比例根据试验确定。

25 什么是民用机场道面聚合物改性沥青技术要求(MH/T 5010—2017)?

指　标	SBS 类(Ⅰ)				SBR 类(Ⅱ)			EVA PE 类(Ⅲ)				试验方法
	Ⅰ-A	Ⅰ-B	Ⅰ-C	Ⅰ-D	Ⅱ-A	Ⅱ-B	Ⅱ-C	Ⅲ-A	Ⅲ-B	Ⅲ-C	Ⅲ-D	
25℃针入度/(0.1mm)	>100	80~100	60~80	40~60	>100	80~100	60~80	>80	60~80	40~60	30~40	JTG E20 T0604
5℃延度/cm ≥	45	35	25	20	60	50	40	—				JTG E20 T0606
软化点/℃ ≥	55	60	65	75	45	48	52	50	52	56	60	JTG E20 T0605
135℃运动黏度/(Pa·s) ≤	3											JTG E20 T0625/T0619
闪点/℃ ≥	230											JTG E20 T0611
25℃弹性恢复/% ≥	60	65	70	75	—			—				JTG E20 T0662
黏韧性/(N·m) ≥	实测				5			—				JTG E20 T0624
韧性/(N·m) ≥	实测				2.5			—				JTG E20 T0624
储存稳定性 48h 软化点差/℃ ≥	2				—			无改性剂明显析出凝聚				JTG E20 T0661
旋转薄膜(RTFOT)或者薄膜(TFOT)加热试验												
质量变化/% ≤	±0.8											JTG E20 T0609/T0610
25℃针入度比/% ≥	50	55	60	65	50	55	60	50	55	58	60	JTG E20 T0604
5℃延度/cm ≥	30	25	20	15	30	20	10	—	—	—	—	JTG E20 T0605

26 什么是彩色沥青结合料性能指标(GB/T 32984—2016)?

指 标			单位	技术要求		
				90号	70号	50号
针入度(25℃，100g，5s)			0.1mm	80~100	60~80	40~60
软化点(环球法)	机动车道		℃	≥50	≥55	≥60
	其他			≥45	≥46	≥49
延度	机动车道(10℃)		cm	≥45	≥30	≥20
	其他(15℃)			≥100		≥80
闪点			℃	≥230	≥240	≥250
密度(15℃)			g/cm^3	实测记录		
60℃动力黏度	机动车道		Pa·s	≥160	≥180	≥200
	其他			≥140	≥160	≥180
135℃运动黏度			Pa·s	≤3.0		
颜色等级(铁钴比色法)			档	≤17		
TFOT(或RTFOT)后残留物	质量变化		%	≤±1.5		
	残留针入度比		%	≥55		
	残留延度	机动车道(10℃)	cm	≥8	≥6	≥4
		其他(15℃)		≥20	≥15	≥10
	颜色		—	无明显变化		

27 什么是改性彩色沥青结合料性能指标(GB/T 32984—2016)?

指 标		单位	技术要求		
			Ⅰ-B	Ⅰ-C	Ⅰ-D
针入度(25℃，100g，5s)		0.1mm	80~100	60~80	40~60
软化点(环球法)		℃	≥58	≥60	≥63
延度(5℃，5cm/min)		cm	≥40	≥30	≥20
闪点		℃	≥230		
135℃运动黏度		Pa·s	≤3.0		
颜色等级(铁钴比色法)		档	≤17		
TFOT(或RTFOT)后残留物	质量变化	%	≤±1.8		
	残留针入度比	%	≥55	≥60	≥65
	残留延度(5℃)	cm	≥25	≥20	≥15
	颜色	—	无明显变化		

28 什么是高黏高弹道路沥青(GB/T 30516—2014)?

指　　标			单位	质量指标		试验方法
				AVE-1	AVE-2	
针入度(25℃，100g，5s)			0.1mm	40~80	60~100	GB/T 4509
延度(5cm/min，5℃)			cm	≮20	≮30	GB/T 4508
延度(5cm/min，15℃)			cm	报告	报告	GB/T 4508
软化点(环球法)			℃	≮70	≮75	GB/T 4507
黏度(60℃)			Pa·s	≮20000	≮20000	SH/T 0557
黏度(135℃)			Pa·s	报告	报告	SH/T 0557
弹性恢复(25℃)			%	≮85	≮85	SH/T 0737
离析(软化点差)①			℃	≯2.5	≯2.5	SH/T 0740
闪点(开口杯)			℃	≮230	≮230	GB/T 267
黏韧性(25℃)			N·m	—	报告	SH/T 0735
韧性(25℃)			N·m	—	报告	SH/T 0735
薄膜烘箱试验(163℃，5h)	质量变化		%	≯1.0	≯0.6	GB/T 5304
	针入度比	25℃	%	≮65	≮60	GB/T 4509
	延度	5℃	cm	≮15	≮20	GB/T 4508

注：① 产品为现场制作和桶装时可不做要求，也可以在满足运输要求的情况下，由供需双方商定。

29 什么是煤沥青的技术要求(GB/T 2290—2012)?

指　　标	低温沥青		中温沥青		高温沥青	
	1号	2号	1号	2号	1号	2号
软化点/℃	35~45	46~75	80~90	75~95	95~100	95~120
甲苯不溶物含量/%			15~25	≤25	≥24	—
灰分/%	—	—	≤0.3	≤0.5	≤0.3	—
水分/%	—	—	≤5.0	≤5.0	≤4.0	≤5.0
喹啉不溶物/%	—	—	≤10	—	—	—
结焦值/%	—	—	≥45	—	≥52	—

注：1. 水分只作生产操作中控制指标，不作质量考核依据。

2. 沥青喹啉不溶物含量每月至少检测一次。

3. 试验方法见国家标准《煤沥青》(GB/T 2290—2012)。

30 什么是重交通道路石油沥青(GB/T 15180—2010)?

指　　标	质量指标						试验方法
	AH-130	AH-110	AH-90	AH-70	AH-50	AH-30	
针入度(25℃，100g，5s)/0.1mm	120~140	100~120	80~100	60~80	40~60	20~40	GB/T 4509
延度(15℃)/cm　≥	100	100	100	100	80	报告[1]	GB/T 4508
软化点/℃	38~51	40~53	42~55	44~57	45~58	50~65	GB/T 4507
溶解度/%　≥	99.0						GB/T 11148
闪点/℃　≥	230					260	GB/T 267
密度(15℃或25℃)/(g/cm^3)	报告						GB/T 8928
含蜡量/%　≤	3.0	3.0	3.0	3.0	3.0	3.0	SH/T 0425
薄膜烘箱试验(163℃，5h)							GB/T 5304
质量变化/%　≤	1.3	1.2	1.0	0.8	0.6	0.5	GB/T 5304
针入度比/%　≥	45	48	50	55	58	60	GB/T 4509
延度(15℃)/cm　≥	100	50	40	30	报告[1]	报告[1]	GB/T 4508

注：① 报告应为实测值。

31 什么是建筑石油沥青标准(GB/T 494—2010)?

指　　标	质量指标			试验方法
	10号	30号	40号	
针入度(25℃，100g，5s)/(1/10mm)	10~25	26~35	36~50	GB/T 4509
针入度(46℃，100g，5s)/(1/10mm)	报告[1]	报告[1]	报告[1]	
针入度(0℃，100g，5s)/(1/10mm)　≥	3	6	6	
延度(25℃，5cm/min)/cm　≥	1.5	2.5	3.5	GB/T 4508
软化点(环球法)/℃　≥	95	75	60	GB/T 4507
溶解度(三氯乙烯)/%　≥	99.0			GB/T 11148
蒸发后质量变化(163℃，5h)/%　≤	1			GB/T 11964
蒸发后25℃针入度比[2]/%　≥	65			GB/T 4509
闪点(开口杯法)/℃　≥	260			GB/T 267

注：① 报告应为实测报告。

② 测定蒸发损失后样品的针入度与原针入度之比乘以100后，所得的百分比，称为蒸发后针入度比。

32 什么是防水用弹性体(SBS)改性沥青技术要求(GB/T 26528—2011)?

指标		技术指标		试验方法
		Ⅰ	Ⅱ	
软化点(环球法)/℃		≥105	≥115	GB/T 4507—2014
低温柔性(无裂纹)/℃		-20 通过	-25 通过	GB/T 328.14—2007
弹性恢复/%		≥85	≥90	JTG E20—2011 T 0662
闪点/℃		≥230		GB/T 267—1988
溶解度/%		≥99.0		GB/T 11148—2008
渗油性	渗出张数	≤4.5		GB 18242—2008
离析	软化点变化率/%	≤20		GB/T 4507—2014

33 什么是防水材料用沥青技术要求及试验方法(NB/SH/T 0981—2019)?

指标		单位	F10	F40	F80	F150	F300	F400	试验方法
针入度(25℃)		0.1mm	0~20	20~40	60~100	100~200	200~400	—	GB/ T4509
针入度(0℃)		0.1mm	—	—	—	—	—	180~250	GB/T 4509
软化点(环球法)	≥	℃	60	46	40	35	32	—	GB/T 4507
柔度	≤	℃	12	8	6	2	-2	-10	GB/T 328.14
溶解度(三氯乙烯)	≥	%	99.0						GB/T 11148
闪点	≥	℃	230					200	GB/T 267 或 GB/T 3536
蜡含量	≤	%	4.5						SH/T 0425
蒸发损失	≤	%	1.0				3.0		GB/T 11946
酸碱性(pH)			6~8						附录 A

34 什么是防水卷材沥青技术要求(JC/T 2218—2014)?

指标		指标		试验方法
		Ⅰ	Ⅱ	
针入度(25℃, 100g, 5s)/(0.1mm)		25~120		GB/T 4509
软化点(环球法)/℃	≥	43		GB/T 4507
延度(25℃)/cm	≥	10	50	GB/T 4508
闪点(开口)/℃	≥	230		GB/T 267
密度(15℃或25℃)/(g/cm^3)	≤	1.08		GB/T 8928

续表

指　　标		指　　标		试验方法
		Ⅰ	Ⅱ	
柔性/℃	≤	8	10	附录 A
溶解度/%	≥	99.0		GB/T 11148
蜡含量/%	≤	4.5		SH/T 0425
黏附性/(N/mm)	≥	0.5	1.5	附录 B
沥青组分（四组分法）	饱和分/%	报告①		SH/T 0509
	芳香分/%			
	胶质/%			
	沥青质/%			

注：① 改性沥青卷材宜选用沥青质和饱和分含量高的沥青原料，自黏性改性沥青卷材宜选用胶质和芳香分含量高的沥青原料。

35 什么是水利行业的水工沥青的技术要求(SL 514—2013)？

指　　标		单位	沥青标号				试验方法
			110	90	70	50	
针入度(25℃，100g，5s)		1/10mm	100~120	80~100	60~80	40~60	5.4
针入度指数 *PI*		—	-1.5~+1.0				5.4
软化点 $T_{R\&B}$	≥	℃	43	45	46	49	5.6
延度(10℃，5cm/min)	≥	cm	40	45	25	15	5.5
延度(15℃，5cm/min)	≥	cm	100			80	5.5
蜡含量(蒸馏法)	≤	%	2.2				5.12
闪点(开口杯法)	≥	℃	230	245	260		5.9
溶解度(三氯乙烯)	≥	%	99.5				5.7
密度(15℃)		g/cm^3	实测				5.3
薄膜烘箱试验(163℃，5h)							
质量变化	≤	%	±0.8				5.8
残留针入度比(25℃)	≥	%	55	57	61	63	5.4
残留延度(10℃)	≥	cm	10	8	6	4	5.5
残留延度(15℃)	≥	cm	30	20	15	10	5.5

注：1. 试验方法按照 DL/T 5362 规定的试验方法执行。表中试验方法一栏所列数字为该试验规程中的章节号。用于仲裁试验求取 *PI* 值时 5 个温度的针入度关系的相关性系数不应小于 0.997。

2. 经设计单位同意，表中的 *PI* 值、15℃延度可作为选择性指标，也可作为施工质量指标。

3. 对于浇筑式沥青混凝土，表中的 *PI* 值可放宽到-2.0~+2.0。

36 什么是水工改性沥青技术要求(SL 514—2013)?

指　标	单位	SBS类(Ⅰ类)				SBR类(Ⅱ类)			试验方法
		Ⅰ-A	Ⅰ-B	Ⅰ-C	Ⅰ-D	Ⅱ-A	Ⅱ-B	Ⅱ-C	
针入度(25℃,100g,5s)	0.1mm	>100	80~100	60~80	40~60	>100	80~100	60~80	5.4
针入度指数 *PI*	—	-1.2	-0.8	-0.4	0	-1.0	-0.8	-0.6	5.4
5℃延度,5cm/min　≥	cm	50	40	30	20	60	50	40	5.5
软化点 $T_{R\&B}$　≥	℃	45	50	55	60	45	48	50	5.6
135℃黏度　≥	Pa·s	3							T 0625 T 0619
闪点　≥	℃	230				230			5.9
溶解度　≥	%	99				99			5.7
25℃弹性恢复　≥	%	55	60	65	75	—			T 0662
黏韧性　≥	N·m	—				5			T 0624
韧性　≥	N·m	—				2.5			T 0624
48h储存稳定性 离析软化点差　≤	℃	2.5				—			T 0661
TFOT(或RTFOT)后残留物									
质量变化　≤	%	±1.0							5.8
针入度比(25℃)　≥	%	50	55	60	65	50	55	60	5.4
延度(5℃)　≥	cm	30	25	20	15	30	25	10	5.5

标:1. 试验方法按照DL/T 5362规定的试验方法执行。表中试验方法一栏所列数字为该试验规程中的章节号。

2. 试验方法按照JTJ 052规定的方法执行。表中所列数字为该试验规程中试验方法的编号。

3. 表中135℃黏度可采用JTJ 052中的"沥青布氏旋转黏度试验方法《布洛克菲尔德黏度计法》"进行测定。若在不改变改性沥青物理力学性质并符合安全条件的温度下易于泵送和拌和,或经证明适当提高泵送和拌和温度时能保证改性沥青的质量,容易施工,可不要求测定。

4. 储存稳定性指标适用于工厂生产的成品改性沥青。现场制作改性沥青对储存稳定性指标可不做要求,但必须在制作后,保持不间断搅拌或泵送循环,保证使用前没有明显的离析。

37 什么是水工乳化沥青技术要求(SL 514—2013)?

试验项目	单位	技术指标	试验方法
破乳速度		快裂	5.17
粒子电荷		阳离子(+)	5.14
筛上剩余量(1.18mm筛)　≤	%	0.1	T 0652

续表

试验项目		单位	技术指标	试验方法
黏度	恩格拉黏度计 E_{25}		2~10	T 0622
	道路标准黏度计 $C_{25.3}$	S	10~25	T 0621
蒸发残留物	残留分含量 ≥	%	50	5.13
	溶解度(三氯乙烯) ≥	%	97.5	5.7
	针入度(25℃)	0.1mm	50~200	5.4
	延度(15℃) ≥	cm	40	5.5
与矿料黏附性，裹附面积 ≥			2/3	5.15
储存稳定性	1d ≤	%	1	5.16
	5d ≤		5	5.16

注：1. 试验方法按照 DL/T 5362 规定的试验方法执行。表中试验方法一栏所列数字为该试验规程中的章节号。

2. 试验方法按照 JTJ 052 规定的方法执行。表中所列数字为该试验规程中试验方法的编号。

3. 破乳速度与集料黏附性、所使用的石料品种有关，质量检验时应采用实际的石料试验，仅进行产品质量评定时，可不要求此两项指标。

4. 表中的黏度可选用恩格拉黏度计或沥青标准黏度计之一测定。

5. 如果将高浓度的乳化沥青稀释后使用，表中的蒸发残留物指标是对稀释前的乳化沥青要求。

6. 储存稳定性根据施工实际情况选用试验时间，宜采用 5d；若乳液生产后能在当天使用也可采用 1d。

7. 当乳化沥青需要在低温冰冻条件下储存或使用时，还应进行-5℃低温储存稳定性试验，要求没有粗颗粒、不结块。

38 什么是橡胶沥青标准(NB/SH/T 0818—2010)？

指　　标		类型Ⅰ	类型Ⅱ	类型Ⅲ	测试方法
175℃黏度/(Pa·s)	min	1500	1500	1500	SH/T 0739
	max	5000	5000	5000	
25℃针入度(100g，5s)/(0.1mm)	min	25	25	50	GB/T 4509
	max	75	75	100	
4℃针入度(200g，60s)/(0.1mm)	min	10	15	25	GB/T 4509
软化点/℃	min	58	54	52	GB/T 4507
25℃弹性恢复/%	min	25	20	10	NB/SH/T 0816
闪点/℃	min	230	230	230	GB/T 267
薄膜烘箱(TFOT)或旋转薄膜烘箱(RTFOT)试验后性质					GB/T 5304 或 SH/T 0736
4℃针入度比为原沥青的%	min	75	75	75	

注：NB/SH/T 0816 与本标准同时制定。

39 什么是阻燃道路沥青标准(NB/SH/T 0820—2010)?

指　　标		70号阻燃道路沥青		90号阻燃道路沥青		试验方法
		Ⅰ型	Ⅱ型	Ⅰ型	Ⅱ型	
氧指数/%	≤	23	25	23	25	SH/T 0815
针入度(25℃, 100g, 5s)/(0.1mm)		60~80		80~100		GB/T 4509
延度(15℃, 5cm/min)/cm	≥	80	60	80	60	GB/T 4508
软化点/℃	≥	45				GB/T 4507
溶解度/%	≥	90.0				GB/T 11148
闪点(开口杯法)/℃	≥	230				GB/T 267
蜡含量/%	≤	3.0				SH/T 0425
离析(软点化差值)/℃	≤	2.5				SH/T 0740
密度(25℃)/(g/cm^3)		实测记录				GB/T 8928
薄膜烘箱试验(163℃, 5h)						GB/T 5304
质量变化/%	≤	0.8		1.0		GB/T 5304
针入度比/%	≥	55		50		GB/T 4509
延度(15℃, 5cm/min)/cm	≥	15	10	15	10	GB/T 4508

40 什么是路用阻燃改性沥青标准(NB/SH/T 0821—2010)?

指　　标		SBS改性沥青类		SBR改性沥青类		试验方法
		Ⅰ型	Ⅱ型	Ⅰ型	Ⅱ型	
氧指数/%	≤	23	25	23	25	SH/T 0815
针入度(25℃, 100g, 5s)/(0.1mm)		40~75		60~100		GB/T 4509
延度(5℃, 5cm/min)/cm	≥	20		40		GB/T 4508
软化点/℃	≥	60		48		GB/T 4507
溶解度/%	≥	90				GB/T 11148
闪点(开口杯法)/℃	≥	230				GB/T 267
弹性恢复(25℃)/%	≥	75		—		SH/T 0737
黏度(135℃)/(Pa·s)	≤	3				SH/T 0739
离析(软点化差值)/℃	≤	2.5	3	2.5	3	SH/T 0740
RTFOT后残留物						SH/T 0736
质量变化/%	≤	1.0				SH/T 0736
针入度比/%	≥	60		55		GB/T 4509
延度(5℃, 5cm/min)/cm	≥	15	10	15	10	GB/T 4508

注：老化试验以RTFOT为准，允许以TFOT代替，但必须在报告中注明，且不得作为仲裁试验。

41 什么是道路石油沥青标准(NB/SH/T 0522—2010)?

项　　目	质量指标					试验方法
	200 号	180 号	140 号	100 号	60 号	
针入度(25℃，100g，5s)/(0.1mm)	200~300	150~200	110~150	80~110	50~80	GB/T 4509
延度[①](25℃)/cm ≥	20	100	100	90	70	GB/T 4508
软化点/℃	30~48	35~48	38~51	42~55	45~58	GB/T 4507
溶解度/% ≥	99.0					GB/T 11148
闪点(开口)/℃ ≥	180	200	230			GB/T 267
密度(25℃)/(g/cm³)	报告					GB/T 8928
蜡含量/% ≤	4.5					SH/T 0425
薄膜烘箱试验(163℃，5h)						
质量变化/% ≤	1.3	1.3	1.3	1.2	1.0	GB/T 5304
针入度比/%	报告					GB/T 4509
延度(25℃)/cm	报告					GB/T 4508

注：① 如25℃延度达不到，15℃延度达到时，也认为是合格的，指标要求与25℃延度一致。

42 什么是热拌用沥青再生剂标准(NB/SH/T 0819—2010)?

指标名称	RA1	RA5	RA25	RA75	RA250	RA500	试验方法
60℃黏度/(mm²/s)	50~175	176~900	901~4500	4501~12500	12501~37500	37501~60000	SH/T 0654[①]
闪点/℃ ≥	220	220	220	220	220	220	GB/T 267
饱和分/% ≤	30	30	30	30	30	30	SH/T 0509
25℃密度/(g/cm³)	报告	报告	报告	报告	报告	报告	GB/T 8928(半固体和固态) GB/T 1884(液态)
外观	表现均匀、无分层现象						观察
薄膜烘箱(TFOT)或旋转薄膜烘箱(RTFOT)试验后性质(GB/T 5304 或 SH/T 0736)							
黏度比[②] ≤	3	3	3	3	3	3	
质量变化，±% ≤	3	4	4	3	3	3	

注：① 60℃黏度按 SH/T 0654 标准规定的方法测试，但必须将测试温度调整为60℃。
② 黏度比为薄膜烘箱试验后样品黏度/薄膜烘箱试验前黏度；仲裁时选用薄膜烘箱试验。

43 什么是电力行业的水工沥青的技术要求(DL/T 5411—2009)?

指　　标	单位	质量指标			试验方法
		SG90	SG70	SG50	
针入度(25℃，100g，5s)	1/10mm	80~100	60~80	40~60	GB/T 4509
延度(15℃，5cm/min)	cm	≥150	≥150	≥100	GB/T 4508
延度(4℃，1cm/min)	cm	≥20	≥10	—	GB/T 4508

续表

指　标	单位	质量指标			试验方法
		SG90	SG70	SG50	
软化点(环球法)	℃	45~52	48~55	53~60	GB/T 4507
溶解度(三氯乙烯)	%	≥99.0	≥99.0	≥99.0	GB/T 11148
脆点	℃	≤-12	≤-10	≤-8	GB/T 4510
闪点(开口杯法)	℃	≥230	≥260	≥260	GB/T 267
蜡含量(蒸馏法)	%	≤2	≤2	≤2	SH/T 0425
密度(25℃)	g/cm^3	实测	实测	实测	GB/T 8928
薄膜烘箱试验(163℃，5h)					GB/T 5304
质量变化	%	≤0.3	≤0.2	≤0.1	GB/T 5304
针入度比	%	≥70	≥68	≥68	GB/T 4509
延度(15℃，5cm/min)	cm	≥100	≥80	≥10	GB/T 4508
延度(4℃，1cm/min)	cm	≥8	≥4	—	GB/T 4508
软化点升高	℃	≤5	≤5	—	GB/T 4507

注：GS90沥青主要适用于寒冷地区碾压式沥青混凝土面板防渗层，GS70沥青主要适用于碾压式沥青混凝土心墙和碾压式沥青混凝土面板，GS50沥青主要适用于碾压式沥青混凝土面板封闭层和浇筑式沥青混凝土。

44 什么是水工石油沥青标准(SH/T 0799—2007)？

指　标		质量指标			试验方法
		1号	2号	3号	
针入度(25℃，100g，5s)/(0.1mm)		70~90	60~80	40~60	GB/T 4509
延度(15℃，5cm/min)/cm	≥	150	150	80	GB/T 4508
延度(4℃，1cm/min)/cm	≥	20	15	—	GB/T 4508
软化点(环球法)/℃		44~52	46~55	48~60	GB/T 4507
溶解度(三氯乙烯)/%	≥	99.0	99.0	99.0	GB/T 11148
脆点/℃	≤	-12	-10	-8	GB/T 4510
闪点(开口杯法)/℃	≥	230	230	230	GB/T 267
蜡含量(蒸馏法)/%	≤	2.2	2.2	2.2	SH/T 0425
灰分/%	≤	0.5	0.5	0.5	SH/T 0422
密度(25℃)/(g/cm^3)		报告	报告	报告	GB/T 8928
薄膜烘箱试验(163℃，5h)					GB/T 5304
质量变化/%	≤	0.6	0.5	0.4	GB/T 5304
针入度比/%	≥	65	65	65	GB/T 4509
延度(15℃，5cm/min)/cm	≥	100	80	10	GB/T 4508
延度(4℃，1cm/min)/cm	≥	6	4	—	GB/T 4508
脆点/℃	≤	-8	-6	-5	GB/T 4510
软化点升高/℃	≤	6.5	6.5	6.5	GB/T 4507

45 什么是道路石油沥青技术要求(JTG/T 3640*)?

<table>
<tr><th rowspan="2">指　标</th><th rowspan="2">单位</th><th rowspan="2">等级</th><th colspan="20">沥青标号</th><th rowspan="2">试验方法</th></tr>
<tr><th>160 号[1]</th><th>130 号[1]</th><th colspan="3">110 号</th><th colspan="5">90 号</th><th colspan="5">70 号</th><th>50 号[2]</th><th>35 号[3]</th><th>25 号[3]</th><th>20 号[3]</th><th>15 号[3]</th></tr>
<tr><td>针入度(25℃，5s，100g)</td><td>0.1mm</td><td></td><td>140~200</td><td>120~140</td><td colspan="3">100~120</td><td colspan="5">80~100</td><td colspan="5">60~80</td><td>40~60</td><td>30~45</td><td>20~30</td><td>15~25</td><td>10~20</td><td>T 0604</td></tr>
<tr><td>适用的气候分区</td><td></td><td></td><td></td><td></td><td>2-1</td><td>2-2</td><td>3-2</td><td>1-1</td><td>1-2</td><td>1-3</td><td>2-2</td><td>2-3</td><td>1-3</td><td>1-4</td><td>2-2</td><td>2-3</td><td>2-4</td><td>1-4/
1-3</td><td colspan="4">—</td><td></td></tr>
<tr><td rowspan="2">针入度指数 PI[4]　≥</td><td rowspan="2">—</td><td>A</td><td colspan="15">-1.5</td><td colspan="5" rowspan="2">-1.5</td><td rowspan="2">T 0604</td></tr>
<tr><td>B</td><td colspan="15">-1.8</td></tr>
<tr><td rowspan="3">软化点(R&B)　≥</td><td rowspan="3">℃</td><td>A</td><td>38</td><td>40</td><td colspan="3">43</td><td colspan="3">45</td><td colspan="2">44</td><td colspan="2">46</td><td colspan="3">45</td><td rowspan="3">48~56</td><td rowspan="3">52~60</td><td rowspan="3">55~64</td><td rowspan="3">58~70</td><td rowspan="3">61~73</td><td rowspan="3">T 0606</td></tr>
<tr><td>B</td><td>36</td><td>39</td><td colspan="3">42</td><td colspan="3">43</td><td colspan="2">42</td><td colspan="2">44</td><td colspan="3">43</td></tr>
<tr><td>C</td><td>35</td><td>37</td><td colspan="3">41</td><td colspan="5">42</td><td colspan="5">43</td></tr>
<tr><td>60℃动力黏度　≥</td><td>Pa・s</td><td>A</td><td>—</td><td>60</td><td colspan="3">120</td><td colspan="3">160</td><td colspan="2">140</td><td colspan="2">180</td><td colspan="3">160</td><td>250</td><td>500</td><td>800</td><td>1500</td><td>2000</td><td>T 0620</td></tr>
<tr><td rowspan="2">10℃延度(5cm/min)　≥</td><td rowspan="2">cm</td><td>A</td><td>50</td><td>50</td><td colspan="3">40</td><td>45</td><td>30</td><td>20</td><td>30</td><td>20</td><td>20</td><td>15</td><td>25</td><td>20</td><td>15</td><td rowspan="2">10</td><td rowspan="2">—</td><td rowspan="2">—</td><td rowspan="2">—</td><td rowspan="2">—</td><td rowspan="5">T 0605</td></tr>
<tr><td>B</td><td>30</td><td>30</td><td colspan="3">30</td><td>30</td><td>20</td><td>15</td><td>20</td><td>15</td><td>15</td><td>10</td><td>20</td><td>15</td><td>10</td></tr>
<tr><td rowspan="2">15℃延度(5cm/min)　≥</td><td rowspan="2">cm</td><td>A、B</td><td colspan="15">100</td><td rowspan="2">80</td><td rowspan="2"></td><td rowspan="2"></td><td rowspan="2"></td><td rowspan="2"></td></tr>
<tr><td>C</td><td>80</td><td>80</td><td colspan="3">60</td><td colspan="5">50</td><td colspan="5">40</td></tr>
<tr><td>25℃延度(5cm/min)　≥</td><td>cm</td><td>A</td><td colspan="15">—</td><td>—</td><td>50</td><td>40</td><td>30</td><td>20</td></tr>
<tr><td rowspan="3">蜡含量(蒸馏法)　≤</td><td rowspan="3">%</td><td>A</td><td colspan="15">2.2</td><td colspan="5" rowspan="3">2.2</td><td rowspan="3">T 0615</td></tr>
<tr><td>B</td><td colspan="15">3.0</td></tr>
<tr><td>C</td><td colspan="15">4.5</td></tr>
<tr><td>闪点　≥</td><td>℃</td><td></td><td>220</td><td colspan="15">230</td><td colspan="4">245</td><td>T 0611</td></tr>
<tr><td>溶解度</td><td>%</td><td></td><td colspan="15">99.5</td><td colspan="5">99.0</td><td>T 0607</td></tr>
<tr><td>密度(15℃)</td><td>g/cm³</td><td></td><td colspan="20">实测记录</td><td>T 0603</td></tr>
<tr><td colspan="23">TFOT(或 RTFOT)后[5]</td><td rowspan="2">T 0610 或
T 0609</td></tr>
<tr><td>质量变化　≤</td><td>%</td><td></td><td colspan="15">±0.8</td><td>±0.6</td><td>±0.5</td><td>±0.3</td><td>±0.3</td><td>±0.3</td></tr>
</table>

续表

指标		单位	等级	沥青标号										试验方法
				160 号[1]	130 号[1]	110 号	90 号	70 号	50 号[2]	35 号[3]	25 号[3]	20 号[3]	15 号[3]	
残留针入度比	≤	%	A	48	54	55	57	61	63	65	67	67	67	T 0604
			B	45	50	52	54	58						
			C	40	45	48	50	54						
残留延度(10℃)	≤	cm	A	12	12	10	8	6	—	—	—	—	—	T 0605
			B	10	10	8	6	4						
残留延度(15℃)	≤	cm	C	40	35	30	20	15	5					

* JTG/T 3640 是 JTG F40—2004《公路沥青路面施工技术规范》修定版，该版完善了石油沥青的低标号体系；完善了 50#、35#的低温延度，软化点指标；取消低标号沥青 ABC 分级；降低了 90#、110#沥青的动力黏度(10Pa・s)；降低了闪点指标要求(10~15℃)；取消 *PI* 上限；动力黏度、10℃延度调整为必检指标等。

注：① 130 号和 160 号沥青除冬严寒区可直接在轻交通公路上应用外，通常用作乳化沥青、稀释沥青、改性沥青的基质沥青。

② 50 号沥青用于表面层时，应按照表中气候分区选用。

③ 35 号及以下标号沥青生产时宜按各标号针入度和软化点中值为目标进行生产和控制。25 号、35 号沥青主要用于浇筑式沥青混凝土，也可用于中、下面层或基层 AC 混合料，或掺加添加剂后用于 HFM 混合料。20 号和 15 号沥青主要用于中、下面层或基层 HFM 混合料。

④ 针入度指数是选择性指标，必要时可作为评价指标。针入度指数仲裁试验时，应检测 5 个试验温度的针入度，相关性系数不小于 0.997。

⑤ 老化试验以 TFOT 为准，也可以 RTFOT 代替。仲裁时使用 TFOT。

46 什么是 SBS 聚合物改性沥青技术要求(JTG/T 3640*)？

指标		单位	普通掺量沥青 SBS 类(Ⅰ类)					高弹改性沥青 SBS 类(Ⅳ类)					试验方法
			Ⅰ-A	Ⅰ-B	Ⅰ-C	Ⅰ-D	Ⅰ-E	Ⅳ-A	Ⅳ-B	Ⅳ-C	Ⅳ-D	Ⅳ-E	
针入度(25℃，100g，5s)		0.1mm	>100	80~100	60~80	40~60	20~40	40~80	40~100	80~100	70~-90	60~80	T 0604
针入度指数 *PI*[1]	≥	—	-1.2	-0.8	-0.4	0	0	0	0	0	0	0	T 0604
延度(5℃，5cm/min)	≥	cm	50	40	30	20	10	30	30	60	50	40	T 0605
软化点 $T_{R\&B}$	≥	℃	50	55	60	65	85	80	75	75	80	85	T 0606

续表

指　　标	单位	普通掺量沥青 SBS 类(Ⅰ类)					高弹改性沥青 SBS 类(Ⅳ类)					试验方法
		Ⅰ-A	Ⅰ-B	Ⅰ-C	Ⅰ-D	Ⅰ-E	Ⅳ-A	Ⅳ-B	Ⅳ-C	Ⅳ-D	Ⅳ-E	
运动黏度②(135℃) ≤	Pa・s	3					—					T 0625
运动黏度②(175℃) ≤	Pa・s	—					3					T 0625
动力黏度③(60℃) ≤	Pa・s	—					50000	20000	—			T 0620
闪点 ≥	℃	230				280	230					T 0611
溶解度 ≥	%	99										T 0607
弹性恢复(25℃) ≥	%	65	70	75	85	85	95	85	80	85	90	T 0662
黏韧性(25℃) ≥	N・m	—					25	20	—			T 0624
离析④(软化点差) ≤	℃	2.5										T 0661
TFOT(或 RTFOT)后残留物⑤												T 0610
质量变化 ≤	%	±1.0										T 0610
针入度比(25℃，100g，5s) ≥	%	50	55	60	65	70	65	65	65	65	65	T 0604
延度(5℃，5cm/min) ≥	cm	30	25	20	15	—	20	20	35	30	25	T 0605
软化点差($T_{R\&B}$)⑥	℃	-5~+8										T 0606

* JTG/T 3640 是 JTG F40—2004《公路沥青路面施工技术规范》修定版、该版完善了 SBS 聚合物改性沥青技术要求，普通掺量改性沥青(Ⅰ类)增加软化点指标(5℃)；增加弹性恢复指标(10%)；增加软化点差；增加 SBS I-E 规格，用于 GA 浇注式沥青混凝土。增加了高弹改性沥青(Ⅳ类)，分为Ⅳ-A 用于 PA，Ⅳ-B 用于超薄磨耗层或应力吸收封层，Ⅳ-C~Ⅳ-E 用于高弹 SMA 沥青混合料；取消韧性指标等。

注：① 针入度指数是选择性指标，必要时可作为评价指标。针入度指数仲裁试验时，应检测 5 个试验温度的针入度，相关性系数不小于 0.997。
② 若符合安全条件的温度下易于泵送和拌和，或经证明适当提高泵送和拌和温度时能保证沥青的质量，容易施工，动力黏度可适当放宽。
③ 对于特重及以上交通，可适当提高动力黏度。
④ 现场加工改性沥青对储存稳定性指标可不作要求，但应实测。若实测软化点差不符合规定，应在使用中保持搅拌或泵送循环，确保无离析。
⑤ 老化试验以 TFOT 为准，也可以 RTFOT 代替。仲裁时使用 TFOT。
⑥ 软化点差为老化后软化点与原样软化点之差，当设计文件未作要求时应实测软化点差。

47 什么是SBR类和EVA、PE类聚合物改性沥青技术要求(JTG/T 3640*)?

指标		单位	SBR类(Ⅱ类)			EVA、PE类(Ⅲ类)				试验方法
			Ⅱ-A	Ⅱ-B	Ⅱ-C	Ⅲ-A	Ⅲ-B	Ⅲ-C	Ⅲ-D	
针入度(25℃, 100g, 5s)		0.1mm	>100	80~100	60~80	>80	60~80	40~60	30~40	T 0604
针入度指数 PI①		—	-1.0	-0.8	-0.6	-1.0	-0.8	-0.6	-0.4	T 0604
延度(5℃, 5cm/min)	≥	cm	60	50	40	—				T 0605
软化点 $T_{R\&B}$	≥	℃	45	48	50	48	52	56	60	T 0606
动力黏度(135℃)②	≤	Pa·s	3							T 0625
闪点	≥	℃	230							T 0611
溶解度	≥	%	99			—				T 0607
弹性恢复(25℃)	≥	%	—			—				T 0662
黏韧性(25℃)	≥	N·m	5			—				T 0624
离析③(软化点差)	≤	℃	—			无改性剂明显析出、凝聚				T 0661
TFOT(或RTFOT)后残留物④										T 0610
质量变化	≤	%	±1.0							T 0610
针入度比(25℃, 100g, 5s)	≥	%	50	55	60	50	55	58	60	T 0604
延度(5℃, 5cm/min)	≥	cm	30	20	10	—				T 0605
软化点差($T_{R\&B}$)⑤		℃	-5~+8							T 0606

* JTG/T 3640是JTG F40—2004《公路沥青路面施工技术规范》修定版，该版完善了SBR类和EVA、PE类聚合物改性沥青技术要求，增加了软化点差指标。

注：① 针入度指数是选择性指标，必要时可作为评价指标。针入度指数仲裁试验时，应检测5个试验温度的针入度，相关性系数不小于0.997。

② 若符合安全条件的温度下易于泵送和拌和，或经证明适当提高泵送和拌和温度时能保证沥青的质量，容易施工，表观黏度可适当放宽要求。

③ 离析指标适用于工厂生产的成品改性沥青。现场加工改性沥青对储存稳定性指标可不作要求，但应在使用过程中保持搅拌或泵送循环，确保使用中无离析。

④ 老化试验以TFOT为准，也可以RTFOT代替。仲裁时使用TFOT。

⑤ 软化点差为老化后软化点与原样软化点之差，当设计文件未作要求时应实测软化点差。

48 什么是橡胶沥青技术要求(JTG/T 3640*)?

试验项目		单位	橡胶沥青(V类)①									
			V-A	V-B	V-C	V-D	V-E	V-F	V-G	V-H	V-I	试验方法
针入度(25℃, 100g, 5s)		0.1mm	25~80	25~80	25~60	25~80	25~80	25~60	50~80	40~70	40~60	T 0604
延度(5℃, 5cm/min)②	≥	cm	20	15	10	20	18	15	10	8	5	T 0605

试验项目	单位	橡胶沥青(Ⅴ类)①									
		Ⅴ-A	Ⅴ-B	Ⅴ-C	Ⅴ-D	Ⅴ-E	Ⅴ-F	Ⅴ-G	Ⅴ-H	Ⅴ-I	试验方法
弯曲蠕变(-16℃)② ≤	MPa	200	150	150	200	150	150	200	150	150	T 0627
弯曲蠕变(-16℃)②m值 ≥		0.3	0.3	0.3	0.3	0.3	0.3	0.3	0.3	0.3	T 0627
软化点 $T_{R\&B}$ ≥	℃	55	60	65	55	60	65	50	60	65	T 0606
动力黏度④(175℃③)	Pa·s	1~3						1.5~3.0	2.5~3.5	3.0~4.5	T 0625
剪切模量(60℃)⑤ ≤	Pa	6000	8000	10000	6000	8000	10000	—	—	—	T 0628
相位角(60℃)⑤ ≥	°	65	65	65	65	65	65	—	—	—	T 0628
闪点(COC) ≥	℃	230									T 0611
弹性恢复(25℃) ≥	%	65	70	75	65	70	75	60	65	70	T 0662
离析(软化点差) ≤	℃	5	5	5	3	3	3	—	—	—	T 0661
密度(15)℃⑥	g/cm³	实测									T 0603
TFOT(或RTFOT)后⑦											T 0609(或T 0610)
质量变化 ≤	%	±0.6						—	—	—	
针入度比(25℃,100g,5s) ≥	%	60	60	65	60	60	65	—	—	—	T 0604
软化点差($T_{R\&B}$)	℃	-5~+8						—	—	—	T 0606

* JTG/T 3640是JTG F40—2004《公路沥青路面施工技术规范》修定版、该版增加了橡胶沥青(Ⅴ类)技术要求，分为9个规格产品。

注：① Ⅴ-A、Ⅴ-B和Ⅴ-C为工厂稳定型胶粉橡胶沥青；Ⅴ-D、Ⅴ-E和Ⅴ-F为工厂稳定型胶粉复合改性橡胶沥青；Ⅴ-G、Ⅴ-H和Ⅴ-I为现场加工胶粉橡胶沥青。

② 当延度不满足要求时，按T 0627弯曲蠕变试验代替延度试验，检验当-16℃时$S \leq 200$MPa、m值≥ 0.300。

③ 室内按JTG E20的T 0625旋转黏度计法检测，现场按JTG E20虎克黏度计法检测。从取样到试验结束应在20min内。

④ 若符合安全条件的温度下易于泵送和拌和，或经证明适当提高泵送和拌和温度时能保证沥青的质量，容易施工，动力黏度可适当放宽要求。

⑤ 当采用DSR试验代替60℃动力黏度试验，动态剪切试验板间隙设置为2mm。

⑥ 密度为选择性指标，必要时可作为评价指标。

⑦ 老化试验以TFOT为准，也可以RTFOT代替，仲裁时使用TFOT。

49 什么是天然沥青改性沥青技术要求(JTG/T 3640*)?

指　　标	单位	天然沥青改性沥青(Ⅵ类)					试验方法
		ⅥA-A	ⅥA-B	ⅥA-C	ⅥA-D	ⅥA-E	
气候分区	—	—	—	冬寒区	冬冷区	冬温区	—
针入度(25℃,100g,5s)	0.1mm	10~40	15~30	25~40	20~35	15~25	T 0604

续表

指标		单位	天然沥青改性沥青(Ⅵ类)					试验方法
			ⅥA-A	ⅥA-B	ⅥA-C	ⅥA-D	ⅥA-E	
延度(10℃, 5cm/min)	≥	cm	10	—	—	—	—	T 0605
延度(25℃, 5cm/min)	≥	cm	—	10	35	25	15	T 0605
软化点 $T_{R\&B}$	≥	℃	95	58	55	60	65	T 0606
表观黏度(175℃)	≤	Pa·s	3.0					T 0625
闪点(COC)	≥	℃	280		230			T 0611
溶解度(三氯乙烯)	≥	%	85~95	80~91	—			T 0607
弹性恢复(25℃)	≥	%	—	—	60	55	50	T 0662
离析(软化点差)	≤	℃	—	—	2.5			T 0661
相对密度(25°)		—	实测					T 0603
TFOT(或RTFOT)后								T 0609 (或T 0610)
质量变化	≤	%	±1.0	±1.0	±0.5	±0.5	±0.5	
针入度比(25℃, 100g, 5s)	≥	%	70	70	65	65	65	T 0604
延度(25℃, 5cm/min)	≥	cm	—	—	15	10	8	T 0605

* JTG/T 3640是JTG F40—2004《公路沥青路面施工技术规范》修定版、该版完善了天然沥青改性沥青(Ⅵ类)技术要求，增加了产品规格，增量延度、弹性恢复、离析等指标。

注：Ⅵ-A和Ⅵ-B可用于GA沥青混凝土，其中Ⅵ-A为天然沥青与聚合物改性沥青混合而成的成品沥青，Ⅵ-B为天然沥青与道路石油沥青混合而成的成品沥青。Ⅵ-C~Ⅵ-E为微粒化天然沥青改性沥青，可用于HFM沥青混凝土。

50 什么是喷洒型道路用乳化沥青技术要求(JTG/T 3640*)?

试验项目		单位	阳离子			阴离子			试验方法
			PC—1	PC—2	PC—3	PA—1	PA—2	PA—3	
破乳速度			快裂	慢裂或中裂	快裂或中裂	快裂	慢裂或中裂	快裂或中裂	T 0658
粒子电荷			阳离子(+)			阴离子(-)			T 0653
筛上残留物(0.6mm筛)	≤	%	0.1			0.1			T 0652
赛波特黏度(25℃)②		s	—	3~50	6~100	—	3~50	6~100	T 0623
恩格拉黏度(25℃)②		Pa·s	—	1~15	2~30	—	1~15	2~30	T 0622
赛波特黏度(50℃)②		s	2~400			2~400			T 0623
恩格拉黏度(50℃)②		Pa·s	6~110			6~110			T 0622

续表

试验项目		单位	阳离子			阴离子			试验方法
			PC—1	PC—2	PC—3	PA—1	PA—2	PA—3	
粒径体积分数(5μm)③ ≥		%	—	90	—	—	90	—	T 0681
渗透时间 ≤		s	—	280 (240)	—	—	280 (240)	—	T 0680
蒸发残留物	含量 ≥	%	60	45	55	60	45	55	T 0651
	溶解度 ≥	%	97.5			97.5			T 0607
	针入度(25℃)	0.1mm	40~150④	60~200	40~150④	40~150④	60~200	40~150④	T 0604
	软化点($T_{R\&B}$) ≥	cm	38④	—	38④	38④	—	38④	T 0606
	延度(15℃) ≥	cm	40			40			T 0605
与粗集料的黏附性① ≥		级	3			3			T 0654
常温储存稳定性⑤	1d ≤	%	1			1			T 0655
	5d ≤		5			5			
低温储存稳定性⑥		—	无粗颗粒、无结块			无粗颗粒、无结块			T 0656

* JTG/T 3640 是 JTG F40—2004《公路沥青路面施工技术规范》修定版，该版完善了喷洒型道路用乳化沥青技术要求，删除非离子乳化沥青；增加了残留物含量(5%~10%)；增加了黏度上限，取消了标准黏度，增加赛波特黏度；PC-1、PA-1 调整了黏度试验温度，与施工温度一致；筛上残留物含量筛孔由 1.18mm 调整为 0.6mm；调整针入度上限，降低了 50~100 等。

注：① 破乳速度、与粗集料的黏附性试验结果与所使用集料品种有关，仅评定乳化沥青质量时可不予要求；当评价乳化沥青是否满足具体工程要求时应采用实际工程集料进行试验。

② 黏度试验以赛波特黏度为准，也可以恩格拉黏度代替。仲裁时使用赛波特黏度。

③ 选择性指标，必要时可作为评价指标。

④ 炎热地区针入度宜为 40~90(0.1mm)，软化点宜为不小于 45℃。

⑤ 储存稳定性根据施工实际情况选择试验天数，通常采用 1d；当乳液生产后不能在 1d 内使用完时也可选用 5d。若 5d 的储存稳定性不满足要求，经搅拌后能够达到均匀一致并不影响正常使用，则可不要求 5d 的储存稳定性，此时要求乳化沥青储存罐应带搅拌装置，在使用之前适当搅拌。

⑥ 当乳化沥青在 4℃以上条件下储存和使用时可不做要求。

51 什么是拌和型道路用乳化沥青技术要求(JTG/T 3640*)?

试验项目	单位	阳离子		阴离子	试验方法
		BC—1	BC—2	BA—1	
破乳速度①		慢裂或中裂	慢裂或中裂	慢裂或中裂	T 0658
粒子电荷		阳离子(+)	阳离子(+)	阴离子(-)	T 0653

续表

试验项目			单位	阳离子		阴离子	试验方法
				BC—1	BC—2	BA—1	
筛上残留物(0.6mm 筛)		≤	%	0.1	0.1	0.1	T 0652
赛波特黏度(20℃)②			s	7~100	20~100	7~100	T 0623
恩格拉黏度(25℃)②			Pa·s	2~30	5~30	2~30	T 0622
蒸发残留物	含量	≥	%	55	57	55	T 0651
	溶解度	≥	%	97.5	97.5	97.5	T 0607
	针入度(25℃)		0.1mm	45~150③	45~120③	45~150③	T 0604
	软化点($T_{R\&B}$)	≥	cm	38④	42③	38③	T 0606
	延度(15℃)	≥	cm	40	40	40	T 0605
与粗集料的黏附性①		≥	级	3	3	3	T 0654
常温储存稳定性④	1d	≤	%	1	1	1	T 0655
	5d	≤	%	5	5	5	
低温储存稳定性⑤			—	无粗颗粒、无结块	无粗颗粒、无结块	无粗颗粒、无结块	T 0656

* JTG/T 3640 是 JTG F40—2004《公路沥青路面施工技术规范》修定版，该版完善了和型道路用乳化沥青技术要求，增加了产品规格，增加了残留物含量(5%~10%)；增加了黏度上限，取消了标准黏度，增加赛波特黏度；筛上残留物含量筛孔由 1.18mm 调整为 0.6mm；调整针入度上限，降低了 50~100 等。

注：① 破乳速度、与粗集料的黏附性试验结果与所使用的集料品种有关，仅评定乳化沥青质量时可不予要求；当评价乳化沥青是否满足具体工程要求时应采用实际工程集料进行试验。

② 黏度试验以赛波特黏度为准，也可以恩格拉黏度代替。仲裁时使用赛波特黏度。

③ 炎热地区针入度宜为 40~90(0.1mm)，软化点宜不小于 45℃；

④ 储存稳定性根据施工实际情况选择试验天数，通常采用 1d；当乳液生产后不能在 1d 内使用完时也可选用 5d。若 5d 的储存稳定性不满足要求，经搅拌后能够达到均匀一致并不影响正常使用，则可不要求 5d 的储存稳定性，此时要求乳化沥青储存罐应带搅拌装置，在使用之前适当搅拌。

⑤ 当乳化沥青在 4℃以上条件下储存和使用时可不作要求。

52 什么是喷洒型道路改性乳化沥青技术要求(JTG/T 3640*)？

试验项目	单位	规格						试验方法
		PCR—1	PCR—2	PCR—3	PCR—4	PCR—5	PCR—6	
破乳速度①		快裂或中裂	快裂或中裂	快裂	快裂	快裂	快裂	T 0658
粒子电荷		阳离子(+)	阳离子(+)	阳离子(+)	阳离子(+)	不要求	阳离子(+)	T 0653

续表

试验项目		单位	规格						试验方法
			PCR—1	PCR—2	PCR—3	PCR—4	PCR—5	PCR—6	
筛上残留物(0.6mm 筛)② ≤		%	0.1	0.1	0.1	0.1	0.3	0.1	T 0652
赛波特黏度(25℃)③		s	3~50	15~100	20~200	—	3~100	—	T 0623
恩格拉黏度(25℃)③		Pa·s	1~10	4~30	6~30	—	1~30	—	T 0622
赛波特黏度(50℃)③		s	—	—	—	75~400	—	20~400	T 0623
恩格拉黏度(50℃)③		Pa·s	—	—	—	20~110	—	6~110	T 0622
黏轮(60℃) ≥		%	—	—	—	—	8	—	T 0682
蒸发残留物	含量 ≥	%	50	57	63	65	50	62	T 0651
	针入度(25℃)	0.1mm	40~90	40~150④	40~150④	40~120④	5~50	40~90	T 0604
	软化点($T_{R\&B}$) ≥	cm	55④	55④	60④	60④	65	50④	T 0606
	延度(5℃) ≥	cm	30	20	20	20	—	30	T 0605
	延度(15℃) ≥	cm	—	—	—	—	30	—	T 0605
	溶解度 ≤	%	97.5	97.5	97.5	97.5	90	97.5	T 0607
	弹性恢复(25℃) ≥	%	—	60	65	65	—	—	T 0662
	$G^*/\sin\delta$(82℃) ≥	kPa	—	—	—	—	1.0	—	T 0628
与粗集料的黏附性① ≥		级	4	4	4	4	4	4	T 0654
常温储存稳定性⑤	1d ≤	%	1	1	1	1	1	1	T 0655
	5d ≤		5	5	5	5	5	5	
低温储存稳定性⑥		—	无粗颗粒、无结块			无粗颗粒、无结块			T 0656

* JTG/T 3640 是 JTG F40—2004《公路沥青路面施工技术规范》修定版，该版完善了喷洒型道路改性乳化沥青技术要求，分类应用，增加规格；增加了 SBS 改性乳化沥青类型；调整残留物含量、黏度上限、黏度试验温度；不黏轮改性乳化沥青等。

注：① 破乳速度、与集料的黏附性试验结果与所使用的集料品种有关，仅评定乳化沥青质量时可不予要求；当评价乳化沥青是否满足具体工程要求时应采用实际工程集料进行试验；

② 当不影响现场施工时，筛上残留物含量可以放宽至 0.3%；

③ 黏度试验以赛波特黏度为准，也可以恩格拉黏度代替。仲裁时使用赛波特黏度；

④ 炎热地区针入度宜为 40~90(0.1mm)，软化点值可再提高 5℃；

⑤ 储存稳定性根据施工实际情况选择试验天数，通常采用 1d；当乳液生产后不能在 1d 内使用完时也可选用 5d。若 5d 的储存稳定性不满足要求，经搅拌后能够达到均匀一致并不影响正常使用，则可不要求 5d 的储存稳定性，此时要求乳化沥青储存罐应带搅拌装置，在使用之前适当搅拌。

⑥ 当乳化沥青在 4℃以上条件下储存和使用时可不做要求。

53 什么是拌和型改性乳化沥青技术要求(JTG/T 3640*)?

试验项目			单位	技术要求		试验方法
				BCR—1	BCR—2	
破乳速度①				慢裂	慢裂	T 0685
粒子电荷				阳离子(+)	阳离子(+)	T 0653
筛上剩余量(0.6mm筛)②		≤	%	0.1	0.1	T 0652
赛波特黏度(25℃)③			s	10~100	20~100	T 0622
恩格拉黏度(25℃)③			Pa·s	3~30	5~50	T 0622
蒸发残留物	含量	≥	%	60	62	T 0651
	针入度(25℃)		0.1mm	40~90	40~150④	T 0604
	软化点	≥	℃	53	57④	T 0606
	延度(5℃)	≥	cm	30	20	T 0605
	溶解度(三氯乙烯)	≥	%	97.5	97.5	T 0607
	弹性恢复(25℃)	≥	%	—	60	T 0622
与粗集料的黏附性①		≥	级	4	4	T 0654
常温储存稳定性⑤	1d	≤	%	1	1	
	5d	≤	%	5	5	
低温储存稳定性⑥			—	无粗颗粒、无结块		T 0656

* JTG/T 3640是JTG F40—2004《公路沥青路面施工技术规范》修定版，该版完善了拌合型道路改性乳化沥青技术要求，增加了残留物含量(5~10%)；增加了黏度上限，取消了标准黏度，增加赛波特黏度；筛上残留物含量筛孔由1.18mm调整为0.6mm；调整针入度上限，降低了50~100等。

注：① 破乳速度、与集料黏附性试验结果与所使用的集料品种有关，仅评定乳化沥青质量时可不予要求；当评价乳化沥青是否满足具体工程要求时应采用实际工程集料进行试验。

② 当不影响现场施工时，筛上残留物含量可以放宽至0.3%；

③ 黏度试验以赛波特黏度为准，也可以恩格拉黏度代替。仲裁时使用赛波特黏度。

④ 炎热地区针入度宜为40~90(0.1mm)，软化点宜不小于60℃。

⑤ 储存稳定性根据施工实际情况选择试验天数，通常采用1d；当乳液生产后不能在1d内使用完时也可选用5d。若5d的储存稳定性不满足要求，经搅拌后能够达到均匀一致并不影响正常使用，则可不要求5d的储存稳定性，此时要求乳化沥青储存罐应带搅拌装置，在使用之前适当搅拌。

⑥ 当乳化沥青在4℃以上条件下储存和使用时可不做要求。

54 什么是道路用稀释沥青技术要求(JTG/T 3640*)?

项目		单位	快凝		中凝						慢凝						试验方法
			AL(R)-1	AL(R)-2	AL(M)-1	AL(M)-2	AL(M)-3	AL(M)-4	AL(M)-5	AL(M)-6	AL(S)-1	AL(S)-2	AL(S)-3	AL(S)-4	AL(S)-5	AL(S)-6	
黏度	$C_{25.5}$	S	<20		<20						<20						T 0621
	$C_{60.5}$	S		5~15		5~15	16~25	26~40	41~100	101~200		5~15	16~25	26~40	41~100	101~200	T 0621
蒸馏体积	225℃前	%	>20	>15	<10	<7	<3	<2	0	0							T 0632
	315℃前	%	>35	>30	<35	<25	<17	<14	<8	<5							T 0632
	360℃前	%	>45	>35	<50	<35	<30	<25	<20	<15	<40	<35	<25	<20	<15	<5	T 0632
蒸馏后残留物	针入度(25℃,100g,5s)	0.1mm	60~200	60~200	100~300	100~300	100~300	100~300	100~300								T 0604
	延度(25℃,5cm/min)	cm	>60	>60	>60	>60	>60	>60	>60								T 0605
	漂浮度(50℃)	S									<20	>20	>30	>40	>45	>50	T 0631
闪点		℃	>30	>30	>65	>65	>65	>65	>65	>65	>70	>70	>100	>100	>120	>120	T 0633 或 T 0611
含水率		%	≤0.2	≤0.2	≤0.2	≤0.2	≤0.2	≤0.2	≤0.2	≤0.2	≤0.2	≤0.2	≤0.2	≤0.2	≤0.2	≤0.2	T 0621

* JTG/T 3640 是 JTG F40—2004《公路沥青路面施工技术规范》修定版，该版完善了道路用稀释沥青技术要求。将含水量指标改为含水率指标，指标要求也有变化。

55 什么是基于 DSR 的沥青路用性能标准(JTG/T 3640*)?

<table>
<tr><td rowspan="2">沥青路用性能等级</td><td colspan="2">PG46</td><td colspan="6">PG52</td><td colspan="5">PG58</td><td colspan="6">PG64</td><td colspan="6">PG70</td><td colspan="5">PG76</td><td colspan="4">PG82</td><td rowspan="2">试验方法</td></tr>
<tr><td>34</td><td>40</td><td>10</td><td>16</td><td>22</td><td>28</td><td>34</td><td>40</td><td>16</td><td>22</td><td>28</td><td>34</td><td>40</td><td>10</td><td>16</td><td>22</td><td>28</td><td>34</td><td>40</td><td>10</td><td>16</td><td>22</td><td>28</td><td>34</td><td>40</td><td>10</td><td>16</td><td>22</td><td>28</td><td>34</td><td>10</td><td>16</td><td>22</td><td>28</td></tr>
<tr><td>路面最高设计温度/℃[1]</td><td colspan="2">46</td><td colspan="6">52</td><td colspan="5">58</td><td colspan="6">64</td><td colspan="6">70</td><td colspan="5">76</td><td colspan="4">82</td><td rowspan="2">附录</td></tr>
<tr><td>路面最低设计温度/℃[1]</td><td>-34</td><td>-40</td><td>-10</td><td>-16</td><td>-22</td><td>-28</td><td>-34</td><td>-40</td><td>-16</td><td>-22</td><td>-28</td><td>-34</td><td>-40</td><td>-10</td><td>-16</td><td>-22</td><td>-28</td><td>-34</td><td>-40</td><td>-10</td><td>-16</td><td>-22</td><td>-28</td><td>-34</td><td>-40</td><td>-10</td><td>-16</td><td>-22</td><td>-28</td><td>-34</td><td>-10</td><td>-16</td><td>-22</td><td>-28</td></tr>
<tr><td colspan="35">原样沥青</td></tr>
<tr><td>闪点/min,℃</td><td colspan="33">230[2]</td><td>T 0611</td></tr>
<tr><td>溶解度
(三氯乙烯)[3]/min,%</td><td colspan="33">99.5</td><td>T 0607</td></tr>
<tr><td>表观黏度[4]:
≤3Pa·s,温度/℃</td><td colspan="33">135</td><td>T 0625</td></tr>
<tr><td>离析(软化点差)[5],max/℃</td><td colspan="33">2.5</td><td>T 0661</td></tr>
<tr><td>DSR[6,7]:$G*/\sin\delta$=
1.0~3.0kPa,
温度@10rad/s/℃</td><td colspan="2">46</td><td colspan="6">52</td><td colspan="5">58</td><td colspan="6">64</td><td colspan="6">70</td><td colspan="5">76</td><td colspan="4">82</td><td>T 0628</td></tr>
<tr><td colspan="35">RTFOT,T 0610 残留沥青[8]</td></tr>
<tr><td>质量变化/max %</td><td colspan="2"></td><td colspan="31">±1.00[9]</td><td>T 0609
或 T 0610</td></tr>
<tr><td>DSR[6]:$G*/\sin\delta$=
2.2~6.0kPa,
温度@10rad/s/℃</td><td colspan="2">46</td><td colspan="6">52</td><td colspan="5">58</td><td colspan="6">64</td><td colspan="6">70</td><td colspan="5">76</td><td colspan="4">82</td><td>T 0628</td></tr>
<tr><td>弹性恢复[9]:≥65%[10],
温度/℃</td><td colspan="33">25</td><td>T 0662</td></tr>
</table>

续表

沥青路用性能等级	PG46		PG52						PG58					PG64						PG70						PG76					PG82				试验方法
	34	40	10	16	22	28	34	40	16	22	28	34	40	10	16	22	28	34	40	10	16	22	28	34	40	10	16	22	28	34	10	16	22	28	
PAV，T 0630 残留沥青																																			
PAV 老化温度[8][11]/℃	90		90						100					100						100						110					110				
DSR[6]：$G^{*}\sin\delta \leq 5000$kPa，温度@10rad/s/℃	10	7	25	22	19	16	13	10	25	22	19	16	13	31	28	25	22	19	16	34	31	28	25	22	19	37	34	31	28	25	40	37	34	31	T 0628
BBR：S≤300MPa；m 值≥0.300，温度@60s/℃	-24	-30	0	-6	-12	-18	-24	-30	-6	-12	-18	-24	-30	0	-6	-12	-18	-24	-30	0	-6	-12	-18	-24	-30	0	-6	-12	-18	-24	0	-6	-12	-18	T 0627

* JTG/T 3640 是 JTG F40—2004《公路沥青路面施工技术规范》修定版，该版完善了基于 DSR 的沥青路用性能标准。增加了溶解度指标、离析指标、弹性恢复指标等。

注：① 沥青路面最高设计温度、最低设计温度按附录 B4.1、附录 B4.3 确定。沥青路用性能等级按 PG+最高设计温度+最低设计温度表示，如 PG 64-22。

② 对于 PG 46 道路石油沥青闪点要求不小于 220℃。

③ 表中值适合于道路石油沥青，应根据具体沥青品种和规格细化指标。对于聚合物改性沥青，溶解度要求不小于 99%；对于橡胶沥青根据品种进行溶解度指标要求。

④ 对于聚合物改性沥青，若符合安全条件的温度下易于泵送和拌和，或经证明适当提高泵送和拌和温度时能保证沥青的质量，容易施工，表观黏度可适当放宽。

⑤ 表中值适合于 SBS 聚合物改性沥青。对于 EVA、PE 类聚合物改性沥青，要求无改性剂明显析出、凝聚；对于橡胶沥青宜根据其品种和规格进行细化。

⑥ $G^{*}/\sin\delta$ 为沥青结合料高温劲度，$G^{*}\sin\delta$ 为沥青结合料中温劲度。对于橡胶沥青等含微小颗粒的沥青，所有 DSR 试验均采用 2mm 板间隙。

⑦ 对于聚合物改性、高弹沥青和各种橡胶沥青，相位角宜不大于 75°。

⑧ 短期老化试验以 TFOT 为准，也可以 RTFOT 代替，仲裁时使用 RTFOT。

⑨ 质量变化，正变化为质量增加，负变化为质量损失。宜根据具体沥青品种和规格细化指标。

⑩ 弹性恢复仅适合于 SBS 聚合物改性沥青和橡胶沥青，表中值适合于 SBS 类（Ⅰ类）改性沥青，高弹改性沥青（Ⅴ类）应不小于 75%；橡胶沥青（Ⅴ类）不小于 60%。

⑪ PAV 老化温度应根据沥青路面最高设计温度从 90℃、100℃、110℃ 中选择一个温度。当某一工程上选择较实际工程相应条件高一级高温性能等级的沥青时，经许可后可按实际工程高温性能等级条件确定 PAV 温度值，但应该在报告中予以说明。例如某一工程按附录 B4.1、附录 B4.2 确定的沥青性能等级为 PG 64-22，当采用 PG 76-22 沥青时，则此 PG 76-22 的 PAV 温度可选择 110℃，也可经许可后按实际工程高温条件选择 100℃（即 PG 64-22 相应 PAV 温度条件）。

56 什么是基于MSCR的沥青路用性能标准(JTG/T 3640*)?

沥青路用性能等级	PG46		PG52						PG58					PG64					PG70				PG76				试验方法
	34	40	10	16	22	28	34	40	16	22	28	34	40	10	16	22	28	34	10	16	22	28	10	16	22	28	
路面最高设计温度/℃①	46		52						58					64					70				76				附录
路面最低设计温度/℃①	-34	-40	-10	-16	-22	-28	-34	-40	-16	-22	-28	-34	-40	-10	-16	-22	-28	-34	-10	-16	-22	-28	-10	-16	-22	-28	
原样沥青																											
闪点/(min,℃)	230②																										T 0611
溶解度(三氯乙烯)③/(min,%)	99.5																										T 0607
表观黏度④:≤3Pa·s,温度/℃	135																										T 0625
离析(软化点差)⑤/(max,℃)	2.5																										T 0661
DSR⑥,⑦:$G^*/\sin\delta$=1.0~3.0kPa,温度@10rad/s/℃	46		52						58					64					70				76				T 0628
RTFOT,T 0610残留沥青⑧																											
质量变化/(max %)			±1.00⑨																								T 0609或T0610
MSCR⑦,⑨,$J^{nr3.2}$:S:≤4.5kPa;≤2.0kPa;V:≤1.0kPa;E:≤0.5kPa,温度/℃	46		52						58					64					70				76				T 0670
MSCR⑦,⑨,⑩,恢复率@3.2kPa:H:≥30%;V:≥55%;E:≥75%,温度/℃	46		52						58					64					70				76				T 0670

续表

沥青路用性能等级	PG46		PG52						PG58					PG64					PG70				PG76				试验方法
	34	40	10	16	22	28	34	40	16	22	28	34	40	10	16	22	28	34	10	16	22	28	10	16	22	28	
PAV，T 0630 残留沥青																											
PAV 老化温度[11]/℃	90		90						100					100					100				110				
DSR[6,9]，S：$G^*\sin\delta\leqslant$5000kPa；H、V、E：$7^*\sin\delta\leqslant$6000kPa，温度@ 10rad/s/℃	10	7	25	22	19	16	13	10	25	22	19	16	13	31	28	25	22	19	34	31	28	25	37	34	31	28	T 0628
BBR：$S\leqslant$300MPa；m 值≥0. 300，温度 @ 60s/℃	-24	-30	0	-6	-12	-18	-24	-30	-6	-12	-18	-24	-30	0	-6	-12	-18	-24	0	-6	-12	-18	0	-6	-12	-18	T 0627

*JTG/T 3640 是 JTG F40—2004《公路沥青路面施工技术规范》修订版，该版增加了基于 MSCR 的沥青路用性能标准。

注：① 沥青路面最高设计温度、最低设计温度按附录 B4. 2、附录 B4. 3 确定。沥青路用性能等级按 PG+最高设计温度+交通荷载水平+最低设计温度表示，如 PG 64S-22。

② 对于 PG 46 道路石油沥青闪点要求不小于 220℃。

③ 表中值适合于道路石油沥青，宜根据具体沥青品种和规格细化指标。对于聚合物改性沥青，溶解度要求不小于 99%；对于橡胶沥青根据品种进行溶解度指标要求。

④ 对于聚合物改性沥青，若符合安全条件的温度下易于泵送和拌和，或经证明适当提高泵送和拌和温度时能保证沥青的质量，容易施工，表观黏度可适当放宽。

⑤ 表中值适合于 SBS 聚合物改性沥青。对于 EVA、PE 类聚合物改性沥青，要求无改性剂明细析出、凝聚；对于橡胶沥青宜根据其品种和规格进行细化。

⑥ $G^*/\sin\delta$ 为沥青结合料高温劲度，$G^*\sin\delta$ 为沥青结合料中温劲度。对于橡胶沥青等含有微小颗粒的沥青，DSR 试验均采用 2mm 板间隙。

⑦ 短期老化试验以 TFOT 为准，也可以 RTFOT 代替，仲裁时使用 RTFOT。

⑧ 质量变化，正变化为质量增加，负变化为质量损失。宜根据具体沥青品种和规格细化指标。

⑨ S、H、V、E 为交通荷载水平，根据设计年限 15 年内的 BZZ—100 累计标准轴次和路段情况进行划分；当公路设计年限大于或小于 15 年时，仍然按 15 年设计年限计算累计标准轴次。S 为 ESALs≤400 万次；H 为 ESALs≤1200 万次，或 ESALs≤400 万次时的长大纵坡路段、收费站、小半处；V 为 ESALs≥1200 万次，或 ESALs≤1200 万次时的长大纵坡路段、收费站处或半径小于 50m 匝道；E 为 ESALs≥2500 万次，或 ESALs≥1200 万次时的长大纵坡路段、收费站处或半径小于 50m 匝道。

⑩ 仅评价 SBS 聚合物改性沥青和橡胶沥青。

⑪ PAV 老化温度从 90℃、100℃、110℃中选择一个温度。当某一工程上选择较实际工程相应条件高一级高温性能等级的沥青时，经许可后可按实际工程高温性能等级条件确定 PAV 温度值，但应该在报告中予以说明。例如某一工程按附录 B4. 2、附录 B4. 3 确定的沥青性能等级为 PG 64S-22，当采用 PG 70H-22 沥青时，则此 PG 70H-22 的 PAV 温度可选择 110℃，也可经许可后按实际工程高温条件选择 100℃（即 PG 64S-22 相应 PAV 温度条件）。

57 什么是防水防潮石油沥青标准[SH/T 0002—1990(1998)]?

项　　目		质量指标				试验方法
牌　　号		3号	4号	5号	6号	
软化点/℃	≥	85	90	100	95	GB/T4507
针入度(25℃)/(0.1mm)		25~45	20~40	20~40	30~50	GB/T4509
针入度指数 *PI*	≥	3	4	5	6	附录A
蒸发损失(163,5h)/%	≤	1				GB/T 11946
闪点(开口)/℃	≥	250	270			GB/T 267
溶解度/%	≥	98	98	95	92	GB/T 11148
脆点/℃	≤	-5	-10	-15	-20	GB/T 4510
垂度/mm	≤	—	—	8	10	SH/T 0424
加热安定性/℃	≤	5				附录B

58 什么是管道防腐沥青标准[SH/T 0098—1991(2005)]?

项　　目		质量指标		试验方法
		1号	2号	
软化点/℃		95~110	125~140	GB/T 4507
延度(25℃)/cm	≥	2	1	GB/T 4508
针入度(25℃)/(0.1mm)	≥	15	5	GB/T 4509
溶解度/%	≥	99.0	99.0	GB/T 11148
闪点(开口)/℃	≥	230	230	GB/T 267
黏附率/% 20℃ 0℃		 实测 实测	 实测 实测	附录A
脆点/℃	≤	-3	0	GB/T 4510
蒸发损失(163℃,5h)/%	≤	1	1	GB/T 11964
蒸发后针入度比/%	≥	60	60	—
蜡含量(裂解法)/%	≤	—	5.5	SH/T 0425

59 什么是绝缘沥青规格要求[SH/T 0419—1994(2005)]?

项　　目		质量指标						试验方法
		70号	90号	110号	130号	140号	150号	
软化点/℃		65~75	85~95	105~115	125~135	135~145	145~155	GB/T 4507
针入度(25℃)/(0.1mm)		>35	>30	>25	15~25	10~20	5~15	GB/T 4509
溶解度/%	≥	99						GB/T 11148

续表

项目		质量指标						试验方法
		70号	90号	110号	130号	140号	150号	
闪点(开口)/℃	≥	240			260			GB/T 267
冻裂点/℃	≤	-40	-30	20	—			SH/T 0600
绝缘电压(60℃, 2.5mm, 球电极)/kV	≥	35			20			附录A
收缩率(150℃冷至20℃)/%	≤	8						附录B
黏附率(20℃)/%	≥	95			—			SH/T 001 附录B

60 什么是电池封口剂标准[SH/T 0421—1992(2005)]?

项目		质量指标				试验方法
		20号	30号	35号	40号	
软化点(环球法)/℃		90~110				GB/T 4507
针入度(25℃)/(0.1mm)	≥	40	50	60	70	GB/T 4509
耐寒性(器皿法)/℃	≤	-20	-30	-35	-40	附录A
耐热性/℃	≥	65				附录B
黏附率/%	≥	95				SH/T 0423
闪点(开口杯法)/℃	≥	220				GB/T 267
耐冲击性(0±2℃)		合格				附录C
耐酸性		合格				附录D

61 什么是美国道路沥青胶结料针入度分级规范ASTM D946/946M-15的技术要求(一)?

指标		针入度等级				
		40~50	60~70	85~100	120~150	200~300
针入度(25℃, 100g, 5s)/(0.1mm)		40~50	60~70	85~100	120~150	200~300
闪点(克利夫兰开口杯)/℃	≥	230	230	230	220	175
延度(25℃, 5cm/min)/cm	≥	100	100	100	100	100①
溶解度②/%	≥	99.0	99.0	99.0	99.0	99.0
薄膜烘箱试验(163℃, 5h)						
残留针入度比/%	≥	55	52	47	42	37
残留延度(25℃, 5cm/min)/cm	≥	—	50	75	100	100①

注:① 当25℃达不到100cm时, 若15℃延度不小于100cm, 也认为是合格的。

② 试验方法采用D2042或D7553。

62 什么是美国道路沥青胶结料针入度分级规范 ASTM D946/946M-15 的技术要求(二)?

指　　标		针入度等级				
		40~50	60~70	85~100	120~150	200~300
针入度(25℃, 100g, 5s)/(0.1mm)		40~50	60~70	85~100	120~150	200~300
软化点/℃	≥	49	46	42	38	32
闪点(克利夫兰开口杯)/℃	≥	230	230	230	220	175
延度(25℃, 5cm/min)/cm	≥	100	100	100	100	100①
溶解度②/%	≥	99.0	99.0	99.0	99.0	99.0
薄膜烘箱试验(163℃, 5h)						
残留针入度比/%	≥	55	52	47	42	37
残留延度(25℃, 5cm/min)/cm	≥	—	50	75	100	100①

注: ① 当25℃达不到100cm时, 若15℃延度不小于100cm, 也认为是合格的。

② 试验方法采用D2042或D7553。

63 什么是美国道路石油沥青黏度分级规范 AASHTO M226-80(2017)技术要求(一)?

指　　标		黏度级别				
		AC-2.5	AC-5	AC-10	AC-20	AC-40
黏度(60℃)/(Pa·s)		25±5	50±10	100±20	200±40	400±80
黏度(135℃)/(mm^2/s)	≥	80	100	150	210	300
针入度(25℃, 100g, 5s)/(0.1mm)	≥	200	120	70	40	20
闪点(开口)/℃	≥	163	177	219	232	232
溶解度(三氯乙烯)/%(质)	≥	99.0	99.0	99.0	99.0	99.0
薄膜烘箱试验残留物						
黏度(60℃)/(Pa·s)	≤	100	200	400	800	1600
延度(25℃, 5cm/min)/cm	≥	100①	100	50	20	10
溶剂点滴试验(指定要求时)②						
标准石脑油溶剂		(-)				
石脑油-二甲苯溶剂, 二甲苯百分数		(-)				
庚烷-二甲苯溶剂, 二甲苯百分数		(-)				

注: ① 当25℃达不到100cm时, 若延度(15.6℃)不小于100cm, 也认为是合格的。

② 溶剂点滴试验为可选项。进行该试验时, 工程师应指定采用的溶剂是标准石脑油溶剂、石脑油-二甲苯溶剂或庚烷-二甲苯溶剂, 才能符合本试验的要求。若采用二甲苯类溶剂, 要明确使用的二甲苯百分数。

64 什么是美国道路石油沥青黏度分级规范 AASHTO M226-80(2017)技术要求(二)?

指标		黏度级别					
		AC-2.5	AC-5	AC-10	AC-20	AC-30	AC-40
黏度(60℃)/(Pa·s)		25±5	50±10	100±20	200±40	300±60	400±80
黏度(135℃)/(mm^2/s)	≥	125	175	250	300	350	400
针入度(25℃，100g，5s)/(0.1mm)	≥	200	140	80	60	50	40
闪点(开口)/℃	≥	163	177	219	232	232	232
溶解度(三氯乙烯)/%(质)	≥	99.0	99.0	99.0	99.0	99.0	99.0
薄膜烘箱试验残留物							
加热损失①/%	≤	—	1.0	0.5	0.5	0.5	0.5
黏度(60℃)/(Pa·s)	≤	100	200	400	800	1200	1600
延度(25℃，5cm/min)/cm	≥	100②	100	75	50	40	25
溶剂点滴试验(指定要求时)③							
标准石脑油溶剂		(-)					
石脑油-二甲苯溶剂，二甲苯百分数		(-)					
庚烷-二甲苯溶剂，二甲苯百分数		(-)					

注：① 加热损失的要求是可选择项。

② 当25℃达不到100cm时，若延度(15.6℃)不小于100cm，也认为是合格的。

③ 溶剂点滴试验为可选项。进行该试验时，工程师应指定采用的溶剂是标准石脑油溶剂、石脑油-二甲苯溶剂或庚烷-二甲苯溶剂，才能符合本试验的要求。若采用二甲苯类溶剂，要明确使用的二甲苯百分比。

65 什么是美国道路石油沥青黏度分级规范 AASHTO M226-80(2017)技术要求(三)?

AASHTO T240①残留物试验		黏度级别				
		AC-10	AC-20	AC-40	AC-80	AC-160
黏度(60℃)/(Pa·s)		100±25	200±50	400±100	800±200	1600±400
黏度(135℃)/(mm^2/s)	≥	140	200	275	400	550
针入度(25℃，100g，5s)/(0.1mm)	≥	65	40	25	20	20
针入度比(25℃)/%	≥	—	40	45	50	52
延度(25℃，5cm/min)/cm	≥	100②	100	75	75	75
原样沥青试验						
闪点(COC)/℃	≥	205	219	227	232	238
溶解度(三氯乙烯)/%(质)	≥	99.0	99.0	99.0	99.0	99.0

注：① 可以采用 AASHTO T179，但以 AASHTO T240(RTFOT)为准。

② 当25℃达不到100cm时，若延度(15.6℃)不小于100cm，也认为是合格的。

66 什么是美国各州的微表处改性乳化沥青标准？

项目		加州	得克萨斯	阿拉巴马	弗吉尼亚	俄克拉何马
50℃赛波特黏度/s		15~90	20~100	20~100	20~100	20~100
1d 储存稳定性/%		1(max)	0~1	<0.1	—	1
5d 储存稳定性/%		5(max)	—	—	—	—
电荷		+	+	—	—	—
筛上剩余量/%		0.3(max)	0~0.1	0.01(min)	—	0.1(min)
蒸馏方法		138℃/5h	—	—	—	204℃/15min
蒸发残留物含量/%		>62	>62	>60	>62	>62
蒸发残留物性质	针入度(25℃)/(0.1mm)	40~90	55~90	60~110	40~90	40~90
	软化点/℃	>57	>57	—	>60	>57
	溶解度/%	—	>97	>97.5	>97.5	>97
	25℃延度/cm	—	>70	>40	>40	>70
	60℃动力黏度/(Pa·s)	—	—	—	—	>800

67 什么是阳离子乳化沥青技术要求(ASMT D2397)？

项目		快凝型		中凝型		慢凝型		特快凝型
		CRS-1	CRS-2	CMS-2	CMS-2h	CSS-1	CSS-1h	CQS-1h
赛波特黏度(25℃)/s						200~100	200~100	200~100
赛波特黏度(50℃)/s		20~100	100~400	50~450	50~450			
储存稳定性试验(24h)/%		1	1	1	1	1	1	
破乳能力(35mL, 0.8%二辛基硫代二钠盐)/%		40	40					
覆膜能力和抗水性	干集料			优	优			
	喷散后			较好	较好			
	湿集料			较好	较好			
	喷散后			较好	较好			
筛上剩余物/%		0.1	0.1	0.1	0.1	0.1	0.1	0.1
水泥混合试验/%						0.2	0.2	N/A
溜出油(体积)/%		3	3	12	12			
蒸馏残留物含量/%		60	65	65	65	57	57	57
针入度(25℃, 100s, 5s)(0.1mm)		100~250	100~250	100~250	40~90	100~50	40~90	40~90
延度((25℃, 5cm/min)/cm		40	40	40	40	40	40	40
溶剂度(三氯乙烯)/%		97.5	97.5	97.5	97.5	97.5	97.5	97.5

68 什么是美国沥青胶结料性能分级规范 AASHTO M320-17 的产品分级及技术要求(一)?

性能等级	PG46			PG52							PG58					PG64						PG70						PG76					PG82				
	34	40	46	10	16	22	28	34	40	46	16	22	28	34	40	10	16	22	28	34	40	10	16	22	28	34	40	10	16	22	28	34	10	16	22	28	34
平均 7d 最高路面设计温度[①]/℃	<46			<52							<58					<64						<70						<76					<82				
最低路面设计温度[①]/℃	>-34	>-40	>-46	>-10	>-16	>-22	>-28	>-34	>-40	>-46	>-16	>-22	>-28	>-34	>-40	>-10	>-16	>-22	>-28	>-34	>-40	>-10	>-16	>-22	>-28	>-34	>-40	>-10	>-16	>-22	>-28	>-34	>-10	>-16	>-22	>-28	>-34
胶结料原样																																					
闪点，T48：min/℃	230																																				
黏度，T316[②]：max3 Pa·s，试验温度/℃	135																																				
动态剪切，T315[③]：$G^*/\sin\delta$[④]，min 1.0kPa，试验温度@10rad/s/℃	46			52							58					64						70						76					82				
RTFO 残留物(T240)																																					
质量变化[⑤]/max %	1.00																																				
动态剪切，T315：$G^*/\sin\delta$[④]，min 2.2kPa，试验温度@10rad/s/℃	46			52							58					64						70						76					82				
压力老化试验(PAV)残留物(R28)																																					
PAV 老化温度/℃[⑥]	90(100，110)			90(100，110)							100(110)					100(110)						100(110)						110(100)					110(100)				

续表

性能等级	PG46			PG52							PG58					PG64						PG70						PG76					PG82				
	34	40	46	10	16	22	28	34	40	46	16	22	28	34	40	10	16	22	28	34	40	10	16	22	28	34	40	10	16	22	28	34	10	16	22	28	34
动态剪切，T315： $G^* \cdot \sin\delta$[④]，max5000kPa， 试验温度@ 10rad/s/℃	10	7	4	25	22	19	16	13	10	7	25	22	19	16	13	31	28	25	22	19	16	34	31	28	25	22	19	37	34	31	28	25	40	37	34	31	28
蠕变劲度，T313[⑦]： S，max 300MPa m 值，min 0. 300 试验温度@ 60s/℃	-24	-30	-36	0	-6	-12	-18	-24	-30	-36	-6	-12	-18	-24	-30	0	-6	-12	-18	-24	-30	0	-6	-12	-18	-24	-30	0	-6	-12	-18	-24	0	-6	-12	-18	-24
直接拉伸，T314[⑦]： 破坏应变，min 1. 0%， 试验温度@ 1. 0mm/min/℃	-24	-30	-36	0	-6	-12	-18	-24	-30	-36	-6	-12	-18	-24	-30	0	-6	-12	-18	-24	-30	0	-6	-12	-18	-24	-30	0	-6	-12	-18	-24	0	-6	-12	-18	-24

注：① 路面温度可以利用 LTPP Bind 软件估算，也可由业主规定，或者根据 M323 Superpave（高性能沥青路面）混合料规范和 R35 Superpave 混合料设计方法计算。

② 这一要求可以由业主决定取消，前提是供应商保证在满足所有安全应用标准的温度条件下沥青结合料都能很好地泵送或拌和。

③ 对于非改性沥青胶结料的生产质量控制，胶结料原样的黏度测定可以采用动态剪切测量 $G^*/\sin\delta$ 进行补充，前提是试验温度条件下沥青是牛顿流体。

④ $G^*/\sin\delta$＝高温劲度，$G^* \cdot \sin\delta$＝中温劲度。

⑤ 无论是正质量变化（质量增加）还是负质量变化（质量减少），质量变化都应小于 1%。

⑥ PAV 老化温度基于预期的气候条件，是 90℃、100℃、110℃三个温度之一，90℃适用于要求 PG52-××及以下等级的气候地区，100℃适用于要求 PG58-××~PG70-××的气候地区，而 110℃适用于要求 PG76-××及以上的气候地区。通常 PAV 的老化温度基于 PG 等级的确定。然而，当胶结料因等级跳跃或需要为了更软胶结料而调和时，应用于一个不同气候地区时，要求 PG58-××~PG70-××的气候，PAV 的老化温度可以确定为 100℃。而 110℃适用于要求 PG76-××及以上的气候地区。

⑦ 如果蠕变劲度低于 300MPa，不要求进行直接拉伸试验；如果蠕变经度 300~600MPa，可以用直接拉伸破坏应变的要求代替蠕变劲度的要求。在前述两种情况下，m 值都必须满足本要求。

69 什么是美国沥青胶结料性能分级规范 AASHTO M320-17 的产品分级及技术要求(二)?

<table>
<tr><td rowspan="2">性能等级</td><td colspan="3">PG46</td><td colspan="7">PG52</td><td colspan="5">PG58</td><td colspan="6">PG64</td><td colspan="6">PG70</td><td colspan="5">PG76</td><td colspan="5">PG82</td></tr>
<tr><td>34</td><td>40</td><td>46</td><td>10</td><td>16</td><td>22</td><td>28</td><td>34</td><td>40</td><td>46</td><td>16</td><td>22</td><td>28</td><td>34</td><td>40</td><td>10</td><td>16</td><td>22</td><td>28</td><td>34</td><td>40</td><td>10</td><td>16</td><td>22</td><td>28</td><td>34</td><td>40</td><td>10</td><td>16</td><td>22</td><td>28</td><td>34</td><td>-10</td><td>16</td><td>22</td><td>28</td><td>34</td></tr>
<tr><td>平均 7d 最高路面设计温度①/℃</td><td colspan="3"><46</td><td colspan="7"><52</td><td colspan="5"><58</td><td colspan="6"><64</td><td colspan="6"><70</td><td colspan="5"><76</td><td colspan="5"><82</td></tr>
<tr><td>最低路面设计温度①/℃</td><td>>-34</td><td>>-40</td><td>>-46</td><td>>-10</td><td>>-16</td><td>>-22</td><td>>-28</td><td>>-34</td><td>>-40</td><td>>-46</td><td>>-16</td><td>>-22</td><td>>-28</td><td>>-34</td><td>>-40</td><td>>-10</td><td>>-16</td><td>>-22</td><td>>-28</td><td>>-34</td><td>>-40</td><td>>-10</td><td>>-16</td><td>>-22</td><td>>-28</td><td>>-34</td><td>>-40</td><td>>-10</td><td>>-16</td><td>>-22</td><td>>-28</td><td>>-34</td><td>>-10</td><td>>-16</td><td>>-22</td><td>>-28</td><td>>-34</td></tr>
<tr><td colspan="38">原胶结料样</td></tr>
<tr><td>闪点，T48：min/℃</td><td colspan="37">230</td></tr>
<tr><td>黏度，T316②：max3Pa・s，试验温度/℃</td><td colspan="37">135</td></tr>
<tr><td>动态剪切，T315③：$G^*/\sin\delta$④，min1.0kPa，试验温度@10rad/s/℃</td><td colspan="3">46</td><td colspan="7">52</td><td colspan="5">58</td><td colspan="6">64</td><td colspan="6">70</td><td colspan="5">76</td><td colspan="5">82</td></tr>
<tr><td colspan="38">RTFO 残留物(T240)</td></tr>
<tr><td>质量变化⑤/max %</td><td colspan="37">1.00</td></tr>
<tr><td>动态剪切，T315：$G^*/\sin\delta$④，min2.2kPa，试验温度@10rad/s/℃</td><td colspan="3">46</td><td colspan="7">52</td><td colspan="5">58</td><td colspan="6">64</td><td colspan="6">70</td><td colspan="5">76</td><td colspan="5">82</td></tr>
<tr><td colspan="38">PAV 残留物(R28)</td></tr>
<tr><td>PAV 老化温度/℃⑥</td><td colspan="3">90(100，110)</td><td colspan="7">90(100，110)</td><td colspan="5">100(110)</td><td colspan="6">100(110)</td><td colspan="6">100(110)</td><td colspan="5">110(100)</td><td colspan="5">110(100)</td></tr>
</table>

续表

性能等级	PG46			PG52							PG58				
	34	40	46	10	16	22	28	34	40	46	16	22	28	34	40
动态剪切，T315： $G^* \cdot \sin\delta$④， max5000kPa， 试验温度@ 10rad/s/℃	10	7	4	25	22	19	16	13	10	7	25	22	19	16	13
低温临界开裂温度， R49⑦： 按照 R49 确定 Tcr 试验温度/℃	-24	-30	-36	0	-6	-12	-18	-24	-30	-36	-6	-12	-18	-24	-30

性能等级	PG64						PG70						PG76					PG82				
	10	16	22	28	34	40	10	16	22	28	34	40	10	16	22	28	34	-10	16	22	28	34
动态剪切，T315： $G^* \cdot \sin\delta$④， max5000kPa， 试验温度@ 10rad/s/℃	31	28	25	22	19	16	34	31	28	25	22	19	37	34	31	28	25	40	37	34	31	28
低温临界开裂温度， R49⑦： 按照 R49 确定 Tcr 试验温度/℃	0	-6	-12	-18	-24	-30	0	-6	-12	-18	-24	-30	0	-6	-12	-18	-24	0	-6	-12	-18	-24

注：① 路面温度可以利用 LTPP Bind 软件估算，也可由业主规定，或者根据 M323 Superpave（高性能沥青路面）混合料规范和 R35 Superpave 混合料设计方法计算。

② 这一要求可以由业主决定取消，前提是供应商保证在满足所有安全应用标准的温度条件下沥青结合料都能很好地泵送或拌和。

③ 对于非改性沥青胶结料的生产质量控制，胶结料原样的黏度测定可以采用动态剪切测量 $G^*/\sin\delta$ 进行补充，前提是试验温度条件下沥青是牛顿流体。

④ $G^*/\sin\delta$=高温劲度，$G^* \cdot \sin\delta$=中温劲度。

⑤ 无论是正质量变化(质量增加)还是负质量变化(质量减少)，质量变化都应小于 1%。

⑥ PAV 老化温度基于预期的气候条件，是 90℃、100℃、110℃三个温度之一，90℃适用于要求 PG52-××及以下等级的气候地区，100℃适用于要求 PG58-××~PG70-××的气候地区，而 110℃适用于要求 PG76-××及以上的气候地区。通常 PAV 的老化温度基于 PG 等级的确定。然而，当胶结料因等级跳跃或需要为了更软胶结料而调和时，应用于一个不同气候地区时，要求 PG58-××~PG70-××的气候，PAV 的老化温度可以确定为 100℃。而 110℃适用于要求 PG76-××及以上的气候地区。

⑦ 对于性能等级试验，至少要在试验温度和试验温度降低 6℃进行 T313 弯曲梁试验，而 T314 直接拉伸只需要在试验温度下进行测试。如果 300MPa 不在两个试验温度之间，增加一个附加温度的 T313 试验可能是必要的。比较 T314 的破坏应力和按照 R49 计算的温度应力，如果破坏应力超过温度应力，则认为沥青胶结料“通过”规范温度要求。

70 什么是美国采用多应力蠕变恢复(MSCR)试验的沥青胶结料性能分级规范aAASHTO M332-18的产品分级及技术要求(三)?

<table>
<tr><td rowspan="2">性能等级</td><td colspan="3">PG46</td><td colspan="7">PG52</td><td colspan="5">PG58</td><td colspan="6">PG64</td><td colspan="6">PG70</td><td colspan="5">PG76</td><td colspan="5">PG82</td></tr>
<tr><td>34</td><td>40</td><td>46</td><td>10</td><td>16</td><td>22</td><td>28</td><td>34</td><td>40</td><td>46</td><td>16</td><td>22</td><td>28</td><td>34</td><td>40</td><td>10</td><td>16</td><td>22</td><td>28</td><td>34</td><td>40</td><td>10</td><td>16</td><td>22</td><td>28</td><td>34</td><td>40</td><td>10</td><td>16</td><td>22</td><td>28</td><td>34</td><td>-10</td><td>16</td><td>22</td><td>28</td><td>34</td></tr>
<tr><td>平均7d最高路面设计温度/℃</td><td colspan="3"><46</td><td colspan="7"><52</td><td colspan="5"><58</td><td colspan="6"><64</td><td colspan="6"><70</td><td colspan="5"><76</td><td colspan="5"><82</td></tr>
<tr><td>最低路面设计温度/℃</td><td>>-34</td><td>>-40</td><td>>-46</td><td>>-10</td><td>>-16</td><td>>-22</td><td>>-28</td><td>>-34</td><td>>-40</td><td>>-46</td><td>>-16</td><td>>-22</td><td>>-28</td><td>>-34</td><td>>-40</td><td>>-10</td><td>>-16</td><td>>-22</td><td>>-28</td><td>>-34</td><td>>-40</td><td>>-10</td><td>>-16</td><td>>-22</td><td>>-28</td><td>>-34</td><td>>-40</td><td>>-10</td><td>>-16</td><td>>-22</td><td>>-28</td><td>>-34</td><td>>-10</td><td>>-16</td><td>>-22</td><td>>-28</td><td>>-34</td></tr>
<tr><td colspan="38">胶结料原样</td></tr>
<tr><td>闪点，T48：min/℃</td><td colspan="37">230</td></tr>
<tr><td>黏度，T316：max 3Pa·s，试验温度/℃</td><td colspan="37">135</td></tr>
<tr><td>动态剪切，T315：$G^*/\sin\delta$，min1.0kPa，试验温度@10rad/s/℃</td><td colspan="3">46</td><td colspan="7">52</td><td colspan="5">58</td><td colspan="6">64</td><td colspan="6">70</td><td colspan="5">76</td><td colspan="5">82</td></tr>
<tr><td colspan="38">RTFO残留物(T240)</td></tr>
<tr><td>质量变化/max %</td><td colspan="37">1.00</td></tr>
<tr><td>MSCR，T350：标准交通量“S”
$J_{nr3.2}$，max 4.5kPa^{-1}
J_{nrdiff}，max 75%
试验温度/℃</td><td colspan="3">46</td><td colspan="7">52</td><td colspan="5">58</td><td colspan="6">64</td><td colspan="6">70</td><td colspan="5">76</td><td colspan="5">82</td></tr>
<tr><td>MSCR，T350：重交通量“H”
$J_{nr3.2}$，max 2.0kPa^{-1}
J_{nrdiff}，max 75%
试验温度/℃</td><td colspan="3">46</td><td colspan="7">52</td><td colspan="5">58</td><td colspan="6">64</td><td colspan="6">70</td><td colspan="5">76</td><td colspan="5">82</td></tr>
</table>

续表

性能等级	PG46			PG52							PG58					PG64						PG70						PG76					PG82				
	34	40	46	10	16	22	28	34	40	46	16	22	28	34	40	10	16	22	28	34	40	10	16	22	28	34	40	10	16	22	28	34	-10	16	22	28	34
MSCR，T350：特重交通量“V” $J_{nr3.2}$，max 1.0kPa^{-1} J_{nrdiff}，max 75% 试验温度/℃	46			52							58					64						70						76					82				
MSCR，T350：极重交通量“E” $J_{nr3.2}$，max 0.5kPa^{-1} J_{nrdiff}，max 75% 试验温度/℃	46			52							58					64						70						76					82				
PAV 残留物(R28)																																					
PAV 老化温度/℃	90			90							100					100						100(110)						100(110)					100(110)				
动态剪切，T315：“S”$G^*\cdot\sin\delta$，max 5000kPa，试验温度@10rad/s/℃	10	7	4	25	22	19	16	13	10	7	25	22	19	16	13	31	28	25	22	19	16	34	31	28	25	22	19	37	34	31	28	25	40	37	34	31	28
动态剪切，T315：“H”“V”“E” $G^*\cdot\sin\delta$，max 6000kPa，试验温度@10rad/s/℃	10	7	4	25	22	19	16	13	10	7	25	22	19	16	13	31	28	25	22	19	16	34	31	28	25	22	19	37	34	31	28	25	40	37	34	31	28
蠕变劲度，T313：S，max 300MPa m 值，min 0.300 试验温度@60s/℃	-24	-30	-36	0	-6	-12	-18	-24	-30	-36	-6	-12	-18	-24	-30	0	-6	-12	-18	-24	-30	0	-6	-12	-18	-24	-30	0	-6	-12	-18	-24	0	-6	-12	-18	-24
直接拉伸，T314：破坏应变，min1.0% 试验温度@1.0mm/min/℃	-24	-30	-36	0	-6	-12	-18	-24	-30	-36	-6	-12	-18	-24	-30	0	-6	-12	-18	-24	-30	0	-6	-12	-18	-24	-30	0	-6	-12	-18	-24	0	-6	-12	-18	-24

71 什么是阴离子乳化沥青技术要求(ASMT D977)?

项目	快凝型						中凝型														慢凝型				特快凝型	
	RS-1		RS-2		HFRS-2		MS-1		MS-2		MS-2h		HFMS-1		HFMS-2		HFMS-2h		HFMS-2s		SS-1		SS-1h		QS-1h	
	min	max	min	max	min	max	min	max	min	max	min	max	min	max	min	max	min	max	min	max	min	max	min	max	min	max
赛波特黏度(25℃)/s	20	100					20	100	100		100		20	100	100		100		50		20	100	20	100	20	100
赛波特黏度(50℃)/s			75	400	75	400																				
储存稳定性试验(24h)/%		1		1		1		1		1		1		1		1		1		1		1		1		1
破乳能力(35mL,0.8%二辛基硫代二钠盐)/%	60		60		60																					
覆膜能力和抗水性能 干集料上覆膜							好		好		好		好		好		好		好							
覆膜能力和抗水性能 喷散后上覆膜							中		中		中		中		中		中		中							
覆膜能力和抗水性能 湿上覆膜集料							中		中		中		中		中		中		中							
覆膜能力和抗水性能 喷散后上覆膜							中		中		中		中		中		中		中							
筛上剩余物/%		0.01		0.01		0.01		0.01		0.01		0.01		0.01		0.01		0.01		0.01		0.01		0.01		0.01
黏合剂混合试验/%																						2.0		2.0		N/A
馏出油(体积)/%																			1	7						
蒸馏残留物含量/%	55		63		63		55		65		65															
针入度(25℃,100s,5s)/(0.1mm)	100	200	100	200	100	200	100	200	100	200	40	90	100	200	100	200	40	90	200		100	200	40	90	40	90
延度(25℃,5cm/min)/cm	40		40		40		40		40		40		40		40		40		40		40		40		40	
溶解度(三氯乙烯)/%	97.5		97.5		97.5		97.5		97.5		97.5		97.5		97.5		97.5		97.5		97.5		97.5		97.5	
漂浮度(60℃)/s					1200								1200		1200		1200		1200							

72 什么是筑路用Ⅳ型聚合物改性黏稠沥青技术要求(ASTM D5892—00)?

指标			Ⅳ-A	Ⅳ-B	Ⅳ-C	Ⅳ-D	Ⅳ-E	Ⅳ-F
针入度(25℃)/(0.1mm)		≥	90	75	65	50	50	35
黏度	(60℃, 1/s)/(Pa·s)	≥	125	400	250	600	450	800
	(135℃)/(mm^2/s)	≤	3000	3000	3000	3000	3000	3000
闪点(开口杯)/℃		≥	232	232	232	232	232	232
三氯乙烯溶解度/%		≥	99.0	99.0	99.0	99.0	99.0	99.0
分离试验软化点差①/℃			报告值					
RTFO 试验后残余物性质								
弹性恢复(25℃, 10cm)/%		≥	60	70	60	70	60	70
针入度(4℃, 200g, 60s)/(0.1mm)		≥	20	20	15	15	10	10

注：① 可以用 ASTM D2170 运动黏度试验法代替，当评价黏度变化大于 10%的分散聚合物体系时应特别加以注意。试验结果可作为现场处理步骤的指导，如果报告值大，则表明在储存期间必须保持搅拌。

73 什么是筑路用Ⅰ型聚合物改性沥青技术要求(ASTM D5976—00)?

指标			Ⅰ-A	Ⅰ-B	Ⅰ-C	Ⅰ-D
针入度(25℃)/(0.1mm)		≥	100~150	75~100	50~75	40~75
黏度	(60℃, 1/s)/Pa·s	≥	125	250	500	500
	(135℃)/(mm^2/s)	≤	2000	2000	2000	5000
闪点(开口杯)/℃		≥	232	232	232	232
三氯乙烯溶解度/%		≥	99.0	99.0	99.0	99.0
分离试验软化点差/℃			2.2	2.2	2.2	2.2
RTFO 试验后残余物性质						
弹性恢复(25℃, 10cm)/%		≥	60	60	60	60
针入度(4℃, 200g, 60s)/(0.1mm)		≥	20	15	13	10

74 什么是胶粉沥青技术要求(ASTM D6114—2002)?

指标	Ⅰ		Ⅱ		Ⅲ	
	max	min	max	min	max	min
表观黏度(175℃)/(Pa·s)	5.0	1.5	5.0	1.5	5.0	1.5
针入度(25℃, 100g, 5s)/(0.1mm)	75	25	75	25	100	50
针入度(4℃, 200g, 60s)/(0.1mm)		10		15		25
软化点/℃		57.2		54.4		51.7

续表

指　标	I		II		III	
	max	min	max	min	max	min
松弛率/%		25		20		10
闪点/℃		232.2		232.2		232.2
薄膜烘箱试验(163℃，5h 后)						
针入度比(4℃)/%		75		75		75

75 什么是欧洲 EN12591：2009 道路沥青规范的技术要求(一)？

特性	单位	针入度 20~220(0.1mm)沥青的通用技术要求								
		20/30	30/45	35/50	40/60	50/70	70/100	100/150	160/220	试验方法
针入度(25℃)	0.1mm	20~30	30~45	35~50	40~60	50~70	70~100	100~150	160~220	EN1426
软化点	℃	55~63	52~60	50~58	48~56	46~54	43~51	39~47	35~43	EN1427
闪点	℃	≥240	≥240	≥240	≥230	≥230	≥230	≥230	≥220	EN ISO 2719
溶解度	%	≥99.0	≥99.0	≥99.0	≥99.0	≥99.0	≥99.0	≥99.0	≥99.0	EN12592
旋转薄膜烘箱试验(RTFOT)(163℃)										
残留针入度比	%	≥55	≥53	≥53	≥50	≥50	≥46	≥43	≥37	EN12607-1
软化点升高 1 级或 2 级①	℃	≤8 或≤10	≤8 或≤11	≤8 或≤11	≤9 或≤11	≤9 或≤11	≤9 或≤11	≤10 或≤12	≤11 或≤12	
质量变化②(绝对值)	%	≤0.5	≤0.5	≤0.5	≤0.5	≤0.5	≤0.8	≤0.8	≤1.0	

注：① 选择 2 级时，应与未老化胶结料的费拉斯脆点、针入度指数或二者都关联。

② 质量变化既可以是正值，也可以是负值。

76 什么是欧洲 EN12591：2009 道路沥青规范的技术要求(二)？

特性	单位	针入度 20~220(0.1mm)沥青的区域技术要求								
		20/30	30/45	35/50	40/60	50/70	70/100	100/150	160/220	试验方法
针入度指数	—	-1.5~+0.7 或不要求①	-1.5~+0.7 或不要求	-1.5~+0.7 或不要求	-1.5~+0.7 或不要求	-1.5~+0.7 或不要求	-1.5~+0.7 或不要求	-1.5~+0.7 或不要求	-1.5~+0.7 或不要求	附录 A
动力黏度(60℃)	Pa·s	≥440 或不要求	≥260 或不要求	≥225 或不要求	≥175 或不要求	≥145 或不要求	≥90 或不要求	≥55 或不要求	≥30 或不要求	EN12596

续表

特性	单位	针入度20~220(0.1mm)沥青的区域技术要求								
		20/30	30/45	35/50	40/60	50/70	70/100	100/150	160/220	试验方法
弗拉斯脆点	℃	不要求	≤-5或不要求	≤-5或不要求	≤-7或不要求	≤-8或不要求	≤-10或不要求	≤-12或不要求	≤-15或不要求	EN12593
运动黏度(135℃)	mm^2/s	≥530或不要求	≥400或不要求	≥370或不要求	≥325或不要求	≥295或不要求	≥230或不要求	≥175或不要求	≥135或不要求	EN12595

注：① 若没有法规或其他区域性要求，可以不要求本表所列的特性指标。

77 什么是欧洲EN12591：2009道路沥青规范的技术要求(三)？

针入度250~900(0.1mm)沥青的通用技术要求						
特　　性	单位	250/330	330/430	500/650	650/900	试验方法
针入度(25℃)	0.1mm	250~330	—	—	—	EN1426
针入度(15℃)	0.1mm	70~130	90~170	140~260	180~360	EN1426
动力黏度(60℃)	Pa·s	≥18	≥12	≥7.0	≥4.5	EN12596
软化点	℃	30~38	—	—	—	EN1427
闪点	℃	≥180	≥180	≥180	≥180	EN ISO 2719
溶解度	%	≥99.0	≥99.0	≥99.0	≥99.0	EN12592
旋转薄膜烘箱试验(RTFOT)(163℃)						EN12607-1
黏度比(60℃)	—	≤4.0	≤4.0	≤4.0	≤4.0	
软化点升高	℃	≤11	—	—	—	
质量变化①(绝对值)	%	≤1.0	≤1.0	≤1.5	≤1.5	

注：① 质量变化既可以是正值，也可以是负值。

78 什么是欧洲EN12591：2009道路沥青规范的技术要求(四)？

针入度250~900(0.1mm)沥青的区域技术要求						
特　　性	单位	250/330	330/430	500/650	650/900	试验方法
弗拉斯脆点	℃	≤-16或不要求①	≤-18或不要求	≤-20或不要求	≤-20或不要求	EN12593
运动黏度(135℃)	mm^2/s	≥100或不要求	≥85或不要求	≥65或不要求	≥50或不要求	EN12595

注：① 若没有法规或其他区域性要求，可以不要求本表所列的特性指标。

79 什么是欧洲 EN12591：2009 道路沥青规范的技术要求(五)？

轻质道路沥青的通用技术要求

特　　性	单位	V1500	V3000	V6000	V12000	试验方法
运动黏度(60℃)	mm^2/s	1000~2000	2000~4000	4000~8000	8000~16000	EN12595
软化点	℃	30~38	—	—	—	EN1427
闪点	℃	≥160	≥160	≥180	≥180	EN ISO 2719
溶解度	%	≥99.0	≥99.0	≥99.0	≥99.0	EN12592
薄膜烘箱试验(TFOT)(120℃)						EN12607-2
质量变化[①](绝对值)	%	≤2.0	≤1.7	≤1.4	≤1.0	

注：① 质量变化既可以是正值，也可以是负值。

80 什么是欧洲 EN12591：2009 道路沥青规范的技术要求(六)？

轻质道路沥青的通用技术要求

特性	单位	V1500	V3000	V6000	V12000	试验方法
薄膜烘箱试验(TFOT)(120℃)						EN12607-2
黏度比(60℃)	—	≤3.0 或不要求[①]	≤3.0 或不要求	≤2.5 或不要求	≤2.0 或不要求	

注：① 若没有法规或其他区域性要求，可以不要求本表所列的特性指标。

81 什么是 60℃黏度分级的欧盟道路沥青标准？

指　　标	单位	等级			
		V1500	V3000	V6000	V12000
运动黏度(60℃)	mm^2/s	1000~2000	2000~4000	4000~8000	8000~16000
闪点，最小	℃	160	160	180	180
溶解度，最小	%	99.0	99.0	99.0	99.0
抗硬化性能，TFOT(120℃)					
质量变化，最大，±	%	2.0	1.7	1.4	1.0
黏度比(60℃)，最大		3.0	3.0	2.5	2.0

82 什么是马来西亚石油沥青技术要求？

指　　标		单位	技术要求	试验方法
针入度(25℃，100g，5s)		0.1mm	60~70	JTG E20 T0604
针入度指数 PI			-1.5~+1.0	JTG E20 T0604
60℃动力黏度		Pa·s	不小于 180	JTG E20 T0620
延度(10℃，5cm/min)		cm	不小于 20	JTG E20 T0605
延度(15℃，5cm/min)		cm	不小于 100	JTG E20 T0605
软化点(环球法)		℃	不小于 47.5	JTG E20 T0606
溶解度		%	不小于 99.5	JTG E20 T0607
闪点		℃	不小于 260	JTG E20 T0611
密度(15℃)		kg/m^3	报告	JTG E20 T0603
蜡含量(蒸馏法)		%	不大于 2.2	JTG E20 T0615
TFOT(或 RTFOT)后残留物	质量变化	%	不大于±0.8	JTG E20 T0609 或 T0610
	针入度比	%	不小于 58	JTG E20 T0604
	延度(10℃)	cm	不小于 4	JTG E20 T0605

83 什么是澳大利亚路用沥青和多级沥青技术要求？

性质	要求														试验方法
	C170		C240		C320		C450		C600		M500		M1000		
	min	max	min	max	min	max	min	max	min	max	min	max	min	max	
60℃黏度/(Pa·s)	140	200	190	280	260	380	报告		500	700	400	600	报告		AS2341.2 或其他统一的方法
135℃黏度/(Pa·s)	0.25	0.45	0.32	0.55	0.40	0.65	—	0.70	0.60	0.85	—	1.0	—	1.5	AS2341.2 或 AS2341.3 或 2341.4 或其他统一的方法
25℃针入度(100g，5s)/(0.1mm)	62	—	53	—	40	—	报告		20	—	65	—	报告		AS2341.12
闪点/℃	250	—	250	—	250	—	250	—	250	—	250	—	250	—	AS2341.14 或 ASTMD92
甲苯不溶物/%(质)	—	1.0	—	1.0	—	1.0	—	1.0	—	1.0	—	1.0	—	1.0	AS2341.8 或 AS/NZS2341.20

续表

性质	要求														试验方法
	C170		C240		C320		C450		C600		M500		M1000		
	min	max	min	max	min	max	min	max	min	max	min	max	min	max	
旋转薄膜烘箱试验后的60℃黏度与原样沥青60℃黏度的比值的百分数	—	300	—	300	—	300	—	—	—	300	—	—	—	—	AS/NZS2341. 10 和 AS2341. 2 或其他统一的方法
	—	340	—	340	—	340	—	—	—	340	—	—	—	—	ASTMD2872 和 AS2341. 2 或其他统一的方法
旋转薄膜烘箱后60℃黏度/(Pa·s)	—	—	—	—	—	—	750	1150	—	—	报告		3500	6500	AS/NZS2341. 10 和 AS2341. 2 或其他统一的方法
	—	—	—	—	—	—	850	1300	—	—	报告		4000	7400	ASTM2872 和 AS2341. 2 或其他统一的方法
旋转薄膜烘箱后25℃针入度/(0. 1mm)	—	—	—	—	—	—	26	—	—	—	报告		26	—	AS/NZS2341. 10 或 ASTM2872 和 AS2341. 12
热和空气的长期影响/d	按要求出报告						—	—	—	—	—		—	—	AS/NZS2341. 13 和 AS/NAS2341. 5 或其他统一的方法
15℃密度/(kg/m³)	按要求出报告														AS2341. 7
质量变化/%(质)	—	—	—	—	—	—	-0. 6	+0. 6	—	—	-0. 6		+0. 6	-0. 6	AS/NZS2341. 10 或 ASTMD2872

注：1. 对 M500 和 M1000 进行 60℃黏度试验应按照 AS2341. 2 方法。

2. 可以用 AS/NZS2341. 10 或 ASTMD2872 进行 RTFO 试验，按照不同的试验方法标准给出不同的指标规定的限值。

84 什么是俄罗斯道路石油沥青(roct 22245—90)?

指　　标	道路沥青牌号 40~60					普通道路沥青牌号 60~90			
	200~300	130~200	90~130	60~90	40~60	200~300	130~300	90~130	60~90
针入度/(0. 1mm)									
25℃	201~300	131~200	91~130	61~90	41~60	201~300	131~200	91~130	61~90
0℃	45	35	28	20	13	24	18	15	10
软化点/℃　≥	35	40	43	47	51	33	38	41	45

续表

指标		道路沥青牌号 40~60					普通道路沥青牌号 60~90			
		200~300	130~200	90~130	60~90	40~60	200~300	130~300	90~130	60~90
延度/cm	≥									
25℃		—	70	65	55	45	—	80	80	70
0℃		20	6.0	4.0	3.5	—	—	—	—	—
脆点/℃	≤	-20	-18	-17	-15	-12	-10	-6		
闪点/℃	≥	220	220	230	230	230	220	230	240	240
加热后软化点上升/℃	≤	7	6	5	5	5	8	7	6	6
针入度指数		-1.0~+1.0	-1.0~+1.0	-1.0~+1.0	-1.0~+1.0	-1.0~+1.0	-1.5~+1.0	-1.5~+1.0	-1.5~+1.0	-1.5~+1.0
水溶性化合物/%(质)	≤	0.2	0.2	0.3	0.3	0.3	—	—	—	—

85 什么是俄罗斯道路沥青(roct 33133—2014)?

指标		130/200	100/130	70/100	50/70	35/50	20/35
针入度(25℃)/0.1mm	≥	131~200	101~130	71~100	51~70	36~50	21~35
针入度(0℃)/0.1mm	≥	40	30	21	18	14	10
软化点/℃	≥	42	45	47	51	53	55
针入度指数 *PI*		-1.0~+1.0					
延度(25℃)/cm	≥	80	70	62	60	50	40
延度(0℃, 5cm/min)/cm	≥	6.0	4.0	3.7	3.5	—	—
脆点(老化前)/℃	≤	-21	-20	-18	-16	-14	-11
溶解度/%	≥	99	99	99	99	99	99
蜡含量/%	≤	3	3	3	3	3	3
闪点/℃	≥	220	230	230	230	230	230
加热损失/%	≤	0.8	0.7	0.6	0.6	0.5	0.5
软化点变化/℃	≤	7	7	7	7	6	6
脆点(老化后)/℃	≤	-18	-17	-15	-13	-11	-8

86 什么是哈萨克斯坦道路石油沥青(CTPK1373—2005)?

项目		道路沥青牌号					普通道路沥青牌号				试验方法
		200~300	130~200	90~130	60~90	40~60	200~300	130~300	90~130	60~90	
针入度/(0.1mm) 25℃		201~300	131~200	91~130	61~90	41~60	201~300	131~200	91~130	61~90	CTPK1226
0℃		45	35	28	20	13	24	18	15	10	
软化点/℃	≥	35	40	43	47	51	33	38	41	45	CTPK1227
延度/cm 25℃	≥	–	70	65	55	45	—	80	80	70	CTPK1374
0℃		20	6.0	4.0	3.5	—	—	—	—	—	
脆点/℃	≤	-24	-22	-20	-18	-15	-14	-12	-10	-6	CTPK1229
闪点(开口)/℃	≥	220	220	230	230	230	220	230	240	240	ГОСТ4333 ГОСТ18180
加热后软化点上升/℃	≤	7	6	5	5	5	8	7	6	6	CTPK1227
水分/%		痕迹					痕迹				CTPK1375
针入度指数		-1.0~+1.0					-1.5~+1.0				CTPK1373
黏度(60℃)/(Pa·s)	≥	18	30	75	90	175	18	30	75	90	CTPK1211
黏度(135℃)/(mm^2·s)	≥	100	135	180	230	325	100	135	175	230	CTPK1210
溶解度/%	≥	99.0					99.0				CTPK1228
163℃抗老化性能											CTPK1224
质量变化/%	≤	1.0	1.0	0.8	0.8	0.5	1.0	1.0	0.8	0.8	CTPK1224
残留针入度比/%	≥	35	37	46	50	50	35	37	43	46	CTPK1226

87 中国交通运输部有关沥青试验方法行业标准及其对应外国标准是什么？

序号	标准编号	标准名称	我国国标或石化行标	美国标准 ASTM	美国标准 AASHTO	日本道路协会铺装试验法便览	德国标准 DIN	法国标准 NF
1	T 0601—2000	沥青取样法	GB/T 11147	D 140	T 40			
2	T 0602—1993	沥青试样准备方法						
3	T 0603—1993	沥青密度与相对密度试验	GB/T 8928	D 70 D 1298 D 3142	T 228 T 227	3-5-9	52 004	T66-007 T66-014
4	T 0604—2000	沥青针入度试验	GB/T 4509	D 5	T 49	3-5-1	52 010	T66-004
5	T 0605—1993	沥青延度试验	GB/T 4508	D 113	T 51	3-5-3	52 013	T66-006
6	T 0606—2000	沥青软化点试验（环球法）	GB 2294 GB/T 4507	D 36 D 2398	T 53	3-5-2	52 011	T66-008
7	T 0607—1993	沥青溶解度试验	GB/T 11148 GB 2292	D 2042 D 5546	T 44	3-5-4	52 014	
8	T 0608—1993	沥青蒸发损失试验	GB/T 11964	D 6	T 47	3-5-7 3-5-8	52 013	
9	T 0609—1993	沥青薄膜加热试验	GB/T 5304	D 1754	T 179	3-5-6	52 016 52 017	
10	T 0610—1993	沥青旋转薄膜加热试验	SH/T 0736	D 2872	T 240	3-5-14		
11	T 0611—1993	沥青闪点与燃点试验（克利夫兰开口杯法）	GB/T 267	D 92	T 48	3-5-5		
12	T 0612—1993	沥青含水量试验	GB/T 260	D 95 D 244	T 55		51 582	T66-023
13	T 0613—1993	沥青脆点试验（弗拉斯法）	GB/T 4510			3-5-13	52 012	
14	T 0614—1993	沥青灰分含量试验	SH/T 0422	D 2415			52 005	
15	T 0615—2000	沥青蜡含量试验（蒸馏法）	SH/T 0425				52 015	T66-015

续表

序号	标准编号	标准名称	我国国标或石化行标	美国标准 ASTM	美国标准 AASHTO	日本道路协会铺装试验法便览	德国标准 DIN	法国标准 NF
16	T 0616—1993	沥青与粗集料的粘附性试验		D 3625 D 1664	T182	3-4-16		
17	T 0617—1993	沥青化学组分试验(三组分法)						
18	T 0618—1993	沥青化学组分试验(四组分法)	SH/T 0509	D 4124		3-5-15		
19	T 0619—1993	沥青运动粘度实验(毛细管法)	SH/T 0654	D 2170	T 201	3-5-10		
20	T 0620—2000	沥青动力粘度试验(真空减压毛细管法)	SH/T 0557	D 2171	T 202	3-5-11		
21	T 0621—1993	沥青标准粘度试验(道路沥青标准粘度计法)						
22	T 0622—1993	沥青恩格拉粘度试验(恩格拉粘度计法)	SH/T 0099.1	D 1665	T 59	3-6-1		
23	T 0623—1993	沥青赛波特粘度试验(赛波特重质油粘度计法)	SH/T 0779	E 102 D 88	T 72	3-5-12		
24	T 0624—1993	沥青粘韧性试验	SH/T 0735	D 5801		3-5-17		
25	T 0625—2000	沥青布氏旋转粘度试验(布洛克菲尔德粘度计法)	SH/T 0739	D 4402		2-1-2T		
26	T 0626—2000	沥青酸值测定方法	GB/T 264 GB/T 5530 GB/T 5517	D 664				
27	T 0631—1993	沥青浮漂度试验		D 139				
28	T 0632—1993	液体石油沥青蒸馏试验		D 402		5-3-2		T66-003
29	T 0633—1993	液体石油沥青闪点试验(泰格开口杯法)		D 1310 D 3143	T 79	5-3-1		
30	T 0641—1993	煤沥青蒸馏试验	冶金行标	D 20				
31	T 0642—1993	煤沥青焦油酸含量试验	冶金行标					
32	T 0643—1993	煤沥青酚含量试验	冶金行标					
33	T 0644—1993	煤沥青萘含量试验(色谱柱法)	GB/T 2292					

续表

序号	标准编号	标准名称	我国国标或石化行标	美国标准 ASTM	美国标准 AASHTO	日本道路协会铺装试验法便览	德国标准 DIN	法国标准 NF
34	T 0645—1993	煤沥青萘含量试验(抽滤法)						
35	T 0646—1993	煤沥青甲苯不溶物含量试验						
36	T 0651—1993	乳化沥青蒸发残留物含量试验	SH/T 0099. 4	D 244	T 59	3-6-9 3-6-13	52048	
37	T 0652—1993	乳化沥青筛上剩余量试验	SH/T 0099. 2	D 244	T 59	3-6-2		
38	T 0653—1993	乳化沥青微粒粒子电荷试验	SH/T 0099. 3	D 244	T 59	3-6-8	52044	
39	T 0654—1993	乳化沥青与矿料的粘附性试验	SH/T 0099. 7	D 244		3-6-3 3-6-4		
40	T 0655—1993	乳化沥青储存稳定性试验	SH/T 0099. 5	D 244	T 59	3-6-10	52042	
41	T 0656—1993	乳化沥青低温储存稳定性试验	SH/T 0099. 8	D 244	T 59	3-6-11	52043	
42	T 0657—1993	乳化沥青水泥拌和试验	SH/T 0099. 6	D 244	T 59	3-6-12		
43	T 0658—1993	乳化沥青破乳速度试验	SH/T 0780	D 244			1955	
44	T 0659—1993	乳化沥青与矿料的拌和试验	SH/T 0099. 9	D 244		3-6-5 3-6-6		
45	T 0660—1993	沥青与石料的低温粘结性试验						
46	T 0661-2000	聚合物改性沥青离析试验	SH/T 0740	D 5976 D 5892 D 5841				
47	T 0662—2000	沥青弹性恢复试验	SH/T 0737	D 6084	T 301	3-5-17		
48	T 0663—2000	沥青抗剥落剂性能评价试验						
49	T 0664—2000	改性沥青用合成橡胶乳液试	GB/T 2953 GB/T 2958 GB/T 2954 GB/T 2956					

88 美国 ASTM 有关沥青试验方法标准是什么？

序号	标准编号	标准名称
1	ASTM D5—97	沥青材料针入度试验方法
2	ASTM D20—03	筑路焦油蒸馏试验方法
3	ASTM D139—01	沥青材料漂浮试验方法
4	ASTM D140—01	沥青材料取样试验方法
5	ASTM D243—02	规定针入度残留值试验方法
6	ASTM D244—00	乳化沥青试验方法
7	ASTM D402—02	轻制沥青制品蒸馏试验方法
8	ASTM D545—99	混凝土用预制伸缩缝填料试验方法(非挤压和弹性类)
9	ASTM D633—01	道路柏油体积修正表
10	ASTM D1369—00	沥青表面处治材料用量标准实践
11	ASTM D1665—03	焦油制品恩氏比黏度试验方法
12	ASTM D2399—99	液体沥青选择标准实践
13	ASTM D2493—01	沥青黏度与温度关系图表
14	ASTM D3142—97	液态沥青密度试验方法(相对密度瓶法)
15	ASTM D3143—98	用泰克开杯测定轻制沥青闪点试验方法
16	ASTM D3279—01	正庚烷不溶物试验方法
17	ASTM D3289—03	用镍坩埚测定固态沥青及半固态沥青密度或试验方法
18	ASTM D3628—01	乳化沥青的选择和使用的推荐规程
19	ASTM D3633—98	桥面防水沥青膜路面系统电阻率试验方法
20	ASTM D3665—02	铺路材料的随机取样规程
21	ASTM D4124—01	沥青四组分的分离试验方法
22	ASTM D4311—04	测定沥青体积校正到基准温度体积的标准实践
23	ASTM D4887—03	热拌再生沥青材料黏度混合准备试验方法
24	ASTM D4957—95	毛细真空黏度计测定乳化沥青残留物和非牛顿体沥青视黏度试验方法
25	ASTM D5329—04	沥青和水泥砼路面接缝和裂缝热用封缝料和填料试验方法
26	ASTM D5546—01	离心法沥青胶结料甲苯溶解度试验方法
27	ASTM D6847—02	从沥青混合物中定量获取沥青黏结剂的标准测试方法
28	ASTM D6925—03	用 superpave 旋转式压实机准备和测定热混沥青样品相对密度的标准试验方法
29	ASTM D7000—04	沥青乳液表处样品的清扫试验方法

续表

序号	标准编号	标准名称
30	ASTM D4—04	沥青含量的标准检测方法
31	ASTM D6—01	石油和沥青混合物加热损失的标准试验方法
32	ASTM D36—01	沥青软化点的标准试验方法(环球仪法)
33	ASTM D88—99	赛波特黏度的标准试验方法
34	ASTM D529—04	沥青材料快速老化标准试验方法
35	ASTM D1370—00	沥青材料间接接触相容性试验法
36	ASTM D1669—03	沥青涂层加速老化和室外老化试验试板制备法
37	ASTM D1670—04	沥青材料加速老化和室外老化中破坏终点试验方法
38	ASTM D2746—01	沥青污染指数测试方法
39	ASTM D2939—03	用作保护涂层的乳化沥青的标准试验方法
40	ASTM D3791—04	加热对沥青影响的评价方法
41	ASTM D4073—03	沥青屋面膜拉伸-撕裂强度试验法
42	ASTM D4798—04	沥青材料加速老化试验条件和规程(氙弧法)
43	ASTM D4799—03	沥青材料加速老化试验条件和规程(紫外光、喷水冷凝法)
44	ASTM D4989—04	使用平板黏度计测试屋面沥青表观黏度的试验法
45	ASTM D5076—01	屋面防水膜孔隙率测量法
46	ASTM D5100—04	矿物集料与热沥青黏结性试验法
47	ASTM D5147—01	改性沥青薄板材抽样和检验的标准试验方法
48	ASTM D5385—01	防水膜的抗静压力测试法
49	ASTM D5601	屋面防水膜的抗撕裂能力测试方法
50	ASTM D5602—98	屋面膜抗静态破裂能力测试法
51	ASTM D5635—04	屋面膜抗动态破裂能力测试方法
52	ASTM D5683—01	屋面防水材料、防水膜的回弹性测试方法
53	ASTM D5849—01	评估改性沥青屋面薄膜对周期性接缝位移耐力的试验法
54	ASTM D5869—04	沥青材料的暗烘箱裸露加热实验规程
55	ASTM D5898—96	防水层细部结构黏附性试验指南
56	ASTM D6356—04	屋顶防护涂层的铝粉乳化沥青中氢气产生试验法
57	ASTM D6381—03B	沥青瓦耐顶揭力试验法
58	ASTM D6383—01	三元乙丙橡胶膜接缝黏结料蠕变破坏测试法
59	ASTM D6511—00	沥青混合物抗溶剂试验法(系列)
60	ASTM D6805—02	沥青乳液中芳烃/脂肪烃比的红外光谱测定实践
61	ASTM E102—01	沥青材料的高温赛波特黏度试验法

89 欧共体欧洲标准化组织 CEN 有关沥青试验方法标准是什么?

序号	标准编号	标准名称
1	BS EN 1426—2000	沥青针入度的测定
2	BS EN 1427—2000	沥青软化点的测定(环球法)
3	BS EN 13302—2003	沥青和沥青黏结剂：旋转黏度计测定沥青黏度
4	BS EN 12607-1—2000	沥青热空气老化试验(RTFOT 法)
5	EN 12607—2	沥青热空气老化方法(TFOT 法)
6	EN 22592	沥青开口闪点测定法(克利夫兰开口杯法)
7	BS EN 12607-3—2000	沥青热老化的试验(RFT 法)
8	EN 12606—1	沥青含蜡量测定法(DIN 法)
9	BS EN 12606-2—2000	沥青石蜡含量的测定：萃取法
10	BS EN 12592—2000	沥青和沥青黏结剂(BS 2000-47)：溶解度的测定
11	BS EN 12596—2000	真空毛细管法测定动力黏度
12	BS EN 12595—2000	沥青黏结剂运动黏度的测定
13	BS EN 12593—2000	沥青和沥青黏结剂——Fraas 脆点的测定
14	prEN 13398—2003	沥青和沥青胶结料——改性沥青弹性恢复
15	prEN 13399—2003	沥青和沥青胶结料——改性沥青存储稳定性的测定
16	prEN 13632—2003	沥青和沥青胶结料——聚合物改性沥青的聚合物分散
17	BS 2000-143—2003	原油和石油产品中沥青烯的测定(正庚烷法)
18	BS 2000-74—2000	石油制品和沥青材料水含量测定(蒸馏法)
19	BS DD 248—1999	改性沥青黏结剂储存稳定性测定
20	BS EN 1931—2000	柔性屋面片材：沥青、塑料和橡胶片材水蒸气渗透性测定
21	BS EN 1107-1—2000	柔性屋面片材：尺寸稳定性的测定
22	BS EN 1108—2000	柔性屋面片材：屋面板在循环温度变化下尺寸稳定性测定
23	BS EN 12697-23—2003	沥青样品的间接拉伸强度的测定
24	BS EN 13303—2003	沥青加热质量损失的测定
25	BS EN 13357—2003	轻制沥青和软制沥青流出时间的测定
26	BS EN 13583—2001	柔性屋面片材：沥青、塑料和橡胶片材防冰雹性能测定
27	BS EN 13301—2003	沥青染色性测定
28	BS EN 13416—2001	柔性屋面片材：沥青、塑料和橡胶片材抽样规则
29	BS EN 14262—2003	煤焦油和沥青基黏结剂和相关产品：块状硬沥青性能试验方法
30	BS EN 14264—2003	煤焦油和沥青基黏结剂和相关产品：浸渍沥青的特性和试验方法
31	BS EN 12847—2002	沥青乳液的凝固时间的测定

续表

序号	标准编号	标准名称
32	BS EN 12697-28—2001	沥青含量、水含量和分级测定的样品的制备
33	BS EN 12697-27—2001	热沥青取样方法
34	BS EN 12697-13—2000	热沥青温度测量
35	BS EN 1296—2001	防水柔性片材：沥青、塑料和橡胶长期高温的人工老化试验
36	BS EN 12730—2001	防水柔性片材．屋面防水沥青、塑料和橡胶片材的静压试验
37	BS EN 12691—2001	柔性防水片材：防水用沥青、塑料和橡胶耐冲击性测定
38	BS EN 1928—2000	柔性防水片材：屋面防水沥青、塑料和橡胶片材不透水性测定
39	BS EN 12316-1—2000	柔性防水片材：屋面防水沥青片材接头抗剥离性的测定
40	BS EN 1428—2000	沥青和沥青乳液中水含量的恒沸点蒸馏分析法
41	BS EN 1430—2000	沥青乳液粒子的极性测定
42	BS EN 12697-4—2000	沥青回收试验(分馏柱分馏法)
43	BS EN 1431—2000	蒸馏法的测定回收沥青黏结剂和乳液中的石油馏分
44	BS EN 12310-1—2000	柔性防水片材：沥青屋面防水片材的抗裂性测定
45	BS EN 1848-1—2000	柔性防水片材：屋面防水片材尺寸测定
46	BS EN 1429—2000	筛分法测定沥青乳液筛分残留物和储存稳定性
47	BS EN 12594—2000	沥青和沥青黏结剂试样的制备
48	BS EN 1849-1—2000	柔性防水片材厚度和单位面积质量的测定
49	BS EN 1850-1—2000	柔性防水片材的目测缺陷测定
50	BS EN 12311-1—2000	柔性防水片材：拉伸性能测定
51	BS EN 1110—2000	柔性防水片材：沥青防水片材高温抗滑移性的测定
52	BS EN 1109—2000	柔性沥青防水卷材低温柔性测定
53	BS EN 12039—2000	柔性沥青防水卷材颗粒黏附性的测定
54	BS EN 12317-1—2000	柔性沥青防水卷材搭接部抗剪切性的测定
55	BS DD 250—1999	道路沥青材料灼烧分析的试验方法
56	EN 14260—2003	煤焦油和沥青基胶黏剂：筑路焦油的特性和试验方法
57	EN 14261—2003	煤焦油和沥青基胶黏剂：难熔胶黏剂的特性和试验方法
58	EN 14264—2003	煤焦油和沥青基胶黏剂：浸渍沥青的特性和试验方法
59	EN 14263—2003	煤焦油和沥青基胶黏剂：碳胶结沥青的特性和试验方法
60	EN 12697-12—2003	热拌沥青试验方法第 12 部分：沥青的水敏性测定
61	EN 13703	沥青和沥青胶结料——改性沥青变形能
62	EN 13587	沥青和沥青胶结料——用拉伸试验测定改性沥青抗拉性质
63	EN 13588	沥青和沥青胶结料——表面处治沥青胶结料黏结性
64	EN 13589	沥青和沥青胶结料——用测力延度方法测定改性沥青抗拉性质

参 考 文 献

[1] “十四五”交通领域科技创新规划. 交通运输部、科学技术部，2022.
[2] 公路“十四五”发展规划. 交通运输部，2022.
[3] 鲁巍巍，吕松涛. 布敦岩沥青改性机理及路用性能[M]. 北京：人民交通出版社，2021.
[4] 薛永兵. 煤沥青改性石油沥青技术[M]. 北京：化学工业出版社，2021.
[5] 季节，王哲，韩秉华，等. 煤直接液化残渣改性沥青材料的开发及应用[M]. 北京：人民交通出版，2021.
[6] 中法美沥青技术研究课题组. 中国法国美国热拌沥青及沥青混合料标准体系比较研究[M]. 北京：人民交通出版，2021.
[7] 交通运输部公路科学研究院. 公路沥青路面预防养护技术规范(JTG/T 5142-01—2021)[S]. 北京：人民交通出版社，2021.
[8] 交通运输部公路科学研究院. 公路沥青路面再生技术规范(JTG/T 5521—2019)[S]. 北京：人民交通出版社，2021.
[9] 黄明. 环氧沥青的研究和开发[M]. 北京：中国建筑工业出版社，2020.
[10] 王成杨，陈明鸣，李明伟. 沥青基炭材料[M]. 北京：化学工业出版社，2018.
[11] 中国民航机场建设集团公司. 民用机场沥青道面设计规范(MH/T 5010—2017)[S]. 北京：中国民航出版社，2017.
[12] 杨锡武. 生活废旧塑料改性沥青技术及工程应用[M]. 北京：科学出版社，2016.
[13] 徐世发，贾璐. 新型硫磺改性沥青混合性能评价与应用关键技术[M]. 北京：人民交通出版，2015.
[14] 孙祖望. 橡胶沥青路面技术应用手册[M]. 北京：人民交通出版社，2014.
[15] 张宜洛. 沥青路面施工工艺及质量控制[M]. 北京：人民交通出版社，2013.
[16] 虎增福. 道路用乳化沥青的生产与应用[M]. 北京：人民交通出版社，2012.
[17] 黄卫东. 橡胶沥青及其混合料的研究与应用[M]. 北京：人民交通出版社，2012.
[18] 王松根，黄晓明. 沥青路面维修与改造[M]. 北京：人民交通出版社，2012.
[19] 徐剑，黄颂昌，邹桂莲. 高等级公路沥青路面再生技术[M]. 北京：人民交通出版社，2011.
[20] 徐剑，黄颂昌. 沥青路面预防性养护理念与技术[M]. 北京：人民交通出版社，2011.
[21] 黄颂昌. 改性乳化沥青与微表处技术[M]. 北京：人民交通出版社，2011.
[22] 交通运输部公路科学研究院. 公路工程沥青及沥青混合料试验规程(JTG E20—2011)[S]. 北京：人民交通出版社，2011.
[23] 中国石油化工股份有限公司科技开发部. 石油产品行业标准汇编[M]. 北京：中国石化出版社，2010.
[24] 郝培文. 沥青及沥青混合料[M]. 北京：人民交通出版社，2009.
[25] 廖克俭，丛玉凤. 道路沥青生产与应用技术[M]. 北京：化学工业出版社，2008.
[26] 彭波. 沥青混合料材料组成与特性[M]. 北京：人民交通出版社，2007.

[27] 杨林江. 改性沥青及其乳化沥青技术[M]. 北京：人民交通出版社，2006.
[28] 交通部公路科学研究所编制. 公路沥青路面施工技术规范(JTG F40—2004)[S]. 北京：人民交通出版社，2004.
[29] 唐孟海，胡兆灵. 常减蒸馏技术问答[M]. 北京：中国石化出版社，2004.
[30] 柴志杰. 聚合物改性沥青防水卷材的研究[D]. 北京：北京化工大学，2004.
[31] 沈金安. 沥青及沥青混合料路用性能[M]. 北京：人民交通出版社，2003.
[32] 赵振辉. 聚合物改性沥青新产品开发[D]. 北京：北京化工大学，2003.
[33] 李春年. 渣油加工工艺[M]. 北京：中国石化出版社，2002.
[34] 秦匡宗，郭绍辉. 石油沥青质[M]. 北京：石油工业出版社，2002.
[35] 庆普. 建筑防水与堵漏[M]. 北京：化学工业出版社，2002.
[36] 张德勤. 石油沥青的生产与应用[M]. 北京：中国石化出版社，2001.
[37] 陈惠敏. 石油沥青产品手册[M]. 北京：石油工业出版社，2001.
[38] 梁文杰. 重质油化学[M]. 东营：石油大学出版社，2000.
[39] 林世雄. 石油炼制工程[M]. 3 版. 北京：石油工业出版社，2000.
[40] 沈春林，苏立荣. 建筑防水材料[M]. 北京：化学工业出版社，2000.
[41] 沈金安. 改性沥青和 SMA 路面[M]. 北京：人民交通出版社，1999.
[42] 廉向东. 聚合物性沥青机理及应用研究[D]. 西安：西安公路交通大学，1999.
[43] 江建坤. 高聚改性沥青性能与工艺研究[D]. 西安：西安公路交通大学，1999.
[44] 戴维. 怀特奥克. 壳牌沥青手册(中文版)[M]. 胡恩培，译. 壳牌(大中华)集团出版，1995.
[45] 程之光. 重油加工技术[M]. 北京：中国石化出版社，1994.
[46] 陆士庆. 石油炼制工艺[M]. 北京：中国石化出版社，1993.
[47] 谭天恩，窦梅. 化工原理(上册)[M]. 北京：化学工业出版社，2013.
[48] 赵杰民. 炼油工艺基础[M]. 北京：石油工业出版社，1981.
[49] 黄志军，王端宝. 高粘弹改性沥青制备方法及混合料性能验证[J]. 石油沥青，2022，36(4)：24-29.
[50] 成元海，张震. 高粘弹复合改性沥青的制备与性能研究[J]. 石油沥青，2022，36(4)：13-17.
[51] 麦健，张卫强，陈南. 聚氨酯改性沥青及胶浆的全温域路用性能研究[J]. 上海公路，2022(01)：82-89.
[52] 沥青路面施工及验收标准(GB/T 50092—2022). 中华人民共和国国家标准，2022.
[53] 孟勇军，张瑞杰. 石墨烯对橡胶粉改性沥青混合料路用性能影响研究[J]. 公路，2021(05)：7-11.
[54] 臧娜，和凤祥. 高附加值煤沥青制备及应用研究进展[J]. 辽宁化工，2021，50(8)：1169-1170.
[55] 马晓龙，田志强. 利用煤系软沥青制备包覆沥青的研究[J]. 燃料与化工，2021，52(1)：29-31.

[56] 刘锦锋. 聚氨酯复配改性沥青混合料路用性能评价[J]. 福建交通科技，2021(09)：16-19.
[57] 朱冬青. 中国建筑防水行业发展现状及“十四五”的发展展望. 中国建筑防水协会第二届防水行业大会，2021.
[58] 吴振刚，王晓晨. 一种彩色沥青胶结料的制备及其混合料性能研究[J]. 工程设备与材料，2021(16)：135-136.
[59] 贾敏. 聚氨酯沥青及混合料性能研究[J]. 山西交通科技，2020，5(266)：16-19.
[60] 何俊辉，赵艳纳. 聚氨酯改性沥青制备与性能评价[J]. 公路，2020(02)：245-250.
[61] 刘成，李志军，宁爱民，等. 沥青烟气治理技术分析与展望[J]. 石油沥青，2020，34(1)：41-43.
[62] 刘莹. 沥青烟气主动抑制技术发展现状[J]. 石油化工安全环保技术，2020，36(3)：48-51.
[63] 黄伊琳，梁立喆，田植群，等. 石墨烯改性沥青的研究及工程应用[J]. 化工新型材料，2020，48(8)：244-248.
[64] 张明瑞，王宏宇，乌兰. 石墨烯改性沥青研究进展[J]. 当代化工研究，2020(03)：19-20.
[65] 贾晓东，彭义雯. 石墨烯纳米片改性沥青的制备及性能研究[J]. 化工新型材料，2020，48(7)：244-251.
[66] 孙书双，余华. 高软化点包覆沥青的制备与表征[J]. 应用化工，2020，49(10)：2437-2441.
[67] 方滢，谢玮珺，杨建华. 聚氨酯预聚物改性沥青的制备及其流变行为[J]. 功能材料，2019，50(6)：6197-6204.
[68] 颜停博，冉旭，陈正雄. 聚氨酯/废胶粉复合改性沥青制备及性能研究[J]. 公路，2019(06)：214-219.
[69] 橡胶沥青路面技术标准(CJJ/T 273—2019). 中华人民共和国住房和城乡建设部发布，2019.
[70] 唐平，樊成霖. 彩色沥青的制备与流变性能分析[J]. 交通科技，2018，286(1)：83-86.
[71] 彩色沥青混凝土(GB/T 32984—2016). 中华人民共和国国家标准，2016.
[72] 张翠，王成扬，陈明鸣. 磺化沥青包覆石墨用作锂离子电池负极材料[J]. 研究与设计，2015，39(5)：889-924.
[73] 滕艳杰，高丽娟. 磺化沥青包覆石墨制备复合材料[J]. 化学工程与装备，2015(01)：14-15.
[74] 防水卷材沥青技术要求(JC/T 2218—2014). 中华人民共和国建材行业标准，2014.
[75] 高粘高弹道路沥青(GB/T 30516—2014). 中华人民共和国国家标准，2014.
[76] 赵路，钱国平. 纳米二氧化钛在沥青路面中的综合应用[J]. 价值工程，2013(8)：144-146.
[77] 陈萌. 沥青光催化路面净化机动车排放 NO 反应动力学研究[J]. 武汉理工大学学报，

2013(8)：128-133.
[78] 煤沥青(GB/T 2290—2012). 中华人民共和国国家标准，2012.
[79] 陈晓亮. 改性沥青生产工艺探讨[J]. 道路工程，2012(8)：119-121.
[80] 韩冬，王翠红. 茂名 SBS 改性沥青制备乳化改性沥青[J]. 石油沥青，2012(2)：44-48.
[81] 王仕峰. 排水路面用高粘度改性沥青的研究与应用进展[J]. 石油沥青，2012(2)：1-8.
[82] 杨海，魏为成. 橡胶沥青制备及路用性能试验研究[J]. 黑龙江交通科技，2012(8)：1-2.
[83] 张文刚. 二氧化钛沥青混合料光催化性能影响因素研究[J]. 武汉理工大学学报，2012(3)：38-41.
[84] 徐海铭. 纳米二氧化钛在实际道路工程中的应用[J]. 公路工程，2011(8)：189-198.
[85] 李旭东，程健. 糠醛抽出油对 SBS 改性沥青性能的影响[J]. 石油沥青，2011(6)：66-68.
[86] 訾瑞海. 温拌彩色沥青混合料在市政道路工程中的应用技术[J]. 道路工程，2011(12)：154-156.
[87] 李伟浩. 高粘度沥青改性剂 HVM 的研制[J]. 广东化工，2010(9)：1-2.
[88] 丁波，刘智. 高粘度改性沥青的开发及应用技术[J]. 陕西建筑，2010(8)：179-180.
[89] 孙显锋，孙学文. 超临界溶剂脱沥青操作参数对辽河稠油减压渣油脱油沥青影响[J]. 石油炼制与化工，2010，41(02)：30-34.
[90] 叶超. 纳米二氧化钛改性沥青混合料路用性能研究[J]. 中外公路，2010(6)：315-318.
[91] 王金宝. 彩色沥青混合料在市政道路中的应用及趋势展望[J]. 工程材料与设备，2012 增刊(05)：153-155.
[92] 陆剑卿. 彩色沥青路面性能及施工工艺研究[J]. 公路建设与养护，2010(6)：170-172.
[93] 梁亮. 彩色沥青路面技术发展研究[J]. 交通管理与建设，2008(11)：34-36.
[94] 杨绍斌，费晓飞. 石油沥青包覆对石墨负极电化学性能的影响[J]. 研究与设计，2008(11)：745-747.
[95] 柴志杰，赵振辉. 丁烷溶剂脱沥青工艺的优化及应用[J]. 石油沥青，2007(8)：31-35.
[96] 李双瑞. SBS 改性沥青稳定剂的应用研究[J]. 公路，2007(9)：153-155.
[97] 张宗辉. SBS 改性乳化沥青生产新技术[J]. 石油沥青，2007(6)：31-33.
[98] 张争奇. SBS 改性沥青软点试验特性[J]. 长安大学学报(自然科学版)，2007(11)：6-10.
[99] 俞嵩杰. 东海大桥用 SBS 改性沥青的生产及应用[J]. 石油沥青，2006(8)：41-44.
[100] 高华. 道路用改性石油基彩色沥青的路用性能评价[J]. 石油炼制与化工，2006(10)：56-59.
[101] 石财彦，钦兰成. 彩色改性乳化沥青的研究[J]. 石油沥青，2006(4)：34-36.
[102] 苏玉忠，杨海兰. 阿曼渣油丙烷脱沥青试验研究[J]. 厦门大学学报(自然科学版)，2004(1)：84-88.
[103] 柴志杰，任满年. 中间-石蜡原油生产沥青的研究[J]. 石油沥青，2004(5)：6-9.
[104] 孔宪明，张小英. 建筑防水沥青和改性沥青现状[J]. 石油沥青，2004(2)：1-6.

[105] 张小英，徐传杰. 废橡胶粉改性沥青研究综述[J]. 石油沥青，2004(8)：1-4.
[106] 柴志杰，任满年. 石蜡基原油工业化生产 100 号道路沥青[J]. 沥青与材料设施，2004(2)：22-27.
[107] 陈惠敏. 我国沥青生产形式和产品结构调整[J]. 石油沥青，2003(1)：1-6.
[108] 吉永海. SBS 改性沥青的相容性和稳定机理[J]. 石油学报，2003(3)：23-28.
[109] 钱科，傅大放，刘举正. 聚合物改性沥青的储存稳定性[J]. 石油沥青，2003(3)：1-7.
[110] 李保评. 多种原油混合加工生产道路沥青[J]. 石油沥青，2003(5)：51-52.
[111] 颜军文. SBS 改性沥青的生产[J]. 石油沥青，2003(4)：47-50.
[112] 刘朝晖，李宇峙. 宽域沥青及其应用前景[J]. 中国道路沥青，2003(6)：2-5.
[113] 徐惠生，张峰. SBS 改性沥青防水卷材强度分析[J]. 中国建筑防水，2003(1)：11-13.
[114] 李首先，龙军. 压力对溶剂脱沥青过程影响[J]. 石油沥青，2002(6)：13-16.
[115] 孙大权，吕伟民. 反应性 SBS 改性沥青的研制[J]. 石油沥青，2002(1)：30-32.
[116] 肖焕敏，赵国卿. 改性沥青的技术进展及应用[J]. 河南化工，2002(10)：46-47.
[117] 高利平. 改性沥青在防水卷材中的应用[J]. 石油沥青，2002(3)：19-22.
[118] 黄卫东. SBS 改性沥青的混合原理与过程[J]. 同济大学学报，2002(2)：189-192.
[119] 田奕，戴鉴. 国内道路沥青市场的回顾与展望[J]. 石油沥青，2001(2)：1-6.
[120] 郝培文. 改性剂 SBS 与沥青的相容性研究[J]. 石油炼制与化工，2001(3)：54-56.
[121] 郭淑华. SBS 结构对改性沥青性能的影响[J]. 石油沥青，2001(3)：29-32.
[122] 韩秀山，丛慰然，张卫华. 我国废橡胶利用[J]. 化工新型材料，2001(10)：17-19.
[123] 程源. 废胶粉应用前瞻[J]. 合成橡胶工业，2001(2)：65-66.
[124] 毕莲英. 处理橡胶工业废料用改性-再生剂[J]. 世界橡胶工业，2001(5)：4-6.
[125] 杨哲，程国香. 聚合物改性沥青的生产现状与发展[J]. 石油沥青，2001(4)：1-6.
[126] 贾春芳. SBS 改性沥青防水卷材原料性能的探讨[J]. 新型建筑材料，2001(10)：14-15.
[127] 林贤福. 橡胶改性沥青胶其微观结构[J]. 合成橡胶工业，2000(3)：196-199.
[128] 原健安. 影响沥青性质的几个因素[J]. 石油沥青，1999(1)：16-21.
[129] 李健. 蜡含量对道路沥青低温性能影响的探讨[J]. 石油沥青，1999(2)：30-33.
[130] 张小翠. 改性沥青防水卷材的胎基[J]. 新型建筑材料，1999(1)：30-31.
[131] 周进川. 聚合物改性沥青的试验与评价[J]. 石油沥青，1998(3)：1-6.
[132] 杨钟. 复合物改性沥青的路用性能研究[J]. 石油沥青，1998(4)：26-32.
[133] 吕伟民. 几种聚合物改性沥青的性能比较[J]. 石油沥青. 1998(3)：7-11.
[134] 李洪烈，李荣波. 利用废胶粉改善沥青路面性能的研究[J]. 橡胶工业，1995(5)：274-27.
[135] 刘柏贤. 聚合物改性沥青防水材料的特性表现[J]. 石油沥青，1994(4)：13-17.
[136] Le Wandowski L H. Polymer Modification of Paving Asphalt Binders[J]. Rubber Chemistry Technology，1994(3)：447-480.
[137] 白文茹. 改进道路沥青质量的探讨[J]. 石油炼制，1993(3)：23-27.
[138] 庞正其，等. 国产聚酯胎 SBS 改性沥青油毡研究试验[J]. 石油沥青，1992(4)：12-13.

[139] 吕伟民. 橡胶沥青的特性及其应用[J]. 石油炼制，1992(6)：10-14.
[140] 黄彭. 道路沥青材料中的橡胶[J]. 石油沥青，1992(3)：8-11.
[141] 陈惠敏. 国外聚合物改性道路沥青技术和应用动向[J]. 石油沥青，1992(4)：59-64.
[142] 杨雄麟，杨倩燕. 路用改性沥青的开发动向[J]. 现代化工，1992(5)：20-23.
[143] 邓海燕. 废轮胎综合利用技术进展[J]. 现代化工，1991(2)：29-32.
[144] Maccanone S. Properties of Polymer Modified Binders and Relationships to Mix and Pavement Performance[J]. AAPT, 1991(1)：60-91.
[145] 黄杰. 开发应用橡胶改性沥青的探讨[J]. 石油沥青，1989(3)：17-26.
[146] 孙昭潢. 沥青乳液的研制和应用[J]. 石油炼制，1985(10)：1-5.
[147] Ynag L. Polymer Modified Asphalt Preparation. CN1212266.
[148] K. Dennis. Method of Producing, Using and Composition of Phenolic-type Polymer Modified Asphalts or Bitumens. US5256710.
[149] J. L. Goodrich. Polymer and Asphalt Reaction Process and Polymer-linked-asphalt Product. WO9109907.
[150] L. E. Moran. Method for Improving the Storage Stability of Polymer Modified Asphalt. US5070123.
[151] 陈凯，权惠文，高月义. 改性沥青及其制备方法：中国，1414038[P].
[152] 徐建波，陈建和，陈京治. 道路沥青改性母粒及其生产方法：中国，1300801A[P].

附　　表

表 1　道路石油沥青技术要求(JTG F40—2004)

指　标		单位	等级	沥青标号																试验方法①
				160 号④	130 号④	110 号			90 号					70 号③					50 号	30 号④	
针入度(25℃，5s，100g)		0.1mm		140~200	120~140	100~120			80~100					60~80					40~60	20~40	T 0604
适用的气候分区				注④	注④	2-1	2-2	3-2	1-1	1-2	1-3	2-2	2-3	1-3	1-4	2-2	2-3	2-4	1-4	注④	附录 A⑤
针入度指数 *PI*	≥		A	-1.5~+1.0																	T 0604
			B	-1.8~+1.0																	
软化点(R&B)	≥	℃	A	38	40	43			45		44			46	45				49	55	T 0606
			B	36	39	42			43		42			44	43				46	53	
			C	35	37	41			42					43					45	50	
60℃动力黏度②	≥	Pa. s	A	-	60	120			160		140			180	160				200	260	T 0620
10℃延度	≥	cm	A	50	50	40			45	30	20	30	20	20	15	25	20	15	15	10	T 0605
			B	30	30	30			30	20	15	20	15	15	10	20	15	10	10	8	
15℃延度	≥	cm	A、B	100																	
			C	80	80	60			50					40					30	20	
蜡含量(蒸馏法)	≤	%	A	2.2																	T 0615
			B	3.0																	
			C	4.5																	
闪点	≥	℃		230					245					260							T 0611
溶解度		%		99.5																	T 0607
密度(15℃)		g/cm³		实测记录																	T 0603

续表

指标		单位	等级	沥青标号							试验方法[1]
				160号[4]	130号[4]	110号	90号	70号[3]	50号	30号[4]	
TFOT(或RTFOT)后[5]											T 0610 或 T 0609
质量变化	≤	%		±0.8							
残留针入度比	≥	%	A	48	54	55	57	61	63	65	T 0604
			B	45	50	52	54	58	60	62	
			C	40	45	48	50	54	58	60	
残留延度(10℃)	≥	cm	A	12	12	10	8	6	4	—	T 0605
			B	10	10	8	6	4	2	—	
残留延度(15℃)	≥	cm	C	40	35	30	20	15	10	—	T 0605

① 检验方法按照现行《公路工程沥青及沥青混合料试验规程》(JTJ 052—2000)规定的方法执行。用于仲裁试验求取 *PI* 时，5个温度的针入度关系的相关系数不得小于0.997。

② 经建设单位同意，表中 *PI* 值、60℃动力黏度、10℃延度可作为选择性指标，也可不作为施工质量检验指标。

③ 70号沥青可根据需要要求供应商提供针入度范围为60~70(0.1mm)或70~80(0.1mm)的沥青，50号沥青可要求提供针入度范围为40~50(0.1mm)或50~60(0.1mm)的沥青。

④ 30号沥青仅适用于沥青稳定基层。130号和160号沥青除寒冷地区可直接在中低级公路上应用外，通常用作乳化沥青、稀释沥青、改性沥青基质沥青。

⑤ 老化试验以TFOT为准，也可以用RTFOT代替。

表2　聚合物改性沥青技术要求(JTG F40—2004)

指标	SBS类(Ⅰ类)				SBR类(Ⅱ类)			EVA、PE类(Ⅲ类)				试验方法
	Ⅰ-A	Ⅰ-B	Ⅰ-C	Ⅰ-D	Ⅱ-A	Ⅱ-B	Ⅱ-C	Ⅲ-A	Ⅲ-B	Ⅲ-C	Ⅲ-D	
针入度(25℃，100g，5s)/(0.1mm)	>100	80~100	60~80	40~60	>100	80~100	60~80	>80	60~80	40~60	30~40	T 0604
针入度指数 *PI*	-1.2	-0.8	-0.4	0	-1.0	-0.8	-0.6	-1.0	-0.8	-0.6	-0.4	T 0604

续表

指标		SBS类(Ⅰ类)				SBR类(Ⅱ类)			EVA、PE类(Ⅲ类)				试验方法
		Ⅰ-A	Ⅰ-B	Ⅰ-C	Ⅰ-D	Ⅱ-A	Ⅱ-B	Ⅱ-C	Ⅲ-A	Ⅲ-B	Ⅲ-C	Ⅲ-D	
延度(5℃,5cm/min)/cm	≥	50	40	30	20	60	50	40	—				T 0605
软化点 $T_{R\&B}$/℃	≥	45	50	55	60	45	48	50	48	52	56	60	T 0606
运动黏度[1](135℃)/Pa·s	≤	3											T 0625/T 0619
闪点/℃	≥	230				230			230				T 0611
溶解度/%	≥	99				99			—				T 0607
弹性恢复(25℃)/%	≥	55	60	65	75	—			—				T 0662
粘韧性[3]/N·m	≥	—				5			—				T 0624
韧性/N·m	≥	—				2.5			—				T 0624
储存稳定性[3]													
离析[2],48h 软化点差/℃	≤	2.5				—			无改性剂明显析出、凝聚				T 0661
TFOT(或RTFOT)后残留物													T 0610
质量变化/%	≤	1.0											T 0610
针入度比(25℃)/%	≥	50	55	60	65	50	55	60	50	55	58	60	T 0604
延度(5℃)/cm	≥	30	25	20	15	30	25	10	—				T 0605

① 若在不改变改性沥青物理力学性质并符合安全条件温度下易于泵送和拌和,或经证明适当提高泵送和拌和温度时能保证改性沥青质量,容易施工,可不要求测定135℃运动黏度。

② 储存稳定性指标适用于工厂生产的成品改性沥青。现场制作改性沥青对储存稳定性指标可不作要求,但必须在制作后,保持不间断搅拌或泵送循环,保证使用前没有明显的析。

③ 如果确实困难,SBR 改性沥青的黏韧性和韧性指标可以不要求。

表 3　道路用乳化沥青技术要求(JTG F40—2004)

试验项目		单位	品种及代号										试验方法
			阳离子				阴离子				非离子		
			喷洒用			拌和用	喷洒用			拌和用	喷洒用	拌和用	
			PC-1	PC-2	PC-3	BC-1	PA-1	PA-2	PA-3	BA-1	PN-2	BN-1	
破乳速度			快裂	慢裂	快裂或中裂	慢裂或中裂	快裂	慢裂	快裂或中裂	慢裂或中裂	慢裂	慢裂	T 0658
粒子电荷			阳离子(+)				阴离子(-)				非离子		T 0653
筛上残留物(1.18mm 筛) ≤		%	0.1				0.1				0.1		T 0652
黏度	恩格拉黏度计 E_{25}		2~10	1~6	1~6	2~30	2~10	1~6	1~6	2~30	1~6	2~30	T 0622
	道路标准黏度计 $C_{25.3}$	S	10~25	8~20	8~20	10~60	10~25	8~20	8~20	10~60	8~20	10~60	T 0621
蒸发残留度	残留分含量 ≥	%	50	50	50	55	50	50	50	55	50	55	T 0651
	溶解度 ≥	%	97.5				97.5				97.5		T 0607
	针入度(25℃)	0.1mm	50~200	50~200	45~150		50~200	50~200	45~150		50~300	60~300	T 0604
	延度(15℃) ≥	cm	40				40				40		T 0605
与粗集料黏附性，裹附面 ≥			2/3			—	2/3			—	2/3	—	T 0654
与粗、细粒式集料拌和试验			—			均匀	—			均匀	—		T 0659
水泥拌和试验筛余物 ≤		%	—				—				—	3	T 0657
常温储存稳定性													
1 天 ≤		%		1				1			1		T 0655
5 天 ≤		%		5				5			5		

表 4　道路用液体石油沥青技术要求(JTG F40—2004)

试验项目		单位	快凝		中凝						慢凝						试验方法
			AL(R)-1	AL(R)-2	AL(M)-1	AL(M)-2	AL(M)-3	AL(M)-4	AL(M)-5	AL(M)-6	AL(S)-1	AL(S)-2	AL(S)-3	AL(S)-4	AL(S)-5	AL(S)-6	
黏度	$C_{25.5}$	s	<20	—	<20	—	—	—	—	—	<20	—	—	—	—	—	T 0621
	$C_{60.5}$	s	—	5~15	—	5~15	16~25	26~40	41~100	101~200	—	5~15	16~25	26~40	41~100	101~200	T 0621
蒸馏体积	225℃前	%	>20	>15	<10	<7	<3	<2	0	0	—	—	—	—	—	—	T 0632
	315℃前	%	>35	>30	<35	<25	<17	<14	<8	<5	—	—	—	—	—	—	T 0632
	360℃前	%	>45	>35	<50	<35	<30	<25	<20	<15	<40	<35	<25	<20	<15	<5	T 0632
蒸馏后残留物	针入度(25℃)	0.1mm	60~200		100~300						—	—	—	—	—	—	T 0604
	延度(25℃)	cm	>60		>60						—	—	—	—	—	—	T 0605
	漂浮度(5℃)	s	—		—						<20	>20	>30	>40	>45	>50	T 0631
闪点		℃	>30		>65						>70	>70	>100	>100	>120	>120	T 0633
含水量		%	>0.2		>0.2						>0.2						T 0621

注：液体石油沥青适用于透层、黏层及拌制冷拌沥青混合料。根据使用目的与场所，可选用快凝、中慢凝的液体石油沥青，其质量应符合上表要求。

表 5　道路用煤沥青技术要求(JTG F40—2004)

试验项目		单位	T-1	T-2	T-3	T-4	T-5	T-6	T-7	T-8	T-9	试验方法
黏度	$C_{30.5}$	s	5~25	26~70	—	—	—	—	—	—	—	T 0621
	$C_{30.10}$	s	—	—	5~25	26~50	51~120	121~200	—	—	—	
	$C_{50.10}$	s	—	—	—	—	—	—	10~75	76~200	—	
	$C_{60.10}$	s	—	—	—	—	—	—	—	—	35~65	
蒸馏馏出量	170℃前 ≤	%	3	3	3	2	1.5	1.5	1.0	1.0	1.0	T 0641
	270℃前 ≤	%	20	20	20	15	15	15	10	10	10	
	300℃前 ≤	%	15~35	15~35	30	30	25	25	20	20	15	
>300℃蒸馏残渣软化点		℃	30~45	30~45	35~65	35~65	35~65	35~65	40~70	40~70	40~70	T 0606
水分 ≤		%	1.0	1.0	1.0	1.0	1.0	0.5	0.5	0.5	0.5	T 0612
甲苯不溶物 ≤		%	20									T 0646
萘含量 ≤		%	5	5	5	4	4	3.5	3	2	2	T 0645
焦油酸含量 ≤		%	4	4	3	3	2.5	2.5	1.5	1.5	1.5	T 0642

表 6　橡胶改性沥青结合料的技术标准(JTG F40—2004)

指标	单位	技术要求		试验方法
		上面层	中、下面层	
针入度(25℃，100g，5s)	0.1mm	40~60	60~80	JTG E20 T 0604
针入度指数 *PI*	—	≥0	≥-0.4	JTG E20 T 0604
延度(5℃，5cm/min)	cm	≥20	≥30	JTG E20 T 0605
软化点 $T_{R\&B}$	℃	≥60	≥55	JTG E20 T 0606
运动黏度[②](135℃)	Pa·s	<3	<3	JTG E20 T 0625 或 T 0619
闪点	℃	≥230	≥230	JTG E20 T 0611
溶解度	%	实测记录	实测记录	JTG E20 T 0607
弹性恢复(25℃)	%	≥75	≥65	JTG E20 T 0662
储存稳定性离析，48h 软化点差	℃	实测记录	实测记录	JTG E20 T 0661
TFOT(或 RTFOT)后残留物				
质量变化	%	≤±1.0	≤±1.0	JTG E20 T 0610 或 T 0609
针入度比(25℃)	%	≥65	≥60	JTG E20 T 0604
延度(5℃)	cm	≥15	≥20	JTG E20 T 0605

注：JTG E20 是指《公路工程沥青及沥青混合料试验规程》(JTG E20—2011)。

表 7　改性乳化沥青技术要求(JTG F40—2004)

试验项目		单位	品种及代号		试验方法
			PCR	BCR	
破乳速度			快裂或中裂	慢裂	T 0685
粒子电荷			阳离子(+)	阳离子(+)	T 0653
筛上剩余量(1.18mm 筛) ≤		%	0.1	0.1	T 0652
黏度	恩格拉黏度计 E_{25}		1~10	3~30	T 0622
	道路标准黏度计 $C_{25.3}$	S	8~25	12~60	T 0621
蒸发残留物	残留分含量 ≥	%	50	60	T 0651
	溶解度(三氯乙烯) ≥	%	97.5	97.5	T 0607
	针入度(25℃)	0.1mm	40~120	40~100	T 0604
	软化点 ≥	℃	50	53	T 0606
	延度(5℃) ≥	cm	20	20	T 0605
与粗集料黏附性，裹附面积 ≥			2/3	—	T 0654
常温储存稳定性					
1d ≤		%	1	1	T 0655
5d ≤			5	5	

注：(1) 破乳速度与集料黏附性、拌和试验的要求、所使用的石料品种有关。工程质量检验时应采用实际的石料试验，仅进行产品质量评定时可不对这些指标提出要求。

(2) 当用于填补车辙时，BCR 蒸发残留物的软化点宜提高至不低于 55℃。

(3) 储存稳定性根据施工实际情况选用试验时间，通常采用 5d，乳液生产后能在第二天使用时也可选用 1d。个别情况下改性乳化沥青 5d 的储存稳定性难以满足要求，如果经搅拌后能够达到均匀一致并不影响正常使用，此时要求改性乳化沥青运至工地后存放在附有搅拌装置的储存罐内，并不断地进行搅拌，否则不准使用。

（4）当改性乳化沥青或特种改性乳化沥青需要在低温冰冻条件下储存或使用时，尚需按 T 0656 进行-5℃低温储存稳定性试验，要求没有粗颗粒、不结块。

表 8　微表处用改性乳化沥青的技术要求（JTG F40—2004）

试验项目		单位	BCR	试验方法
筛上剩余量（1.18mm）		%	≤0.1	T 0652
粒子电荷		—	阳离子（+）	T 0653
黏度	恩格拉黏度计 E_{25}	—	3~30	T 0622
	沥青标准黏度 $C_{25,3}$	S	12~60	T 0621
蒸发残留物	含量	%	≥60	T 0651
	针入度（100g，25℃，5s）	0.1mm	40~100	T 0604
	软化点	℃	≥53	
	延度（5℃）	cm	≥20	T 0605
	溶解度（三氯乙烯）	%	≥97.5	T 0607
储存稳定性	1d	%	≤1	T 0655
	5d	%	≤5	

注：（1）乳化沥青黏度以恩格拉黏度为准，条件不具备时可采用沥青标准黏度。

（2）南方炎热地区、重载交通道路及用于填补车辙时，BCR 蒸发残留物软化点不得低于 57℃。

（3）储存稳定性根据施工实际情况选择试验天数，通常采用 5d，乳化沥青生产后能在使用也可选用 1d。个别情况下乳化改性沥青 5d 的储存稳定性难以满足要求，如果经搅拌后能达到均匀一致并不影响正常使用，此时要求改性乳化沥青运至工地后应存放附有循环或搅拌装置的储存罐内，并进行循环或搅拌，否则不准使用。

表 9　特立尼达湖沥青的改性沥青质量技术要求（JTG F40—2004）

检验项目	单位	技术要求				试验方法
		TMA-30	TMA-50	TMA-70	TMA-90	
针入度（25℃，100g，5s）	0.1mm	20~40	40~60	60~80	80~100	T 0604
黏度（135℃）　≤	Pa·s	4.0	3.8	2.7	2.1	T 0625
闪点　≥	℃	240				T 0611
溶解度（三氯乙烯）	%	77~90				T 0607
灰分	%	7.5~19.5				T 0614
TFOT 针入度（25℃）　≥	%	58	55	52	47	T 0610 T 0604